TRAITÉ
DE L'ASSOCIATION
DOMESTIQUE-AGRICOLE.

TOME I.

Tous les exemplaires sont signés par l'auteur.

Ch Fourier

Avis.

Ces deux Volumes (Prix 15 fr.), faisant partie d'un Ouvrage qui doit contenir à peu près 6 tomes, on ne devra pas s'étonner d'y trouver des lacunes & des renvois auxquels suppléeront les tomes suivans. Le 3e donnera tout ce qui n'a pas pu trouver place dans les deux premiers.

TRAITÉ
DE L'ASSOCIATION
DOMESTIQUE-AGRICOLE.

Par Ch. Fourier.

» Aures habent et non audient;
» Oculos habent et non videbunt. »

PSALMISTE.

TOME Ier.

A PARIS,
BOSSANGE Père, Libraire de S. A. S. Mgr. le Duc d'Orléans, rue Richelieu, N° 60;
P. MONGIE AINÉ, Libraire, Boulevart-Poissonnière, N° 18.

A LONDRES,
Martin BOSSANGE et Compe., FOREIGN BOOKSELLERS, Great Marlborough Street, N° 14, *and at* 124 Regent Street.

1822.

NÉOLOGIE.

Une Science nouvelle n'a-t-elle pas la faculté d'employer quelques mots nouveaux et de se créer au besoin une nomenclature complète ? Refuserait-on aux sciences la prérogative accordée aux fonctions subalternes qui ont leur collection de termes techniques choisis sans méthode ?

J'userai sobrement de cette licence ; et quand je serai forcé de recourir à la Néologie (Tom. II , 427), ce sera avec la précaution d'éviter le *Néologisme* et l'arbitraire, et de me rallier aux dénominations déjà admises dans les sciences fixes.

Même régularité régnera dans les signes, les nombres spéciaux, les gammes et séries, et dans tout l'attirail de la nouvelle Science. Je réitère cet avis à la Médiante, 144, adressée aux lecteurs pointilleux et vétilleux.

Nota. La grande Note B, annoncée 144 [illegible] pour l'Extroduction, se trouve supprimée, et fondue avec d'autres matières.

ERRATA.

Pag. 143, ligne 16. — 13 et 132, lisez 131 et 132.
» 146, ligne 1. — Supprimez le mot *donne*.

DISTRIUBTION DU Ier TOME.

THÉORIE EN ABSTRAIT ET EN MIXTE.

CORRESPONDANCE DES TABLEAUX.

ARTICLE A ANNEXER A L'ARRIÈRE-PROPOS.

Les tableaux sont nombreux dans cet ouvrage : souvent la lecture de l'un oblige à en consulter d'autres déjà lus et difficiles à retrouver. Je vais indiquer la connexité des principaux.

Pagination.	EXEMPLE TIRÉ DE TROIS TABLEAUX.	*Progression.*	
I, 25	1re phase du mouvement.	*Ordre.*	207
» 159	Cours du mouvement civilisé.	*Genre.*	25
» 207	Carrière sociale du genre humain.	*Classe.*	159

C'est le 3e qui devrait être étudié le premier, car les classes ont le pas sur les ordres : la marche de l'ouvrage n'a pas permis de procéder ainsi ; mais l'étudiant qui veut envisager régulièrement l'ensemble, devra relire ces tableaux dans l'ordre indiqué à la colonne de progression. Ceux qui suivent, sont consécutifs.

I, 59 } Echelle du raffinage atmosphérique.
» 65 } Complémens de bénéfice climatérique.

I, 114 } Trois prodiges d'industrie sociétaire. } A réunir.
II, 129 } Neuf prodiges *idem.* }
I, 273 } Le trentuplement de richesse.
» 494 } Table d'économies sociétaires.

I, 167 } Gamme des méthodes commerciales des 7 périodes.
» 168 } Série des 36 caractères du commerce mensonger.
II, 419 } Hiérarchie de la banqueroute à 36 espèces.

I, 257 } Echelle des titres de caractère.
II, 522 } Détail des 5 premiers titres.

I, 286 } Echelle générique des souverainetés.
II, 336 } Détail en titres cardinaux et pivotaux.

» 293, 299, 341, 541, 542, le faux libéralisme.

I, 481 } Les disgraces des industrieux.
II, 107 } Autre gamme *idem.*

I, 484 } Journée de l'Harmonien pauvre.
II, 603 } Détails de cette journée.

Il est inutile de mentionner ici les tableaux liés entr'eux et qui se suivent à 2 ou 3 pages près, comme

Cependant, parmi ceux qui ne sont pas en relation de genre ou d'espèce avec d'autres, il est bon de citer les principaux, pour la commodité du lecteur qui désirerait les revoir.

DEVISES DIALOGUÉES.

Montesquieu. « *Les sociétés civilisées sont atteintes d'une maladie de langueur, d'un vice intérieur, d'un venin secret et caché.* »

J. J. Rousseau. « Ce ne sont pas là des hommes : il y a quelque bouleversement dont nous ne savons pas pénétrer la cause. »

Condillac. « *Il faut reprendre nos idées à leur origine, refaire l'entendement humain, et oublier tout ce que nous avons appris.* »

Barthélemy. « Ces bibliothèques, prétendu trésor de connaissances sublimes, ne sont qu'un dépôt humiliant de contradictions et d'erreurs. »

Voltaire. « *Montrez l'homme à mes yeux ; honteux de m'ignorer,*
» *Dans mon être, dans moi, je cherche à pénétrer :*
» *Mais quelle épaisse nuit voile encore la nature !* »

Socrate. « Ce que je sais, c'est que je ne sais rien : j'espère qu'un jour la lumière descendra. »

B. St.-Pierre. « *Quelques-uns fondés sur des traditions sacrées, pensent que l'état actuel est un état de punition et de ruine ; que ce monde a existé avec d'autres harmonies ! ! !* » (Elles peuvent donc renaître.)

J. B. Say. « Mais il est des personnes dont l'esprit n'ayant jamais entrevu un meilleur état social, affirment qu'il n'en peut exister. Elles conviennent des maux de l'état social tel qu'il est, et s'en consolent en disant qu'il n'est pas possible que les choses soient autrement. » (*Refrain des Français ; l'impossibilité.*)

Nom oublié. « *Un jour viendra où les lumières les plus inespérées, où les harmonies les plus sublimes, ne seront qu'un jeu pour l'esprit humain dirigé par des méthodes plus exactes.* » (Le procédé sociétaire.)

Cette série de devises est un canevas sur lequel tout érudit pourra broder. Ceux qui ont la tête meublée de lectures sacrées et profanes, pourront aisément recueillir et coudre une collection de ces passages où les écrivains célèbres dénoncent la vanité de leurs lumières, confessent le malheur universel, et invoquent la découverte d'un ordre social moins pervers, moins désastreux que la civilisation. Une kyrielle de cent devises en ce genre, eût été un prélude fort bien adapté à l'invention que je publie.

AVANT-PROPOS
ET PLAN DE L'OUVRAGE.

PRÆ. — EXPOSÉ SUCCINCT.

CONTRE *l'usage des inventeurs, tous enclins à exagérer le mérite de leur découverte, je m'efforcerai de déguiser les beautés de la mienne, les dévoiler par degrés, traiter le lecteur comme un homme opéré de la cataracte, et qu'on n'expose que peu à peu à la lumière du soleil.*

L'Association agricole, que tous les siècles avaient crue impossible, présente des résultats gigantesques en magnificence. Les démonstrations rigoureuses, les calculs arithmétiques dont ils seront étayés, n'empêcheront pas que le tableau de tant de biens ne révolte des esprits habitués aux misères de la civilisation.

Par exemple, dire que l'état sociétaire doit tripler subitement (dans l'intervalle de deux ans) le produit de l'agriculture et de l'industrie générale, de sorte que celui de France estimé aujourd'hui 4 et 1/2 milliards, s'élèvera à 13 milliards au moins, en 1825, si l'Association commence en 1823, c'est exciter le cri d'impossibilité et de vision. Cependant l'on sera pleinement convaincu, après la lecture de cet ouvrage, que, loin d'être exagérée, cette estimation est cavée trop bas.

Passant d'un prodige matériel à un prodige politique, la fusion et l'absorption des partis quelconques, j'entrevois que les défiances vont redoubler et éclater en risées, si j'avance que l'état sociétaire va absorber subitement les esprits de parti, faire tomber dans l'oubli toutes leurs querelles (non par voie de conciliation directe, qui serait vraiment la chose impossible).

Ce prodige de concorde sociale naîtra de la diversion qu'opéreront de nouveaux intérêts, et sur-tout de la confusion dont tous les partis seront frappés, en voyant la duperie du monde social, mystifié depuis 3,000 ans par la philosophie qui vante le travail insociétaire et la pauvreté, pour se dispenser de recherches sur l'Association.

La science qui a trompé ainsi le genre humain, se compose de 4 facultés, dites métaphysique, politique, moralisme (*), économisme. *Ces 4 sciences tombent à la fois, devant la théorie de l'Association dont elles ont toujours dit :* « Cela serait trop beau ; donc cela est impossible. » *C'est ainsi qu'elles ont esquivé la tâche : le monde social est bien coupable de ne les avoir pas sommées de la remplir, toute affaire cessante.*

Enfin la duperie générale est réparée, et le calcul de l'Association pleinement découvert en tous degrés, II, 17. *L'opération repose sur une seule disposition que je nommerai* Série de groupes industriels, contrastée, rivalisée, engrenée : *plus brièvement*, Série passionnelle, *définie pages* 15 *à* 20, Introd. *On verra dans cet ouvrage, que l'Association ne peut pas s'opérer sans intervention de ce ressort.*

Le débat se réduira donc à vérifier :

1° Si la distribution par Séries pass. contrastées est l'ordre convenable à l'Association ;

2° Quels procédés les détracteurs opposent à la Série pass. ;

3° A considérer que c'est ici la seule invention assortie aux convenances des souverains et des peuples ; qu'elle seule peut leur garantir les quatre avantages suivans, entre mille :

1° Art de rendre le travail attrayant, même pour les deux extrêmes, les Sybarites et les Sauvages ;

2° Triplement subit de la richesse réelle ;

3° Extirpation complète des germes de révolution ;

4° Faculté d'atteindre aux richesses par la pratique de la vertu et de la vérité, qui, en civilisation, sont voies de l'indigence et de toutes les disgrâces.

(*) Je dis *moralisme* et non pas *morale*, car il n'est rien de plus louable que les préceptes qui prêchent la moralité et les bonnes mœurs ; mais le moralisme ou esprit de controverse, manie sophistique en morale, est une science aussi nuisible que les 3 autres sciences philosophiques ; c'est d'ailleurs la plus contradictoire des quatre, depuis qu'elle prêche l'amour du trafic et l'amour de la vérité.

« *Serpentes avibus geminentur, tigribus agni.* »

Saint-Chrysostôme pensait qu'un marchand ne saurait être agréable à Dieu. A cette époque la morale avait du moins l'honneur de ne pas heurter de front la vérité, en prônant les marchands : elle n'était que doctrine sophistique, mais non pas fautrice du mensonge et de ses légions.

La Série de groupes contrastés est le procédé adopté par Dieu dans toute la distribution des règnes et de l'univers. Ce procédé doit, selon l'unité de système, être applicable aux relations humaines. Le problème était de découvrir la voie d'application.

Je ne propose donc pas ici un procédé inconnu; je m'en tiens à celui que Dieu met en œuvre dans toute la nature. C'est, je pense, un titre suffisant à une confiance provisoire et conditionnelle.

Obligé de satisfaire diverses classes de lecteurs, et de me précautionner contre les plagiaires, j'ai dû faire des dispositions qui sembleront bizarres au premier coup-d'œil, et qu'il faut justifier.

J'ai fait choix du titre le plus modeste : en bonne forme, il eût fallu intituler cet ouvrage,

THÉORIE DE L'UNITÉ UNIVERSELLE,

science effleurée par Newton qui en a expliqué une branche; mais les Français, chez qui j'écris, étant inondés de systèmes sur l'unité de l'univers, me condamneraient dès le titre, si je leur annonçais une découverte sur laquelle ils ont été tant de fois abusés. L'affluence de sophistes a fait naître la défiance; elle pesera sur le véritable inventeur : en conséquence, je supprime ce titre fastueux; je me borne à annoncer la branche la plus subalterne de l'unité, l'Association domestique.

Suivent deux préfaces; l'Avant-Propos et l'Introduction.

Ce serait, réplique-t-on, déjà trop d'une, car peu de gens lisent les préfaces, et chacun dira des deux vôtres :

« Je saute vingt feuillets pour en trouver la fin. »

Encore ne serait-ce pas un moyen d'y échapper, car elles en remplissent plus de quarante. Essayons d'apprivoiser le lecteur avec ces deux préfaces, dont

La 1re pour les Français et nations frivoles,

La 2e pour les Anglais et nations graves.

Les lecteurs impatiens qui désireraient en franchir quelques articles, ou la majeure partie, trouveront au final de l'avant-propos une table de direction pour les 3 caractères, FRIVOLE, MIXTE *et* GRAVE; *table qui leur indiquera les morceaux du Ier tome dont ils peuvent différer la lec-*

ture, et ceux qu'il est indispensable de lire avant de passer au IIe tome (théorie concrète).

J'ai moi-même cet usage, vicieux peut-être, de laisser quelques morceaux en arrière, et précipiter la lecture, sauf à revenir ensuite aux portions que j'ai franchies. Pour la commodité de ceux qui ont cette coutume, je leur ai tracé, au Post *ou Final, une marche expéditive.*

La 2e préface, Introduction, est pour les nations graves, Anglais et Allemands, qui veulent prendre connaissance exacte d'un sujet neuf. Les Anglais, en théorie sociétaire, méritent une attention particulière sous double rapport.

En effet, ils ont pris l'initiative en théorie; Newton a traité en partie du matériel de l'Attraction, dont il a négligé la branche aromale. En outre, les Anglais en sont déjà aux essais-pratiques sur le problème principal d'Attraction passionnée, sur le lien sociétaire, opération à laquelle ne songent pas encore les continentaux.

Dès-lors l'invention est par le fait de la compétence des Anglais, et l'auteur doit y discuter spécialement leurs intérêts, sans perdre de vue ceux des autres nations. Tel a été mon plan dans l'Introduction, où se trouve une grande note A, qui concerne particulièrement l'Angleterre.

Chacun prétendra qu'à la suite de ces deux préfaces je devrais entrer franchement en matière. Ce serait trahir le lecteur, abuser de sa faiblesse : je dois lui répéter sans cesse que tout civilisé qui lit le traité de l'Association, est comparable à un aveugle opéré de la cataracte, et qu'on ne doit exposer que par degrés à la lumière.

De là naît le besoin d'instructions préparatoires ou acheminemens gradués dont il n'est pas possible de dispenser le lecteur; car il faut, selon Condillac et Bacon, *lui enseigner à refaire son entendement, à oublier tout ce qu'il a appris des sciences qui vantent le travail morcelé.*

Il n'est pas d'idée plus neuve, plus surprenante, que celle d'associer 300 *familles d'inégaux; prétention à laquelle chacun oppose d'abord qu'on ne peut pas même associer* 3 *familles, encore moins* 300.

Il est bien certain qu'on ne peut pas associer 3 *familles : moi qui connais la théorie d'Association en tous degrés,* *je puis affirmer que le plus bas degré ne descend pas à 30 familles, encore moins à 3 (* II, 17 *). Mais l'Association peut en comprendre de 40 à 300 ; et pour expliquer une opération si neuve, si incompréhensible selon les méthodes actuelles, il faut réfuter d'abord les préjugés sur lesquels se fondent ces fausses méthodes.*

C'est ce qui m'oblige à donner deux instructions préparatoires. L'une, sous le nom de Prolégomènes, *traite la question du régime sociétaire en sens abstrait ; l'autre, intitulée* Cis-Légomènes, *traite le même sujet en sens mixte. De là nous passerons à la théorie concrète, sujet du 2ᵉ Tome. Cette instruction graduée rend la méthode sociétaire plus intelligible.*

Quelle serait la folie d'un lecteur qui, ayant employé sa vie entière ou sa jeunesse à étudier dans 400000 tomes philosophiques des théories d'indigence, de fourberie, de cercle vicieux, enfin de civilisation, craindrait d'employer une quinzaine à étudier 2 volumes contenant la théorie d'Harmonie sociétaire, qui va élever subitement le genre humain tout entier, Sauvages, Barbares et Civilisés, à l'opulence, à la vérité, à l'unité sociale, et à la pleine connaissance du système de la nature, d'où nous éloignaient de plus en plus nos fausses méthodes appelées sciences philosophiques !

Et puisqu'il est nécessaire, comme l'ont fort bien pensé Condillac et Bacon, d'oublier tout ce que ces sciences nous ont appris (avis que je reproduirai souvent), l'esprit humain ne souscrira à cette condition qu'autant qu'on lui aura démontré amplement sa duperie : tel est l'objet de ce premier Volume.

Comment attaquer la vieille idole philosophique, sans heurter les préjugés et l'amour-propre ! Je ne saurai pas, dans ce rôle, user de la souplesse convenable : sera-ce un tort à me reprocher ? Loin de là, tout lecteur devra s'en applaudir ; car si j'avais la flexibilité des beaux esprits, je n'aurais su comme eux que m'engager dans les sentiers battus, et j'aurais manqué l'invention à laquelle on va devoir le bonheur universel. Il fallait, pour dérober ce secret à la nature, ce calcul des destinées, un esprit ori-

ginal, rétif aux méthodes et opinions dominantes : devra-t-on s'étonner de retrouver dans mon style et ma manière, l'indépendance qui m'a conduit à un succès dont le genre humain tout entier va recueillir le fruit !

L'art d'associer en industrie agricole et manufacturière 2 à 300 familles, tient à une méthode si éloignée des nôtres, qu'elle sera pour le lecteur un nouveau monde social. Il faut donc, dans cette étude, suivre le guide avec docilité et confiance ; envisager sans cesse le but inestimable du travail sociétaire, l'avantage d'obtenir en rente annuelle et en valeur réelle (*pag.* 1), *trois mille écus d'un domaine qui ne rend aujourd'hui que mille écus, et 13 milliards d'un Royaume qui n'en rend aujourd'hui que* 4 1/2.

De tels résultats valent bien le sacrifice de quelques préjugés : tout lecteur judicieux se ralliera à cet avis, et consentira à suivre la marche que je recommanderai sans cesse : NÉGLIGER LA FORME ET LES ACCESSOIRES, POUR NE S'OCCUPER QUE DU FOND ; ET NE S'ATTACHER QU'A UN SEUL POINT, QU'A VÉRIFIER SI LE PROCÉDÉ D'ASSOCIATION EST RÉELLEMENT DÉCOUVERT.

CITRA. — *ÉTAT CRITIQUE DE LA CIVILISATION.*

LE monde policé n'eut jamais un besoin plus pressant d'inventions utiles. Il est affligé de quatre fléaux tout récens, qui viennent aggraver ses antiques misères. Ce sont :

M. La nouvelle peste et ses croisemens (*);

M. L'intempérie continue, effet du déboisement;

P. L'esprit révolutionnaire, difficilement comprimé;

P. L'accroissement des dettes publiques et de l'agiotage.

(*) La peste, qui n'était que simple, est à présent quadruple :

1° L'ancienne *peste ottomane*, ou peste du Levant.

2° *La fièvre jaune*, ou nouvelle peste d'Amérique.

3° *Le typhus*, qui tient rang de peste européenne.

4° *Le cholera-morbus*, ou peste indienne, qui fait des progrès et gagnera bientôt la Turquie et l'Afrique.

Ce quadrille de peste démontre que si la civilisation tend à la perfectibilité, comme elle s'en flatte, elle y tend à la manière de l'écrevisse, en affaires matérielles ainsi qu'en affaires politiques. Il est évident qu'elle recule devant le but, en croyant y arriver.

A ce quadrille de calamités matérielles et politiques, il faut ajouter un fléau pire encore; c'est la charlatanerie scientifique, vice plus fâcheux à lui seul que les quatre précédens, car il entrave la découverte des remèdes, et même la recherche, en décorant du titre de perfectionnement, l'état civilisé qui engendre tant de maux.

Une secte qu'on peut nommer la coterie des *perfectibiliseurs*, ne cesse de vanter les progrès de la raison moderne. A en croire ses jactances, il semble que le génie social soit parvenu aux dernières limites de la science, parce qu'il a raffiné les controverses d'idéologie et d'économisme.

Pour toute réponse aux chantres de perfectibilité, ne suffit-il pas de leur citer le quadrille de fléaux très-récens que je viens d'énumérer? A ne parler que d'un seul des quatre, de la pénurie financière, où en trouver le remède? sera-ce dans les sciences politiques? leurs subtilités n'abontissent qu'à accroître les dettes publiques. Aussi les pays qui ont le plus produit d'économistes, sont-ils les plus endettés. Voyez la France et l'Angleterre.

La dette de France, en budget fiscal, ne s'élève qu'à 4 ou 5 milliards; mais si on veut consulter l'opinion qui réclame une indemnité pour les propriétaires dépossédés et les classes froissées par les révolutions, l'on verra qu'aux 4 ou 5 milliards de dette fiscale, il faut ajouter 7 à 8 milliards de dette révolutionnaire; total, 12 milliards.

On se dissimule cette vérité, parce qu'on ne sait où puiser la somme nécessaire à combler un tel déficit. Une nouvelle science va résoudre ce problème. L'*Association domestique-agricole* garantit le triplement du produit effectif de l'industrie générale; c'est-à-dire que si la France, en régime de culture morcelée ou civilisée, produit environ 4 1/2 milliards, elle donnera, je l'ai dit plus haut, de 13 à 14 milliards effectifs en régime sociétaire. Dans ce cas, il sera plus aisé d'imposer et prélever 2 milliards, qu'aujourd'hui un seul.

Ainsi, dès que l'industrie sociétaire sera organisée, la France éteindra facilement, en douze années, sa dette évaluée 12 milliards. On l'acquittera tout en procurant à la masse un dégrèvement relatif DE MOITIÉ sur l'impôt habituel; car le tribut de 2 milliards sur un produit annuel de 14, est inférieur d'environ moitié au tribut d'un milliard et plus, imposé sur 4 1/2 milliards.

Ce n'est là qu'un des bienfaits qu'on va devoir à l'Association, dont nos sciences philosophiques ont si longtemps retardé la découverte, par leurs prestiges d'impossibilité. On verra dans cet ouvrage, qu'il y avait seize voies d'avènement à l'état sociétaire. Quelle duperie à l'âge moderne, d'ajouter foi à ces sophistes qui, pour soutenir leurs théories de morcellement et de subdivision ruineuse, persuadent que les découvertes nécessaires sont impossibles, et sous ce prétexte, détournent de toute recherche quand il y a 16 moyens d'arriver au but.

D'autres sciences, les mathématiques, la physique, la chimie, font des progrès réels; et loin de s'enorgueillir, elles avouent qu'il reste encore beaucoup à faire. La philosophie moderne adopte une marche contraire; plus elle voit les fléaux s'envenimer, plus elle vante son orviétan de perfectibilité dont l'épreuve, après 30 ans de révolutions, prouve qu'on n'a rien à en espérer, et qu'il faut chercher dans quelque science neuve des antidotes efficaces contre les nouvelles calamités.

Il est des inventeurs qui mettent à prix la communication de leur découverte : en livrant gratuitement la mienne, je suis bien fondé à imposer au lecteur une condition facile à remplir; c'est de se soumettre à des instructions préparatoires.

Elles sont indispensables : tous les esprits sont plus ou moins viciés par les idées philosophiques; ceux mêmes qu'on pourrait croire antagonistes de cette science et qui l'attaquent dans leurs écrits, sont encore tout infatués des préjugés d'impossibilité et autres qu'elle a accrédités.

Des hommes bien pensans et qui se prononcent franchement contre la philosophie, ont donné tête baissée dans ses doctrines sur l'insuffisance de la providence, et sur l'incompétence de Dieu en direction du mécanisme social. On ne s'aperçoit pas de cette bévue, où tombent innocemment les personnages les plus religieux : ils sont eux-mêmes fort éloignés d'entrevoir cette erreur, dont ils se convaincront, 1er tome, 1re partie, 3e notice.

S'ils croyaient *PLEINEMENT* à l'universalité de la providence, ils seraient persuadés qu'elle a dû pourvoir à tous nos besoins ; qu'elle n'a pas pu oublier le plus urgent, celui d'un mécanisme régulateur de nos relations industrielles et domestiques.

Je ne parle pas de relations administratives : le tort de la science est de s'être depuis 3000 ans engagée dans les controverses d'administration, qui ne servent qu'à exciter des troubles. Elle devait s'exercer exclusivement sur l'organisation domestique, sur l'art d'associer les ménages isolés, et d'atteindre aux économies colossales, aux énormes bénéfices que produirait cette association : (1er tome, 2e partie, 1re notice).

Une telle étude n'aurait porté ombrage à aucun gouvernement; tous désirent de voir l'industrie se perfectionner, augmenter le produit, et par suite les voies et moyens d'imposition.

Il est assez connu que l'Association domestique-agricole, si elle était possible, donnerait des bénéfices gigantesques; le Créateur ne l'a pas ignoré : or, quelle peut être à cet égard son intention ? Lorsqu'il a statué sur nos relations industrielles, il n'a pu opter qu'entre l'état sociétaire ou l'état morcelé ; (T. II, 227). Lequel des deux modes nous a-t-il assigné ? S'il a opté pour l'état sociétaire, comme on devait le présumer, il fallait procéder à la recherche des lois qu'il a dû faire sur l'Association. Pour peu qu'on se fût exercé sur ce problème, on serait bien vîte parvenu à la découverte, 108.

Mais cette recherche ne convenait point aux sophistes, dont elle aurait fait suspecter les 4 sciences, politique, métaphysique, moralisme et économisme. Pour sauver cette controverse, ils ont enseigné l'insuffisance de la providence, et persuadé qu'elle n'a réglé nos destinées sociales qu'à demi ; qu'elle n'a rien statué sur l'ordre des relations domestiques-industrielles.

De là vient que personne n'a songé à faire des études sur l'Association, qui est nécessairement le mode voulu par une providence économe. Les esprits civilisés sont obstrués de préjugés sur cette question, et sur une foule d'autres qui en dépendent, notamment sur l'unité de l'univers ou analogie universelle, dont la théorie indiquée à l'article *PIVOT INVERSE*, 497, fera tomber dans l'oubli les controverses philosophiques, par sa propriété de plaire et instruire sans exciter ni troubles, ni débats sophistiques.

Examinons plus en détail les 4 fléaux récens, d'où je conclus à l'urgence d'une découverte qui vienne au secours du monde matériel et du monde politique, l'un et l'autre également déclinans.

FLÉAUX MATÉRIELS. 1° *La nouvelle peste et ses croisemens.* L'on se croit à l'abri en voyant le fléau confiné en Espagne, borné à ravager les côtes de Cadix à Barcelone; mais en dépit des quarantaines, la fièvre jaune arrivera quelque jour au Havre ou à Douvres, et le lendemain à Paris et Londres, car elle règne de plus en plus dans les deux Amériques, sans que la médecine ait acquis de connaissance fixe ni sur la nature du mal, ni sur le remède à y appliquer.

D'autre part, la *peste du Levant* doit se renforcer par l'influence qu'on vient de rendre aux Ottomans, qu'il eût été si aisé de détruire en 1821, et presque sans coup férir.

Le *typhus* des Nègres et des Blancs est une perfectibilité naissante. Il prendra de l'activité quand il se sera croisé avec les autres pestes. On assure que déjà il redouble, par ses croisemens, la malignité de la fièvre jaune.

Le *cholera-morbus* arrive d'Orient; il a déjà pénétré à Bagdad; il marchera à pas de géant sous la tutelle de nos aimables alliés les Ottomans, qui, par fatalisme et mal-propreté, auront bientôt croisé cette peste indienne avec l'égyptienne, et toutes deux réunies à la fièvre jaune et au typhus, formeront des mariages de perfectibilité. Entretemps, l'Europe chante le perfectionnement : il suffirait de cette seule calamité pour la désabuser; nous allons en signaler 3 autres.

A cette perspective on oppose une ombre de bien; on observe que la petite vérole est combattue avec succès par la vaccine. C'est un petit avantage à mettre en balance avec d'énormes désastres : nous opérons comme un général qui ferait mille prisonniers sur l'ennemi, quand l'ennemi lui enleverait 3 et 4000 hommes. Comment notre siècle, sans cesse raisonnant de balance et d'équilibre, ne s'aperçoit-il pas *qu'en matériel comme en politique, si le bien fait un pas en avant, le mal en fait quatre et souvent dix*? J'aurai souvent occasion de lui rappeler ce plaisant résultat de ses théories de *balance*, *contre-poids*, *garantie*, *équilibre*.

2° *L'intempérie croissante*, *effet du déboisement.* Les

saisons n'ont plus de cours régulier ; elles ne présentent que des excès monstrueux, des transpositions pernicieuses qui font décliner les cultures, et relèguent par degrés l'olivier vers le midi. La cause de ce désordre, la dévastation des forêts, s'accroît en tous pays, et l'agriculture est menacée du plus sinistre avenir.

On a tant publié de jérémiades sur ce sujet, que je n'ai rien à ajouter aux tableaux du mal, sinon qu'il naît des incidens mêmes qu'on juge favorables. Après une série d'années rigoureuses depuis 1816, l'hiver très-doux de 1822 et le printemps précoce, donnaient lieu de croire à une restauration climatérique : ce n'est qu'un désordre de plus. La planète, après plusieurs hivers prolongés jusqu'en juin, depuis 1816 à 1821, a fini par sauter un hiver entier en 1822 ; nouvelle calamité qui nous a valu des légions de rats, de chenilles, etc., des sécheresses prématurées et obstinées, des ouragans multipliés, dont les ravages ont frappé non pas un ou deux cantons, selon l'usage, mais 20 et 30 à la fois sur un même point, et donné, après tant de belles apparences, une récolte des plus médiocres.

Ce fléau, joint au précédent, suffit à constater le désordre matériel et l'urgence d'un moyen de restauration générale *du matériel* : mais comment nos physiciens le découvriraient-ils, quand ils n'ont pas même posé en principe la nécessité de le chercher, pas même spéculé sur l'hypothèse de *restauration générale composée*, dont je donne les tableaux à l'Introduction (Note A, 59, 65)? Qui d'entre les savans songerait à chercher les voies du bien matériel, quand aucun d'entr'eux n'a su s'élever à en calculer les effets, ni en matériel, ni en politique?

FLÉAUX POLITIQUES. Les plus récens et les plus saillans, dettes publiques et révolutions, naissent l'un de l'autre. Les Esculapes sociaux n'ont su jusqu'ici qu'aggraver ce double mal ; ils n'ont inventé,

Contre *les dettes nationales*, que le gouvernement représentatif, qui, d'après l'expérience, a la propriété d'accroître les impôts, les dettes et les commotions politiques.

Contre *les révolutions*, qu'un système répressif qui les fait renaître de leurs cendres. Il eût fallu absorber l'esprit révolutionnaire dans de nouveaux intérêts, assez puissans pour faire tomber dans le mépris les chimères démocratiques : tel sera l'effet de l'Association.

Loin de procéder ainsi contre l'esprit révolutionnaire, la politique ne sait lui opposer que la science du Dey d'Alger, la *répression*, quoique divers opérateurs, 393, aient prouvé qu'on peut employer avec succès le mode mixte ou *fusion*. Il restait aux uns et aux autres à s'instruire sur le mode harmonique ou substitution, 393.

Ce n'est que dans le régime sociétaire qu'ils en peuvent trouver les voies. Dès le moindre essai de l'Association, et même dès l'apparence de tentative, on verra tomber à plat ce faux libéralisme, contre lequel s'escriment les cabinets et les congrès. Il sera frappé de ridicule comme trahissant les intérêts personnels et collectifs de tous. La classe qui s'attribue des vues libérales, sera convaincue de n'avoir pas même connaissance de l'esprit libéral, caractère très-honorable, mais dont la civilisation n'offre aucun type. On en verra la preuve aux articles I, 293, 541 ; II, 389, 511 et autres, où il est démontré que le vrai libéralisme doit se concilier avec toutes les formes de gouvernemens civilisés, ne spéculer que sur les améliorations industrielles, et jamais sur les changemens administratifs ni sur les déplacemens de fonctionnaires. C'est l'opposé du libéralisme civilisé, qui ne tend qu'à décréditer l'administration, s'installer à sa place, et laisser la besace au peuple, après l'avoir leurré de régénération.

Le 4e fléau, l'art de décimer et dévorer l'avenir.

L'accroissement des dettes publiques et de l'agiotage est une calamité si notoire et dont les progrès sont si rapides, qu'elle suffirait seule à confondre les sciences économiques. J'aurai lieu d'en traiter dans une foule d'articles ; suspendons jusque-là.

Un vice qui se rattache à ces 4 fléaux, c'est de prétendre y remédier par un fléau pire encore, la *charlatanerie scientifique* ou licence accordée aux systèmes incertains qui, loin d'être compatibles avec l'expérience, engendrent tous les maux opposés aux biens qu'ils ont promis. Le tort principal de la politique moderne est de ne pas astreindre les sophistes à une responsabilité expérimentale, à une peine afflictive en cas de démenti donné par l'expérience.

La philosophie qui a tant disserté sur la responsabilité des ministres, n'a jamais dit mot de celle qu'on devrait imposer à ses légions de sophistes. Un *code pénal sophistique* aurait guéri le siècle de la manie des systèmes incertains, et dirigé les écrivains à la recherche des inventions utiles. Notre siècle, riche de bel esprit et de subtilités, s'est montré bien pauvre de sagacité dans la police des sciences.

Je me suis borné à citer pour symptômes de périclitation matérielle et sociale, 4 fléaux récens; j'aurais pu décupler le tableau, ainsi qu'on le verra dans le cours de l'ouvrage: mais c'en est assez pour une première apostrophe aux champions de perfectibilité, qui ne sauraient nier cette quadruple dégénération. J'en signalerai une foule d'autres, dont les analyses tendront à ramener sans cesse l'attention sur l'objet spécial qui doit être de vérifier (*Præ*, x):

1° S'il est probable que l'Association puisse donner en effectif le triple produit, selon les estimations du Ier tome; 2e partie;

2° Si la méthode que je décris au IIe tome, sous le nom de *Série passionnelle* et *Phalange de Séries*, est apte à former et consolider le lien sociétaire.

Ces deux points une fois démontrés, l'acquittement prochain des dettes publiques et l'indemnité des lésions de révolution seront pleinement garantis. Sans l'Association l'on ne pourrait atteindre aucun des deux buts, et les indemnités que l'on allouerait, s'élèveraient à peine au quart de la véritable dette, qu'on n'oserait pas reconnaître en plein, faute de moyens pour y faire face et l'amortir.

Par exemple, en accordant à un émigré le prix de vente de ses domaines, on ne lui donnerait peut-être que le 10e de sa créance réelle; car ces sortes d'immeubles ont été la plupart vendus pour le montant du produit de deux récoltes, ou pour la valeur des coupes de forêt, des matériaux d'édifices démolis. Le dédommagement, en le stipulant à prix de vente, serait donc borné au 10e; encore que de délais à redouter si une guerre venait absorber les ressources fiscales!

Tout injustes que seraient ces évaluations, l'on y aurait été réduit sans la découverte inespérée du mécanisme sociétaire. Combien ceux qui ont de pareilles réclamations à former, doivent bénir l'invention qui va fournir des moyens d'indemniser complètement toutes les parties lésées, y compris les ecclésiastiques et les créanciers spoliés par des remboursemens en assignats, hors de transactions commerciales.

Mais pour s'initier à cette précieuse théorie de l'Association, je répète qu'il faut s'affranchir des préjugés philosophiques répandus par-tout, et dominans jusque chez ceux qui s'en croient les ennemis. Ces préjugés sont vraiment un *péché originel* dans tous les esprits civilisés, une souillure qu'il faut effacer par d'amples instructions préliminaires, objet de ces Prolégomènes.

A part la nécessité d'attaquer les doctrines philosophiques, on peut dire que la théorie d'Association est une science toute conciliante, en ce qu'elle enseigne l'art d'enrichir la masse sans froisser aucun individu. Elle servira les sophistes mêmes, qui feront aisément le sacrifice de leurs 400,000 volumes en considération des bénéfices rapides qu'ils vont obtenir dans l'état sociétaire, et du charme de connaître le calcul des destinées, le système de la nature, dont ils n'osaient pas même espérer la découverte.

Quant aux autres classes, elles pourront, après la lecture de cet ouvrage, se convaincre que le plus riche sybarite ne peut pas, en civilisation, s'élever un seul jour au degré de bonheur dont jouira, dans l'état sociétaire, le moindre cultivateur; thèse qui sera démontrée à la rigueur, T. II, liv. 4, S^{on}. 8e. On peut, dès ce tome, chap. 24, page 475, s'assurer que je ne me trompe pas en estimation de bonheur.

Le moindre essai de l'Association sur une centaine de familles et un tiers de lieue carrée, suffira à prouver que les sophistes n'ont jamais eu aucune notion régulière sur le bonheur social, non plus que sur la vérité, la liberté et l'économie dont ils se disent les oracles. Après cet essai, eux-mêmes seront si confus de leur prétendue science et de l'industrie morcelée dont elle est l'apôtre, que le nom de philosophe sera renié par quiconque pourra s'en défendre.

Au reste, l'épreuve de l'Association ramènera tous les partis à l'indulgence et à la modestie, en prouvant que si les philosophes sont pauvres de génie inventif, leurs antagonistes le sont de même, pour n'avoir pas su remplir la tâche qu'esquivaient les sophistes, ni déterminer la destinée industrielle et domestique, l'Association, où seize routes pouvaient les conduire, 108, (indépendamment de diverses voies secondaires que je n'ai pas dû mentionner, 108, en tableau des voies primordiales).

Et le siècle, après de telles négligences, après ce retard de l'étude la plus urgente, ose vanter ses progrès vers la perfectibilité ! opposons-lui sans cesse l'humilité de ses propres chefs, (Devises, p. VIII). Tous confessent l'inanité de leur science, et l'égarement de cette raison qu'ils ont cru perfectionner; tous, enfin, s'accordent à dire, avec leur compilateur Barthelemy : » Ces bibliothèques, prétendus trésors, etc., p. VIII.

Il n'est que trop vrai : depuis 25 siècles qu'existent les sciences politiques et morales, elles n'ont rien fait pour le bonheur de l'humanité; elles n'ont servi qu'à augmenter la malice humaine, perpétuer l'indigence, et reproduire les mêmes fléaux sous diverses formes. Après tant d'essais infructueux pour améliorer l'ordre social, il ne reste aux philosophes que la conviction de leur impéritie; le problème du bonheur public est un écueil insurmontable pour eux.

Cependant une inquiétude universelle atteste que le genre humain n'est point arrivé au but où la nature veut le conduire, et cette inquiétude semble présager quelque grand événement qui changera notre sort. Les nations harassées par le malheur et trompées cent fois par les jongleurs politiques, espèrent encore et ressemblent à un malade qui compte sur une miraculeuse guérison. La nature souffle à l'oreille du genre humain, « qu'il est réservé à un bonheur dont il ignore les » routes, et qu'une découverte merveilleuse viendra tout-à-coup » dissiper les ténèbres de la civilisation. »

La théorie sociétaire va justifier cet espoir, assurer à chacun cette aisance graduée qui est l'objet de tous les désirs. Les sciences n'ont rien fait pour le bonheur social, tant qu'elles n'ont pas pourvu au besoin principal, ou besoin de richesse graduée, assurant au pauvre un *MINIMUM DÉCENT*. La théorie sociétaire ne serait qu'un nouvel opprobre pour la raison, si elle ne nous donnait que de la science et toujours de la science, au lieu de nous donner la richesse qui est notre premier besoin, notre vœu le plus unanime.

Quant à la civilisation d'où nous allons enfin sortir, loin d'être destinée sociale de l'homme, elle n'est qu'un fléau passager dont les globes sont affligés durant leurs premiers âges : elle est pour le genre humain une maladie d'enfance, comme la dentition ; maladie qui s'est prolongée sur notre globe au moins 20 siècles de trop, par l'inadvertance et l'orgueil des philosophes anciens qui dédaignèrent toute étude sur l'Association et l'Attraction passionnée. Bref, les sociétés sauvage, patriarcale, barbare et civilisée, ne sont que des sentiers de ronces, des échelons (p. 25) pour s'élever à un meilleur ordre, à l'Harmonie sociétaire qui est destinée industrielle de l'homme, et hors de laquelle les efforts des meilleurs princes ne peuvent aucunement remédier aux malheurs des peuples.

C'est donc en vain, Philosophes, que vous auriez amoncelé des bibliothèques pour chercher le bonheur, tant qu'on n'aurait pas extirpé la souche de tous les malheurs sociaux, le *MORCELLEMENT INDUSTRIEL* ou travail non sociétaire, qui est l'antipode des vues économiques de Dieu.

Vous vous plaignez que la nature vous refuse la connaissance de ses lois : eh ! si vous n'avez pas pu, jusqu'à ce jour, les découvrir, que tardez-vous à reconnaître l'insuffisance de vos méthodes, comme l'ont fait les auteurs cités, p. VIII, et invoquer une nouvelle science, un nouveau guide ? Ou la nature ne veut pas le bonheur des hommes, ou vos méthodes sont réprouvées de la nature, puisqu'elles n'ont pu lui arracher ce secret que vous poursuivez.

Voit-on qu'elle soit rebelle aux efforts des physiciens comme aux vôtres ? Non, parce que les physiciens étudient ses lois au lieu de lui en dicter ; et vous n'étudiez que l'art d'étouffer la voix de la nature, d'étouffer l'Attraction qui est interprète de la nature, et dont la synthèse conduit en tout sens à la formation du lien sociétaire.

Aussi, quel contraste entre vos bévues et les prodiges des sciences fixes ! chaque jour vous ajoutez, Philosophes, des erreurs nouvelles à d'antiques erreurs, tandis qu'on voit chaque jour les sciences physiques avancer dans les routes de la vérité, et répandre sur l'âge moderne autant de lustre que les billevesées philosophiques ont répandu d'opprobre sur le dix-huitième siècle.

CIS-PAUSE.

CIS-PAUSE. — *Les partis conciliés aux dépens des bibliothèques.*

J'INSISTE par note spéciale sur l'assertion précédente, savoir : » que l'Association est toute conciliante, garantissant la prompte » fusion, et qui plus est, l'absorption des partis. »

On pourra me reprocher des indices contraires, un début très-hostile, qui, dès les premières pages, heurte un parti nombreux, celui des philosophes et des libéraux. « Il fallait, diront » les Aristarques, vous en tenir à des thèses bien suffisantes ; » vous borner à prouver qu'un domaine du produit de 1000 » écus, en rendra 3000 en Association, et que cet accrois- » sement colossal de richesse est le seul moyen de cicatriser les » plaies de révolution, en indemnisant les parties lésées. »

Une telle circonspection serait duperie en France, où l'on prodigue le titre de philosophe à tout auteur d'idées neuves. Je ne veux point être confondu avec les sophistes que je combats, et j'ai dû, dès la 1re page, faire scission avec de faux savans qui se dénoncent eux-mêmes : (*Devises*, *p. VIII*).

Dans cette préface, comme dans tout le cours du livre, j'attaque la science et non les auteurs, à qui ma théorie ménage les capitulations les plus favorables sous les rapports

de l'amour-propre, 99,
et de la fortune subite, 268.

Ils y verront que l'Association leur vaudra cent fois plus de richesses et d'honneurs qu'ils n'en eussent osé désirer : n'est-ce pas se concilier pleinement avec eux, que de combler ainsi leurs vœux? Il en est de même des libéraux, dont j'attaque les erreurs, les duperies, et non les intentions expresses : désirent-ils sincèrement d'améliorer le sort des peuples, ils seront ravis d'apprendre qu'il existait une voie sûre pour atteindre au bien social, et que la philosophie nous avait caché depuis 3000 ans cette planche de salut enfin découverte, voie toute pacifique, purement industrielle, et étrangère aux affaires de politique administrative.

Quant aux bibliothèques philosophiques, il n'est aucun moyen de les sauver. Les philosophes cherchent, disent-ils, la vérité ; ils ont dû s'attendre que son apparition serait un coup de foudre pour des systèmes dont eux-mêmes déplorent la vanité, espérant *QU'UN JOUR LA LUMIÈRE DESCENDRA.*

En leur apportant cette lumière, dois-je à leur science plus d'égards qu'ils n'en ont pour elle? Serai-je obligé de vanter 400,000 tomes qu'ils proscrivent, en disant, Devises, p. VIII : « Ces bibliothèques, prétendus trésors de connaissances su- » blimes, ne sont qu'un dépôt humiliant de contradictions » et d'erreurs? »

Il faudra cent fois le leur répéter pour les disposer à subir une déchéance dont eux-mêmes ont prononcé l'arrêt, pensant que l'exécution en était renvoyée à des milliers d'années, et que la philosophie, tout en s'avouant trompeuse et impuissante contre les désordres sociaux, allait régner encore bien des siècles avant qu'on n'obtînt la lumière invoquée par ses coryphées, Socrate, Montesquieu, Voltaire, etc.; p. VIII.

On ne peut espérer cette lumière que d'une science opposée en tous points aux quatre corps de sophisme qui ont égaré l'esprit humain, engouffré le monde social dans l'indigence, la fourberie, la civilisation et la barbarie. Il est donc nécessaire que l'inventeur du calcul des destinées se déclare en pleine contradiction avec les 4 facultés philosophiques.

Si j'hésitais dans ce rôle, si je ménageais quelque voie d'accommodement avec leurs 400,000 tomes, le lecteur serait fondé à concevoir des défiances, ne voir en moi qu'un sophiste de plus. Celui qui apporte réellement la vérité, et qui s'engage à en fournir les preuves mathématiques, doit rompre en visière à l'erreur et déclarer sans réserve aux quatre sciences fausses, que leur règne est fini; annonce qui, loin d'être alarmante pour les écrivains, leur présente un gage d'immense fortune, 268, une moisson de nouvelles palmes scientifiques et littéraires; (Pivot inverse, 497).

Peut-être auront-ils à se plaindre de l'aspérité des formes, de l'amertume des reproches : mais si la nature m'eût donné la souplesse des caméléons littéraires, elle ne m'aurait pas accordé le génie inventif, et je n'aurais pas su

» *DÉROBER AU DESTIN SES AUGUSTES SECRETS.* »

Si jamais inventeur mérita une dispense de flatterie, c'est assurément celui qui, entr'autres merveilles, enseigne le moyen de tripler subitement le revenu réel, ou produit agricole et manufacturier; celui qui enseigne le secret non moins précieux de s'élever à la fortune par la pratique des vertus et de la vérité. Qu'importe qu'une telle annonce excite au premier abord le soupçon de roman et conte de fées, quand l'inventeur est muni de preuves irrécusables, quand la nature entière dépose à l'appui de sa théorie (Pivot inverse, 497), et que l'essai sur un hameau suffira à la démonstration!

Deux problèmes exerçaient ou plutôt désolaient les génies civilisés : l'un roulait sur l'art de concilier la pratique de la vertu avec l'essor des passions et de la nature, avec l'amour des richesses; l'autre, sur les moyens de pénétrer le grand mystère, le système de la nature et des harmonies de l'univers. Nos bibliothèques ont échoué sur l'un et l'autre point : pourrait-on les regretter, quand leur chute est pour nous le gage du double succès sur les deux problèmes?

Quel charme pour des impatiens comme les Français, de

pouvoir, par la lecture d'un seul ouvrage, s'initier à de si grands mystères, se trouver tout-à-coup plus savans en étude de la nature et de l'homme, que les érudits qui ont compulsé des milliers de systèmes ! Quel triomphe pour ceux qui n'ont pas lu les 400,000 tomes de philosophie ! Ils vont se trouver, comme l'a prévu Condillac, 94 1/2, plus avancés que ceux qui auront passé de longues années à s'en farcir le cerveau, et qui, selon l'augure du même auteur, seront réduits à oublier tout ce qu'ils ont appris des sciences incertaines ; augure si bien appliqué à la circonstance, que j'en ferai l'un des refrains de cet ouvrage.

INTRA. — *Cadre d'étude intégrale de la nature.*

Défection des Corps savans.

En publiant la découverte qu'on était si loin d'espérer, la théorie des destinées générales, expliquons au siècle pourquoi elle a été manquée par ses grands hommes, entr'autres par Newton qui effleura le secret, et comment il se fait qu'elle devienne la proie d'un intrus, d'un homme étranger aux sciences. Tant de fois on a vu la fortune se jouer des efforts du génie, accorder à des jeux du hasard les inventions précieuses ; faut-il s'étonner qu'elle en ait agi de la sorte dans la grande affaire du calcul mathématique des destinées !

Indépendamment des faveurs du hasard, il en est aussi pour la témérité : *audaces fortuna juvat.* On voit fréquemment les casse-cous réussir là où échouent les hommes de l'art. (Voyez le paragraphe Elphi-Bey, 348 1/2. Les savans mêmes n'ont souvent dû leurs succès qu'à des procédés de casse-cou. Képler avoue qu'il opérait au hasard, quand il découvrit la fameuse loi des carrés de temps périodiques proportionnels aux cubes des distances. Il est donc avéré qu'en fait de découvertes, la témérité et le hasard entrent en partage avec le génie et la science. Newton, à ce qu'on assure, ne dut qu'à un coup fortuit, à la chute d'une pomme, le calcul de la gravitation, que Pythagore avait entrevu et manqué 25 siècles auparavant.

C'est assez répliquer au reproche d'intrus et de favori du hasard. A tort ou raison, je tiens la perle qui a échappé aux favoris de la science, et c'est à moi de les remontrer sur les fautes qu'ils ont commises dans la recherche du trésor.

Les sophistes modernes et sur-tout ceux de France, ont généralement la prétention d'expliquer l'unité du système de la nature ; jamais pourtant on ne fut plus éloigné d'études régulières sur ce sujet ; aussi n'a-t-on pas acquis la moindre notion sur l'unité générale qui se compose de 3 branches ; savoir :

Unité de l'homme avec lui-même ;
Unité de l'homme avec Dieu ;
Unité de l'homme avec l'univers.

Il sera démontré dans cet ouvrage, que les sophistes ont depuis 3000 ans oublié ou négligé à dessein d'étudier la première des 3 unités, celle de l'homme avec lui-même, et spécialement avec ses passions qui, hors de l'état sociétaire, sont en discorde générale, XXXVI, et entraînent à la perdition l'individu même qu'elles dirigent.

Cette duplicité d'action, cette dissidence de l'homme avec lui-même, a fait naître une science nommée MORALE, qui envisage la duplicité d'action comme état essentiel et destin immuable de l'homme. Elle enseigne qu'il doit résister à ses passions, être en guerre avec elles et avec lui-même ; principe qui constitue l'homme en état de guerre avec Dieu, car les passions et instincts viennent de Dieu, qui les a donnés pour guides à l'homme et à toutes les créatures.

A cela on réplique par de doctes amphigouris sur l'intervention de la raison que Dieu nous aurait, DIT-ON, donnée pour guide et modérateur des passions ; d'où il résulterait :

1° Que Dieu nous aurait subordonnés à deux guides inconciliables et antipathiques, *la passion* et *la raison* : (duplicité théorique).

2° Que Dieu serait injuste envers les 99/100mes des hommes, à qui il n'a point départi cette raison nécessaire à lutter contre la passion : le peuple, en tous pays, barbare ou civilisé, est sans raison ; quant aux Sauvages, ils ne connaissent que la passion : (duplicité distributive).

3° Que Dieu, en nous donnant pour contre-poids la raison, aurait agi en mécanicien inepte ; car il est évident que ce ressort est impuissant, même chez le 100e des hommes qui en est pourvu, et que les distributeurs de raison, comme un Voltaire, sont les gens les plus asservis à leurs passions : (duplicité pratique).

Ainsi nos doctrines d'unité de l'homme avec lui-même, débutent par placer l'homme en triple duplicité d'action, monstruosité qui serait un triple affront pour le créateur des passions.

Rien n'est admissible dans ces 3 hypothèses : elles seront examinées et pleinement confondues dans les 3 premières notices de ce volume ; où il sera démontré que toutes ces aberrations de la métaphysique civilisée proviennent du refus d'étudier l'Attraction passionnée, d'en faire le *calcul analytique et synthétique*, par lequel on aurait découvert quel emploi, quels équilibres Dieu assigne à la passion et à la raison, comment elles se concilient en tout point dans l'état sociétaire, et comment elles doivent discorder en tout point dans l'état d'industrie morcelée ou lymbe sociale, état civilisé et barbare.

Ignorans sur l'unité de l'homme avec lui-même, nous le sommes d'autant mieux sur les 2 autres unités, celle avec Dieu et celle avec l'univers. Doit-on s'en étonner, quand on a oublié de s'occuper de la première, dont la théorie est voie d'acheminement aux deux autres?

Voilà donc l'ensemble des études manqué, et le génie borné jusqu'ici à saisir quelques parcelles du système de la nature, quelques rameaux détachés, comme la théorie newtonnienne, branche de la 3e unité. Son invention nous invitait à poursuivre le succès, à étendre les calculs d'Attraction, du matériel au passionnel, afin de découvrir quelle organisation sociale et domestique Dieu assigne à nos passions et relations industrielles, où le désordre va croissant, à n'en juger que par les 4 indices précédens. *Citra*, XIV.

On a vaguement posé en principe que les hommes sont faits pour la SOCIÉTÉ : on n'a pas observé que la société peut être de deux ordres, *le morcelé* et le *combiné*, l'état insociétaire et l'état sociétaire. La différence de l'un à l'autre est celle de la vérité à la fausseté, celle de la richesse à la pauvreté, celle de la lumière à l'obscurité, celle de la comète à la planète, celle du papillon à la chenille.

Le siècle, dans ses pressentimens sur l'Association, a suivi une marche hésitante; il a craint de s'en fier à ses inspirations qui lui faisaient espérer une grande découverte; Devises, p. VIII. Il a rêvé le lien sociétaire sans oser procéder à l'investigation des moyens; il n'a jamais songé à spéculer sur l'alternative suivante :

Il ne peut exister que deux méthodes en exercice d'industrie ; savoir : l'état morcelé ou culture par familles isolées, telle que nous la voyons, ou bien l'état sociétaire, culture en nombreuses réunions qui connaîtraient une règle fixe pour répartir équitablement à chacun, selon les trois facultés industrielles, CAPITAL, TRAVAIL *et* TALENT.

Lequel de ces deux procédés est l'ordre voulu par Dieu? Est-ce le morcelé ou le sociétaire? Il n'y a pas à hésiter sur cette question : Dieu, à titre de suprême économe, a dû préférer l'Association, gage de toute économie, et nous ménager, pour l'organiser, quelque procédé dont l'invention était la tâche du génie.

Si l'Association est VOIE DE DIEU, *il est dans l'ordre que la méthode opposée, le travail morcelé ou incohérent, devienne pour nous* VOIE DIABOLIQUE *et fasse régner tous les fléaux opposés à l'esprit de Dieu, indigence, fourberie, oppression, carnage, etc. Voyez Introduction*, 39 et 41.

Et puisque l'état de travail morcelé ou état barbare et civilisé perpétue ces calamités en dépit de toutes les sciences, il est évident, par le fait, que cet état est la VOIE DIABOLIQUE, portæ inferi, *l'antipode des* VOIES DE DIEU, *où l'homme ne peut entrer que par invention et organisation de l'industrie sociétaire.*

A partir de ce principe, le siècle aurait dû proposer l'exploration du procédé sociétaire. Les gouvernemens et les particuliers n'y ont pas songé : les philosophes, d'autre part, n'ont pas voulu mettre en scène ce problème, de peur de décréditer leurs théories de morcellement industriel ou état civilisé, culture en ménages non sociétaires.

Enfin la découverte est faite, et de plus, faite en tous degrés; mais elle aura un tort aux yeux du monde savant; c'est de ridiculiser toutes les théories antérieures en mécanique sociale, et donner congé aux 4 sciences dites métaphysique, politique, moralisme, économisme.

(J'ignore, quant à la métaphysique, si la branche nommée Idéologie (*) sera conservée en tout ou en partie).

Ce pronostic de chute scientifique n'a, je l'ai dit, rien d'alarmant, ni pour les philosophes, ni pour les partisans de leur science. A bien envisager l'événement, ils y trouveront double satisfaction, avantage politique et avantage pécuniaire.

1° *Intérêt politique.* N'est-ce pas un bénéfice réel pour les philosophes, que d'être délivrés de leur propre science, devenue pour eux un fardeau insoutenable, depuis que les grands qui la protégeaient au temps de Platon et de Voltaire, en sont les mortels ennemis?

(*) *Etranger à cette science dont je n'ai pu, malgré quelques lectures, acquérir aucune connaissance, je ne peux pas l'envelopper dans la disgrâce des quatre autres. Je me borne à exprimer sur son compte des opinions négatives.*

Les idéologues paraissent avoir besoin de quelque fanal encore inconnu; car on leur reproche de n'arriver qu'au cercle vicieux, se perdre dans les subtilités, et en dernière analyse, n'être intelligibles ni aux lecteurs, ni à eux-mêmes; ainsi opinent les critiques. Chaque jour un nouveau système vient répandre sur l'idéologie de nouveaux torrens de lumière; d'où il faudrait conclure que ceux de la veille étaient des torrens de ténèbres. On se défie d'une science où le dernier venu dément toujours ses devanciers : Condillac est renversé par Kant, qui à son tour est renversé par Fichte, lequel bientôt est abattu par Schelling, et celui-ci par Ried ou Ancillon, qu'un autre abattra demain, si ce n'est déjà fait. Le monde idéologique est l'image des partis de 94.

Les vrais savans ne se culbutent pas ainsi à tour de rôle : on ne voit pas qu'aucun géomètre ait infirmé ni tenté d'infirmer les doctrines d'Euclide, ni que la médecine moderne ait voulu détrôner Hippocrate. Au reste, je ne saurais émettre aucune opinion positive contre la science idéologique, et je me borne à lui communiquer un doute, n'étant point en état de la juger. Si cette science est utile à diriger l'esprit humain, comment se fait-il qu'elle ne l'ait dirigé vers aucune des études utiles qui lui restaient à faire, entr'autres celles de l'Association industrielle et de l'Attraction passionnée?

Répliquera-t-elle que ses fonctions sont purement analytiques, bornées à expliquer la génération et le mécanisme des idées; rôle passif et parasite! On a besoin d'une science qui opère activement et utilement sur les idées, et qui sache les diriger au but, à la recherche du mécanisme d'harmonie unitaire que Dieu assigna au monde matériel et passionnel.

2° *Intérêt pécuniaire* des philosophes. La chute des quatre sciences incertaines assurera une fortune colossale aux sophistes mêmes qui les défendent par un reste de pudeur et couvrent la retraite, bien convaincus que le poste n'est plus tenable.

Je les entretiendrai sur cette nouvelle carrière de bénéfice, dans un ample Intermède, 265 à 342. Il garantit bonne capitulation à ces vaincus honorables : j'ai dû consacrer un long article à les convaincre des désagrémens de leur position, et des voies d'immense fortune que leur ouvre la découverte qui fait tomber les sciences incertaines, dont ils ne sont que les continuateurs et non pas les auteurs.

Une circonstance rend la situation des philosophes tout-à-fait critique ; c'est la persuasion où sont les souverains, que le libéralisme est un masque pour conspirer contre les autorités légitimes. Plusieurs classes de citoyens honorables et paisibles sont impliquées dans ce fâcheux soupçon, et confondues avec les agitateurs ; elles doivent désirer qu'une science exacte vienne terminer ces controverses parasites sur les droits des maîtres et des sujets ; établir entr'eux des relations affectueuses au lieu de devoirs, et faire oublier toutes ces visions de libéralisme et de servilisme qui ont semé la discorde entre les souverains et les peuples.

J'éclaircirai ces débats, à l'Extroduction du 1er tome, et d'une manière satisfaisante pour tous les partis, puisque l'Association qui va faire oublier les querelles politiques, assurera la fortune des partis rivaux, même celle des philosophes qui sont les vaincus.

Il est, je le sens, très-désobligeant pour un siècle si éclairé sur les sciences physiques, de s'entendre dire qu'il n'a sur d'autres sciences que de fausses lumières, et sur plusieurs, aucune notion, pas même d'initiation élémentaire, notamment sur les quatre sciences,

Association industrielle, Attraction passionnée,
Mécanisme aromal, Analogie universelle.

Si l'amour-propre des modernes s'offense de pareille déclaration, qu'il se juge lui-même par le tableau suivant des diverses branches du système de la nature ; cadre d'où chacun pourra conclure que le génie civilisé a parcouru à peine le dixième de la carrière qui lui était ouverte.

TABLE DES MOUVEMENS CARDINAUX ET PIVOTAL.

4° LE MATÉRIEL. *La théorie qu'en ont donnée nos géomètres, explique les effets et non les* causes. *Elle nous a fait connaître les lois selon lesquelles Dieu régla le mouvement de la matière, mais elle reste muette sur tout ce qui touche aux* causes.

3° L'AROMAL *ou distribution des arômes connus ou inconnus, opérant activement et passivement sur les créatures animales, végétales et minérales. On ne connaît ni ces arômes en système régulier, ni les causes des influences qui leur sont départies, sur-tout en conjugaisons d'astres qui sont réglées par affinités aromales.*

2° L'ORGANIQUE. *Les lois selon lesquelles Dieu distribue les formes, propriétés, couleurs, saveurs, etc., à toutes les substances créées ou à créer dans les différens globes. On ne connaît jusqu'à présent ni les causes des distributions faites dans la création actuelle, ni les effets et causes des produits que donneront les créations futures.*

1°. L'INSTINCTUEL *ou lois selon lesquelles se distribuent les passions et instincts à tous les êtres de création passée, présente et future, dans les divers globes. Nous ne connaissons ni le système distributif des instincts, ni les causes qui ont réglé cette distribution.*

⋈ LE SOCIAL *ou* PASSIONNEL; *c'est-à-dire les lois selon lesquelles Dieu régla l'ordonnance et la succession des divers mécanismes sociaux dans tous les globes.* (*Voyez en la* 1re *phase, tablée* Introd., *pag.* 25). *Nos sciences n'ont expliqué sur ce mouvement pivotal, ni effets, ni causes; n'ont entrevu aucune des voies de l'unité qui suppose l'Harmonie des passions sans méthodes répressives.*

Il résulte de ce tableau, que sur cinq branches dont se compose le mouvement universel, on n'en connaît qu'une, LA MATÉRIELLE, qui est la moins importante des cinq : encore n'est-elle connue que depuis Newton, qui nous en a expliqué les EFFETS et non les CAUSES, 513, c'est-à-dire moitié de la théorie d'une des cinq branches.

Une étrange lacune dans nos sciences, est qu'on soupçonne à peine l'existence de la 3e branche du mouvement, L'AROMALE : jamais elle n'a été l'objet d'aucune recherche. Elle joue pourtant un rôle supérieur dans l'Harmonie de l'univers matériel, Harmonie que nos physiciens, faute de connaissances en mécanique aromale, n'ont su expliquer qu'à demi.

Qu'on adresse aux physiciens, des questions d'équilibre AROMAL, comme les trois suivantes :

1° Quelle est la règle de répartition des satellites? pourquoi Herschel, quatre fois plus petit que Jupiter, a-t-il pourtant un cortège plus nombreux, et double en cas de complet? (Jup. 4, Hersc. 8.)

2. Quelle est la règle des conjugaisons? pourquoi Vesta, la plus petite des planètes, ne se conjugue-t-elle sur aucune autre, pas même sur l'énorme Jupiter dont elle est voisine?

3. Quelle est la règle des emplacemens ou postes assignés aux planètes? pourquoi Herschel, qui n'est en volume que le quart de Jupiter, est-il quatre fois plus éloigné du soleil? Par analogie à cette distribution, la terre devrait donc être postée bien en arrière de l'aire d'Herschel!

Sur ces questions et autres de même genre, que je reproduirai dans le cours de l'ouvrage, les physiciens seront réduits au silence, de même que sur tous les problèmes de CAUSES. Leurs lumières sont bornées à l'analyse des EFFETS, dans chacune des cinq branches du mouvement; c'est-à-dire QU'ILS ONT FAIT UN DIXIÈME DU CHEMIN EN ÉTUDE DE LA NATURE et du système de l'univers.

Newton qui leur en a ouvert la voie, a pris *le roman par la queue*; inadvertance dont le siècle se serait fort bien aperçu, s'il eût dressé, antérieurement à Newton, un programme des études obligées, un cadre intégral comme celui qu'on vient de lire, pag. XXXI, et qui place en pivot ⋈ l'étude primordiale ou étude de l'homme, analyse et synthèse de l'Attraction passionnée : c'était le point par où l'on devait commencer.

Newton a entamé l'étude du mouvement par la dernière et la moins importante des cinq branches, la matérielle. Ce n'était pas moins un grand pas de fait, une brillante initiative.

A titre de géomètre, il n'en devait pas davantage. Mais son succès *en matériel* lui donnait le droit de sommer les autres classes de savans, leur distribuer la tâche d'exploration en mouvemens *organique*, *aromal*, *instinctuel* et PASSIONNEL OU PIVOTAL. (Je lui donne ce nom de pivotal, parce qu'il est type des quatre autres).

Newton renvoyait à son ami Clarke, les questions de métaphysique; ne pouvait-il pas lui assigner le calcul de l'Attraction passionnée, branche primordiale de la métaphysique, et sommer Clarke ou autres de procéder à cette exploration? Il devait s'étayer de ce que la théorie de l'Attraction matérielle ayant conduit à déterminer les lois d'une branche du système de la nature, on devait consulter le même interprète quant aux autres branches de lois restées inconnues, et INDUIRE DE L'UNITÉ DE SYSTÈME, *que si le calcul régulier de l'Attraction matérielle avait expliqué le mécanisme des harmonies matérielles de l'univers, on était fondé à augurer que l'étude régulière de l'Attraction passionnelle ou étude par analyse et synthèse, déterminerait de même le mécanisme d'harmonie des passions.*

Notre siècle n'a tenu aucun cas de cet indice, et malgré ses hautes prétentions en calculs abstraits, il ne sait pas s'élever aux abstractions transcendantes qui embrassent l'universalité du système de la nature. Loin de là : les géomètres et physiciens qui devraient spéculer de la sorte, sont paralysés par quelques flagorneries et intrigues des sophistes qui veulent empêcher les découvertes, afin de sauver leurs 400,000 tomes de fausses lumières.

Voltaire écrivait à je ne sais quel géomètre : » j'aime à croire que » les vérités morales ne vous sont pas moins chères que les vérités » mathématiques. » Eh ! quel est le sens de ces mots, VÉRITÉS MORALES ? Il existe cent mille morales contradictoires : nous avons vu, en 1794, une morale qui enseignait à dénoncer son père et l'envoyer à l'échafaud, pour l'intérêt des Jacobins. D'autres morales un peu moins atroces, ne sont guères moins absurdes.

C'est donc profaner la vérité, que d'accoler son nom avec ces doctrines morales, plus éloignées que jamais de la vérité, depuis qu'elles vantent les trafiquans et champions du mensonge. Ainsi devait répondre ce géomètre cajolé par Voltaire : mais les savans de classe fixe n'ont jamais su tenir leur rang, faire scission franche avec le sophisme : ils ont souscrit à une alliance avec les classes incertaines qu'ils auraient dû flétrir. De là vient que le siècle n'a point fait de progrès dans la science urgente, l'étude intégrale des cinq classes de mouvement. Les succès partiels, comme celui de Newton, n'ont point stimulé à l'exploration : les géomètres et physiciens s'endormant sur leurs lauriers, ont oublié d'adresser des sommations aux autres classes de savans, les rappeler au précepte si bien donné et si mal suivi, » *d'explorer en » entier le système de la nature, et croire qu'il n'y a rien de fait » quand il reste quelque chose à faire,* » sur-tout lorsque de cinq branches dont se compose le mouvement universel, on n'a exploré que la moins importante, la matérielle.

En considérant que les inventions les plus urgentes et les plus faciles, comme la soupente et l'étrier, ont éprouvé des retards de plusieurs mille ans, quoique possibles à tout le monde, on est forcé de reconnaître qu'il règne sur notre globe quelque fatalité, quelque vice de méthode qui entrave les découvertes.

Est-ce étourderie ou négligence, rétrécissement de génie ou défaut de méthode en exploration ? à coup-sûr, c'est l'un de ces quatre vices, et peut-être concourent-ils tous quatre à paralyser le génie. Il faut que l'esprit humain soit bien mal dirigé, pour n'avoir pas même songé à l'invention la plus nécessaire, à la recherche du procédé d'Association domestique, d'où dépendait l'avènement aux richesses, le triplement du produit effectif de l'agriculture, l'enrichissement du fisc et du peuple à la fois, et ce qui est plus précieux encore, l'unité sociale.

Un retard de découverte n'est jamais un motif de désespérer. Pendant 3000 ans les marins eurent à gémir du défaut de boussole : on trouva enfin ce guide inestimable. Un succès tant différé aurait dû appeler l'attention sur les vices de nos méthodes en exploration, et faire observer que les connaissances dont nous sommes encore privés, pouvant être plus nombreuses que celles déjà obtenues, on devrait aviser par des mesures quelconques à organiser un système d'investigation générale ; méthode sans laquelle on est assuré de manquer non-seulement les grandes, mais les plus minimes inventions. Quelle honte qu'une bagatelle comme la brouette, que tout enfant pouvait imaginer, soit restée inconnue jusqu'à Pascal ! C'est presque toujours le hasard qui vient suppléer à l'insuffisance des méthodes, et c'est une preuve que la marche des explorateurs est mal concertée, ou plutôt qu'on ne fait que des simulacres de recherches.

Une grande lacune dans la politique moderne, est celle d'une police de direction propre à diriger et utiliser le génie : elle devrait se composer de cinq précautions :

1° Classement et provocation des découvertes retardées.
2° Répression des détracteurs anticipés.
3° Punition de la charlatanerie constatée.
4° Garantie d'examen et d'épreuve pour les inventeurs.
5° Assurance de propriété en tout et en partie.

Sur ces diverses mesures, on n'a songé qu'à la dernière, encore tout récemment, et on n'y a pourvu que très-incomplètement par des brevets

d'invention fort insuffisans, si l'on en juge par l'affaire du bateau à vapeur que revendique un Français éconduit d'abord dans sa patrie; d'où on pourrait induire (si la découverte lui appartient), qu'un inventeur français doit préalablement s'étayer du suffrage de l'étranger.

Les autres précautions sont généralement négligées, et sur-tout la 1re et la 2e. Il n'existe aucun classement des inventions qui restent à faire : lorsqu'il en paraît quelqu'une, elle est longtemps en butte à la détraction, avant qu'aucune autorité ne lui prête appui, ne lui assure l'épreuve.

D'autre part, si un charlatan se met en scène, tout concourt à le protéger. On en peut juger par le TROMBE, charlatanerie musicale qui devait supplanter et anéantir tous les instrumens à vent; cors et bassons, flûtes et hautbois, le *trombe* devait tout éclipser, tout surpasser. Une académie abusée donna, par l'organe du Moniteur, ces fastueux éloges au trombe, qui en définitive ne fut que la *montagne en travail*, un instrument mort-né, qui loin d'en supplanter aucun autre, n'a pas pu se faire jour ni prendre place dans les orchestres, et se trouve confiné dans les fanfares.

Ainsi la protection refusée aux inventeurs, est prodiguée aux charlatans. Le public abusé reconnaît bientôt son erreur et devient d'autant plus défiant contre les vrais inventeurs. Ceux-ci moins exercés en intrigue, essuyent les dégoûts que l'opinion devrait réserver aux jongleurs, toujours accueillis parce qu'ils sont habiles flatteurs.

Ce vice de méthode a coûté cher aux modernes; ils devraient posséder depuis cent ans la théorie de l'Association, car elle est une suite du calcul newtonien sur l'attraction; elle applique au monde passionnel ou social la théorie de Newton sur l'équilibre matériel de l'univers.

D'autres sciences y auraient conduit également, si elles eussent été soumises à la police de direction, et sur-tout à la première des cinq règles indiquées plus haut.

Classement et provocation des découvertes retardées.

Supposons cette règle appliquée aux économistes qui tiennent le dé depuis un siècle. Si l'on eût procédé à constater leurs devoirs, on aurait reconnu qu'ils devaient, toute affaire cessante, se proposer pour tâche primordiale et fonction d'urgence, L'ÉTUDE DE L'ASSOCIATION.

Ce lien est la base de toute économie : nous en trouvons des germes disséminés dans tout le mécanisme social, depuis les puissantes compagnies, comme celle des Indes, jusqu'aux pauvres sociétés de villageois réunis pour quelqu'industrie spéciale. On voit chez les montagnards du Jura, cette combinaison dans la fabrique des fromages nommés GRUYÈRE : vingt ou trente ménages apportent chaque matin leur laitage au fruitier ou fabricant; et au bout de la saison, chacun d'eux est payé en fromage, dont il reçoit une quantité proportionnée à ses versemens de lait constatés par notes journalières (les ouches).

C'est donc en tout sens et du petit au grand, que nous avons sous la main les germes du bien, les diamans bruts que la science devrait tailler. Le problème était d'élever à un mécanisme de combinaison et d'unité générale, ces lambeaux d'Association épars dans toutes les branches d'industrie, où ils ont germé fortuitement et par le secours de l'instinct.

La science a esquivé cette étude, la seule vraiment urgente. Chaque savant a trouvé commode et lucratif de s'adonner au sophisme et se dispenser du rôle pénible d'inventeur ; et le tort tient à ce qu'on a négligé d'établir une police de direction, chargée en premier lieu de classer et provoquer par sommation les découvertes retardées, et d'appuyer ladite sommation d'un impôt d'indemnité sur les ouvrages qui s'écarteraient du but, s'adonneraient aux controverses rebattues et infructueuses.

Un siècle coupable de tant de négligence dans les détails de police et d'exploration scientifique, ne saurait manquer de mal envisager l'ensemble : aussi n'a-t-il classé ni les divisions du système entier du mouvement, ni les trois unités, d'où il aurait conclu que le monde social et matériel (*) était organisé à contre-sens de l'unité.

Quant au social, on voit chaque classe intéressée à souhaiter le mal des autres, et mettant par-tout l'intérêt individuel en contradiction avec le collectif. L'homme de loi désire que la discorde s'établisse dans toutes les riches familles, et y crée de BONS PROCÈS. Le médecin ne souhaite à ses concitoyens que BONNES FIÈVRES et BONS CATHARRES ; il serait ruiné si tout le monde mourait sans maladie ; et de même l'avocat, si chaque démêlé s'accommodait arbitralement. Le militaire souhaite une BONNE GUERRE, qui fasse tuer moitié des camarades, afin de lui procurer de l'avancement. Le pasteur est intéressé à ce que le *mort donne*, et qu'il y ait de BONS MORTS, c'est-à-dire des enterremens à mille fr. pièce. L'éligible souhaite une BONNE PROSCRIPTION qui exclue moitié des titulaires, et lui facilite l'accès. Le juge désire que la France continue à fournir annuellement 45,700 CRIMES, car si on n'en commettait point, les tribunaux seraient anéantis. L'accapareur veut UNE BONNE FAMINE qui élève le prix du pain au double et au triple ; *item* du marchand de vin, qui ne souhaite que BONNES GRÊLES sur les vendanges et BONNES GELÉES sur les bourgeons. L'architecte, le maçon, le charpentier,

(*) *Les duplicités du monde matériel seraient une analyse peu à portée des lecteurs : elles se divisent en planétaires, hominales et mixtes.* 1° *Duplicité de la planète par congélation de ses pôles, infection bitumineuse de ses mers, etc. etc.;* 2° *duplicité de l'homme par le* négrisme *ou noircissement au soleil, par le défaut d'amphibéité, etc. etc.;* 3° *enfin, duplicité mixte, par scission de la majeure partie des règnes avec l'homme, qui, chez les quadrupèdes, n'a pas un* 20ᵉ *d'associés ; chez les oiseaux, à peine un* 100ᵉ *; chez les insectes, à peine un* 1000ᵉ, *etc. Sujet renvoyé au* 3ᵉ *tome, en continuation de la Note* E, 519.

désirent UN BON INCENDIE, qui consume une centaine de maisons pour activer leur négoce.

Enfin, la civilisation ne présente que le risible mécanisme de portions du tout agissant et votant chacune contre le tout. On ne pourra apprécier le ridicule d'un tel régime, qu'après avoir lu le traité de l'état sociétaire, où les intérêts prennent une direction opposée, et où chacun souhaite le bien collectif, seul gage du bien individuel dans ce nouvel ordre.

Au contraire, l'état civilisé, tout en raisonnant d'unité d'action, fait trophée de sciences politiques et morales, dont le savoir se borne à prôner cette *duplicité universelle d'action*. L'on avoue cependant qu'il faudrait aspirer à l'unité dont on était jusqu'à présent si éloigné de découvrir les voies : elles ne résident que dans l'Association dont nulle science ne voulait s'occuper et hors de laquelle on tombe nécessairement dans ce labyrinthe social de duplicités et de misères dont l'aspect a fait dire à J.-J. Rousseau : « ce ne sont pas là des hommes ; il y a quelque » bouleversement dont nous ne savons pas pénétrer la cause. »

Rien n'est plus vrai ; et selon les paroles de Jesus-Christ, le genre humain n'est qu'une *race de vipères*, une engeance démoniaque, tant qu'il n'a pas découvert et organisé le régime unitaire et véridique, l'Association qui est sa destinée.

Pour y atteindre, il eût fallu, après avoir préalablement constaté le mal, selon les opinions des auteurs cités, VIII, adresser aux corps savans des sommations comminatoires ; les forcer à la recherche sur chacune des unités, et notamment sur la sociale dont l'état civilisé, barbare et sauvage est évidemment l'antipode, soit par la dissidence invincible des 3 sociétés, soit par la duplicité d'action qui règne dans chacune des parties séparément envisagée, ainsi qu'on l'a vu plus haut.

La théorie de l'Association étant inséparable de celle de l'unité de l'univers, il a fallu préluder sur les 3 branches de l'unité, afin qu'on n'accusât pas mes calculs de lacunes. C'est pour cela que j'ai donné dans les Prolégomènes deux articles pivotaux, l'un sur l'analogie générale (Pivot inverse, 497) ou unité de l'homme avec l'univers ; l'autre sur l'immortalité de l'ame (Pivot direct, 231) ou unité de l'homme avec Dieu. Cet article déplaira aux Matérialistes et Athées devenus si nombreux ; mais pour éviter tout débat sur ces abstruses questions, j'ai donné l'article à titre de CONJECTURES ANALOGIQUES. On pourra le considérer si l'on veut comme appendice aux fictions romantiques des Bramines et des Pythagoriciens ; j'y ai même négligé l'application aux lois de Kepler, afin de ne lui donner aucune importance.

Quant à l'unité de l'homme avec lui-même, c'est-à-dire avec ses passions, elle est l'objet spécial de cet ouvrage ; et les démonstrations que j'en fournis dans le 2e tome, dénoteront que la théorie, bornée ici à l'ordre domestique, sera exactement complétée dans les tomes suivans, où il restera à traiter des unités commerciales et extérieures.

Dans cet article *Intra*, j'ai signalé franchement les désordres et les torts du monde savant, le défaut de méthode et de police : on verra, 99, que ce fâcheux compliment est compensé par une alternative ou option de se ranger dans la classe des Expectans, dont j'ai relaté les doutes, p. VIII. Quel savant pourrait croire son amour-propre offensé en se ralliant à l'opinion expectante, professée par tant d'hommes célèbres, qui tous ont entrevu que l'état civilisé, barbare et sauvage, n'était point la destinée du genre humain!

L'issue en est découverte, un peu tard sans doute, car la théorie d'Association inventée 40 ans plus tôt nous aurait garantis des révolutions. Elle arrive encore à temps pour y porter un prompt remède, en fermer toutes les plaies, et prévenir à jamais le retour de ce fléau qui suffirait seul à désabuser les partisans du travail morcelé ou industrie civilisée.

Si jamais la civilisation dut rougir d'elle-même et sentir le besoin d'un autre état social, c'est aujourd'hui, où toutes ses illusions sont tristement dissipées; où les prestiges de liberté sont reconnus pour voie d'anarchie et de déchiremens conduisant au despotisme, et les prestiges commerciaux pour voie d'agiotage, de fourberie, de banqueroute, conduisant ultérieurement les nations au joug du monopole et à l'indigence. Là s'évanouissent toutes les chimères de perfectibilité dont on nous berçait! Quel coup de fortune pour le monde social, que la découverte du calcul des destinées heureuses lui échoie dans la crise la plus désespérée, au moment où la politique désorientée, honteuse de son impéritie, opinait à rétrograder vers les âges d'obscurité féodale, à se jeter dans les bras des Mahométans et des Barbares les plus odieux, pour se garantir des fausses lumières de la civilisation!

TRANS-PAUSE. — L'amour du mépris de soi-même.

QUE de graves discussions dans une préface adressée aux Français! Egayons un peu le sujet.

De toutes les nations modernes, les Français, ce me semble, sont la plus mal-adroite d'avoir manqué le calcul des destinées. Ils ont reçu de la nature de très-beaux moyens : doués de perspicacité, de finesse, d'esprit actif, ils avaient tous les élémens du génie inventif. On s'en aperçoit à leur habileté secondaire : ils perfectionnent rapidement les découvertes scientifiques ou industrielles dont le germe leur est livré par d'autres nations. Ils auraient pu courir avec succès la carrière d'initiative, si le *MÉPRIS DE SOI-MÊME* ne les eût paralysés.

Louis XIV qui avait le goût des grandes choses, donna aux Français quelques impulsions grandioses. Mais après lui, leur nation a été mal éduquée et rabougrie : on ne les a formés, depuis Louis XIV, qu'à la pusillanimité nationale et scientifique : ils sont maintenant pétris d'impossibilité, ne voyant par-tout que des voiles d'airain, attendant humblement que l'étranger en soulève quelques-uns, et leur livre des sujets à traiter et étendre. Guidés par cet esprit rampant, ils ont exalté le poëte Delille, esprit secondaire qui n'a su que chanter l'imagination d'autrui, sans rien imaginer de son chef. Les Zoïles aujourd'hui s'appuyent de sa renommée factice pour déprimer les poëtes et la poésie.

La cause de ce travers national est en grande partie l'engouement qu'on a inspiré aux Français pour les étrangers. Il en résulte que les inventeurs français sont mal accueillis dans leur patrie et souvent molestés, 73, 75. De là vient que l'esprit français ne s'exerce que peu ou point aux inventions, quoique doué de toute l'aptitude nécessaire pour y réussir.

Le vice national du *mépris de soi-même* est poussé si loin en France, que certains ostrogots de 1786 voulaient habituer le soldat à dédaigner le levier de l'honneur, préférer les coups de bâton, et croire que l'armée française devait trembler devant les automates habitués à la schlag.

Par suite de cette vicieuse impulsion, il n'y a en France de protection assurée que pour les inventeurs ou savans étrangers (hors le cas de renommée déjà établie). Les journalistes cèdent à regret à ce travers national, II, 472, 642. Ils le blâment en principe, et j'en puis citer les témoignages d'écrivains de deux partis opposés, comme *Gazette de France*, *Minerve* et *Constitutionnel*.

Minerve, mars 1818; mémoires de madame d'Epinay.

» *GRIMM* s'aperçut bientôt de tous les avantages qu'un
» étranger tant soit peu adroit, pouvait trouver en France.
» Il n'y avait (dites il n'y a) point en effet de pays au
» monde, dont les habitans fussent plus sévères envers leurs
» concitoyens, et plus indulgens envers les étrangers. Il n'était
» pas même nécessaire que ceux-ci eussent un vrai mérite
» pour réussir. Un grand fonds de suffisance, un ton tran-
» chant, un certain étalage d'érudition souvent indigeste,
» leur suffisaient pour obtenir des suffrages; et s'ils étaient
» assez avisés pour nous morigéner comme des écoliers mal
» appris, il n'y avait point de triomphes auxquels ils ne
» pussent aspirer. »

Pourquoi mettre tout cela *AU PASSÉ*, comme si les Français depuis lors s'étaient corrigés de leur *extranéomanie*, vice plus dominant que jamais? N'a-t-on pas vu récemment Kotzebue venir chez eux, leur reprocher grossièrement leurs travers, les surnommer *ces petits Français*, ne faire grâce qu'à leurs cuisiniers, et pour prix de ces malhonnêtetés, être porté aux nues par les Parisiens?

Le journal ajoute, bien à tort: « il s'est fait à cet égard
» quelque changement dans nos mœurs; nous sommes un peu

» plus Français : quand le serons-nous tout à fait ? Jamais : les Français, loin d'incliner à aucun amendement, continuent à s'admirer dans leurs travers, et se dire *toujours charmans, toujours Français*. Ils n'ont un peu changé qu'en esprit militaire : on ne leur persuade plus, comme en 1787, qu'ils doivent frissonner au nom des Pandours et des Tolpaches. Mais si leur esprit public a gagné en sens militaire, il s'est dépravé en d'autres sens : le Français est plus zoïle, plus ennemi des siens, qu'il ne l'ait jamais été, sur-tout des inventeurs.

Constitutionnel, 13 août 1821. « En fait de découvertes, » on n'accueille que les malfaisantes. Qui retrouverait le feu » Grégeois, serait assuré de haute protection. Excepté la poudre » à canon, les fusées à la *Congrève* et productions semblables, » il est malheureusement avéré que les plus belles découvertes, » les plus sages opinions, ont essuyé les plus longues con- » tradictions. »

Tous les partis s'accordent sur ce reproche : citons un journal de l'autre bord, accusant spécialement les Français.

Gazette de France, 25 avril 1812. « Le rédacteur veut, dit- » il, signaler un travers inhérent à l'esprit des Parisiens ; c'est » le mépris ou l'indifférence pour les talens nationaux, en » même temps qu'ils professent une admiration niaise pour » toute espèce de mérite étranger. A Paris, une plante in- » signifiante, inodore, tranportée des antipodes, usurpe dans » les salons la place de la tubéreuse ou de la renoncule. Dans » le choix des modes, qu'elles se présentent sous un aspect » étranger, quelque ridicules qu'elles soient, elles seront pré- » férées. Chez eux, les badauds courent au théâtre s'extasier » à des fredons ultramontains, brodés sur des paroles imper- » tinentes. Les Français, ajoute-t-il, vaudront mieux quand ils » auront un peu plus de modestie personnelle et beaucoup » plus d'orgueil national. »

S'ils en avaient tant soit peu, ils seraient fiers de ce qu'un des leurs enlève à l'Angleterre la palme du calcul de l'Attraction commencé par Newton. Ce grand homme n'en a traité que la partie la moins utile et purement scientifique. On en verra les preuves, *Note E*, *Pivot-Inverse*.

Je traite la branche utile d'où dépend l'avènement à la destinée unitaire et aux richesses : mais pour apprécier cette découverte, que feront les Français ? Ils iront consulter quelque histrion comme *Grimm*, quelque chevalier d'industrie baronifié dans Paris et étayé d'un nom étranger, Grimouskoff, Grimingham, Grimerdorff, Grimantini. Tant qu'un juge de cet acabit n'aura pas prononcé, les Français ne pourront pas croire qu'un des leurs, et qui pis est un provincial, ait réussi à faire une magnifique découverte.

On peut donc les enrôler sous une bannière digne de ce caractère ;

caractère ; c'est celle du R. P. Franchi, Théatin de Florence, qui a composé un docte livre intitulé *l'amour du mépris de soi-même.* C'est mal-à-propos que le R. P. Franchi a dédié cette doctrine aux Ultramontains ; il devait passer les Alpes, venir en France, où sa doctrine aurait trouvé d'emblée et trouvera encore une recrue de 30 millions de prosélytes, la nation française tout entière, la seule au monde qui *aime à se mépriser elle-même.*

Je n'ai pas lu ce beau livre ascétique *de l'amour du mépris de soi-même.* L'éditeur annonçait que cette doctrine devait faire la conquête du monde : c'est aujourd'hui que son augure se réalise ; voici vraiment pour le monde civilisé un vaste sujet de *mépris de soi-même ;* une découverte qui démontre que tous les beaux esprits civilisés et leurs disciples ne sont que des légions de dupes ; que la civilisation tout entière est dupe de ses savans, lesquels sont à leur tour dupes de la civilisation. (Intermède, 265.) Que de motifs pour le monde social de se mépriser lui-même ! Ce sera vraiment aujourd'hui que le R. P. Franchi et sa doctrine auront fait la conquête du monde.

Quant à ceux qui veulent déserter le drapeau de Franchi, apprendre à s'estimer eux-mêmes par la connaissance des sublimes destinées auxquelles est réservé le genre humain, qu'ils étudient la théorie de l'Harmonie des passions, et qu'ils s'y préparent en lisant avec attention les avertissemens donnés à l'article suivant.

ULTRA. — *Instructions accessoires sur les méthodes suivies dans cet ouvrage.*

J'AI traité, à l'*INTRA*, des devoirs qui étaient imposés à nos sciences, et des fautes qu'elles ont commises : il reste à indiquer aux lecteurs, des voies de direction dans la nouvelle science du mécanisme sociétaire.

La première qualité requise est la modestie, la confiance conditionnelle au guide qui seul connaît le terrain ; concession difficile à obtenir des Français, habitués à voir

» *Un auteur à genoux, dans une humble préface.* »

Ils trouveront ici tout le contraire, un pilote qui prétend diriger la manœuvre, et tracer aux novices la route à suivre dans ce nouveau monde scientifique. Chacun, quelle que soit sa dose d'érudition en d'autres genres, doit ici prendre place au rang des écoliers, comme je m'y placerais moi-même s'il s'agissait de débat sur quelqu'une des sciences connues.

Tel homme qui est l'oracle de son siècle, ne peut-il pas se trouver très-novice à côté de son jardinier, lorsqu'il s'agira d'une greffe ou d'un semis? Dans ce cas, les Newton et les Voltaire ne seront que des écoliers, et auront le bon esprit d'en convenir. La modestie est l'apanage des vrais savans; j'en souhaite aux lecteurs français la dose nécessaire pour comprendre qu'un inventeur n'a que faire de se concilier avec les sciences et les méthodes qui ont dupé le genre humain, et que s'il était en quelque point l'écho de ces théories, il ne serait qu'un sophiste de plus, et non un inventeur.

Cependant la condition de rigueur pour être accueilli, serait de se présenter l'encensoir à la main, et distribuer à chaque classe de savans les congratulations de *perfectibilité perfectible*. Etrange servitude que la France impose à ses inventeurs; il faudrait flatter et amuser, prodiguer les bouffées d'encens, mettre, selon Mascarille, l'histoire romaine en madrigaux, et l'Association en charades!

Les Français ne tiennent aucun compte des bienfaits à recueillir d'une découverte : ils liraient vingt traités de science connue, d'économisme ou autre, s'ils croyaient y découvrir le moyen de percevoir seulement un milliard de plus, et lorsqu'on leur apporte l'invention qui va éteindre leur dette publique de 12 milliards, il faudrait encore que le livre fût amusant! Qu'arrive-t-il de cette prétention? Qu'ils n'obtiennent que de l'encens et non des inventions.

Un de leurs poëtes se moque avec raison du cuisinier qui met *par-tout de la muscade* : les affamés de flatterie n'en trouvent-ils donc pas assez dans cent mille ouvrages de littérature? Mais avec un inventeur qui leur ouvre les voies de la fortune, ils peuvent, ce me semble, abonner pour un ton différent. Tant de gens payent en entrant au théâtre pour s'y voir joués et persifflés; pourraient-ils s'offenser de trouver pareille leçon dans une science nouvelle, qui en revanche leur rend le service de les élever à la fortune, et les délivrer de toutes les misères sociales et domestiques?

Un autre tort à l'égard d'un inventeur, est d'exiger de lui, comme d'un romancier, *les charmes du style* : cependant, l'un travaillant pour l'utile et l'autre pour l'agréable, ils ont des devoirs très-opposés; l'inventeur paye assez son tribut quand il apporte l'utile, et c'est folie de le harceler sur la méthode, le style et les tributs imposés au romancier et au sophiste.

Il est d'autant mieux dispensé de flatterie et de bel esprit, que d'ordinaire il n'a dû son succès qu'à un caractère obstiné, rétif aux impulsions du siècle. Si j'avais eu l'esprit flexible et adulateur de tant d'écrivains, j'aurais, par égard pour le siècle, adopté ses erremens ; il serait aujourd'hui privé de la plus précieuse découverte. Je n'y suis arrivé que par résistance au préjugé, par écart des méthodes connues. Pourquoi serais-je astreint à les suivre et les encenser dans un ouvrage fait pour en démontrer les vices, et pour suppléer à l'impéritie des faux savans qu'elles ont favorisés ?

Un lecteur judicieux devra donc s'attacher seulement à vérifier si j'apporte l'inappréciable découverte de l'Association, et surseoir jusque-là à toute critique sur le plan et la marche de l'ouvrage. Si j'ai su pénétrer le secret sur lequel ont échoué tous les siècles, c'est déjà une forte présomption en faveur de mes méthodes : au reste, ceux qui blâmeront mes dispositions, pourront bien, avant la fin du traité, reconnaître que les détails qu'ils ont critiqués, étaient les plus nécessaires.

D'ailleurs, quelle serait la futilité de ceux qui s'arrêteraient à scruter la forme dans une affaire où le fond doit fixer exclusivement l'attention ! Une théorie, fût-elle écrite en patois, sera préférable aux belles phrases de Ciceron, si elle enseigne réellement l'art d'élever le produit industriel au triple effectif, et la richesse au décuple relatif; c'est-à-dire :

En effectif. Que tel domaine qui produit aujourd'hui une masse de denrées valant 1000 fr., en produira, dans l'état sociétaire, la quantité qu'on vendrait aujourd'hui 3000 fr. (p. 1.)

En relatif. Que le propriétaire, avec son revenu élevé à 3000 fr., au triple effectif, pourra, quant aux jouissances, mener le train de vie qui exigerait un revenu de 10,000 fr. dans l'état civilisé.

Fort d'un augure si satisfaisant pour toutes les classes, il semble que je ne devrais porter à toutes que des paroles de paix : malheureusement il en est une, celle des sophistes, qui est ennemie des découvertes, et la mienne qui sappe leurs bibliothèques, ne saurait manquer d'être en butte à leur malignité. J'aurais souhaité vivre en paix avec les sophistes des 4 facultés, politique, moralisme, économisme et métaphysique; je leur présente, dans un long intermède, 265 à 342, des avantages cent fois préférables à leur sort actuel; mais les philosophes, selon Palissot,

» *Croyant que rien n'échappe à leurs yeux pénétrans,*
» *Prêchant la tolérance et fort intolérans*,

ne verront peut-être que l'affront fait à leur amour-propre, la plus belle des palmes enlevée par un intrus, et par prudence il faudra se mettre avec eux en mesure de défense : *Si vis pacem, para bellum.*

Il est 3 assauts à essuyer avec eux.

LA DÉTRACTION, LA SUZERAINETÉ et la TATE.

1° *La Détraction*, ou avilissement des découvertes à leur apparition: (voyez 73, 75, l'art.^e *vaccine*, *bateau à vapeur*, etc.

2° *La Suzeraineté.* Ces messieurs veulent qu'un inventeur se présente en vassal de leur science; que dans une humble profession de foi il déclare, que s'il a quelque génie inventif, il le doit aux torrens de lumières qu'ont répandus les idéologues et les économistes; qu'il a puisé sa découverte dans leurs doctes écrits : enfin, il faudrait leur concéder la majeure partie du mérite, consentir à voir sa découverte fondue dans leurs sciences, et dire encore à leur aréopage :

» *Vous me ferez, seigneurs,*
» *En me croquant, beaucoup d'honneur.*

Ce droit de sanction auquel prétendent les philosophes, est une véritable suzeraineté qu'ils s'arrogent; ils veulent exercer un vasselage comparable au fameux droit du seigneur, tout en se disant apôtres de liberté et de libéralisme.

Chaque fois que j'ai discuté avec ces savans, je leur ai représenté que ma théorie n'avait aucun rapport avec les leurs; mais ils ne veulent pas entendre à cette scission; ils exigent qu'avant tout on prenne parti pour leurs doctrines de travail morcelé, de civilisation perfectible et de perceptions de sensations. Si on refuse, ils lancent leurs anathèmes, déclarant que celui qui ne se range pas sous leur bannière, ne peut avoir fait aucune découverte.

3° *LA TATE.* Le monde savant est atteint de la manie de de ces anciens brétailleurs qui voulaient tâter un recrue arrivant au régiment, et ne le laissaient en paix que lorsqu'il avait tiré l'épée et fait ses preuves. Puisque la classe instruite donne dans ce travers et se fait un jeu de quereller ses recrues, tenons-nous prêts à la guerre : je ne prendrais pas une attitude hostile, si les philosophes pratiquaient la tolérance comme ils la prêchent.

Habiles à rejeter sur autrui leurs propres torts, ils ne manqueront pas d'accuser de vision un calcul qui dissipe toutes les visions politiques. Il faut donc prouver au siècle qu'il est lui-même embourbé dans les illusions scientifiques, et qu'avec ses torrens de lumières et de savantes doctrines, il n'a pas encore fait le premier pas dans la carrière de la raison sociale.

Pour l'en convaincre, j'attaquerai spécialement les 3 illusions les plus récentes, *faux libéralisme*, *fausse liberté* et *commerce mensonger*. J'indiquerai les méthodes opposées sur lesquelles on pouvait spéculer, même avant de s'élever à la pleine Association.

Une fois convaincu de ces erreurs et de tant d'autres détaillées dans le cours des Prolégomènes, l'âge moderne sera disposé à douter de ses lumières, et concevoir qu'il restait des sciences à inventer. S'il était dès à présent dans ces modestes dispositions, j'aurais pu supprimer beaucoup de critiques, indispensables avec un siècle dont l'orgueil s'accroît en raison de ses défaites et de ses misères.

Prévenons maintenant le lecteur sur les irrégularités apparentes et les formes insolites qui pourront le choquer dans cet ouvrage : l'examen portera sur 7 points.

⋈ *Les Signes.*
1. *L'exagération apparente.*
2. *La forme dogmatique.*
3. *La distribution.*
4. *L'instruction progressive.*
5. *Le merveilleux.*
6. *Les ronces.*
7. *Les gammes.*
K. *L'exception.*

⋈ *Les Signes.* J'ai eu besoin d'en adopter pour des distinctions neuves, entr'autres le ⋈, signe de pivot, le K, signe de transition. L'on reconnaîtra la nécessité de ces signes, lorsqu'on sera familiarisé avec la nouvelle théorie du mouvement.

1° *L'exagération apparente.* L'Association présente des résultats si choquans à force de bénéfice, qu'il m'est arrivé de refaire jusqu'à dix fois les mêmes calculs, ayant peine à en croire l'arithmétique même. Au reste, pour se prémunir contre ce soupçon d'exagération, j'invite à lire la petite note B, 373, sur le trentuplement de richesse.

2° La *FORME DOGMATIQUE.* Une des bizarreries apparentes qu'on reprochera à cet ouvrage, est l'expression des principes: jugeons-en par le plus connu, comme le plus unanime: *il faut aimer et pratiquer la vertu*; principe qui, en théorie sociétaire, se transforme en celui-ci : *il faut aimer les richesses, ne rechercher que les richesses*; grande monstruosité, selon nos rigoristes! Mais, en régime sociétaire, elle devient bien préférable au dogme d'aimer et pratiquer la vertu; car l'état sociétaire fonde son équilibre politique sur la richesse unie à la vertu; et comme, dans cet état, on ne peut arriver à la richesse que par la pratique de la vertu, comme elles y sont intimément liées, il convient que le précepte porte sur l'objet le plus attrayant, sur la richesse: plus on l'aimera, plus on sera entraîné à la pratique de la vertu, voie exclusive de richesse.

Ainsi, dans celles des formules qui sembleront le plus choquantes, l'analyse ne découvrira que des doctrines louables qui, adaptées à un mécanisme social différent du nôtre, devront s'étayer d'expressions opposées, donner aux esprits une direction conforme au vœu de l'Attraction, et seconder ses impulsions les plus directes, dont la première est l'amour des richesses, I, 183.

Autre exemple de cette bizarrerie de formes : on soulèverait les esprits, en disant : *La Providence ne protège pas les pauvres; elle veut qu'ils soient malheureux, spoliés et persécutés en civilisation.* Chacun répliquerait que j'accuse à tort la Providence d'un mal qu'il faut imputer à l'égoïsme des riches, à l'impéritie de la législation. Il n'en est rien: l'assertion est rigoureusement juste, grâce au dernier mot, *EN CIVILISATION*; car la Providence, qui n'approuve pas l'ordre civilisé ou travail morcelé, serait en contradiction avec elle-même, si elle permettait que la classe pauvre dite plébéienne, pût arriver, par le travail morcelé, à l'aisance dont elle doit jouir dans le régime sociétaire ou travail combiné, à grandes réunions et grands moyens économiques. (Voyez les vices de l'industrie individuelle ou morcelée, T. II, 229, 230).

On trouvera foule de ces principes qui supposent le bien social fondé sur des méthodes opposées aux nôtres; tels sont, entr'autres, ceux qui touchent au commerce véridique, tous contradictoires avec les théories du négoce actuel, qui est le mode mensonger, libre concurrence, anarchie commerciale, pleine licence de mensonge.

La contradiction s'étendra à tous les principes de la politique mercantile : chaque empire, chaque province, en civilisation, croît tendre au bien lorsqu'il s'isole de ses voisins, et naturalise chez lui un produit exotique par lequel il était tributaire de l'étranger. On a vu la France tenter de naturaliser en Provence le coton, au lieu de songer à y conserver l'oranger déjà banni par l'intempérie croissante, et l'olivier restreint de plus en plus par cette même intempérie.

La politique sociétaire spécule à contre-sens de la civilisée; elle organise toutes choses de manière que le moindre canton ait besoin des produits de toutes les régions du globe et entre en commerce avec elles par le mode véridique, interdisant aux agences commerciales intermédiaires, non seulement le bénéfice de vente, mais la propriété des denrées. Ce procédé, I, 160, n° ✕, ne sera expliqué qu'au 3e tome. Provisoirement, on conçoit qu'une théorie de vérité garantie en relations commerciales, devra reposer sur des principes diamétralement opposés à ceux de la mensongère civilisation.

3° La *DISTRIBUTION*. L'on s'étonnera de voir ici des dispositions inusitées qu'on ne manquera pas d'accuser de bizarrerie : c'est l'ordre progressif ou Série contrastée que j'ai déjà justifiée à l'exorde, p. XI, comme procédé employé par Dieu dans toute la distribution de l'univers, et devant, selon l'unité de système, s'adapter aux passions et relations humaines, quand elles seront organisées selon le mode voulu par Dieu.

Les naturalistes, dans leurs leçons sur l'étude des règnes, nous recommandent comme boussole d'harmonie, le classement par groupes et séries. Les botanistes, dans leurs nombreux systèmes, s'accordent, malgré la diversité des méthodes, à employer les groupes et séries qu'ils considèrent comme distribution naturelle. Or, ce serait vouloir exclure le monde passionnel d'unité avec le matériel, que de ne pas adopter en classement et mécanisme de passions, cet ordre sériaire qui règne dans toutes les créations matérielles.

Il convient donc, dans la première théorie d'Harmonie passionnelle et sociétaire, de distribuer les parties du traité conformément au jeu des passions sociétaires, classer les divers articles par séries de genre, d'espèce et de variété. C'est à titre d'Harmonie imitative et leçon d'analogie que j'ai adopté cette distribution en Séries régulières présentant des subdivisions correspondantes, comme dans cette préface :

Præ. *Post.*		
CITRA. ULTRA.	}	Série simple de bas degré à trois termes et leurs transitions.
Cis. Trans.		
INTRA.		

Cette disposition est un emblème du procédé employé constamment dans l'Association. Les passions quelconques n'y sont développées que par Séries, et ne seraient plus harmonisables dès qu'elles s'écarteraient de l'ordre sériaire qui comporte un nombre infini de variétés. Il m'a donc paru convenable d'introduire ces formes dans le traité élémentaire, pour y familiariser l'étudiant ; et par cette raison j'ai adopté pour division du 1er tome, la série la plus utile en manœuvre passionnelle, la série mesurée qui se compose de 36 touches, dont le système est calqué sur l'ordre musical et planétaire ; savoir :

(36 touches réduites à 32, car les Pivots ne doivent pas être comptés en calculs d'Harmonie.)

12 d'octave majeure, *les chap. des Prolég.*
12 d'octave mineure, *les chap. des Cis-Lég.*
4 *D'AMBIGU OU TRANSITION* ; savoir :
Les 2 Intermèdes en positif et en négatif.
Les 2 Séries d'entr'actes (médiantes et ambules)
4 *SOUS-PIVOTS*, 2 *ductions et deux propos.*
2 PIVOTS, Y *le direct et* ⅄ *l'inverse.*
2 CONTRE-PIVOTS, { ≻ *la Note* A, 53, sur l'unité matérielle du globe. ≺ *la Note* E, 519, sur l'unité aromale du globe. }

Un lecteur qui ignore ce que c'est qu'une série mesurée (3e tome), quel parti on en peut tirer en Harmonie matérielle et passionnelle, trouvera cette distribution du 1er tome insipide et obscure ; je ne la justifierai qu'après avoir donné, au 3e tome, un petit traité de l'ordre mesuré. Jusque-là, cette méthode en vaut une autre, même pour celui qui en ignore l'utilité et qui préfère la distribution souvent confuse des écrits civilisés (*).

En attendant que les règles de cette distribution soient expliquées (3e tome), observons qu'elle satisfait à deux de nos préceptes les plus accrédités :

« *Tantùm series juncturaque pollet*, etc.

» *Segniùs irritant animos demissa per aures*, etc.

Le lecteur, une fois habitué aux dispositions par Séries, verra qu'elles soulagent beaucoup la mémoire, par un meilleur classement des matières. Souvent des écrits de célèbres orateurs civilisés me sont tombés des mains, faute de cette graduation. La méthode progressive et contrastée est celle que Dieu emploie de préférence dans toutes les harmonies de l'univers : elle facilite l'écrivain autant que le lecteur ; et quand on en connaîtra les accords, on l'adoptera d'autant mieux, qu'elle offre des variétés applicables à tous les sujets.

4° *L'INSTRUCTION PROGRESSIVE.* L'expérience m'a démontré qu'un sujet aussi neuf que l'Association, aussi éloigné des habitudes et des notions communes, doit être présenté par degrés ; qu'il faut graduer les communications. J'ai dû adopter la méthode échelonnée, le *crescendo* d'enseignement :

1° *LES APERÇUS*, 2° *LES ABRÉGÉS*, 3° *LE CORPS DE DOCTRINE.*

En produisant ainsi les notions à plusieurs reprises, il sera beaucoup plus facile d'initier le lecteur.

J'ai reconnu, en divers entretiens, que l'exposé complet et les détails trop méthodiques fatigueraient l'attention ; que l'impression en serait faible et promptement effacée par influence des préjugés. Il faut donc, *par méthode*, remettre en scène

(*) J'ai disposé un seul morceau, l'Introduction et la note A, en ordre peu coupé; encore y ai-je ménagé la Série infiniment petite, celle à 3 divisions. L'on conviendra qu'elle est déjà préférable à l'absence de division, méthode que j'ai adoptée dans la note A, 53, pour en tirer une induction ; c'est que si la petite Série à 3 termes (Introduction), est déjà préférable à la consécutivité sans coupe (note A), on trouvera plus d'avantage encore dans une Série comme celle de l'Avant-Propos, distinguée en 7 termes correspondans ; et par suite, la mémoire, l'intelligence du lecteur, seront encore mieux aidées par une Série de hauts accords, comme la mesurée (distribution du 1er tome), qui est aux Séries simples ce qu'est la poésie à la prose.

le même sujet à plusieurs reprises et en termes différens. Ainsi, des fautes blâmables ailleurs, comme les redites et tautologies, seront ici précautions obligées.

Conformément à ce plan, j'ai disposé l'Avant-Propos à la manière des ouvertures d'opéra, où l'on fait entendre les motifs qui règneront dans la pièce. On retrouvera donc, dans le cours de l'ouvrage, tous les argumens sur lesquels prélude brièvement cette préface : il en est même qui seront répétés *en crescendo* jusqu'à 3 et 4 fois ; ce sera trop peu encore sur un sujet si neuf. L'expérience m'a prouvé que souvent la quadruple répétition est insuffisante, même avec des auditeurs très-judicieux, mais tellement fascinés par le préjugé, qu'au bout de cinq minutes ils perdent de vue le principe qu'ils sont convenus de suivre, et retombent dans la sphère des petitesses civilisées, des illusions philosophiques.

Toute méthode est bonne, on l'a dit souvent, pourvu qu'elle conduise au but, qu'elle facilite l'instruction. Il sera donc permis ici d'adopter une méthode extraordinaire pour le sujet le plus extraordinaire.

Conformément à la marche graduée que je viens de tracer, je donnerai le premier volume à la théorie négative et abstraite, et à la théorie mixte et spéculative ; le second sera affecté à la théorie positive ou concrète.

Dans le premier tome (théories abstraite et mixte), on passera en revue les erreurs qui dominent en civilisation, les sophismes généraux en matière de destinée industrielle et domestique, l'omission des 3 études relatives à l'unité de la nature, études *de l'homme, de Dieu et de l'univers* ; les faux jugemens portés sur les propriétés de Dieu et sur l'immortalité de l'ame ; le cercle vicieux de toutes les lumières civilisées ; enfin, la duperie des distributeurs de lumières, des savans et artistes, victimes de la civilisation dont ils se font apologistes, au lieu de s'évertuer à en trouver les issues, 108.

Je ne passerai à l'Association qu'après avoir suffisamment disposé les esprits par le tableau des immenses bénéfices qu'elle doit produire, et dont la seule perspective aurait dû depuis si longtemps stimuler à la recherche du procédé.

5º *LE MERVEILLEUX.* Tout en est empreint dans la théorie sociétaire, malgré qu'elle soit étayée de calculs strictement arithmétiques. C'est vraiment la science qui doit concilier les deux partis littéraires, les romantiques et les classiques ; donner raison à tous deux, en leur prouvant que la destinée sociale est mi-partie des deux genres ; que tout est à la fois merveilleux et mathématique en harmonie sociale, comme en harmonie de l'univers.

On en a vu l'indice dans un précepte d'harmonie sociétaire, celui qui recommande l'amour des richesses et du grand luxe ; précepte vraiment romantique par sa coïncidence avec les passions, et pourtant régulièrement calculé. On trouvera des aperçus plus merveilleux encore dans l'article de l'immortalité composée, 231, et plus romantiques encore dans la note E, 519, qui, si elle eût été achevée et augmentée de 4 feuilles, aurait montré dans l'étude analogique de la nature, la plus romantique des théories.

Ainsi, dans cette nouvelle science, comme dans ses résultats, on verra toujours l'arithmétique en alliance avec le merveilleux, et j'ai dû donner ce titre à la Notice, 348, qui donne quelques tableaux des bénéfices de gestion sociétaire.

6° *LES RONCES.* Il a convenu d'y en placer quelques-unes en réplique aux détracteurs qui accuseraient la théorie de frivolité et vision romanesque. J'ai dû, par cette raison, débuter par la grande Note A, 53, où je répare la négligence de leurs physiciens qui ne s'occupent nullement du calcul des effets reconnus possibles, comme la restauration et graduation *composée* de température. On ne doit pas s'étonner, d'après cela, que les économistes aient négligé de même les calculs d'économie composée, 462, et que, par connivence de lâches adulations, chacune des quatre sciences incertaines ait manqué la tâche qui lui était assignée.

7° *LES GAMMES.* Cette méthode qu'on verra fréquemment employée, est, comme la Série, un moyen d'aider à la fois l'auteur et le lecteur; disposition dont il faut différer l'apologie jusqu'au traité des Séries mesurées, 3e tome.

8° *L'EXCEPTION* ou *TRANSITION.* Pour épargner aux ergoteurs bien des paroles inutiles, il faut poser dès à présent un principe sous-entendu en tous calculs généraux sur les passions comme sur les 4 autres branches du mouvement (*Intra*); c'est *l'exception* qu'il faut toujours estimer à 1/8e ou 1/9e : elle sera sous-entendue, lors même que je n'en ferai pas mention.

Par exemple, si je dis en thèse générale, *que les civilisés sont très-malheureux*, c'est dire que les sept huitièmes d'entr'eux sont réduits à l'état d'infortune et de privation, qu'un huitième seulement échappe au malheur général, et jouit d'un sort digne d'envie (*).

Si j'ajoute que le bonheur dont jouit ce petit nombre de civilisés, est d'autant plus fatigant pour la multitude, que les favoris de la fortune sont fréquemment les moins dignes de ses bienfaits, l'on trouvera encore que cette assertion comporte l'exception d'un huitième ou neuvième, et l'on verra, une fois sur 8, la fortune favoriser celui qui en est digne. Cette lueur de justice ne sert qu'à constater l'absence d'équité en système général.

Ainsi, l'exception d'un huitième qu'on pourra opposer à mes assertions générales, ne servira qu'à les confirmer. Il sera donc inutile à moi de mentionner l'exception sur chaque thèse, et inutile au lecteur d'élever cet argument qui tournerait à l'appui de mes assertions. Les Français, plus que d'autres, sont dans l'usage d'argumenter sur des exceptions envisagées comme règle : il faudra donc leur rappeler fréquemment le principe que je viens de poser.

L'exception n'est pas fixée invariablement au 8e ; elle varie depuis le 1/3 jusqu'au 100e et au 1000e ; son terme le plus commun est le 8e ou le 9e. C'est celui que j'indiquerai habituellement.

On la connaît aussi sous le nom de *TRANSITION*, liant les branches du mouvement et remplissant dans tout l'ordre de la nature, l'emploi des *crépuscules* qui sont deux instans d'exception ou transition ; puis l'emploi des espèces mixtes, comme la *chaux* ou lien du feu et de l'eau ; *l'amphibie*, lien des poissons et des quadrupèdes ; le *système nerveux*, lien du corps et de l'ame ; et ainsi de tous les produits mixtes ou ambigus qui n'ont jamais été l'objet d'induction générale sur les lois du mouve-

(*) N'est-il pas nécessaire que Dieu en élève quelques-uns à cette aisance refusée au grand nombre, et qu'il nous montre des lueurs de bonheur chez quelques heureux ? Sans cet aspect du bonheur du petit nombre, les esprits tomberaient dans l'apathie, dans le fatalisme, et le génie n'aurait aucun stimulant à chercher l'une des issues du malheur ou issues de civilisation, 108.

ment. Le moindre calcul sur ce sujet aurait conduit à reconnaître un principe dont l'absence est cause de toutes les erreurs de la science : on aurait constaté ,

Que l'exception étant loi générale dans l'ordre de la nature, elle doit régner dans la carrière sociale du genre humain, tablée 207, comme dans toute branche des cinq mouvemens. (*Intra*).

Par suite, on aurait soupçonné que l'état actuel du globe pouvait bien être l'une des périodes d'exception ou transition analogues aux deux crépuscules; opinion entrevue par les auteurs des *Devises*, p. VIII. En s'arrêtant à cette idée, les corps savans se seraient élevés bien vîte à l'hypothèse d'un changement futur et d'un avènement du monde social à de meilleures destinées, dont ils auraient provoqué la recherche. Combien de voies leur étaient ouvertes pour atteindre au succès (108 et bas de 342), et que de fatalités accumulées dans cette longue aberration de la politique sociale! quelle épaisseur de voiles, non pas sur la nature, qui n'était voilée que de gaze, mais sur les esprits civilisés, faussés par les quatre sciences philosophiques au point de n'avoir pu comprendre que si l'on a vu naître successivement les quatre sociétés, sauvage, patriarcale, barbare et civilisée, il en pourra naître successivement (p. 25) d'autres moins calamiteuses, dont l'esprit humain devait faire la recherche, déterminer les divers mécanismes! Aurait-on commis ce funeste oubli, si la science eût envisagé en entier le cadre de ses études et de ses devoirs, selon le tableau, *Intra*, XXXI?

Enfin, l'inadvertance générale est réparée par le tardif calcul de l'Attraction passionnée et de l'Association agricole. Plus cette nouvelle science est éblouissante par la magnificence des résultats, plus il est nécessaire de s'étayer de la justesse des calculs. Mais voici une alternative sur laquelle il faut opter.

DOIS-JE DONNER DES PREUVES DÉTAILLÉES, OU SUCCINCTES, OU MOYENNES?

NUL doute, répliquent les rigoristes; il faut des preuves complètes, bien développées. Dans ce cas il faudrait donc descendre aux menus détails, à une analyse exacte des 12 passions, sujet tout-à-fait inconnu et très-minutieux, si l'on veut suivre l'échelle régulière, 394! Ce serait rebuter le lecteur à force d'exactitude. La méthode minutieuse fatigue souvent plus qu'elle n'éclaire : je n'ai jamais pu rien comprendre à l'idéologie ; c'est pourtant la science qui, après les mathématiques, me paraît la plus scrupuleuse en dissections analytiques. J'en conclus que l'affluence de détails méthodiques n'est point une voie sûre pour instruire le lecteur ; et j'opine à laisser en arrière beaucoup de développemens sur lesquels on sera toujours à temps de revenir. J'aime mieux exposer incomplètement divers sujets, que d'engager l'étudiant dans des subtilités dogmatiques ; elles seraient pour lui des épines et non des lumières : j'en ai donné la preuve, 145, en hasardant sur un point de nomenclature, sur les *lymbes sociales*, une page de commentaire. J'ai prévenu qu'on les trouverait obscurs et fatigans, quoique très-exacts, et j'en ai moi-même biffé à la planche une phrase traînante.

On tomberait dans ce défaut à chaque instant, si pour complaire aux lecteurs pointilleux on s'engageait dans tous les détails désirables ; ils seraient qualifiés de grimoire confus, d'argot scientifique. Je les diffère pour en composer au besoin un recueil destiné aux adeptes.

Par opposition, l'on trouvera dans ce traité divers articles qui pourront sembler déplacés, et que des critiques à courte vue opineraient à retrancher. Ils en jugeront différemment s'ils veulent prendre en considération une chance de candidature qui me fait la loi.

Il existe 4000 candidats de fondation, gens dont chacun a le moyen d'entreprendre l'essai sociétaire, soit de ses propres fonds, soit par souscription. Tout millionnaire est candidat, car il peut, sans aucun risque, éprouver le régime sociétaire sur une réunion de 4 à 500 inégaux, hommes, femmes et enfans, cultivant un tiers de lieue carrée.

A la rigueur, il ne faut persuader qu'un des 4000. Quelle marche suivre ? Ce n'est ni aux fleurs de rhétorique, ni aux formes adulatrices qu'il convient de recourir. Un fondateur ne sera guères entraîné que par la justesse des calculs.

J'ai dû négliger la conquête de ceux qui exigent de la flatterie : ce sont, pour l'ordinaire, des caractères faibles, indécis, louvoyeurs, des avortons politiques, gens qui se borneraient à de stériles suffrages. Il faut un esprit ferme, vaste, grandiose, apte à voir les choses dans le droit sens, et à s'élever au-dessus de la petitesse de ses contemporains. Un tel homme goûtera mieux une critique des bévues de la science, qu'une apologie des erreurs en crédit. D'ailleurs, je ne connais ni ne veux connaître la flagornerie, et j'aurais très-mauvaise grâce à vouloir écrire sur ce ton; c'est pour cela que je ne dois spéculer que sur les candidats de classe grandiose.

L'homme doué de conceptions vastes et unitaires, voudra une théorie satisfaisante sur les trois unités : il n'y aurait pas foi, si j'esquivais quelqu'un des problèmes; il faut donc les aborder franchement dans les 3 ordres : c'est ce que je fais dans les 3 articles,

Unité de l'homme avec lui-même, 280, Interm., 2e moyen;
Unité de l'homme avec Dieu, 231, Pivot direct;
Unité de l'homme avec l'univers, 519, Note E;

Articles qui pourront sembler bizarres à la multitude : elle peut les franchir, ou les regarder comme non avenus. Mais s'ils sont nécessaires pour inspirer confiance à un fondateur, m'est-il permis de négliger pareille précaution, et de céder aux petitesses dominantes, dans une affaire d'où dépend la délivrance du genre humain, l'issue du labyrinthe civilisé, barbare et sauvage, et l'avènement subit à l'unité universelle?

POST. — *Dualité du Destin social, et enfance politique du globe.*

Si l'on veut faire un instant trêve d'amour-propre, chacun concevra que la meilleure aubaine pour un siècle, est d'être convaincu de sottise. Toute grande découverte imprime cette légère tache sur la génération qui l'a manquée; mais elle est dédommagée de ce petit affront, par la jouissance de lumières et bienfaits dont elle désespérait.

Lorsque Christophe Colomb revint à Séville avec les blocs d'or du nouveau Monde, ses contemporains qui pendant sept ans l'avaient excommunié, traité de visionnaire et de fou, ne furent-ils pas très-satisfaits d'être eux-mêmes convaincus de sottise, et réduits à décerner au seul Colomb la palme du bon esprit! Dans cette conjoncture, le bénéfice ne compensa-t-il pas bien l'humiliation, facile à oublier quand elle frappe sur une génération entière!

Cette lutte de Colomb avec le 15e siècle, représente exactement la situation du 19e siècle à mon égard. Alors il s'agissait du nouveau monde matériel ; aujourd'hui, du nouveau monde social.

Assurément l'âge moderne va sourire de pitié en voyant un inconnu l'accuser de profonde ignorance en mécanique des passions, ou destin des sociétés industrielles. Mais si je suis fondé en preuves, si ma découverte est réelle, ne sera-ce pas pour le siècle un coup de fortune sans pareil! C'est aux opposans mêmes que j'en appelle de leur opposition : mieux avisés, ils accepteront le défi, et diront :
» ce qui est à souhaiter, pour notre intérêt commun, c'est
» que la victoire demeure à l'inventeur, qu'il ait seul raison
» contre tout le monde savant, contre toute la civilisation
» ancienne et moderne. »

Tel est le vrai sens dans lequel on doit envisager ce débat ; ne jamais perdre de vue que la défaite du siècle sera pour lui le gage d'un immense bonheur. Une fois pénétrés de cette réflexion, mes adversaires mêmes deviendront mes partisans secrets. L'orgueil sera balancé chez eux par la perspective des richesses et des lumières ; ils seront en état de juger sainement sur le grand problème de l'Association, et d'apprécier la théorie qui en ouvre la voie au monde entier. Alors la philosophie en corps votera pour sa propre chute, ses coryphées étant les hommes qui, A TITRE DE LITTÉRATEURS, *doivent recueillir de l'état sociétaire les plus riches moissons, soit en fortune pécuniaire,* 268, *soit en palmes de gloire,* 280.

(NOTA. Le défaut d'espace oblige à changer de caractère).

C'est assez prouver que l'orgueil doit ici transiger avec l'intérêt et la gloire, et que le plus sage parti sera la modestie spéculative. Ce principe établi, on peut passer à la thèse que font pressentir les articles précédens, celle de l'enfance politique du monde social. Il faut s'élever à concevoir que le genre humain, envisagé comme un seul corps, est sujet aux quatre phases de carrière vitale (voyez le petit tableau, 207), *et qu'il n'en est qu'à la première.*

L'enfance politique du genre humain est beaucoup plus courte proportionnément que celle d'un homme : celle-ci comprend UN QUART *de carrière, soit quinze ans sur soixante ; celle-là, un seizième, environ* 5000 *ans sur* 80000. *Mais les effets sont les mêmes ; c'est-à-dire*

qu'un

qu'un monde social en phase d'enfance est comparable aux impubères qui, à 8 et 10 ans, tout occupés de jeux enfantins, n'ont pas encore connaissance des plaisirs dont ils jouiront en phase d'adolescence. Ainsi les humains, sur un globe enfant, ne s'élèvent pas à l'idée d'une harmonie future, où le monde passera de la pauvreté à l'opulence, de la fourberie à la vérité, des discordes aux concerts unitaires.

Phrases de roman, chimérique espoir, s'écrie-t-on! Mais n'est-il pas à désirer que j'aie raison seul contre tous? *C'est là dessus que va s'établir la discussion dans le cours de l'ouvrage : tout se réduira à savoir si j'ai découvert ou non, le procédé d'*ASSOCIATION ATTRAYANTE, *présentant au Sauvage ou Barbare comme au Civilisé, la double amorce de* TRIPLE PRODUIT *et de* CHARME INDUSTRIEL.

Si la découverte est démontrée, il est certain que les sociétés actuelles, Civilisée, Barbare et Sauvage, vont s'évanouir devant l'Association qui les absorbera toutes trois, et que le monde entier va sortir de la phase d'enfance, passer à l'adolescence politique (Harmonie ascendante, 207), et à la destinée heureuse, dont la durée, 207, est septuple des âges d'infortune et de chaos social, 25.

J'ai disposé les esprits, dans tout le cours de la préface, à cette heureuse métamorphose qui, s'opérant du plein gré des monarques et des peuples, absorbera subitement les querelles politiques dans l'ivresse du bonheur général.

On voit par là combien nous sommes fondés à sortir de la léthargie, de la résignation apathique au malheur, et du découragement répandu par nos sciences, qui enseignent la nullité de la Providence en fait de mécanisme social, et l'incompétence de l'esprit humain à déterminer notre destination future.

Eh! si le calcul des évènemens futurs est hors de la portée de l'homme, d'où vient cette manie commune à tous les peuples, de vouloir sonder les destinées, au nom desquelles l'être le plus glacial ressent un frémissement d'impatience, tant il est impossible d'expulser du cœur humain la passion de connaître l'avenir! Pourquoi Dieu, qui ne fait rien en vain, nous aurait-il donné cet ardent désir, s'il n'eût avisé aux moyens de le satisfaire un jour? Enfin ce jour est arrivé; les hommes vont s'élever à la prescience des évènemens futurs : je donnerai, dans la Note cosmogonique E, 519, *un premier aperçu de l'analogie universelle qui va nous révéler tous ces mystères et nous ouvrir le grand livre des décrets éternels.*

La philosophie inhabile à les pénétrer, nous détournait de la recherche, par un épouvantail de voiles d'airain *et de* sanctuaire impénétrable : *mais si la nature est vraiment impénétrable, selon le dire de nos sophistes, pourquoi a-t-elle permis que Newton expliquât la 4e branche de son système général,* XXXI? *C'est un indice qu'elle ne voulait pas nous refuser la connaissance des autres branches. Quand une belle accorde quelque faveur, l'amant serait bien sot de croire qu'elle n'accordera rien de plus. Pourquoi donc les savans ont-ils molli près de cette nature qui les agaçait en leur laissant soulever un coin du voile? Pourquoi, avec leurs brillans paradoxes de voiles d'airain, communiquent-ils le découragement dont ils sont frappés, et persuadent-ils au genre humain qu'il ne découvrira rien là où leur science n'a rien su découvrir?*

Entre-temps : la classe des sophistes nous leurre d'un espoir de progrès vers la perfectibilité, quand il est évident que la civilisation est un cercle vicieux; qu'il n'y a de salut que dans l'invention d'une société plus élevée en échelle (voyez p. 25), et que l'esprit civilisé est tout à fait inhabile à concevoir et exécuter le bien. Il s'est écoulé vingt siècles scientifiques avant qu'on ne proposât le moindre adoucissement au sort des esclaves : il faut donc des milliers d'années pour nous suggérer un acte de justice et de progrès social, bientôt compensé par quelqu'oppression pire encore, telle que la traite des Nègres, et celle des Blancs exercée par les Turcs sur les Chrétiens.

Au résumé, nos sciences qui se vantent d'amour pour le peuple, sont complètement ignares sur les moyens de le protéger. Les tentatives des modernes sur l'affranchissement des Nègres, n'ont abouti qu'à verser des flots de sang et redoubler les cruautés de la traite; qu'à aggraver le mal de ceux qu'on voulait servir. Nos prétentions en réformes sociales n'engendrent qu'orages et déchiremens : la marche de nos sociétés est comparable à celle de l'Aï, dont chaque pas est compté par un gémissement. Ainsi que lui, la civilisation s'avance avec une inconcevable lenteur à travers les tourmentes politiques : à chaque génération elle essaie de nouveaux systèmes qui ne servent, comme les ronces, qu'à teindre de sang les peuples qui les saisissent.

Enfin le terme des malheurs sociaux, le terme de l'enfance politique du globe est arrivé : nous touchons à la grande métamorphose qui semblait s'annoncer par une commotion universelle. C'est vraiment aujourd'hui que le présent est gros de l'avenir, et que l'excès des souffrances doit amener la crise du salut. A voir la continuité des secousses politiques, on dirait que la nature fasse effort pour secouer un fardeau qui l'oppresse : les guerres, les révolutions, embrasent incessamment tous les points du globe; les orages à peine conjurés renaissent de leurs cendres; les esprits de parti s'enveniment sans nul augure de conciliation; le corps social est devenu ombrageux, délateur, pétri de vices, familier avec toutes les monstruosités, jusqu'à s'allier aux Barbares pour la persécution des Chrétiens; la fortune publique n'est plus qu'une proie livrée aux vampires d'agiotage; l'industrie est devenue, par ses monopoles et ses excès, une punition pour les peuples réduits au supplice de Tantale, et affamés au sein de leurs trésors; l'ambition coloniale a fait naître un nouveau volcan; l'implacable fureur des Nègres changerait bientôt l'Amérique en un vaste sépulcre, et vengerait par le supplice des conquérans les races indigènes qu'ils ont anéanties ; le commerce, émule des Cannibales, raffine les atrocités de la traite, et insulte aux décrets bienfaisans d'un congrès de souverains. L'esprit mercantile a étendu la sphère des crimes ; à chaque guerre il porte les ravages dans les deux hémisphères ; nos vaisseaux n'embrassent le monde entier que pour associer les Barbares et Sauvages à nos vices et à nos fureurs ; la terre n'offre plus qu'un affreux chaos d'immoralité, et la civilisation devient plus odieuse, aux approches de sa fin.

C'est au plus profond de l'abyme, qu'une invention fortunée apporte aux civilisés la BOUSSOLE SOCIALE, ou calcul de l'Attraction développée par Séries contrastées ; *boussole que les modernes auraient cent fois découverte, s'ils n'étaient pétris d'impiété, et tous coupables de défiance envers la Providence. Qu'ils sachent (et on ne saurait trop le leur répéter), qu'elle a dû avant tout statuer sur le mécanisme social, puisque c'est la plus noble branche du mouvement universel, dont la direction appartient tout entière à Dieu seul.*

Au lieu de reconnaître cette vérité, au lieu de rechercher quelles peuvent être les vues de Dieu sur l'ordre social, et par quelle voie il a dû nous les révéler, l'âge moderne a écarté toute doctrine qui eût admis L'UNIVERSALITÉ DE LA PROVIDENCE *et l'intervention active de Dieu dans le code social. On a diffamé l'Attraction passionnée, interprète éternel de ses décrets : l'homme s'est confié à la direction des philosophes qui veulent ravaler la Divinité au-dessous d'eux, en s'arrogeant sa plus haute fonction, la direction du mouvement social. Pour les couvrir de honte, Dieu a permis que, sous leurs auspices, l'humanité se baignât dans le sang pendant 23 siècles sophistiques, et qu'elle épuisât la carrière des misères, des inepties et des crimes.*

La fortune enfin nous devient propice, le sort est désarmé, et l'invention de la théorie sociétaire nous ouvre l'issue de cette prison sociale qu'on nomme civilisation. A quel titre la théorie peut-elle mériter confiance CONDITIONNELLE, *admission à l'examen et à l'épreuve sur un hameau ? Ce n'est qu'autant qu'elle se rallie à l'unité de l'univers, à ses harmonies connues, comme la planétaire, la mathématique, la musicale ; autant qu'elle s'étaie d'application aux théorèmes principaux de ces harmonies, et notamment à celui de l'équilibre* planétaire en raison directe des masses et inverse du carré des distances. *L'équilibre des passions doit se fonder sur la même règle, s'il y a unité dans l'univers matériel et passionnel, et cette règle doit être appliquée à la branche fondamentale de l'état sociétaire, à la répartition en raison des trois facultés,* CAPITAL, TRAVAIL *et* TALENT.

Si cette condition est remplie dans la nouvelle théorie (T. II, sect. 8e), *il n'est rien de plus urgent que d'en faire l'essai sur un hameau ; proposition qui ne pourrait être combattue que par des Zoïles, devenus malheureusement si nombreux dans cette génération, ou par cette classe de dupes savans, à qui j'adresse la devise*, aures habent et non audient, *et l'article* Introd., 43, *sur la fausse nouveauté*.

Quant aux impartiaux, j'aime leur circonspection et je la provoque; mais qu'ils se gardent de prendre pour voie de prudence, les insinuations de la tourbe des envieux, des petits esprits et des méchans (*).

(*) J'use d'un exemple, pour rendre sensible cette malignité générale des civilisés envers les inventeurs.

Lorsqu'un pape des moins judicieux lançait sur Colomb les foudres de l'église, ce pape n'était-il pas vivement intéressé au succès de Colomb? Sans doute; car à peine l'Amérique fut-elle connue, que le pontife y distribua des empires, et trouva fort bon de profiter d'une découverte dont la seule idée avait excité toute sa colère.

Le chef de l'église, dans cette inconséquence, était le portrait de tous les hommes; ses préjugés et son amour-propre l'aveuglaient sur ses véritables intérêts. S'il eût raisonné, il eût entrevu que le Saint-Siége pouvant, à cette époque, distribuer la souveraineté temporelle des terres inconnues et les soumettre à son empire religieux, était intéressé sous tous les rapports à encourager la recherche d'un nouveau continent.

Mais, par excès d'amour-propre, le pape et son conseil ne raisonnèrent point. C'est une petitesse commune à tous les siècles et à tous les individus; c'est un contre-temps qui poursuit tout inventeur. Il doit s'attendre à être molesté en proportion de la magnificence de sa découverte, sur-tout s'il est homme profondément obscur, et qui ne soit recommandé par aucune production antérieure.

Toute invention trop brillante est jalousée par ceux qui pouvaient la faire: on s'indigne contre l'inconnu qui s'élève par un coup de hasard au faîte de la renommée; on ne lui pardonne pas d'éclipser tout-à-coup les lumières acquises. Un tel succès devient un affront pour la génération existante; elle oublie les bienfaits que va donner la découverte, pour ne songer qu'à la confusion imprimée sur le siècle qui l'a manquée. Chacun, avant de raisonner, veut venger son amour-propre offensé, veut contrecarrer une brillante invention avant de l'avoir examinée.

On ne jalousera guères un Newton, parce que ses calculs sont si transcendans, que le vulgaire scientifique n'y avait aucune prétention: mais on déchire un Colomb, parce que son idée de chercher un nouveau monde était si simple, que chacun pouvait la concevoir avant lui.

Même disgrâce va peser sur l'inventeur du nouveau monde social: la philosophie, qui règne sur le 19e siècle, élevera contre moi plus de préjugés que la superstition n'en éleva, au 14e siècle, contre Ch. Colomb. Cependant, s'il trouva dans FERDINAND et ISABELLE des souverains plus sages que les beaux esprits du temps, ne puis-je pas, comme lui, compter sur l'appui de quelque monarque plus clairvoyant que ses contemporains? Et tandis que les sophistes actuels répéteront avec ceux des âges obscurs, QU'IL N'Y A RIEN A DÉCOUVRIR, ne se pourra-t-il pas qu'un

Si le siècle sait s'en garantir, s'il opine sagement à consulter la preuve expérimentale, tout sur ce globe va changer de face; l'humanité va passer de l'abyme de souffrance au faîte du bonheur, avec la rapidité de l'éclair : ce sera l'image d'un décors théâtral qui fait en un clin-d'œil succéder l'olympe à l'enfer. Nous allons être témoins d'un spectacle qui ne peut être vu qu'une fois sur chaque globe, le passage subit de l'incohérence industrielle à la combinaison sociétaire. C'est le plus brillant effet de mouvement qui puisse avoir lieu dans tous les univers : son attente doit consoler la génération actuelle de tous ses malheurs. Chaque année, pendant cette métamorphose, vaudra des siècles d'existence, et présentera une foule d'évènemens si surprenans, qu'il ne convient pas de les faire entrevoir sans préparation.

Flétris par d'antiques malheurs et courbés sous les chaînes de l'habitude, les civilisés ont cru que Dieu les destinait aux privations, ou seulement à un bonheur médiocre. Ils ne pourront pas se façonner subitement à l'idée du bien-être qui les attend, et leurs esprits se soulèveraient, si on leur exposait sans précaution la perspective des délices dont ils vont jouir sous très-peu de temps, car il faudra à peine deux ans pour organiser chacun des cantons sociétaires, et à peine six ans pour achever l'organisation du globe entier, à supposer les plus longs délais.

L'état sociétaire sera, dès son début, d'autant plus brillant, qu'il a été plus longtemps différé. La Grèce, à l'époque des Solon et des

potentat, plus sage que la philosophie, veuille tenter l'essai que firent les monarques de Castille ?

Ils exposaient peu, en hasardant un vaisseau pour courir la chance de découvrir un nouveau monde et en acquérir l'empire. L'un des monarques actuels (ou même un riche particulier, Tom. II, 638), pourra dire dans le même sens : hasardons, sur un tiers de lieue carrée, l'essai de L'ASSOCIATION DOMESTIQUE-AGRICOLE ; c'est bien peu risquer pour courir la chance de tirer le genre humain de la lymbe sociale (Introd., p. 25), de monter au trône de l'unité universelle, 286, et d'en transmettre à perpétuité le sceptre à nos descendans.

Je viens de signaler les préjugés que l'orgueil scientifique élèvera contre moi : j'ai voulu, par là, prévenir le lecteur contre les sarcasmes de cette multitude qui tranche sur ce qu'elle ignore, et qui répond aux raisonnemens par des jeux de mots, II, 643. Lorsque les preuves de ma découverte seront produites et qu'on verra s'approcher l'instant d'en recueillir le fruit, lorsqu'on verra l'unité universelle prête à s'élever sur les ruines du chaos sauvage, barbare et civilisé, les critiques passeront subitement du dédain à l'ivresse ; ils voudront ériger l'inventeur en demi-dieu, et ils s'aviliront de rechef par des excès d'adulation, comme ils vont s'avilir par des railleries inconsidérées.

Périclès, pouvait déjà l'entreprendre ; ses moyens étaient parvenus au degré suffisant pour cette fondation : elle exige le secours de la grande industrie, inconnue sur chaque globe aux générations primitives que Dieu, d'après cet obstacle, doit laisser dans l'ignorance de la destinée heureuse à laquelle un monde ne pourrait pas s'élever dans ses premiers âges.

Aujourd'hui, nos moyens de luxe et de raffinement sont au moins doubles de ce qu'ils étaient chez les Athéniens : nous débuterons avec d'autant plus d'éclat dans l'ordre sociétaire. C'est à présent que nous allons recueillir le prix des progrès de nos sciences physiques. Jusqu'à ce moment, en perfectionnant le luxe, elles augmentaient les privations relatives de la multitude qui est dépourvue du nécessaire ; elles ne servaient que les oisifs, en désespérant les industrieux, et cet odieux résultat conduisait à opter entre deux opinions, ou la malfaisance de Dieu, ou la malfaisance de la civilisation. Raisonnablement, l'on ne pouvait se fixer qu'à cette dernière opinion.

Les philosophes, au lieu d'envisager la question sous ce point de vue, ont éludé le problème que présentait la malice humaine ; elle conduisait à SUSPECTER LA CIVILISATION OU SUSPECTER DIEU.

Pour esquiver l'alternative, ils se sont ralliés, dans le dernier siècle, à une opinion bâtarde, celle de l'Athéisme, qui supposant l'absence d'un Dieu, dispense les savans de rechercher et déterminer ses vues, les autorise à donner leurs théories capricieuses et inconciliables pour règles du bien social. L'Athéisme est une opinion fort commode à l'ignorance politique, et ceux qu'on a surnommés ESPRITS FORTS pour avoir professé l'Athéisme, se sont montrés par-là bien faibles de génie. Craignant d'échouer dans la recherche des plans sociaux de Dieu, ils ont préféré nier l'existence de Dieu, vanter comme perfection cet ordre civilisé qu'ils abhorrent en secret, et dont l'aspect les désoriente au point de les faire douter de la providence.

Les sophistes, sur ce point, ne sont pas les seuls en défaut : s'il est absurde de ne pas croire en Dieu, il est également absurde d'y croire à demi ; de penser que sa providence est incomplète, qu'il a négligé de pourvoir à nos besoins les plus urgens, à celui d'un ordre social qui assure notre bonheur. Lorsqu'on voit les prodiges de notre industrie, tels qu'un vaisseau de haut bord et autres merveilles qui sont prématurées eu égard à notre enfance politique, peut-on raisonnablement penser que ce Dieu qui nous a prodigué tant de sublimes connaissances, veuille nous refuser celle de l'art social, sans laquelle toutes les autres ne sont rien ? Dieu même ne serait-il pas blâmable et inconséquent, de nous avoir initiés à tant de sciences admirables, si elles ne devaient produire que des sociétés dégoûtantes de crimes, comme la Barbarie et la Civilisation, dont l'humanité va être enfin délivrée, et dont la prochaine clôture doit être un signal d'allégresse universelle !

TABLE DE L'AVANT-PROPOS.

DIRECTION POUR LES 3 CLASSES DE LECTEURS, (p. XI).

1° LES FRIVOLES. Je leur conseille de débuter par de petits articles détachés et amusans, qui traitent des prodiges romantiques de l'Association; ce sont, en 2e partie :

1° Le trentuplement de richesse. 373
2° Les melons jamais trompeurs. 377
3° La dette de 25 milliards payée en 6 mois. 492

En Introd. : Le tableau partiel du mouvement social. . . . 25 à 28
La vraie et la fausse nouveauté. . . . . 39 à 44
La détraction française, etc. . . . . 73 à 82

Prolégom. Le 3e chapitre, 99, et la Cis-Médiante. . . 114
Le chapitre du commerce mensonger. . . 166 à 174
La garantie septénaire. . . . . 183 à 196

Intermède : 1er moyen, lustre des sciences et des arts. 266 à 276
2e moyen, leurres sur la fortune et la gloire. . 301 à 313

T. II, Citerl., 129. Banqueroute, 419. Français, 472.

De là ils pourront passer à la 2e partie, 343, qui est théorie spéculative et par conséquent lecture obligée pour tous.

2° LES MIXTES ajouteront quelques articles à cette liste; les tables des matières, 263, 539, les aideront à juger du choix à faire.

3° LES GRAVES devant lire le tout, il n'y a aucune instruction à leur donner sur le choix des lectures.

Les disciples bénévoles devront se munir d'argumens péremptoires à opposer aux Sceptiques et Zoïles; voici un choix de répliques adaptées aux trois caractères.

Les FRIVOLES, pour éviter de longs raisonnemens, pourront faire valoir, 1° les perspectives de bénéfice (1re not., 2e part.), qui militent pour l'essai; 2° les 12 prodiges d'unité sociétaire (Cis-Méd., I, 114, et Citerl., II, 129); objecter que la civilisation, dont les savans sont tous partisans de l'unité, produit l'opposé de ces douze effets d'unité, et conclure qu'il faut ou renoncer à prôner l'unité, ou s'élever plus haut que la civilisation, pour obtenir l'unité et ses bienfaits.

Les GRAVES qui ne craignent pas les discussions, prendront pour thème : 1° les propriétés et attributions de Dieu, 203; 2° les trois chap. (1re part., 3e not.), sur les garanties que l'Attraction pass. fournit à Dieu et à l'homme; 3° les équilibres pass. (sect. 7 et 8, II); 4° les propriétés de l'essor infinitésimal et unitaire, I, 268; II, 6e sect.

Les MIXTES pourront s'emparer des argumens plaisans, badiner la philosophie sur le résultat constant de ses lumières (les 9 fléaux, 39), sur ce qu'elle n'a aucune connaissance des sujets dont elle traite, comme

Droits de l'homme, 126. Phases de civilisation, 159.

Commerce, 168, et II, 419. Vrai bonheur, 475.

Conditions de liberté par minimum et attraction indust., 132, 143.

Faux et vrai libéralisme, 293, 299, 341, 541,

et sur ce qu'ayant donné les 12 préceptes, 99, qui conduisaient aux 16 issues de civilisation, 108, elle n'en a suivi aucun et n'a su trouver aucune des issues. Ce canevas de répliques suffira aux divers adeptes.

Organes d'une science conciliante, ils devront consoler les vaincus; représenter à la philosophie que PERDANT UN, ELLE GAGNE NEUF.

En effet, chaque sophiste perd *son système*, *sa controverse*; mais tous gagnent les neuf objets de leurs vœux apparens et secrets.

K. Paix perpétuelle et opulence générale.

1. Fortune subite des savans :	*Initiations*
2. Lustre des sciences et arts :	5. Au système de la nature *en causes :*
3. Débarras du soutien de la phil. :	6. Aux branches *d'effets* inconnues :
3. Fin de la défaveur croissante.	7. Aux voies de règne de la vérité.

✕ Avènement à toutes les unités.

Un avis à répéter aux trois classes, est celui donné page XV, de FIXER CONSTAMMENT LEUR ATTENTION SUR L'OBJET PRINCIPAL; VÉRIFIER SI LA DÉCOUVERTE EST RÉELLEMENT FAITE; NE JUGER QUE LE FOND ET NON LES FORMES DE L'OUVRAGE; CONSIDÉRER LES RÉSULTATS, *tous les revenus triplés en effectif, décuplés en relatif; toutes les révolutions finies, sans crainte de retour; tous les partis absorbés, conciliés par la pleine indemnité à toutes les catégories de lésions* NON PRESCRITES : *aux émigrés; aux ecclésiastiques ou à leurs héritiers; aux créanciers de Louis XVI, frustrés par la banqueroute du tiers consolidé; aux militaires dépossédés de dotations; aux victimes des assignats; aux victimes des deux invasions; enfin à toutes personnes d'un ou d'autre parti, lésées en révolution*; lesdits effets à obtenir sous deux ans, si la théorie sociétaire est exacte et praticable en essai sur un hameau.

Ils doivent considérer, enfin, que les défauts qu'on pourra remarquer dans la manière de l'auteur, sont des sujets de confiance et non de blâme; car il est certain que si la nature m'eût donné le genre d'esprit de tant d'écrivains civilisés, j'aurais, comme eux, dévié du but, et manqué la découverte à laquelle le genre humain va devoir son bonheur.

NOTA. *L'Introduction ayant été imprimée longtemps avant que cette préface (Avant-Propos) ne fût composée, le petit exorde qui suit, 1 à 2, devient une superfluité à franchir, et qui disparaîtrait en cas de 2e édition. Il en est de même de quelques phrases de l'Avant-Propos, insérées par mégarde*, 97, 98, *six mois auparavant.*

INTRODUCTION

INTRODUCTION

ET DÉDICACE

AUX NATIONS ENDETTÉES.

En publiant une découverte de haute importance, il est difficile de la produire sous des couleurs convenables à tout le monde. Chaque parti craint qu'elle ne favorise pas ses prétentions secrètes ; chacun avant de l'avoir examinée interprète à contre-sens les idées de l'auteur.

La découverte que je publie ne doit exciter aucune de ces défiances : elle est la seule qui satisfasse le vœu le plus général, celui de la richesse. Elle aura pour partisans tous ceux qui préfèrent 3 ducats à 1 ducat : bref, la théorie d'Association agricole enseigne le moyen d'obtenir EN VALEUR RÉELLE, un revenu de 3,000 fr. de tel domaine qui ne rend que 1,000 fr. dans l'état actuel ou état de culture morcelée, insociétaire, qu'on voit régner dans nos campagnes.

Les mots VALEUR RÉELLE exigent une explication. Voyez la note ci-bas (*).

L'invention ne pouvait survenir plus à propos : le génie financier est aux abois ; les ressources d'emprunts, d'anticipations et autres subtilités fiscales sont épuisées, et tous les gouvernemens européens sont dans un état de détresse croissante par le fardeau des dettes publiques.

(*) Le triplement de revenu réel suppose triplement de produit : dans ce cas, le numéraire acquerra une valeur triple, car l'Association peut bien accroître la masse du produit, mais non pas celle du signe représentatif qui restera en même quantité ; dès-lors ce signe représentera triple masse de denrées ; c'est-à-dire que dans l'ordre sociétaire on achetera pour 1 fr. ce qui coûte aujourd'hui 3 fr. ; il y aura donc triplement effectif de richesse ou valeur réelle.

L'Association agricole va délivrer subitement de cette charge toutes les nations, même l'Angleterre qui doit vingt milliards, et mieux encore celles qui ne doivent, comme la France, que douze milliards, dont quatre en budget fiscal et au moins huit en budget consciencieux, comprenant toute lésion qui frappe sur la génération actuelle sans distinction de partis.

La prompte extinction des dettes publiques ne sera qu'un des nombreux bienfaits de l'Association : les Souverains lui devront un service plus signalé, qui sera l'absorption de l'esprit révolutionnaire. Ce virus politique a pour germes principaux, la pénurie fiscale et les dettes publiques. On ne le voit guère éclore dans un état dont les finances sont florissantes ; si Louis XVI au lieu de devoir quatre milliards n'avait été grevé d'aucune charge de ce genre, la France n'aurait pas eu de révolution.

Les empires affligés de dettes publiques, doivent donc la plus sérieuse attention à une découverte qui va extirper subitement et sans retour ces ulcères politiques, en triplant le produit réel et proportionnément les ressources du fisc.

Le monde est inondé de charlatans qui, en finance, promettent monts et merveilles ; on a été tant de fois leur dupe que chacun incline à la défiance : pourquoi les modernes sont-ils ainsi le jouet des faux savans ? C'est qu'on n'a établi ni peines afflictives contre les jongleurs, ni garanties d'accueil et d'épreuve pour les vrais inventeurs. J'analyserai en détail ces deux fautes, afin que le siècle opine à les éviter dans l'examen de la plus précieuse des inventions.

ARTICLE Ier.

Notions préliminaires.

La découverte d'une théorie d'Association industrielle est depuis quelque temps pressentie par l'Angleterre, qui fait des recherches actives et des essais dispendieux pour organiser l'association domestique. Les Anglais confus de voir chez eux, comme par tout, la misère du peuple s'accroître en raison de la richesse nationale et du progrès de l'industrie (*), ont

(*) Le nombre des pauvres à Liverpool s'élève au tiers de la po-

dû penser qu'il fallait quelque moyen neuf pour sortir de ce dédale. Ils ont présumé avec raison, que l'industrie sociétaire offrirait des ressources pour améliorer le sort de la classe inférieure ; leurs essais n'ont pas été heureux ; ils ne doivent pas s'en étonner : l'Association étant une carrière vierge, un nouveau monde scientifique, on doit s'y égarer quand on n'a pour se guider ni théorie ni boussole.

D'après les détails qu'ont fourni les journalistes sur les établissemens anglais confiés à la direction de M. Owen, il paraît qu'on y a commis trois fautes capitales, dont chacune isolément suffiroit à faire échouer l'entreprise ; analysons ces fautes :

1° *L'excès de nombre.* On emploie, dit-on, à ces tentatives, 5 à 600 familles ; soit 3,000 individus : c'est beaucoup trop, car le plus haut degré d'association ne comporte que 16 à 1700 personnes, hommes, femmes et enfans, et le plus bas degré peut être limité à 400, selon la table suivante des trois modes sociétaires :

Mode simple ou hongré,	400 à 500	Associés inégaux.
Mode mixte ou ambigu,	800 à 1,000	
Mode composé ou binharmonique,	1,200 à 1,500	

On ne peut pas effectuer l'opération en simple sur une réunion de 300 personnes, et il serait difficile en composé d'élever le nombre à 1,800, à moins de certaines convenances de terrain qu'il est rare de rencontrer.

2° *L'égalité.* C'est un poison politique en association ; les Anglais l'ignorent et composent leurs réunions de familles à-peu-près égales en fortune. Le régime sociétaire est aussi incompatible avec l'égalité de fortunes qu'avec l'uniformité de caractères ; il veut en tout sens l'échelle progressive, la plus grande variété de fonctions et sur-tout l'assemblage de contrastes extrêmes, comme celui de l'homme opulent avec l'homme sans fortune, du caractère bouillant avec l'apathique, du jeune homme avec le vieillard, etc.

3° *L'absence d'agriculture.* Il est impossible d'organiser

pulation, 27,000 indigens sur 80,000, et cependant Liverpool est une des cités opulentes, le commerce maritime y est en pleine activité. Un tiers d'indigens !.. Singulier résultat de l'industrie non sociétaire !

une Association régulière et bien équilibrée, sans mettre en jeu les travaux champêtres ou tout au moins les jardins, troupeaux et basse-cours, avec grande variété d'espèces animales et végétales. On ignore ce principe en Angleterre où on opère sur des artisans, sur le seul travail manufacturier, qui ne peut pas isolément suffire au lien sociétaire. Les fabriques sont nécessaires dans les trois modes d'Association, mais elles n'y interviennent qu'en relais des fonctions agricoles qui sont l'aliment principal des rivalités et intrigues industrielles.

Il suffirait de l'exposé de ces trois fautes pour constater que les modernes étaient bien éloignés de la découverte du procédé d'Association.

Malgré ces bévues, l'Angleterre est très-louable d'avoir tenté une opération dont le succès serait le plus heureux des évènemens, et dans laquelle on aurait réussi depuis longtemps, si on n'avait pas différé 3,000 ans à s'en occuper.

Les tentatives après quelques échecs, pendant une ou deux générations, auraient nécessairement conduit à de grands succès: l'esprit de contradiction supplée souvent aux lumières; chacun se plaît à dévier des routes suivies par ses rivaux; les concurrens jaloux auraient fait des épreuves sur des systèmes différens, et bientôt quelqu'un d'entr'eux serait arrivé au but, même sans génie et sans théorie; car en furetant sur tous les points et sondant toutes les méthodes, on finit par découvrir la bonne; de même qu'en ouvrant et visitant toutes les portions du gâteau des rois, on finit par trouver la fêve.

Il n'est pas de plus sûr moyen de découverte que l'exploration générale : c'est une vérité très-ignorée des modernes. Aussi ont-ils laissé dans l'oubli les sciences qu'il était le plus urgent de cultiver, toutes celles qui pouvaient conduire aux inventions brillantes et utiles; tandis qu'ils ont prostitué 400,000 tômes à des controverses politiques et morales qui ne servent qu'à troubler le monde social; étrange dépravation de l'esprit humain!

Il est d'usage en Europe que l'Angleterre prenne l'initiative des travaux utiles, et que la France n'entre en scène qu'après l'impulsion donnée par les Anglais; aussi la France paraît-elle s'éveiller sur ce qui touche à l'Association; elle témoigne quelque penchant à s'en occuper. Un ouvrage publié récemment par l'ingénieur *Dutens* et envoyé à tous les préfets par M. le conseiller-d'état Becquey, directeur-général des ponts et chaussées, décrit les avantages que l'Angleterre a recueillis des Associations *spéciales* ou travaux publics entrepris par compagnies d'actionnaires.

Inviter les capitalistes à s'occuper de ces entreprises, c'est demander le fruit avant la fleur. Les compagnies d'actionnaires naîtraient de l'état des choses, le jour où l'Association domestique serait établie ; elle exécuterait dès l'année suivante des travaux publics d'irrigation, reboisement, etc., au prix desquels l'Angleterre ne sembleroit qu'un pygmée, quoiqu'elle soit un colosse en ce genre, comparativement aux autres contrées.

Les sociétés policées ne s'étant jamais occupées d'Association, n'ont pas pu savoir que la domestique doit précéder la spéciale, de même que la tige doit naître avant les rameaux. Ce qui prouve l'insuffisance de la *spéciale*, c'est que l'Angleterre quoique féconde en ce genre, n'exécute point les grands travaux de première nécessité, comme recouvrement et reboisement des pentes effritées, encaissement général des eaux, etc.

Pour définir exactement le degré où elle est parvenue en travaux publics, disons qu'elle est un peu moins en retard que les continentaux ; mais de ses prodiges industriels à ceux qu'opérera l'Association domestique, il reste encore, je le répète, la distance du pygmée au géant.

Quelques économistes français ont eu des idées superficielles d'association domestique ; j'ai lu en 1804 des observations signées Cadet-de-Vaux, où l'on s'extasiait sur l'immense bénéfice que recueillerait un village d'un millier d'habitans, si on pouvait associer les familles et les rétribuer proportionnément aux facultés de chacune.

Ainsi, après 3,000 ans d'inadvertance, voilà deux grandes puissances qui se ravisent enfin sur la plus urgente des recherches, mais sans oser se livrer à l'espérance, ni proposer le moindre prix pour la découverte de l'Association domestique.

On m'a communiqué fort tard (8 juillet 1821), une note

où je vois qu'il existe à Paris des partisans de l'Association, désirant et provoquant la découverte d'un procédé efficace : ladite note, signée *Huard*, se trouve dans le *Mémorial universel* de l'industrie française ; juin, 54e livraison.

Elle contient une description de l'établissement de M. Owen à New-Lanarck : on ne voit pas que cette réunion soit sociétaire ; elle paraît n'être qu'un rassemblement très-nombreux de 2,500 personnes, où règne une police bienveillante, une discipline judicieuse, mais sévère jusqu'à l'austérité (*), et un peu semblable à celle des jésuites du Paraguay. On n'y voit aucune disposition qui puisse remplir la principale condition du lien sociétaire, la rétribution par dividendes proportionnels aux trois facultés *capital*, *travail et talent*.

Ce n'est pas moins un établissement très-précieux, en ce qu'il tend à quelques-uns des avantages matériels de l'Association. La marche naturelle, dans un siècle qui ne connaît pas la théorie, est de s'attacher d'abord aux économies matérielles et mécaniques : M. Owen y atteint partiellement, par le seul moyen de *réunion nombreuse* ; c'est le plus sûr garant de l'économie qui ne peut pas se rencontrer dans la gestion des familles incohérentes, comme celles du peuple de nos villes et villages.

M. Owen est le premier qui ait fait *pratiquement* des recherches et essais sur l'Association : sous ce rapport, son entreprise mérite des éloges que je lui donnerai plus loin, en traitant des transitions industrielles ou procédés mixtes entre le mode familial et le sociétaire.

Dans les aperçus fournis par cet article, je pourrais signaler trente fautes de mécanisme passionnel, j'aime mieux faire l'éloge de ce qui est louable, j'y remarque avec plaisir que les anglais se rallient au principe fondamental d'économie domestique, *opérer sur de nombreuses réunions*. Ils ont reconnu « que l'état actuel des pauvres et des classes ouvrières,

(*) Je la juge sévère d'après la ligne suivante : » tous ces êtres intéressans ont les pieds nuds ». Est-il bien sûr que leur goût soit d'aller nu-pieds dans un pays aussi froid que l'Ecosse, et si on les consultoit, n'en trouverait-on pas bon nombre qui souhaiteraient de porter bas et souliers ? Ces statuts monastiques sont loin de l'Association *attrayante* dont je publie la théorie.

» ne pouvant plus continuer, il fallait trouver des remèdes » efficaces en créant dans ces classes des habitudes morales » et des sentimens d'union sociale. » (Phrase transcrite).

On ne pouvoit mieux poser le problème; pourquoi ne pas y ajouter un prix quelconque pour celui qui le résoudra : une médaille purement honorifique, de cuivre ou de buis?

Les Anglais ont versé récemment une somme de *deux millions et demi* pour un établissement de mille personnes, selon la méthode de M. Owen. Ceux qui fondent une réunion de mille, peuvent à plus forte raison en fonder une de cinq cents. Ils vont apprendre dans cet ouvrage quels prodiges peut opérer une réunion de cinq cents inégaux, hommes, femmes et enfans associés selon le vœu de la nature, selon les méthodes que détermine le calcul synthétique de l'attraction passionnée.

L'article cité désigne nominativement plusieurs personnages distingués et habitans de Paris, qui s'occupent à propager l'esprit d'Association et soutenir les établissemens qui paraissent y tendre : ils devront être satisfaits d'apprendre la découverte du secret que les deux nations cherchaient en vain. Reste à savoir laquelle des deux devancera l'autre dans cette nouvelle carrière et enlevera la palme : j'examinerai à la fin de l'introduction, leurs intérêts respectifs à cette initiative; reprenons l'exposé du sujet.

On voit l'Association s'introduire dans quelques menus détails d'économie rurale, comme le *four banal*. Un village de cent familles reconnaît que s'il fallait construire, entretenir et chauffer cent fours, il en coûterait en maçonnerie, combustible et manutention dix fois plus que ne coûte un four banal, dont l'économie s'élevera au vingtuple ou trentuple, si la bourgade contient deux ou trois cents familles.

Il suit de là, que si on pouvait appliquer l'Association à tous les détails d'exploitation domestique et agricole, on trouverait en moyen terme une économie des neuf dixièmes sur l'ensemble de la gestion, indépendamment du produit que donneraient les bras épargnés et ramenés à d'autres fonctions.

Je n'exagère donc pas en avançant que l'Association domestique dans son plus bas degré, qui est de quatre cents personnes (soixante-dix à quatre-vingts familles), donne déjà un produit *triple* de celui qu'on obtient à chances égales d'une agriculture incohérente et morcelée comme celle de nos villageois.

J'ai recours à la contre-preuve : estimons la dépense et la duperie qui résulteraient du morcellement de certains travaux exécutés en grand comme celui de la brasserie. Si chaque ménage faisait sa bière comme il fait son vin en pays vignoble, cette bière coûterait environ le décuple de celle du brasseur, qui trouve le gage de l'économie dans une grande entreprise, préparant pour un millier de personnes.

Ajoutons que sur toutes ces bières faites en ménage, il y aurait souvent des cuites manquées et perdues, et que la plupart seraient de qualité très-inférieure, même à égalité de matières, les petits ateliers ne pouvant réunir ni les connaissances, ni les moyens qu'on rassemble dans les grands.

Certaines classes pauvres, comme les soldats, se rallient forcément à l'économie sociétaire. S'ils faisaient séparément leur chétive cuisine, autant de soupes que d'individus, au lieu de préparer le potage pour la chambrée entière, il leur en coûterait beaucoup de dépenses et de fatigues, et en triplant les frais ils seraient moins bien nourris.

Qu'un monastère de trente religieux essaie de faire trente cuisines séparées, trente feux au lieu d'un, et ainsi du reste, il est certain qu'il dépensera six fois plus en matériaux, vaisselles et salaires d'agens, et qu'on sera moins bien traité qu'en gestion unitaire.

Comment la politique moderne tout enfoncée dans les minutieux calculs, dans les balances par sous et deniers, n'a-t-elle pas songé à développer ces germes d'économie sociétaire, et proposer d'étendre aux villageois et citadins cette Association domestique dont on trouve des lueurs dans notre système social? Ne pourrait-on pas amener trois cents familles de cultivateurs à une réunion actionnaire, où chacun serait rétribué en proportion des trois facultés industrielles, qui sont *capital*, *travail et talent!* Aucun économiste ne s'est occupé de ce grand problème; cependant quelle serait l'énormité du bénéfice dans le cas où on aurait un seul et vaste grenier bien surveillé, au lieu de trois cents greniers exposés aux rats et aux charançons, à l'humidité et à l'incendie! Une seule cuverie pourvue de foudres économiques, au lieu de trois cents cuveries, meublées souvent de futailles malsaines et gérées par des ignorans qui ne savent ni améliorer, ni conserver les vins dont on voit chaque année d'immenses déperditions !

Ne nous effrayons plus des obstacles apparens puisque le problème est résolu, et osons envisager l'immensité des économies sociétaires dans les plus petits détails. Cent laitières qui vont perdre cent matinées à la ville seraient remplacées par un petit char suspendu portant un tonneau de lait. Cent cultivateurs qui vont avec cent charrettes ou ânons, un jour de marché, perdre cent journées dans les halles et les cabarets, seraient remplacés par trois ou quatre charriots que deux hommes suffiraient à conduire et servir. Au lieu de trois cents cuisines exigeant trois cents feux et distrayant trois cents ménagères, la bourgade aurait une seule cuisine à trois feux et trois degrés de préparation pour les trois classes de fortunes; dix femmes suffiraient à cette fonction qui, aujourd'hui, en exige trois cents.

On est ébahi quand on évalue le bénéfice colossal qui résulteroit de ces grandes Associations : à ne parler que du combustible, devenu si rare et si précieux, n'est-il pas certain que dans les emplois de cuisine et de chauffage, l'Association épargnerait les 7/8 du bois que consomme le système actuel, le mode incohérent et morcelé qui règne dans nos ménages.

Le parallèle n'est pas moins choquant si on compare spéculativement les cultures d'un canton sociétaire gérant comme une seule ferme, et les mêmes cultures morcelées, soumises aux caprices de trois cents familles. L'un met en prairie telle pente que la nature destine à la vigne, l'autre place du froment là où conviendrait le fourrage; celui-ci pour éviter l'achat de blé, défriche une pente roide que les averses déchausseront l'année suivante; celui-là pour éviter l'achat de vin, plante des vignes dans une plaine humide. Les trois cents familles perdent leur temps et leurs frais à se barricader par des clôtures et plaider sur des limites et des voleries; toutes se refusent à des travaux d'utilité commune qui pourraient servir des voisins détestés; chacun ravage à l'envi les forêts et oppose par-tout l'intérêt particulier au bien public.

Entre temps nos sages nous vantent l'unité d'action ; eh ! quelle unité peuvent-ils voir dans ce morcellement industriel, dans cette cacophonie anti-sociale ! Comment tardent-ils trois mille ans à poser en principe que c'est l'Association et non pas le morcellement, qui est destinée de l'homme, et que tant qu'on ignore la théorie d'Association domestique, l'homme n'est point parvenu à sa destinée !

Pour apprécier la justesse de ce principe, réfléchissons sur l'immensité de connaissances qu'exige l'agriculture, et sur l'impossibilité où est le villageois de réunir seulement le vingtième des moyens qui constitueraient le parfait agronome: il faudrait qu'à de grands capitaux, il pût ajouter les lumières disséminées sur cent têtes savantes et deux cents praticiens consommés ; en outre, il faudrait rendre immortel l'agronome doué de ces nombreuses connaissances qu'on voit aujourd'hui éparpillées parmi trois cents théoriciens et praticiens. Si le propriétaire dont il s'agit mourait sans avoir un successeur d'égal talent, on verrait aussitôt péricliter les dispositions qu'il aurait faites, et le canton décliner rapidement.

Ce n'est que dans l'Association qu'on pourra réunir à perpétuité les talens et les capitaux dont je viens de supposer le concours ; l'Association est donc le seul mode sur lequel le créateur ait pu spéculer, car en la supposant appliquée à des cantons d'environ quinze cents habitans, elle rassemblera dans chaque canton cette masse de lumières qui se perpétueront par transmission corporative. Un fils n'hérite point des connaissances de son père, mais sur un canton de quinze cents habitants, il se trouvera des sujets aptes à hériter du talent des habiles sociétaires à l'école de qui ils auront été formés. Ces transmissions de talents sont une propriété inhérente à la *série passionnelle*, disposition que je décrirai plus loin et qui règne dans tous les détails industriels de l'état sociétaire.

Plus on disserte sur cette hypothèse d'Association, plus on se convainct que l'agriculture civilisée, le morcellement domestique est le contre-sens de la destinée humaine, et qu'il fallait chercher le secret d'associer des masses nombreuses ; les petites ne pouvant pas s'élever aux dispositions de haute économie, ni réunir la variété de connaissances qu'exigerait la perfection de chaque branche de culture et de manutention.

J'ai fait entrevoir l'étourderie de trente siècles savans qui ont négligé de rechercher le procédé sociétaire enfin découvert.

Nous allons raisonner sur sa propriété principale qui est *l'attraction industrielle;* propriété au moyen de laquelle on surmontera tous les obstacles qui ont de tout temps arrêté la science.

Jusqu'ici la politique et la morale ont échoué dans leur projet de faire aimer le travail : on voit les salariés et toute la classe populaire incliner de plus en plus à l'oisiveté ; on les voit dans les villes ajouter un chômage du lundi au chômage du dimanche ; travailler sans ardeur, lentement et avec dégoût.

Pour les enchaîner à l'industrie, on ne connaît après l'esclavage d'autres véhicules que la crainte de la famine et des châtimens : si pourtant l'industrie est la destination qui nous est assignée par le Créateur, comment penser qu'il veuille nous y amener par la violence, et qu'il n'ait pas su mettre en jeu quelque ressort plus noble, quelqu'amorce capable de transformer les travaux en plaisirs !

Dieu seul est investi du pouvoir de distribuer l'attraction ; il ne veut conduire l'Univers et les créatures que par attraction ; et pour nous fixer au travail agricole et manufacturier, il a composé un système d'*attraction industrielle* qui, une fois organisé, répandra une foule de charmes sur les fonctions de culture et manufacture ; il y attachera des amorces plus séduisantes peut-être que ne sont aujourd'hui celles des festins, bals et spectacles ; c'est-à-dire que dans l'état sociétaire, le peuple trouvera tant d'agrément et de stimulant dans ses travaux, qu'il ne consentirait pas à les quitter pour une offre de festins, bals et spectacles proposés aux heures des séances industrielles.

Le travail sociétaire pour exercer une si forte attraction sur le peuple, devra différer en tout point des formes rebutantes qui nous le rendent si odieux dans l'état actuel. Il faudra que l'industrie sociétaire, pour devenir attrayante, remplisse les sept conditions suivantes :

1° Que chaque travailleur soit associé, rétribué par dividende et non pas salarié.

2° Que chacun, homme, femme ou enfant, soit rétribué en proportion des trois facultés, *capital*, *travail* et *talent*.

3° Que les séances industrielles soient variées environ huit fois par jour, l'enthousiasme ne pouvant se soutenir plus d'une heure et demie ou deux heures dans l'exercice d'une fonction agricole ou manufacturière.

4° Qu'elles soient exercées avec des compagnies d'amis spontanément réunis, intrigués et stimulés par des rivalités très-actives.

5° Que les ateliers et cultures présentent à l'ouvrier les appâts de l'élégance et de la propreté.

6° Que la division du travail soit portée au suprême degré, afin d'affecter chaque sexe et chaque âge aux fonctions qui lui sont convenables.

7° Que dans cette distribution chacun, homme, femme ou enfant, jouisse pleinement du droit au travail ou droit d'intervenir dans tous les temps à telle branche de travail qu'il lui conviendra de choisir, sauf à justifier de probité et aptitude.

X Enfin, que le peuple jouisse dans ce nouvel ordre, d'une garantie de bien-être, d'un minimum suffisant pour le temps présent et à-venir, et que cette garantie le délivre de toute inquiétude pour lui et les siens.

On trouve toutes ces propriétés réunies dans le mécanisme sociétaire dont je public la découverte; et comme je m'engage à les démontrer en grand détail dans le cours de cet ouvrage, nous pouvons préalablement disserter sur l'hypothèse d'attraction industrielle qu'implique ce mécanisme.

J'ai dit plus haut, qu'elle suffira seule à lever tous les obstacles qui ont, depuis trois mille ans, paralysé le génie social; jugeons-en par trois problèmes d'où on pourra conclure sur tous les autres.

1° *Extirper l'indigence*. Elle naît en grande partie de la fainéantise; mais quand le peuple trouvera dans l'industrie une amorce aussi puissante que le serait aujourd'hui celle des festins, la fainéantise ne pourra plus exister; elle sera transformée en fougue industrielle, dont le produit suffira amplement à extirper l'indigence.

2° *Prévenir les discordes*. Elles naissent pour la plupart de la pauvreté; or, s'il est prouvé que l'Association et l'attraction industrielle aient la faculté d'élever le produit au triple, elles tariront la principale source des discordes, qui est la pauvreté.

3° *Garantir le minimum au peuple.* On en trouve le moyen dans l'énorme produit que fournira le régime sociétaire; sa propriété d'*attirer au travail*, fait disparaître le danger qu'il y aurait dans l'état actuel à garantir au pauvre une subsistance qui serait pour lui un appât à la fainéantise, mais il n'y aura aucun risque à lui faire l'avance d'un minimum de 400 fr., quand on saura qu'il en doit produire 600, au moins, en se livrant au travail devenu plaisir et métamorphosé en fêtes perpétuelles.

Ainsi, tous les biens découlent à la fois de cette propriété d'*attraction industrielle* dont jouit l'ordre sociétaire; ladite propriété repose sur une disposition fort inconnue parmi nous, et que je décrirai sous le nom de *série passionnelle unitaire* ou *série contrastée*, *rivalisée*, *engrénée*. Cette opération d'où naissent tant de merveilles sociales, aurait pu être découverte dès les premiers âges de la civilisation, si l'on se fût livré à quelques recherches sur le mécanisme sociétaire, dont une négligence impardonnable a retardé l'invention.

Les seules chances de bénéfice que j'ai fait entrevoir (9), devaient suffire à stimuler le génie. Les philosophes pour excuser leur apathie sur ce grand problême, objectent *que cela seroit trop beau*, que tant de perfection n'est pas faite pour les hommes : plaisant motif de négliger les recherches! Plus les résultats seraient brillans, plus la perspective devait exciter à chercher le procédé d'Association.

Les passions s'y opposent, réplique-t-on, il est impossible de tenir en société domestique trois ou quatre ménages, sans que les friponneries, les disparates de caractère, les prétentions impérieuses, n'amènent bientôt des discordes, surtout entre les femmes qui ne s'accorderaient pas une semaine.

Je le sais, mais on verra dans le cours de cet ouvrage que l'accord impossible entre une dizaine de familles, devient très-praticable entre cent, distribuées selon le procédé que j'ai nommé *série passionnelle unitaire*, procédé qui ne peut s'appliquer qu'à des masses nombreuses et non pas à une dizaine de familles.

Dans ce nouveau mécanisme les passions et les inégalités de fortune et de caractère, loin de s'opposer au lien sociétaire, en forment les rouages ; tous les contrastes y deviennent utiles : ainsi, nos préjugés nous représentent comme obstacle ce qui est au contraire moyen d'Association, et pour preuve, on verra dans ce traité qu'il serait impossible d'associer cent familles égales en fortune et homogènes ou très-rapprochées en caractères ; l'opération dite série passionnelle unitaire est incompatible avec l'égalité.

L'économie ne pouvant naître que des grandes réunions, Dieu a dû adapter son plan sociétaire à des masses nombreuses ; de là vient que les petites Associations de six, huit, dix familles sont inconciliables, et le seraient encore lors même qu'on essaierait d'y appliquer le procédé sociétaire (la série passionnelle), qui ne peut pas s'adapter à de si petites masses.

Hors des développemens par série unitaire, les passions ne sont que des êtres démoniaques, des tigres déchaînés, ce qui a fait croire aux moralistes civilisés que nos passions étaient nos ennemis : c'est au contraire le mécanisme civilisé et barbare qui est l'ennemi des passions et des humains, en ce qu'il ne se prête pas aux liens sociétaires voulus par Dieu.

Plaçons ici une définition provisoire de cette disposition, que je nomme *série passionnelle constrastée, rivalisée, engrenée* ; c'est le levier qui fait mouvoir tout le système d'harmonie sociétaire : l'invention de ce procédé était la voie d'avènement au bonheur ; sa découverte est pour tous les globes une condition *sine quâ non*. Le monde social ne peut, dans aucune planète, passer à l'unité, ni s'élever aux destinées heureuses, avant d'avoir inventé ce mécanisme des séries passionnelles, dont la recherche est la tâche essentielle du génie. Les autres sciences, même les plus justes, comme les mathématiques, ne sont pour nous que de vaines lumières, tant que nous ignorons la science du mécanisme sociétaire, d'où naîtraient la richesse, l'unité et le bonheur.

Donnons par avance quelques notions très-succinctes sur cette opération ; exposons en quatre pages, s'il se peut, le sujet qui, pour être bien traité, exigera au moins quatre volumes de développemens. Ce n'est que l'argument qu'on va lire ; et comme il est nécessaire de se le graver dans la mémoire, je le distingue par un *italique*, pour mieux le recommander à l'attention, qu'on accordera volontiers, si on veut se rappeler que l'emploi des séries passionnelles en agriculture, nous vaudra le précieux avantage de tripler le revenu réel, et d'obtenir 3,000 fr. d'un domaine qui n'en rend que 1,000 en culture civilisée et morcelée; c'est une promesse qu'on ne saurait trop répéter, quand on en tient la preuve arithmétique.

Séries Passionnelles.

La série de groupes est le mode généralement adopté par Dieu, dans la distribution des règnes et des choses créées. Les naturalistes, dans leurs théories et leurs tableaux, ont admis cette distribution à l'unanimité; ils n'auraient pas pu s'en écarter sans faire scission avec la nature même, et tomber dans la confusion.

Si les passions et les caractères n'étaient pas assujettis comme les règnes matériels à la distribution par séries de groupes, l'homme serait hors d'unité avec l'univers; il y aurait duplicité de système et incohérence entre le matériel et le passionnel. Si l'homme veut atteindre à l'unité sociale, il doit en chercher les voies dans ce régime sériaire auquel Dieu a soumis toute la nature.

Une série passionnelle est une affiliation de diverses petites corporations ou groupes, dont chacun exerce quelqu'espèce d'une passion qui devient passion de genre pour la série entière.

Exemple. *Douze groupes cultivent douze fleurs différentes; la tulipe est soignée par un groupe de tulipistes, la jonquille par un groupe de jonquillistes, etc. l'ensemble de ces douze groupes ligués forme une série de fleuristes, qui a pour fonction de genre le soin des fleurs, et où chaque groupe a pour fonction d'espèce le soin de telle fleur qu'il affectionne spécialement et cabalistiquement.*

Les passions limitées à un individu ne sont pas admissibles dans ce mécanisme. Trois individus, A, B, C, aiment le pain à trois degrés de salaison; A le désire peu salé, B le veut mi-salé, C l'aime très-salé; ces trois êtres ne forment qu'un discord gradué, inhabile aux accords sériaires qui exigent un assemblage de groupes affiliés en ordre ascendant et descendant.

Un groupe régulier doit avoir de sept à neuf sectaires, au moins, pour être susceptible de rivalités équilibrées; on ne peut donc pas spéculer en série passionnelle sur des individus. Douze hommes qui cultiveraient passionnément douze fleurs différentes, ne pourraient pas alimenter les intrigues d'une série : on en verra la preuve au traité, et jusque là on devra se rappeler que la désignation de série passionnelle signifie toujours une affiliation de groupes, et jamais d'individus.

Ainsi, les trois personnages A, B, C, *mentionnés plus haut, ne peuvent pas former une série de* panistes *ou sectaires du pain.*

Si au lieu de trois on en suppose trente; savoir :

Huit du goût A, *dix du goût* B, *douze du goût* C, *ils formeront série passionnelle ou affiliation de groupes gradués et contrastés en goûts sur le pain; leur intervention combinée, leurs discords cabalistiques, fourniront les intrigues convenables à élever la fabrication du pain, et la culture du blé à la perfection.*

Les séries passionnelles ont toujours pour but l'utilité, l'accroissement de richesse, et le raffinement d'industrie, lors même qu'elles s'appliquent à des fonctions d'agrément, comme la musique.

Une série ne peut pas s'organiser à moins de trois groupes, car elle a besoin d'un terme moyen qui tienne la balance entre les deux contrastés ou extrêmes. Elle s'équilibre fort bien aussi à quatre groupes dont les propriétés et relations se rapportent à celles d'une proportion géométrique.

Lorsque les groupes d'une série sont en grand nombre, on en forme trois corps, le centre et les deux aîles, et on réunit dans chacun de ces trois corps les nuances vicinales et homogènes.

L'ordre sociétaire doit développer ainsi par gradations toutes les variétés de goûts et de caractères, il forme des groupes de chaque variété, sans statuer sur la préférence que peut mériter telle ou telle nuance de goût : ils sont

sont tous bons et ont tous leur emploi, pourvu qu'on puisse en composer une série régulièrement échelonnée en ordre ascendant ou descendant, et appuyée aux deux extrémités par des groupes de transition ou de goûts mixtes et bâtards. Lorsqu'elle est disposée de cette manière, selon les méthodes qui seront expliquées au traité, chacun de ses groupes, fussent-ils au nombre de cent, coopère harmoniquement *avec la masse des autres; comme les dents d'un rouage qui sont toutes utiles, pourvu qu'elles engrenent à leur tour.*

Le calcul des séries passionnelles va établir un principe flatteur pour tout le genre humain, en démontrant que tous les goûts qui ne sont pas nuisibles ou vexatoires pour autrui, ont un emploi précieux dans l'état sociétaire, et y deviennent utiles, dès qu'ils sont développés par série ou échelle de nuances graduées et affectées à autant de groupes.

La théorie d'Association se bornera donc à l'art de former et mécaniser des séries passionnelles. Dès qu'un globe s'élève à cette science, il peut fonder subitement l'unité sociale et atteindre au bonheur collectif et individuel: c'est donc l'étude de première nécessité pour le genre humain.

Les séries passionnelles doivent être contrastées, rivalisées, engrenées; *une série qui ne remplirait pas ces trois conditions ne serait pas apte à fonctionner en mécanisme d'harmonie.*

Il faut, pour contraster une série, la disposer en ordre ascendant et descendant; si on classe une centaine d'individus en groupes d'âges, on les répartira comme il suit:

Aile ascendante. *Les groupes d'enfans et impubères.*

Centre de série. *Les groupes d'adolescens et virils.*

Aile descendante. *Les groupes de déclinans et vieillards.*

Même distinction doit être observée dans le classement des passions et des caractères.

Cette méthode, en faisant ressortir les contrastes, produit l'enthousiasme dans les divers groupes; chacun d'eux s'engoue du caractère ou du goût spécial qui le domine; chacun d'eux critique telle nuance de passion ou d'industrie qu'exercent les autres groupes de la série.

De ces discords naissent des sympathies et alliances entre les groupes exactement contrastés, et des antipathies ou dissidences entre les groupes de nuances contiguës.

La série a besoin de discords autant que d'accords : il faut l'intriguer par une foule de prétentions contradictoires, d'où naissent les liens cabalistiques et les ressorts d'émulation ; sans contrastes, on ne parviendrait pas à créer les ligues et l'enthousiasme, la série manquerait d'ardeur au travail, ses produits seraient médiocres en qualité et quantité.

La seconde condition requise est de bien intriguer une série, d'y établir des rivalités très-actives, cet effet devant naître de la régularité des contrastes et de la graduation des nuances, on peut dire que la seconde condition est accomplie conjointement avec la première, sauf l'emploi des ressorts d'intrigue dont il n'est pas encore temps de nous occuper.

La troisième condition à remplir est celle de l'engrenage ou lien des différentes séries : il ne peut avoir lieu, qu'autant que leurs groupes changent très-fréquemment de fonctions, comme d'heure en heure, ou tout au plus de deux en deux heures : par exemple, un homme peut se trouver

à 5 heures du matin, dans un groupe de pasteurs ;
à 7, dans un groupe de laboureurs ;
à 9, dans un groupe de jardiniers.

(La séance de deux heures est la plus longue station admissible en harmonie passionnée, l'enthousiasme ne pouvant pas se soutenir au-delà de deux heures, les séances doivent se réduire à une heure, si l'objet du travail est peu attrayant.)

Dans la succession que je viens d'indiquer, les trois séries de bergerie, labourage et jardins, auront engrené par échange réciproque de sociétaires.

Il n'est pas nécessaire que cet échange soit général, que vingt hommes occupés au soin des troupeaux de cinq à six heures et demie, aillent tous les vingt labourer de six heures et demie à huit heures ; il faut seulement que chaque série fournisse aux autres plusieurs sociétaires tirés de quelques-uns de ses groupes, afin d'établir des liens entr'elles par engrenage de divers membres fonctionnant alternativement dans l'une et dans l'autre.

Une série passionnelle qu'on formerait isolément, ne serait d'aucun emploi, et ne se prêterait à aucune opération d'harmonie. Rien ne serait plus aisé que d'organiser dans une grande ville, comme Paris, une ou plusieurs séries industrielles, exerçant sur les parterres, les vergers: elles seraient complètement inutiles; il faut au moins une cinquantaine de séries pour remplir la troisième condition, celle d'engrenage; c'est pourquoi l'on ne peut pas tenter l'Association sur un petit nombre, comme vingt familles ou cent personnes, dont on ne parviendrait jamais à former cinquante séries régulièrement graduées par groupes de nuances ascendantes ou descendantes; il faut au moins quatre cents personnes, hommes, femmes et enfans, pour former et engrener une cinquantaine de séries sur lesquelles doit rouler le mécanisme d'Association simple: il faudrait environ quinze à seize cents personnes pour le mode composé qui exige au moins quatre cents séries.

On peut remarquer ici un vice de proportion,

15 à 1600 personnes pour former 400 séries,

et 400 personnes pour former 50 séries.

On pensera que les quatre cents personnes doivent fournir cent séries: cette estimation est simple et fausse. On doit estimer en composé, c'est-à-dire en raison du nombre de sociétaires et en raison des développemens qu'il permet. Or, le petit nombre se prêtant fort peu aux développemens, il ne faut pas s'étonner que je réduise à cinquante au lieu de cent la quantité de séries qu'on peut former avec quatre cents personnes.

Dans l'état sociétaire, les bénéfices croissent en raison du nombre de séries que peut former une masse de travailleurs; en conséquence, l'Association simple donne à peine moitié du bénéfice de la composée; un entrepreneur qui fonderait,

d'une part, quatre cantons d'ordre simple, chacun de 400 personnes, formant 200 séries, sociétaires 1,600,

d'autre part, un canton d'ordre composé, formant 400 séries, sociétaires 1,600,

obtiendrait plus du double produit dans le canton d'ordre composé : le rapport serait de trois à sept, c'est-à-dire, que si les quatre cantons simples produisaient au bout de l'an . . . . 1,200,000 fr.
le canton composé produirait . . . . . . 2,800,000 fr.

De là chacun va conclure qu'il faudra fonder en ordre composé le canton d'épreuve : cela serait à désirer ; mais des considérations que j'exposerai dans le cours de l'ouvrage, nous obligeront à spéculer sur l'ordre simple, quoique bien moins lucratif.

Il m'a paru nécessaire de donner d'emblée cette légère notion sur les séries ; le peu que j'en ai dit doit rassurer le lecteur sur les difficultés de cette nouvelle science, et lui faire comprendre qu'elle se composera d'études plus amusantes que pénibles ; elle n'est autre que l'art de raffiner, varier, intriguer les plaisirs, et par suite les travaux agricoles et manufacturiers, qui, dans ce nouvel ordre, sont métamorphosés en plaisirs.

Pour faciliter l'initiation, j'adopte la méthode progressive, je débute sur les séries par une leçon bornée à quatre pages ; nous reprendrons le sujet dans une dissertation étendue à quelques chapitres des prolégomènes ; après quoi nous le traiterons complètement dans le corps de l'ouvrage.

Le mécanisme sociétaire ne pouvant opérer dans tous ses détails que par séries passionnelles, nous n'aurons pas autre chose à étudier que la formation des séries, leur distribution, leurs intrigues, leurs équilibres.

C'est donc l'argument de l'ouvrage qui est contenu dans ce paragraphe italique, où j'ai défini succinctement le ressort essentiel de l'association : ressort tout à fait inconnu des peuples qui ont fait des tentatives en ce genre, soit en réunions militaires, comme celles des Spartiates et Croates, soit en réunions civiles comme celles des Hernutes, des Paraguais, et même des Anglais de New-Lanark, dont le régime est supérieur en développemens sociaux.

Ces tâtonnemens tendaient à la découverte du procédé naturel ou *série contrastée, rivalisée, engrenée ;* c'est la seule méthode adaptée au vœu des passions, la seule qui puisse créer l'attraction industrielle.

On a vu par la condition d'engrenage des séries, pourquoi l'association est impraticable sur un petit nombre de dix et vingt familles; si les économies et bénéfices ne peuvent naître que des réunions nombreuses, Dieu a dû composer sa théorie pour de grandes masses, et notre politique est au superlatif d'absurdité quand elle veut fonder l'accord des passions sur la réunion domestique la plus minime, comme celle d'une famille. Le mode familial ou morcelé est une méthode complicative et ruineuse, qui attache mille dégoûts à l'exercice de l'industrie, et n'assure le bénéfice qu'au mensonge et aux viles astuces. Un tel ordre est l'antipode des vues de Dieu, qui veut l'unité d'action, la garantie de vérité, et sur-tout la combinaison économique des travaux; elle n'a lieu que dans les séries de groupes assortis selon les convenances de penchants, et distribuant le travail en séances courtes et variées pour prévenir la tiédeur.

C'était à-la-vérité un problême effrayant que cette Association des inégaux, en raison des trois facultés, capital, travail et talent; mais difficile ou non, c'était la tâche primordiale du génie. Comment se fait-il qu'en 3,000 ans il ne s'en soit jamais occupé, excepté dans ce 19e siècle, où l'Angleterre commence enfin à tenter quelques épreuves d'Association? L'on n'aurait jamais rien découvert sur le mécanisme sociétaire, tant qu'on se serait borné à semer le découragement en disant: *ça serait trop beau.*

Enfin, la négligence est réparée, et avant de décrire l'opération, il conviendra de donner dans des prolégomènes quelqu'aperçu de ses résultats, et de la cure prochaine des plaies sociales: toutes font des progrès alarmans; je ne m'arrête pas à parler de celles qu'on répute incurables, comme l'indigence et la fourberie, qui de tout temps ont fait rougir la civilisation de ses prétendues lumières; je me borne à citer deux plaies modernes, dont la philosophie se flatte incessamment de nous délivrer, et qui pourtant se jouent des Esculapes sociaux.

Ces deux vices sont la pénurie fiscale et la détérioration climatérique.

1° La pénurie fiscale et l'accroissement des dettes publiques sont le véritable germe des révolutions: j'ai dit que cet ulcère sera extirpé subitement par l'Association ; en effet, lorsque le produit général de l'industrie sera élevé au triple, il sera plus aisé de percevoir sur tel pays, comme la France, deux milliards (valeur réelle), qu'aujourd'hui un milliard ; dans ce cas les dettes publiques seront bien faciles à éteindre, et on pourra les considérer comme éteintes à jour fixe, dès qu'on pourra imposer sur un produit élevé au triple effectif.

2° L'autre vice tient au système matériel ; c'est la détérioration climatérique, les intempéries outrées et provoquées par la destruction des forêts, par l'effritement des montagnes et pentes. La culture actuelle, ou méthode morcelée étant dépourvue de concert et de lien unitaire, ne peut pas réparer de tels ravages ; aussi, malgré des milliers de décrets et de beaux traités, la France ne peut-elle pas effectuer un semis de forêt.

L'Association remédiera promptement à ces désordres ; par sa propriété d'*établir l'unité d'action*, *concilier l'intérêt individuel et l'intérêt général*, qui sont incompatibles en civilisation, et faire concerter en toute opération les associés inégaux, comme si leur canton appartenait à un seul individu qui affecterait chaque portion du territoire aux emplois les plus convenables.

C'est trop de merveilles, répondent les sceptiques, mais qu'ils attendent l'exposé des moyens ; j'avoue que la perspective de tant de biens est humiliante pour certaines sciences qui ont négligé l'étude de l'Association ; mais celui qui, après vingt-deux ans de recherches, tient la solution du problême, sera-t-il obligé d'en déguiser les avantages pour sauver l'orgueil des indolens qui n'ont pas voulu s'en occuper ? Et si on découvre une mine d'or, faudra-t-il la déclarer mine de plomb, par déférence pour ceux qui n'ont pas su la trouver ?

Que les philosophes se rassurent, l'offense faite à leur amour-propre sera bien compensée par les chances de fortune colossale qu'elle leur ouvrira, et dont je les entretiendrai à l'intermède.

ARTICLE II.

Aperçus des destinées sociales, préventions qui règnent sur ce sujet.

Une découverte à son apparition semble ridicule si on la juge par comparaison aux moyens connus; le premier qui annonça l'invention de la poudre à canon et de ses effets prodigieux, mine, artillerie, etc., dut ne rencontrer que des incrédules qui l'accusèrent de vision; cependant quoi de plus constaté aujourd'hui que ces effets surprenans de la poudre?

C'est, je l'avoue, une annonce bien invraisemblable qu'un procédé pour associer trois cents familles inégales en fortune, et rétribuer chacun, homme, femme, enfant, selon les trois facultés, *capital*, *travail et talent*. Plus d'un lecteur se croira bon plaisant, lorsqu'il dira: « que l'auteur essaye » seulement d'associer trois familles, de concilier dans un » même logis trois ménages en réunion sociétaire, en com- » binaison d'achats et de dépenses, et en parfaite harmonie de » passions, de caractère et d'autorité; quand il aura réussi à » concilier trois maîtresses de ménage associées, nous croirons » qu'il peut réussir sur trente et sur trois cents. »

J'ai déjà répondu à cet argument qu'il est bon de reproduire (car ici les redites seront souvent nécessaires); j'ai observé *que les économies ne pouvant naître que des grandes réunions, Dieu a dû composer une théorie sociétaire applicable à des masses nombreuses et non à trois ou quatre familles.*

Une objection plus sensée en apparence et qu'il faudra plus d'une fois réfuter, est celle des discordes sociales. Comment concilier les passions, les conflits d'intérêt, les caractères incompatibles, enfin les disparates innombrables qui engendrent tant de discordes?

On a pu voir que je ferai usage d'un levier tout à fait inconnu, et dont on ne peut pas juger les propriétés avant que je ne les aie expliquées. La série passionnelle contrastée, ne s'alimente que de ces disparates qui désorientent la politique civilisée; elle opère comme le laboureur qui, d'un ramas d'immondices, va tirer des germes de richesse; les détrimens, les boues, les ordures et matières immondes qui ne serviraient qu'à souiller et infecter nos maisons, deviennent pour lui des sources de fortune. Il en est de même des immondices passionnelles dont la politique ne sait faire aucun emploi. Nous allons, grâce au levier que je nomme *série contrastée*, transformer en matériaux précieux tous ces levains de fureurs sociales: plus ils sont nombreux, mieux les séries seront graduées, contrastées et aptes à l'engrenage.

On doit donc se garder d'élever à l'avance des objections contre un procédé dont on ne connaît pas encore les propriétés. Il faut, selon l'avis de la philosophie, croire que la nature n'est pas bornée aux moyens connus, et selon l'avis de la raison, croire que Dieu, dont la providence est universelle, n'a pas crée les passions, les élémens de mécanique sociale, sans nous ménager quelque moyen d'employer utilement ces matériaux; moyen dont nos faussses méthodes ont pu retarder jusqu'à ce jour la découverte. L'humanité a tardé 4,000 ans à inventer l'étrier et la suspente, que tout bon simple pouvait découvrir et qui furent inconnus d'Athènes et de Rome; doit-on s'étonner qu'un calcul immense, comme celui des séries passionnelles, ait échappé aux sciences modernes qui ne l'ont pas même cherché et n'en ont pas soupçonné l'existence.

Plus une invention promet de bienfaits, plus le lecteur doit être exigeant sur les preuves. Si ma théorie ne se rattachait pas aux sciences fixes, chacun serait en droit de me suspecter d'esprit systématique et de modifier à sa fantaisie mon plan d'Association. Il ne sera digne de confiance qu'autant qu'il ralliera et encadrera, dans un même plan, la mécanique sociétaire des passions et les autres harmonies connues de l'univers.

Mais pour démontrer cette concordance des passions avec le système de l'univers, il faudra le faire connoître, et rien n'est plus ignoré, quoique des milliers d'auteurs aient prétendu nous l'expliquer. On a rêvé l'unité de l'univers, elle va enfin être démontrée par application du passionnel au matériel.

Nous aurons donc deux sciences nouvelles à étudier de front, celle de l'Association et celle des harmonies de l'univers. C'est de quoi effrayer maint lecteur qui pourra craindre qu'on ne veuille l'engager dans les hautes sciences: il n'en est rien;

pour expliquer l'unité de l'univers, l'accord du monde matériel avec le passionnel, nous n'aurons recours qu'à des leçons amusantes et tirées des objets les plus séduisans parmi les animaux et végétaux. Je ne donnerai ces leçons qu'à mesure de nécessité, et en doses qu'on jugera trop faibles, vu le charme attaché à cette science fort inconnue.

Dissipons d'abord le préjugé qui veut assigner d'étroites limites à la puissance de Dieu et à la marche progressive de la nature. Il semble, à en croire nos sciences, que la civilisation soit le terme ultérieur des destinées humaines, et qu'il soit impossible à la sagesse divine d'inventer un mécanisme plus parfait, que cet abime de misères et de perfidies qu'on nomme civilisation perfectibilisée.

L'humanité peut organiser beaucoup de sociétés plus heureuses, et il existe un calcul régulier pour en déterminer l'échelle et les propriétés. Je vais disserter sur les huit premières, au nombre desquelles se trouvent celles que nous voyons établies.

TABLEAU

De la première phase du mouvement social.

Echelons. Noms des Périodes.

1. *SÉRIISME CONFUS*, dit EDEN, PARADIS TERRESTRE.
   Association par instinct et par circonstance.
   1 1/4 Népauliens. 1 1/2. Otahitiens.

LYMBES SOCIALES antérieures ou ascendantes {

2. SAUVAGISME ou Sauvagerie; LYMBE SOUS-AMBIGUË.
   2 1/2. Tartares et Nomades à cheval et à pied.

Lymbes obscures. {

3. *Patriarchat.*
   3 1/2. Circassiens, Corses, Arabes, Juifs.
4. *Barbarie.*
   4 1/2. Chinois. 4 3/4. Russes.
5. *Civilisation.*
   5 1/4. Owenistes.

}

6. GARANTISME ou demi assoc. LYMBE SUR-AMBIGUË.
   6 1/2. Tribu à 9 groupes.

}

7. *SERIISME SIMPLE.* ASSOCIATION HONGRÉE.
   7 1/2. Sériisme mixte.
8. *SERIISME COMPOSÉ DIVERGENT,* } PLEINE ASSOCIATION.
9. *SERIISME COMPOSÉ CONVERGENT.* }

Cette 9e fait partie de la 2e Phase.

Dans les 4 périodes 1, 7, 8, 9 qui sont organisées en séries passionnelles unitaires, la justice et la vérité dominent, parce qu'elles conduisent à la fortune et à la considération, tandis que le mensonge n'y conduirait qu'à la ruine et au déshonneur.

Par contre, le mensonge et l'injustice doivent règner dans les périodes numérotées 2, 3, 4, 5, où ces vices conduisent à la fortune et à la considération; c'est un effet inévitable du morcellement industriel ou exercice par familles non associées. Quant à la vérité, elle n'est lucrative et protégée que dans l'état sociétaire, dans les périodes organisées en séries passionnelles unitaires.

Des neuf périodes indiquées dans ce tableau, quatre seulement nous sont connues; ce sont les quatre mensongères nommées, 2, sauvagerie; 3, patriarchat; 4, barbarie; 5, civilisation.

Je les désigne sous le nom de *lymbes obscures*, parce qu'elles sont autant de lymbes, autant de labyrinthes pour le génie social. Pendant la durée de ces sociétés, il est réduit à des rêves impraticables sur les divers objets de ses vœux,

Richesse proportionnelle;
Bonheur individuel;
Règne de la justice;
⋈ Unité d'action.

Aussi n'est-il parvenu qu'à établir,

La Pauvreté relative;
L'Inquiétude personnelle;
Le Règne de tous les vices;
⋈ La Duplicité d'action.

Le seul chapitre des duplicités d'action nous fournira une immense litanie, dont l'article le plus saillant est la contrariété de l'intérêt individuel avec l'intérêt collectif, et l'insouciance de chacun pour les opérations d'intérêt général comme la conservation des forêts.

Pourquoi la période sauvage est elle, quoique sans industrie, au rang de lymbe ambiguë, et plus rapprochée de la destinée que les trois lymbes industrieuses, 3, 4, 5? Ce débat mènerait trop loin; ne compliquons pas la théorie dans un début, et classons la société sauvage au nombre des lymbes obscures.

Dans ce tableau de la première phase, j'ai intercalé sept périodes mixtes ou échelons bâtards et intermédiaires, placés à tous les intervalles ; il suffit de ces sept pour exercer un lecteur à classer les mixtes : par exemple, il est connu que la société chinoise réunit par égales doses les caractères de barbarie et de civilisation ; elle a des serails comme les barbares, des tribunaux de judicature et d'étiquette, comme les civilisés ; elle est donc un mixte à classer entre les échelons 4 et 5, dont elle participe assez également.

L'ordre mixte est répandu dans tout le système de la nature ; il existe en mouvement social comme en mouvement matériel. Les périodes mixtes sont aux autres échelons, ce qu'est le polype aux deux régnes animal et végétal, ce qu'est la chauve-souris aux deux ordres de quadrupèdes et d'oiseaux dont elle forme le lien. Nous reviendrons sur ces mixtes sociaux qu'il n'est pas encore temps de définir.

Fixons-nous à l'objet principal, à la distinction des échelons ou périodes en sociétaires et insociétaires dont il faut remarquer le contraste principal, savoir :

Que les sociétaires numérotées 1, 7, 8, 9, ont la propriété de rendre la vertu, la justice et la vérité, plus lucratives que le vice, l'injustice et le mensonge ; et par suite, faire préférer la vertu au vice, passionner les hommes pour la pratique de la justice et de la vérité.

Que les périodes *insociétaires* numérotées 2, 3, 4, 5, allouent le bénéfice et les honneurs au vice fardé des couleurs de la vertu, et par suite entraînent l'immense majorité à la pratique de l'injustice et de la fourberie. Elles sont donc pour le génie des lymbes obscures, où il est privé de la lumière sociale, ignorant l'opération d'où naîtraient la richesse, le bonheur, la vérité et l'unité.

Le parallèle de ces huit sociétés, dont quatre heureuses et quatre malheureuses, donne lieu à poser le principe de *dualité d'essor* dans le système du mouvement. Distinguons-y l'essor harmonique ou heureux et vrai, distribué par séries, et l'essor subversif ou malheureux et faux, distribué par familles.

Sur ce problême, l'instinct avait mieux guidé les anciens, que la raison n'a servi les modernes. Ceux-ci n'ont tenu aucun compte de la dualité d'essor.

Les anciens admettaient deux principes dans l'Univers, le

bon et le mauvais, nommés Orobaze et Arimane. Ils étendirent cette idée au mouvement social où ils introduisirent des démons concurremment avec les dieux. En donnant un peu d'extension à cette idée, on auroit dû l'appliquer aux périodes sociales, et les distinguer en divines et en démoniaques. On en auroit conclu, que notre globe se trouvait dans les périodes infernales régies par le mauvais principe; car on voit sur notre globe tous les effets que pourrait y produire l'influence des esprits infernaux : l'état social n'offre à nos regards qu'indigence, fourberie, violence, carnage, et tous les résultats qui peuvent nous faire douter de l'intervention de la Providence, nous amener à conclure que le mouvement social est dans la phase régie par le mauvais principe, et qu'il faut s'évertuer à découvrir d'autres sociétés où puissent dominer le bon principe et ses effets, tels que richesse, vérité, liberté, paix générale.

Nous voyons ces deux sortes d'effets dans le monde sidéral, où le principe subversif règne parmi les astres incohérens nommés comètes, et où le principe d'harmonie règne parmi les astres sociétaires nommés Planètes. S'il y a unité dans le système de l'Univers, ce contraste d'essor, cette dualité doit régner également dans le monde social.

Il ne falloit pas grand effort de génie pour soupçonner une analogie du mouvement social avec le sidéral, et conclure que les sociétés humaines pouvant être sujettes à ce double essor, on devait chercher à sortir des quatre sociétés malheureuses et fausses, dites Sauvage, Patriarcale, Barbare, Civilisée, et procéder à l'invention des sociétés heureuses que j'ai désignées sous les numéros 1, 7, 8, 9 : la 1re, Eden, ne peut plus renaître, elle a été de courte durée.

La 6e période indiquée au tableau sous les noms de Garantisme, Demi-Association, Lymbe-Ambiguë, n'a été ni organisée, ni découverte, mais très-activement cherchée. Elle présenterait un amalgame assez régulier de vice et de vertu. Elle est l'objet des rêves de la philosophie, qui dans ses *Utopies* ne raisonne que de garantie, contre-poids, balance, équilibre. Pour s'élever à ce degré de bien, à ce demi-règne de la vérité, il eût fallu inventer la période 6, plus élevée en échelle que la civilisation, qui n'est pas compatible avec les garanties régulières : aussi toutes celles qu'on tente d'y établir, sont-elles constamment éludées et illusoires.

Le fruit à tirer de ce tableau dont je recommande l'étude, c'est de se souvenir que les périodes lymbiques, les échelons sociaux 2, 3, 4, 5, où le procédé d'Association est inconnu, et où le travail est géré en mode incohérent et morcelé, sont quatre égoûts de vices, quatre boîtes de Pandore, d'où se répandent sur la terre toutes les calamités : pauvreté, inquiétude, fourberie, duplicité, etc.

Lorsqu'on voit ces fléaux naître à la place des biens promis par la science, et s'envenimer par les antidotes qu'on y oppose, n'est-il pas évident que l'esprit humain s'est fourvoyé, et que les voies du bien social restent à découvrir? Pourquoi la philosophie se refuse-t-elle à l'aveu de ces erremens que dénonce l'expérience? Les autres sciences n'ont pas cet orgueil. On convient en Médecine qu'il y a insuffisance de l'art quand une maladie comme la goutte, l'hydrophobie ou l'épilepsie, est rebelle à tous les traitemens connus. Dans ce cas, la Médecine avoue franchement qu'elle est en arrière d'invention, et que l'antidote reste à découvrir.

La politique est bien plus en défaut de génie, l'art de ses coryphées ne sert qu'à nous rendre plus fourbes, plus malheureux, qu'à désoler les empires par des commotions violentes, les baigner dans le sang et le crime, en leur promettant la douce fraternité : toute nation qui appelle à son secours ces régénérateurs, en vient bientôt à souhaiter de ne les avoir jamais connus.

Il est donc évident que la médecine sociale, dite philosophie, est souvent un remède pire que le mal, quelque louables que soient ses intentions. Elle échoue sur tous les points, parce qu'elle a manqué les voies de découvertes en mécanique sociétaire.

Signalons ici une contradiction qui n'a point été remarquée : d'une part, le préjugé nous habitue à négliger toute recherche sur l'Association, sous prétexte que *ça serait trop beau;* et d'autre part le mal-être nous fait invoquer pièce à pièce les divers bienfaits que naîtraient du lien sociétaire.

Nos désirs en ce genre peuvent se réduire à quatre, déjà énoncés et qui comprennent tous les autres, ce sont :

Richesse proportionnelle,
Bonheur individuel,
Règne de la justice,
✕ Unité d'action.

J'emploie ici l'expression de *bonheur individuel*, d'où naît le bonheur général qui ne peut se fonder que sur le contentement de chaque individu. Tant que cette condition n'est pas remplie, il n'existe point de bonheur général.

Tous les vœux de la politique, de la morale et de l'économisme, sont renfermés dans ces quatre lignes, qui indiquent les résultats généraux de l'Association ; or, demander chacun des effets, n'est-ce pas désirer la cause qui seule peut les produire, et qui n'est autre que le lien sociétaire dont on n'a jamais songé à déterminer le procédé.

La politique moderne qui se flatte de répandre sur nous les quatre bienfaits, *richesse*, *bonheur*, *justice*, *unité*, nous accable de tous les fleaux opposés.

1° Elle promet d'enrichir les gouvernemens et les particuliers ; il arrive au contraire que tous les souverains s'obèrent de plus en plus ; et que les particuliers gênés par le progrès du luxe, trouvent par-tout leur fortune trop modique, même dans la classe qui surabonde de biens ; tandis que la nombreuse caste des salariés n'a pas même le nécessaire ou minimum, et se voit d'autant plus sujette à manquer de travail, que l'industrie manufacturière et mécanique fait plus de progrès.

J'ai déjà observé (13) que la société civilisée et barbare ne peut pas garantir aux salariés ce nécessaire, parce que le travail étant répugnant hors de l'Association par séries unitaires, le peuple s'adonneroit à l'oisiveté dès qu'il serait assuré d'un mininum. On ne peut le lui fournir que dans l'état sociétaire où règne l'*attraction industrielle*, et où la régence du canton peut sans danger avancer au pauvre les 2/3 de ce qu'il gagnera en se livrant à ses plaisirs ; c'est-à-dire au travail devenu attrayant et métamorphosé en plaisir. Hors de cet état, la répugnance des salariés pour l'industrie va croissant, parce que leur pauvreté est *relativement* plus grande qu'aux époques où le luxe étoit moindre ; aussi n'est-il pas de misère plus effrayante que celle du peuple anglais, qui tient pourtant le premier rang dans l'industrie.

On voit par là que notre politique opère à contre-sens de son premier souhait, qui est la richesse proportionnelle ; et que ses progrès en industrie sont un cercle vicieux, comme tant d'autres perfections dont elle fait trophée, mais qui examinées sévèrement, jugées d'après les résultats, ne sont que des illusions systématiques.

2° La politique se flatte de conduire les nations au bonheur, elle n'a pas même su le définir : comment nous procurerait-elle un bien qu'elle ne connaît pas ? Il existait à Rome, au temps de Varron, 278 opinions contradictoires sur le vrai bonheur, on en compterait aujourd'hui bien davantage dans Paris ou Londres.

Pour expliquer le problême, il faut s'en rapporter à la majorité des votes. Nous voyons tous les gens riches s'adonner à la vie oisive, aux fêtes, aux débauches, ou bien n'exercer en industrie que des fonctions faciles, honorifiques, lucratives. Nous voyons d'autre part, que la bourgeoisie et le peuple formant l'immense majorité, voudraient mener cette vie oisive et voluptueuse des riches, intervenir comme eux dans l'administration. Il est évident que chacun voit le bonheur dans l'oisiveté ou dans les fonctions qu'envahit la classe riche.

Il faudrait donc pour élever tout le peuple au bonheur, transformer en plaisirs, en fonctions attrayantes, les travaux auxquels est condamnée la multitude salariée.

Tel sera l'effet de l'Association par séries unitaires : elle sera gage de bonheur pour le peuple, en lui faisant trouver des voies d'enrichissement dans les plaisirs mêmes, c'est-à-dire dans les travaux agricoles et manufacturiers qu'elle rendra aussi attrayans que les plaisirs connus, et qui dans cet ordre, deviendront séduisans au point d'amorcer même les princes, à plus forte raison le peuple. On en verra les preuves dans ce traité.

3° La morale voudrait faire régner la vertu, les bonnes mœurs, la pratique de la justice et de la vérité : rien de plus louable que cette intention, mais où sont les moyens d'exécution ? Il n'en existe point dans l'état civilisé et barbare : les vertus y sont nécessairement avilies, parce que la vérité y est moins lucrative que le mensonge. On ne peut espérer le règne de la vertu, de la justice et de la vérité, que dans un mécanisme social qui les rendra plus lucratives que le vice, l'iniquité, la fausseté. Cet effet n'a lieu que dans l'état sociétaire qui comprend les quatre périodes 1, 7, 8, 9 du tableau précédent.

Pour atteindre a ces divers biens, on a eru que le génie devait se mettre en frais de codes et de systèmes : au lieu de ces leviers parasites, il suffira d'une seule méthode :

Produire par séries unitaires,
Consommer par séries unitaires, } Définies, pag. 15.
Distribuer par séries unitaires.

Là se borne tout le grimoire du mécanisme d'Association; sa théorie ne saurait être plus simplifiée : un seul procédé, attrayant dans tous ses détails, dans tous ses emplois, et appliqué aux trois fonctions industrielles qui sont, *production*, *consommation*, *distribution*. Tout est restreint à ce levier, et l'on n'aura autre chose à étudier que la formation et le développement des séries unitaires.

Si cette opération est exclusivement le gage de succès en Association, j'ai dû condamner toutes les méthodes adoptées jusqu'à présent dans les essais sociétaires des Spartiates, Hernutes, Paraguais, etc. Il nous reste à classer ces méthodes, indiquer quel rang elles tiendraient dans le tableau donné.

La civilisation y forme le cinquième échelon. Les procédés d'industrie collective qu'elle peut essayer, ne sont louables qu'autant qu'ils se rapprochent des échelons 6 et 7.

On ne découvre point cette propriété dans les réunions de Spartiates, Hernutes, Croates, Paraguais; non plus que dans les sortes d'Associations rêvées par les philosophes, comme celle des Bergers de la Bétique, vantés par Fénélon Toutes ces Utopies ne s'élèvent pas au-delà des degrés 5, 4 et 3; elles ne sont la plupart, et presque toujours, qu'une civilisation modifiée, tendant par fois à un retour en sauvagerie et non pas à une issue ascendante de civilisation. L'on en verra la preuve, lorsque je donnerai une analyse régulière des caractères et ressorts qui constituent le mécanisme civilisé dans ses quatre phases.

Quant à l'établissement de New-Lanark, j'estime qu'il mérite le rang 5 1/4, et qu'il est une demi-issue de civilisation, une demi-transition ascendante.

Pour être issue complète, il faudrait qu'il pût nous conduire directement à la société n° 6, dite *garantisme;* alors il obtiendrait le rang 5 1/2 dans le tableau; il serait pleine transition, mixte régulier.

C'est déjà un très-grand honneur pour son auteur, que d'avoir fait ce que n'ont pas su faire vingt-cinq siècles savans; d'avoir acheminé à une des issues ascendantes du labyrinthe, et touché par quelque point au nouveau monde industriel; à la période 6, *garantisme*, d'où on s'éloignait de plus en plus; témoin l'affluence croissante des indigens.

Relativement à la garantie de travail et de minimum ou nécessaire, l'âge moderne semble rétrograder en génie social: on verra par l'analyse des erreurs mercantiles (section 9), que la civilisation déclinait et tendait à sa 4e phase, plus vicieuse encore que la 3e actuellement existante.

Notre siècle quoique fortement occupé d'industrie, avait tout-à-fait manqué la voie du progrès réel; c'est-à-dire des inventions de procédés mixtes entre l'industrie familiale ou réunion minime, et l'industrie sociétaire ou réunion maxime, qui, une fois inaugurée dans un canton, doit être imitée en tous pays, par appât de l'immensité de bénéfices et de plaisirs qu'on en verra naître.

Il est assez difficile à un globe de s'élever d'emblée à la découverte du mode sociétaire ou série passionnelle: si je l'ai déterminé en plein, c'est que le hazard m'a bien servi dès le début; mais peu de globes y arrivent directement sans passer par les tâtonnemens, par les procédés mixtes dont l'épreuve successive pouvait consumer des siècles.

On ne songeait point à s'occuper de pareils essais: l'institution de M. Owen est la première qui tende visiblement à ce but; c'est un grand pas de fait vers une découverte, que d'avoir constaté qu'elle reste à faire, et d'avoir mis la main à l'œuvre; cette modestie spéculative est ce qui manque aux modernes; avec leurs jactances de perfectibilité, ils s'éloignent d'une foule d'inventions où ils parviendraient, si l'orgueil ne les empêchait d'en tenter la recherche.

On a adopté une marche différente en Angleterre ; le comité de New-Lanark pose en principe *qu'il faut inventer en régime sociétaire ;* que l'état actuel des classes ouvrières ne pouvant plus continuer, il faut en chercher le remède dans une méthode d'union domestique et industrielle.

Nos doctrines appelées libérales n'avaient pas su élever le siècle à ce degré de sagesse : aucune société de libéralisme n'avait posé en principe la nécessité des découvertes, ni fait à ce sujet des perquisitions, des essais théoriques et pratiques, un appel au génie.

Ce premier pas, pénible pour l'orgueil, a été franchi par la société anglaise : il faut juger son établissement, non sur le succès actuel, mais sur les succès progressifs qu'il aurait pu obtenir, en s'élevant des économies matérielles aux économies passionnelles, ou leviers d'attraction industrielle.

On a calomnié en France l'auteur de cette fondation : l'on a dépeint M. Owen comme un impie. Les Zoïles manqueraient-ils à s'acharner sur les entreprises utiles ? Mais que répondre aux voyageurs qui disent de New-Lanark : « je n'ai » jamais vu une population aussi morale, aussi religieuse, » aussi heureuse. »

Je devais ce tribut d'éloges aux seuls explorateurs qu'on ait vus chercher franchement l'Association, et en proclamer la nécessité. En publiant cette heureuse découverte, je regrette qu'il faille se plier à l'esprit mercantile du siècle, et faire valoir sans cesse les bénéfices pécuniaires, qui sont maintenant le seul véhicule de l'esprit social. Dans d'autres siècles on aurait pu mettre en jeu de plus nobles appâts ; entr'autres les garanties d'harmonie générale, règne de la vérité, extinction de l'esprit révolutionnaire, graduation de température, unité universelle de langage, signes, mesures, et tant d'autres biens qui vont naître du régime sociétaire : ces flatteuses perspectives sembleront de peu d'importance, dans un siècle tout préoccupé de commerce et d'agiotage.

Pour flatter sa manie mercantile, annonçons-lui la fin prochaine des fureurs qu'elle cause depuis si longtemps. Montrons-lui dans l'ordre sociétaire une conquête commerciale de cent millions d'Africains placés au voisinage de l'Europe, et rétifs à ses impulsions : ils semblent attendre le signal de l'Association : elle va les fixer subitement à la culture, par sa propriété d'amorce agricole et charme industriel ; propriété réservée aux quatre périodes 1, 7, 8, 9, qui sont organisées en séries passionnelles.

L'adhésion des Africains à l'industrie et aux relations unitaires, va faire abonder ces denrées coloniales devenues si nécessaires à nos habitudes. Alors le sucre de canne s'échangera poids pour poids contre la farine de froment : il suffira de six à sept ans pour effectuer cette brillante opération, qui en élevant l'Afrique et le monde entier aux mœurs policées, abolira à jamais l'infâme coutume de la traite des nègres et celle des pirateries barbaresques, non moins honteuse pour la civilisation.

Faut-il ajouter la perspective des unités industrielles, surtout celle de langage, et la garantie de libre circulation sur toutes les mers et les terres du globe ! L'état sociétaire va répandre par milliers ces bienfaits dont le tableau nous éblouit : tout est merveille dans l'œuvre sociale de Dieu, dans le mécanisme qu'il a composé pour le concert industriel des passions ; mécanisme que tout autre que moi aurait également pu découvrir par calcul synthétique de l'attraction. Eh ! n'est-il pas dans l'ordre, qu'un régime social donné au monde par la sagesse divine, y fasse règner autant de délices que les lois des hommes y ont déchaîné de fléaux !

Si les modernes étaient animés de l'espérance en Dieu que leur prêche la religion, loin de se décourager à l'idée des biens immenses que promet l'Association, ils auraient considéré ce bonheur comme dessein probable de la providence ; ils auraient pressenti que l'Être suprême réservait aux hommes quelque sort moins humiliant que les misères et les perfidies civilisées. Mais le génie moderne habitue les nations à désespérer de l'assistance divine ; il leur persuade que Dieu s'en est rapporté à la faible raison humaine, du soin de diriger les passions : on va être pleinement désabusé par l'essai du mécanisme sociétaire ; et quoique notre siècle soit celui de l'athéisme, du matérialisme et des opinions irréligieuses, je puis donner un défi sur ces croyances ; et assurer qu'après l'épreuve de l'Association sur un village, les athées, les matérialistes, et les indifférens en matière de religion, seront tellement convaincus de la générosité divine et de l'*harmonisabilité* des passions, qu'on les verra transformés en fervens admirateurs de Dieu, s'honorant de cet esprit religieux qu'ils repoussent aujourd'hui.

L'athéisme se fonde sur le triomphe permanent du mal, et sur l'immensité des misères humaines qui, aux yeux d'un observateur superficiel, semblent accuser d'impéritie ou d'insuffisance le créateur des passions.

Sans doute, à n'envisager que les quatre lymbes sociales, nommées : 2ᵉ, Sauvagérie ; 3ᵉ, Patriarchat ; 4ᵉ, Barbarie ; 5ᵉ, Civilisation ; l'on peut se croire fondé à censurer les passions ; mais pour apprécier la sagesse du Dieu qui les a créées, il faut attendre l'exposé des effets qu'elles produisent dans les périodes sociétaires, indiquées sous les noms de

1. Seriisme confus, Eden. Association primitive.
7. Seriisme simple. Association simple ou hongrée.
8. Seriisme composé divergent. } Pleine Association.
9. Seriisme composé convergent. }

Lorsqu'on aura lu les tableaux de la richesse et de l'harmonie que produit l'Association dans ces diverses périodes, dont la 1ʳᵉ, Eden, ne peut plus renaître ; les tableaux du lustre dont jouiront la vertu, la justice, la vérité, dans les trois périodes 7, 8, 9, où nous allons entrer en franchissant la 6ᵉ ; on pourra juger de la sollicitude de Dieu pour le bonheur des humains, et de l'immense étourderie de nos siècles savans, qui n'ont pas songé à chercher d'autres sociétés que les quatre lymbes mensongères 2, 3, 4, 5, où nous végétons encore. L'avènement en 7ᵉ période pouvait déjà s'effectuer dès le siècle des Solon et des Périclès, et même dans l'antique Egypte ; combien de sang et de misères ce retard d'études aura coûté au genre humain, notamment dans le cours de la génération présente.

Après tant de nouveautés désastreuses qui ont depuis 30 ans leurré et ensanglanté le monde social, on voit naître enfin celle qui va le pacifier et l'enrichir. Il est naturel qu'une génération si cruellement déçue par les jongleurs politiques, soit excessivement défiante ; aussi ai-je insisté et insisterai-je sur la différence, d'un facile essai de l'Association borné à quatre cents villageois, ou d'une épreuve de jongleries savantes qui veulent dès le début révolutionner un empire entier.

Si nos publicistes avaient quelque foi à leurs théories de fraternité et de libéralisme, ils en admettraient l'épreuve conditionnelle et limitée à une seule ville : on y verrait bientôt la licence populaire engendrer les discordes et les crimes ; on serait forcé à conclure de cette épreuve, que les doctrines philosophiques sont des tissus d'erreurs ; et qu'il faut chercher pour nous conduire au bien, une nouvelle science compatible avec l'expérience, avec l'épreuve sur un petit territoire.

Si les modernes ont cruellement souffert de l'esprit révolutionnaire, c'est pour n'avoir pas astreint la science à une épreuve locale. Ils ont tant vanté depuis Descartes le témoignage de l'expérience, ils ont tant prescrit de la consulter en toute innovation, pourquoi s'obstinent-ils à méconnaître cette règle en politique? Une épreuve de la licence populaire sur une petite province, aurait donné, dès la premiére année, des résultats qui auraient dessillé les yeux, et garanti du piège les grands empires.

On n'aura pas cette duperie à redouter au sujet de l'Association, dont l'essai peut être limité à un petit noyau de soixante-dix à quatre-vingts familles agricoles. On ne prendra confiance à la théorie qu'après la sanction de la pratique ; et après avoir vérifié sur ce faible germe, si l'Association formée en séries unitaires, a réellement la propriété de *rendre les travaux attrayans ; de tripler le produit réel de l'industrie ; de concilier les prétentions, en répartissant à chacun proportionnément aux trois facultés industrielles*, CAPITAL, TRAVAIL et TALENT ; et sur-tout en pourvoyant au premier besoin de l'homme social, au besoin *d'un travail assuré et d'un minimum d'entretien.*

On a cru depuis un siècle améliorer le sort des peuples avec des théories d'économisme, qui promettent la richesse nationale ; mais quand elles tiendraient parole, quand elles donneraient réellement une richesse nationale, serait-ce un gage d'avènement au bonheur social? Non, car le bonheur individuel dépend avant tout de l'*attraction industrielle* qu'il faut introduire dans nos travaux, et sans laquelle on ne peut garantir au peuple, *ni charme dans les fonctions*, *ni minimum d'entretien*. Il abandonnerait (13) l'industrie, dès qu'il serait assuré d'un honnête nécessaire en subsistance et vêtement; la richesse nationale serait dans ce cas un ressort nul pour le bonheur social et individuel; il resterait encore deux leviers à mettre en jeu, deux problêmes à résoudre :

D'abord celui de *créer l'attraction industrielle* : sans ce véhicule, un ouvrier est malheureux, il jalouse le riche qui a la faculté de bien vivre sans rien faire.

En second lieu, resterait le problême de la justice distributive ou répartition proportionnelle aux trois facultés, *capital*, *travail et talent*. Cette condition ne peut être remplie que dans les périodes 7, 8, 9, qui opèrent par séries unitaires.

En considérant que ces trois leviers tiennent l'un à l'autre, et que leur emploi dépend exclusivement de celui de la série unitaire non inventée par la politique moderne, on conçoit combien elle était loin de satisfaire à ses promesses de bonheur; car elle ne s'exerce que sur le premier des trois problêmes, sur *la richesse nationale*; encore y échoue-t-elle très-honteusement : témoins les légions de mendians dont elle couvre les pays les plus opulens, entr'autres l'Angleterre.

Chacun confesse volontiers les mécomptes et l'insuffisance de nos sciences dites philosophiques, et chacun en conclut à demander un prompt exposé du mécanisme sociétaire. Il serait imprudent de céder trop tôt à ce vœu; il faut préparer les esprits à l'initiation; les convaincre pleinement de l'ignorance de leurs guides actuels; entrer dans le détail de leurs fautes et de leurs négligences. Le mécanisme sociétaire est un ordre si différent de nos procédés de culture, qu'il faut avant de le décrire, disposer le siècle à rabattre de son orgueil scientifique; lui faire entrevoir qu'il a manqué une découverte invoquée et pressentie par ses plus grands génies, les Montesquieu, les Rousseau, les Voltaire, etc. Ces grands hommes étaient plus modestes que l'âge actuel, dirigé par quelques beaux esprits désorientés, qui sèment le découragement et persuadent que toutes les carrières sont épuisées, quand il en reste plusieurs encore vierges. On voit abonder aujourd'hui ces faux savans, qui ne veulent ni admettre la possibilité des inventions, ni procéder à la recherche de celles qui restent en arrière. Il faut démontrer aux modernes qu'ils sont dupes de cet orgueil de la science, et que la duperie pèse sur toutes les classes, depuis les bergers jusqu'aux monarques de plus en plus compromis par les dogmes anarchiques et la pénurie fiscale.

Ce mal-être des souverains et des peuples retombe sur les sophistes mêmes, qui avec leurs jactances de perfectibilité n'ont réussi qu'à se rendre suspects à tout le monde. Chacun se plaint des promesses trompeuses de leur science, dont les trophées politiques et moraux sont rassemblés dans la table suivante :

TABLEAU DES NEUF FLÉAUX LYMBIQUES.

1, INDIGENCE ;	5, INTEMPÉRIES OUTRÉES ;
2, FOURBERIE ;	6, MALADIES PROVOQUÉES ;
3, OPPRESSION ;	7, CERCLE VICIEUX ;
4, CARNAGE ;	

⋈ X ÉGOÏSME GÉNÉRAL ;
⋈ Y DUPLICITÉ D'ACTION SOCIALE.

Chacun de ces neuf caractères en renferme beaucoup d'autres implicitement ; toute calamité sociale peut se rapporter à l'un des neuf, par exemple : la *dette publique* est comprise dans Indigence, car l'emprunt fiscal est effet de pénurie et pauvreté : l'*agiotage* est un vice compris dans le mot Fourberie : l'*usure*, le *monopole*, sont des vices compris dans le mot Oppression : la *congélation des pôles* et l'encombrement temporaire des mers du nord, sont compris dans le cinquième caractère, Intempéries outrées : *le ravage des forêts* et la détérioration des climatures, sont un fléau compris dans le septième caractère, dit Cercle vicieux ; car ce ravage est abus de culture, excès de culture, comme la controverse est abus d'esprit : l'un et l'autre sont des cercles vicieux qu'on rencontre à chaque pas en civilisation.

Confus de ces odieux résultats que donne constamment l'ordre civilisé, les sophistes nous montrent une voie de salut dans les innovations politiques ; et au lieu de nouveauté, ils ne nous donnent toujours que les mêmes antiquailles, toujours les trois furies sociales, qu'on nomme civilisation, barbarie, sauvagerie.

Le siècle n'a pas su les remonter ; leur observer qu'en promettant la nouveauté, ils ne reproduisent chaque jour que les vétustés connues, les sociétés sauvage, patriarcale, barbare et civilisée, d'où naissent constamment les neuf fléaux ci-dessus énoncés. Mettez en pratique les théories du plus honnête publiciste, par exemple, de Montesquieu, dont chacun reconnaît l'intégrité : quels effets verrez-vous naître de ses conceptions tant vantées ? Toujours les neuf fléaux lymbiques, toujours l'état civilisé, barbare et sauvage ; d'où on peut conclure que les philosophes en nous promettant la nouveauté, ne savent qu'enraciner les antiques misères, et varier les formes du mal sans rien changer au fond. Ces fléaux loin d'aller en décroissant, s'aggravent sensiblement, et se seraient aggravés tant que le génie n'aurait pas su s'élever à concevoir d'autres sociétés que les trois vieilles furies, qu'on nomme périodes civilisée, barbare et sauvage. Je ne fais guère mention de la période patriarcale, qui reléguée sur quelques points sans influence, comme les montagnes de Corse, de Circassie, de Calabre, les déserts d'Arabie et la Secte Juive, s'y montre aussi perverse qu'aucune des trois autres, quoiqu'elle soit vantée par les sophistes comme une source de vertus.

Les modernes qui se croient pénétrans, n'ont pas entrevu le piége qu'on leur tend sous les couleurs de la nouveauté ; on les paie de mots et non de choses. Nos sciences politiques ressemblent à un directeur de comédie, qui au lieu d'afficher une pièce bien connue, l'*Avare* de Molière, l'annoncerait sous un titre nouveau, comme le *Thésauriseur*, Chacun, dès les premières scènes, se jugerait mystifié, et se plaindrait du directeur qui, promettant du nouveau, ne donne qu'une pièce connue et affublée d'un autre titre. On ne lui pardonnerait pas même en faveur de la bonté de l'ouvrage ; on lui reprocherait de se jouer indécemment de la crédulité publique.

L'indignation serait bien plus forte, s'il annonçait comme nouveauté une pièce de rebut ; la Phèdre de Pradon ou autre vieillerie dont il changerait le nom : ce serait à lui double indécence, tromper et ennuyer le spectateur.

Telle est la ruse que les sophistes emploient depuis vingt-cinq siècles avec plein succès. En promettant au genre humain des nouveautés qui ne sont toujours que des rapsodies de civilisation, ils sont parvenus à décréditer ce qu'ils ne savent pas produire. Le détour est adroit, mais bien humiliant pour le siècle qui s'y laisse prendre; et qu'on a amené à se défier de la nouveauté, quand il devrait se défier de ceux qui la promettent sans la donner, et ne savent produire qu'un réchauffé des visions d'Athènes et de Rome.

Il eût fallu astreindre les sophistes à inventer des opérations vraiment neuves en mécanique sociale et domestique; des dispositions qui produisissent par expérience les neuf bienfaits opposés aux neuf vices radicaux de la civilisation : voici ces biens réservés à l'ordre sociétaire :

1, Richesse graduée; 5, Températures équilibrées;
2, Vérité pratique; 6, Quarantaines générales;
3, Garanties effectives; 7, Doctrines expérimentales;
4, Paix constante;

✕ Χ Philantropie collective et individuelle;
✕ Y Unité d'action sociale.

Tels seront les effets de l'Association dans les périodes 7, 8, 9. Le tableau de ces biens réduit au rôle d'antiquailles très-dangereuses, toutes nos conceptions sophistiques décorées mal-à-propos du nom de nouveautés, puisqu'on n'en voit résulter sous tous les régimes que les neuf fléaux lymbiques énoncés (39), et les quatre sociétés qui engendrent ces neuf fléaux.

J'ai démontré que l'âge moderne, malgré ses subtiles distinctions sur le sens et le pouvoir des mots, a pris le mot *nouveauté* pour la chose, et s'est prévenu contre le bien qu'il aurait dû solliciter. Ce n'est là qu'une des mille duperies où il est tombé par sa folle confiance aux sciences incertaines; et sur-tout par l'étourderie de ne pas astreindre les sophistes à une épreuve locale sur un petit terrain, avec clause de peine afflictive pour celui dont les théories seraient reconnues trompeuses, et entretiendraient les neuf fléaux civilisés au lieu de produire les neuf bienfaits sociétaires (41).

Nous sommes bien moins tolérans sur des duperies de médiocre importance et qui ne touchent qu'à l'intérêt pécuniaire. Par exemple : si un marin pour se donner du relief, s'avisait de changer les noms d'un Archipel comme celui d'Otahiti, et qu'il vînt au retour annoncer dans Londres la découverte d'une cinquantaine d'îles nouvelles, remplies de mines et blocs d'or ; s'il engageait les armateurs à équiper des vaisseaux, les charger d'étoffes et denrées en échange desquelles ces insulaires donneront des blocs d'or à profusion ; si enfin, sur son assertion, l'on expédiait force vaisseaux, et qu'on le récompensât d'avance par une sinécure bien rentée ; quelle serait l'indignation lorsqu'on verrait l'année suivante, les vaisseaux revenir, et annoncer que le prétendu Archipel nouveau n'est autre que tel groupe d'îles déjà bien connues, et où l'on ne trouve ni blocs d'or ni débouchés commerciaux.

Sur ce rapport, chacun opinerait à punir le trompeur, le priver de ses fonctions lucratives, l'envoyer aux galères, et peut-être au gibet qu'il aurait bien mérité : cependant il n'y aurait dans cette mystification, que plaie d'argent, lésion en affaires d'intérêt.

Les duperies sociales causées par de vicieuses théories, sont bien autrement préjudiciables : un système erroné en politique, peut engager la société dans des révolutions qui coûteront des fleuves de sang ; c'est à quoi tendent sans cesse les *faux novateurs*, qui ne mettent en scène que la civilisation affublée d'un autre masque. Au lieu de la douce fraternité qui, depuis 1793, a perdu son crédit, ils présentent aujourd'hui des perspectives de richesse nationale, de balance, contre-poids, garantie, équilibre : après un funeste essai de ces sornettes politiques, on reconnaît qu'elles ne sont toujours que la civilisation avec son cortège de neuf fléaux radicaux,

Indigence, Fourberie, Oppression, Carnage, etc. (39),

et qu'au lieu de méthode curative, ces auteurs de vieilleries travesties ne savent qu'envenimer les antiques plaies, dont l'humanité ne peut espérer de guérison que dans une invention qui lui ouvrira une issue des lymbes sociales, une issue du labyrinthe civilisé, barbare et sauvage.

Appliquons ce principe à quelqu'un des fléaux récens comme les dettes publiques. Pense-t-on que l'Angleterre puisse jamais se libérer de sa dette sans le secours d'une nouveauté? Loin de là : elle se verrait sous peu entraînée dans des guerres dont le résultat serait l'accroissement de la dette, si toutefois il est possible de l'accroître sans être forcé à la banqueroute.

Il en est de même des autres états qui se flattent d'*amortir* : à-la-vérité, ils opèrent chaque année une petite réduction bien imperceptible ; misérable palliatif, résistance illusoire aux progrès du mal ! Je compare ces amortissemens à la prétention des enfans qu'on voit souvent élever une petite digue en cailloux pour barrer le Rhin ou le Rhône; et vraiment ils barrent un instant le bord du courant, mais la moindre vague emportera leur frêle ouvrage. Tel serait le sort des systèmes financiers ; une bonne guerre viendrait inopinément bouleverser les menus calculs d'amortissement, balayer tous les systèmes de restauration, et forcer tous les gouvernemens à des banqueroutes, ou à des redoublemens d'impôt qui feraient éclater de nouvelles révolutions. Contre cette calamité, tous les préservatifs deviennent inutiles, si on laisse envenimer le vice principal, *la pénurie fiscale*, que l'état des choses tend malheureusement à aggraver en tous pays.

Les états européens, et sur-tout l'Angleterre, sont donc tous réduits à désirer une véritable nouveauté, pour se délivrer du fardeau insupportable des dettes publiques.

Mais par le mot *véritable nouveauté*, j'entends une invention qui présente garantie contre la fraude, un procédé susceptible d'épreuve locale et partielle, une opération étrangère aux affaires politiques, admissible sous tous les gouvernemens, sous l'Inquisition même, car elle ne s'ombragerait pas d'améliorations en culture et en économie domestique. J'entends surtout une opération qui bornée à l'industrie, ne puisse présenter aucune chance d'intervention aux brouillons démagogiques ; telle sera l'Association agricole, absolument étrangère à tous ces systèmes, dont les auteurs n'ont d'autre but, que d'agiter le monde social, se mettre en scène pour obtenir quelqu'emploi, et rire aux dépens des dupes qui ont pris un échaffaudage de belles phrases pour de la nouveauté.

Depuis si longtemps que l'autorité et le monde policé sont abusés par les jongleurs, on n'en a jamais puni aucun : semblables à Crispin, qui justifie ses pilules et ses assassinats par le mot *medicus sum* ; les sophistes politiques ont une sauvegarde assurée dans le mot *philosophus sum*. Faut-il s'étonner que depuis vingt-cinq siècles, ils aient préféré la facile carrière du sophisme, à celle des inventions où ils auraient pu échouer malgré de pénibles travaux.

La précaution de punir les jongleries systématiques, les

charlatans qui promettent la nouveauté sans jamais la donner, aurait valu double avantage aux modernes; délivrer le corps social des agitateurs littéraires, et tourner les esprits à la recherche des théories vraiment neuves et salutaires. Pour peu qu'on eût réprimé les histrions politiques, on aurait obtenu en nouveauté, *la chose au lieu du mot*: leur impunité est cause qu'on n'a obtenu que *le mot au lieu de la chose*, et que le monde policé reste embourbé dans la civilisation, dont il aurait depuis longtemps trouvé l'issue, si l'autorité eût forcé les perquisitions en assujettissant les auteurs à l'épreuve locale; et à la punition, en cas que leur théorie ne réussît pas à extirper, en tout ou en partie, les neuf fléaux de civilisation.

Les gouvernemens civilisés commencent a entrevoir leur duperie, et se défier enfin des sophistes qu'ils avaient encouragés dans l'antiquité et même dans le cours du dernier siècle. Aujourd'hui, désabusés par les équipées révolutionnaires, ils reconnaissent que les systêmes de perfectibilité, avec leur masque de nouveauté, ne sont toujours qu'un réchauffé de vieilles chimères qui ont ensanglanté le monde. Mais en disgraciant ostensiblement ces sortes d'écrits, on leur assure encore deux encouragemens indirects; l'un est l'impunité, garantie aux théories contradictoires avec l'expérience; l'autre est la défaveur jetée sur les nouveautés, quand il faudrait au contraire les provoquer, proscrire les antiquailles philosophiques, et n'admettre à l'épreuve que les théories qui par des procédés absolument neufs, garantiraient une issue de civilisation.

J'ai dû m'appesantir sur cette duperie des modernes, qui diffament d'avance le bien qu'ils ne savent pas obtenir, et qui redoutent la nouveauté sociale qu'on leur a mille fois promise et jamais donnée.

Quant aux sophistes, s'ils avaient eu quelque bonne foi, ils auraient depuis longtemps suspecté leur science d'après les démentis que lui donnait l'expérience; ils se seraient ralliés à l'opinion d'un de leurs coryphées, Socrate, qui regardait en pitié ses propres lumières, et disait modestement *ce que je sais c'est que je ne sais rien.*

Il ne voyait déjà dans la philosophie qu'une vaine science; qu'en aurait-il pensé s'il eût été témoin comme nous de ses bévues modernes, des tourmentes révolutionnaires, et des scandales mercantiles : monopole, dettes publiques, banqueroute, usure, agiotage et autres maux que la philosophie prétend adoucir, et qu'elle empire de plus en plus ; semblable à ces médecins ignorans dont le malade est réduit à déplorer les services.

C'est à regret que je débute ici sur un ton désobligeant pour deux classes de savans, les économistes et les politiques : mais l'Association industrielle est une opération si opposée à leurs théories, que l'auteur se compromettrait à chaque instant s'il essayait de transiger avec les doctrines des philosophes.

Après tout, qu'importe à ces savans la chûte prochaine de leur science ! Croit-on qu'ils en soient sincèrement les apôtres? Loin de là, ils en connaissent mieux que d'autres les ridicules ; et quoiqu'ils soient engagés par état à la soutenir, elle leur est secrètement odieuse, par la flétrissure dont l'expérience vient de la frapper : elle est pour eux un fardeau plus pesant que n'est l'Atlas sur les épaules d'Hercule ; ils n'aspirent qu'à déserter décemment les drapeaux de cette vieille sirène, qu'à s'ouvrir une carrière plus honorable et sur-tout plus lucrative.

D'ailleurs, il reste aujourd'hui très-peu de philosophes en titre ; on trouve des continuateurs, mais aucun chef de secte comme les Platon et les Aristote, les Rousseau et les Voltaire. Ainsi, en attaquant la science, on ne heurte guères les disciples actuels qui sont bien rallentis, et peuvent s'isoler d'une rêverie dont ils sont commentateurs et compilateurs, mais non pas auteurs. Nul doute qu'ils ne sacrifient volontiers la controverse antique et moderne, les 400,000 tomes de philosophie, pour une science neuve et utile qui ouvrira des voies de fortune subite au genre humain, et aux philosophes mêmes que l'Association va combler de richesses pour l'utilité de leurs talens oratoires, tout en réprouvant leurs doctrines.

S'il est vrai, comme l'assurent ces savans, que leurs volumineuses théories n'aient d'autre but que la recherche de la vérité ; ils ont dû présumer que cet amas de systèmes deviendra inutile du moment où la vérité sera découverte, et où l'on connaîtra le moyen de la faire dominer en la conciliant avec l'amour des richesses, en la rendant plus lucrative que la pratique du mensonge. Un tel effet ne peut avoir lieu que dans l'Association dont on n'osait pas même soupçonner la possibilité. Au premier essai qui en sera fait sur un hameau de quatre cents villageois, on se convaincra que l'amour des richesses tant diffamées par les sophistes, devient le meilleur garant du règne de la vérité, dans le régime sociétaire.

Dès que ce régime sera organisé sur une petite réunion de quatre cents personnes, on verra se dérouler le plan de Dieu sur l'emploi des passions, sur leur concours avec l'industrie et la vérité. A cet aspect, la raison humaine sera confondue d'avoir douté de l'universalité de la providence; et d'avoir pensé que Dieu avait créé nos passions, sans leur assigner un mécanisme d'harmonie industrielle et sociale. En voyant ce bel ordre, ce concert d'inégalités graduées, les sophistes n'auront plus qu'à s'humilier; et l'athée même saisi d'un pieux enthousiasme, courra au temple s'écrier avec Siméon : « Seigneur, » j'ai assez vécu, puisque j'ai vu le chef-d'œuvre de votre sa» gesse; l'harmonie sociétaire des passions, la voie d'unité et » de vérité que vous avez préparée pour le bonheur de tous » les peuples. »

ARTICLE III.

Intérêts spéciaux de l'Angleterre et de la France.

Gardons-nous d'enthousiasme, dans une discussion où il ne faut apporter que de la justesse arithmétique. Posons sévèrement les thèses qu'il faudra démontrer au sujet de l'Association.

J'ai plusieurs fois répété, comme redite nécessaire, que les études se réduiront à prendre connaissance d'une seule opération qui est la série passionnelle unitaire; qu'il suffira d'apprendre à former et développer les séries; apprendre comment une réunion d'associés inégaux en fortune, doit disposer ses travaux domestiques et agricoles, pour produire, consommer et distribuer par séries.

Le premier effet digne de notre attention dans le mécanisme des séries passionnelles, c'est le triplement de produit; le moyen d'obtenir un revenu réel de 300,000 fr. sur tel terrain qui n'en rend que 100,000 en civilisation : je ne décrirai pas d'avance les biens qu'on va devoir à cet accroissement de richesse, chacun peut les entrevoir; je m'arrête seulement à celui qui est promis en tête de cet article, c'est l'extinction subite des dettes publiques ; faisons en l'application à la France.

Elle produit estimativement 4 milliards et demi en industrie civilisée et morcelée ; elle produira donc de 13 à 14 milliards en industrie sociétaire ou combinée. Cet accroissement de fortune sera presque subit, car l'Association une fois éprouvée et démontrée sur un village, se répandra ensuite avec la rapidité de l'éclair. On est si unanime en amour de gain !

Sur ce revenu de 13 à 14 milliards, l'impôt estimé aujourd'hui un milliard avec les 128 millions de frais, etc., s'élèverait donc à 3 milliards. Le gouvernement pourra bien le réduire à moitié, soit 1,500,000,000 ; et c'en sera assez pour éteindre les dettes subitement, car une dette est liquidée quand les époques de prochain paiement et les intérêts sont si bien garantis.

Entre-temps, la nation devenue colossalement riche par le triplement de produit, s'enrichira encore de la réduction des impôts à moitié. Dans cet état de fortune, elle offrira au souverain l'abonnement général ; une somme annuelle de 1,500 millions fournie par trimestre, à jour fixe et sans frais, par chaque canton versant dans le chef-lieu de sa province.

(Il est inutile de répéter ici la note sur les différences de la valeur réelle et de la valeur représentative ; voyez cette note au bas de la page 1.)

Le fisc épargnant les 128 millions de frais etc., et beaucoup d'autres dépenses, tant de la guerre que de la marine, n'aura pas plus de 500 millions de charges réelles, pour 1,500 millions de rentrées ; il verra donc son revenu élevé tout-à-coup au triple relatif, par l'opération qui aura réduit de moitié la masse des impôts.

Voyez la note (*) ci bas, sur les intérêts et bénéfices des agens supprimés.

(*) Voici diront les critiques un étrange sujet d'alarme pour les agens du gouvernement. Vous allez soulever contre vous tous ses employés, si vous parlez d'une amélioration qui doive causer des suppressions d'agens fiscaux, militaires et autres.

Tant s'en faut que ce soit pour eux un sujet d'alarme ; la suppression tournera entièrement au profit des agens congédiés, ils y trouveront *mutation cumulative* et triple bénéfice ; jugeons-en par application à la France.

Si la dépense est réduite à 500 millions par les suppressions, et

Je cite cette merveille entre cent, pour intéresser le lecteur à ce mécanisme des séries passionuelles, d'où naîtront tant de prodiges. Il en est un autre dont il faut faire mention sans délai, et qui concerne spécialement les nations endettées.

L'ordre sociétaire tout en triplant le produit réel de l'industrie, fournit en outre une ressource particulière pour acquitter *gratuitement* la dette publique de la nation qui aura pris l'initiative, en fondant le canton d'épreuve. Quelqu'énorme que puisse être cette charge, excédât-elle le colosse de dette anglaise, qu'on évalue à 20 milliards, et que j'estime 24 (*), elle sera soldée *gratuitement* et *d'emblée* par un transfert dont il n'est pas temps de donner connaissance, et qui sera expliqué dans le cours de cet ouvrage (2ᵉ tome). Il transformera la dette de la nation libérée en une créance aussi solide que le

que le souverain se trouve renté à 1,500 millions d'impôt, il aura amplement de quoi satisfaire les agens congédiés, tout en affectant le nécessaire à l'extinction progressive de la dette publique; il leur conservera donc à tous *leur traitement en viager*. J'y vois et ils y voient eux mêmes triple avantage, savoir :

1° Emolumens maintenus et dispense d'exercer la fonction qui deviendra sinécure, titre honorifique.

2° Garantie du traitement perpétuel, si incertain aujourd'hui vu les suppressions fréquentes causées par les luttes de parti. Cette garantie comprendra tous les bénéfices licites, fournitures, droits, remises et profits tolérés.

3° Bénéfice des nouvelles fonctions *attrayantes*, auxquelles l'agent supprimé pourra vaquer dans l'état sociétaire, où abonderont les emplois lucratifs pour tout individu de la classe qui a quelqu'éducation.

Il y aura donc en réalité triple bénéfice pour tout agent congédié; mutation d'emploi et cumul de traitement. Aussi tous ceux à qui on en détaille le compte, expriment-ils aussitôt le vœu d'être supprimés à ces trois conditions bien préférables à l'avancement qu'ils peuvent espérer.

D'ailleurs, chacun a-t-il de l'avancement assuré en civilisation? Combien de fonctionnaires ont plutôt la déchéance à redouter: le ministre même peut-il se flatter d'être en place l'année suivante?

Ce sont donc les agens mêmes du gouvernement qui sont dans le cas de désirer l'épargne de leurs fonctions, et l'accroissement de revenu qui en résultera pour eux; la dispense de fatigues, responsabilité, etc.

(*) Vingt-quatre milliards dont 20 en budget fiscal; 2 en dettes communales; 2 en dettes consciencieuses ou froissemens de révolutions, et spoliations non encore prescrites.

meilleur

meilleur domaine, et la dégagera de l'intérêt comme du capital qui sera remboursé en entier la 10ᵉ année.

Cet aperçu, dont les démonstrations seront fournies à la rigueur, doit piquer d'émulation les états grevés d'une forte dette publique, notamment l'Angleterre qui succombe sous le faix.

Tel est le prix assuré à la contrée qui prendra l'initiative de l'Association, et à qui le monde sera redevable de son avènement à cet état fortuné. Une puissance qui, avant que la théorie d'Association ne soit découverte, emploie cinq cents familles en essais sociétaires, doit-elle hésiter à employer le septième de ce nombre, soixante et dix à quatre-vingts familles à l'épreuve de cette association, lorsqu'enfin le procédé en est inventé? S'il est prouvé dans ce traité, qu'une épreuve si facile peut dégager *subitement* et *gratuitement* la nation anglaise d'un fardeau de 24 milliards de dettes, quels seraient ses regrêts, si elle venait à manquer ce coup de partie en se laissant dévancer dans la carrière?

Cette palme lui semble d'autant mieux dévolue, qu'un de ses savans, Neuton, a préparé les voies au calcul de l'Association, par la découverte de la théorie d'attraction matérielle.

Neuton, en démontrant que l'attraction matérielle a la propriété de régir l'univers en harmonie, donnait à présumer que l'Attraction passionnelle dont on n'a jamais fait aucune étude, couvrait aussi quelque grand mystère. C'est de quoi l'on va prendre connaissance dans la théorie de l'Association, qui n'est autre chose que le calcul analytique et synthétique de l'Attraction passionnelle.

Outre l'imminence d'une banqueroute, qui serait inévitable dans le cas de nouvelle guerre, d'autres motifs de circonstance invitent l'Angleterre à prendre l'initiative; j'en vais remarquer trois tirés :

1° De l'exploration de l'Afrique;
2° De l'état précaire de l'Indostan;
3° Des tentatives de passe au nord.

1° *L'exploration de l'Afrique.* On ne sait trop quel appât ou quelle instruction secrète, dirige tant de voyageurs Anglais vers l'intérieur de l'Afrique. Les corps savans ne voient dans ces expéditions que curiosité louable, et zèle pour le progrès des sciences; d'autres estiment que ces nombreux voyageurs sont commissionnés pour le service des spéculations commerciales ; d'autres enfin croient, avec quelque raison, que l'Angleterre cherche à s'emparer des nombreux *Potoses* que recèle l'Afrique intérieure ; et qui, étant tous intacts, fourniraient une proie immense à une puissance européenne qui pourrait les découvrir, et se concerter avec les roitelets du pays pour l'exploitation en partage de bénéfice.

Le triste sort de *Mungo Park* et de tant d'honorables voyageurs employés à ces expéditions, doit tourner les vues de l'Angleterre vers le moyen qui lui est offert. L'Association par sa propriété d'attirer et fixer subitement les Sauvages à l'industrie, policera en moins de cinq ans tous les Africains demi-barbares ou pleins barbares. Si donc l'essai de fondation est fait en 1822, on peut assurer qu'en 1827 les voyageurs pourront parcourir l'Afrique intérieure en pleine sûreté ; et y trouver par-tout des nations plus hospitalières que les civilisés, gens hospitaliers jusqu'à la bourse.

Il resterait à expliquer à qui appartiendront les mines d'or africaines, lorsque le pays sera policé et accessible à tout le monde : chacun va répondre qu'elles appartiendront aux indigènes, qui, une fois policés et initiés aux sciences, pourront bien exploiter leurs mines sans recourir aux Européens.

Solution erronée et qui ne sera point admise en congrès d'unité sphérique. En effet, les nations que l'ordre sociétaire va élever à l'état policé, les Africains que l'Association délivrera et de la traite des Nègres et de tant d'autres persécutions, seront redevables d'une libéralité quelconque à leur bienfaiteur. Mais sur quoi devra-t-on asseoir cette prestation, sinon sur les propriétés neutres comme les mines intactes? elles n'appartiennent à personne, puisqu'elles n'ont jamais été exploitées par les souverains mêmes qui ont tant d'esclaves à leurs ordres ; la prescription d'abandon est assez constatée par la non exploitation.

Dès-lors toutes ces mines, soit d'Afrique, soit d'Australie, seront par décret du congrès d'unité sphérique, affectées en demi-part du produit, à récompenser la puissance fondatrice, Angleterre ou autre ; et ce sera acquitter une dette générale sans rien prélever sur personne.

Au reste, l'Association aura bien de plus puissans moyens

pour récompenser ses fondateurs ; je ne m'arrête à parler de celui-ci, que parce que le cabinet anglais paraît en avoir fait un objet de spéculation.

2° *L'état précaire de l'Indostan.* Un empire de 52 millions d'habitans est une possession très-bonne à conserver. Cependant, il est plus que probable que si l'état civilisé et barbare se prolonge, l'armée anglaise finira par une catastrophe semblable à celle de Varus et de tant d'autres, qui, confians en leur tactique, ont péri dans un piége de Barbares ou un piége de climat. Les Hindoux à force d'être battus, apprendront l'art de la guerre ; quelque transfuge disciplinera leurs fourmillières. Il n'y a pas si longtemps qu'une poignée de Suédois faisait fuir des nuées de Russes ; il n'a fallu qu'un homme pour élever les Russes au niveau des Suédois. Les Hindoux auront, outre cette chance, le climat qui viendra à leur secours, et qui peut-être les dispensera de s'aider de la tactique régulière : lorsque dans une campagne d'été, le Cholera-morbus aura fatigué l'armée anglaise, il sera facile aux indigènes de l'accabler.

L'Angleterre préviendra ce fâcheux dénouement, en accélérant l'avènement à l'ordre sociétaire. J'indiquerai dans les 3ᵉ et 4ᵉ tomes, par quels moyens ce nouvel ordre garantira immuablement à la dynastie anglaise, *en cas d'initiative de fondation*, son sceptre d'Indostan, sans qu'il soit besoin de le soutenir d'un seul bataillon. C'est une affaire qui concerne peut-être le souverain plus que la nation anglaise, je ne sépare pas leurs intérêts.

3° *Les tentatives de passe au Nord*, que les capitaines Ross, Parry et autres, ont récemment cherchée dans la baie de Baffin.

On peut à ce sujet présenter une belle chance à l'Angleterre. Elle promet pour la découverte d'une passe au Nord, 25,000 liv. sterl., soit 625,000 fr. au change de 25 ; si on y ajoute les frais qu'ont coûté les six expéditions envoyées à cette recherche, on peut estimer à 40,000 liv. sterl., soit un million de francs, le prix qu'attache l'Angleterre à la découverte.

Elle va obtenir les deux passes de Baffin et du cap Sibérien à bien plus bas prix ; car dépenser un million ou avancer un million, c'est grande différence : et il sera prouvé dans cet ouvrage, que si l'Angleterre fait l'avance d'un million pour la fondation du canton d'épreuve de l'Association, elle aura en moins de dix ans les deux passes du Nord aussi praticables que l'est aujourd'hui la Manche.

A la vérité ce ne sera que pendant les cinq mois de Mai, Juin, Juillet, Août, Septembre; mais les deux passes ne seront pas moins ouvertes à la navigation avec pleine sûreté pendant ces cinq mois, et même en Avril et Octobre dans les parages au-dessous du 75e degré.

Je vais traiter ce sujet dans une grande note qu'il convient de détacher de l'introduction; et comme la question de passe permanente au Nord se lie au problême de triple récolte, il faut expliquer d'abord ce que j'entends par triple récolte, qui sera l'un des bienfaits de l'Ordre sociétaire.

Supposons une amélioration de climatures telle que la mauvaise saison du 45e degré (Lyon et Bordeaux), soit réduite à six semaines, de la mi-décembre à la fin janvier; de manière que les arbres au 45e degré ne se dépouillent que du 1er au 15 décembre, que la végétation se rétablisse pleinement au 1er Février et continue sans interruption, sans frimats de Mars ni Lune-Rousse.

Dans ce cas, la moisson des céréales se ferait à Lyon et Bordeaux avant la fin de Mai, comme en Barbarie.

Dès les premiers jours de Juin, l'on pourrait semer des légumes et objets de prompte venue; et dans le cas de température à commande, variée sans excès, on verrait arriver à maturité au bout de deux mois, ces légumes formant la deuxième récolte.

La troisième, semée dans le courant d'Août, germerait avant Septembre et serait recueillie dans le courant de Novembre.

Objectera-t-on que la terre serait épuisée par cette fréquence de semailles? non; les terres, après la restauration climatérique et l'avènement à l'état sociétaire, auront trois secours qu'elles n'ont pas aujourd'hui: l'affluence et l'excellence des engrais; les labours en défoncement (méthode Fellenberg), puis un secours plus précieux, celui d'une température graduée et fréquemment variée, qui fera abonder les sels, aujourd'hui appauvris et absorbés par les excès climatériques.

Dans les estimations données sur le produit de l'Association, j'ai tablé sur la température actuelle; mais à spéculer sur la restauration climatérique, le produit de l'ordre sociétaire s'élevera, en mode simple, au quintuple au lieu du triple. Cette restauration devant être lente et successive, on ne la porte pas en compte du bénéfice subit.

Il reste à expliquer comment l'état sociétaire, en modifiant l'atmosphère par une culture intégrale du globe, nous fera obtenir ce bienfait des *températures à commande;* c'est-à-dire si heureusement variées et proportionnées, qu'elles sembleront obéir à la baguette magique.

Ce problême, je l'ai dit, se lie à celui de passes praticables au Nord. Il existe déjà une de ces passes; l'autre est peut-être à l'heure qu'il est, reconnue par le capitaine Parry. Mais il s'agit de les dégager de leurs montagnes de glaces; opération qui donnera à-la-fois les deux passes et la triple récolte.

Il faut consulter à ce sujet la grande note A, placée ci-bas; comme elle traite amplement des passes du nord, et que ce sujet ne concerne que les Marins, les Armateurs, les Phy-

---

NOTE A

SUR LES PASSES DU NORD

ET LA TRIPLE RÉCOLTE.

L'ouverture des passes du Nord et la fusion de leurs glaciers permanens, sont pour les Agriculteurs et les Marins, l'affaire du plus pressant intérêt. On ne trouve dans les sciences connues, aucune théorie sur cette restauration climatérique: j'en ai resserré le plan dans cette note, un peu longue en apparence, et bien courte eu égard à l'importance de son objet.

Il importe à toutes les Puissances du Nord de s'ouvrir une passe par la Mer Glaciale: mais aucune d'elles ne fait comme l'Angleterre des efforts pour y parvenir. La Russie même, si intéressée à se frayer cette route, ne paraît pas s'en occuper; tandis que l'Angleterre y affecte un prix magnifique de 600,000 francs, et des expéditions dispendieuses; total, 1,000,000 de francs ou 40,000 liv. sterling.

Il s'agit de démontrer que cette somme, *avancée* pour fonder l'Association, (je ne dis pas *dépensée*, mais seulement *avancée* avec bénéfice assuré de 100 pour 100 au moins, pour le capital actionnaire), que cette somme, dis-je, suffira pour ouvrir à l'Angleterre et au monde entier, non pas une passe *impraticable*, mais deux passes *pleinement praticables* par la Mer Glaciale et le détroit de Béhring.

siciens, les Géographes et les Agronomes, j'ai dû l'isoler des discussions qui sont de compétence générale.

Je suppose que les lecteurs ont lu la note A, ils en concluront que la découverte de l'Association semble arriver tout à point pour satisfaire à tous les besoins et réaliser tous les

---

L'Angleterre fait-elle des recherches de pure curiosité, ou bien veut-elle se procurer une passe *commerciale et assurable?* Si telle est son intention, comme on n'en doit pas douter, elle serait frustrée même dans le cas d'existence de la passe de Baffin; car il parait que le détroit qu'a franchi le capitaine Parry, gît par les 73° ou 72°; qu'à l'ouest de ce détroit, il y a beaucoup de glaces; et qu'on ignore encore si, de là au détroit de Behring, il ne se trouvera pas quelque péninsule ou promontoire avancé jusqu'à 73°, et opposant au passage de nouvelles difficultés; indépendamment de celle du détroit qui peut, dans les étés faibles, devenir très-difficile à franchir. Les cartes les plus récentes marquent un obstacle à 71°: ne se prolonge-t-il pas au-delà?

Tout compensé, ladite passe, en cas qu'elle existe, ne vaudra pas mieux que celle de Sibérie par le cap Cévérovostochnoi et le cap Szalaginskoi.

En outre, dans l'état actuel de congelation des régions polaires, aucune des deux passes ne peut remplir le but politique; la garantie d'une route commerciale, d'une voie *praticable et assurable* à 50 pour 100 au plus.

En effet; d'après le tableau des dangers sans nombre encourus par les capitaines Ross, Parry et autres, et des nouveaux périls qu'ils avaient à essuyer de la part des glaces entre la nouvelle passe et le détroit de Behring; on peut conjecturer que sur quatre navires employés à ce périlleux trajet, il y en aurait trois de perdus ou criblés d'avaries. On ne trouverait donc pas d'assureurs pour cette route, à moins des trois quarts de la valeur, soit 75 pour cent; dès lors elle ne serait pas route commerciale, mais voie aventureuse et folle qu'il serait prudent d'interdire.

Expliquons le moyen de s'ouvrir les deux routes; non par des actes de témérité nautique, mais par des opérations physiques sur l'atmosphère, qu'il est aisé d'adoucir de 20 à 25 degrés dans ces parages. A ne tabler que sur 20 degrés, les points les plus avancés comme le cap Cévéro, gisant par 78°, équivaudraient à 58° pour la température, pendant les mois de jour polaire; et on franchirait les deux passes aussi aisément, aussi sûrement, que celle de la Baltique par Gothembourg et le Sund.

Les glaces, quelqu'effrayante que soit leur masse de six cents lieues de diamètre, ne sont qu'un obstacle temporaire: cette barre n'est pas plus inamovible, que celle qui avait récemment masqué la côte de Groenland, et obstrué le canal d'Islande: on a vu, en Mars 1819, débacler ce rempart de glace qui devenait désespérant par son accroissement, et qui avait depuis 120 ans enveloppé et anéanti une malheureuse colonie

projets de l'Angleterre ; ou bien que la situation politique et les plans de l'Angleterre semblent disposés tout exprès, pour assurer au monde l'épreuve subite de la découverte d'où dépend son bonheur.

C'est donc à l'Angleterre que cette théorie doit être dédiée

---

de 20,000 Danois. Il s'agit donc d'opérer par effet de l'art sur la totalité des glaces, comme la nature vient d'opérer sur cette portion qui masquait le Groenland ; et de faire fondre et débacler, sinon en entier, au moins en grande partie, la croûte des glaces polaires arctiques ; les réduire tellement, qu'elles ne soient pas plus gênantes en été pour les côtes d'Amérique et de Sibérie, que ne sont les glaces antarctiques pour les pointes d'Australie et d'Afrique.

La réduction des glaces polaires arctiques ne tient qu'à échauffer et modifier une atmosphère de 600 lieues de diamètre : qu'y a-t-il de gigantesque dans cette prétention ? L'homme sait bien opérer sur des colonnes atmosphériques de 1,000 et 2,000 lieues de diamètre ; les infecter de miasmes putrides, pestilentiels, épizootiques, dont le germe borné à quelques atômes dans son origine, envahit par fois une espace de 2,000 lieues de longueur ; témoin la peste du 14e siècle qui s'étendit de la Chine jusqu'à l'occident d'Europe, et moissonna un tiers de la population de l'ancien monde. Cette infection était l'ouvrage de l'homme : ne peut-il donc pas *exercer en bien* sur un diamètre de 600 lieues, l'influence qu'il *exerce en mal* sur un diamètre de 2,000 lieues.

D'ailleurs serait ce une nouveauté qu'un radoucissement de température aux regions polaires ? N'est il pas constant qu'elles ont joui autrefois d'une climature fort douce, et même chaude ; puisque les élephans y habitaient, et qu'on y voit leurs ossemens d'autant plus abondans qu'on s'avance d'avantage vers le Pôle ? J'expliquerai quand il en sera temps cette énigme, sur laquelle on a débité tant de contes absurdes ; et je prouverai qu'il est plus d'un moyen d'échauffer les régions polaires et les rendre habitables.

De ces divers moyens je n'en veux exposer qu'un seul, dont l'appréciation est à portée de tout le monde ; c'est le raffinage atmosphérique par voie de culture intégrale du globe.

La thése n'est point neuve ; il n'y aura de neuf que les développemens imprévus que je vais lui donner. Je ne spéculerai que sur l'évidence matérielle, sur des faits bien notoires et bien intelligibles, sur l'extension du travail agricole déjà exercé avec succès par l'Europe, l'Indostan et la Chine.

On sait combien la température de ces trois régions l'emporte sur celle des autres contrées du globe en salubrité, bénignité et moyens de fécondité ; ailleurs, la végétation est contrariée par des excès perpétuels : de là vient que la vigne ne peut pas croître sur les coteaux de la Pensylvanie,

et recommandée. Je ne distingue pas ici entre le Roi et la Nation, puisque l'un et l'autre ont dans cette affaire des intérêts distincts et des intérêts communs.

Le Roi, *intérêt distinct*, par le besoin d'assurer à sa dynastie le sceptre héréditaire du bel empire de l'Indostan.

---

située en même latitude que Naples ; et qu'elle prospère à Mayence, ville située 10 degrés plus haut, mais sous une atmosphère déjà raffinée, qu'on appelle *climat fait ou formé.*

Il faut, pour dégager les 2 passes du Nord des glaces qui les obstruent, élever le globe entier à cet état de *climat fait* ou pleine culture; on y gagnera la fusion des *trois quarts* des glaces du Nord, et un adoucissement de climature de *trente degrés*, comparativement aux atmosphères brutes, comme celles de Sibérie, Haut-Canada, Australie : on y gagnera de plus une garantie de températures nuancées, mitigées en froid et en chaud, exemptes d'excès et de transitions subites, et comportant au 45ᵉ degré trois récoltes habituelles ; au 60ᵉ, 2 au moins; les 3 récoltes du 45ᵉ réparties comme il suit:

1ʳᵉ Semailles de Novembre, recueillies en courant de Mai.

2ᵉ Menus légumes semés fin Mai, recueillis fin Juillet.

Labour en défoncement.

3ᵉ Semailles d'Août recueillies en Novembre.

La triple récolte ne sera pas due à un accroissement de chaleur, ce moyen serait très-illusoire ; l'excès de chaleur et sa continuité paralysent la végétation; le bénéfice tient à obtenir des températures bien nuancées par des zéphirs et des pluies fécondantes; une pluie d'un mois, une chaleur continue d'un mois, sont également le fléau des cultures.

Il est connu que si on pouvait jouir d'une température à commande, ou variante régulière de pluies et chaleurs sans excès, les végétaux croîtraient presque à vue d'œil ; on obtiendrait les 3 récoltes plus facilement que la simple, si souvent contrariée par les excès, sur-tout par celui de la Lune-Rousse, funeste à la France.

Tel sera le fruit de la culture universelle aidée du mécanisme sociétaire, (périodes 7 et 8, sériisme simple et composé). On en verra naître une climature méthodiquement raffinée dans toute l'échelle atmosphérique.

L'Angleterre procurera ce bénéfice au globe entier, si elle veut sérieusement s'ouvrir les deux passes du Nord. Dissertons sur cette opération, sur les indices et voies de succès: je réitère que malgré le merveilleux de cette perspective, je ne mettrai en jeu qu'un ressort bien connu, bien éprouvé, qui est l'agriculture ; mais sociétaire et non morcelée; car la morcelée ruine bien vite les climatures après les avoir quelque temps améliorées.

Il est plus qu'avéré que les défrichemens peuvent modifier la température ; qu'elle est, comme les terres, un champ livré à l'industrie humaine ;

La Nation, *intérêt distinct*, dans l'ouverture prochaine des deux passes de la Mer Glaciale.

Enfin, le Roi et la Nation, intérêt commun à l'extinction gratuite de la dette, et à l'acquisition des mines d'Afrique en participation.

---

que nos cultures, si elles sont exercées avec intelligence, peuvent tempérer de 12 degrés une atmosphère, et faire jouir le 50e degré d'une climature de 38°; comme aussi réduire un 38e s'il est mal cultivé, à la climature d'un 50e bien cultivé.

Appuyons-nous de démonstrations péremptoires : je sais que les hommes instruits n'en ont pas besoin sur des vérités si palpables, mais le vulgaire peut en exiger; je vais donc établir la preuve sur six villes très-remarquables qui sont :

Au 40e Naples, Philadelphie et Pekin.
Au 47e Quebec, (*) Tours ou Paris et Astracan.

Commençons par les parallèles du 47e degré en atmosphère brute et en raffinée.

Chacun connaît le beau climat de la Touraine appelée jardin de la France : il n'est pas plus beau que ne sont en France d'autres climats de même degré; la Touraine a seulement le relief d'être arrosée par un grand fleuve et trois belles rivières navigables; mais le préjugé veut se créer des beautés climatériques là où il n'y en a pas. Bref, la Touraine est un climat tempéré, où les froids annuels n'excèdent guere 10 à 12 degrés de Réaumur. Les villes d'Astracan et Quebec sont sur la même ligne, à 47° de latitude, et pourtant ces deux villes éprouvent des froids égaux à celui de Pétersbourg : le thermomètre y descend communément à 30°, et on l'a vu dans Astracan descendre à 37°, froid plus vif que celui de Pétersbourg.

(*) *Je confonds ici Tours et Paris, villes de température identique, malgré la différence d'environ 2 degrés ; il y a bien plus de disparate climatérique entre Paris et Rouen, quoique la différence de leurs latitudes ne soit que de moitié d'un degré ; mais en estimation de température, 2 degrés en plus ou en moins sont souvent absorbés et compensés par les dispositions locales du terrain : elles causent des variantes de 3 degrés, même en pays vicinaux et également cultivés ; témoins les parallèles de Lyon avec la Lombardie, de Marseille avec Bilbao, de Paris avec Rouen, et de tant d'autres villes très-disparates en climatures, quoique voisines, et de même latitude ; mais différenciées par des chances de mers tempérées ou froides, et de chaînes placées en Nord ou en Sud. Ces incidents portent les modifications locales à 3 et 4 degrés, même sans exhaussement d'assiette comme celle de Madrid.*

Voici donc pour la politique des voies de grandeur et de richesse positive. Jusqu'ici on n'avait spéculé que sur les voies négatives, sur le moyen d'appauvrir ses voisins par des rançons de monopole, de balance commerciale et d'extorsions mercantiles. Une science récente, l'Économisme a engouffré notre

---

Ce n'est pas que ces deux villes ne soient placées en bon terrain: Astracan est renommé pour ses melons et ses toisons; Quebec est de même un pays favorable à la culture; mais l'une et l'autre ville sont contiguës à des deserts immenses et prolongés à l'infini; elles participent nécessairement de la température des déserts qu'elles avoisinent; et cet incident réduit en hiver Astracan ville de 47° au climat des villes du 60e et même du 63e, comme Drontheim et Vasa.

Différence en refroidissement hivernal, 15 à 16 degrés par le seul vice du défaut de culture.

La différence n'est pas la même en été; et il est connu qu'Astracan et Quebec jouissent en Juillet de la dose de chaleur due au 47e degré. Mais notre spéculation doit porter dabord sur l'art de modifier les hivers, après quoi nous nous occuperons de l'été.

Passons aux parallèles du 40e degré, où nous allons trouver les mêmes disparates.

Le climat de Naples, quoiqu'au-dessus de 40°, est renommé par la douceur de ses hivers: les Lazarons, même en Janvier, y couchent en plein air; les deux villes de Philadelphie et Pekin sont sur la même latitude et sujettes à des hivers bien autrement rigoureux que ceux de Paris, ville située à 49°. Philadelphie a de plus, l'inconvénient des transitions subites, qui obligent à changer de vêtemens trois à quatre fois dans une même journée. On y a l'été à neuf heures du matin, l'hiver à midi: Pekin est de même, sujet à des froids prématurés, opiniâtres et violens; la cause en est dans le voisinage de grandes régions incultes. Pekin et Philadelphie placés sous le 40°, ont des hivers bien plus rigoureux que Francfort, placé au 50°. Ces deux villes peuvent, quant à l'hiver, être assimilées à Berlin, latitude 53°, sinon pour la durée, au moins pour l'intensité du froid.

Différence, 13 degrés en refroidissement hivernal, par voisinage des terres incultes qui en été n'influent pas en rafraîchissement.

Il résulte déjà de ces parallèles, que si toutes les régions de Sibérie et nord-Amérique étaient cultivées aussi complètement que l'occident d'Europe, les passes de la Mer Glaciale, dans les plus hauts parages comme le Cap Cévéro, jouiraient d'un adoucissement considérable, et seraient aussi praticables que le Cap Nord.

Continuons sur le premier et principal ressort de raffinage atmosphérique; sur l'agriculture qui, mieux examinée, va nous fournir quatre chances graduées de radoucissement.

siècle dans ces sordides calculs, dans une politique malfaisante qui ne favorise que les spoliations de toute espèce, depuis les pirateries d'Alger jusqu'aux pirateries des agioteurs, non moins scandaleuses. Les auteurs de cette science n'ont sans doute pas eu de telles intentions; il n'est pas moins certain,

---

ÉCHELLE DU RAFFINAGE ATMOSPHÉRIQUE.

Degrés d'amélioration à obtenir.

0.	Température brute. — Australie.		
1.	Par raffinage simple local. .	14 degrés	36 degrés.
2.	» » simple intégral.	10 »	
3.	» » composé local.	8 »	
4.	» » composé intégral.	6 »	

Pour estimer au plus bas, je réduirai cette somme à 30° seulement.

Avant d'entrer en discussion, je crois devoir m'étayer d'une analogie à portée de tout le monde; afin de dissiper le soupçon d'exagération sur cette perspective d'un raffinage de 30 degrés, qui livrera au commerce général les deux passes-nord pleinement praticables, pendant les 5 mois de Mai, Juin, Juillet, Août, Septembre.

J'ai posé en principe, que l'atmosphère est une branche du domaine cultivable, domaine que l'industrie humaine peut modifier en divers degrés. Etablissons ces degrés par comparaison aux animaux et végétaux, que le travail élève si fort au-dessus de leur valeur brute ou sauvage; témoins nos bœufs et moutons, nos fleurs et fruits si supérieurs à ceux que donne la simple nature.

Degrés de raffinage agricole.

0. En état brut ou sauvage.
   Aurochs, Mouflon, Sanglier.
   Cerise de bois, Rose de buisson, Raisin sauvage.

1.	En culture locale simple.	degrés à estimer.
2.	» générale simple.	
3.	» locale composée.	
4.	» générale composée.	

1° La culture locale simple, se borne au changement causé par l'état de domesticité; il modifie déjà les toisons et enveloppes de l'animal, ainsi que la saveur des viandes et des végétaux. On en peut juger par la différence d'une laine de mouton à celle de mouflon, d'une chair de cochon à celle de sanglier; et pourtant cette différence est obtenue sans le secours de l'art et par le seul effet de la domesticité.

2° La culture générale de degré simple n'existe pas encore; elle nous donnerait en raffinage simple, une foule de variétés inconnues. Si la cerise et le raisin étaient cultivés sur tous les points du globe, combien de nouvelles nuances n'obtiendrait-on pas, soit par l'influence des climaque leurs théories sur la richesse des nations, n'ont accrédité que les rapines légales et les infamies mercantiles; et que de tous les égaremens de la raison, il n'en est pas de plus funeste que celui des doctrines d'Economisme, qui ayant pour tâche de s'occuper de l'Association, base de toute économie,

---

tures et terres non exploitées, soit par les croisemens de ces nouvelles sortes avec les notres? Nous savons déjà distinguer plus de cent variétés de roses; on en aurait mille, si tout le globe cultivait les roses.

3° La culture *locale composée*, est celle qui, aidée de l'Association, éléverait *localement* un animal ou végétal à la plus grande perfection possible, *par les moyens sociétaires* selon le parallèle suivant:

Culture locale simple.		*Culture locale composée.*	
Cheval rossinante,	100 écus.	Cheval normand,	1,000 écus.
Laine commune,	1 franc.	Laine ségoviane,	3 francs.
Renoncule ordinaire,	10 variétés.	Renoncule soignée,	100 variétés.
Melon commun,	3 sous.	Melon soigné,	30 sous.

4° La culture *générale composée* est celle qui, employant les moyens de raffinage que donne l'état sociétaire, combinerait et croiserait par toute la terre les produits perfectionnés déjà dans chaque localité, par culture locale composée.

Par exemple, supposons le globe entier cultivé comme la Normandie; chaque région élevant avec un soin infini les plus belles races de chevaux qu'elle puisse comporter, et formant des haras et établissemens où l'on croiserait une centaine des plus fameuses races, Normands, Arabes, Anglais, Andalous et autres; que donneraient, dans l'ordre sociétaire, les contrées incultes, comme l'Australie qui n'a pas même de chevaux.

En combinant tous ces produits de culture locale composée, en les raffinant par des croisemens de toutes les belles variétés du globe, on aurait l'échelle de beauté suprême en chevaux: la série des perfections possibles à la nature, aidée de l'industrie générale composée.

Cette perfection de 4e degré, correspond au degré *intégral composé* dans l'échelle des raffinages de température (59). Et puisque nous possédons enfin, par la découverte de l'Association, le moyen d'élever le globe à la culture intégrale; spéculons sur les résultats de cette culture en perfectionnement de l'atmosphère, selon les 4 degrés de la table (59), qui correspond aux 4 degrés comparatifs (59) sur les animaux et végétaux. Nous allons passer en revue les quatre chances de raffinage atmosphérique, possible à l'industrie humaine.

J'appelle raffinage *simple*, un radoucissement opéré par des cultures locales et bornées, comme celles de l'Italie. Sa pleine culture jointe à celles des régions voisines, Allemagne et France, est certainement le ressort qui produit ce bénéfice de 13 à 14 degrés, que j'ai analysé dans le parallèle de Naples avec Pekin et Philadelphie. Mais l'Italie est avoine se sont occupées qu'à établir, au lieu d'Association, le morcellement industriel, et par suite la pauvreté et la fausseté.

Je vais dans les prolégomènes attaquer ces erreurs qui ont abusé le plus éclairé des siècles : les modernes, ici, sont d'autant plus coupables, que la théorie de Neuton les mettait sur la

---

sinée de vastes régions mal cultivées; l'Afrique, la Grèce, la Hongrie et même l'Espagne, où Madrid placé au même degré que Naples, est sujet à des froids meurtriers, par l'effet du déboisement, de l'effritement et des Landes, bien plus que par le voisinage de la montagne dite Guadarrama.

L'influence de nos cultures est donc contre-quarrée par celle d'une masse de terres voisines, encore incultes ou mal exploitées : tandis que l'Italie raffine son atmosphère, la Grèce et l'Afrique travaillent à la vicier; leur voisinage ne peut manquer d'exercer une fâcheuse influence pour outrer les intempéries en chaud ou en froid.

Ces influences vicinales ne s'exerceraient qu'en bien, si la terre entière était pleinement cultivée comme les cinq régions dites Allemagne, Italie, France, Hollande, Angleterre. Estimons le résultat sur cette hypothèse de culture générale : on va penser qu'Astracan et Québec jouiraient de la température de Tours et Angers, que Philadelphie et Pekin jouiraient de la température de Naples.

C'est estimer en compte *simple local* : Astracan s'élèverait déja à cette température, dans le cas où ses terres seraient pleinement cultivées à 300 lieues de rayon, et où l'Europe occidentale seroit inculte comme l'est la région d'Astracan.

Mais si l'on suppose les deux régions d'Europe et Tartarie cultivées en plein, et leurs atmosphères élevées au même raffinage, il y aura communication de bénignes influences; le raffinage augmentera, et en supposant que tout le globe terrestre opérât de même, qu'il fût assez peuplé pour élever par-tout ses cultures à la perfection de celles de l'Europe occidentale; il résulterait du concours bienfaisant des atmosphères de tous les continens, que le raffinage devenu général ou *simple intégral*, gagnerait au moins 10 degrés sur les raffinages partiels et locaux : nous avons vu qu'ils sont de 14° et qu'on peut les estimer en moyen terme à 12 degrés, lesquels seront augmentés de 10° par effet de culture générale. On aura donc en total 22 degrés de raffinage atmosphérique pour toutes les régions actuellement incultes, et formant au moins les 4/5 du globe. (*Ce n'est ici que le 2e degré de la table* 59 1/4).

Un tel raffinage sera *simple intégral*, par opposition au simple local comme celui d'Italie, dont les bonnes influences climatériques sont contre-quarrées par les émanations orageuses et malfaisantes de Grèce et d'Afrique.

Dans cette hypothèse de raffinage intégral ou général, la route du Cap Cévéro au lieu d'un froid du 78e degré, n'aura en printemps et automne

voie ; elle excitait à achever l'étude de l'Attraction, à passer du calcul de la matérielle à celui de la passionnelle, dont la synthèse détermine le procédé d'Association domestique agricole. Cette étude étant un nouveau monde scientifique, et ses tableaux un sujet d'étonnement, comparable à celui que les

---

que le froid des latitudes européennes, 56°, 57°, Edimbourg, Copenhague, sauf l'influence d'un restant de glaces polaires qui absorbera la valeur de quelques degrés, et causera un léger déchet de chaleur que nous déduirons plus loin en somme de 5 degrés.

Et comme l'ordre sociétaire a la propriété de peupler et coloniser rapidement la terre entière, cette intégralité de culture procurerait un plein dégagement des parages du Pôle Nord, ils seraient ramenés aux climatures du golfe de Bothnie.

Cet état de choses ne serait encore qu'un raffinage très-incomplet, car nous avons raisonné jusqu'ici sur l'hypothèse d'une pleine culture du globe en mode morcelé et vicieux, comme celui de la civilisation. Cette société tant vantée, n'élève pas son atmosphère à moitié du raffinage possible. L'Italie est pleine de landes et de marécages ; ses chaînes de l'Apennin sont effritées, ravagées, depuis Gênes jusqu'en Calabre : la France est dans un désordre pire encore ; la destruction de ses forêts détériore à vue d'œil les climatures ; elle bannit de Provence l'Oranger, elle chasse à grands pas l'Olivier et bientôt la Vigne.

Ce n'est pas ainsi que cultive l'ordre sociétaire : il distribue l'universalité des cultures, comme si le globe entier appartenait à une seule compagnie d'actionnaires ; il élève chaque canton, chaque province, chaque région, à un état de perfection combinée ; il entreprend toutes les opérations générales de reboisement, irrigation et desséchement ; tous les travaux qui peuvent assainir, adoucir et raffiner l'atmosphère, soit locale, soit générale.

Dans cet état de choses, les régions au lieu de se communiquer des germes d'ouragans, n'échangent que des germes de zéphirs : les eaux et forêts sagement distribuées, préviennent à-la-fois les excès de chaud et de froid ; et le radoucissement général de température, devient le fruit de cette perfection universelle de culture. L'atmosphère dans ce cas, se trouve raffinée au degré *composé intégral* dit *surcomposé*, qui exige deux ressorts de perfectionnement ; celui de *culture générale* et celui de *distribution judicieuse* des cultures.

Nous ne connaissons en civilisation qu'un de ces deux moyens ; nous savons cultiver, mais non pas distribuer les cultures que chaque province et chaque particulier répartissent confusément, et sans aucun rapport avec les convenances de température. On place des champs sur des sommets où conviendraient les forêts ; puis, des forêts dans une plaine apte à la culture des céréales : les trois quarts des sommets de chaînes

découvertes de Colomb et de Gama causèrent au 15e siècle, j'invite le 19e à se rappeller de la faute commise envers les Colomb et les Galilée; à considérer qu'un inventeur est nécessairement en discord avec tout son siècle; trop heureux le 19e, si le léger affront d'une contradiction scientifique lui garantit

---

sont dégarnis de bois, quoiqu'on sache fort bien qu'ils ont la propriété de carder les vents, d'en amortir les malignes influences; cardage d'autant plus utile, qu'il influe en inverse comme en direct; aussi voit-on souvent après l'abattis d'une forêt, des vignes geler au vent, comme sous le vent du rempart qu'on a détruit.

La distribution méthodique des cultures n'a jamais pu devenir objet de spéculation, parce qu'elle n'existe nulle part, et n'est pas compatible avec l'état morcelé ou civilisé. Nous avons donc à évaluer l'effet que produirait cette distribution méthodique, dans les cas où elle serait introduite localement et généralement, ce qui aura lieu dans l'état sociétaire, (périodes 7 et 8, tabl. p. 25). On voit que cette chance éleverait le bénéfice climatérique de 14 degrés en sus du résultat de raffinage *simple intégral*, qui donne 22 degrés (p. 61 3/4); les climatures gagneraient donc 36 degrés que nous réduirons à 30°, pour prévenir le soupçon d'exagération.

Il faut observer que le bénéfice qui est presque tout en chaleur dans le cas de raffinage simple, devient mi-parti de chaleur et de fraîcheur, quand le raffinage est composé. Dans ce cas, la répartition judicieuse des forêts et hauts bassins d'irrigation, crée par-tout ce qui manque en été à nos campagnes, les germes de zéphirs de pluies douces périodiques, de sources intarissables, etc.

Ce n'est qu'à cette sorte d'amélioration qu'on pourra devoir la triple récolte, et la correction de nos violens étés, si contraires aux végétaux par des températures toujours outrées, par des déplacemens de saison et autres monstruosités. Le régime sociétaire les préviendra sur toute la terre, en distribuant régulièrement les cultures; et sur-tout les forêts et bassins d'irrigation, dont l'état civilisé et barbare ne peut faire aucune répartition combinée.

La triple récolte ne pourra naître que de ce raffinage *composé intégral*, ou étendu à tout l'ensemble des terres; et dans ce cas, le bénéfice de 30 degrés sera général sur tous les continens; même sur les deux points polaires, dont le Boréal sera restreint au quart de sa congélation, et l'Austral diminué de moitié seulement.

Le restant des glaces boréales ne causera plus qu'un refroidissement de 5 degrés, à rabattre sur les 30° de bénéfice; reste 25° à répartir par 20°, en chaleur, et 5°, en fraîcheur, ainsi qu'on le verra plus loin. Un vaisseau naviguant par le 75° dans les mers glaciales, y jouira de la température du 55e degré, celle d'Edimbourg, pendant les mois de chaleur polaire, Mai, Juin, Juillet, Août, Septembre.

la fin prochaine des misères humaines, l'avènement à l'unité universelle et aux destinées heureuses.

La transition sera prompte, et c'est un avantage précieux pour la génération actuelle, qui, harassée par une tourmente révolutionnaire de trente ans, a besoin de jouir sans délai.

Alors, un navire partant d'Europe, fera en dix-huit mois le tour des deux passes : il côtoyera la Sibérie pendant le premier été ; il ira hiverner au détroit de Behring, y prendre les objets entreposés par les flottes du Mexique et de la Chine. Au printemps suivant, il passera le détroit de Parry (*), la baie de Baffin, et sera rendu à Londres au bout de dix-huit mois, employés au grand cabotage de Sibérie et d'Amérique polaire.

Accusera-t-on cette perspective d'exagération ? Elle cesse d'être suspecte si on veut partir d'une vérité de fait, l'influence des cultures humaines sur l'atmosphère et les climatures : on ne saurait trop redire, et il faudrait, comme Harpagon, faire graver en lettres d'or, *que l'air est un champ soumis aussi bien que les terres à l'exploitation industrielle.* On n'a jamais osé spéculer sur l'influence d'une culture générale, parce qu'on ne connaissait aucun moyen de l'organiser ; aujourd'hui, que ce moyen est connu, que la théorie d'Association est enfin découverte ; il faut en venir à calculer ses effets futurs en raffinage atmosphérique ; or, il est certain que cette influence ne sera pas celle du raffinage *simple intégral*, estimée 22° (p. 61 3/4°) ; mais celle du raffinage *composé intégral*, dont le parallèle avec le simple nous a donné en minimum 30°, estimation que j'aurais pu porter à 36° selon la table (61).

Cette amélioration n'est pas du nombre de celles qu'on peut promettre subitement, puisqu'elle suppose l'entière culture du globe, et le grand complet de la population. Mais si ce n'est subitement, ce sera graduellement et rapidement qu'on en jouira ; il suffira de 120 à 130 ans pour consommer cette précieuse métamorphose. Chaque génération verra un mieux très-sensible dans ses climatures, grâce à la propriété qu'a l'Association, de reboiser les montagnes, distribuer judicieusement les eaux, les étangs d'irrigation, et toutes les branches de culture.

En définitive, quand le globe sera arrivé au plein du raffinage *composé intégral*, les températures corrigées s'établiront par toute la terre (sauf entraves locales), dans la proportion indiquée à la table suivante :

(*) *L'existence du détroit est encore incertaine, mais ce qui n'est pas douteux, c'est le peu de largeur de l'isthme. Or, tous ces isthmes étroits et gênans comme Panama, Parry, Malaca, seront percés en 8° période par un canal à vaisseaux de long cours, du port de 600 tonneaux et 24 canons ; c'est-à-dire un canal tirant 20 pieds.*

Les

Les régénérateurs de 89 nous promettaient le bonheur pour nos arrière-petits-neveux ; ici la chance est bien différente : les aïeux mêmes, les octogénaires, pouvant toujours se promettre quelques années de vie, seront assurés de jouir du bonheur sociétaire ; d'en voir au moins l'aurore et l'effet le

---

Cette table est échelonnée en série divergente conjuguée ; distribution qui règne dans toutes les hautes harmonies matérielles et passionnelles.

TABLE COMPLÉMENTAIRE

Du futur bénéfice climatérique de 18 degrés, ajoutés au bénéfice *simple local* de 12° en pays cultivé.

	Latitudes.	*Chaleur à gagner.*	*Fraîcheur à gagner.*
Équateur.	0	0	18
	5	1	17
	10	2	16
	15	3	15
	20	4	14
	25	5	13
	30	6	12
	35	7	11
	40	8	10
Demi-centre.	45	9	9
	50	10	8
	55	11	7
	60	12	6
	65	13	5
	70	14	4
	75	15	3
	80	16	2
	85	17	1
Pôle.	90	18	0

Cette table est intitulée *complémentaire*, parce qu'au lieu de mentionner un bénéfice de 30 degrés à obtenir de la culture intégrale composée, selon le petit tableau (59), elle déduit pour raffinage *simple local* déjà effectué en Europe, en Chine et en Indostan, 12 degrés, et ne porte en compte que les 18 qui restent à obtenir des trois autres voies.

Le bénéfice ne sera pas strictement de 18° sur chaque latitude ; mais nous le supposons tel en échelle générale, sauf les exceptions pour entraves locales, telles que chaînes élevées, plateaux, sables, marécages et autres causes de modifications accidentelles qui n'entrent pas en compte général. J'en parlerai (67) à l'article *Pétersbourg* et *le Caire*.

La principale de ces modifications est relative à l'hémisphère austral,

plus brillant, qui sera la métamorphose subite et la stupéfaction générale.

J'use du mot stupéfaction, car on ne peut pas caractériser autrement la honte et le dépit dont les esprits seront frappés en voyant le mécanisme sociétaire; leur confusion d'avoir douté

---

où le radoucissement ne sera pas aussi fort ; la masse des terres y étant réduite à peu de chose, n'influera que légèrement sur les frimats du pôle antarctique. Mais la restauration complète des températures boréales agira sur les australes encore assez puissamment, pour prévenir les ouragans et intempéries qui gênent la navigation aux trois pointes des continens austraux.

Si le raffinage composé intégral n'était pas mi-parti de chaleur et de fraîcheur, il deviendrait un fléau : l'accroissement de 18 degrés en chaleur joint aux 12 déjà gagnés dans l'Occident d'Europe, incommoderait plus de régions qu'il n'en enrichirait. Londres qui est par 51° 1/2, acquerrait la température de Gibraltar et Alep ; ce qui serait peut-être aussi fâcheux qu'avantageux pour cette capitale.

Les 12 degrés obtenus jusqu'à présent en Occident par raffinage simple local, n'ont donné qu'accroissement de chaleur et non de fraîcheur : mais du moment où le raffinage deviendra *composé*, par effet des cultures sociétaires, il donnera le bénéfice climatérique en ordre *composé*, en chaleur et fraîcheur à la fois ; c'est pourquoi, dans la table qui précède, je l'estime en compensations contrastées et graduées.

Je l'établis sur les modifications de froid et de chaud, et non pas sur le seul accroissement de chaleur qui deviendrait très-onéreux, si on ne gagnait pas proportionnément en fraîcheur.

On suppose dans cette table que le globe entier jouisse déjà des 12 degrés d'adoucissement dont jouissent l'Europe, l'Indostan et la Chine méridionale.

Elle représente les doses que gagnera chaque latitude : la fusion de ces doses donnera par-tout, quoiqu'inégalement, l'exemption des deux excès de chaleur et de froidure, et l'aptitude à comporter une foule d'animaux et végétaux, qui périclitent par les deux excès à corriger.

Ces mots, *excès de chaleur à corriger*, ne signifient pas toujours chaleur à diminuer en degré : ce n'est que la durée et non pas le degré qu'il faut réduire. Les chaleurs de France ne sont point trop fortes en été pour nos végétaux ; elles ne les incommodent que par excès de durée, par des sécheresses comme celle de 1818. Quant au degré, nul travail humain ne pourra le diminuer.

La culture générale extirpera seulement les vents suffocans et meurtriers d'Arabie et Lybie ; ce sont des monstruosités : mais la chaleur forte et franche n'a rien de pernicieux et ne peut pas être empêchée.

Si par fois notre climat éprouve un ou deux jours les chaleurs

de la Providence, d'avoir pensé qu'elle avait oublié de composer pour nous un système de relations industrielles et domestiques, apte à régulariser l'essor des passions, et à pourvoir aux besoins du peuple dans les diverses classes.

En voyant ce bel ordre, l'énormité de richesse qu'il produit,

---

du Sénégal, les végétaux y gagnent en qualité; ils ne souffrent que du manque de la diversion qu'opéreraient les zéphirs et les pluies périodiques, dans l'état de culture intégrale composée.

Ainsi le correctif doit porter, quant aux froids, sur *l'intensité* et *l'intempestivité*, et quant aux chaleurs, sur la *durée* et la *diversion*.

Pour exercer le lecteur sur l'emploi de la table donnée (65), faisons-en quelques applications, en commençant par le centre.

La latitude 45° est celle de Lyon et Bordeaux, villes un peu fatiguées par des brouillards que dissipera la culture intégrale composée. Lyon est le vrai type d'un climat fait (56) en latitude 45°; ce climat est faussé en Lombardie, pays garanti par la chaîne des Alpes et échauffé par les vents de Lybie, dont l'Adriatique n'intercepte pas le cours.

Lyon jouissant déjà du radoucissement de 12 degrés que procure le raffinage *simple local*, obtiendra donc sans plus, le bénéfice de 18 degrés selon la table; et comme il est situé en latitude moyenne, environ 45°, il acquerra par égale portion en chaleur et en fraîcheur; c'est-à-dire:

En réduction des froids outrés et intempestifs,

En diversion aux chaleurs suffocantes et prolongées.

Une froidure du 45ᵉ, tempérée par 9° de chaleur, lui donnera les végétaux du 36ᵉ, sans l'assujettir aux violentes chaleurs d'Andalousie.

Une chaleur du 45ᵉ, tempérée par 9° de fraîcheur, lui donnera les végétaux du 54ᵉ, sans l'affliger des frimats de Dantzig.

Lyon pourra donc naturaliser à la fois sur son terrtoire les animaux et végétaux de l'Andalousie et du Holstein. Ceux du 36ᵉ de latitude, l'Oranger, le Cotonnier, qui craignent un froid de 12° Réaumur, assez fréquent à Lyon, s'y plairont quand cette ville n'aura que les petites gelées de Cadix et d'Alep; et ceux du 54ᵉ s'y acclimateront de même, quand ils n'éprouveront que des chaleurs tempérées par de fréquentes diversions.

L'échelle donnée sur les bénéfices de climature, suppose fusion des deux principes d'amélioration; c'est-à-dire que *Pétersbourg* placé à 60 degrés, gagnera en système général, 12/90 sur le principe de chaleur, dont les excès seront prévenus par 6/90 du principe de fraîcheur. *Le Caire*, placé à 30 degrés, gagnera en proportion contrastée sur le principe de fraîcheur. Lyon gagnera en intervention moyenne des deux principes.

Tel serait le compte, *en système général*; mais Pétersbourg et le Caire y dérogent et doivent bénéficier davantage, l'un en chaleur, l'autre

et la beauté des accords qu'il sait tirer des passions les plus dédaignées, quelle sera la déconvenue des sophistes, à qui la multitude ne cessera de redire : « vous qui étiez oracles du bonheur » des nations, et enfoncés dans les profondeurs de la science, » comment n'y avez-vous pas vu qu'il y a un Dieu; que sa

---

en fraîcheur. Le raffinage *simple local* n'y est point encore établi; Pétersbourg est vicié par le voisinage des terres incultes et des marais; le Caire est vicié par le voisinage des sables et par les vents brûlans. Ces deux villes doivent donc gagner beaucoup plus que le tarif de l'échelle, qui n'est fait que pour les régions parvenues, comme l'Occident d'Europe, au raffinage simple local. Celles qui ne sont parvenues qu'à moitié ou quart, doivent ajouter 6 ou 9 degrés à leur lot, de bénéfice climatérique futur.

Ainsi sur l'inspection de la table, chaque latitude peut déterminer la température dont elle sera pourvue, et les cultures dont elle sera susceptible, par suite du raffinage atmosphérique, et de la culture *intégrale composée*.

Je ne m'arrête pas à traiter des différences accidentelles causées par les marécages, les hautes chaînes, etc.; le sujet nous entraînerait trop loin. La plupart de ces vices que je nomme accidentels, comme les brouillards de Londres et de Lyon, disparaîtront entièrement; le bénéfice de 10 1/4 en chaleur, suffira à dissiper pleinement ceux de Londres, et en grande partie ceux d'Amsterdam, plus tenaces, vu la submersion relative des terres d'Hollande qui sont au-dessous du niveau des mers.

Abrégeons sur le raffinage climatérique.

Les détails contenus dans cette note peuvent être considérés comme un canevas sur lequel il faudra disserter plus amplement, mais dans les volumes suivans, celui-ci devant traiter préalablement de l'Association : le peu qui a été dit sur la restauration des climatures, doit suffire à dissiper de grandes erreurs commises relativement aux raffinages d'atmosphère qu'on ne sait pas distinguer en simple et en composé, parce que la civilisation est réduite à opérer en simple (61). Elle perfectionne d'abord la température par ses progrès agricoles, et travaille bientôt après à la détériorer par les abattis de forêts, déchaussemens de pente et tarissemens de sources. On voit déjà la température en France décliner à vue d'œil et revenir progressivement au degré de frimats dont elle s'était affranchie.

Ainsi le raffinage simple, après quelques lueurs de perfectionnement, en vient, comme le guêpier, à se détruire par lui-même. Tout ce qui est d'ordre simple étant opposé à la nature et à la destinée de l'homme.

Dissertons donc sur le raffinage composé et ses effets.

Les modernes, absorbés dans leurs visions de perfectibilité, n'ont jamais eu la moindre idée de perfection composée : aucun de leurs phy-

» providence doit s'étendre à tout, principalement aux relations humaines, et que la tâche de la raison était de chercher et déterminer le code industriel que ce Dieu a fait pour nous ! »

L'aspect des effets merveilleux qu'offrira le canton d'essai,

---

siciens ne s'est aperçu qu'il faudrait, pour améliorer les climatures, gagner en fraîcheur comme en chaleur; que nos étés sont des supplices aussi bien que nos hivers, et que l'un et l'autre excès est contraire aux végétaux comme aux hommes.

Ce serait peu de cet inconvénient, s'il n'en résultait un plus grand dommage, qui est la restriction des produits animaux et végétaux.

Le Renne qui ne vit pas au-dessous de Torneo (66°), devrait, selon la table précédente, vivre commodément à 60°, à Pétersbourg; et le Cheval qui n'habite pas au-delà de 64°, devrait vivre aisément à 76°, selon la table des degrés de chaleur à obtenir par la restauration *intégrale composée*.

Même lésion au sujet des végétaux. Nous avons, dans les hivers de France, plus de froid qu'il n'en faut pour comporter le Sapin dans nos jardins; et cet arbre ne peut pas y réussir pendant l'été, à moins d'arrosages et abritemens coûteux. D'autre part, l'Oranger qui devrait croître en pleine terre à Londres et Francfort, ne peut déjà plus se maintenir à Toulon et Gênes.

En vain répliquerait-on que le commerce compense tout, et qu'il envoie dans un pays ce qui afflue dans un autre : c'est esquiver le débat : il s'agit ici du bien-être de l'homme, de ses animaux et végétaux, et non pas du bien-être des marchands; et il est évident que si les climats étaient moins exposés aux excès de chaleur et de froidure, leur industrie acquerrait d'immenses développemens; et la condition de l'homme serait doublement améliorée, par le surcroît de produit et par l'adoucissement des climatures, non moins rudes en été qu'en hiver; témoin l'été de 1818 : 75 jours de chaleur continue sans une goutte de pluie ! Voilà les étés de l'équateur transportés au 45e degré; un autre hiver nous amenera les frimats de Sibérie. Entre-temps, les sophistes chantent la perfectibilité, quand il est clair que la détérioration des climatures va de niveau avec la dépravation des sociétés, et qu'il devient souvent difficile d'obtenir une bonne récolte, au lieu de trois que donneraient annuellement la culture intégrale du globe, et le raffinement surcomposé qui en serait la suite.

Tous les bons esprits ont déploré la fâcheuse propriété qu'a la civilisation, de se perdre par l'excès de ses cultures, par le ravage des forêts, par le défaut d'entente et d'unité dans les dispositions agricoles. Nos régions les plus vantées tombent complètement dans ce vice; témoin l'Angleterre, qui figure au premier rang; et pourtant, sur les lieux mêmes où

1° Triplement de richesse réelle,
2° Attraction industrielle,
3° Concours mécanique des passions,
✕ Unité d'action,

suffira pour transformer les Sybarites mêmes en ouvriers actifs

---

elle brille par des travaux d'Hercule, tels que le Canal Calédonien, on voit régner le vice destructeur des climatures, la dévastation des forêts; il n'y a pas un arbre sur les montagnes d'Ecosse, qui devraient être couvertes de sapins et bouleaux.

On n'a jamais spéculé régulièrement sur le moyen de restauration climatérique intégrale. Si pourtant Dieu nous destine à l'industrie, comme on n'en saurait douter, il a dû nous fournir les moyens d'opérer en plein ce raffinement de l'atmosphère, dont l'entreprise suppose deux conditions; savoir :

La culture générale
Et la culture méthodique.

Nos méthodes sociales sont impuissantes pour atteindre ces deux buts; la société civilisée ne peut,

Ni opérer la culture générale du globe, car elle n'a aucune influence sur les Barbares et Sauvages qui occupent les neuf dixièmes des terres;

Ni cultiver méthodiquement et sagement; car il est avéré que, dans les contrées les plus vantées, la température se dégrade par le ravage des forêts; témoin le midi de la France et même la France entière, dont le climat, depuis un demi-siècle, n'est plus reconnaissable.

Or, si Dieu admet dans son plan ce raffinement général de l'Atmosphère, sans lequel nos cultures sont infructueuses et contrariées en tout sens, il a dû aviser à l'invention d'un mécanisme social autre que la Civilisation, qui ne peut conduire au raffinement atmosphérique, puisqu'elle ne remplit pas les deux conditions d'où il dépend.

Et comme ce raffinement ne peut s'effectuer que par une culture universelle, Dieu a dû composer un mécanisme social, apte à établir la culture universelle.

Aujourd'hui que la découverte est faite et publiée, l'Angleterre qui est la puissance la plus intéressée à en prendre l'initiative, pourra faire le raisonnement suivant :

L'épreuve de l'Association domestique sur un hameau de 70 à 80 familles, loin d'exposer à aucun risque, promet arithmétiquement un grand bénéfice pécuniaire.

Dans le cas où la possibilité d'Association serait une erreur, il résulterait déjà de cette épreuve une foule d'économies incontestables et très-applicables aux fonctions domestiques, rurales et manufacturières; notamment à l'emploi du combustible, dont l'ordre sociétaire consomme à peine le quart de ce qu'en exige l'ordre civilisé.

qui voudront coopérer aux dispositions qu'exigera la fondation de leur canton.

Ainsi, l'imitation générale sera, figurément parlant, aussi prompte que l'éclair. Le premier canton fera sur les trois sociétés, Civilisée, Barbare et Sauvage, l'effet d'une étincelle

---

D'autre part, si la théorie est juste, l'Angleterre se trouve dégagée de ses 24 milliards de dettes, dont 20 en budget fiscal, 2 en communal, et 2 en consciencieux ; dettes dont l'intérêt serait transporté au compte du congrès sphérique, à dater du jour même où l'Angleterre aurait résolu l'entreprise, et dont le capital serait remboursé en l'an 1830 ; ce qui sera démontré.

Si l'Angleterre veut peser ces considérations, peut-elle hésiter, et ne doit-elle pas au contraire se mettre en mesure d'agir, tandis que les continentaux perdront le temps à parler ?

J'ai démontré que la passe de Baffin deviendrait inutile comme celle du Cap Cevero-Vostochnoi, sans le radoucissement des climatures polaires ; et qu'au moyen du raffinage composé intégral, la croûte glaciale fondue en plein chaque été, sera réduite en hiver au quart de sa surface actuelle et au huitième de son influence ; elle perdra au moins 6 degrés, soit de 79° à 85°, et n'aura plus qu'un diamètre d'environ 250 lieues à partir du centre 90° au cintre 85° ; le volume sera le quart du volume actuel 90° à 79°, et son influence réfrigérante diminuera non pas des 3/4, mais des 7/8. Cette barre sera d'autant moins gênante, que divers îlots aujourd'hui encroûtés, se démasqueront et contiendront les glaçons.

Ces aperçus méritent l'attention des deux puissances, Angleterre et Russie, qui se partagent les côtes glaciales arctiques ; elles doivent être convaincues que ce dégagement inappréciable pour elles, ne peut naître que de la culture générale ; et que cette exploitation intégrale du globe dépendait de l'invention d'une société autre que la Civilisation, puisqu'il est constaté par une expérience de trente siècles, que le Sauvage ne saurait adhérer à la culture tant qu'on la lui présentera en mode civilisé ou mode incohérent et morcelé.

Ajoutons qu'en thèse de raffinage climatérique, il est ridicule de spéculer sur l'industrie civilisée et barbare ; elle n'est qu'un leurre de quelques siècles ; elle brille un instant et semble améliorer les climatures ; mais bientôt elle ramène son atmosphère à une inclémence pire que la rudesse primitive. Il est bien aisé de façonner un pays brut, par les défrichemens partiels et abattis de forêts ; mais il est bien difficile de restaurer un pays ravagé par la Civilisation, et démeublé de forêts et de sources, comme est aujourd'hui la Perse, autrefois si féconde ; comme sont déjà la Provence, le Languedoc, la Castille, et comme seraient, sous deux siècles, toutes les régions aujourd'hui si fières d'une lueur de bien-être climatérique, dont on voit arriver à grands

dans un magasin à poudre ; elles seront absorbées simultanément, et au bout de cinq ans le globe entier sera organisé : la Civilisation le sera au bout de trois ans.

Cette opération, si bien adaptée à l'impatience des Français, ne sera pas, sur annonce, goûtée de leur nation. Elle méprise

---

pas la décadence, même en Russie, pays neuf, où on se plaint déjà du tarissement.

C'est un sujet sur lequel il faudra insister plus d'une fois et qui se liait naturellement à la question des passes du Nord. On serait frustré de ces deux passes nautiques, sans la fusion artificielle des glaces. Rassemblons les trois indices qui nous font augurer ce bienfait.

1° L'ancienne température du Pôle-Nord, dont la chaleur dans les âges primitifs (Eden) est attestée par l'abondance d'ivoire fossile, qui constate que les éléphans ont été indigènes à la nouvelle Zemble et en Sibérie.

2° Les effets de culture universelle, dont on a refusé ou omis de calculer l'influence atmosphérique, facile à évaluer par induction tirée des régions de pleine culture.

3° La sagesse distributive du Créateur, qui n'aurait pas entouré ce pôle d'un cercle de belles côtes et de bouches de grands fleuves, s'il n'eût destiné ce local à être un foyer de relations industrielles.

C'est donc soupçonner d'absurdité les dispositions de la sagesse divine, que de douter qu'elle nous ait réservé des moyens de fusion des glaces polaires. On verra plus loin, qu'il est pour cette fusion un autre moyen bien plus expéditif ; mais je ne veux disserter que sur un levier connu, qui est l'influence avérée de l'agriculture sur le raffinage de l'atmosphère ; témoins les parallèles donnés (57).

Ne suffit-il pas de cet indice péremptoire pour confondre les champions d'impossibilité, prouver que nous sommes en arrière de découvertes, et que sur tous les problèmes d'amélioration matérielle ou sociale, ce n'est pas la sagesse divine qu'on doit soupçonner d'être en défaut ; c'est la raison humaine qu'on doit suspecter d'impéritie à découvrir les voies que Dieu nous a préparées pour atteindre à l'unité sociale, à tant de biens qui en seront le fruit, et dont aucun ne peut se réaliser hors de l'état sociétaire.

Le tort des modernes est de vouloir obtenir pièce à pièce tous ces biens, qu'on doit introduire collectivement et simultanément par l'Association. Dans le nombre de ses bienfaits futurs, se trouve le dégagement des glaces polaires et la garantie des passes du Nord.

J'ai dû en donner séparément ce petit traité, qui a le défaut de la concision. Un sujet si important exigeait de plus amples développemens.

Il est d'ailleurs un moyen plus expéditif d'obtenir ces deux passes, de les dégager en plein sous six ans, par fusion absolue et dégagement

les inventeurs nés en France; elle n'estime leurs découvertes que lorsqu'elles ont passé la mer et qu'elles reviennent en costume anglais. Les Français ne veulent accueillir aucune invention dans sa naissance, et revendiquent après coup toutes les découvertes ; sont-ils de bonne foi quand ils prétendent,

Que la vaccine attribuée à Jenner est d'un Français nommé Rabaud ;

Que le bateau à vapeur mis en scène par Fulton, est d'un Français nommé le comte de Jouffroy;

Que l'enseignement mutuel, sorti des écoles de Lancastre, est d'un Français nommé Saint-Paulet, etc. etc.?

Que ne revendiquent-ils pas? Le plagiat en France conteste les plus minimes trophées. La soupe économique, dite *Soupe Rumford*, était, au vu et su de l'Europe, une invention du comte de *Rumford*; personne ne lui disputait cette médiocre palme; et voilà qu'un Parisien nous prouve, en 1818, que cette soupe est due à un apothicaire de la Rochelle.

On attribuait à Bacon l'honneur d'un arbre encyclopédique; on se trompait : un autre Parisien nous apprend, en 1818, que cet arbre est du sieur *Savigny de Rethel*.

---

permanent des glaces; et de rendre la zone glaciale aussi praticable pendant les douze mois, que la Méditerranée. Mais je me suis restreint dans cette note à ne parler que d'un seul levier, de la culture intégrale. Quand il en sera temps, je ferai connaître une voie plus prompte, et qui d'une année à l'autre dégagera complètement les deux pôles. Mais l'opération ne pourra avoir lieu que la cinquième année, à dater de l'épreuve de l'Association. On pourra donc, si l'on veut, voir les pôles complètement dégagés en 1828.

Laissant à part ce moyen, j'ai dû ne traiter ici que de celui qui est intelligible; c'est la *culture intégrale :* si on eut raisonné sur cette hypothèse qui implique la condition de civilisation universelle, on en serait venu d'emblée à suspecter cette société qui ne peut pas s'étendre aux Barbares et Sauvages; on aurait posé en principe, qu'il faut inventer un nouvel ordre social pour opérer la *culture intégrale simple;* ce problême, une fois mis au concours, aurait amené la découverte du régime sociétaire, qui en élevant la culture au degré *intégral composé*, opérerait le dégagement du Pôle Boréal; effet qu'on ne peut pas obtenir sans sortir de la Civilisation.

FIN DE LA NOTE A.

Les Français, en matière de plagiat, ne s'épargnent pas plus entr'eux qu'ils n'épargnent les étrangers; témoin la ruche pyramidale, disputée à M. *du Couëdic*, et tant de procès scandaleux sur les larcins littéraires.

Les plagiaires sont si actifs, qu'ils se démasquent souvent par précipitation. En 1817, un Neuchâtelois se signant *Maillardoz*, annonça une découverte sur le mouvement perpétuel: aussitôt un Parisien réclame et s'en attribue l'honneur. Depuis ce temps, on n'a entendu parler ni du Neuchâtelois, ni du Parisien; preuve de la sincérité du réclamant.

D'autre part, s'il entre en scène un charlatan, chacun s'accorde à le prôner. En 1811, un hableur nommé *Chalmas*, se disant inventeur du mouvement perpétuel, parcourait la France avec une mécanique à 12 leviers coudés: elle était artistement construite, et la tricherie bien gazée: il la montrait pour un écu. Plusieurs journaux de Paris en firent l'éloge; mais il alla à Genève, où la fraude fut aussitôt reconnue.

Telle est la France: on n'y trouve que détraction pour les inventeurs, et protection pour les charlatans. L'histrion Cagliostro y fit de nombreux partisans.

On peut, au sujet de ces démêlés de plagiat et de revendication, inviter les Français à opter sur l'alternative suivante.

Si les revendicateurs, comme MM. Rabaud, de Jouffroy, Saint-Paulet, etc., sont les vrais titulaires, la France est *par le fait* détractrice de ses inventeurs, en les astreignant à obtenir une épreuve en pays étranger, avant d'être accueillis et brevetés dans leur patrie.

Si ces revendicateurs ne sont que plagiaires, la France est par le fait protectrice de tout plagiaire qui veut enlever aux étrangers le fruit de leur génie. Elle ferait mieux de protéger ses hommes de génie, que de spéculer sur la spoliation des étrangers.

Lequel des deux rôles est celui de la France? Je ne sais, mais à coup sûr c'est l'un des deux; et d'après les trois revendications que je viens de citer, et qui ont trouvé plein accueil à Paris, la France est systématiquement *ou détractrice des siens*, ou *plagiaire des étrangers*. C'est à elle à opter sur l'un des deux torts; et peut-être est-elle coupable de tous deux. On doit donc fort peu compter sur elle pour l'épreuve de l'Association : je vais pourtant examiner ses intérêts spéciaux dans cette affaire.

Il est bien indifférent, quant au produit territorial de la France, que l'ordre sociétaire soit fondé par toute autre puissance : du moment où la théorie aura été éprouvée sur un village et sanctionnée par l'expérience, toutes les nations en profiteront également, et tripleront leur produit industriel aussi bien que la puissance fondatrice.

Mais il n'est pas indifférent de gagner le prix de fondation, sur-tout pour les deux puissances les plus endettées, l'une de 24 milliards, et l'autre de 12 : et si je n'avertissais pas les Français de la mystification dont ils courent le risque, ils pourraient me reprocher d'avoir agi en mal-intentionné, d'avoir abusé d'un travers de leur nation pour la laisser tomber dans le piége; car ce sera pour eux un véritable trébuchet que la raillerie, et même le délai ; en perdant le temps à gloser ou disserter, tandis que d'autres agiront, ils manqueront le prix de fondation.

C'est les bien servir que de hasarder quelques aveux désobligeans, pour les préserver d'une fausse démarche. Si je leur donnais de l'encens dans cette dédidace, ils n'en feraient aucun cas ; ils en sont rassasiés. Sur cent ouvrages nouveaux, il en est quatre-vingt-dix-neuf qui prodiguent les bouffées d'encens à la nation française : je ne suivrai pas ce banal usage, n'ayant ni goût ni aptitude au rôle de flatteur : je me bornerai, selon l'Evangile, à leur rendre le bien pour le mal.

Un inventeur français ne peut, *au début*, espérer dans sa patrie que les trois lots suivans :

1. Etre diffamé par les Zoïles, dès la publication.
2. Etre spolié par les plagiaires, après la publication.
3. Etre ensuite accusé de larcin par ceux mêmes qui l'auront spolié.

En dépit de cette malignité de la France, je sers ses intérêts. Elle trouvera, dans le cours de cet ouvrage, un chapitre qui démontrera qu'un baisemain de 12 et de 24 milliards ne sera qu'une bagatelle pour le congrès d'unité sphérique : s'il plaît à la France de sacrifier ce prix au sot plaisir de railler avant d'examiner ; si elle néglige les intérêts de tant d'individus qu'ont dépouillés les révolutions ; si enfin elle voit passer le prix à d'autres, elle n'aura à se plaindre que d'elle seule; elle ne pourra pas dire, selon l'usage: *si on avait su*, *si vous aviez parlé*, et autres excuses de mauvais plaisans, qui, une fois désappointés, viennent rejeter encore sur autrui les disgrâces dues à leur propre sottise.

Après avoir exposé les intérêts et chances des deux nations les plus endettées, il est inutile que j'étende l'examen aux nations dont le fardeau est bien inférieur, et ne s'élève qu'à 2 ou 3 milliards en engagemens fiscaux, communaux et consciencieux. Je me borne à dire que la carrière est également ouverte à tous, et que non-seulement les petits souverains, mais les simples particuliers peuvent y prétendre, en s'établissant chefs de la souscription actionnaire de fondation. Je ferai connaître plus loin les récompenses personnelles que doivent espérer les fondateurs; je n'ai parlé que de celle qui touche au besoin le plus urgent, à l'acquittement des dettes publiques: je traiterai, dans le cours de l'ouvrage, des récompenses individuelles.

Terminons par un avis propre à rassurer ceux qu'éblouit l'immensité des perspectives sociétaires. Un baisemain de 24 milliards; mais où les prendre, s'écrie-t-on! C'est presque le montant de tout l'argent monnayé qui circule sur le globe. Qu'importe le représentatif, pourvu qu'on obtienne la valeur réelle, une masse de denrées valant aujourd'hui 24 milliards? Examinons ce qu'elle coûtera au globe unitarisé.

Neuf cent millions d'habitans, à quinze cent par canton, font six cent mille cantons ou phalanges d'harmonie. Ce nombre multiplié par 40,000 francs donne vingt-quatre milliards. Mais une subvention de 40,000 francs par canton, même à la supposer fournie en denrées et en dix termes, ne sera-t-elle pas bien onéreuse? J'avoue qu'elle le serait à présent, ne fût-elle que du quart, que de 10,000 francs: mais attendons le détail des produits énormes de l'état sociétaire, et nous verrons qu'il pourra, en l'an 1830, prélever cette valeur de 40,000 francs par canton, sur telle branche de revenu dont aujourd'hui un bourg de 1,500 habitans ne saurait pas tirer 4,000 francs; sur les œufs de poule. J'en donnerai la preuve détaillée dans le corps du traité.

D'ailleurs, sera-t-il besoin de recourir aux cantons ou phalanges industrielles pour acquitter subitement cette dette? J'ai supposé la voie de cotisation ; mais on aura des ressources bien autrement brillantes, et dont une seule, celle de la colonisation par annuités, donnera en 200 ans le bénéfice monstrueux et cent fois monstrueux de quatre mille milliards, à recouvrer successivement par le congrès d'unité sphérique. On verra, aux chapitres spéciaux, la démonstration très-arithmétique de cet épouvantable bénéfice, dont à la vérité il ne rentrera qu'environ vingt milliards par année, pendant le cours des deux siècles qui suivront la fondation ; et cette rentrée des annuités coloniales commencera 12 ans après les premières émigrations d'essaims sociétaires. Or, que sera une petite charge de 24 milliards, pour une puissance qui aura de si prodigieux trésors à recueillir *en valeur réelle !*

Quant au devis des colonisations, j'invite les récalcitrans à prendre la plume et le compas ; ils pourront mesurer sur la mappemonde un espace vacant de plus de 3 millions de lieues carrées (à 20 au degré), espace apte à comporter trois millions de phalanges qu'on fondera au fur et à mesure d'accroissement de la population. Si la fondation de chaque phalange et la vente à un essaim doivent donner 2 millions de bénéfice, on aura en gain total,

Phalanges 3,000,000 } 6,000,000,000,000
Bénéfice 2,000,000 }

six mille milliards, sauf à démontrer en détail ce gain de deux milliards, sur chaque phalange que la hiérarchie sphérique livrera toute fondée aux colons émigrans.

Chacun de ces cantons du produit annuel d'un million, sera remis à l'essaim pour cinq millions, dont trois en paiement des édifices et fournitures agricoles et manufacturières, plus deux en bénéfice affecté aux dépenses de la hiérarchie sphérique. A ce compte, les essaims auront l'avantage de celui à qui on vendrait un domaine du produit de 10,000 francs net, pour 50,000, payables en douze termes annuels ; ce serait pour l'acquéreur un placement à 20 pour cent, plus l'avantage des délais d'un paiement gradué en 12 annuités. Les essaims qui traiteront sur ce pied, feront donc un brillant marché, et c'est sur cette généreuse condition que la hiérarchie sphérique asseoira un bénéfice que nous venons d'estimer six mille, et que je réduis à quatre mille milliards. La démonstration se bornera au compte détaillé d'un seul canton.

J'aurai à décrire, dans le cours de l'ouvrage, une foule de ces bénéfices gigantesques pour les souverains et les savans. C'est le ressort que Dieu a dû se ménager pour émouvoir la cupidité civilisée, et assurer à la théorie sociétaire, dès son apparition, la faveur des contrées qui, pressées comme l'Angleterre par une dette insoutenable, ont besoin d'une source de richesse imprévue et d'un secours *ultra-civilisé* : elle peut déjà entrevoir que le transfert de sa dette de 24 milliards, serait une bagatelle pour la hiérarchie sphérique; mais je me suis réservé d'indiquer, à l'article *poulailler*, une ressource aussi plaisante qu'imprévue pour l'acquittement subit des 24 milliards.

Au surplus, la hiérarchie sphérique une fois organisée, ne voudra pas attendre cette ressource; la gratitude l'emportera, et le genre humain sera impatient de reconnaissance envers ses bienfaiteurs, envers la puissance ou compagnie fondatrice. Le paiement sans délai sera décidé par vote général : les six cent mille cantons devenus très-opulens en 1830, et pourvus à cette époque d'un revenu qu'il faudra estimer *en valeur réelle* à 1,000,000 ou 1,200,000 francs par canton, donneront donc à peu près un centième du produit de leur année (1). Peut-on douter qu'ils ne consentent avec joie ce petit sacrifice, pour se reconnaître envers la puissance à qui ils devront leur richesse, leur bonheur, et la garantie perpétuelle de ce bonheur à leurs descendans et à toute l'humanité? Une pareille dette pourrait être éludée par des civilisés, gens aussi ingrats que fripons; mais les humains en passant à l'Association, acquerront, outre les richesses matérielles, la richesse morale dont ils sont si dépourvus aujourd'hui, les vertus dont on ne trouve que le masque en civilisation : elles ne sauraient y régner, parce qu'elles n'y conduisent pas à la fortune dont elles deviendront le chemin dans l'ordre sociétaire.

Il serait imprudent de présenter trop tôt ces perspectives de

(1) On peut observer que si un canton d'une forte lieue carrée doit donner un million de revenu en harmonie, somme qui supposerait le produit de la France élevé à 20 milliards, le bénéfice sera donc quintuple et non pas triple, je le sais; mais ceux qui auront lu la note A y auront vu que l'Association, à ne spéculer que sur l'ordre simple, doit déjà élever le produit au quintuple, en cumulant le bénéfice de gestion sociétaire avec le bénéfice de restauration climatérique.

vertu conciliée avec la fortune; l'effet semblerait romanesque: bornons-nous à l'appât le plus convenable à un siècle mercantile, et promettons dans cet aperçu du produit sociétaire, des démonstrations rigoureusement arithmétiques. Nous en aurons de même force sur la métamorphose morale, sur le triomphe universel des vertus, de la justice et de la vérité. Le calcul des Séries passionnelles est mathématique sur l'essor des passions, comme sur les produits de l'industrie.

Possesseur de cette théorie, je me trouve dans la situation d'un homme qui, au siècle d'Auguste, aurait inventé la poudre à canon et la boussole, et qui, au lieu de se hâter de les communiquer, aurait passé 20 ans à en calculer les emplois tels que l'artillerie et la mine : on l'aurait jugé fieffé charlatan, si, après ces 20 années de recherches, il se fût présenté aux ministres d'Auguste, tenant à sa main une cartouche et une boussole, et qu'il leur eût tenu ce discours :

» Je vais, avec la matière contenue dans ce brimborion (la » poudre), changer la tactique des Alexandre et des César: » je puis avec cette matière faire sauter en l'air le Capitole, » (par une mine); foudroyer les villes d'une lieue de loin, » (par la bombe et la coulevrine); réduire à minute nommée la » ville de Rome en un monceau de décombres, (par l'explosion » d'une masse de poudre); détruire à 500 toises de distance » toutes vos légions, par l'artillerie); égaler le plus faible » soldat au plus fort, (par la mousqueterie); porter la foudre » dans mes goussets, (par le pistolet de poche): enfin je » puis, avec cette autre gimblette (la boussole), braver dans » l'obscurité les orages et les écueils, diriger le vaisseau aussi » sûrement qu'en plein jour, et l'orienter par-tout où on ne » verra ni ciel ni terre. » A ce discours, les graves personnages de Rome, les Mécène et les Agrippe, auraient pris l'inventeur pour un visionnaire; et pourtant il n'aurait promis que des effets très-possibles, et connus aujourd'hui des enfans mêmes; il n'aurait pas exagéré d'une syllabe sur les emplois de ses deux découvertes.

Il en est ainsi des deux théories que j'annonce, l'Association agricole et l'Attraction passionnée : ces deux inventions, qui tiennent l'une à l'autre et ne pouvaient pas être faites l'une sans l'autre, me mettent dans le cas de promettre une foule de merveilles, dont la moindre fait crier au visionnaire, et qui sous peu, ne sembleront plus que des effets très-naturels et intelligibles au moindre enfant. Tout s'expliquera, je l'ai déjà dit, par un seul ressort qui est la Série passionnelle substituée à la méthode morcelée, dont le genre humain n'a recueilli qu'indigence, fourberie, oppression, carnage : cette méthode, après avoir pendant 3000 ans déshonoré la raison humaine, va tomber devant les lois sociétaires de la raison divine.

On les expliquerait briévement et sans préambule, à des peuples qui seraient neufs et exempts de préjugés scientifiques : mais des esprits obstrués de ces doctrines, sont rétifs à la vérité, et il faut de longs efforts pour les ramener dans la voie du sens commun.

Ainsi un architecte a bien moins de peine à construire en plein champ, que sur les débris d'un vieux château tombé en ruines et dont il faut préalablement déblayer les décombres.

Tel est l'état où se trouve la raison civilisée : c'est un terrain obstrué par ces vieilles et immenses ruines qu'on appelle systèmes philosophiques. L'esprit humain, obscurci par les préjugés que ces doctrines ont amoncelés, s'est habitué à envisager toute la nature à contre-sens de son but, qui est l'harmonie ou unité fondée sur la dualité d'essor (27 3/4).

Nos controverses politiques, morales et économiques n'ont établi que des opinions hétérogènes avec les principes d'unité; elles nous ont habitués à penser :

1° Que le mouvement, l'univers, la divinité, sont de nature simple et non pas composée ; qu'il y a monalité et non pas dualité dans leur essor.

2° Que la providence est limitée, partielle et non universelle ; qu'elle est incompétente en direction du mouvement social.

3° Que l'homme est un être simple, exclu d'unité avec l'univers, exclu de la tutelle divine en relations sociales.

4° Que le contrat social doit être un pacte insidieux, sans garanties réciproques, efficaces et individuelles.

5° Que nos passions sont nos ennemis ; ce qui suppose que Dieu qui les a créées, est aussi notre ennemi.

6° Que la raison suffit à elle seule pour réprimer et diriger

les

les passions, quoiqu'elle ne puisse pas même réprimer celles des distributeurs de raison.

7° Que le règne de la justice et de la vérité doit s'établir par le mépris des richesses perfides, et non par la recherche des découvertes négligées.

8° Que les moyens de la nature en harmonie sociale sont bornés aux effets connus, comme la Civilisation, la Barbarie, la Sauvagerie; ce qui suppose la nature passionnelle réduite à la monalité d'essor et l'indestructibilité des fléaux lymbiques.

On remplirait des pages de ces monstruosités dogmatiques, suffisamment jugées par la génération actuelle qui vient d'en subir l'épreuve; elles ont abouti à remettre en scène les controverses démagogiques de l'Antiquité, et y ajouter des immondices très-modernes, comme le Matérialisme et les dictionnaires d'Athées, scandales que n'avait pas donnés l'antiquité. Elle n'avait pas non plus mis en honneur les infamies mercantiles; fourberie, usure, agiotage, banqueroute, etc., pleinement triomphantes aujourd'hui sous l'égide de la Philosophie moderne.

Il est donc évident que la raison civilisée, avec ses jactances de perfectibilité, est dans une dépravation croissante : » quand » les choses en sont parvenues à ce point, dit Condillac, quand » les erreurs se sont ainsi accumulées, il n'y a qu'un moyen » de remettre l'ordre dans la faculté de penser; c'est *d'oublier* » *tout ce que nous avons appris, de reprendre nos idées* » *à leur origine, et de refaire*, dit Bacon, *l'entendement* » *humain.* Ce moyen est d'autant plus difficile qu'on se croit » plus instruit. »

Conformément à l'avis de Condillac et Bacon, je vais, dans les prolégomènes, procéder d'abord à l'attaque des erreurs dominantes. C'est une tâche qui n'exige pas de talens oratoires; il ne faut que du sens commun pour la remplir; il ne faudra de même que du sens commun et de l'arithmétique pour comprendre la théorie de l'Association, et reconnaître que les sciences qui vantent l'industrie morcelée ou état familial, sont des Sirènes qui, sous le masque de sollicitude pour le bien des peuples, s'accordent à nous fermer toutes les voies de découvertes utiles et d'avènement aux destinées.

Je ne saurais trop redire qu'en attaquant les sciences incertaines, je n'attaque pas leurs auteurs, à qui ma découverte assure, au contraire, une fortune subite. Personne n'est coupable de spéculer sur le Sophisme comme sur toute autre branche de commerce toléré; les torts des sciences retombent uniquement sur l'état civilisé, qui ne sait pas utiliser le génie en provoquant les inventions; puis sur le préjugé, qui nous persuade que cette société désastreuse est la destinée ultérieure de l'homme, et que Dieu n'a rien su inventer de mieux pour organiser les relations humaines : comment un âge qui s'honore d'avoir restauré la Religion, adopte-t-il des préventions si outrageantes pour la sagesse du Créateur !

FIN DE L'INTRODUCTION.

Erratum. Au tableau, page 25, *les Népauliens* 1 1/4; supprimez ce mot. Les Népauliens, vérification faite, ne sont que des barbares qui ont un seul caractère de 1re période : ils sont donc une 4e, qui engrene légèrement en 1re; ils ne pourront être classés que dans un tableau de mixtes compliqués, et non dans celui-ci qui n'admet que des mixtes consécutifs.

Une ancienne relation m'avait abusé sur ce peuple peu connu; je le croyais Tartare comme les Tibétains, ses voisins, et réunissant à quelqu'industrie un caractère d'*Édenisme*. Dans ce cas, il aurait mérité le rang 1 1/4, parce que la société n° 1 était très-adonnée à l'industrie que dédaigne la 2e ou Sauvage.

TABLE DE L'INTRODUCTION.

PROLÉGOMÈNES.

PREMIÈRE PARTIE.

ACCUSATION DES SCIENCES INCERTAINES.

Ire NOTICE. — Principes généraux.

CHAPITRE PREMIER.

Omission de l'étude de l'Homme; nécessité de réparer cette négligence.

Les philosophes célèbres ont entrevu qu'il restait au génie quelque grand mystère à pénétrer, qu'il avait échoué dans l'étude de la nature et manqué les voies du bonheur individuel et collectif.

Dans des siècles moins orgueilleux, chaque savant a plus ou moins déploré ce retard, et manifesté l'espoir d'avènement à une destinée plus heureuse que l'état civilisé. Nous voyons ce pronostic dans les écrits des auteurs les plus renommés, depuis Socrate qui augurait « *qu'un jour la lumière descen-* » *drait*, » jusqu'à Voltaire, qui, impatient de la voir descendre, s'écrie :

« Mais quelle épaisse nuit voile encor la nature ! «

Platon et les sophistes grecs exprimaient en d'autres termes la même défiance. Leurs utopies étaient une accusation indirecte du génie social qui ne sait rien imaginer au-delà du régime civilisé et barbare. Ces écrivains sont réputés oracles de sagesse ; et pourtant depuis Socrate jusqu'à Montaigne, on a entendu les plus respectables d'entr'eux déplorer leur insuffisance, et s'écrier : *que sais-je !* On parle aujourd'hui sur un ton bien différent, et Voltaire se plaint à bon droit de ce que les sophistes modernes s'écrient : *que ne sais-je pas !*

Tous les philosophes honorables, tous ceux qui n'ont pas spéculé sur la controverse, ont confessé la fausseté de nos lumières sociales. Montesquieu pense, « que le monde policé est » attaqué d'une maladie de langueur, d'un vice intérieur, » d'un venin secret et caché. »

J. J. Rousseau dit, en parlant des civilisés : « ce ne sont » pas là des hommes ; il y a quelque bouleversement dont » nous ne savons pas pénétrer la cause. »

On nous vante pourtant le progrès de nos sciences politiques et le perfectionnement de la raison ; jactance indécente et cruellement démentie par le malheur général, par les essais désastreux de ces prétendues lumières d'où sont nés les orages révolutionnaires. Fût-on jamais plus fondé à flétrir en masse les sciences régénératrices déjà condamnées par leurs propres auteurs ! Le compilateur Barthélemy (Voyage d'Anacharsis), disait, avant la révolution : « ces bibliothèques, prétendus » trésors de connaissances sublimes, ne sont qu'un dépôt » humiliant de contradictions et d'erreurs ; cette abondance » d'idées n'est qu'une disette réelle. » Qu'aurait-il dit, quelques années plus tard, s'il eut vu l'essai de ces dogmes? Sans doute il aurait, comme Raynal, fait abjuration publique, et aurait dit avec Bacon : « il faut refaire l'entendement humain, oublier » tout ce qu'on a appris. »

Un érudit remplirait des pages de ces citations où la sagesse moderne se dénonce elle-même ; je me borne à m'étayer de quelques autorités imposantes qui ont signalé avant moi la fausseté des lumières actuelles, et à constater que les plus grands génies ont auguré, invoqué la découverte d'une théorie sociale autre que la Philosophie, franchement accusée par eux d'avoir engouffré la raison humaine dans les ténèbres.

Quelle est donc la faute commise dans les études, quelle est la branche de sciences oubliée ou négligée ? Il en est plusieurs, et notamment celle dont on croit s'être le plus occupé ; je veux dire l'*étude de l'Homme*. On l'a manquée complètement, tout en croyant l'avoir épuisée : on ne s'est attaché qu'à l'écorce de la science, à l'Idéologie et autres accessoires bien insuffisans, tant qu'on ne possède pas la science fondamentale ou théorie des ressorts de l'ame.

Pour connaître ces ressorts et leur but, il faut procéder au calcul analytique et synthétique de l'Attraction passionnelle. Sa synthèse détermine le mécanisme d'*Association domestique et industrielle* qui est destinée des sociétés humaines.

La destinée ! mot frappé de ridicule : chacun croira passer pour visionnaire s'il ne tourne en dérision l'idée d'une destinée préétablie, d'une théorie divine et mathématique sur les relations des sociétés et le mécanisme des passions.

Cependant, comment concevoir que l'être éminemment sage ait créé nos passions sans avoir auparavant statué sur leur emploi ! Dieu, exercé depuis une éternité à créer et organiser des mondes, a-t-il pu ignorer que le premier besoin *collectif* de leurs habitans est celui d'un code régulateur des sociétés et des passions ?

Livrées à la direction de nos prétendus sages, les passions n'engendrent que des fléaux qui feraient douter si elles sont l'ouvrage de l'Enfer ou de la Divinité. Essayez successivement les lois des hommes les plus révérés, de Solon et Dracon, de Lycurgue et Minos ; vous n'en verrez toujours naître que les neuf fléaux (39) qui constituent le mécanisme subversif des passions. Dieu n'a-t-il pas dû prévoir ce honteux résultat de la législation humaine ? Il a pu en voir les effets dans des milliards de globes créés antérieurement au nôtre ; il a dû savoir, avant de nous créer et de nous donner des passions, que la raison humaine serait insuffisante pour les harmoniser, et que l'humanité aurait besoin d'un législateur plus éclairé qu'elle-même.

En conséquence, Dieu, à moins qu'on ne veuille croire sa providence insuffisante, limitée et indifférente sur notre bonheur ; Dieu, dis-je, a dû composer pour nous un code passionnel ou système d'organisation domestique et sociale, applicable à l'humanité entière qui a par-tout les mêmes passions ; et il a dû nous interpréter ce code passionnel par des voies fixes, qui ne laissassent aucun doute sur son excellence et son origine.

Il existe donc pour nous une destinée unitaire, ou législation de Dieu sur l'ordre à établir dans les relations industrielles de l'humanité. La tâche du génie était d'en faire la recherche, et préalablement de mettre en question par quelle méthode on doit y procéder. Cette méthode ne peut être que le calcul analytique et synthétique de l'Attraction passionnelle, puisque l'attraction est le seul interprète connu entre Dieu et l'Univers.

Autre indice : comment supposer Dieu plus imprudent que ne serait le plus novice d'entre nous ! Lorsqu'un homme rassemble des matériaux pour bâtir, manque-t-il à faire, soit par lui-même, soit par intervention de l'architecte, un plan d'emploi de ces matériaux ? Que penserions-nous de celui qui, achetant beaucoup de pierres de taille, bois de charpente et approvisionnemens pour la construction d'un vaste édifice, ne saurait pas quelle sorte de bâtiment il veut élever, et avouerait qu'il a rassemblé ces matériaux sans avoir songé à l'emploi qu'il en pourrait faire ? Un tel homme nous semblerait en état de démence.

Tel est pourtant le degré d'ineptie que nos sophistes attribuent à Dieu, en supposant qu'il ait pu créer les passions, attractions, caractères, instincts et autres matériaux d'édifice social, sans avoir arrêté aucun plan sur leur emploi.

Dieu n'aurait donc pas su composer pour nous un code ; il aurait été obligé de s'en remettre à la sagesse des Solon et des Justinien, pour statuer sur le mécanisme domestique et industriel des sociétés ! Le sens commun répugne à suspecter la Divinité de cet excès d'impéritie : nous devons donc penser, en dépit des sophistes, qu'il existe pour nos relations une destinée préétablie, ou réglée par théorie divine antérieurement à la création de notre globe ; un mécanisme d'unité sociale et industrielle dont la raison devait s'évertuer à découvrir le plan, au lieu de s'ériger en Titan et de ravir à Dieu sa plus haute fonction, qui est la direction du mouvement social ou passionnel.

De toutes les impiétés, la pire est cet impertinent préjugé qui suspecte Dieu d'avoir créé les hommes, les passions et les matériaux de l'industrie, sans avoir arrêté aucun plan sur leur organisation. Penser de la sorte, c'est attribuer au Créateur une déraison dont rougiraient les hommes ; c'est tomber dans une irréligion pire que l'athéisme; car l'Athée n'avilit pas Dieu en le reniant; il ne déshonore que lui-même, par une opinion voisine de la démence. Mais nos législateurs dépouillent l'Être Suprême de sa plus belle prérogative; ils prétendent *implicitement* que Dieu est incapable en législation. Il le serait si, après l'expérience qu'il a acquise pendant l'Éternité passée, sur la distribution matérielle et passionnelle des mondes, il eut oublié de pourvoir au plus urgent de leurs besoins *collectifs*, celui d'un code passionnel unitaire, et d'une révélation permanente de ce code.

C'est assez prouver qu'il existe une destinée préétablie, en dépit du ridicule que les Esprits Forts attachent à ce mot, pour se dispenser des études auxquelles ils s'astreindraient en confessant la nécessité d'un code passionnel arrêté dans l'esprit de Dieu avant la création de chaque globe. Tant que nous n'avons pas découvert ce code, nous ne connaissons pas l'Homme, puisque nous ignorons l'emploi et le but assigné par Dieu aux ressorts de notre ame, passions, attractions, etc., et aux sociétés humaines dirigées par ces ressorts.

Et puisque Dieu a dû composer pour nos passions ce code régulateur des rapports domestiques industriels et sociaux, comment présumer qu'il ait voulu le cacher aux hommes, seuls êtres qui aient besoin de le connaître? Il ne nous a pas caché une branche de lois du mouvement bien moins importante pour nous, celle de la gravitation matérielle et des harmonies sidérales: il nous a initiés, depuis Newton, à ces mystères d'équilibre de l'univers, jugés impénétrables dans les siècles antérieurs; pourquoi présumer qu'il veuille nous refuser l'initiation au système qu'il a dû composer sur le mécanisme des passions et des sociétés; nous refuser la science qui importe le plus à nos besoins, à nos relations industrielles?

Les corporations savantes sont donc en faute pour n'avoir pas cherché la théorie des lois sociétaires divines, et plus encore pour avoir semé le découragement, insinué que la nature était couverte de voiles d'airain; d'où il suivrait qu'il faut supprimer tous les corps savans qui se livrent à l'étude de la nature; car si le voile est d'airain, ils ne l'enleveront pas, et ne pourront publier que des sophismes dangereux, des opinions aventurées.

Au reste, cette assertion est tombée dans le ridicule depuis le succès de Newton qui, en soulevant un coin du voile, a prouvé qu'un travail plus étendu pourrait enlever le voile en entier, et qu'il n'est pas d'airain puisque lui Newton a su en enlever une portion.

Chaque fois qu'une branche d'études est négligée par les sciences exactes, on voit s'élever à la place une charlatanerie scientifique. Avant la chimie expérimentale nous avons eu le règne des jongleurs nommés Alchymistes; avant la physique expérimentale on vit dominer les Magiciens; avant l'astronomie mathématique on révérait les Astrologues, encore accrédités chez le bas peuple; avant la découverte du Kina on a eu des sorciers qui conjuraient la fièvre : ainsi, l'esprit humain est condamné à tomber sous le joug des faux savans, s'il ne se rallie pas à la science exacte; et de là vient que la Civilisation est, depuis son existence, le jouet de plusieurs classes de sophistes persuadant qu'il n'existe pas de destinée sociale, parce qu'ils ne savent ni ne veulent en étudier la théorie dans le calcul de l'Attraction passionnelle, et qu'ils trouvent plus commode, plus lucratif, de fabriquer des systèmes, que de s'exercer sur le problème épineux de l'harmonie sociétaire.

Si une erreur peut durer trois ans chez un individu, trente ans chez une famille, trois cents ans chez une corporation, elle peut proportionnément durer trois mille ans chez l'espèce humaine, sur-tout quand l'erreur est propagée par les corps savans, tous d'accord à entretenir le préjugé qui nous persuade que Dieu aurait créé les passions, sans composer préalablement un code sur leur mécanisme social.

J'ai observé qu'en commettant pareille étourderie, Dieu se serait montré moins intelligent que le moindre d'entre nous. Demandé-je trop de faveur pour la sagesse divine, quand je la suppose égale à celle de l'homme? Nos escobars vont répondre que la sagesse divine est mille fois supérieure; mais pour les confondre, on veut seulement qu'ils accordent à Dieu autant de raison qu'on en trouve chez les hommes; autant de judiciaire dans la distribution matérielle et passionnelle des mondes, et sur-tout dans celle de ce monde, si justement critiquée par le Roi *Alphonse de Castille*, qui disait : » Si » Dieu m'avait consulté sur la création du monde, je lui aurais » donné de bons avis. » Sans doute Alphonse lui aurait conseillé tout le contraire des neuf caractères (39) qu'on voit régner jusqu'à présent dans le monde social ; mais ces neuf caractères sont-ils vice accidentel ou vice essentiel et irrémédiable ? Ne doit-on pas présumer de la sage Providence qu'elle nous réserve un sort tout opposé, dont il fallait rechercher la théorie dans une étude régulière de l'Attraction, seul interprète habituel entre Dieu et l'Homme ?

Tant que l'esprit humain ne s'est pas élevé à la découverte du calcul des destins sociaux, interprétés par synthèse de l'Attraction, nous restons dans un état de crétinisme politique; nos progrès dans quelques sciences fixes, dans les Mathématiques, la Physique, la Chimie, etc., ne sont que des trophées inutiles, puisqu'ils ne remédient à aucune des misères humaines. Plus le génie scientifique s'honore de ses succès, plus le génie social doit se trouver confus de n'avoir fait aucune invention utile au bonheur, et de voir, après trente siècles de corrections et de réformes, tous les fléaux plus enracinés que jamais; de voir la prétendue science dénoncée par ses oracles mêmes, par le patriarche de la philosophie moderne, Voltaire qui, à l'aspect de ce gouffre de controverse appelé sciences politiques et morales, s'écrie amèrement : l'esprit humain est perdu dans le dédale; ses prétendues lumières ne sont que d'épaisses ténèbres.

» Montrez l'Homme à mes yeux; honteux de m'ignorer,
» Dans mon être, dans moi je cherche à pénétrer;
» Mais quelle épaisse nuit voile encor la nature! »

Ce mystère dont Voltaire confessait l'obscurité, est-il mieux connu aujourd'hui? Que nous a-t-on appris sur l'Homme et sur ses destinées sociales? Quatre sciences prétendent nous expliquer l'énigme : l'une, appelée *Idéologie*, ne s'occupe que de la superficie du problème; elle se perd dans des accessoires et des subtilités sur l'analyse de la pensée, puis elle oublie d'étudier le but de nos ames, le but de l'Attraction passionnelle.

Ces prétendus analystes de l'Homme n'ont pas encore fait le premier pas dans la carrière; ils n'ont pas analysé les douze passions radicales et leurs trois buts ou foyers d'attraction. Faut-il s'étonner, d'après cela, qu'ils n'aient rien découvert sur le destin des passions, et que Voltaire les dénonce à eux-mêmes en déclarant qu'il ne voit *qu'une épaisse nuit* dans leurs théories sur l'Homme et l'état social; théories dont Condillac dit avec tant de raison : » quand les erreurs se sont ainsi accumulées, » il n'y a qu'un moyen de remettre l'ordre dans la faculté » de penser; c'est d'oublier tout ce que nous avons appris? »

Trois autres sciences, la Politique, le Moralisme et l'Economisme, prétendent aussi nous expliquer nos destinées : analysons ces sciences.

La Politique et l'Économisme sont des théories subversives de la destinée, puisqu'elles nous excitent à croupir apathiquement dans l'industrie morcelée, ou état civilisé et barbare (3e lymbe obscure, 25), au lieu de faire effort pour atteindre à notre véritable destin, qui est l'industrie sociétaire.

Une quatrième science philosophique, le Moralisme, qui se vante aussi d'étudier l'Homme, a fait tout le contraire; la morale n'a étudié que l'art de dénaturer l'homme, d'étouffer les ressorts de l'ame ou *attractions passionnelles*, sous prétexte qu'elles ne conviennent pas à l'ordre civilisé et barbare : il fallait, au contraire, découvrir l'issue de cet ordre civilisé et barbare, antipathique avec les attractions passionnelles qui tendent à l'unité, à l'Association domestique-agricole.

Ces quatre sciences incertaines vantent l'industrie morcelée, pour se dispenser d'inventer la sociétaire. Après avoir ainsi esquivé leur tâche, et nous avoir égarés depuis trois mille ans, elles devaient finir comme les anarchistes qui leurrent les peuples, font entrevoir une lueur de bien-être, et finissent par se déchirer entr'eux.

Tel est aujourd'hui le sort des sciences philosophiques : on les voit s'immoler comme les partis révolutionnaires; l'une des plus accréditées, *la Morale*, a été récemment écrasée par une secte de nouveaux savans nommés *Économistes* : ceux-ci ont envahi la faveur, en produisant des dogmes favorables à l'amour des richesses que la Morale conseillait de *jeter dans le sein des mers avides*. Les Économistes, en se rangeant sous la bannière du luxe, en cédant au premier vœu de l'attraction, étaient assurés de terrasser la morale, qui veut qu'on méprise les richesses parce qu'elle ne sait pas nous les procurer; semblable au renard de la fable qui trouve les raisins trop verds parce qu'il ne peut y atteindre.

Quel avantage a obtenu la Civilisation, en changeant de

bannière, en désertant celle des moralistes pour se ranger sous celle des économistes? Ceux-ci, à la vérité, nous permettent d'aimer les richesses, mais ils ne nous les donnent pas; au contraire, l'influence de leurs dogmes n'a servi qu'à doubler la masse des impôts et des armées, accroître l'indigence, la fourberie et tous les fléaux : en matériel, la dévastation des forêts; en politique, les vexations du monopole, soit maritime, soit corporatif : est-il de vice qu'on n'ait vu s'envenimer par l'intervention de ces fâcheux Esculapes!

On peut donc dire de la Civilisation abandonnant la Morale pour se rallier à l'Économisme :

» *Incidit in Scyllam, dum vult vitare Carybdim.* »

Dans cette fluctuation de systèmes, la Civilisation est comme le malade qui essaie toutes les positions pour trouver quelque soulagement. Elle accueille tous les charlatans qui savent en style pompeux la flatter d'un rétablissement, et qui en promettant la nouveauté, ne font naître que de nouvelles calamités.

En dénonçant les sciences trompeuses, rendons justice à ceux de leurs auteurs qui n'ont été égarés que par illusion philantropique; distinguons-les des jongleurs scientifiques : ce sera le sujet du chapitre suivant.

CHAPITRE II.

Distinction des Sophistes en Expectans et Obscurans.

C'est un rôle désagréable que celui d'accusateur; aussi l'ai-je renvoyé aux arbitres de la science (84 1/4). On peut bien en croire une secte qui se dénonce elle-même : il serait inconvenant à un inconnu tel que moi, de briser tant d'idoles dignes de culte sous le rapport de l'éloquence, mais dignes de pitié quant aux doctrines sans cesse confondues par l'expérience, et souvent par le désaveu des auteurs mêmes. Les plus célèbres d'entr'eux foudroyent sans pitié la Philosophie, appelée par Voltaire *une épaisse nuit*, et la Civilisation nommée par Montesquieu *une maladie de langueur.*

C'est donc à eux le comble de l'inconséquence, que de

vouloir perfectionner la Civilisation, qui dans toutes ses phases n'engendre toujours que les sept fléaux lymbiques,

1. INDIGENCE. 5. INTEMPÉRIES OUTRÉES.
2. FOURBERIE. 6. MALADIES PROVOQUÉES.
3. OPPRESSION. 7. CERCLE VICIEUX.
4. CARNAGE.

X ÉGOÏSME GÉNÉRAL.
Y DUPLICITÉ D'ACTION SOCIALE.

L'unique tâche du génie social était de chercher l'issue de la Civilisation, et non pas de la perfectionner. Cette recherche n'aurait pas été différée un instant, si les philosophes avaient suivi la voie des découvertes, *l'exploration générale*; règle dont ils n'ont tenu aucun cas, puisqu'après tant de controverses, on trouve une foule de sciences encore vierges; l'Association domestique, l'Attraction passionnelle et beaucoup d'autres qui seront successivement désignées, entr'autres celle de l'Analogie universelle.

Si le genre humain était arrivé à quelque bien, s'il avait extirpé au moins en partie les sept fléaux, on serait peut-être excusable de laisser en arrière plusieurs sciences; mais l'accroissement de misères ne devait-il pas stimuler aux tentatives d'invention, et faire pressentir que si l'humanité a pu parcourir quatre échelons sociaux, elle pourra en découvrir un 5e, un 6e, un 7e, qui seront peut-être les voies de ce bonheur si vainement cherché en Civilisation, où sur vingt familles prises au hasard, il en est dix-neuf qui sont aux expédiens pour se procurer le nécessaire; tandis que la vingtième, enviée de toutes les autres, n'est point satisfaite de son sort, et semble n'exister que pour éveiller chez ses rivaux l'idée du bonheur, sans le goûter elle-même?

Si l'on considère que cet état de privation générale est le fruit de cent mille systèmes sociaux, peut-on croire à la bonne foi de ceux qui ont amoncelé ce fatras de dogmes? et ne doit on pas distinguer leurs auteurs en deux classes au moins, dont l'une se compose de charlatans et l'autre de dupes? car on ne peut moins faire que de considérer comme dupes, ceux qui ont cru que la Civilisation était destinée de l'Homme, et qu'il fallait la perfectionner au lieu de chercher à en sortir.

Distinguons donc ceux qui, d'accord avec les Montesquieu, les Rousseau, les Voltaire, ont suspecté la Philosophie et la Civilisation. Nous nommerons Sophistes *Expectans* tous ces écrivains qui ont, depuis Socrate, invoqué une lumière qu'ils avouaient ne pouvoir trouver dans leur science; et nous désignerons sous le titre de Sophistes *Obscurans*, tous ces jongleurs qui vantent leur orvietan de perfectibilité, quoique bien convaincus de son impuissance.

On peut reconnaître une classe d'obscurans très-excusables; celle des hommes qui s'alarment avant examen, et craignent qu'une invention ne puisse devenir un levier dangereux entre les mains des agitateurs. Une telle opinion est louable sauf vérification des doutes : mais sous le titre d'Obscurans Philosophiques, je ne désigne ici que les orgueilleux qui ont pour devise, *nil sub sole novum*, et prétendent qu'il ne reste rien à découvrir, que leur science *a perfectibilisé toutes les perfectibilités perfectibles.*

Cette distinction des Philosophes en *Expectans* et *Obscurans*, laisse à chacun des chances de justification. L'on est disculpé en se rangeant dans la classe des expectans qui attendent la lumière, et condamnent les quatre sciences qu'on a l'indulgence de nommer incertaines, quand elles mériteraient tout au moins le nom de trompeuses. Quel autre nom donner,

A la Métaphysique moderne qui crée les sectes de Matérialisme et d'Athéisme, et jette le génie dans un cul de sac scientifique en l'arrêtant à la controverse d'idéologie qui ne conduit à aucun résultat d'utilité; tandis que l'étude de l'Attraction, tâche spéciale des Métaphysiciens, aurait conduit en peu d'années à la découverte des lois d'harmonie passionnelle;

A la Politique qui vante les droits de l'Homme et ne garantit pas le premier droit, le seul utile, qui est le droit au travail, droit dont l'admission aurait suffi à faire suspecter la Civilisation qui ne peut ni le reconnaître, ni le concéder;

A l'Economisme, qui promettant aux nations des richesses, n'enseigne que l'art d'enrichir les traitans et sangsues, doubler les impôts, dévorer l'avenir par les emprunts fiscaux, et négliger toute recherche sur l'Association domestique, base de l'économie;

Au Moralisme, qui après avoir prêché deux mille ans le

mépris des richesses et l'amour de la vérité, a tout récemment accédé à prôner le système commercial civilisé, banqueroute, usure, agiotage et libre fourberie?

Telles sont les quatre sciences qui dirigent le monde social, ou plutôt qui l'égarent depuis vingt-cinq siècles. Elles sont déjà suspectes aux révolutionnaires mêmes qu'elles ont élevés: Bonaparte les élimina en masse de l'Institut, et ce fut peut-être l'acte le plus sensé de son règne. Mais au lieu de se borner à les flétrir, il aurait dû proposer les études qu'elles ont négligées. Elles devaient, de leur propre aveu, étudier l'*Homme*, *l'Univers et Dieu*; elles n'en ont rien fait; je le prouverai dans le cours de ces prolégomènes.

L'Homme, *l'Univers et Dieu!* C'est, répliquera-t-on, une étude portée à la perfection par nos Idéologues et Métaphysiciens modernes. Rien de plus faux; ils n'ont pas même abordé le sujet, car ils n'ont traité ces trois énigmes qu'en simple et non en composé. Aussi leurs torrens de lumières sur les trois problèmes ne sont-ils que des torrens d'erreurs, que l'épaisse nuit dont se plaint Voltaire.

Mais nul n'a, ce me semble, aussi bien défini l'obscurité que Condillac, dont il est à propos d'insérer ici un paragraphe, bien humiliant pour les prétentions des modernes. Voyons à quelle valeur il réduit les trophées de cette raison et de son prétendu perfectionnement. Je transcris littéralement son opinion, et j'y intercale quelques parenthèses.

« Au lieu d'observer, dit Condillac, les choses que nous » voulions connaître (entr'autres le but des passions), nous » avons voulu les imaginer : de supposition en supposition » fausse, nous nous sommes égarés parmi une multitude d'er- » reurs; *et ces erreurs étant devenues des préjugés, nous* » *les avons prises pour des principes :* » (notamment l'erreur qui, envisageant la Civilisation comme terme des destinées, veut subordonner les passions aux convenances de cette société, les mutiler et dénaturer; au lieu de chercher une autre société adaptée au vœu des passions, qui toutes sans exception tendent à l'Association industrielle, à l'association par Séries contrastées, rivalisées, engrenées).

Condillac : « Nous nous sommes donc égarés de plus en

» plus ; alors nous n'avons su raisonner que d'après les mau-
» vaises habitudes que nous avions contractées.

(Entr'autres l'habitude du régime civilisé, barbare et sauvage, qui n'est point notre destinée, mais qui est habitude contractée).

Condillac : » L'art d'abuser des mots sans les bien entendre, » a été pour nous l'art de raisonner. »

Témoins les mots *bonheur*, *liberté*, *vertu*, *morale*, *destinée*, *nature*, *équilibre*, *saines doctrines* et autres verbiages par lesquels nos théories contradictoires nous conduisent toutes à l'opposé du but qu'elles se proposent. Toujours aux sept fléaux lymbiques (39), au lieu des sept bienfaits (41).

Condillac. « Quand les choses en sont venues à ce point, » quand les erreurs se sont ainsi accumulées, il n'y a qu'un » moyen de remettre l'ordre dans la faculté de penser ; c'est » d'oublier tout ce que nous avons appris, de reprendre nos » idées à leur origine, et de refaire, dit Bacon, l'entendement » humain.

» Ce moyen est d'autant plus difficile qu'on se croit plus » instruit : aussi des ouvrages où les sciences seraient traitées » avec une grande netteté, une grande précision, ne seraient-» ils pas à la portée de tout le monde. Ceux qui n'auraient » rien étudié, les entendraient mieux que ceux qui ont fait » de grandes études, et sur-tout que ceux qui ont beaucoup » écrit. »

Voilà la Philosophie et ses jactances de perfectibilité condamnées par un homme dont elle vante le discernement, la rectitude : c'est un des oracles de l'Entendement Humain qui nous apprend « que ceux qui ont beaucoup étudié, beaucoup » écrit, n'entendront rien à des sciences traitées avec une » grande précision, » (comme le sera la doctrine de l'Association et de l'Attraction, qui assurément sera bien précise et positive, car elle s'étayera sans cesse des oracles de l'expérience et de vérifications arithmétiques).

Je suis satisfait qu'un des aigles de la science en vogue, de l'Idéologie, ait si bien défini le faux jugement de cette controverse, le vice de ses méthodes, la nécessité de les oublier, de se défaire des impressions philosophiques, pour procéder à l'étude de la Nature et de l'Homme.

Cette critique des lumières modernes semblerait inconvenante dans la bouche d'un intrus tel que moi ; les Philosophes ne manqueraient pas d'y répondre en termes dédaigneux : je dois donc m'étayer de leurs propres arrêts. Voilà leur condamnation prononcée par un de leurs coryphées : il semble avoir écrit ce paragraphe tout exprès pour confondre les détracteurs qui repoussent la théorie et même l'idée d'Association, parce qu'elle ne s'accorde pas avec *ces préjugés qu'ils ont pris pour des principes*, et parce qu'elle satisfait au précepte de Condillac, *en reprenant les idées à leur origine, en oubliant tout ce qui a été enseigné sur les passions* dont on est réduit à dire, après trois mille ans de vaines théories :

« Montrez l'Homme à mes yeux ; honteux de m'ignorer, etc. »

Les citations précédentes motivent assez la distinction d'*Expectans* et d'*Obscurans* que je viens d'établir : il est évident que tous les philosophes respectables du siècle passé se sont rangés dans la catégorie des expectans ; les Montesquieu, les Rousseau, les Voltaire, les Condillac, s'indignent de cet état de crétinisme dont le génie social semble frappé. Ils pressentent la découverte qui doit lever la cataracte au monde social et l'élever à la destinée heureuse. Tous ces grands hommes confessent la vanité de leur science, et l'égarement de cette raison qu'ils ont prétendu perfectionner. Tous avouent « que leurs » bibliothèques philosophiques ne sont qu'un dépôt humiliant » de contradictions et d'erreurs (84).

Il n'est que trop vrai : depuis vingt-cinq siècles qu'existent les sciences politiques et morales, elles n'ont rien fait pour le bonheur de l'humanité ; elles n'ont servi qu'à augmenter la malice humaine en raison du raffinement scientifique, à reproduire l'indigence, les perfidies et tous les fléaux, sous diverses formes. Après tant d'essais désastreux pour améliorer la Civilisation, il ne reste aux sophistes que la confusion et le désespoir : le problème du bonheur public est un écueil insurmontable pour eux ; et le seul aspect des indigens qui fourmillent dans les cités, ne démontre-t-il pas que les torrens de lumières philosophiques ne sont que des torrens de ténèbres ?

Cependant une inquiétude universelle atteste que le genre humain n'est point arrivé au but où la nature veut le conduire ;

Les régénérateurs de 89 nous promettaient le bonheur pour nos arrière-petits-neveux ; ici la chance est bien différente : les aïeux mêmes, les octogénaires, pouvant toujours se promettre quelques années de vie, seront assurés de jouir du bonheur sociétaire ; d'en voir au moins l'aurore et l'effet le

---

Cette table est échelonnée en série divergente conjuguée ; distribution qui règne dans toutes les hautes harmonies matérielles et passionnelles.

TABLE COMPLÉMENTAIRE

Du futur bénéfice climatérique de 18 degrés, ajoutés au bénéfice *simple local* de 12° en pays cultivé.

	Latitudes.	*Chaleur à gagner.*	*Fraîcheur à gagner.*
Équateur. . .	0	0	18
	5	1	17
	10	2	16
	15	3	15
	20	4	14
	25	5	13
	30	6	12
	35	7	11
	40	8	10
Demi-centre.	45	9	9
	50	10	8
	55	11	7
	60	12	6
	65	13	5
	70	14	4
	75	15	3
	80	16	2
	85	17	1
Pôle. . . .	90	18	0

Cette table est intitulée *complémentaire*, parce qu'au lieu de mentionner un bénéfice de 30 degrés à obtenir de la culture intégrale composée, selon le petit tableau (59), elle déduit pour raffinage *simple local* déjà effectué en Europe, en Chine et en Indostan, 12 degrés, et ne porte en compte que les 18 qui restent à obtenir des trois autres voies.

Le bénéfice ne sera pas strictement de 18° sur chaque latitude ; mais nous le supposons tel en échelle générale, sauf les exceptions pour entraves locales, telles que chaînes élevées, plateaux, sables, marécages et autres causes de modifications accidentelles qui n'entrent pas en compte général. J'en parlerai (67) à l'article *Pétersbourg* et *le Caire*.

La principale de ces modifications est relative à l'hémisphère austral,

plus brillant, qui sera la métamorphose subite et la stupéfaction générale.

J'use du mot stupéfaction, car on ne peut pas caractériser autrement la honte et le dépit dont les esprits seront frappés en voyant le mécanisme sociétaire; leur confusion d'avoir douté

---

où le radoucissement ne sera pas aussi fort; la masse des terres y étant réduite à peu de chose, n'influera que légèrement sur les frimats du pôle antarctique. Mais la restauration complète des températures boréales agira sur les australes encore assez puissamment, pour prévenir les ouragans et intempéries qui gênent la navigation aux trois pointes des continens austraux.

Si le raffinage composé intégral n'était pas mi-parti de chaleur et de fraîcheur; il deviendrait un fléau: l'accroissement de 18 degrés en chaleur joint aux 12 déjà gagnés dans l'Occident d'Europe, incommoderait plus de régions qu'il n'en enrichirait. Londres qui est par 51° 1/2, acquerrait la température de Gibraltar et Alep; ce qui serait peut-être aussi fâcheux qu'avantageux pour cette capitale.

Les 12 degrés obtenus jusqu'à présent en Occident par raffinage simple local, n'ont donné qu'accroissement de chaleur et non de fraîcheur: mais du moment où le raffinage deviendra *composé*, par effet des cultures sociétaires, il donnera le bénéfice climatérique en ordre *composé*, en chaleur et fraîcheur à la fois; c'est pourquoi, dans la table qui précède, je l'estime en compensations contrastées et graduées.

Je l'établis sur les modifications de froid et de chaud, et non pas sur le seul accroissement de chaleur qui deviendrait très-onéreux, si on ne gagnait pas proportionnément en fraîcheur.

On suppose dans cette table que le globe entier jouisse déjà des 12 degrés d'adoucissement dont jouissent l'Europe, l'Indostan et la Chine méridionale.

Elle représente les doses que gagnera chaque latitude: la fusion de ces doses donnera par-tout, quoiqu'inégalement, l'exemption des deux excès de chaleur et de froidure, et l'aptitude à comporter une foule d'animaux et végétaux, qui périclitent par les deux excès à corriger.

Ces mots *excès de chaleur à corriger*, ne signifient pas toujours chaleur à diminuer en degré: ce n'est que la durée et non pas le degré qu'il faut réduire. Les chaleurs de France ne sont point trop fortes en été pour nos végétaux; elles ne les incommodent que par excès de durée, par des sécheresses comme celle de 1818. Quant au degré, nul travail humain ne pourra le diminuer.

La culture générale extirpera seulement les vents suffocans et meurtriers d'Arabie et Lybie; ce sont des monstruosités: mais la chaleur forte et franche n'a rien de pernicieux et ne peut pas être empêchée.

Si par fois notre climat éprouve un ou deux jours les chaleurs

de la Providence, d'avoir pensé qu'elle avait oublié de composer pour nous un système de relations industrielles et domestiques, apte à régulariser l'essor des passions, et à pourvoir aux besoins du peuple dans les diverses classes.

En voyant ce bel ordre, l'énormité de richesse qu'il produit,

---

du Sénégal, les végétaux y gagnent en qualité; ils ne souffrent que du manque de la diversion qu'opéreraient les zéphirs et les pluies périodiques, dans l'état de culture intégrale composée.

Ainsi le correctif doit porter, quant aux froids, sur l'*intensité* et l'*intempestivité*, et quant aux chaleurs, sur la *durée* et la *diversion.*

Pour exercer le lecteur sur l'emploi de la table donnée (65), faisons-en quelques applications, en commençant par le centre.

La latitude 45° est celle de Lyon et Bordeaux, villes un peu fatiguées par des brouillards que dissipera la culture intégrale composée. Lyon est le vrai type d'un climat fait (56) en latitude 45°; ce climat est faussé en Lombardie, pays garanti par la chaîne des Alpes et échauffé par les vents de Lybie, dont l'Adriatique n'intercepte pas le cours.

Lyon jouissant déjà du radoucissement de 12 degrés que procure le raffinage *simple local*, obtiendra donc sans plus, le bénéfice de 18 degrés selon la table; et comme il est situé en latitude moyenne, environ 45°, il acquerra par égale portion en chaleur et en fraîcheur; c'est-à-dire:

En réduction des froids outrés et intempestifs,

En diversion aux chaleurs suffocantes et prolongées.

Une froidure du 45°, tempérée par 9° de chaleur, lui donnera les végétaux du 36°, sans l'assujettir aux violentes chaleurs d'Andalousie.

Une chaleur du 45°, tempérée par 9° de fraîcheur, lui donnera les végétaux du 54°, sans l'affliger des frimats de Dantzig.

Lyon pourra donc naturaliser à la fois sur son territoire les animaux et végétaux de l'Andalousie et du Holstein. Ceux du 36° de latitude, l'Oranger, le Cotonnier, qui craignent un froid de 12° Réaumur, assez fréquent à Lyon, s'y plairont quand cette ville n'aura que les petites gelées de Cadix et d'Alep; et ceux du 54° s'y acclimateront de même, quand ils n'éprouveront que des chaleurs tempérées par de fréquentes diversions.

L'échelle donnée sur les bénéfices de climature, suppose fusion des deux principes d'amélioration; c'est-à-dire que *Pétersbourg* placé à 60 degrés, gagnera en système général, 12/90 sur le principe de chaleur, dont les excès seront prévenus par 6/90 du principe de fraîcheur. *Le Caire*, placé à 30 degrés, gagnera en proportion contrastée sur le principe de fraîcheur. Lyon gagnera en intervention moyenne des deux principes.

Tel serait le compte, *en système général*; mais Pétersbourg et le Caire y dérogent et doivent bénéficier davantage, l'un en chaleur, l'autre

et la beauté des accords qu'il sait tirer des passions les plus dédaignées, quelle sera la déconvenue des sophistes, à qui la multitude ne cessera de redire : « vous qui étiez oracles du bonheur » des nations, et enfoncés dans les profondeurs de la science, » comment n'y avez-vous pas vu qu'il y a un Dieu ; que sa

---

en fraîcheur. Le raffinage *simple local* n'y est point encore établi; Pétersbourg est vicié par le voisinage des terres incultes et des marais; le Caire est vicié par le voisinage des sables et par les vents brûlans. Ces deux villes doivent donc gagner beaucoup plus que le tarif de l'échelle, qui n'est fait que pour les régions parvenues, comme l'Occident d'Europe, au raffinage simple local. Celles qui ne sont parvenues qu'à moitié ou quart, doivent ajouter 6 ou 9 degrés à leur lot, de bénéfice climatérique futur.

Ainsi sur l'inspection de la table, chaque latitude peut déterminer la température dont elle sera pourvue, et les cultures dont elle sera susceptible, par suite du raffinage atmosphérique, et de la culture *intégrale composée*.

Je ne m'arrête pas à traiter des différences accidentelles causées par les marécages, les hautes chaînes, etc. ; le sujet nous entraînerait trop loin. La plupart de ces vices que je nomme accidentels, comme les brouillards de Londres et de Lyon, disparaîtront entièrement; le bénéfice de 10 1/4 en chaleur, suffira à dissiper pleinement ceux de Londres, et en grande partie ceux d'Amsterdam, plus tenaces, vu la submersion relative des terres d'Hollande qui sont au-dessous du niveau des mers.

Abrégeons sur le raffinage climatérique.

Les détails contenus dans cette note peuvent être considérés comme un canevas sur lequel il faudra disserter plus amplement, mais dans les volumes suivans, celui-ci devant traiter préalablement de l'Association : le peu qui a été dit sur la restauration des climatures, doit suffire à dissiper de grandes erreurs commises relativement aux raffinages d'atmosphère qu'on ne sait pas distinguer en simple et en composé, parce que la civilisation est réduite à opérer en simple (61). Elle perfectionne d'abord la température par ses progrès agricoles, et travaille bientôt après à la détériorer par les abattis de forêts, déchaussemens de pente et tarissemens de sources. On voit déjà la température en France décliner à vue d'œil et revenir progressivement au degré de frimats dont elle s'était affranchie.

Ainsi le raffinage simple, après quelques lueurs de perfectionnement, en vient, comme le guêpier, à se détruire par lui-même. Tout ce qui est d'ordre simple étant opposé à la nature et à la destinée de l'homme.

Dissertons donc sur le raffinage composé et ses effets.

Les modernes, absorbés dans leurs visions de perfectibilité, n'ont jamais eu la moindre idée de perfection composée : aucun de leurs phy-

» providence doit s'étendre à tout, principalement aux relations humaines, et que la tâche de la raison était de chercher » et déterminer le code industriel que ce Dieu a fait pour » nous ! »

L'aspect des effets merveilleux qu'offrira le canton d'essai,

---

siciens ne s'est aperçu qu'il faudrait, pour améliorer les climatures, gagner en fraîcheur comme en chaleur; que nos étés sont des supplices aussi bien que nos hivers, et que l'un et l'autre excès est contraire aux végétaux comme aux hommes.

Ce serait peu de cet inconvénient, s'il n'en résultait un plus grand dommage, qui est la restriction des produits animaux et végétaux.

Le Renne qui ne vit pas au-dessous de Torneo (66°), devrait, selon la table précédente, vivre commodément à 60°, à Pétersbourg; et le Cheval qui n'habite pas au-delà de 64°, devrait vivre aisément à 76°, selon la table des degrés de chaleur à obtenir par la restauration *intégrale composée.*

Même lésion au sujet des végétaux. Nous avons, dans les hivers de France, plus de froid qu'il n'en faut pour comporter le Sapin dans nos jardins; et cet arbre ne peut pas y réussir pendant l'été, à moins d'arrosages et abritemens coûteux. D'autre part, l'Oranger qui devrait croître en pleine terre à Londres et Francfort, ne peut déjà plus se maintenir à Toulon et Gênes.

En vain répliquerait-on que le commerce compense tout, et qu'il envoie dans un pays ce qui afflue dans un autre : c'est esquiver le débat: il s'agit ici du bien-être de l'homme, de ses animaux et végétaux, et non pas du bien-être des marchands; et il est évident que si les climats étaient moins exposés aux excès de chaleur et de froidure, leur industrie acquerrait d'immenses développemens; et la condition de l'homme serait doublement améliorée, par le surcroit de produit et par l'adoucissement des climatures, non moins rudes en été qu'en hiver; témoin l'été de 1818 : 75 jours de chaleur continue sans une goutte de pluie! Voilà les étés de l'équateur transportés au 45e degré; un autre hiver nous amenera les frimats de Sibérie. Entre-temps, les sophistes chantent la perfectibilité, quand il est clair que la détérioration des climatures va de niveau avec la dépravation des sociétés, et qu'il devient souvent difficile d'obtenir une bonne récolte, au lieu de trois que donneraient annuellement la culture intégrale du globe, et le raffinement surcomposé qui en serait la suite.

Tous les bons esprits ont déploré la fâcheuse propriété qu'a la civilisation, de se perdre par l'excès de ses cultures, par le ravage des forêts, par le défaut d'entente et d'unité dans les dispositions agricoles. Nos régions les plus vantées tombent complètement dans ce vice; témoin l'Angleterre, qui figure au premier rang; et pourtant, sur les lieux mêmes où

1° Triplement de richesse réelle,
2° Attraction industrielle,
3° Concours mécanique des passions,
⋈ Unité d'action,

suffira pour transformer les Sybarites mêmes en ouvriers actifs

---

elle brille par des travaux d'Hercule, tels que le Canal Calédonien, on voit régner le vice destructeur des climatures, la dévastation des forêts; il n'y a pas un arbre sur les montagnes d'Ecosse, qui devraient être couvertes de sapins et bouleaux.

On n'a jamais spéculé régulièrement sur le moyen de restauration climatérique intégrale. Si pourtant Dieu nous destine à l'industrie, comme on n'en saurait douter, il a dû nous fournir les moyens d'opérer en plein ce raffinement de l'atmosphère, dont l'entreprise suppose deux conditions; savoir :

La culture générale
Et la culture méthodique.

Nos méthodes sociales sont impuissantes pour atteindre ces deux buts; la société civilisée ne peut,

Ni opérer la culture générale du globe, car elle n'a aucune influence sur les Barbares et Sauvages qui occupent les neuf dixièmes des terres;

Ni cultiver méthodiquement et sagement; car il est avéré que, dans les contrées les plus vantées, la température se dégrade par le ravage des forêts; témoin le midi de la France et même la France entière, dont le climat, depuis un demi-siècle, n'est plus reconnaissable.

Or, si Dieu admet dans son plan ce raffinement général de l'Atmosphère, sans lequel nos cultures sont infructueuses et contrariées en tout sens, il a dû aviser à l'invention d'un mécanisme social autre que la Civilisation, qui ne peut conduire au raffinement atmosphérique, puisqu'elle ne remplit pas les deux conditions d'où il dépend.

Et comme ce raffinement ne peut s'effectuer que par une culture universelle, Dieu a dû composer un mécanisme social, apte à établir la culture universelle.

Aujourd'hui que la découverte est faite et publiée, l'Angleterre qui est la puissance la plus intéressée à en prendre l'initiative, pourra faire le raisonnement suivant :

L'épreuve de l'Association domestique sur un hameau de 70 à 80 familles, loin d'exposer à aucun risque, promet arithmétiquement un grand bénéfice pécuniaire.

Dans le cas où la possibilité d'Association serait une erreur, il résulterait déjà de cette épreuve une foule d'économies incontestables et très-applicables aux fonctions domestiques, rurales et manufacturières; notamment à l'emploi du combustible, dont l'ordre sociétaire consomme à peine le quart de ce qu'en exige l'ordre civilisé.

qui voudront coopérer aux dispositions qu'exigera la fondation de leur canton.

Ainsi, l'imitation générale sera, figurément parlant, aussi prompte que l'éclair. Le premier canton fera sur les trois sociétés, Civilisée, Barbare et Sauvage, l'effet d'une étincelle

---

D'autre part, si la théorie est juste, l'Angleterre se trouve dégagée de ses 24 milliards de dettes, dont 20 en budget fiscal, 2 en communal, et 2 en consciencieux; dettes dont l'intérêt serait transporté au compte du congrès sphérique, à dater du jour même où l'Angleterre aurait résolu l'entreprise, et dont le capital serait remboursé en l'an 1830; ce qui sera démontré.

Si l'Angleterre veut peser ces considérations, peut-elle hésiter, et ne doit-elle pas au contraire se mettre en mesure d'agir, tandis que les continentaux perdront le temps à parler ?

J'ai démontré que la passe de Baffin deviendrait inutile comme celle du Cap Cevero-Vostochnoi, sans le radoucissement des climatures polaires; et qu'au moyen du raffinage composé intégral, la croûte glaciale fondue en plein chaque été, sera réduite en hiver au quart de sa surface actuelle et au huitième de son influence; elle perdra au moins 6 degrés, soit de 79° à 85°, et n'aura plus qu'un diamètre d'environ 250 lieues à partir du centre 90° au cintre 85°; le volume sera le quart du volume actuel 90° à 79°, et son influence réfrigérante diminuera non pas des 3/4, mais des 7/8. Cette barre sera d'autant moins gênante, que divers îlots aujourd'hui encroûtés, se démasqueront et contiendront les glaçons.

Ces aperçus méritent l'attention des deux puissances, Angleterre et Russie, qui se partagent les côtes glaciales arctiques; elles doivent être convaincues que ce dégagement inappréciable pour elles, ne peut naître que de la culture générale; et que cette exploitation intégrale du globe dépendait de l'invention d'une société autre que la Civilisation, puisqu'il est constaté par une expérience de trente siècles, que le Sauvage ne saurait adhérer à la culture tant qu'on la lui présentera en mode civilisé ou mode incohérent et morcelé.

Ajoutons qu'en thèse de raffinage climatérique, il est ridicule de spéculer sur l'industrie civilisée et barbare; elle n'est qu'un leurre de quelques siècles; elle brille un instant et semble améliorer les climatures; mais bientôt elle ramène son atmosphère à une inclémence pire que la rudesse primitive. Il est bien aisé de façonner un pays brut, par les défrichemens partiels et abattis de forêts; mais il est bien difficile de restaurer un pays ravagé par la Civilisation, et démeublé de forêts et de sources, comme est aujourd'hui la Perse, autrefois si féconde; comme sont déjà la Provence, le Languedoc, la Castille, et comme seraient, sous deux siècles, toutes les régions aujourd'hui si fières d'une lueur de bien-être climatérique, dont on voit arriver à grands

dans un magasin à poudre; elles seront absorbées simultanément, et au bout de cinq ans le globe entier sera organisé: la Civilisation le sera au bout de trois ans.

Cette opération, si bien adaptée à l'impatience des Français, ne sera pas, sur annonce, goûtée de leur nation. Elle méprise

---

pas la décadence, même en Russie, pays neuf, où on se plaint déjà du tarissement.

C'est un sujet sur lequel il faudra insister plus d'une fois et qui se liait naturellement à la question des passes du Nord. On serait frustré de ces deux passes nautiques, sans la fusion artificielle des glaces. Rassemblons les trois indices qui nous font augurer ce bienfait.

1° L'ancienne température du Pôle-Nord, dont la chaleur dans les âges primitifs (Eden) est attestée par l'abondance d'ivoire fossile, qui constate que les éléphans ont été indigènes à la nouvelle Zemble et en Sibérie.

2° Les effets de culture universelle, dont on a refusé ou omis de calculer l'influence atmosphérique, facile à évaluer par induction tirée des régions de pleine culture.

3° La sagesse distributive du Créateur, qui n'aurait pas entouré ce pôle d'un cercle de belles côtes et de bouches de grands fleuves, s'il n'eût destiné ce local à être un foyer de relations industrielles.

C'est donc soupçonner d'absurdité les dispositions de la sagesse divine, que de douter qu'elle nous ait réservé des moyens de fusion des glaces polaires. On verra plus loin, qu'il est pour cette fusion un autre moyen bien plus expéditif; mais je ne veux disserter que sur un levier connu, qui est l'influence avérée de l'agriculture sur le raffinage de l'atmosphère; témoins les parallèles donnés (57).

Ne suffit-il pas de cet indice péremptoire pour confondre les champions d'impossibilité, prouver que nous sommes en arrière de découvertes, et que sur tous les problèmes d'amélioration matérielle ou sociale, ce n'est pas la sagesse divine qu'on doit soupçonner d'être en défaut; c'est la raison humaine qu'on doit suspecter d'impéritie à découvrir les voies que Dieu nous a préparées pour atteindre à l'unité sociale, à tant de biens qui en seront le fruit, et dont aucun ne peut se réaliser hors de l'état sociétaire.

Le tort des modernes est de vouloir obtenir pièce à pièce tous ces biens, qu'on doit introduire collectivement et simultanément par l'Association. Dans le nombre de ses bienfaits futurs, se trouve le dégagement des glaces polaires et la garantie des passes du Nord.

J'ai dû en donner séparément ce petit traité, qui a le défaut de la concision. Un sujet si important exigeait de plus amples développemens.

Il est d'ailleurs un moyen plus expéditif d'obtenir ces deux passes, de les dégager en plein sous six ans, par fusion absolue et dégagement

les inventeurs nés en France; elle n'estime leurs découvertes que lorsqu'elles ont passé la mer et qu'elles reviennent en costume anglais. Les Français ne veulent accueillir aucune invention dans sa naissance, et revendiquent après coup toutes les découvertes : sont-ils de bonne foi quand ils prétendent,

Que la vaccine attribuée à Jenner est d'un Français nommé Rabaud ;

Que le bateau à vapeur mis en scène par Fulton, est d'un Français nommé le comte de Jouffroy;

Que l'enseignement mutuel, sorti des écoles de Lancastre, est d'un Français nommé Saint-Paulet, etc. etc. ?

Que ne revendiquent-ils pas? Le plagiat en France conteste les plus minimes trophées. La soupe économique, dite *Soupe Rumford*, était, au vu et su de l'Europe, une invention du comte de *Rumford*; personne ne lui disputait cette médiocre palme; et voilà qu'un Parisien nous prouve, en 1818, que cette soupe est due à un apothicaire de la Rochelle.

On attribuait à Bacon l'honneur d'un arbre encyclopédique; on se trompait: un autre Parisien nous apprend, en 1818, que cet arbre est du sieur *Savigny de Rethel*.

---

permanent des glaces; et de rendre la zone glaciale aussi praticable pendant les douze mois, que la Méditerranée. Mais je me suis restreint dans cette note à ne parler que d'un seul levier, de la culture intégrale. Quand il en sera temps, je ferai connaître une voie plus prompte, et qui d'une année à l'autre dégagera complètement les deux pôles. Mais l'opération ne pourra avoir lieu que la cinquième année, à dater de l'épreuve de l'Association. On pourra donc, si l'on veut, voir les pôles complètement dégagés en 1828.

Laissant à part ce moyen, j'ai dû ne traiter ici que de celui qui est intelligible; c'est la *culture intégrale :* si on eut raisonné sur cette hypothèse qui implique la condition de civilisation universelle, on en serait venu d'emblée à suspecter cette société qui ne peut pas s'étendre aux Barbares et Sauvages; on aurait posé en principe, qu'il faut inventer un nouvel ordre social pour opérer la *culture intégrale simple;* ce problême une fois mis au concours, aurait amené la découverte du régime sociétaire, qui en élevant la culture au degré *intégral composé*, opérerait le dégagement du Pôle Boréal; effet qu'on ne peut pas obtenir sans sortir de la Civilisation.

FIN DE LA NOTE A.

Les Français, en matière de plagiat, ne s'épargnent pas plus entr'eux qu'ils n'épargnent les étrangers; témoin la ruche pyramidale, disputée à M. *du Couëdic*, et tant de procès scandaleux sur les larcins littéraires.

Les plagiaires sont si actifs, qu'ils se démasquent souvent par précipitation. En 1817, un Neuchâtelois se signant *Maillardoz*, annonça une découverte sur le mouvement perpétuel: aussitôt un Parisien réclame et s'en attribue l'honneur. Depuis ce temps, on n'a entendu parler ni du Neuchâtelois, ni du Parisien; preuve de la sincérité du réclamant.

D'autre part, s'il entre en scène un charlatan, chacun s'accorde à le prôner. En 1811, un hableur nommé *Chalmas*, se disant inventeur du mouvement perpétuel, parcourait la France avec une mécanique à 12 leviers coudés: elle était artistement construite, et la tricherie bien gazée: il la montrait pour un écu. Plusieurs journaux de Paris en firent l'éloge; mais il alla à Genève, où la fraude fut aussitôt reconnue.

Telle est la France: on n'y trouve que détraction pour les inventeurs, et protection pour les charlatans. L'histrion Cagliostro y fit de nombreux partisans.

On peut, au sujet de ces démêlés de plagiat et de revendication, inviter les Français à opter sur l'alternative suivante.

Si les revendicateurs, comme MM. Rabaud, de Jouffroy, Saint-Paulet, etc., sont les vrais titulaires, la France est *par le fait* détractrice de ses inventeurs, en les astreignant à obtenir une épreuve en pays étranger, avant d'être accueillis et brevetés dans leur patrie.

Si ces revendicateurs ne sont que plagiaires, la France est par le fait protectrice de tout plagiaire qui veut enlever aux étrangers le fruit de leur génie. Elle ferait mieux de protéger ses hommes de génie, que de spéculer sur la spoliation des étrangers.

Lequel des deux rôles est celui de la France? Je ne sais, mais à coup sûr c'est l'un des deux; et d'après les trois revendications que je viens de citer, et qui ont trouvé plein accueil à Paris, la France est systématiquement *ou détractrice des siens*, ou *plagiaire des étrangers*. C'est à elle à opter sur l'un des deux torts; et peut-être est-elle coupable de tous deux. On doit donc fort peu compter sur elle pour l'épreuve de l'Association : je vais pourtant examiner ses intérêts spéciaux dans cette affaire.

Il est bien indifférent, quant au produit territorial de la France, que l'ordre sociétaire soit fondé par toute autre puissance : du moment où la théorie aura été éprouvée sur un village et sanctionnée par l'expérience, toutes les nations en profiteront également, et tripleront leur produit industriel aussi bien que la puissance fondatrice.

Mais il n'est pas indifférent de gagner le prix de fondation, sur-tout pour les deux puissances les plus endettées, l'une de 24 milliards, et l'autre de 12 : et si je n'avertissais pas les Français de la mystification dont ils courent le risque, ils pourraient me reprocher d'avoir agi en mal-intentionné, d'avoir abusé d'un travers de leur nation pour la laisser tomber dans le piége; car ce sera pour eux un véritable trébuchet que la raillerie, et même le délai ; en perdant le temps à gloser ou disserter, tandis que d'autres agiront, ils manqueront le prix de fondation.

C'est les bien servir que de hasarder quelques aveux désobligeans, pour les préserver d'une fausse démarche. Si je leur donnais de l'encens dans cette dédidace, ils n'en feraient aucun cas ; ils en sont rassasiés. Sur cent ouvrages nouveaux, il en est quatre-vingt-dix-neuf qui prodiguent les bouffées d'encens à la nation française : je ne suivrai pas ce banal usage, n'ayant ni goût ni aptitude au rôle de flatteur : je me bornerai, selon l'Evangile, à leur rendre le bien pour le mal.

Un inventeur français ne peut, *au début*, espérer dans sa patrie que les trois lots suivans :

1. Etre diffamé par les Zoïles, dès la publication.
2. Etre spolié par les plagiaires, après la publication.
3. Etre ensuite accusé de larcin par ceux mêmes qui l'auront spolié.

En dépit de cette malignité de la France, je sers ses intérêts. Elle trouvera, dans le cours de cet ouvrage, un chapitre qui démontrera qu'un baisemain de 12 et de 24 milliards ne sera qu'une bagatelle pour le congrès d'unité sphérique : s'il plaît à la France de sacrifier ce prix au sot plaisir de railler avant d'examiner ; si elle néglige les intérêts de tant d'individus qu'ont dépouillés les révolutions ; si enfin elle voit passer le prix à d'autres, elle n'aura à se plaindre que d'elle seule; elle ne pourra pas dire, selon l'usage : *si on avait su*, *si vous aviez parlé*, et autres excuses de mauvais plaisans, qui, une fois désappointés, veulent rejeter encore sur autrui les disgrâces dues à leur propre sottise.

Après avoir exposé les intérêts et chances des deux nations les plus endettées, il est inutile que j'étende l'examen aux nations dont le fardeau est bien inférieur, et ne s'élève qu'à 2 ou 3 milliards en engagemens fiscaux, communaux et consciencieux. Je me borne à dire que la carrière est également ouverte à tous, et que non-seulement les petits souverains, mais les simples particuliers peuvent y prétendre, en s'établissant chefs de la souscription actionnaire de fondation. Je ferai connaître plus loin les récompenses personnelles que doivent espérer les fondateurs ; je n'ai parlé que de celle qui touche au besoin le plus urgent, à l'acquittement des dettes publiques : je traiterai, dans le cours de l'ouvrage, des récompenses individuelles.

Terminons par un avis propre à rassurer ceux qu'éblouit l'immensité des perspectives sociétaires. Un baisemain de 24 milliards ; mais où les prendre, s'écrie-t-on ! C'est presque le montant de tout l'argent monnayé qui circule sur le globe. Qu'importe le représentatif, pourvu qu'on obtienne la valeur réelle, une masse de denrées valant aujourd'hui 24 milliards? Examinons ce qu'elle coûtera au globe unitarisé.

Neuf cent millions d'habitans, à quinze cent par canton, font six cent mille cantons ou phalanges d'harmonie. Ce nombre multiplié par 40,000 francs donne vingt-quatre milliards. Mais une subvention de 40,000 francs par canton, même à la supposer fournie en denrées et en dix termes, ne sera-t-elle pas bien onéreuse? J'avoue qu'elle le serait à présent, ne fût-elle que du quart, que de 10,000 francs : mais attendons le détail des produits énormes de l'état sociétaire, et nous verrons qu'il pourra, en l'an 1830, prélever cette valeur de 40,000 francs par canton, sur telle branche de revenu dont aujourd'hui un bourg de 1,500 habitans ne saurait pas tirer 4,000 francs; sur les œufs de poule. J'en donnerai la preuve détaillée dans le corps du traité.

D'ailleurs, sera-t-il besoin de recourir aux cantons ou phalanges industrielles pour acquitter subitement cette dette ? J'ai supposé la voie de cotisation ; mais on aura des ressources bien autrement brillantes, et dont une seule, celle de la colonisation par annuités, donnera en 200 ans le bénéfice monstrueux et cent fois monstrueux de quatre mille milliards, à recouvrer successivement par le congrès d'unité sphérique. On verra, aux chapitres spéciaux, la démonstration très-arithmétique de cet épouvantable bénéfice, dont à la vérité il ne rentrera qu'environ vingt milliards par année, pendant le cours des deux siècles qui suivront la fondation; et cette rentrée des annuités coloniales commencera 12 ans après les premières émigrations d'essaims sociétaires. Or, que sera une petite charge de 24 milliards, pour une puissance qui aura de si prodigieux trésors à recueillir *en valeur réelle !*

Quant au devis des colonisations, j'invite les récalcitrans à prendre la plume et le compas; ils pourront mesurer sur la mappemonde un espace vacant de plus de 3 millions de lieues carrées (à 20 au degré), espace apte à comporter trois millions de phalanges qu'on fondera au fur et à mesure d'accroissement de la population. Si la fondation de chaque phalange et la vente à un essaim doivent donner 2 millions de bénéfice, on aura en gain total,

Phalanges	3,000,000	6,000,000,000,000
Bénéfice	2,000,000	

six mille milliards, sauf à démontrer en détail ce gain de deux milliards, sur chaque phalange que la hiérarchie sphérique livrera toute fondée aux colons émigrans.

Chacun de ces cantons du produit annuel d'un million, sera remis à l'essaim pour cinq millions, dont trois en paiement des édifices et fournitures agricoles et manufacturières, plus deux en bénéfice affecté aux dépenses de la hiérarchie sphérique. A ce compte, les essaims auront l'avantage de celui à qui on vendrait un domaine du produit de 10,000 francs net, pour 50,000, payables en douze termes annuels; ce serait pour l'acquéreur un placement à 20 pour cent, plus l'avantage des délais d'un paiement gradué en 12 annuités. Les essaims qui traiteront sur ce pied, feront donc un brillant marché, et c'est sur cette généreuse condition que la hiérarchie sphérique asseoira un bénéfice que nous venons d'estimer six mille, et que je réduis à quatre mille milliards. La démonstration se bornera au compte détaillé d'un seul canton.

J'aurai à décrire, dans le cours de l'ouvrage, une foule de ces bénéfices gigantesques pour les souverains et les savans. C'est le ressort que Dieu a dû se ménager pour émouvoir la cupidité civilisée, et assurer à la théorie sociétaire, dès son apparition, la faveur des contrées qui, pressées comme l'Angleterre par une dette insoutenable, ont besoin d'une source de richesse imprévue et d'un secours *ultra-civilisé* : elle peut déjà entrevoir que le transfert de sa dette de 24 milliards, serait une bagatelle pour la hiérarchie sphérique; mais je me suis réservé d'indiquer, à l'article *poulailler*, une ressource aussi plaisante qu'imprévue pour l'acquittement subit des 24 milliards.

Au surplus, la hiérarchie sphérique une fois organisée, ne voudra pas attendre cette ressource; la gratitude l'emportera; et le genre humain sera impatient de reconnaissance envers ses bienfaiteurs, envers la puissance ou compagnie fondatrice. Le paiement sans délai sera décidé par vote général : les six cent mille cantons devenus très-opulens en 1830, et pourvus à cette époque d'un revenu qu'il faudra estimer *en valeur réelle* à 1,000,000 ou 1,200,000 francs par canton, donneront donc à peu près un centième du produit de leur année (1). Peut-on douter qu'ils ne consentent avec joie ce petit sacrifice, pour se reconnaître envers la puissance à qui ils devront leur richesse, leur bonheur, et la garantie perpétuelle de ce bonheur à leurs descendans et à toute l'humanité? Une pareille dette pourrait être éludée par des civilisés, gens aussi ingrats que fripons; mais les humains en passant à l'Association, acquerront, outre les richesses matérielles, la richesse morale dont ils sont si dépourvus aujourd'hui, les vertus dont on ne trouve que le masque en civilisation : elles ne sauraient y régner, parce qu'elles n'y conduisent pas à la fortune dont elles deviendront le chemin dans l'ordre sociétaire.

Il serait imprudent de présenter trop tôt ces perspectives de

(1) On peut observer que si un canton d'une forte lieue carrée doit donner un million de revenu en harmonie, somme qui supposerait le produit de la France élevé à 20 milliards, le bénéfice sera donc quintuple et non pas triple, je le sais; mais ceux qui auront lu la note A y auront vu que l'Association, à ne spéculer que sur l'ordre simple, doit déjà élever le produit au quintuple, en cumulant le bénéfice de gestion sociétaire avec le bénéfice de restauration climatérique.

vertu conciliée avec la fortune; l'effet semblerait romanesque: bornons-nous à l'appât le plus convenable à un siècle mercantile, et promettons dans cet aperçu du produit sociétaire, des démonstrations rigoureusement arithmétiques. Nous en aurons de même force sur la métamorphose morale, sur le triomphe universel des vertus, de la justice et de la vérité. Le calcul des Séries passionnelles est mathématique sur l'essor des passions, comme sur les produits de l'industrie.

Possesseur de cette théorie, je me trouve dans la situation d'un homme qui, au siècle d'Auguste, aurait inventé la poudre à canon et la boussole, et qui, au lieu de se hâter de les communiquer, aurait passé 20 ans à en calculer les emplois tels que l'artillerie et la mine : on l'aurait jugé fieffé charlatan, si, après ces 20 années de recherches, il se fût présenté aux ministres d'Auguste, tenant à sa main une cartouche et une boussole, et qu'il leur eût tenu ce discours :

» Je vais, avec la matière contenue dans ce brimborion (la » poudre), changer la tactique des Alexandre et des César: » je puis avec cette matière faire sauter en l'air le Capitole, » (par une mine); foudroyer les villes d'une lieue de loin, » (par la bombe et la coulevrine); réduire à minute nommée la » ville de Rome en un monceau de décombres, (par l'explosion » d'une masse de poudre); détruire à 500 toises de distance » toutes vos légions, par l'artillerie); égaler le plus faible » soldat au plus fort, (par la mousqueterie); porter la foudre » dans mes goussets, (par le pistolet de poche): enfin je » puis, avec cette autre gimblette (la boussole), braver dans » l'obscurité les orages et les écueils, diriger le vaisseau aussi » sûrement qu'en plein jour, et l'orienter par-tout où on ne » verra ni ciel ni terre. » A ce discours, les graves personnages de Rome, les Mécène et les Agrippe, auraient pris l'inventeur pour un visionnaire; et pourtant il n'aurait promis que des effets très-possibles, et connus aujourd'hui des enfans mêmes; il n'aurait pas exagéré d'une syllabe sur les emplois de ses deux découvertes.

Il en est ainsi des deux théories que j'annonce, l'Association agricole et l'Attraction passionnée : ces deux inventions, qui tiennent l'une à l'autre et ne pouvaient pas être faites l'une sans l'autre, me mettent dans le cas de promettre une foule de merveilles, dont la moindre fait crier au visionnaire, et qui sous peu, ne sembleront plus que des effets très-naturels et intelligibles au moindre enfant. Tout s'expliquera, je l'ai déjà dit, par un seul ressort qui est la Série passionnelle substituée à la méthode morcelée, dont le genre humain n'a recueilli qu'indigence, fourberie, oppression, carnage : cette méthode, après avoir pendant 3000 ans déshonoré la raison humaine, va tomber devant les lois sociétaires de la raison divine.

On les expliquerait briévement et sans préambule, à des peuples qui seraient neufs et exempts de préjugés scientifiques: mais des esprits obstrués de ces doctrines, sont rétifs à la vérité, et il faut de longs efforts pour les ramener dans la voie du sens commun.

Ainsi un architecte a bien moins de peine à construire en plein champ, que sur les débris d'un vieux château tombé en ruines et dont il faut préalablement déblayer les décombres.

Tel est l'état où se trouve la raison civilisée : c'est un terrain obstrué par ces vieilles et immenses ruines qu'on appelle systèmes philosophiques. L'esprit humain, obscurci par les préjugés que ces doctrines ont amoncelés, s'est habitué à envisager toute la nature à contre-sens de son but, qui est l'harmonie ou unité fondée sur la dualité d'essor (27 3/4).

Nos controverses politiques, morales et économiques n'ont établi que des opinions hétérogènes avec les principes d'unité; elles nous ont habitués à penser :

1° Que le mouvement, l'univers, la divinité, sont de nature simple et non pas composée ; qu'il y a monalité et non pas dualité dans leur essor.

2° Que la providence est limitée, partielle et non universelle ; qu'elle est incompétente en direction du mouvement social.

3° Que l'homme est un être simple, exclu d'unité avec l'univers, exclu de la tutelle divine en relations sociales.

4° Que le contrat social doit être un pacte insidieux, sans garanties réciproques, efficaces et individuelles.

5° Que nos passions sont nos ennemis ; ce qui suppose que Dieu qui les a créées, est aussi notre ennemi.

6° Que la raison suffit à elle seule pour [illegible] et diriger

les

Après avoir manqué tant d'issues du dédale, tant de moyens de fortune pour l'humanité entière, comme pour les savans, peut-on nier que chaque parti ne soit dupe des autres et dupe de lui-même? L'analyse de ces bévues serait bien humiliante si le remède n'en était pas découvert : nous le possédons enfin. J'ai fait connaître les principes qui devaient nous diriger dans cette recherche ; nous allons en faire deux applications : l'une *intrà-civilisée*, ou adaptée aux questions qui ont le plus occupé la génération présente ; l'autre *ultrà-civilisée*, ou adaptée aux branches d'étude que le préjugé nous a fait dédaigner. Ces deux applications seront le sujet des 2e et 3e notices.

Fin de la 1re Notice.

(Nota.) *On trouve dans cette première notice et sur-tout dans le chapitre 3e, des phrases dogmatiques répétées jusqu'à satiété, entr'autres sur les sept sujets suivans :*

1. *Oubli de chercher les issues de civilisation.*
2. *Nécessité d'un code social composé et révélé par Dieu.*
3. *Doutes des grands hommes sur la philosophie.*
4. *Prééminence de la raison divine sur la raison humaine.*
5. *Décadence sociale et progrès des germes de mal.*
5. *Refus du travail, premier des droits de l'homme.*
7. *Induction tirée des sciences actuelles sur la nécessité d'étudier l'attraction.*

✕ *Unité du mode de révélation entre la Divinité et les créatures.*

Ces redites sont bien multipliées sans doute : je les ai jugées nécessaires et n'ai pas voulu les sacrifier au style : elles ne sont point redondances, *mais* pléonasmes obligés *dans un ouvrage où on ne doit chercher que de l'invention, de la méthode, et non de la rhétorique.*

Lorsqu'un globe s'est obstiné 2500 ans dans une erreur, il faut lui répéter 2500 fois sa sottise et son acte d'accusation. Les têtes civilisées sont si obstruées de préjugés, que la vérité n'y peut entrer qu'à grands coups de massue. Je redirai souvent que l'éloquence et le bel esprit courent les rues, et n'ont rien fait pour le bonheur social. Il faut un dénouement, une issue du labyrinthe : il faut convaincre quelqu'un des 4000 candidats qui peuvent fonder l'Association. Laissons donc le bel esprit et le beau style, et procédons comme en mathématiques, où on ne craint pas de rappeler vingt et trente fois le même théorème pour habituer l'étudiant à n'en dévier jamais.

CIS-MÉDIANTE.

Aux Amis de l'Utile.

PARMI les bienfaits du régime sociétaire, il en est de si précieux, qu'il convient de les détacher du corps de l'ouvrage, et les présenter par forme d'entr'acte, pour récréer le lecteur et soutenir l'attention. J'en indiquerai de cette espèce dans les médiantes ; celle-ci sera pour l'utile, une autre pour l'agréable.

Dans la classe de l'utile je choisis trois sujets, la quarantaine, les routes et le cadastre.

1° LA QUARANTAINE : elle devient universelle dès que l'ordre sociétaire est organisé. Elle s'exécute combinément et simultanément dans tous les cantons du globe, et en deux à trois ans elle extirpe toutes les maladies accidentelles, comme virus pestilentiel, psorique, siphyllitique, variolique, etc. Ces fléaux une fois bannis ne renaîtront plus, parce que l'Association joindra aux correctifs les préservatifs ; entr'autres l'aisance et la propreté générale du peuple et des animaux domestiques.

» Et les médecins, réplique-t-on, comment accueilleront-ils ce » fâcheux augure ? quoi, plus de maladies siphyllitiques, psoriques, » varioliques ! vous allez liguer contre vous toute la faculté. » Au contraire, la salubrité sera pour eux gage de fortune : on verra, au traité, qu'en harmonie, moins il y a de maladies, plus les médecins s'enrichissent ; et cette extirpation de maladies sera tout aussi agréable à la Faculté qu'à la belle jeunesse, entravée si fâcheusement dans ses plaisirs, par l'impossibilité de quarantaine universelle dans l'état actuel du globe.

2° LES ROUTES, aujourd'hui fécond sujet de disputes et de jalousies entre les communes ! Tout canton en harmonie a ses grandes et petites routes, ornées comme nos allées de parterre, garnies de trottoirs, avec ombrages continus ; bassins, et massifs de fleurs ; colonnes d'indication, etc. : ce luxe de grands chemins ne coûtera pas une obole d'impôt. Chaque phalange les construit elle-même *par Attraction industrielle*, et met son orgueil à les embellir autant que ses salons. Chacune veut briller par les chevaux de poste autant que par les chemins. C'est là un des mille agrémens que les riches mêmes ne peuvent se procurer à aucun prix en civilisation. Quoi de plus détestable que les routes des environs de Paris, dont les pavés sont pour l'oreille et le corps un double supplice !

3° LE CADASTRE : c'est ici que la Civilisation se montre en pygmée.

La France, après vingt-cinq ans de travaux et de frais énormes, n'a que des ébauches et lambeaux de cadastre. Il faudrait y travailler trente années encore, à 3 millions par an; et au bout de ce temps, l'ouvrage serait à peu près inutile *en finance*, à cause des mutations. Que de travaux et de dépenses pour obtenir un fatras inutile! voilà bien la Civilisation; *parturient montes.*

Comparons cette entreprise avortée, avec le travail du cadastre sociétaire. Au lieu de soixante ans, il n'exigera qu'un an, ne coûtera pas une obole d'impôt; il donnera très-exactement, très-magnifiquement, le plan de toutes les terres et les mers du globe, en *cent vingt mille tomes de* 30 *pouces de hauteur*, contenant chacun 50 cartes, avec colonnes explicatives et gravures au revers, indication de la nature de chaque sol, constatée par des fouilles de 20 et 30 pieds.

Sur les 120,000 tomes, il y en aura environ 80,000 pour les terres, 40,000 pour les mers littorales et les bas-fonds.

Les exemplaires du cadastre intégral du globe se trouveront dans chaque chef-lieu de Pentarchie, (province de 150 à 200 Phalanges).

Les divisions moindres,

Tétrarchie,	36 à 48	Phalanges,
Triarchie,	12 à 16	
Duarchie,	3 à 4	
Unarchie,	1	

n'auront qu'une subdivision de l'ouvrage, proportionnée à leur étendue.

Le cadastre des mers ne pourra s'achever ni en un an, ni même en dix; mais celui des terres n'exigera que le laps d'un an: chaque canton y emploiera ses groupes de Géomètres, Minéralogistes, Graveurs, etc., qui représenteront au revers de carte les beaux édifices et beaux points de vue du canton.

A ces prodiges d'industrie sociétaire, à ces perspectives si dignes d'électriser les amis du beau et de l'utile, je pourrais ajouter une kyrielle de cent autres merveilles colossales: chacun les pressentira, et en conclura à sortir au plus tôt de la lymbe civilisée. Les impatiens m'accuseront de lenteur, et voudront que sans délai je leur expose la théorie de l'Association. Ne précipitons rien; préparons bien les esprits: imitons le médecin qui, par un régime préalable, dispose le malade à un traitement. Procédons d'abord à » refaire l'entendement humain, » le soumettre au régime qu'ordonnent Condillac et Bacon, » lui faire oublier tout ce qu'il a appris des doctrines philosophiques, » où nous allons examiner (2e notice) des erreurs aussi plaisantes que funestes.

IIme NOTICE.

APPLICATION INTRA-CIVILISÉE AUX QUESTIONS CONTROVERSÉES.

CHAPITRE V.

Application à la Liberté.

Je viens de poser douze principes sur la marche à suivre dans l'investigation de la destinée sociale : ils ne sont pas neufs ; aucun des douze n'est de moi : ce sont les armes des philosophes dont je m'empare. Il reste à examiner comment ces sophistes, avec des guides si excellens, se sont jetés sur tous les écueils et ne sont arrivés qu'aux sept fléaux lymbiques (39).

Dans l'examen de leurs aberrations, nous devons, conformément au tableau (25), signaler d'abord les fautes qui ont rapport à la période la plus rapprochée, à la 6e, *Garantisme*, qui suit immédiatement la 5e, *Civilisation*.

Il est dans l'ordre naturel que chaque période sociale porte son attention sur les questions qui peuvent l'élever à l'échelon supérieur ; c'est pourquoi la Civilisation ne tend que très-faiblement à l'Association agricole qui serait voie de 7e période ; mais elle s'occupe très-activement de deux voies de 6e, qui sont les systèmes de Commerce et de Liberté. Ce sont aujourd'hui les deux chevaux de bataille de la Philosophie. Elle veut nous conduire à la libre circulation commerciale, et nous arrivons au monopole maritime : elle veut nous conduire à la liberté d'opinions, et n'aboutit qu'à couvrir un empire de dénonciateurs et d'échafauds. Or, en admettant que la Philosophie soit sincère et bien intentionnée, elle est au moins un guide bien suspect par sa prodigieuse mal-adresse.

J'ai blâmé plus haut ceux qui donnent le coup de pied de l'âne ; je ne veux pas les imiter ; et quoique la Philosophie soit tombée en disgrâce, je vais, dans l'examen des sophismes de liberté, garder avec elle autant de ménagemens que si elle était sur le pinacle comme en 1789.

Les questions relatives à la liberté peuvent être débrouillées en quelques pages, quoiqu'on en ait employé tant de milliers à obscurcir le sujet. Je n'y donnerai que trois chapitres.

Après la santé et la fortune, rien n'est plus précieux que la liberté, qu'il faut distinguer en corporelle et sociale. Cette deuxième n'est point celle que veulent nous procurer les sophistes.

Selon leur coutume d'envisager toute la nature en système simple, ils ont porté la manie de simplisme dans ce débat, et n'ont pas su distinguer la liberté en simple, en composée, en surcomposée. Pendant plus de mille ans ils négligèrent la première des libertés, la matérielle ou corporelle : ce fut la religion chrétienne qui intervint puissamment pour faire affranchir les esclaves : mais avant le Christianisme, les philantropes anciens réduisaient le genre humain à l'état de bête de somme et au-dessous encore, puisqu'on obligeait vingt mille esclaves à s'entretuer dans une naumachie pour amuser les vertueux citoyens de Rome, qui, à défaut de vingt mille égorgés en masse, en faisaient massacrer deux cent, pièce à pièce dans les combats de gladiateurs. Cette prouesse était répétée plus civiquement chez les vertueux républicains de Sparte, qui rassemblaient deux mille esclaves *des plus fidèles*. On les promenait dans la ville, couronnés de fleurs; ensuite on les égorgeait pour en diminuer le nombre; et on se défaisait des plus fidèles parce qu'on n'osait pas les déchirer de coups dans les bagnes. Voilà quels furent, pendant mille ans, les nobles calculs de la Philosophie sur la liberté matérielle. Tout bon républicain applaudissait à ces massacres, et sans la religion chrétienne les choses en seraient peut-être encore au même point.

Si l'on eut consulté sur l'affranchissement des esclaves, les oracles de la sagesse, les Platon, les Aristote, ils auraient répondu par ce grand mot d'*impossibilité* dont la France a hérité. Le lumineux Aristote regardait si bien les esclaves comme bêtes de somme, gens étrangers à l'espèce humaine, qu'il posait en principe, *qu'aucune vertu ne peut convenir à un esclave.* Il voulait les réduire en bêtes brutes, exclues du raisonnement et de la vertu même. Il était donc bien loin de songer à des recherches philantropiques sur les moyens d'opérer l'affranchissement personnel démontré possible, puisqu'il existe dans tout l'occident d'Europe et autres lieux.

Nous n'en sommes ici qu'à une branche simple et très-simple de liberté, car il s'agit de la corporelle seulement, et non de la sociale dont nous parlerons plus loin.

Les Philosophes, après avoir vu sous les derniers Césars que cette liberté corporelle jugée si longtemps impossible était chose très-praticable, auraient dû reconnaître combien leur science est en défaut dans ses préventions d'impossibilité, dans sa coutume *de croire la nature bornée aux moyens connus* (101): ils ne tinrent aucun compte de cette leçon; et ce qui prouve leur secrète indifférence pour la liberté, c'est qu'ils ne songèrent pas à analyser et transmettre les procédés qui avaient opéré cette métamorphose. On en a des notions superficielles, mais très-insuffisantes en pratique; aussi a-t-on échoué, de nos jours, quand on a voulu affranchir corporellement les Nègres. Ce fut en 1789 que la Philosophie tenta l'entreprise: au lieu de s'enquérir des méthodes convenables, elle ne mit en jeu que l'esprit de parti, sans aucune vue de philantropie judicieuse; elle n'aboutit qu'à faire de St.-Domingue une arène de carnage, sous le prétexte banal de liberté.

La voilà convaincue de pleine impéritie sur ce qui touche à la liberté corporelle ou matérielle, et aux procédés d'affranchissement soit subit, soit progressif. Répétons, comme grief très-notable, qu'après avoir cru pendant mille ans cet affranchissement impossible, elle n'a pas même sû observer et transmettre les méthodes qui l'avaient opéré sans effusion de sang ni commotion politique.

A-t-elle montré plus d'habileté en fait de liberté sociale? Cette question nous conduit à distinguer trois genres de liberté, subdivisibles en espèces. Et pour ne pas affadir le lecteur par des minuties didactiques, je ne donnerai les détails d'espèce qu'à mesure qu'ils naîtront du sujet. Bornons-nous d'abord à trois genres.

1° Liberté *simple ou corporelle*, sans libérté sociale. C'est le sort du pauvre qui a un très-petit revenu, le strict nécessaire, la ration militaire. Il jouit d'une liberté *corporelle active*, parce qu'il n'est pas forcé au travail, comme l'ouvrier privé de tout revenu. Du reste il n'a aucun essor de passions. Phébon est bien libre d'aller à l'opéra; mais il faudroit un écu pour y entrer: or Phébon n'a tout à point que de quoi se nourrir et vêtir bien mesquinement. Il est libre d'aspirer au rang de député; mais il faudrait de bonnes rentes, et il en est fort loin : avec sa fierté du beau nom d'Homme libre, il n'a que des fumées en fait de liberté sociale : il reste à la porte du traiteur et de l'opéra, et encore mieux à la porte du corps électoral. Il n'est que membre passif de la société; ses passions n'y ont aucun essor actif; son opinion y est dédaignée.

Cependant il est bien plus libre que l'ouvrier réduit à travailler sous peine de mourir de faim, et n'ayant dans la semaine qu'un jour de liberté corporelle *active*, que le dimanche. Tous les autres jours, l'ouvrier est en liberté corporelle *passive* : l'attelier est pour lui un esclavage convenu, indirect, qui n'est pas moins gêne corporelle, comparativement à l'oisiveté et au bien-être du dimanche.

Nous distinguerons de même la liberté sociale en active et passive. Remarquons seulement qu'elle n'existe pas pour les deux classes d'hommes précités : ils n'ont que la liberté simple ou corporelle, qui est active chez le petit rentier, et passive chez l'ouvrier, déjà moins malheureux que l'esclave qui n'a de liberté corporelle ni en actif, ni en passif.

2° Liberté *composée divergente*. Elle comprend la *corporelle active* et la *sociale active*, le plein essor des passions : tel est l'état des Sauvages; ils jouissent de ces deux libertés. Un sauvage délibère sur la paix et la guerre, comme chez nous un ministre à porte-feuille. Il a, autant qu'on peut l'avoir dans sa horde, le plein essor des passions de l'âme; il a surtout l'insouciance, bien très-inconnu du civilisé. A la vérité, il est obligé de chasser et pêcher pour sa subsistance; mais ce travail *attrayant* pour lui ne lèse en rien la liberté corporelle active. Un travail qui plaît n'est point une servitude, comme le serait la charrue pour le Sauvage : sa chasse est pour lui un amusement, comme la vente pour un marchand. Croit-on qu'un marchand ait éprouvé une gêne corporelle quand il a dans sa matinée déployé cent pièces d'étoffes, débité force mensonges et vendu force culottes ? Cette fatigue est plaisir, travail attrayant, liberté corporelle; et pour preuve, notre marchand fort content aujourd'hui, sera demain maussade et bourru, s'il ne voit entrer aucun acheteur, s'il ne peut ni mentir, ni vendre.

On a vu que la liberté du Sauvage est composée, puisqu'elle est corporelle active, et sociale active; mais ces deux *activités* sont en *divergence* avec la destinée, avec le travail productif. Pour élever le Sauvage aux libertés *actives convergentes*, il faudrait lui présenter le travail *productif attrayant*, celui qu'on exerce par séries passionnelles (15); alors il passerait à la liberté de 3e degré.

3° Liberté *composée convergente* ou *surcomposée*. Elle comprend les deux indépendances, *corporelle active* et *sociale active*, alliées à *l'industrie productive attrayante*.

Elle suppose l'unité d'adhésion, le consentement individuel de chacun, homme, femme et enfant, leur ligue passionnée pour l'exercice de l'industrie et pour le maintien de l'ordre établi. Cette troisième sorte de liberté est destinée de l'homme.

La liberté dont jouit le Sauvage est donc une fausse nature ou nature simple, puisqu'elle est divergente de la destinée; remarque importante pour désabuser les amis de la simple nature qui n'est point la destinée. Quant à la nature composée, on la trouverait encore moins en civilisation, où les libertés telles que je viens de les définir, ne se rencontrent nulle part en alliage de

corporelle active
et sociale active } Convergentes.

Ceux qui jouissent parmi nous de ces deux libertés, ne tendent qu'a leur donner l'essor *divergent* ou rebelle à l'industrie productive; tous inclinent à l'oisiveté, souvent même à la destruction: témoins les enfans, qui brisent et ravagent dès qu'on les laisse en liberté corporelle active, et qu'ils peuvent faire du dégât sans être aperçus.

Ces distinctions sur la liberté sont un peu minutieuses: mais après tant de massacres pour la fausse liberté, n'est-il pas temps enfin d'apprendre à connaître la véritable, dite *composée convergente*, qui ne peut en aucun cas s'amalgamer avec la civilisation, puisqu'elle suppose unité d'adhésion au régime industriel, et que parmi nous le peuple est partout en état de soulevement intentionnel, comprimé par les Sbirres et les gibets?

Il existe bien en civilisation une masse d'adhérens ou consentans dont le nombre se borne à peu près au huitième, tandis que les sept huitièmes sont mécontens. Quelques-uns le sont à demi et sans intention de soulèvement ; mais la très-grande majorité, composée des salariés et du petit peuple, s'insurgerait à l'instant où elle serait délivrée de la crainte des supplices. La multitude pauvre est donc réduite à la liberté simple ou corporelle. Son industrie est un esclavage indirect, un tourment dont elle voudrait s'affranchir.

Distinguons ensuite la portion de civilisés nommée Bourgeoisie, artisans, petits propriétaires. On trouve dans leur nombre une grande majorité qui est mécontente de l'ordre établi et désire des changemens, des admissions à tels et tels droits. Elle ne jouit donc pas de la liberté sociale *active*, ou plutôt elle n'en jouit qu'à demi : elle est en dissidence avec l'ordre social ; sa liberté n'est que de mode composé divergent, puisque ces bourgeois et artisans sont hors d'unité et d'adhésion passionnée.

Reste une minorité très-faible, qui adhère à l'état civilisé tel qu'il est organisé. Cette minorité se compose des oisifs qui sont hors d'industrie productive, ou de quelques privilégiés qui envahissent les emplois lucratifs : ceux-là jouissent de la liberté composée semi-convergente ; mais leur nombre est bien petit, et de plus ils sont rebelles à l'industrie, désirent encore beaucoup de changemens dans l'ordre social et administratif, et n'ont pas pour l'avenir des garanties de leur bonheur présent.

Il est donc bien peu de civilisés qui approchent de la vraie liberté (mode composé convergent). Il sera même facile de prouver qu'aucun d'eux n'y atteint, et que les monarques et ministres en sont encore très-éloignés ; tandis que le peuple et la classe pauvre sont tout-à-fait réduits à la liberté simple ou corporelle ; encore est-elle compromise par les conscriptions, la domesticité, et la sujétion des femmes et des enfans qui ne jouissent pas en plein des libertés corporelles.

Quant à la liberté politique ou sociale, toute la classe pauvre en est entièrement privée, et réduite à s'asservir dans les travaux salariés qui enchaînent l'ame ainsi que le corps. Un subalterne qui aurait des opinions contradictoires avec celles de son chef, serait renvoyé et privé de travail ; il ne jouit donc pas de la liberté sociale active, pas même du droit d'opinion et de sens commun. Par-tout où le pauvre hasarde une opinion contraire à celle du riche, il est éconduit malgré la justesse de ses avis, et traité comme l'âne de la fable, qui paie de sa tête pour les fautes du lion.

Dans un tel état de choses, peut-on prétendre que la liberté sociale existe? Non, puisqu'elle est réduite à cette petite minorité qui possède la richesse : encore beaucoup de riches sont-ils privés de la liberté d'opinion.

Cette oppression n'a pas lieu dans l'état sauvage, où un homme sans l'appui de la richesse jouit pleinement de la liberté d'opinion, et d'une foule d'autres libertés, comme la chasse et la pêche qui sont défendues à un bourgeois civilisé. Le sauvage exerce sept droits; *chasse*, *pêche*, *cueillette*, *pâture*, *vol extérieur*, *ligue fédérale*, *insouciance :* ces droits constituent la liberté composée divergente, qu'il faudra concilier avec la grande industrie sociétaire; à défaut, le genre humain ne pourrait pas se dire libre, tant qu'il n'obtiendrait pas dans l'exercice de l'industrie, les droits qui lui sont assurés dans l'état sauvage, droits qu'on ne doit restreindre que sous la condition *d'équivalent consenti individuellement.*

Si donc la civilisation prétend nous élever à la liberté combinée avec l'industrie, elle doit nous assurer *l'équivalent consenti* de ces sept droits; un équivalent assez réel pour que le Sauvage qui est nanti des sept droits, préfère s'allier à nous et embrasser l'industrie.

Telle est la condition que les Philosophes devaient s'imposer en théorie de liberté. Ils ont senti qu'il faudrait à l'homme une indemnité des sept droits naturels dont elle se compose: eh! que lui ont-ils promis? Deux chimères antipathiques avec la liberté; ce sont l'égalité et la fraternité, admissibles chez les Sauvages, mais nullement chez les nations policées. Aussi, quel résultat obtient-on parmi nous de ce monstrueux amalgame? Une fraternité dont les coryphées s'envoient tour à tour à l'échafaud; une égalité où le peuple qu'on décore du nom de souverain, n'a ni travail, ni pain, vend sa vie à cinq sous par jour, est traîné à la boucherie, la chaîne au cou.

Tels sont les effets que nous avons vus naître sous ce régime où l'égalité et la fraternité s'alliaient à un fantôme de liberté. Comment les Philosophes, en voyant ce monstrueux résultat de leurs dogmes, ont-ils pu hésiter à former une secte de résipiscence et d'abjuration, une secte qui déclarât qu'il fallait ou renoncer à la liberté, ou en chercher les voies dans quelqu'autre science que la Philosophie, dans quelqu'autre société que la Civilisation !

Je vais donner une théorie de la liberté *surcomposée*, qui assure aux sociétés industrielles des droits équivalens et très-supérieurs à chacun des sept droits du Sauvage ; mais qui les garantit avec exercice réel, constaté par le consentement passionné, unanime et permanent de tous les individus des trois sexes, hommes, femmes et enfans.

Cet équivalent ne peut être constaté que par adhésion du Sauvage : il jouit déjà de sa liberté composée divergente ; il ne peut pas adhérer à une industrie offerte, si elle ne lui présente pas un meilleur sort, bien réel, bien garanti, dont on verra plus loin les tableaux, au traité des Séries passionnelles ou liberté composée convergente, qui loin de s'accoler à l'égalité, à la fraternité, reposera sur l'extrême inégalité et la graduation de contrastes et de rivalités.

Reproduisons à ce sujet quelques phrases de la définition donnée (15) sur les Séries passionnelles, et observons combien cet ordre, souverainement libre, est opposé aux spéculations des Philosophes sur la liberté.

Rien de moins fraternel et de moins égal que les groupes d'une série passionnelle. Pour la bien équilibrer, il faut qu'elle rassemble et associe des extrêmes en fortune, en lumières, en caractères, etc. ; comme du millionnaire à l'homme sans patrimoine, du fougueux au pacifique, du savant à l'ignorant, du vieillard au jouvenceau ; cet amalgame n'est rien moins que l'égalité.

Une autre condition est que les groupes de la série soient en rivalité inconciliable ; qu'ils se critiquent sans pitié sur les moindres détails de leur industrie ; que leurs prétentions soient incompatibles, et par-tout distinctes sans la moindre fraternité ; qu'ils organisent au contraire des scissions, jalousies et intrigues de toute espèce. Un tel régime sera aussi loin de la fraternité que de l'égalité ; et pourtant c'est de ce mécanisme que naîtra la liberté surcomposée qui est en pleine opposition avec les doctrines philosophiques.

Elles ordonnent le mépris des richesses perfides et l'encouragement du trafic arbitraire ou libre mensonge. L'ordre sociétaire ou liberté surcomposée exige, au contraire, l'amour des richesses et d'un luxe immense, l'extirpation du mensonge commercial, et la garantie de véracité dans tout marché.

L'état philosophique ou civilisé conduit aux richesses par la pratique du mensonge, et à la ruine par la pratique de la vérité; l'état sociétaire conduit aux richesses par la pratique de la vérité, et à la ruine par l'emploi du mensonge.

La Philosophie veut en régime domestique et industriel la réunion la plus petite possible, bornée à un homme et une femme; l'ordre sociétaire veut en régime domestique la réunion la plus grande possible, et portée aux environs de 1500 personnes, qui, au lieu de la tiédeur conjugale, des monotonies civilisées et de la fraternité républicaine, doivent opérer par

Intrigues jalouses et rivalités contrastées selon les lois de la 10e passion dite *Cabaliste* ou *dissidente*.

Variété fréquente et habituelle de fonctions selon les lois de la 11e passion dite *Papillonne* ou *alternante*.

Fougue industrielle, enthousiasme général, selon les lois de la 12e passion dite *Composite* ou *coïncidente*.

Tels seront les ressorts de la vraie liberté dite composée convergente: elle est donc en tout sens l'opposé des visions de liberté qu'un essai déplorable a si bien réduites au rang de folies scientifiques.

Sans doute la liberté est un bien très-précieux, puisque chaque parti veut en jouir à lui seul, en priver les autres et tout envahir; concentrer tous les biens, les honneurs, le pouvoir, dans les mains d'un petit nombre d'affiliés. On ne connaît pas d'autre liberté en civilisation: je vais en décrire une bien différente.

La liberté est illusoire si elle n'est pas générale: il n'y a qu'oppression, là où le libre essor des passions est restreint à l'extrême minorité, au 8e, comme dans la civilisation, qui encore ne procure pas à ce 8e de favoris, le quart de l'essor passionnel dont ils jouiront dans l'état sociétaire.

Pour assurer cet essor à la multitude, il faut un ordre social qui remplisse les trois conditions suivantes:

1° Rechercher, inventer et organiser un régime d'attraction industrielle;

2° Garantir à chacun l'équivalent des sept droits naturels énoncés plus haut ;

3° Associer les intérêts du peuple à ceux des grands, qu'il jalouserait et haïrait, tant qu'il ne participerait pas par degrés à leur bien-être.

Ce n'est qu'à ces trois conditions qu'on peut assurer au peuple un *minimum* en subsistance, vêtement, logement, et de plus, en plaisirs ; car le nécessaire sans l'agréable ne saurait suffire à l'homme : dépourvu de plaisirs, il resterait inquiet, mécontent, et ne donnerait pas une adhésion passionnée à l'ordre social : il serait lésé sur l'exercice du septième droit naturel qui est l'insouciance ; il n'y arrive pleinement qu'autant qu'il jouit d'un minimum composé, ou subvention aux besoins du corps et de l'ame.

Après cette définition des degrés et conditions de la liberté, nous allons l'examiner par application aux sept droits naturels, simples et composés. Cette distinction du simple et du composé est une boussole à consulter sans cesse dans l'étude des passions : ce n'est que pour les *simplistes* que la nature a des voiles d'airain ; tous ses voiles tombent dès qu'on l'aborde en mode composé.

CHAPITRE VI.

Des sept Droits naturels, en emploi simple et en composé.

C'est ici que va s'éclaircir le ténébreux débat sur les droits de l'homme. Nous allons examiner comment l'ordre sociétaire peut assurer à chaque individu, l'exercice libre de chacun des sept droits, si incompatibles avec le mécanisme civilisé et barbare.

Procédons d'abord à les définir sommairement, ainsi que leurs pivotaux. Ce tableau que j'accompagne de trois analogies, nous servira, dès la médiante, à détromper ceux qui regarderaient comme prévention systématique, la préférence que je donne communément aux nombres 7 et 12: je n'exclus pas pour cela les autres nombres, mais je les réserve pour les emplois spéciaux et non pour les emplois d'unité dont nous nous occupons dans ces prolégomènes.

Gamme des Droits naturels avec analogies.

		Droits.		*Passions.*	*Couleurs.*	*Courbes.*	
1.	Cardinaux ou industriels.	Cueillette.	Passions cardinales.	Amitié.	Violet.	Cercle.	Ut.
2.		Pâture.		Amour.	Azur.	Ellipse.	Mi.
3.		Pêche.		Famillisme.	Jaune.	Parabole.	Sol.
4.		Chasse.		Ambition.	Rouge.	Hyperbole.	Si.
5.	Distributifs.	Ligue intérieure.	Distributives.	Cabaliste.	Indigo.	Spirale.	Ré.
6.		Insouciance.		Papillonne.	Vert.	Conchoïde.	Fa.
7.		Vol extérieur.		Composite.	Orangé.	Logarithm^e^.	La.
X	Y	MINIMUM.		UNITÉISME.	BLANC.	CYCLOÏDE.	Ut♯
	λ	*Liberté.*		*Favoritisme.*	*Noir.*	*Épicycl^e^.*	B Ut

La liberté ne vient qu'à la suite des sept autres droits; elle est résultat de leur combinaison, comme le Blanc et le Noir sont réunion ou absorption des sept rayons.

La liberté n'est que simple et fausse, que duplicité d'action, si elle n'est pas étayée de son contre-pivot, le Minimum Y, principal de tous les droits, et pourtant inadmissible dans la période sauvage.

Cette société garantit les sept droits, et le pivotal inverse λ Liberté, aux hommes seulement, et non aux femmes très-asservies chez les sauvages, où leur condition est pire que chez les civilisés. Leur servitude constitue la duplicité d'action dans l'état sauvage; elle n'a pas lieu dans la période 1re, Edenisme, ni même dans le demi-Édenisme, Otahiti (25).

L'objet de ce chapitre est d'établir, en aperçu, un principe qui sera démontré en grand détail dans le cours de l'ouvrage; savoir :

Que l'action sociale ne peut s'élever à l'unité que par intervention des deux pivots : elle est faussée si elle ne s'étaye que d'un seul pivot, que de la Liberté λ; dans ce cas, les sept droits deviennent autant de sources de désordres, dont le premier est de faire rétrograder le mouvement et le ramener à l'état sauvage, si on accorde les sept droits : il rétrograde partiellement si on n'accorde que partie des sept droits : par exemple, une concession illimitée de chasse et de pêche détruiroit en deux ans deux sources de subsistance, qui sont le gibier et le poisson.

Les sept droits, au contraire, deviennent autant de sources d'harmonie sociale, si on les étaye sur pivot composé, sur Minimum Y et Liberté X. Il suffit même de spéculer sur le Minimum qui implique Liberté; car on ne peut pas garantir le Minimum, sans opérer par les Séries passionnelles d'où naît la Liberté. Mais si on veut, selon la prétention philosophique, établir dans les trois ou dans l'une des trois sociétés dites Lymbes obscures, *la Liberté sans le Minimum*, on n'aboutit qu'à empirer l'ordre subversif qui, au lieu des sept droits, nous donne les sept fléaux (39), et transforme les deux droits pivotaux en deux calamités énoncées (*ibid.*),

Egoïsme général Y, au lieu de Minimum proportionnel.

Duplicité d'action X, au lieu de Liberté unitaire.

(On peut remarquer, au sujet de ce parallèle, que les signes pivotaux ont été posés à contre-sens aux deux tableaux 39 et 92. J'ai depuis deux ans perdu de vue ces calculs de gammes et formules descriptives ; je pourrai par fois y commettre des inadvertances qui ne seront qu'erreurs de forme et non pas erreurs de fond. Elles ne compromettront en aucun cas la théorie.)

Il est évident que nous avons en mécanique civilisée deux pivots contraires aux deux du tableau des droits naturels : et d'abord, au lieu du *minimum* qui supposerait une subvention du corps social pour assurer le *nécessaire proportionnel* aux individus lésés dans les trois classes, riche, moyenne et pauvre, nous n'avons qu'un *égoïsme général* qui va croissant et habitue chaque civilisé à rester pleinement indifférent sur les besoins de son semblable. Cet égoïsme s'accroît depuis les progrès de l'esprit mercantile.

D'autre part, au lieu d'une liberté unitaire ou concours de la masse pour assurer à chacun la jouissance des sept droits, nous n'avons que des ligues de la classe opulente pour échapper aux infortunes sociales, et les faire peser sur le pauvre, à qui on ne peut concéder, en civilisation, aucune jouissance des sept droits, ni aucune compensation.

Définissons brièvement chacun des sept : il est inutile de parler des quatre droits cardinaux. Chacun sait que le Sauvage a pleine licence de chasse et de pêche, libre cueillette des fruits et légumes que donne la terre, et libre pâture pour les animaux qu'il lui plaît d'élever.

Il jouit du droit de vol ou larcin à l'extérieur, c'est-à-dire sur tout ce qui n'est pas en ligue fédérale et passionnelle avec lui. Il ne vole pas ses compagnons de la horde : cette restriction n'est pas entrave, mais exercice fédéral du vol, extension de la licence ou prérogative, selon laquelle toute la horde se confédère pour voler qui il appartiendra, soit les autres sauvages, soit les caravanes, soit les civilisés voisins, etc. Ainsi l'exercice des droits 5 et 7, fédération intérieure et vol extérieur, est en pleine activité chez le Sauvage : (voire même chez tant d'honnêtes civilisés qui, lorsqu'ils sont les plus forts, s'entendent si bien pour vivre aux dépens des plus faibles).

7.° *Insouciance*, bonheur des animaux : on ne jouit de ce droit en civilisation qu'à force de trésors : mais les 9/10.es des civilisés, loin de pouvoir être insoucians du lendemain, ont le souci du jour même, puisqu'ils sont obligés de vaquer à un travail répugnant et forcé. Aussi vont-ils le dimanche dans les guinguettes et lieux de plaisir, y goûter quelques instans cette insouciance vainement cherchée par tant de riches que poursuit l'inquiétude. « *Post equitem sedet atra cura.* »

Des ergoteurs diront que l'insouciance est un caractère et non pas un droit; mais elle devient un droit, en ce qu'elle est proscrite dans l'état de civilisation, où l'incurie est déshonorée, condamnée hautement. Qu'un père de famille peu fortuné essaye de s'adonner au plaisir, sans s'occuper de son atelier, sans rien amasser pour les impôts, les loyers et les besoins futurs; l'opinion par ses critiques, et le percepteur par ses garnisaires, l'avertiront qu'il n'a pas le droit d'être insouciant, de jouir du bonheur des sauvages et des animaux, et que malgré son penchant à l'insouciance, il doit s'en priver. D'ailleurs l'éducation civilisée intervient systématiquement pour combattre en nous ce goût de l'insouciance, plaisir dont rien n'entravera l'essor en harmonie.

Quant au Sauvage, il est évident qu'il jouit de l'insouciance et ne veut pas s'inquiéter de l'avenir : s'il en étoit autrement, il il craindrait que ses enfans, sa horde, ne souffrissent de la famine; il accepterait les offres que lui font les gouvernemens civilisés, d'instrumens aratoires et objets nécessaires a la culture : mais il ne veut céder aucun de ses sept droits; en quoi il a raison; car s'il en cédait un, l'insouciance, il les perdrait successivement tous. Il ne fait sans doute pas ce calcul, mais la nature le fait pour lui; l'Attraction le dirige dans la bonne voie; on en verra la preuve au chapitre » Echelle parallèle des » attractions sociales. »

La seule objection plausible qu'on puisse élever contre ce bonheur du sauvage, c'est que les femmes n'en jouissent pas : cependant les femmes composent moitié du genre humain, et leur condition chez le sauvage est très-servile, très-malheureuse.

Rien n'est plus vrai, et si je ne citais pas cette vexation, les philosophes n'en feraient pas mention; car ils sont dans l'usage de compter les femmes pour rien. Sur trois sexes passionnels dont se compose l'espèce humaine,

Le majeur, les hommes,
Le mineur, les femmes,
Le mixte ou neutre les enfans (*),

la philosophie ne voit qu'un sexe et ne travaille que pour un seul, pour le majeur ou masculin; encore quel bonheur lui procure-t-elle? Rien autre que les sept fléaux lymbiques, au lieu des sept droits dont se compose la liberté. Toutefois j'ai répondu d'avance à l'objection précitée, lorsque j'ai nommé la liberté des sauvages *composée divergente*. Elle diverge en double mode; socialement, par l'incompatibilité du corps social nommé Horde, avec l'industrie ou destinée; matériellement, par l'exclusion du sexe féminin qui ne participe que peu ou point aux sept droits naturels.

(*) On objectera que les enfans étant hommes ou femmes, ne composent pas un sexe à part, comme seraient des hermaphrodites. C'est une objection louche et qui péche déja sous le rapport matériel, en ce que les enfans n'exercent pas la faculté qui distingue les sexes. En passionnel la différence est bien plus forte, car les enfans sont privés des deux liens sexuels qu'ils ne connaissent pas; ce sont l'affection d'amour et celle de paternité : ils sont donc sexe neutre en passionnel et en matériel : on en verra la preuve, quand je traiterai de leurs emplois en harmonie passionnelle.

Reprenons le parallèle des libertés. Il est déjà certain que le Sauvage est plus avancé que nous en essor de liberté, car il s'élève à la *composée divergente* (119) ou jouissance des sept droits pour les hommes seulement. Il est donc bien au-dessus de nous, qui privons de cet avantage l'immense majorité dans l'un et l'autre sexe.

L'ordre civilisé qui nous dépouille tous ou presque tous de ces sept avantages, nous devrait une indemnité équivalente; et d'abord un *minimum* ou nécessaire en alimens, vêtemens et logemens proportionnés aux trois classes, la haute, la moyenne et la basse. Il faudrait par conséquent trois sortes de *minimum* pour les pauvres des trois classes; encore serait-ce ne rien faire pour la liberté individuelle; car un homme est nourri, vêtu, logé dans les dépôts de mendicité, où il est prisonnier et très-malheureux. Il reste d'autres conditions à remplir pour arriver à la liberté; et d'abord, garantir à tout individu *l'exercice* ou *l'équivalent* des sept droits dont elle se compose; lui assurer l'essor actif des passions.

Pour indemniser un civilisé de la perte des sept droits, nos publicistes lui garantissent quelques rêveries et gasconnades, comme l'orgueil du beau nom d'homme libre, et le bonheur de vivre sous la charte. Ces niaiseries qui ne méritent pas même le titre d'illusions, ne sauraient satisfaire un salarié qui voudrait avant tout manger à son appétit, vivre joyeux, insouciant, chasseur, pêcheur, cabaleur, et voleur comme le Sauvage.

L'état sociétaire garantit au peuple ces sept droits en plénitude, ou en équivalent *consenti*; par exemple, il donne au peuple pour l'indemniser du droit de vol, tant de bien-être, que le plébéien ne veut plus risquer de se déshonorer en volant ce qu'il peut avoir; ou en perdant dans l'opinion plus qu'il ne gagnerait par un larcin, qu'on ne saurait tenir secret dans ce nouvel ordre où tous les enfans sont élevés à des sentimens d'honneur, et jouissent amplement de toutes les commodités de la vie: ils ne peuvent donc pas songer à voler ce qu'ils ont en abondance.

La Civilisation, en privant l'homme de ses sept droits naturels, ne lui donne jamais d'équivalens consentis. Demandez à un malheureux ouvrier sans travail et sans pain, pressé par le créancier et le garnisaire, s'il n'aimerait pas mieux jouir du droit de chasse et de pêche ; avoir comme le Sauvage des arbres et des troupeaux ? il ne manquera pas d'opter pour le rôle du Sauvage. Que lui donne-t-on en équivalent ? Le bonheur de vivre sous la charte : l'indigent ne peut pas se contenter de lire la charte en place de dîner ; c'est insulter à sa misère que de lui offrir pareille compensation. Il s'estimerait heureux de jouir, comme le Sauvage, des sept droits et de la liberté ; il ne la trouve donc pas dans l'ordre civilisé.

En thèse générale : *dans les sociétés industrieuses, la liberté est illusoire ou désastreuse, quand on l'y introduit en emploi simple.*

Pour l'introduire en *emploi composé*, il faudrait concéder les sept droits avec pivot *composé ou dualisé*, c'est-à-dire avec garantie de liberté et minimum. Ce n'est qu'à cette condition de *pivot composé* qu'on peut amalgamer les droits de l'homme et les sociétés industrielles. Ces droits, lorsqu'ils sont en pivot *simple*, sur liberté sans minimum, ne sont admissibles que dans l'état de nature *simple* ou sauvage.

Aussi nos rêveries de droits de l'homme et de liberté, mises à l'essai, n'ont-elles produit que des duperies et des commotions désastreuses. Nos sociétés étant pivotées sur deux ressorts (39) opposés à la liberté et au minimum,

Pivots lymbiques.	*Pivots sociétaires.*
Egoïsme général, Y	Minimum proportionnel,
Duplicité d'action, X	Liberté unitaire,

on ne peut pas y introduire partiellement l'un des deux pivots sociétaires ; il faut que tous deux marchent de front et soient substitués aux deux pivots lymbiques ; ce qui ne peut avoir lieu que par le mécanisme des Séries passionnelles, hors desquelles tout le système des passions est en contre-marche, en essor subversif (27), qui fait régner l'égoïsme et la duplicité.

Après ces préambules, dissertons sur les trois conditions nécessaires à l'établissement du *minimum* proportionnel qui doit nous garantir

1° La liberté, contre-pivot du minimum ;

2° L'exercice des sept droits naturels. Ces droits ne peuvent s'amalgamer avec les sociétés industrielles ou sociétés de nature composée, qu'autant qu'ils s'étayent du pivot composé, du minimum joint à la liberté. Elle peut suffire seule dans l'état de nature *simple* ou sauvage, mais elle ne suffit plus dans l'état de nature composée ou société industrieuse.

C'est assez préluder et démontrer que hors du MINIMUM point de salut pour le monde social. Passons à l'examen des trois conditions requises pour son établissement.

1re Condition. *Inventer et organiser un régime d'attraction industrielle.* Sans cette précaution, comment songer à garantir au pauvre un minimum? Ce seroit l'habituer à la fainéantise : il se persuade aisément que le minimum est une dette plutôt qu'un secours, et il en conclut à rester dans l'oisiveté : c'est de quoi l'on s'aperçoit en Angleterre, où la taxe de 150 millions pour les indigens ne sert, au dire des observateurs, qu'à en augmenter le nombre ; tant il est vrai que la Civilisation n'est qu'un cercle vicieux, même dans ses actes les plus louables. Il faudrait au peuple, non pas des aumônes, mais un travail assez attrayant, pour que la multitude voulût y donner même les jours et heures affectées à l'oisiveté.

Si la politique savait mettre en jeu ce levier, le minimum serait *assurable de fait* par la cessation absolue de l'oisiveté. Il ne resterait à pourvoir que les infirmes ; fardeau bien léger et insensible pour le corps social, s'il devenait opulent, et que l'industrie attrayante le délivrât de l'oisiveté et du travail nonchalant, presqu'aussi stérile que l'oisiveté.

2me Condition du minimum. *Garantir à chacun l'exercice ou l'équivalent des droits naturels.* J'ai fait pressentir que cette garantie ne pourra avoir lieu que par l'établissement des Séries passionnelles : je m'engage à démontrer, au traité des Séries, que la chasse, plaisir aujourd'hui si jalousé, et dont les riches privent les pauvres en tout pays, deviendra un divertissement si médiocre, que pour trouver des chasseurs en nombre suffisant, il faudra, malgré l'appât d'une grande quantité de gibier, leur fournir gratuitement meutes et chevaux, repas dans la forêt, etc. : à ce prix la chasse ne sera encore qu'un plaisir très-ordinaire, et à peine égal aux moindres intrigues des rassemblemens agricoles et manufacturiers. Dans ce cas, le peuple aura bien obtenu l'équivalent du droit de chasse dont jouit le Sauvage ; car on lui offrira gratuitement tout l'attirail de chasse ou de pêche, que peu de gens accepteront ;

et ceux même qui auront préféré à la chasse ou la pêche d'autres passe-temps, jouiront chaque jour, aux tables de toutes classes, des produits de chasse et de pêche : l'équivalent sera triple, car on aura :

L'option d'exercer chasse et pêche, avec dividende sur le produit pécuniaire de ces amusemens;

La fourniture gratuite de tout le matériel de chasse et pêche;

La consommation ou participation aux produits de chasse et pêche sans avoir coopéré à cette fatigue.

Dans cette hypothèse, le peuple jouira triplement d'un droit dont le Sauvage ne jouit que simplement, et à charge de grandes fatigues. On verra, au détail des sept droits, que l'état sociétaire fournit toujours, non pas un, mais trois équivalens, dont l'un des trois est le droit naturel reproduit sous d'autres formes, et rehaussé par des accessoires de luxe et de plaisir inconnus au Sauvage, qui n'exerce qu'en simple chacun des sept droits.

3me Condition du minimum. *Associer les intérêts du peuple à ceux des grands*, qu'il jalouserait et haïrait tant qu'il ne participerait pas à leur bien-être.

Toute liberté deviendrait un germe de déchiremens, tant que les grands et les petits se haïraient comme aujourd'hui. Le seul moyen de les rallier passionnément, de les intéresser les uns aux autres, c'est de les associer en industrie. Les fermiers qui ont leur part de la récolte, désirent que le lot assigné au maître soit copieux, afin que le leur se grossisse en proportion de l'abondance; car si le maître a peu de grain faute de bonnes récoltes, les fermiers ont peu dans le cas de rétribution sociétaire.

Le secret de *l'unité d'intérêts* est donc dans l'Association. Les trois classes une fois associées et unies d'intérêt, oublieraient les haines, d'autant mieux que la chance de travail attrayant ferait disparaître les fatigues du peuple, et le mépris du riche pour des inférieurs dont il partagerait les fonctions devenues séduisantes. Là finirait la jalousie du pauvre contre les oisifs qui récoltent sans avoir semé : il n'existerait plus ni oisifs, ni pauvres, et les antipathies sociales cesseraient avec les causes qui les produisent.

Sans doute, avec nos méthodes, il serait bien impossible d'établir ni association, ni rapprochement entre les trois classes, riche, moyenne et pauvre; mais on verra, au traité des Séries passionnelles, que ce rapprochement, loin de présenter des difficultés, devient une source de plaisirs. En harmonie, toute annonce d'un bien survenu aux riches, est pour le peuple un sujet de joie, parce qu'il est assuré d'en recueillir sa part. Que Lucullus aujourd'hui serve cent mets dans le salon d'Apollon, il n'en échoit rien au pauvre qui manque de pain à côté des palais. En vain prétend-on que le luxe des riches anime la circulation et fait vivre le pauvre; c'est un mensonge effronté, puisque le pauvre meurt de faim alentour des palais.

Il n'en est pas ainsi dans un canton sociétaire, où le sort de la 3e classe est lié à celui de la première. Si on annonce que le buffet des tables de première classe ou tables des riches, va être porté de trente mets à trente-six, le peuple s'en réjouira, parce que sa table sera améliorée en proportion. Si les assortimens habituels des trois buffets, riche, moyen et pauvre, sont de trente, vingt et dix mets, on ne saurait porter l'un à trente-six, sans élever les deux autres en même rapport, trente-six, vingt-quatre et douze; tout étant lié dans l'Association.

Qu'un canton sociétaire de 1500 personnes (8e période), consomme chaque jour un bœuf, la table riche ou 1re classe, et la *commande* ou table accidentelle, auront de plein droit les morceaux de choix; mais il faut bien que la masse du bœuf aille aux tables moyenne et pauvre: et comme l'Association élève les produits au degré surabondant, et ne laisse par toute la terre d'autre inquiétude que celle d'arriver à la pleine consommation de cette masse de produits, il est forcé d'en abandonner beaucoup à la classe populaire, après les prélèvemens faits pour les riches et la commande. En outre, la 3e classe jouit du service des restes de 1re, dont on compose une chère très-délicate et très-présentable, qui est livrée à demi-valeur à cette classe peu fortunée.

Moyennant ces gradations d'intérêts sociétaires, l'inférieur est intéressé au bien-être supérieur; et leur union étant cimentée par la rencontre habituelle dans les travaux attrayans et les intrigues de série industrielle, on n'a plus rien à redouter de la pleine liberté du peuple, qui, dans son état actuel de misère et de jalousie, n'userait de son indépendance que pour spolier et égorger ses supérieurs.

Il résulte de cet aperçu, que la concession du *minimum* dépendait exclusivement de la découverte du régime sociétaire et du travail attrayant. Jusque-là, comment oser parler de donner la liberté au peuple, quand on ne peut pas même lui garantir le travail répugnant d'où dépend sa subsistance! Toute liberté, dans un tel état de choses, ne serait qu'un germe de sédition : les agitateurs le sentent bien, et dès qu'ils ont envahi le pouvoir, leur premier soin est de museler le peuple et comprimer les verbiages des philosophes, que Bonaparte baillonna, et que Robespierre envoyait en masse à l'échafaud.

Récapitulons maintenant sur le sens et les conditions de la liberté. On a vu que, pour être intégrale ou surcomposée, il faut qu'elle soit soutenue du *minimum*, et que ce minimum exige trois conditions, dont chacune est incompatible avec l'ordre civilisé.

Il ne peut donc pas exister de liberté en Civilisation : et il n'existe en Sauvagerie qu'une liberté incomplète, périlleuse, puisqu'elle expose la horde à la famine, à la guerre, à la peste, et qu'elle ne s'étend pas aux femmes, ni aux vieillards qu'on sacrifie quand ils sont invalides.

Cette liberté des sauvages mâles, quoique préférable au sort de nos salariés et de nos mendians, est encore un bonheur grossier et indigne de la raison, puisqu'il tient à l'absence d'industrie. D'autre part, l'état d'oppression et de misère où gémissent nos salariés, n'est point fruit de génie social, mais absence de génie social et opprobre de la science. Loin d'avoir su nous élever à la liberté, elle n'a su ni la définir, ni en indiquer les caractères en mode simple, en composé et surcomposé ; et il ne lui reste que la honte d'avoir excité, depuis l'origine des sociétés policées, mille tourmentes politiques, sous prétexte de nous donner un bien dont elle n'a pas même connaissance. Elle a opéré sur la liberté comme sur le commerce : elle en a fait un levier d'intrigues littéraires ; et loin d'apporter l'ombre de bonne foi dans ces débats, elle n'a pas même signalé et recommandé les problèmes suivans qui appelaient instamment les efforts du génie.

En commerce : le besoin d'association, de vérité garantie et de répression des nombreux crimes du corps mercantile, banqueroute, usure, agiotage, etc. ;

En liberté : le besoin d'attraction industrielle, d'un équivalent des droits naturels, et d'une garantie de minimum gradué.

Toutes ces omissions seront réparées dans le corps de l'ouvrage ; ici je me borne à les indiquer. Rappelons que dans ces prolégomènes il faut se garder d'exiger des preuves réservées pour le traité. Je ne présente l'accusation qu'en sens négatif, en démontrant que ces diverses branches d'études n'ont pas pu être oubliées, mais qu'elles ont été spéculativement écartées, pour ne pas entraver le trafic de systèmes et de sophismes : il serait tombé à plat pour peu qu'on eut mis en scène tous ces importans problèmes, qui auraient été résolus avec la plus grande facilité si on eut voulu se rallier aux douze principes (99), entr'autres au 5e, « *ne pas croire la nature bornée aux » moyens qui nous sont connus en civilisation.* »

CHAPITRE VII.

Erreur capitale sur la Liberté. Déni du droit au travail.

La controverse de liberté ayant coûté tout récemment quatre millions de têtes sacrifiées à des sophismes politiques et à des jalousies commerciales, il importe de débrouiller exactement ce chaos de doctrines erronées sur la liberté et le commerce.

L'usage civilisé est de s'égorger pour l'honneur d'un dogme avant d'en connoître ni le sens, ni les emplois ; témoins les guerres nées de débats sur la *transsubstantiation* et la *consubstantialité*. Notre siècle a spéculé de même sur les droits de l'homme ; on s'est massacré pour les obtenir et on ne les connaît pas.

J'ai démontré qu'en théorie de liberté on n'a pas même de notions élémentaires : on ne sait pas distinguer la liberté

En corporelle et en sociale,

En active et en passive,

En simple et en composée,
En convergente et en divergente.

Avant d'avoir procédé à ces définitions indispensables, on verse des flots de sang pour assurer au peuple ce qu'il ne demande pas; car loin de désirer la souveraineté ni même la pleine liberté (composée convergente), il ne prétend qu'à celle de degré simple, dite corporelle active (119), dont il ne jouit que les jours de fête et sous condition d'avoir amassé quelqu'argent pendant la semaine; car s'il manque d'argent le dimanche, il manquera aussi de subsistance, et n'aura point la liberté corporelle active dont le premier droit est de manger quand on a faim et qu'on voit des comestibles étalés.

Négligeons ces distinctions de liberté, assez mentionnées dans les Chapitres V et VI : bornons celui-ci à l'erreur la plus choquante, l'omission de reconnaître le droit au travail, seul droit précieux pour le pauvre.

L'Ecriture nous dit que Dieu condamna le premier homme et sa postérité, à travailler à la sueur de leur front; mais il ne nous condamna pas à être privés du travail d'où dépend notre subsistance. Nous pouvons donc, en fait de droits de l'homme, inviter la Philosophie et la Civilisation à ne pas nous frustrer de la ressource que Dieu nous a laissée comme pis-aller et châtiment, et à nous garantir au moins le droit au genre de travail auquel nous avons été élevés.

Si je n'ai pas mentionné ce droit au tableau 126, c'est que le travail est un droit cumulatif, résultant des quatre droits cardinaux, *chasse*, *pêche*, *cueillette et pâture*. Le travail est donc droit hyper-cardinal, comprenant les quatre branches de travaux auxquels nous avons droit naturel.

Outre ces quatre voies d'industrie positive, Dieu donne aux nations sauvages un droit d'industrie négative, qui est *le vol extérieur*, pour lequel tous les sauvages ont un penchant très-marqué, même ceux qui se rapprochent de la période 1re (Eden). Les Otahitiens qui avaient plusieurs caractères d'Edenisme, volaient avec une telle activité, qu'on voyait les femmes faire une demi-lieue à la nage pour aller arracher un clou du vaisseau. Telle est la simple nature, tant prônée par nos moralistes : elle donne à l'homme le droit et le goût du vol, et les civilisés ne sont que trop fidèles à ses impulsions.

Ainsi, sur nos sept droits naturels, on en trouve quatre qui tendent à nous garantir l'industrie active que nous refuse la Civilisation, ou qu'elle ne nous accorde qu'à des conditions dérisoires, comme celle d'un travail tributaire dont le produit est pour un maître et non pour l'ouvrier.

Nous n'aurons l'équivalent des quatre droits cardinaux, que dans un ordre social où le pauvre pourra dire à ses compatriotes, à sa phalange natale : « je suis né sur cette terre; je réclame l'admission à tous les travaux qui s'y exercent, la garantie de jouir du fruit de mon labeur; je réclame l'avance des instrumens nécessaires à exercer ce travail, et de la subsistance en compensation du droit de vol que m'a donné la simple nature. » Tout Harmonien, quelque ruiné qu'il puisse être, aura toujours le droit d'aller tenir ce langage à son pays natal, et sa demande y trouvera plein accueil.

Ce ne sera qu'à ce prix que l'humanité jouira vraiment de ses droits : mais dans l'état actuel, n'est-ce pas insulter le pauvre que de lui assurer des droits à la souveraineté, quand il ne demande que le droit de travailler pour les plaisirs des oisifs ?

Nous avons donc passé des siècles à ergoter sur les droits de l'homme, sans songer à reconnaître le plus essentiel, celui du travail, sans lequel les autres ne sont rien. Quelle honte pour des peuples qui se croient habiles en politique sociale! Ne doit-on pas insister sur une erreur si ignominieuse, pour disposer l'esprit humain à étudier le mécanisme sociétaire qui va rendre à l'homme tous ses droits naturels, dont la Civilisation ne peut ni garantir, ni même admettre le principal, le droit au travail ?

J'ai dû en faire l'objet d'un chapitre spécial, pour signaler l'extrême ignorance des modernes en théorie de liberté; la nécessité de *reprendre les idées à leur origine*, *et d'oublier tout ce qu'on a appris* sur la liberté, comme sur tous les problèmes qui touchent à l'étude de l'homme. Ce n'en était pas un médiocre que celui du libre exercice des droits naturels, combinés avec l'exercice de la grande industrie. Mais tout effrayant que pouvait sembler ce problème, on serait arrivé à la solution partielle ou totale, si on eût suivi quelqu'un des douze principes dont la philosophie s'impose à elle-même l'observance. Rappelons-les successivement, en les appliquant au grand problème de liberté qui a tant occupé notre génération.

1° *Exploration intégrale :* « rien de fait, nous dit-on, » tant qu'il reste quelque chose à faire. » C'est bien pis quand il n'y a rien de commencé. Or, nos publicistes n'ont pas même songé à donner une définition graduée de la liberté, de ses trois genres et de ses espèces (119, 120) : ils ont également oublié de définir et reconnaître le principal des droits de l'homme, le droit au travail, sans lequel les autres ne sont que dérisoires. Voilà des gens bien exacts sur ce qui touche à l'exploration intégrale, premier de leurs devoirs !

2° *Consulter l'expérience :* ils s'obstinent à la dédaigner et persistent dans leurs méthodes, cent fois confondues à l'épreuve, sur-tout depuis l'essai des chimères d'égalité et de fraternité, qui démontraient assez qu'on avait manqué les routes de la vraie liberté, qu'il fallait les chercher dans les sciences non explorées, comme celle de l'Attraction et tant d'autres également négligées (108).

3° *Aller du connu à l'inconnu, par analogie :* ils s'y sont refusés, en s'obtinant à nier que la Civilisation ASSEZ CONNUE, assez éprouvée depuis trois mille ans, ne pouvait conduire qu'aux sept fléaux lymbiques (39), et qu'après une si longue épreuve, on ne pouvait espérer les sept biens opposés (41) que de quelque société encore inconnue, dont il fallait faire la recherche. On devait en augurer la découverte selon l'analogie, qui nous dit que le genre humain, après avoir parcouru cinq sociétés, pourra bien en découvrir et organiser d'autres, qui seront peut-être celles où doit régner la liberté incompatible avec la Civilisation.

4° *Procéder par analyse et synthèse :* ils n'ont pas même analysé les sept droits naturels, dont la réunion compose la liberté simple, isolée du minimum (126). S'ils ne savent pas encore analyser les ressorts de la liberté simple, qui est celle du Sauvage, comment s'éleveraient-ils à la synthèse d'une liberté composée, qui doit amalgamer le minimum proportionnel avec les sept droits du Sauvage ou droits de nature?

5° *Ne pas croire la nature bornée aux moyens connus ;* elle n'est donc pas bornée aux trois modes industriels qu'on nommé Civilisé, Barbare et Patriarcal : et puisqu'aucun de ces trois régimes ne garantit aux industrieux la plus faible des trois libertés, la corporelle simple active (119), il faut chercher dans l'étude des sciences négligées, d'autres mécanismes sociaux *encore inconnus*, et qui pourront assurer aux industrieux cette liberté dont ils sont si éloignés en Civilisation.

6° *Simplifier les ressorts :* nous n'envisageons ici le principe que sous le rapport de la liberté appliquée à l'industrie. Il fallait donc spéculer sur l'emploi de l'*attraction industrielle*, qui offre le double avantage de simplifier les ressorts en évitant les voies de contrainte, et de garantir la liberté, en ce que le travail attrayant (119, 120), ne cause ni gêne corporelle, ni peine d'esprit ; il est pour l'industrieux un amusement, un libre exercice de ses facultés. Le problème de liberté des industrieux exigeait donc, avant tout, qu'on s'étudiât à appliquer l'attraction à l'industrie, et qu'on procédât à l'étude de l'Attraction passionnée, si obstinément négligée.

7° *Se rallier à la vérité :* or, la vérité et l'évidence nous disent que l'industrieux n'est pas libre, puisqu'il ne travaille que par crainte de la famine et du gibet, et qu'il se soulève du moment où l'autorité paraît faiblir. Il fallait donc, pour se rallier à la vérité, confesser que la Civilisation n'est pas compatible avec la liberté des industrieux, pas même avec la moindre des trois libertés (119), et qu'elle place le peuple à l'antipode des droits de souveraineté, dont on lui fait ironiquement la concession.

8° *Se rallier à la nature :* on nous montre la nature dans l'homme sauvage qui jouit déjà du deuxième degré de liberté (composée divergente), et de l'exercice des droits naturels en industrie : nous ne pouvons donc nous rallier à la nature, que par l'invention d'un mécanisme social qui garantisse à nos industrieux l'équivalent de ces droits, et une dose de liberté au moins égale à celle du Sauvage. On voit que ces conséquences nous conduisent par mille voies différentes à la même conclusion : inventer un régime d'industrie attrayante, un mécanisme opposé à la méthode familiale ou anti-sociétaire, dite Civilisation.

Au surplus, que d'équivoques sur cette idée de ralliement à la nature ! je pourrais déjà définir neuf natures différentes, par analogie aux neuf périodes du tableau 25 ; puis des natures mixtes, et aussi différentes des neuf autres, que les mœurs des Otahitiens, période 1 1/2, différaient de celles des Édéniens ou nature de 1er échelon, et de celles des Anthropophages ou nature de 2e échelon, vantée par les orateurs sous le nom de simple nature. Je n'ai garde d'engager le lecteur dans ces définitions fastidieuses de toutes les natures : continuons sur notre sujet.

9° *Ne pas prendre les préjugés pour des principes :* c'est le tort des Philosophes Obscurans (94), qui nient l'existence de moyens inconnus, la possibilité de découvrir des mécanismes sociaux autres que la Civilisation, et la nécessité de les inventer si l'on veut procurer à l'homme cette liberté inadmissible dans l'état civilisé 121, où les riches mêmes en sont privés, à plus forte raison les pauvres.

10° *Observer les choses qu'on veut connaître*, *et non pas les imaginer*. Au mépris de ce principe, ils n'ont ni observé, ni classé les trois modes de liberté 119 et les droits naturels au travail (126). Ils ont imaginé en compensation une liberté dérisoire, un droit de souveraineté accordé à gens qui n'ont ni pain, ni vêtements : *risum teneatis*.

11° *Ne pas prendre pour raisonnement l'abus des mots.* Peut-on en faire un abus plus indécent que de nous vanter les libertés des peuples, dans cette Civilisation qui, sous tous les régimes, sous les clubistes mêmes, s'étaye d'une milice terrifiée par les châtimens, et employée à museler le peuple affamé ? On ne voit dans ce mécanisme qu'une contrainte composée, c'est-à-dire contrainte du soldat qui à son tour contraint le peuple.

Nos sophistes découvrent dans ce ricochet d'oppression une souveraineté du peuple. Après un tel abus de mots, n'est-on pas bien fondé à leur donner le surnom d'enfileurs de mots, bâtissant sur quelques verbiages des constitutions libérales dont les ressorts *nominaux* sont la liberté, l'égalité, la fraternité, et dont les ressorts *effectifs* sont la contrainte, les sbirres et les gibets ? Voilà sur ce qui touche à la liberté un plaisant abus de mots pris pour des raisonnemens.

12° *Oublier ce qu'on a appris et refaire l'entendement humain.* Je viens de prouver qu'on ne saurait mieux faire que d'oublier tout ce qui nous a été enseigné sur la liberté et les droits imaginaires de l'homme ; qu'il faut enfin appliquer l'esprit humain à l'étude des droits réels, ou droits au travail ; et de la liberté réelle, ou composée convergente (120).

Au reste, j'invite Condillac, auteur de ce docte précepte, à le faire goûter, s'il se peut, aux Philosophes Obscurans, qui, en nous promettant les libertés et les perfectibilités, ne nous donnent que les sept fléaux lymbiques sous toutes les constitutions.

⋊ Y *Croire que tout est lié dans le système de l'univers :* quel lien peut-on voir, *sous le rapport de la liberté*, entre les parties de cet Univers où l'homme est le plus esclave de tous les êtres ; tandis qu'on voit des sociétés pleinement libres, parmi les insectes comme parmi les astres ? Celles de l'homme, au contraire, ont si peu de liberté, que le peuple civilisé et barbare n'a pas la faculté de rétrograder et de reformer la horde sauvage qui est vœu de tous les salariés.

Sous le rapport des droits, quel lien, quel rapport peut-on voir entre l'homme et l'animal ? Celui-ci bien vêtu, bien armé, a le droit de prendre sa subsistance où il la trouve ; tandis que l'homme réduit à la famine, et voyant tous les biens étalés sous ses yeux, n'est pas même autorisé à réclamer le premier de ses droits, le droit au travail dont il obtiendrait une chétive subsistance ; et pourtant depuis 3000 ans il compose des théories sur la liberté.

⋊ Λ *Spéculer sur l'unité de système :* spéculons donc sur un régime qui puisse opérer la fusion de nos quatre sociétés, leur assurer la liberté, et le droit au travail dont jouissent les Sauvages. Quelle unité peut-on voir parmi le genre humain, tant qu'il forme quatre sociétés inconciliables, et dont la seule libre est en même temps la seule qui soit en opposition avec la destinée, ou industrie agricole et manufacturière ?

J'ai achevé la revue des douze principes. Il m'a paru à propos de les reproduire et les appliquer à un problème très-remarquable, en ce qu'il a occupé les controversistes de tous les siècles. On vient de voir qu'en se ralliant à chacun de ces douze préceptes, on serait entré dans les véritables routes de la liberté combinée avec l'industrie ; car tous militent pour la recherche d'une société industrielle autre que les trois actuellement existantes.

Conformément à la règle indiquée (note 113), j'ai dû multiplier ici les redites et prouver, douze fois de suite, que la liberté et la civilisation sont incompatibles; que les droits de l'homme concédés par nos sophistes sont dérisoires, tant qu'on ne nous assure pas le principal, le droit au travail, comprenant (126) les quatre droits cardinaux encore méconnus après tant de siècles d'ergotisme sur les droits de l'homme (*).

Doit-on s'étonner, maintenant, que l'esprit humain soit en arrière de découvertes, quand on le voit négliger à plaisir toutes les règles qu'il s'est prescrites à lui-même? S'étonnera-t-on que, sur la liberté comme sur tout ce qui touche au bonheur social, il soit resté dans une complète ignorance?

Récapitulons brièvement sur cette digression : en voici les conclusions à graver en lettres d'or.

Point de liberté surcomposée (120) *sans le minimum;*

Point de minimum sans l'attraction industrielle (13 et 132;

Point d'attraction industrielle dans le travail morcelé ou civilisé; elle ne peut naître que dans les Séries passionnelles :

Donc le Minimum étayé de l'Attraction industrielle, est voie exclusive de liberté, condition sine quâ non.

Pour entrer dans cette voie, il faut sortir de la Civilisation; elle a douze issues (108)*; optons pour la plus facile, pour l'Association.*

Argument à méditer! il dit beaucoup de choses en peu de mots.

J'ai démontré que, sur la question la plus ancienne, la plus controversée, l'esprit humain est en plein égarement : redoublons la preuve, et analysons pareille impéritie dans les systèmes commerciaux qui sont la controverse la plus récente. On verra que leurs auteurs seraient de même arrivés à plusieurs issues de civilisation, s'ils eussent observé quelques-uns des douze principes recommandés par eux-mêmes.

Après cette double conviction tirée des erreurs sur la liberté et le commerce, on sera en état de mesurer l'étendue de l'égarement où nous ont entraînés les méthodes philosophiques.

(*) Je n'ignore pas qu'il est impossible d'admettre en civilisation l'exercice de ces quatre droits; mais on pouvait au moins les reconnaître, poser en principe la nécessité d'un équivalent consenti individuellement, et en conclure à la recherche d'une société autre que la civilisation, qui ne peut ni accorder les droits naturels, ni fournir au pauvre un équivalent (130 1/4).

MEDIANTE.

Aux Disciples pusillanimes ou présomptueux.

DIVERS lecteurs défiants et pointilleux auront déjà réclamé sur la préférence que je donne dans mes tables aux nombres 7 et 12, et sur d'autres minuties, néologie forcée, etc. : rassurons ces timides soldats.

Je n'ai garde d'épouser les préventions des sophistes qui se sont passionnés exclusivement pour tel ou tel nombre : loin de là ; j'expliquerai, quand il en sera temps, (section des séries mesurées), les emplois naturels de chaque nombre. On verra que, selon l'analogie universelle, il faut

En	fonction d'amitié,		classer	par 5 et 10 ;
»	»	d'amour,	»	par 8 et 16 ;
»	»	d'ambition,	»	par 7 et 14 ;
»	»	de famillisme,	»	par 4 et 8.

On déterminera de même des emplois dominans pour d'autres nombres : mais vouloir dès à présent connaître ces rapports, ce serait exiger, au début, des notions qui ne peuvent trouver place qu'aux 2ᵉ et 3ᵉ tomes.

J'avais promis (125 3/4), un éclaircissement provisoire sur ces harmonies des nombres ; mais après l'avoir ébauché, je l'ai jugé hors de la portée de mes lecteurs, qui sont tous *commençans*, et j'ai dû le différer : j'en insérerai quelques fragmens dans la grande note B (extroduction). Quant à présent, le lecteur n'est pas encore apte à cette initiation.

Sur ce sujet comme sur d'autres, on fera beaucoup mieux de se laisser guider par le pilote, que de le harceler et se répandre en critiques prématurées et minutieuses. Il faut se garder de la faute commise par les compagnons de Colomb, qui auraient voulu, à peine sortis du port, toucher au nouveau monde ; et qui, trois jours avant d'y aborder, outrageaient leur chef, l'accusant de les conduire dans des abymes.

Beaucoup de disciples tomberont dans ce vice : j'en ai vu concevoir des terreurs paniques sur un fétu de néologie ; comme *passionnel* au lieu de *passionné* qui ferait équivoque. D'autres s'effarouchent d'une application régulière, comme *gamme* passionnelle, qui est le nom indiqué par l'analogie. Les passions étant distribuées par 12 comme les sons musicaux, et ayant dans leurs développemens une parfaite analogie avec les claviers, octaves et tons musicaux, je ne puis emprunter, pour décrire ces effets, de termes plus techniques, plus précis, que ceux déjà admis en théorie musicale.

En conséquence, les mots gamme, octave, clavier et autres de la langue musicale, seront adaptés au système distributif des passions et des caractères ; et nous dirons : *une modulation en tonique d'amitié majeure ou d'amour mineur*, comme *une modulation en ut majeur ou en ré mineur*. A défaut, je serais obligé de me créer une nomenclature, un langage spécial, comme on en voit dans chaque science et chaque art :

art : ce serait une surcharge pour la mémoire du lecteur, et de plus un procès avec les anti-Néologues.

J'éviterai ces inconvéniens, par des emprunts sur les sciences fixes, mathématiques, physique, musique, etc., et même sur le langage romantique et mystique, où je puise les noms de lymbe obscure, lymbe gnomique, lymbe crépusculaire, etc. Cela déplaît-il à quelques lecteurs pointilleux ? je les invite à lire une jolie fable de la Fontaine, *le meunier, son fils et l'âne*. Ils y verront qu'on n'en finirait jamais, si on voulait se plier à toutes les fantaisies de la critique.

Pour les convaincre qu'il n'y a rien d'arbitraire dans mes nomenclatures, mes nombres adoptifs, mes analogies, devisons un instant sur quelqu'une de ces expressions qui semblent choquantes, comme le nom de *Lymbes Obscures*, donné génériquement aux trois sociétés d'industrie morcelée et mensongère (Tableau 25).

On donne le nom de lymbes au réduit ténébreux où résidèrent pendant 3,000 ans les ames de nos premiers pères, en attendant que le Rédempteur vint les délivrer et les conduire au séjour de lumière éternelle. Ces lymbes sont un emblême de nos trois sociétés industrielles, où le genre humain, quoique destiné à un immense bonheur, languit provisoirement dans les ténèbres sociales, et devoit y languir jusqu'à ce qu'un messie social vint lui dévoiler le calcul des Séries passionnelles, voie d'avénement à l'opulence et à l'harmonie.

Pourquoi, dira-t-on, ne pas les avoir nommées lymbes industrielles, plutôt que lymbes obscures ? Je conçois que ce nom doive effrayer Jocrisse, qui dira : *ça doit ête bien nouëre ste lymbe obscure.* Je leur donne cette épithète générique, parce qu'elle comprend les trois sortes de ténèbres où le monde social est plongé :

1. Obscurité mécanique, par ignorance du procédé sociétaire ;
2. Obscurité dogmatique, par le cercle vicieux des sciences incertaines ;
3. Obscurité passionnelle, par contre-marche ou essor subversif (27) des douze passions ;

⋈ Obscurité anti-unitaire, par ignorance des rapports de l'Homme avec Dieu et l'Univers.

L'épithète *obscures* qui comprend génériquement ces trois obscurités et la pivotale, est donc bien plus régulière que le nom de *lymbes industrielles*, qui ne désignant qu'une des trois obscurités, n'est qu'épithète spéciale et non générique. Celle de *subversives* ne pouvait pas leur convenir ; elle forme pléonasme : toute société lymbique étant subversive ; il suffit de l'épithète *sociales*, quand on désigne les cinq lymbes nº 2 à 6 (25). On y ajoute *ascendantes*, si on veut distinguer les cinq antérieures à l'harmonie, des cinq postérieures : celles-ci naîtront au déclin du monde, lors de la caducité de la planète et de sa chute en quatrième phase (150), après une carrière d'environ septante à septante-cinq mille ans d'harmonie.

Je n'ai pas étendu le titre d'*obscure* (donné page 26), à la lymbe sauvage *ou gnomique*, parce que les sauvages sont de vrais Gnomes sociaux, qui bien que privés d'instruction, et étrangers à nos lumières politiques et morales, sont plus clair-voyans que nous sur le problème du bonheur et des voies de la nature : ce sont des Gnomes d'instinct, jouissant d'une pleine clarté dans le régime social que nous jugeons ténébreux : je soutiendrai cette thèse en traitant de *l'échelle parallèle des attractions sociales*.

La société 6e, *Garantisme*, étant demi-sociétaire, est une lymbe crépusculaire, un avant-coureur de la lumière sociale ou mécanisme des séries, dont la 7e période forme l'aurore, et dont la 1re n'était qu'une diffraction. Dans le tableau 25, j'ai rejeté les noms de gnomique et crépusculaire qui auraient effarouché les débutans, et je m'en suis tenu aux noms de sous-ambiguë et sur-ambiguë; il eût fallu, pour la régularité, cumuler ces deux noms et dire : 2e Lymbe gnomique sous-ambiguë, 6e Lymbe crépusculaire sur-ambiguë.

On s'engagerait dans un détail interminable, s'il fallait, sur chaque dénomination, sur chaque tableau, rassurer ces disciples chancelans, qui ne savent pas accorder provisoirement la dose de confiance nécessaire, ni concevoir que l'initiation doit aller par degrés; que tel document désiré dès le premier volume, doit, pour la méthode, être différé jusqu'aux 2e, 3e ou 4e.

Par exemple, relativement aux emplois de nombre, et aux causes qui me font préférer dans mes tableaux tel ou tel nombre, je ne peux pas satisfaire pleinement avant d'avoir défini les 12 passions radicales ou passions d'octave, dont cinq sensitives et 7 animiques. Je serai donc gêné dans les deux premiers tomes pour expliquer les harmonies des nombres : cependant, dès qu'on sera arrivé à la section des *Séries Mesurées*, 2e tome, on comprendra pourquoi les nombres 7 et 12 sont essentiellement nombres d'unité, nombres sacrés comme ceux de la trinité et de la tétrade ou quatrinité, dont 7 et 12 sont la somme et le multiple.

3 et 4 sont nombres simples sacrés ;
7 et 12 sont nombres composés sacrés.
Ce sera une thèse à démontrer.

Quant aux nomenclatures, je ne puis mieux faire que d'emprunter les termes admis dans les sciences, fixes ou autres, jusqu'au moment où la théorie de l'Attraction, plus accréditée, jouira du droit dont jouissent les autres sciences; et même les fonctions triviales, qui toutes ont le droit de se composer un vocabulaire de termes techniques.

Mais d'où vient chez les lecteurs français, tant d'effroi et de défiance au sujet de quelques formules insolites? Une découverte va décider du sort du genre humain; il faudrait dans son examen s'affranchir des petitesses du siècle, ne s'attacher qu'à l'objet important, qu'à la justesse des démonstrations. A quoi s'attachent nos Français, dans cette affaire? à des chicanes vétilleuses sur la néologie obligée.

S'il faut les en croire, le calcul de l'Association va tomber pour une lettre ajoutée à un mot, comme dans passionnel au lieu de passionné : c'en est assez pour alarmer de chauds partisans. D'où vient que le Français si brave au combat, est si pusillanime en génie spéculatif ? Ceux qui font des tableaux de compensations, peuvent y placer ce plaisant contraste d'une nation qui, à l'excès d'audace belliqueuse, joint l'excès de faiblesse en étude de la nature, en appréciation des découvertes.

Je ne demande pas de crédulité ; mais qu'on évite au moins la pusillanimité, et qu'on se rappelle que la théorie d'Association n'a pas besoin de tous les suffrages. Il n'importe qu'elle effraye quelques pygmées ; il suffira d'un homme pour la fondation : ce n'est pas parmi les esprits minutieux que nous devrons le chercher, mais parmi les caractères largement tracés : ceux-là ne seront pas choqués de trouver dans ma méthode quelqu'originalité ; ce sera pour eux un heureux augure : ils savent que le génie inventif ne germa jamais chez ces hommes serviles qui, lorsqu'on les détourne des sentiers battus, se croient, comme les compagnons de Colomb, entraînés dans les abymes.

Il faut donc se garder de prendre ici pour sagesse, la défiance outrée, la manie d'ergoter contre l'auteur. Il en est de la prudence comme de la vertu, dont un adage dit :

« Faut d'la vertu, pas trop n'en faut :
» L'excès par-tout est un défaut. »

On peut dire aussi de la défiance : *pas trop n'en faut.* Plus mes méthodes et mes principes diffèrent de ceux des philosophes, plus on doit en augurer un succès qu'ils n'ont pas su obtenir, et une découverte qui ne pouvait se trouver que dans les sciences encore intactes ; ce sont :

les théories de l'Association industrielle,
de l'Attraction passionnée,
des douze Garanties,
✕ de l'Analogie universelle.

Défions-nous des pygmées qui n'ayant pu s'ouvrir aucune de ces nouvelles routes, veulent déprimer celui qui leur fraye les chemins : ce sont des soldats suspects qu'il faut repousser des rangs : *pauci, sed boni.* Nous n'avons que faire du suffrage variable de la multitude, puisqu'il nous suffira d'un seul homme pour la fondation.

J'invite donc les lecteurs sages à réserver leurs objections pour le final du 2e tome où je les passerai en revue, et où je deviserai sur les complémens a donner et les matières à traiter dans les tomes suivans. Jusque-là on aurait tort d'exiger des communications qu'il me paraît nécessaire de différer, comme celles relatives aux harmonies des nombres 7 et 12 dont l'excellence est facile à pressentir, d'après la préférence que Dieu leur a donnée dans les harmonies unitaires, comme les sons de la musique et les rayons de la lumière.

Au résumé : sur quelque sujet que portent ces critiques prématurées, opposons d'abord aux Aristarques l'argument sans réplique : sauront-ils avec leurs sciences tripler le produit réel de l'industrie, élever à 3000 fr. le revenu d'un domaine qui n'en rend que 1000? Non, répondent-ils : eh bien, qu'ils écoutent celui qui va résoudre ce grand problème : sa méthode sera assez bonne pourvu qu'elle conduise à tripler le revenu réel (pag. 1) de tout le monde, et élever le genre humain à l'unité universelle.

Sur un problème de si haut intérêt, sera-ce trop d'un volume de prolégomènes? On pardonne à la philosophie 400,000 tomes de doctrines erronées, et l'on me contestera un tome de réfutation, nécessaire à l'intelligence de la nouvelle science!

» Nous ne voyons pas, disent les critiques, où tendent ces longs préam» bules : vous promettez une théorie sur l'Association; donnez-la. »

Je ne dois pas la donner en mode *simple ;* il faut, selon le mode *composé*, que la théorie positive soit étayée de la négative; de même qu'on donne en arithmétique la contre-opération ou preuve qui procède en sens inverse. On vient de voir sur les questions de Liberté et on va voir encore sur celles de Commerce, que le tort constant des modernes est d'envisager toute la nature et la politique en mode simple; ce vice a faussé et paralysé leurs plus beaux génies. Je dois donc éviter le *simplisme* que je leur reproche, sans cesse; et pour donner une théorie composite, il faut procéder d'abord par la négative, analyser les erreurs qui ont prolongé le règne du mal : il sera temps ensuite d'expliquer les voies du bien, la théorie positive.

Si des lecteurs présomptueux veulent précipiter la marche et négliger cette précaution du mode négatif, je dois réprimer leur impatience. Ils sont comparables à cette jeune troupe qui, à la bataille d'Iéna, s'irritait au bruit du canon, voulait charger, et disait à l'Empereur, *en avant :* le cri était honorable et digne de jeunes Français. Bonaparte les gourmanda, disant : « quels sont ces étourdis qui osent crier en » avant? ils n'ont point de barbe au menton : qu'ils attendent les ordres » de celui qui a commandé dans quarante batailles. »

J'en dis autant aux novices qui veulent régenter le pilote : à les en croire, c'était assez de quelques pages d'introduction; les voilà suffisamment préparés et aussi experts que l'auteur même : ils ont dérobé sa science en lisant le titre ou la table des chapitres; ils décideront qu'il faut sans délai passer au traité positif; que la partie négative (prolégomènes) est un hors-d'œuvre, une superfétation; l'introduction suffisait à des esprits philosophiques, nourris de perfectibilités. Voilà les Français : ils connaissent une science nouvelle avant de l'avoir étudiée; ce sont eux qui doivent l'enseigner à l'auteur même.

J'attends ces docteurs aux chapitres 8 et 9 (Phases de Civilisation, Caractères du Commerce); là, ils pourront juger de leur insuffisance.

Quelle différence de ces disciples modernes avec ceux de l'antiquité! Aristote, avant de se croire un maître, assista vingt ans aux leçons de

Platon. Et vous, lecteurs impatiens, tous écoliers, tous *imberbes* sur le calcul de l'Association et des destinées ; vous qui avez besoin d'être *dégrossis et préparés* par un ample volume de théorie négative *ou déblai de préjugés*, vous voudriez, dès le premier jour, trancher sur une science qui m'a coûté vingt-deux ans de recherches ! Quelle est donc cette philosophie moderne qui inspire aux novices tant de présomption, tandis que l'ancienne les formait à la modestie, et que les disciples de Pythagore se soumettaient à des épreuves de plusieurs années avant d'être admis à l'initiation !

Si je déférais au vœu des impatiens, ils seraient arrêtés à chaque pas dans l'étude de l'Attraction, où il est d'autant plus facile de s'égarer, qu'elle semble au premier abord une amusette plutôt qu'une théorie sérieuse. Le préjugé leur suggérerait à tout instant des argumens saugrenus, dont un sera relaté et réfuté à l'appendice du chapitre 9e.

Pour prévenir ces divagations, il faut (80, 81), dissiper les fausses lumières, et amener le lecteur à rougir de sa crédulité aux doctrines civilisées.

Je vais, dès le chapitre suivant, jeter le gant à la plus accréditée, celle du libre commerce, et prouver qu'elle devait exciter la risée de quiconque aurait eu de saines idées sur les contre-poids politiques, les garanties sociales et l'équilibre industriel.

Préalablement, j'ai dû remontrer ici les pusillanimes et les présomptueux, classes qu'on peut accoler, car les extrêmes se touchent. Si ces caractères dominent en France, ils ne dominent pas en tous pays ; or, j'écris pour les Européens, et non pour les seuls Français.

Je dois donc adopter un plan *européen* et rigoureusement méthodique, une instruction *composée*, c'est-à-dire *négative en prolégomènes* avant d'être *positive en traité*.

Ceux qui ne souscriraient pas à cet enseignement composé, doivent fermer le livre : je ne quête pas les suffrages de la multitude ; je me borne à chercher parmi quatre mille candidats, un homme plus clair-voyant que son siècle : ce n'est pas chez le commun des lecteurs qu'on trouvera des ames grandioses, capables de pressentir l'existence du code passionnel divin, et de se soumettre aux études nécessaires à l'initiation : une telle sagesse ne se rencontrera que chez les ames de forte trempe, chez un petit nombre d'élus ; c'est à eux que s'adresse la 1re partie des prolégs., dédiée aux penseurs. La 2e, moins scientifique, traitant d'intérêt et de plaisir, sera mieux adaptée au goût de la multitude.

Continuons dans celle-ci, l'attaque du *simplisme*, véritable épidémie qui a gangrené tous les savans et les conquérans de la Civilisation : il a fait manquer à Newton la découverte du système de la nature, et à Bonaparte la conquête du monde. Si l'un, dans ses calculs, avait joint l'Attraction passionnelle à la matérielle ; si l'autre avait joint la conquête passionnelle à la matérielle, tous deux seraient arrivés au but (109), aux issues de civilisation. Mais quand les savans mêmes n'ont jamais spéculé qu'en mode simple, comment les conquérans auraient-ils imaginé de s'élever plus haut ?

CHAPITRE VIII.

Application au commerce simple et mensonger. *Rang qu'il occupe dans les quatre phases de civilisation.*

Antienne. Nous avons examiné la plus ancienne des folles controverses, les systèmes de liberté ; traitons maintenant de la plus récente, des systèmes de commerce devenus boussole de la sagesse moderne.

Le régime de libre commerce ou concurrence mensongère, nous fournira un beau sujet de remontrer la science qui n'a pas reconnu, qu'en commerce comme en toute branche de relations, la liberté pure et simple est un brandon d'anarchie, une source de désordres ; que toute liberté doit être étayée de garanties et contre-poids ; enfin, que la liberté doit être composée et non pas simple comme celle des marchands, contre la fausseté de qui le corps social n'a aucune garantie.

Les marchands aujourd'hui sont libres, mais le corps social ne l'est pas dans ses relations avec eux ; car on est forcé à faire des achats ; on ne peut pas se passer de subsistances et vêtemens, qu'on n'obtient que par achat ; on est donc par le fait asservi aux vendeurs, dont il faut essuyer les fourberies.

Un tel mécanisme n'est que liberté *simple et non réciproque ;* la liberté est tout entière du côté des vendeurs, dont le consommateur est dupe et contre qui il n'a aucune garantie. Il fallait découvrir et introduire cette garantie, pour élever le régime commercial à la liberté *composée ou réciproque.*

Étrange inadvertance ! après cent années de controverse mercantile, on n'a pas encore observé que le commerce civilisé est de mode *simple* et non pas de mode *composé* ; qu'il n'assure de liberté et de garantie qu'à une des parties contractantes, *qu'au vendeur, et non à l'acheteur.*

Cette vérité est aussi neuve que celle qu'énonça Galilée, en déclarant que c'était la terre qui tournait, et non pas le soleil. Mais puisque l'étude du commerce ne date que d'un siècle, doit-on s'étonner de cette erreur, quand on voit, sur tant d'autres controverses, notamment sur celle de liberté, les erreurs durer 25 et 30 siècles ?

Consolons d'abord les coupables, les Economistes mercantiles, et pallions leurs torts, en rappelant un principe très-connu d'eux : c'est que l'esprit humain assujetti à la marche progressive, ne s'élève que par degrés, et procède *du simple au mixte et du mixte au composé.*

Il n'est donc pas surprenant que la controverse mercantile qui ne date que d'un siècle, ait perdu ce laps de temps à spéculer sur la méthode simple qui est toujours le premier essor de l'esprit humain. On n'est point blâmable d'être *simpliste* dans une étude qui n'est qu'à son début. Mais après cent ans d'expérience, est-on excusable de ne pas s'apercevoir qu'on est en fausse route, qu'on a donné dans le mode simple et dépourvu de garantie? un siècle tout bouffi de prétentions en fait de garantie, contre-poids, balance, équilibre, est-il pardonnable de ne pas reconnaître qu'il n'y a pas l'ombre de garantie ni de contre-poids dans le système commercial?

C'est ce que nous allons examiner, en exposant d'abord les indices de culpabilité, tels que rebellion à l'évidence, jonglerie dogmatique, etc.

Lorsqu'une science adopte en principe de n'admettre que la vérité, toute la vérité, rien que la vérité, il est assez surprenant que ses docteurs se passionnent pour les marchands, les agioteurs et les Juifs, chez qui, loin de trouver la vérité et rien que la vérité, on était si assuré de rencontrer le mensonge et rien que le mensonge.

Il existait pourtant dans l'ordre actuel un beau et précieux germe de vérité garantie : des hommes qui auraient cherché sérieusement la vérité, n'auraient pas manqué d'en voir le fanal dans le système monétaire. Nous y démêlerons une voie de découvertes manquée bien honteusement par nos sciences économiques, à qui je suis obligé d'adresser de fâcheuses remontrances à ce sujet.

Quiconque veut des découvertes réelles, doit savoir qu'un inventeur est obligé de rompre en visière à son siècle, et de donner un démenti formel aux préventions dominantes. Galilée, en annonçant et démontrant que la terre pivotait sur axe, pouvait-il complimenter ses contemporains qui la croyaient immobile? Je suis dans le même cas : j'apporte une théorie d'où naîtront la richesse, la vérité, l'unité; puis-je féliciter les modernes d'être arrivés, sous les auspices des doctrines mercantiles, à l'indigence, à la fourberie, à la duplicité d'action ? Autant vaudrait complimenter le bouc sur ce que le renard l'a laissé au fond du puits. On s'étourdit sur ces duperies en respirant l'encens des sophistes qui vous ensorcèlent de perfectibilités perfectibles ; chacun voudrait recevoir pareil tribut des inventeurs. Qu'on ne s'y trompe pas ; là où il y a de l'encens pour les lecteurs, il n'y a point d'inventions. Si l'on désire franchement des découvertes, il faut dispenser d'encens celui qui les apporte.

D'ailleurs, les hommes ne veulent pas exclusivement de la flatterie ; ils désirent avant tout des richesses, même au prix de quelques désagremens. L'huissier de Molière dit à celui qui le bat : « frappez, j'ai cinq enfans ; » puis il verbalise et se fait adjuger une bonne indemnité. Tout civilisé est plus ou moins l'écho de cette cupidité. Sans doute on veut de l'encens, mais on veut auparavant des richesses, et chacun, s'il veut être sincère, sera tenté de me dire : nous écouterons volontiers vos critiques sur la Civilisation et la Philosophie incertaine, pourvu que vous nous ouvriez le chemin de la fortune, et que vous démontriez exactement ce mécanisme des Séries passionnelles dont l'emploi triplera nos revenus, et fera recueillir en produit réel, trois mille écus, de tel domaine qui n'en rend que mille en industrie morcelée.

Tel sera le résultat dont il faut se rappeler sans cesse, pour concevoir que je ne peux vanter ni l'ordre morcelé ou industrie civilisée, ni ses pilotes philosophiques et mercantiles, ni son attirail de calamités dont j'apporte le remède : il est impossible qu'il soit flatteur pour les sciences qui ont envenimé le mal. Venons au sujet de ce chapitre.

Le commerce étant le lien du mécanisme industriel, étant pour le monde social ce qu'est le sang pour le corps, c'était dans le commerce qu'il fallait s'exercer à introduire la vérité, en remplacement de cette kyrielle de vices et de fourberies dont je donnerai plus loin le tableau. En s'occupant de cette correction du système commercial, les sophistes n'auraient porté ombrage à aucune autorité ; ils auraient servi utilement le monde social, au lieu de le désorganiser par leur manie de bouleverser l'administration.

Le commerce dans l'Antiquité leur parut méprisable comme domaine du mensonge; mais depuis qu'ils l'ont vu s'étendre colossalement par les découvertes de la boussole et des deux Indes, ils se sont enfin déterminés à l'étudier.

La première chose que devaient y remarquer des hommes qui cherchent la vérité, c'est qu'elle est bannie du commerce.

Une autre observation importante que suggérait l'aspect du commerce, est qu'il présente des germes d'association en divers genres.

La politique avait donc double spéculation à asseoir sur le mécanisme commercial; l'une positive, qui consistait à y développer les germes de l'association, source de toute économie, et s'évertuer par suite à l'introduire dans l'agriculture; l'autre négative, qui devait tendre à bannir du mécanisme commercial cette fausseté qu'on y voit généralement régnante, et qui est la plus forte entrave à l'activité des relations.

Les deux problèmes étaient liés et se résolvaient l'un par l'autre; car on ne peut pas introduire dans le commerce des garanties de vérité sans le secours de l'Association, et on ne peut pas étendre le lien sociétaire sans découvrir les garanties de vérité.

C'était là une belle et noble carrière ouverte à la science. Les gouvernemens et les académies devaient s'unir pour obliger cette étude, et employer au besoin la 8e voie, indiquée (88) sous le nom de *perquisition forcée*. Au moindre succès, on serait arrivé à la société 6e dite Garantisme, déjà très-heureuse en comparaison de la Civilisation.

Les sophistes n'ayant pas été contraints à s'occuper de ce travail, l'ont négligé comme ils négligent tout ce qui présente quelques difficultés à vaincre. Ils ont fait du commerce comme de toute autre branche d'études, une arène de controverse, une pépinière à systèmes : ils ont bassement fléchi le genou devant le veau d'or, et flatté tout cet attirail de fourberies mercantiles dont l'attaque devait être le premier pas de gens qui auraient sincèrement cherché la vérité. Ils ne pouvaient pas ignorer que le commerce, dans son état de pleine liberté, est un cloaque d'infamies; banqueroute, accaparement, agiotage, usure, monopole, fourberie, etc. Ces caractères offraient une collection de vices assez hideuse pour stimuler des amis de la vérité : les fortunes scandaleuses des agioteurs décélaient assez que le commerce est le vautour de l'industrie; que sous prétexte de la servir, il la spolie audacieusement.

Tant de dépravation n'a pu émouvoir les sophistes : eux qui veulent porter par-tout la réforme, ils n'ont pas osé l'essayer sur la branche de relations où il eut été aussi facile qu'honorable de l'introduire, et où ils auraient pu opérer sans causer ni trouble ni défiance; car personne n'est partisan des fourberies commerciales, aussi onéreuses au gouvernement qu'aux propriétaires. La Philosophie se serait concilié tous les suffrages en recherchant un procédé de commerce véridique, et en déclarant une guerre ouverte au système de mensonge, d'extorsion et de complication qui, sous le nom de libre concurrence, règne dans les relations commerciales.

Dans cet examen j'accuse moins les sophistes que la civilisation entière, qui a encouragé la dépravation. Si les maîtres tolèrent et excitent le vice chez leurs subalternes, ceux-ci ne manqueront pas de se pervertir. Mais pour analyser cette filière de corruption, commençons par les torts des sophistes en études commerciales; de là nous passerons à ceux des nations.

La manière dont les Philosophes ont envisagé le commerce, prouve bien que le feu sacré est éteint chez leur compagnie. Examinons ce qu'une secte honorable en aurait pensé, et comment elle aurait agi.

La nature n'est jamais fausse dans les impulsions *collectives* qu'elle donne au genre humain. Quand une profession excite un mépris universel, soyez assuré qu'elle recèle un venin social. On ne voit aucun peuple mépriser l'administration, le sacerdoce, l'ordre judiciaire, l'état militaire. Ces fonctions jouissent par-tout de la considération générale; elles en ont joui avant qu'il n'existât des théories philosophiques; tandis que le commerce n'excita, chez toutes les nations primitives, qu'un mépris bien fondé.

On a cité par exception quelques peuplades anciennes qui s'adonnèrent au commerce, comme Tyr et Athènes. Mais ces nations n'avaient point de territoire : la fameuse république d'Athènes était moindre que la plus petite des 87 provinces de France. Les peuples sans territoire comme Athènes, ou réduits à un sol ingrat comme la Hollande, font exception à la règle générale : ils s'évertuent en industrie parasite; ils deviennent corsaires industriels, monopoleurs, trafiquans. Ils peuvent bien excuser l'état mercantile qui est leur unique ressource, et à l'aide duquel ils pressurent les régions de producteurs.

Il n'est pas moins certain que toutes les nations (sauf quelques rares exceptions qui confirment la règle), ont témoigné un mépris inné pour le commerce. L'Evangile ne fait point de distinction entre les marchands et les voleurs. « *Ejecit è templo vendentes et latrones.* » Jésus-Christ battit de verges les marchands, et les chassa du temple dont il faisaient, dit l'Evangile, une caverne de voleurs.

A cette époque on nommait les hommes et les choses par leur nom, selon l'avis de Boileau :

« J'appelle un chat un chat, et Rolet un fripon. »

Aussi Jésus-Christ appelait-il les civilisés une race de vipères, et les marchands un bande de voleurs. C'était la franchise du bon vieux temps.

Les marchands n'étaient, dans l'Antiquité, que de petits larrons; ils ne grugeaient point par 50 et 100 millions, comme aujourd'hui. Or la Civilisation étant dans l'usage de faire pendre les petits voleurs et d'encenser les gros, il advint que les marchands restèrent dans la boue tant qu'ils furent petits fripons : Horace et la belle antiquité s'égayaient à leurs dépens, et se moquaient franchement de la science usuraire tant révérée de nos jours.

Tout est bien changé depuis la découverte et la conquête des deux Indes : la masse des denrées commerciables a décuplé, et par suite la fortune des marchands a dû trentupler; car aux bénéfices de commerce ils ajoutent ceux d'usure, d'agiotage, d'accaparement et de monopole. Bref, les marchands de nos jours ne sont plus de petits voleurs, comme ceux que Jésus-Christ battait de verges, ou qu'Horace persiflait. Un agioteur aujourd'hui récolte en une seule année plus que dix monarques. On assure qu'une maison de Londres a gagné, sur les emprunts de France, *quatre-vingt millions* en un an.

Or, quel est le souverain d'Europe qui pourrait, non pas en un an, mais en dix, mettre de côté 80 millions, après les dépenses de sa maison payées? L'Empereur d'Autriche et le Roi de France n'ont peut-être pas, au bout de l'an, 8 millions de reste, en déduisant les frais de cour et d'officiers : chacun d'eux ne ferait donc pas, en 10 ans, le bénéfice que fait un agioteur en un an.

Cet essor gigantesque de l'industrie mercantile a ébloui les Philosophes : ils se sont tournés vers le soleil levant, et se sont prosternés devant l'agiotage. Leur science n'avait pas été si rampante, au dernier siècle, devant les hommes à porte-feuille: elle badinait les financiers, qui avaient le bon esprit de ne pas s'en fâcher. L'opinion n'a plus rien de cet équilibre : il n'y a maintenant que prétentions outrées chez le vice, et bassesse chez la science : les vampires mercantiles veulent être encensés, et la Philosophie obéissante, persuade que l'encens leur est dû : elle prêche aux nations le respect des agioteurs, voire même des limiers d'agiotage appelés Courtiers et Agens de change.

D'après cet excès de corruption, il ne faut pas s'étonner qu'on ait manqué les découvertes qui tenaient aux correctifs du système de commerce. Les anciens furent excusables de se moquer de ce minotaure, tant qu'il était au berçeau ; mais aujourd'hui c'est le lionceau devenu lion : c'est une nouvelle autorité qui entre en partage avec les gouvernemens. Ils s'élevèrent dans le temps contre l'influence colossale du Clergé : Saint Louis même s'y opposa ; aussi Fontanes dit-il, dans une strophe à la louange du Saint Roi :

» Ses lois sont celles d'un grand homme ;
» Pieux, il sut contenir Rome. »

Et lorsqu'une nouvelle tyrannie politique, celle du porte-feuille, celle de l'usurier, la pire de toutes les tyrannies, vient jeter la griffe sur les Rois et les peuples, on voit tout le corps scientifique ramper devant ce colosse mercantile, ce parasite qui, sans rien produire, s'empare de la crême du produit, forme dans le système industriel un nouveau souverain plus roi que les rois mêmes, un vampire qui, sans autorité légale, entre en plein partage avec les maîtres légaux et s'arroge la part du lion.

Le partage est d'autant plus réel, que le gouvernement ne perçoit qu'en simple, et l'agiotage en composé. En effet, le Roi, la Cour, ne perçoivent que sur les produits du territoire national, tandis que l'agiotage perçoit indifféremment sur ceux de tous les pays. Tels banquiers qui ne sont ni français, ni autrichiens, ni espagnols, ont peut-être au bout de l'an, sur les impôts de France, Autriche, Espagne, une levée plus forte que celle des souverains mêmes, dont il faut distraire la dépense locale ou tenue de maison : cette distraction faite, il reste beaucoup moins au souverain sur le produit de l'impôt, qu'aux prêteurs qui négocient sur la dette publique. Après qu'on a fait face aux services divers, aux départemens de guerre, marine, intérieur, etc., l'excédant d'impôt passe aux usuriers, et non pas aux princes ni aux ministres. Les gouvernemens civilisés sont aujourd'hui dans la situation de ces propriétaires obérés, qui voient l'usurier tirer de leur domaine beaucoup plus qu'eux-mêmes qui l'ont cultivé. Et comme les dettes publiques ne feront que s'accroître, la puissance mercantile qui est entrée en partage d'autorité avec les gouvernemens, tend à devenir leur supérieur et les réduire en tutèle, ou tout au moins se tenir en balance avec eux. Jamais duplicité d'action ne fut plus évidente.

Le coffre-fort est tout-puissant en Civilisation : aussi avons-nous vu que le congrès d'Aix-la-Chapelle n'osait rien décider avant l'arrivée de deux banquiers attendus. Si une chance politique met les impôts à la disposition d'une classe de prêteurs, cette classe devient par le fait rivale et concurrente des gouvernemens : c'est ce qui arrive aujourd'hui des agioteurs, qui voient le ministère à leurs pieds. *Ces décimateurs d'avenir* dirigent tout le tripot de perfectibilité, et règnent sur le gouvernement même ; à tel point que tout ministère qui veut contrecarrer l'agiotage, échoue complètement, et échouerait tant qu'on ne découvrirait pas le procédé de commerce véridique, par lequel sont anéantis l'agiotage, l'usure, la fourberie, le monopole et toutes les astuces mercantiles prônées par les économistes. (J'ai donné, introduction (47), un aperçu des bienfaits de ce régime qui, en Association, doit doubler le revenu du trésor public, tout en diminuant de moitié les charges relatives du contribuable).

Cet état de choses devait fixer l'attention de la science : il est clair que la Civilisation a changé de face, que le monopole et l'agiotage qui sont deux caractères commerciaux, ont bouleversé l'ancien ordre. Est-ce un sujet de triomphe ou d'alarme ?

Quel dénouement présage cette monstrueuse irruption du pouvoir mercantile dont les empiétemens vont croissant? C'est une question qui devait occuper les corporations savantes conjointement avec les deux problèmes précités (153) :

Etendre et généraliser les germes d'association commerciale;
Combattre le mode mensonger par invention du véridique.

Ces problèmes de circonstance ouvraient au génie une noble carrière : il l'a esquivée par des déclamations amphigouriques sur les trames de l'ambitieuse Albion, qui, après tout, ne fait que le métier de tout marchand ; chacun d'eux, par ses accaparemens et menées d'agiotage, opère en petit sur une branche d'industrie, comme l'Angleterre opère en grand sur l'industrie générale.

D'ailleurs, si la Philosophie est réellement ennemie du monopole, comment ose-t-elle prôner le plus ridicule des monopoles, celui des Agens de change et Courtiers ; d'une ligue de commis imposant légalement des devoirs aux négocians vingt fois plus nombreux, mais assez débonnaires pour se laisser maîtriser par leurs agens qui ont eu l'art de surprendre un privilége vexatoire ? Faut-il s'étonner que le gouvernement soit esclave des agioteurs et marchands, quand eux-mêmes le sont de leurs commis ambulans, les Courtiers ?

L'esclavage des gouvernemens va croissant, et l'ascendant des agioteurs est parvenu à tel point, que le tripot de la bourse est devenu boussole d'opinion. Les fonds publics ont-ils baissé, c'est pour le vulgaire un thermomètre sans réplique, et tout mirmidon en conclut que le ministère opère mal, gouverne mal. Cette baisse est souvent l'effet des intrigues de tripotiers, plus puissans que le ministre. Quel ministère peut lutter contre des coalitions d'agioteurs, dont on voit un individu gagner à lui seul 80 millions en un an ?

Dès qu'une cabale peut faire agir ce ressort de commotions politiques, cette baisse factice des fonds publics, l'opinion en chorus jette de la défaveur sur les opérations du Cabinet. Il n'en faut pas davantage pour amener mal-à-propos la disgrâce d'un ministère, et souvent compromettre le sort d'un empire, par les intrigues des tripotiers de bourse. Jamais servitude fut-elle mieux constatée ? Et le ministère peut-il douter qu'il ne soit sous la férule des agioteurs en tout pays endetté, ou plutôt en tout pays civilisé, puisque la dette publique est maladie endémique de la civilisation de 3e phase!

Nos philosophes, avec leurs prétentions à la profondeur analytique, ne savent pas analyser cette monstruosité, y reconnaître une transition de l'ordre civilisé qui s'achemine de 3e en 4e phase selon le tableau suivant.

TABLEAU PROGRESSIF

DU COURS DU MOUVEMENT CIVILISÉ.

Caractères de la Période et de chaque phase.

PIVOTS de la période 5e.	X	Y	Car. individuel.	L'égoïsme.
		λ	Car. collectif.	La duplicité d'action.
	Vibration ascendante.			*ENFANCE.*
1ere Phase.		C	*germe.*	MONOGAMIE OU MARIAGE EXCLUSIF.
			pivot.	DROITS CIVILS DE L'ÉPOUSE.
				ACCROISSEMENT.
2e Phase.		CC	*germe.*	FÉODALITÉ NOBILIAIRE.
			pivot.	AFFRANCHISSt. DES INDUSTRIEUX.
APOGÉE ou plein.	+	OC		* L'art Nautique.
				* La Chimie expérimentale.
	Vibration descendante.			*DÉCROISSEMENT.*
3e Phase.		ƆC	*germe.*	ESPRIT MERCANTILE.
			pivot.	MONOPOLE MARITIME.
				CADUCITÉ.
4e Phase.		Ɔ	*germe.*	MAÎTRISES EXCLUSIVES.
			pivot.	FÉODALITÉ COMMERCIALE.
TRANSITIONS ou issues de Période.	X	Y	Régulières.	Les 12 Garantismes.
		Y	Irrégulières.	Les 12 issues de Lymbes, 108.

Gradation. Les deux phases de vibration ascendante opèrent la diminution des servitudes personnelles ou directes.

Dégradation. Les deux phases de vibration descendante opèrent l'accroissement des servitudes collectives ou indirectes.

Apogée est l'époque où la Civilisation prendrait les formes *les moins viles*. Je ne dis pas *les plus nobles*, puisque cette société est toujours ignoble, et ne varie dans ses quatre phases que par les nuances d'*égoïsme et de duplicité*, toujours dominantes puisqu'elles sont les pivots de mécanique civilisée.

La chimie fixe et l'art nautique sont caractères d'apogée : sur ces deux branches de connaissances reposent la perfection de l'industrie et la rapidité des communications.

Dès que la période civilisée est pourvue de ces deux leviers, elle est mûre pour passer en sixième période, et tout délai lui devient préjudiciable, puisqu'il engendre les quatre caractères de vibration descendante. Dans ce cas les trophées scientifiques deviennent un mal plutôt qu'un bien. Le parti qui ne veut pas qu'on apprenne à lire au peuple, n'est pas le moins clairvoyant en politique civilisée : je suis loin d'adopter son opinion, mais elle a un côté plausible. Il est certain que la science devient abusive et dangereuse pour les civilisés, dès qu'ils entrent en troisième phase. Une fois pourvue des deux caractères d'apogée, cette période est un fruit mûr qui ne peut que décliner. Ainsi le progrès des connaissances est très-désirable pour la Civilisation, comme la parfaite maturité est très-nécessaire dans un fruit ; mais dès qu'il est à ce point, il faut le mettre à l'emploi.

Or, quel est l'emploi de la Civilisation en échelle de mouvement (25)? C'est d'acheminer à la 6e période ou Garantisme. Dès qu'elle en a acquis tous les moyens, elle doit échapper à elle-même, trouver une issue (108) et entrer en Garantisme. Si elle diffère, ses sciences ne sont pour elle qu'un fardeau nuisible ; elle embrasse plus qu'elle ne peut porter.

Et pour preuve, ne voyons-nous pas que l'art nautique, le plus beau trophée de l'industrie humaine, a déjà engendré les deux caractères de troisième phase, *esprit mercantile*, *monopole insulaire*, et autres calamités qui ne pourraient pas avoir lieu en sixième période. L'excès de nos connaissances et de notre industrie nous est devenu funeste, comme la nourri-

ture

ture la plus saine incommode celui qui en prend outre mesure : et c'est outre-passer la mesure, que de *rester civilisés* quand nous sommes pourvus des leviers de sixième période. Parvenus à ce degré que j'ai nommé au tableau, *apogée de civilisation*, nous sommes comparables au ver à soie qui, une fois chargé de matière, a besoin de changer de nature, monter sur une bruyère et passer à l'état de chrysalide.

Nous étions arrivés à cette maturité industrielle dès le milieu du 18me siècle; nous possédions les deux caractères d'apogée; il eut fallu sans délai découvrir une issue de civilisation.

Ce secours du génie nous a manqué, et nos connaissances nous sont devenues plus funestes qu'utiles ; elles n'ont produit que des germes d'orages sociaux et de dépravation politique et morale : bref, nous avons parcouru en plein la troisième phase ou déclin, et nous courons à la quatrième ou caducité de civilisation.

Dans toute période sociale, chacune des quatre phases a son point de plénitude ou d'apogée, comme la période entière a le sien. Il est évident que la troisième phase de civilisation est au-delà du plein, puisque nous voyons la pleine dominance des deux caractères dont elle se compose.

Remarquons que, dans les trois phases de civilisation déjà parcourues, la Philosophie ne coopéra jamais aux progrès sociaux dont elle s'arroge le médiocre honneur : elle fut toujours PASSIVE à l'égard du mouvement social ; j'en ai déjà donné quelques indices que je rassemble.

1re *Phase*. Elle arrive au plein par les concessions de droits civils à l'épouse. C'est de quoi les anciens sophistes, comme Confutzée ou ceux de l'Egypte et de l'Indostan, ne s'inquiétèrent jamais : ils ne manifestèrent pas même l'intention d'améliorer le sort des femmes. Les dames anciennes avaient encore moins de liberté que les nôtres ; elles ne partagaient point les divers droits amoureux, tel que celui de répudiation, et les moralistes étaient indifférens, comme aujourd'hui, à leur bien-être.

2e *Phase*. La Civilisation y entra par l'adoucissement de l'esclavage. Cette amélioration, tableau 159, fut l'effet de la féodalité nobiliaire, qui fournit aux cultivateurs des moyens d'affranchissement *collectif et progressif*. En attachant les serfs à la glèbe et non à l'individu, elle fait tourner à leur avantage les faiblesses de chaque seigneur; et la communauté pouvant obtenir telle concession de l'avarice du père, telle autre de la bienfaisance du fils, s'élève pas à pas à la liberté. C'est un procédé dont les anciens philosophes n'avaient encore aucune idée.

3° *Phase*. Elle s'est développée par l'influence de la politique commerciale, née des monopoles coloniaux. Cette influence n'avait point été prévue par les Philosophes, et ils n'ont inventé aucun moyen de la balancer, ni même de l'attaquer dans sa branche la plus vexatoire, qui est le monopole insulaire. Ils ne se sont entremis dans la politique commerciale, que pour en prôner les vices au lieu de les combattre, ainsi que je le démontrerai plus loin.

4e *Phase*. La Civilisation y tendait par l'influence des *maîtrises en nombre fixe*, qui, à l'abri d'un privilége, excluent les prétendans les mieux fondés, et ferment l'accès conditionnel au travail. De telles compagnies recèlent le germe d'une vaste coalition féodale, qui envahirait bientôt tout le système industriel et financier, et donnerait naissance à la féodalité commerciale. C'est ce que les Philosophes étaient loin de prévoir; et tandis qu'ils sont tout infatués de l'esprit mercantile dont ils ont si peu prévu l'influence, déjà se préparent des évènemens qui changeraient cette politique, et nous feraient dégrader en 4e phase de Civilisation.

Mais ces sophistes ne s'attachent pas à prévoir les orages futurs; ils ne voient le mouvement social qu'en sens rétrograde, et ne s'occupent que du passé et du présent. Aujourd'hui que l'esprit mercantile est dominant, ils décideront, selon leur usage, que l'état actuel des choses est le perfectionnement de la raison. Ils se borneront à pérorer sur ce qu'ils voient, sans présumer que l'ordre civilisé puisse prendre de nouvelles formes.

Et lorsque la Civilisation arriverait dans la suite à sa 4e phase, lorsque la féodalité commerciale serait pleinement établie, on verrait les Philosophes intervenir après coup, pour former à ce sujet une nouvelle coterie de controverse; on les verrait prôner les vices de 4e phase, et vendre des torrens de volumes sur ce nouvel ordre, dans lequel ils placeraient encore *le perfectionnement de la perfectibilité*, comme ils le placent aujourd'hui dans l'esprit mercantile.

On peut, d'après ce tableau, demander aux présomptueux ce qu'ils pensent maintenant de leur précipitation critiquée à la médiante (148). A les en croire, il faut passer au traité des Séries passionnelles, sans leçons préparatoires : mais avant de s'engager en pays inconnu, ne faut-il pas connaître le pays où l'on se trouve, et les ressources qu'on en peut tirer pour s'avancer plus loin ? ne convient-il pas d'analyser d'abord les vices de la civilisation ? (c'est ce que j'ai fait jusqu'à présent); puis ses caractères génériques et spéciaux ? (c'est sur quoi je prélude dans ce chapitre). Ne faut-il pas se convaincre qu'elle n'est connue, ni des intrigans littéraires qui la vantent pour se dispenser de trouver mieux, ni des dupes qui l'admirent en théorie, sans observer que ces belles théories sont démenties par la pratique, par la permanence des 9 fléaux (39), et l'absence des 9 biens (41) ?

D'ailleurs, pour se disposer à juger des degrés d'harmonie sociétaire sur lesquels on peut opter, et des phases de l'une et l'autre harmonie (simple et composée, dont chacune a quatre phases comme la civilisation), ne dois-je pas exercer d'abord les élèves sur les phases de l'ordre civilisé, dont il leur est facile de faire la distinction ?

C'est de quoi nul publiciste n'a songé à s'occuper. On ne connaît ni les élémens (ou pivots radicaux), ni la marche, ni les caractères de civilisation indiqués au tableau 159, qui pourrait fournir la matière d'un gros volume, *analytique* pour les trois phases parcourues, et *synthétique* pour la 4e phase qui reste à parcourir.

Si je disais aux présomptueux qui se croient assez préparés : construisez la 4e phase de civilisation ; indiquez de quels germes elle naîtra, quels seront ses développemens, ses résultats dans toutes les branches du système social ; chacun de ces novices resterait coi : aucun ne saurait décrire une civilisation de 4e phase. Et des novices qui ne savent pas construire un quart de la période la plus connue, ou période civilisée, veulent qu'on les initie d'emblée au traité de l'harmonie, sans instructions élémentaires ! singulier pays que cette France, où tout écolier veut en savoir plus que le maître ! J'ai rencontré beaucoup de gens qui voulaient m'enseigner ce que c'était que l'Association, et à qui j'étais obligé de répondre : » que ne vous chargez-vous de publier le traité, puisque vous en savez plus que moi sur cette matière ! »

Ignorans sur le cadre général du mouvement civilisé, ils le sont de même sur chacune des phases; ils ne sauraient pas distinguer la 3e aujourd'hui régnante, de la 2e qu'on vient de quitter depuis un siècle. Interrogez-les sur la 3e phase et ses subdivisions; et d'abord sur les caractères du commerce que je vais analyser au chapitre suivant; puis sur les degrés du monopole maritime

1. Simple local, 2. Simple intégral, 3. Composé local, 4. Composé intégral,	conformément à l'échelle 59.

Ils ne sauront répondre mot sur toutes ces questions qu'aucun d'entr'eux n'a abordées. Que penser, après cela, de leur prétention à régler l'enseignement de l'harmonie, quand ils ne savent pas même analyser génériquement et spécialement les caractères de la 3e phase de civilisation où ils se trouvent embourbés?

Nous disserterons, quand il en sera temps, sur ce tableau et sur les caractères spéciaux de chaque phase. Il est évident que la Civilisation tend à la 4e. Son fatras de théories commerciales dénote une caducité imminente, une chute prochaine en féodalité mercantile ou ferme générale du commerce, fédération des publicains avec la caste nobiliaire, et partage légal de prérogatives entre ces deux castes déjà liguées de fait.

Lorsqu'on voit la Civilisation s'enorgueillir de cette décadence, de cette chute en phase caduque, on peut la comparer à une femme qui vanterait ses appas de 60 ans; chacun lui répondrait : vous valiez mieux à 30. Il en est de même de la Civilisation qui se détériore en croyant se perfectionner, et qui ne trouverait bientôt dans ses progrès industriels qu'une nouvelle source de commotions et de turpitudes politiques. Le commerce y tend à un partage de puissance avec les gouvernemens, dont les opérations sont déjà soumises à la *sanction* et au *veto* des agioteurs. Les rêveurs d'équilibre ont cru voir dans cette monstruosité un contre-poids politique; ce n'est qu'une *collusion* contre l'agriculture. Les ligues d'empiétement ne sont pas des contre-poids sociaux; les contre-poids doivent être véridiques et d'action composée, comme la monnaie, où l'influence composée du change et de l'orfévrerie oblige le ministère à soutenir les titres de fin, sauf le seigneuriage convenu.

On ne trouve pas cet équilibre dans le commerce : il n'est, au contraire, qu'un abyme de fourberie, de rapines et d'anarchie ; un minotaure industriel qu'il faudrait contenir par des contre-poids. Au lieu d'aviser à y porter remède, notre siècle s'est engoué de toutes ses infamies, sous prétexte qu'il faut du commerce.

Il en faudra dix fois plus dès le début de l'Association, où le produit sera triple et la masse des ventes décuple, parce que le besoin des productions extérieures s'étendra à toute la classe populaire dans les diverses zônes. Mais quel que soit l'essor du mécanisme commercial, il ne doit pas s'exercer en mode mensonger.

Précisons bien la thèse : le Commerce mensonger est un fonctionnaire qui produit *UN* et grivele *DIX*, par l'effet des vices indiqués au chapitre 9e suivant. C'est un valet dont le service produit *cent écus*, et dont les voleries enlèvent *mille écus*.

Son premier larcin est d'employer *cent* agens, là où il suffirait de *dix* en mode véridique. C'est neutraliser quatre-vingt-dix individus par un travail *parasite*, *comparativement au régime de vérité sociétaire.*

Cette hypothèse de mode véridique était le problème à résoudre. On devait donc astreindre les sciences à une *perquisition forcée* sur le mode commercial véridique.

Et sans qu'il fût besoin de recourir à cette sommation, l'honneur ne faisait-il pas une loi aux savans de dénoncer le commerce, qu'il faut éviter de confondre avec les manufactures ? ne devait-on pas proposer contre ses vices, des correctifs dont la seule recherche aurait amené de très-heureux résultats ?

Conformément au 4e principe des philosophes, *procéder par analyse et synthèse*, la science dite Economisme devait donner une analyse exacte des caractères du commerce ; elle ne l'a sans doute pas osé, car le tableau 168, n'eut pas été flatteur pour le veau d'or ; c'est une omission que je réparerai dans cet ouvrage ; et comme rien n'est plus important que de désabuser l'administration, l'agriculture et les manufactures, des sophismes qui excusent toutes les extorsions mercantiles, je vais, dans le chap. 9e, préluder à cette analyse du commerce.

CHAPITRE IX.

PRÉLUDE à l'analyse du Commerce simple. Tableau de ses Caractères.

UN critique longtemps fameux par ses malins feuilletons, Geoffroy se hasarda un jour à parler commerce. Il était un peu intrus en pareille matière, et l'avouait lui-même. Il prit pour thèse une vérité bien incontestable et reconnue de tous les marchands : il prétendit que le commerce était l'art de vendre six francs ce qui en coûte trois. Tout praticien commercial avouera que cet art compose à lui seul la moitié de la science mercantile : l'autre moitié consiste dans l'art d'acheter pour trois francs ce qui en vaut six, c'est-à-dire que le génie commercial est composé et non pas simple : il est formé de deux élémens, l'art de la vente et l'art de l'achat : celui qui réunit ces talens, est par excellence le *MAGNUS APOLLO*, *habile garçon*, *bonne tête*, en termes techniques.

Geoffroy, simpliste comme tous les beaux esprits civilisés, oublia de *dualiser* son principe, de l'énoncer en direct et inverse : il n'avait pas moins posé une thèse incontestable.

Sur ce, les antagonistes fulminèrent contre Geoffroy qui outrageait l'arche sainte, la tactique mercantile. Ce débat eut un résultat digne de la justice humaine : on condamna Geoffroy qui avait raison, et l'on exalta ses adversaires qui déraisonnaient. L'hypercritique se tint pour battu, et par forme de diversion finit par intenter une querelle aux vieilles femmes.

Je remarquai dans les journaux opposans, une kyrielle d'erreurs dont je regrette de n'avoir pas gardé note. Il suffira d'en citer une seule, pour donner la mesure de l'impéritie qui règne en controverse commerciale.

Pour confondre Geoffroy et rehausser l'éclat de ces négocians qu'il méprisait, on lui observait que l'Empereur les honorait, et qu'il avait détaché sa croix d'honneur pour la donner à M. Oberkampf dont il avait admiré les vastes établissemens. Eh quel rapport ceci avait-il avec une question de mécanisme commercial? M. Oberkampf est un manufacturier très-utile, et si étranger aux intrigues mercantiles, que deux ans après il vint rapporter sa croix à l'Empereur, disant qu'il ne pouvait lutter contre les menées du commerce qui élevaient les matières à un taux si vexatoire qu'on était obligé de fermer les atteliers et renvoyer sans travail des légions d'ouvriers.

Dans ces doléances, M. Oberkampf n'était que l'écho des plaintes journalières des manufacturiers paralysés d'un instant à l'autre par une trame d'agiotage. Le commerce est l'ennemi naturel des fabriques; en feignant de la sollicitude pour les approvisionner, il ne travaille réellement qu'à les rançonner. Aussi, dans la plupart des villes de manufactures, est-il reconnu que le petit fabricant peu fortuné ne travaille que pour le marchand de matières; de même que souvent le petit cultivateur ne travaille que pour l'usurier, et le petit savant de grenier pour le haut savant d'Académie qui daigne publier sous son nom le fruit des veilles d'un manœuvre littéraire salarié.

Bref, le commerçant est un corsaire industriel, vivant aux dépens du manufacturier ou producteur. Confondre ces deux fonctions, c'est ignorer l'alphabet de la science. Geoffroy ne sut pas établir cette distinction; il se laissa battre par une douzaine d'argumens saugrenus, tous de la force du précédent.

D'où vient cette prodigieuse ignorance en mécanisme commercial? De ce qu'on n'a jamais fait aucune analyse du commerce, et qu'en controversant sur cette fonction, l'on ne sait pas encore sur quoi l'on raisonne. Pour prendre une légère notion du sujet, il faudra faire usage des deux tableaux suivans.

ÉCHELLE des méthodes commerciales appliquées aux diverses périodes sociales.

Reculement.	En Serigamie.	1.	Compensations anticipées.
	En Sauvagerie.	2.	Troc ou Négoce direct.
	En Patriarcat.	3.	Trafic ou Négoce indirect.
	En Barbarie.	4.	Monopoles, maximations, etc.
Elan.	En Civilisation.	5.	Concurrence individuelle.
	En Garantisme.	6.	Concurrence sociétaire.
	En Serisophie.	7.	Consignation continue.
	En Harmonie comp. diverg.	8.	Y *Évaluation antérieure.* X *Compensations arbitrées.*

Conformément à ce tableau, nous devons analyser la concurrence individuelle ou méthode 5e, civilisée, lutte mensongère et complicative; indiquer les erreurs qui ont empêché le génie social de s'élever à la méthode 6e, Garantisme ou Concurrence sociétaire, véridique et réductive.

Cette étude exigera une analyse des Caractères qui constituent la méthode actuelle, 5° : en voici le tableau.

TABLE SYNOPTIQUE

DES CARACTÈRES DU COMMERCE CIVILISÉ,

Distribués en Série mixte.

PIVOTS. ⋈ Y *L'INCOHERENCE OU MORCELLEMENT AGRICOLE.*
λ *LA PROPRIETÉ INTERMÉDIAIRE.*

Progression de genres accolés.

1. La Duplicité d'action.
2. *L'Estimation arbitraire.*
3. *La Licence de fourberie.*
4. L'Insolidarité.
5. La Distraction de Capitaux.
6. Le Salaire décroissant.
7. *L'Engorgement factice.*
8. *L'Abondance dépressive.*
9. *L'Empiétement inverse.*
10. *La Politique éversive.*
11. L'Engourdissement ou Discrédit.
12. La Monnaie fictive.
13. La Complication fiscale.
14. Le Crime épidémique.
15. L'Obscurantisme.
16. *Le Parasitisme.*
17. *L'Accaparement.*
18. *L'Agiotage.*
19. *L'Usure.*
20. *Le Travail infructueux.*
21. *Les Loteries industrielles.*
22. Le Monopole corporatif.
23. » fiscal ou régie.
24. » exotique ou colonial.
25. » maritime brut.
26. » féodal ou castique.

27 *La Provocation.*
28 *La Déperdition.*
29 *L'Altération.*
30 *La Lésion sanitaire.*

31 La Banqueroute.
32 La Contrebande.
33 La Piraterie.

34 *Les Maximations, Réquisitions.*
35 *L'Esclavage spéculatif.*

36 L'Egoïsme général.

Transition bi-composée, directe et inverse, en simple et en composé.

K { V *La Maitrise proportionnelle.*
  W *La Concurrence réductive.*

K { V *Le Monopole intégral simple.*
  W *Le Monopole intégral composé.*

Ce ne sera qu'à la 9e section du traité que je définirai quelques-uns de ces nombreux caractères : provisoirement, nous pouvons, de l'inspection du tableau, déduire quelques généralités.

Parmi ces 36 caractères, plusieurs sont déjà connus, entr'autres l'agiotage, l'usure, la banqueroute.

Peut-on trouver dans les mille théories commerciales une seule définition de ces trois caractères, c'est-à-dire, un classement

de toutes les sortes de banqueroutiers ?
de toutes les sortes d'usuriers ?
de toutes les sortes d'agioteurs ?

Non, et pour preuve je donnerai, en 9e section du traité, un classement de la banqueroute en trente-six espèces. Les autres caractères, comme usure, agiotage, exigeraient de même ce classement que nul auteur n'a donné.

Il suit de-là, qu'après tant de traités sur le commerce, on n'a pas encore fait le premier pas en théorie, c'est-à-dire la définition. Singulière omission de la part de ces hommes qui donnent pour précepte de procéder par les méthodes analytiques.

Après de pareilles inadvertances, on a bonne grâce à se plaindre de voiles d'airain, de rigueurs de la Nature, de limites insurmontables. C'est ainsi qu'on a procédé dans toutes les branches de science dont s'occupe la Philosophie incertaine :

on ne veut pas même analyser les sujets sur lesquels on fabrique des torrens de volumes; et en définitive, on en est à ne pas savoir de quoi on traite. Je viens de le démontrer au sujet de la liberté, dont on n'a jamais analysé ni les trois modes, ni les sept caractères et leurs pivots; et pourtant, que de volumes sur la liberté, avant d'avoir fait dans cette étude le premier pas exigé selon la Philosophie même, qui veut qu'on procède par analyse et synthèse!

Tel devait être le premier travail des modernes lorsqu'ils commencèrent à s'occuper du commerce; puis après cette dissection analytique du monstre, leur tâche étoit de procéder à la contre-synthèse, c'est-à-dire à la construction d'un mécanisme commercial qui présentât une garantie d'extirpation des 36 caractères du commerce mensonger, nommé concurrence individuelle, au tableau (167) des 7 méthodes radicales.

L'étude régulière du commerce aurait donc conduit, comme celle de la liberté, à reconnaître qu'il faudrait des garanties de toute espèce, dont on est dépourvu dans toutes les branches du mécanisme civilisé. En constatant ce besoin, on en aurait conclu à la recherche et l'invention d'un système de garanties générales, qui est la 6e période. C'était là le point où il fallait amener l'esprit humain; on devait le convaincre que la Civilisation n'est nullement le but où il tend, puisqu'il invoque par-tout les garanties qu'elle ne saurait donner.

L'analyse du commerce aurait conduit aussi à spéculer sur l'extension des germes sociétaires (153) qu'on voit s'y développer par instinct économique des marchands. Un travail sur le développement de ces germes, pouvait amener des découvertes en association graduée ou 7e période. Ainsi une étude méthodique du commerce pouvait nous ouvrir plusieurs carrières de progrès social (108).

Non seulement on n'a acquis sur cette matière aucune connaissance exacte, ainsi que je viens de le prouver par les deux tables des méthodes et des caractères qui auraient dû être le premier pas des analystes; loin de tendre aux notions fixes, on a obscurci le sujet au point de confondre le commerce avec les fabriques dont il est l'ennemi, et de subordonner les fabriques aux intérêts quelconques du commerce. On vient de le voir au sujet d'une polémique de feuilleton : l'erreur de théorie qui fut commise dans ce petit débat, se reproduit tous les jours dans de graves circonstances, où l'on sacrifie systématiquement les manufactures aux machinations de l'agiotage et aux bévues des sophistes.

Tant que chacun s'accorde à prôner un vice, personne ne songe à en chercher l'antidote, et de là vient que notre siècle n'a pas pensé à tenter une réforme du système commercial mensonger : il ne s'est occupé qu'à harceler l'Administration et la Religion ; tandis que le remède au mal était dans la réforme de ce Commerce qu'on a su étayer du respect des princes mêmes : il est pourtant leur ennemi capital, en les poussant aux emprunts fiscaux, germes de révolution. Il est pour eux ce qu'est l'usurier pour le fils de famille.

La Providence qui a prévu que nos efforts de restauration seraient inutiles s'ils portaient ombrage aux autorités, a dû placer les moyens d'issue de civilisation dans des entreprises qui ne heurtassent aucune autorité ; entr'autres, dans la réforme des fourberies commerciales, dont les auteurs sont à juste titre haïs de tout le monde.

Cette classe aujourd'hui déifiée par convenance politique, a été longtemps ridiculisée comme elle le méritait ; mais à la fin, le poids de l'or a emporté la balance, et les philosophes ont cru, en flagornant le trafic mensonger, faire un acte de résignation ; ils n'ont fait qu'une bassesse très-nuisible, tant à la société qu'à leur propre corporation.

En effet, la réforme du commerce était, je l'ai démontré plus haut, une voie d'avénement à tous les progrès sociaux (108) ; et comme cette réforme, loin de contrecarrer l'autorité et la religion, servait toutes leurs vues, on ne conçoit pas pourquoi les philosophes, et à défaut les autres classes de savans, ont craint de porter la coignée sur cet arbre de vice. Le commerce est le côté faible de la civilisation, le point sur lequel il fallait attaquer : il est secrètement haï des gouvernans et des peuples ; en aucun pays la classe des nobles et des propriétaires ne voit de bon œil ces parvenus, qui arrivés en sabots, étalent bientôt une fortune à millions. L'honnête propriétaire ne conçoit rien à ces moyens d'enrichissement subit : quelque soin qu'il donne à la gestion de ses domaines, il parviendra difficilement à ajouter quelques mille francs de rente à son revenu ; il est stupéfait des bénéfices de l'agioteur ; il voudrait exprimer son étonnement, ses soupçons sur cette étrange industrie ; mais il est arrêté par la classe des Economistes, qui lance l'anathème sur quiconque oserait suspecter *le commerce immense et l'immense commerce.* Telles sont les phrases à la mode : on a tout dit quand on a débité ce pathos de « *balance, contre-poids, garantie, équilibre du » commerce immense et de l'immense commerce des amis » du commerce pour le bien du commerce.* »

Divers gouvernemens ont entrevu le piége et ont tenté d'y échapper. On a vu, à Vienne, le ministre comte de Wallis essayer contre l'agiotage des mesures coërcitives, comme la fermeture de la bourse : il a été obligé de céder le terrain, et vraiment il se trompait. Ce n'est point par la force qu'on peut terrasser l'hydre mercantile : c'est un serpent qui entortille la civilisation ; si elle veut regimber, elle sera serrée plus étroitement. Il n'était qu'un moyen de résistance aux pirateries commerciales ; c'était l'invention du procédé de négoce véridique ; invention d'autant plus précieuse, qu'elle aurait ajouté au revenu fiscal moitié en sus, tout en doublant le produit de l'industrie productive ; car la 6ᵉ société (Garantisme) donne déjà un produit double de celui de la civilisation ; et l'on entre en garantisme du moment où on organise le commerce véridique opposé à la libre concurrence, qui n'est qu'une collusion de fraude et de complication.

L'on a manqué cette brillante invention, par excès de déférence pour les sophistes, à qui on aurait dû reprocher de flagorner bassement le commerce, au lieu de s'ingénier à en corriger les vices : mais comment s'imposeraient-ils la tâche pénible de faire des inventions, tant qu'on les tiendra quittes pour des systèmes ? Ils trouvent le mensonge établi et dominant en relations commerciales ; ils publient des volumes en l'honneur du libre mensonge ou libre concurrence : qui est-ce qui a tort dans cette jonglerie ? C'est le siècle qui se paye de pareilles sornettes, et qui préfère les systèmes aux inventions qu'il lui serait si facile d'obtenir (44).

Le mode actuel de commerce, le mode mensonger s'est établi fortuitement ; il n'est pas ouvrage de l'art, mais impulsion brute et simple, tendance de l'individu vendeur à tromper autant que possible pour son intérêt.

Jamais méthode ne mérita mieux le titre de vice, et il est clair qu'il faudrait la contre-balancer par quelque voie de garantie contre la fourberie individuelle : il faudrait y opposer l'intervention d'une agence garante de la vérité, et organisée de manière à pouvoir démasquer et prévenir les fourberies du marchand. Dans ce cas il y aurait contre-poids, et le régime commercial s'éleverait du simple au composé : il deviendrait ce qu'est le fruit greffé au fruit sauvage ou brut.

Or, quelle peut être la puissance qui interviendrait pour réprimer les fourberies commerciales? C'est le gouvernement. J'indiquerai, au traité de commerce véridique, de quelle manière doit s'exercer cette intervention. Je sais qu'elle n'est pas admissible dans le mode actuel; qu'il y a lésion de l'industrie générale si l'administration intervient dans le commerce mensonger ou simple ; mais en mode composé, tout péricliterait si le gouvernement cessait un instant d'intervenir pour la garantie de vérité ; de même que les faux poids et fausses mesures se répandraient par-tout, si l'administration se relâchait d'une stricte surveillance.

Comment doit s'exercer cette intervention ; quel doit en être le mode? Nous l'avions sous la main, dans le système monétaire et métrique : c'est la seule de nos relations qui soit véridique; et pourtant elle est en régie exclusive tenue par le gouvernement, régime bien différent de cette licence mensongère que les Economistes ont établie dans le commerce, et qui n'y produit que l'anarchie, les astuces et la pullulation d'agens parasistes, en nombre décuple du nécessaire.

Si l'on cherchait réellement la vérité, il fallait s'étudier à assimiler le régime commercial au monétaire. Il n'est pas en régie simple, en monopole simple, comme le tabac ; mais en régie contre-balancée par le double frein du change et de l'orfévrerie, qui, je l'ai dit, obligent la monnaie à soutenir ses titres de fin. La monnaie est une régie fiscale composée, d'où naît la vérité, comme de toute opération d'ordre composé.

Nos réformateurs qui recommandent d'aller du connu à l'inconnu, avaient là une belle base de vérité : ils pouvaient en faire l'application, organiser de même le commerce en régie contre-balancée, et tenue comme la monnaie par le gouvernement. C'était là voie de vérité commerciale d'où serait née par degrés l'Association.

L'honneur commandait cette recherche aux savans. Ils sont ouvertement bafoués par les commerçans ; le nom de savant est un objet de risée chez le banquier et l'agioteur. Ainsi la science, pour venger son honneur des outrages de cette tourbe de parvenus, autant que pour assurer le règne de la vérité, devait s'étudier à corriger le système commercial qu'elle méprise en secret, et à l'élever du mode simple et mensonger au mode composé et véridique. Elle aurait trouvé dans cette invention une voie de fortune pour les gouvernemens, les peuples et les savans mêmes. Elle a préféré les voies de la bassesse ; elle a flatté servilement le trafic et l'agiotage ; elle a fait de leurs rapines un corps de science et une boussole politique. En négligeant ainsi une recherche que lui commandaient l'honneur des corps savans et l'intérêt de la vérité, elle a manqué l'issue la plus directe de civilisation ; elle a perdu le monde social en se perdant elle-même.

Postienne. Il a été convenu, à l'Avant-propos, que l'instruction sur l'ordre futur serait distribuée graduativement : 1° en Aperçu, 2° en Abrégé, 3° en Corps de doctrine.

Conformément à cette base, j'ai dû me borner, quant aux questions de liberté et de commerce, à un exposé sommaire sur les voies du bien et sur l'analyse du mal.

Si je m'étendais davantage en détails et en preuves, ce serait sortir du cadre des *aperçus* pour entrer dans celui des *abrégés*. Il faut suivre un plan tel qu'on se l'est tracé : quand nous en serons aux abrégés, je donnerai tout ce que pourra comporter un abrégé. Par exemple, en 9ᵉ section, l'on trouvera un coup-d'œil sur l'essence et le mécanisme des 36 caractères du commerce mensonger, dont je me borne ici à donner le tableau, sans m'arrêter aux définitions ni aux relations.

Quel est le but spécial des aperçus dont se composent les prolégomènes ? C'est de prouver qu'on a tort de reprocher à la nature, ses rigueurs, ses mystères, ses voiles d'airain ; tort de l'accuser sur ce que *les découvertes précieuses ont été accordées plus souvent aux jeux du hasard qu'aux spéculations du génie.* Si le génie civilisé ne veut pas se livrer à l'étude méthodique des lois de la nature, elle ne lui en doit pas la révélation ; de même qu'elle ne doit pas de moissons au cultivateur qui ne veut pas semer.

Ce refus de semailles scientifiques est précisément le tort de nos beaux esprits : ils ne manquent pas de moyens, mais ils ne veulent pas mettre la main à l'œuvre : on a pu le voir dans ces deux derniers chapitres, où j'ai signalé leurs négligences les plus choquantes, entr'autres l'omission d'analyser

les Procédés d'échange (167),
les Caractères du Commerce (168),
les Caractères de Civilisation (159).

Cette dernière omission est sur-tout inexcusable : après tant de théories sur la Civilisation, n'en avoir pas même donné l'analyse élémentaire, pas le moindre classement des phases et des caractères ! Comment avancerait-on dans la carrière sociale, quand on ne sait pas encore s'orienter, déterminer le point où on se trouve, constater que la civilisation est en déclin, puisque déjà tombée en 3e, elle court en 4e phase ?

Au lieu de spéculer sur les théories d'ensemble, on ne s'occupe qu'à prôner (162) les vices que chaque phase met en crédit, vanter successivement les folies de la civilisation, sans en chercher le remède. Nul gouvernement, nulle corporation n'adresse aux publicistes la moindre homélie sur cette insouciance, qu'on devait stimuler au besoin par la contrainte : les savans la recommandent comme levier de progrès social, car ils conseillent de violenter les Sauvages pour leur faire adopter l'industrie. N'aurait-on pas dû employer la même voie à l'égard des Sophistes, *compelle intrare ;* les déterminer de gré ou de force à s'occuper de cette foule de questions intactes et d'analyses négligées, dont on trouve à chaque pas des tableaux dans cet ouvrage, tableaux dont le moindre pourrait être le sujet d'un volumineux traité ?

L'objet spécial des prolégomènes est d'amener le lecteur à reconnaître cette négligence, ou plutôt cette mauvaise volonté des Sophistes : il aura fait un grand pas vers les lumières, s'il parvient à se convaincre qu'on l'a trompé, et qu'au lieu de travailler à lui expliquer les lois de la nature et de la destinée, on ne s'est occupé qu'à entraver cette étude, qu'à embrouiller les questions les plus faciles à traiter, comme celles de la liberté et du commerce.

J'ai démontré sur ces deux sujets, que pour s'épargner des recherches, des analyses, etc., on a tout envisagé en mode simple, tout à contre-sens de la destinée sociale qui est composée : faut-il s'étonner qu'en opérant de la sorte on ne soit arrivé à aucune des issues de civilisation ?

Les gouvernemens qui avaient le plus besoin de lumières sur ce point, n'ont rien fait pour en obtenir. Bonaparte, qu'on peut citer sans indiscrétion, puisqu'il n'est plus, voulut tenter une opération ultra-civilisée, la répression du monopole maritime insulaire. Il ne provoqua pas la moindre invention contre ce monopole; et comme il était lui-même tout aheurté au *simplisme*, il n'imagina contre l'Angleterre que des attaques d'ordre simple, qui le conduisirent à sa perte : il fut renversé par un agioteur.

L'Europe croit en avoir eu l'honneur; c'est à tort : il est certain que l'Europe aurait échoué et serait encore asservie aujourd'hui, si un agioteur de Paris n'eût donné à Bonaparte un croc-en-jambe, par une famine factice, qui fit avorter la campagne de Russie, en la différant de six semaines. Commencée à temps, au 15 mai, comme celle de Tilsitt, elle aurait eu plein succès. Bonaparte, si menaçant avec les rois, osa à peine se plaindre de cet agioteur. Il révérait tant les marchands, qu'il méritait bien de tomber dans leurs embûches.

D'autre part, il brûlait d'une secrète envie de s'emparer du commerce. L'envahissement des tabacs l'avait alléché, et il ne songeait qu'à happer pièce à pièce les autres branches, dans des temps plus favorables. Déjà il tenait à moitié, par voie indirecte, le négoce des denrées coloniales. Il avait conçu par hasard un plan très-sage dont il n'entrevit pas les résultats : il méditait de s'emparer du transport intérieur, dit roulage : on en badinait dans les comptoirs, en disant, *l'Empereur veut se faire Roulier* ! Je répondais que ce serait l'opération la plus judicieuse de son règne; car le premier pas à faire pour métamorphoser le commerce mensonger en véridique, c'est d'occuper les deux extrêmes ou transitions de mécanisme :

Le Roulage, transition matérielle;

Le Courtage, transition politique.

Ces deux points une fois envahis, le commerce est bloqué, et on peut, en trois ans d'opérations sur la maîtrise proportionnelle

tionnelle (transit. ascend. simp. 169), le forcer à capituler sans aucune violence, et sans autre monopole que celui des deux transitions mécaniques, dont personne n'a songé à s'emparer.

Pourquoi tant de brillantes opérations comme celle-ci, qui conduisait droit en garantisme, sont-elles restées ignorées? C'est que les souverains n'ont jamais proposé d'inventions 44. Je viens de citer celui qui en avait le plus pressant besoin; il n'en a demandé aucune en politique sociale. Or, si le génie inventif n'est pas stimulé et protégé, le génie sophistique domine, et le monde social demeure stationnaire.

Tel est le tort de l'âge moderne, à qui les sophistes persuadent qu'il ne reste rien à découvrir, et qu'on a épuisé la carrière des *perfectibilités perfectibles*. Pour désabuser le siècle, il faut lui prouver qu'on ne s'est pas même élevé aux notions primordiales, aux analyses préparatoires. Lorsque ces preuves seront multipliées, les modernes commenceront à entrevoir leur duperie, à reconnaître qu'il peut rester beaucoup de découvertes à faire, puisqu'on a négligé une foule de sciences vierges; que dans les plus rebattues, comme la liberté et le commerce, on n'a pas même procédé aux analyses élémentaires: enfin, qu'on les a leurrés; qu'on n'a cherché qu'à esquiver les études urgentes.

Après tout, quels sont nos trophées sur le point le plus important, sur l'étude de l'homme? Au lieu de l'élever au bien-être, nous n'avons su que l'assujettir à l'esclavage matériel et sexuel chez les barbares, puis à l'esclavage politique chez les civilisés, où il est doublement asservi à l'argent; directement, par les privations qu'il endure s'il manque de ce métal; indirectement, par la défaveur qui pèse sur le pauvre, et par les bassesses auxquelles il est réduit s'il veut échapper à l'indigence. Voilà donc l'homme social en servitude bi-composée: c'est la meilleure réponse à faire à nos discoureurs sur la liberté.

Lorsque les sciences ont conduit l'espèce humaine à cet excès d'avilissement, n'est-il pas évident qu'elle est leur dupe, et que loin d'avoir fait quelques pas vers le bonheur, tout lui reste à désirer? C'est sur quoi je vais deviser, dans une bluette qui servira d'acheminement à la 3e notice.

Fin de la 2me notice.

TRANS-MÉDIANTE.

Aux Amis du Plaisir. — Les trois Souhaits.

C'EST une fable renouvelée des Grecs. Si je la traite d'une manière neuve, elle fera une petite diversion aux fadeurs mercantiles, sur lesquelles il a fallu préluder jusqu'à plus ample informé (9e section).

Aux mille et une définitions du bonheur, je dois d'abord ajouter la mienne, et je le définis, *essor continu des douze passions radicales.*

Cet essor étant impossible en civilisation, et la politique étant obligée de réprimer en tout sens les passions, personne n'ose donner la vraie définition du bonheur, mais chacun sait en deviner la voie; chacun s'efforce de satisfaire ses passions, et nous estimons heureux celui qui les satisfait le mieux; c'est bien jugé : mais pour arriver au bonheur collectif, il reste à trouver le moyen de satisfaire les passions de tout le monde.

Si les Dieux permettaient à tous les mortels de former trois souhaits, quels seraient les vœux les plus unanimes, ceux des sages mêmes? Il est facile de les déterminer :

1° Richesse. 2° Vigueur. 3° Longévité.

⋈ Et la sagesse pour user convenablement de tant de biens.

Voilà donc les trois gages du bonheur, selon nos désirs. On avoue qu'ils sont subordonnés au sage emploi, car l'abus de l'un détruirait l'autre : or, cette sagesse est précisément ce que les Dieux ne pourraient pas nous accorder en *civilisation* : il ne peut y exister aucune balance dans l'exercice des plaisirs; ils y sont distribués de manière à blaser promptement les sens et l'ame, provoquer les excès, compromettre la santé et se neutraliser l'un par l'autre.

L'effet est visible chez les riches civilisés, la plupart assaillis de maladies à l'âge où le villageois est en pleine vigueur : on les voit, même en santé, se plaindre encore de satiété et de vide. L'un manque d'appétit dans les festins; l'autre ne trouve plus dans les amours le charme des premières années; les plans d'ambition, les liens de famille, tout trahit leurs espérances : enfin, leurs sens et leurs ames sont de bonne heure émoussés.

Il n'y a donc, aujourd'hui, dans l'exercice des plaisirs, ni équilibre, ni contre-poids. On peut avoir en civilisation, richesse, vigueur, plaisir, mais non pas la sagesse qui en régulariserait l'usage. L'ordre civilisé, *conflit des trois passions distributives*, ne peut comporter qu'une sagesse d'exception, limitée au 8e des individus riches ou pauvres : or, l'exception de 1/8 confirme la règle, et prouve que l'accomplissement des trois souhaits ne serait, pour la multitude, qu'un gage de malheur sans la sagesse.

Rectifions les idées sur ce point : je vais, aux trois votes émis, ajouter en regard trois autres votes qui impliquent et réalisent les premiers. Je ne changerai qu'un mot à l'expression générale.

Souhaits formés.	*Souhaits à former.*
1. Richesse simple.	1. Richesse composée.
2. Vigueur simple.	2. Vigueur composée.
3. Longévité simple.	3. Longévité composée.
⋈ Sagesse simple.	⋈ Sagesse composée.

Dissertons sur la différence du simple au composé dans la jouissance de ces trois souhaits.

1° *Richesse simple :* chacun ambitionne une grande fortune : ce vœu, s'il était généralement exaucé, deviendrait fort illusoire ; il fermerait les voies de bien-être à tout le monde ; par exemple : où prendrait-on des ouvriers et des domestiques, si la classe pauvre se trouvait subitement cousue d'or, ou pourvue de richesses réelles, denrées, étoffes, etc. ?

Ainsi, le 1er souhait réalisé *pour tout le monde*, se neutraliserait de lui-même. Quant au 2e, la vigueur, elle serait de peu de prix, vu la diminution des jouissances, l'oisiveté des ouvriers devenus tous riches, et la nécessité de se servir soi-même.

Nous sommes donc bien neufs sur cette question du bonheur *collectif*, et nos désirs contradictoires avec le but, sont encore aussi absurdes qu'au temps où Esope et Phèdre en badinaient. Nous serions bien confus si Jupiter nous prenait tous au mot sur le premier de nos souhaits, qui est toujours la fortune.

Avisons donc à former des souhaits qui, réalisés *pour tous*, puissent remplir le but de chacun. Il faut, à cet effet, souhaiter le bien en mode composé, et non en simple. Notre tort n'est pas, comme on l'a cru, de *trop désirer*, mais de *trop peu* désirer, et de ne former que des souhaits de mode simple, dictés par l'égoïsme.

Ambitionnons donc une fortune qui découle de source composée ; savoir :

1. Des moyens de consommation ou richesses réelles ;
2. Du charme de production ou attraction industrielle.

De ces deux sources de richesse, la 1re seule existe en civilisation : nous connaissons le plaisir d'être riche ; mais nous ignorons le plaisir d'enrichir soi et ses pareils, par l'attraction industrielle ou passion pour le travail métamorphosé en plaisir dans tous ses détails ; même en service domestique. On verra au traité, que ce service est rempli d'attraits dans l'état sociétaire.

Il résultera de cette attraction industrielle, que la classe pauvre pourra mener joyeuse vie sans argent ; car le *plaisir productif* ou travail attrayant fournira aux *plaisirs non productifs*, aux festins et fêtes. Les plaisirs se serviront l'un par l'autre, du moment où la bonne chère et les divertissemens ne seront pas plus attrayans que le travail productif. Il est évident que cette seconde espèce de plaisir fournira aux frais des premiers, et il suffira de se divertir sans cesse pour ne rien dépenser en balance de compte.

Dans ce cas, la richesse deviendra *composée*, découlant de double source, du travail et du plaisir même qui, aujourd'hui, consume les fruits du travail ou détruit le goût du travail.

Ainsi se trouvera résolu le problème d'enrichir tout le monde en ajoutant aux plaisirs de tous, et de satisfaire le premier des trois souhaits collectifs, qui ne peut se réaliser qu'en ressort composé et non en simple.

Analysons pareil vice dans les deux autres souhaits; nous comprendrons ensuite pourquoi la nature inflexible et voilée d'airain (125 1/2) pour ceux qui lui adressent des vœux simples, n'a plus ni voiles, ni rigueurs pour qui demande le bonheur composé.

2° *Vigueur simple*: nous désirons la force d'un Hercule; c'est peu sans le contre-poids aux excès: toute vigueur en civilisation se perd par son essor même, par la provocation aux abus de plaisir, et par l'excès continuel qui règne dans les travaux. Il n'est pas de gens plus tôt usés, estropiés, que les hercules, entr'autres les boxeurs.

La vigueur composée doit se renforcer par ses emplois quelconques, par une affluence de plaisirs et de travaux faciles, variés et gradués de manière à prévenir tout excès. Dans ce cas, on devient d'autant plus robuste qu'on figure davantage dans les plaisirs. Tel est l'effet des courtes séances des Séries Pass., soit en fêtes, soit en travaux. Dans un repas d'une heure de durée, l'avidité est ralentie; la gloutonnerie est prévenue par une conversation piquante, vivement intriguée, et qui fait distraction à l'appétit, sans le modérer par raison. L'heure écoulée, d'autres plaisirs entraînent et font déserter la table, d'où l'on sort sans excès, malgré la délicatesse de la chère. C'est ainsi que cinq repas chaque jour, deviennent gages de vigueur pour un harmonien; tandis que deux repas énervent le civilisé qui en fait abus faute d'exercice composé.

L'accroissement de la vigueur dépend donc d'un contre-poids qui en modère l'essor au travail et au plaisir, qui fasse diversion opportune par un plaisir contrasté et mis en balance. La civilisation sait rêver ce bien; mais il est propriété de l'ordre sériaire, et non de l'ordre incohérent, où l'exercice des travaux et des plaisirs est toujours en mode simple, provocateur des excès, minant la santé, ne fût-ce que par ennui, et empêchant dès l'enfance, les corps de s'élever à la vigueur.

3° *Longévité simple*: nous demandons à Dieu une longue existence qui, aux approches de la mort, doit nous causer des regrets en raison de notre fortune. Ce contre-temps serait encore plus sensible au début de l'harmonie: « voilà, dirait la vieillesse, un bonheur immense dont nous n'aurons pas joui; nous en verrons l'aurore sans y prendre part: nous sommes cassés, inhabiles au plaisir: ce nouvel ordre, tout en assurant la vigueur à ses élèves natifs, ne nous rendra pas nos sens de 20 ans. Nous sommes nés un siècle trop tôt; nous touchons au terme; il faudrait renaître pour jouir de tant de biens, et personne ne revient de l'autre monde. »

Est-il certain que personne n'en revienne!!!!! Si cela était, l'extrême bonheur des harmoniens en ce monde, serait pour eux un gage de malheur idéal, dès qu'ils avanceraient en âge. Les tableaux qu'on nous fait de l'autre vie, excluant l'essor des principales passions sensitives et affectives, formeraient un parallèle effrayant avec les jouissances dont l'harmonie va combler les habitans de ce monde. Chacun préférerait LA MÉTEMPSYCOSE *ou immortalité composée*, à une immortalité simple qui nous exilerait à jamais de cette terre devenue un séjour de délices : chacun souhaiterait de renaître sur la terre avec le corps d'un Alcibiade ou d'une Aspasie.

Ainsi les deux premiers souhaits, désirs de richesse composée et de vigueur composée, ne peuvent se réaliser sans entraîner le troisième, la longévité composée ou immortalité en alternat dans l'un et l'autre monde : encore ce souhait implique-t-il la garantie d'un bonheur supérieur dans l'autre vie à celui dont on jouira dans celle-ci ; à défaut de quoi la mort deviendrait un sujet d'alarme.

Si l'ordre sociétaire peut remplir ces trois souhaits, il aura par le fait réalisé le pivotal ⋈ la sagesse composée, qui n'est que l'accomplissement simultané des trois autres.

Ceci ramène en scène le problème de la métempsycose, effleuré par les anciens, qui l'ont souillé de mille fables absurdes, notamment les Bramines qui envoient l'ame d'un homme dans le corps d'un moucheron. Les Pythagoriciens se bornant à l'hypothèse des transmigrations humaines, avilissaient encore le dogme par des jongleries, par de prétendus souvenirs impossibles en cette vie ; ce n'est que dans l'autre qu'on a souvenir des différentes existences qu'on a eues sur la terre.

Ce qu'il y a déjà de certain sur la métempsycose, c'est que tout le monde en a le désir : tout moribond, riche et libre, voudrait revivre dans un corps bien robuste, et retrouver sa fortune au retour en ce monde : l'esclave et l'indigent souscriraient d'autant mieux à renaître avec un beau corps, l'indépendance et la fortune : on les verrait tous, à cette condition, opter de grand cœur pour une nouvelle vie sur la terre, et différer d'un siècle l'avénement au bonheur de l'autre monde.

Nous partirons de cet effet d'attraction bien incontestable, pour établir le théorème *des attractions proportionnelles aux destinées* ; principe que je déduirai de la 3e notice, et dont la violation supposerait Dieu contradictoire avec lui-même. Ce sera le premier théorème à établir pour traiter de la métempsycose ou immortalité composée.

Mais déjà que de questions sur ce sujet, que d'impatience ! J'en ai vu l'effet chaque fois que j'ai touché cette corde : on en plaisante au premier abord ; puis, après quelques débats, la curiosité succède au sarcasme ; chacun voudrait se voir convaincu d'erreur, sur-tout au moment où on apprend que le monde va passer au bonheur : l'espoir d'y renaître devient aussi consolant qu'il aurait été désolant dans l'état actuel, où la perspective de revivre dans le corps d'un esclave d'Alger, ferait de la métempsycose un épouvantail pour toute la classe opulente.

Aussi Dieu a-t-il voulu que la théorie qui nous démontre la métempsycose, ne pût être découverte qu'à la suite de celle qui, élevant l'humanité entière au bonheur, éveillera chez tous les humains le désir de transmigration ou renaissance périodique en ce monde, et alternat entre les délices de l'une et l'autre vie, pendant la carrière de 70 à 75000 ans d'harmonie assignée à la planète.

Consolez-vous donc, Sybarites surannés d'un et d'autre sexe, et vous vieillards qui avez été victimes de la civilisation : la mort n'aura plus rien d'alarmant pour vous, d'après l'assurance de revenir bientôt participer à l'harmonie naissante, et fournir, dans un corps d'Antinoüs ou de Phryné, des carrières heureuses de 144 ans, terme présumable de vitalité en harmonie.

Sur ces connaissances promises, l'empressement n'admet aucune règle, et chacun voudrait pénétrer au sanctuaire des mystères de la nature, avant d'avoir franchi le parvis du temple. Chacun sollicite quelques détails provisoires sur la théorie des transmigrations, puis sur les jouissances de l'autre vie, puis sur les plaisirs inconnus de cette harmonie où nous renaîtrons périodiquement. Les hommes s'enflamment aux aperçus de gastrosophie cabalistique ; les femmes, aux aperçus de sympathies artificielles. Tous veulent qu'on leur explique, à l'instant même, une théorie à laquelle plusieurs volumes devront les préparer : si on tarde un moment, ils en concluent qu'on manque de preuves.

Rassurons-les sur le plus important problème, celui de la métempsycose ou immortalité composée. Quelles que soient contre ce dogme les préventions dominantes, préventions que j'ai partagées comme tout autre, je puis promettre aux plus défiants, que parvenus au dernier tome de cet ouvrage, ils croiront à la métempsycose aussi fermement qu'aux vérités mathématiques.

Selon mon plan de gradation, je donnerai, à la fin de cette 1re partie, un aperçu très-succinct des résurrections et transmigrations progressives qui nous sont garanties ; il est nécessaire d'y préluder par une étude de l'Attraction, sujet de la 3e notice.

Les peuples du nord, Anglais, Allemands, accéderont volontiers à ces délais, à ce mode progressif sur une question si délicate, et qu'il serait imprudent de traiter avant d'avoir disposé les esprits ; mais les Français sur ce sujet commettent tous la même faute, la précipitation ; tous oublient que la nouvelle science a sa grammaire dont il faut d'abord consentir l'étude. C'est dans le calcul de l'Attraction et des Séries passionnelles que nous trouverons la clef de ces brillans mystères : disposons-nous donc à des recherches sévères sur cette attraction, dont je vais traiter abstractivement dans la 3e notice.

Et pour fruit de celle-ci, ne perdons pas de vue, qu'autant de fois l'esprit humain étudiera la nature en mode simple, autant de fois il arrivera aux *voiles d'airain* et à l'antipode des vues de la nature.

IIIme NOTICE.

APPLICATION ULTRA-CIVILISÉE AUX QUESTIONS NÉGLIGÉES ET INTACTES.

CHAPITRE X.

De la garantie septenaire que l'Attraction établit entre Dieu et l'Homme.

Cette première étude de l'Attraction passionnelle sera purement abstraite : je ne traiterai d'aucun de ses emplois spéciaux ; je ne l'envisagerai ici qu'en thèse générale, sans m'arrêter à des définitions qu'il faut réserver pour le corps du traité, comme celles

des trois foyers ou buts d'Attraction :

1° Luxe,	2° Groupes,	3° Séries,	⋊ Unité,
richesse.	affections.	association.	harmonie.

Et des douze ressorts essentiels ou passions radicales :

5 *Sensitives* tendant *au luxe*, 1er foyer :
4 *Affectives* tendant *aux groupes*, 2e foyer :
3 *Distributives* tendant *aux séries*, 3e foyer :
⋊ *Pivotale* Y χ tendant à *l'Unité* (126).

Avant d'entrer dans ces détails dont la place n'est pas aux prolégomènes, il faut établir d'abord l'excellence de l'Attraction, sa propriété d'interprétation divine permanente, la nécessité de la prendre pour guide dans tout mécanisme social où l'on veut suivre les voies de Dieu, arriver à la pratique de la justice et de la vérité, et à l'unité sociale.

On trouvera ici quelques argumens déjà énoncés ou exprimés en d'autres termes. Combien de fois faudrait-il les répéter, avant de les graver dans des esprits encombrés de préjugés !

Pour établir la compétence de l'Attraction comme agent de mécanique sociale et d'interprétation divine, je débute par exposer les sept garanties qu'elle assure à Dieu et à l'homme réciproquement ; garanties dont on n'obtiendrait pas une seule, en confiant les rênes du char social à la raison humaine, dite législation.

Tableau de la Garantie septenaire que l'Attraction établit entre Dieu et l'Homme.

1° *Boussole de révélation sociale permanente*, en ce que l'aiguillon de l'attraction nous stimule continuellement et par des impulsions aussi invariables en tout temps et en tous lieux, que les lumières de la raison sont variables et trompeuses.

2° *Economie de mécanisme*, par l'emploi d'un ressort cumulant les facultés d'interprétation et d'impulsion ; ressort apte à révéler et stimuler à la fois.

3° *Concert affectueux du Créateur avec la créature*, ou conciliation du libre arbitre de l'homme obéissant par plaisir, avec l'autorité de Dieu commandant le plaisir par impulsion attractionnelle.

4° *Combinaison de l'utile et de l'agréable*, du bénéfice et du charme, par entremise de l'attraction dans les travaux productifs où elle doit nous entraîner passionnément, comme à toute volonté de Dieu de qui elle est l'interprète.

5° *Epargne des voies coërcitives*, des gibets, sbirres, tribunaux, philosophes et rouages parasites que l'ordre civilisé et barbare fait intervenir pour le maintien de l'industrie, toujours répugnante hors des séries passionnelles.

6° *Récompense collective* des globes dociles, par le charme du régime attrayant ; et *punition collective* des globes rebelles sans emploi de la violence, par le seul aiguillon du désir ou martyre d'attraction, qui est châtiment *négatif* pour les globes rebelles et obstinés à vivre sous les lois des hommes.

7° *Ralliement de la saine raison avec la nature ;* c'est-à-dire garantie d'avénement aux richesses et aux plaisirs qui sont vœu de la nature, par la pratique de la justice, de la vérité, qui sont vœu de la saine raison, et ne peuvent régner que par l'Association.

✕ X *Unité interne* ou paix de l'homme avec lui-même, et fin de l'état de guerre interne qu'organise l'état civilisé, en mettant dans chacun la passion ou attraction aux prises avec la sagesse et la loi, sans qu'il soit possible de satisfaire ni l'une ni l'autre, en sacrifiant l'une à l'autre (*).

(*) En suivant à la lettre quelqu'un de nos systèmes de sagesse, par exemple, le mépris des richesses, on est sûr de n'arriver qu'à la folie

✕ Y *Unité externe* en relations de l'homme avec Dieu et l'Univers. Le monde ou Univers ne communiquant avec Dieu que par entremise de l'Attraction, toute créature, depuis les astres jusqu'aux insectes, n'arrivant à l'harmonie qu'en suivant les impulsions de l'Attraction, il y aurait duplicité de système si l'homme devait suivre d'autre voie que l'Attraction pour arriver aux fins de Dieu, à l'harmonie et à l'unité.

Tel est le canevas sur lequel j'établirai l'excellence de l'Attraction en mécanique sociétaire, et l'incompétence de la législation humaine : elle donne tous les résultats opposés à ceux du tableau précédent; plus, la duplicité d'action ou absence de l'esprit de Dieu dont la propriété essentielle, en régie d'univers, est l'unité de système.

Jamais siècle n'a raisonné plus que le nôtre, d'unité de l'Univers; c'est aujourd'hui le refrein de tous les sophistes. Avec le commerce et la liberté, ils ne manquent jamais d'accoler l'unité. Ils ont toujours une douzaine de mots en faveur, qu'on fait retentir à chaque page; puis en examinant les résultats, on ne trouve pas l'ombre de ces perfectibilités promises.

Il règne dans leurs théories d'unité une furieuse lacune : ils en ont exclu l'Homme; ils lui refusent toute destination unitaire; 1° celle d'un accord avec lui-même ou accord des passions et de la raison; 2° celle d'une société apte à réunir les civilisés, barbares et sauvages; 3° l'accord avec Dieu et l'Univers, la faculté d'être dirigé par Dieu comme le sont les mondes et leurs créatures, toutes guidées par Dieu, c.-à.-d. par l'attraction, seul agent révélateur et moteur choisi par Dieu pour interpréter ses lois sociales et les faire exécuter par appât des sept garanties.

Après avoir si honteusement méconnu la nature de l'homme, sa destination à toutes les unités, doivent-ils s'étonner si l'énigme est impénétrable pour cette philosophie que son patriarche même condamne en sécriant :

» Montrez l'homme à mes yeux; honteux de m'ignorer, etc. »

Dissertons sur la première de ces lacunes, sur le défaut d'unité entre les passions et la raison.

et d'être titré d'insensé. D'autre part, en suivant aveuglément l'attraction, un civilisé n'arrive de même qu'aux disgrâces; de sorte qu'il ne peut suivre aveuglément ni la sagesse, ni l'attraction : c'est une des mille duplicités du mécanisme civilisé.

L'ordre civilisé et barbare, en nous soustrayant à l'impulsion de l'Attraction pour nous placer sous le régime de la raison humaine et de la contrainte, nous met en scission avec la Divinité et nous isole du cadre d'unité de l'Univers.

L'unité ne pouvant pas admettre deux moteurs contraires, comme l'Attraction et la violence, il est évident que tout ce qui est régi par violence est hors d'unité avec Dieu et l'Univers, et que si nous voulons nous rallier à cette unité, il faut découvrir un régime social *attractionnel* ou dirigé par la seule attraction.

Nos prétentions à l'unité nous faisaient donc un devoir d'étudier l'Attraction passionnée (88, 89), sur-tout depuis le succès de Newton. Tout faisait pressentir qu'elle recélait quelque grand mystère. En considérant qu'elle est interprète et moteur d'harmonie pour les créatures supérieures et inférieures à l'homme, puisqu'elle harmonise par sa seule impulsion les astres et insectes sociaux, nous avons bien sujet de nous étonner qu'elle ne dicte pas de même des lois d'unité à l'homme qui est créature moyenne entre l'astre et l'insecte. Cette privation apparente nous conduit à opter sur l'alternative suivante:

Ou Dieu a exclu le genre humain du régime unitaire, si l'Attraction qui est seul interprète des lois d'unité sociale n'en révèle point à l'homme: dans ce cas, le Créateur serait injuste envers nous; sa providence ne serait pas universelle, puisqu'elle ne s'étendrait pas au plus pressant de nos besoins collectifs, à celui d'un code social divin et révélé.

Ou bien si l'Homme est admis par Dieu à participer au régime unitaire de l'Univers, il faut que le régime d'unité sociale auquel Dieu nous destine, se trouve interprété par le calcul de cette attraction, oracle de Dieu, et non encore étudiée.

Il n'y a pas à hésiter sur l'option entre ces deux opinions: la première est inadmissible; nous ne pouvons pas prétendre que Dieu nous ait privés d'un code social révélé et unitaire, tant que nous refusons d'interroger l'oracle divin, l'Attraction, seul interprète connu entre Dieu et les créatures, pour ce qui concerne l'harmonie *industrielle et sociale*; (car il faut observer que je ne parle pas ici des révélations religieuses; elles sont tout-à-fait étrangères au sujet qui nous occupe).

Si nos savans avaient donné à cette étude un seul de leurs 25 siècles de controverse philosophique; s'ils avaient *sans aucun succès* cherché de tout temps, par des travaux méthodiques et des essais sur l'Attraction, quel est le mécanisme social où elle tend, et qu'après ces pénibles recherches ils n'eussent rien découvert de satisfaisant, ils seraient tout au plus autorisés à opter sur l'alternative suivante :

Ou d'une imprévoyance de Dieu qui aurait manqué à composer pour l'homme un code social révélé par l'Attraction, comme il l'a fait pour les astres et insectes ;

Ou d'une impéritie de la raison humaine qui aurait manqué jusqu'à présent la découverte de ce code, comme elle a longtemps manqué tant-d'autres inventions, entr'autres la boussole nautique, si vainement cherchée pendant plusieurs mille ans.

Dans le cas de pareil échec sur la recherche du code divin, il y aurait plus de chances pour accuser la raison d'impéritie et de méthodes vicieuses, que pour accuser la Providence d'omission sur le premier des besoins collectifs de l'Homme, sur le code passionnel unitaire : on ne pourrait suspecter Dieu de cette omission, qu'en lui contestant ses trois propriétés primordiales :

Attribution radicale.	X	Distribution du mouvement.
Attributions primaires.	1.	Économie de ressorts.
	2.	Justice distributive.
	3.	Universalité de providence.
Attribution pivotale.	⋈	Unité de système.

Dieu se trouve dépouillé de toutes ces propriétés, s'il n'a pas composé pour nous un code passionnel révélé par l'Attraction. En effet :

X. Il n'est plus distributeur intégral du mouvement, si notre globe, en mouvement social, se trouve livré sans retour à l'impulsion de la raison humaine ou contrainte.

1° Il n'est pas économe de ressorts, puisqu'en nous abandonnant aux voies coërcitives de la raison, il manque l'économie des sept garanties mentionnées au tableau précédent.

2° Il pèche contre la justice distributive, en nous refusant le secours d'un guide qu'il pouvait nous donner comme aux animaux, et auquel il sait que notre raison ne peut pas suppléer.

3° Il n'est pas universel en providence, puisqu'il ne pourvoit pas au plus pressant des besoins collectifs de l'humanité.

✕ Enfin, il tombe dans la duplicité de système, en nous isolant à plaisir du cadre d'unité de l'Univers : 184, 185 X et Y.

Cette imputation, contraire à toutes les notions que nous donnent la religion et le bon sens, ferait retomber, dans tous les cas, le soupçon d'impéritie et d'aberration sur la raison; sur ses méthodes vicieuses et ses procédés d'exploration bien suspects sans doute, puisqu'ils ont manqué pendant 3000 ans des découvertes qui n'étaient que jeux d'enfans, comme la suspente, l'étrier, la brouette; procédés également suspects en mécanique sociale, puisqu'au bout de 1000 ans les champions de liberté du peuple n'avaient ni découvert, NI CHERCHÉ le procédé d'affranchissement corporel des esclaves. D'après cette omission, l'on ne doit pas s'étonner qu'ils aient négligé jusqu'à nos jours les études les plus urgentes, celles de l'Association et de l'Atraction passionnelle.

On n'aurait pas différé d'un instant cette étude, si on eut songé à disserter sur l'attribution radicale de Dieu, la faculté qu'il possède exclusivement d'imprimer le mouvement, en distribuant à tous les êtres attraction et répulsion, selon qu'il convient à l'exécution de ses desseins.

Analysons les conséquences de cette attribution réservée à Dieu seul.

L'Attraction est entre les mains de Dieu une baguette enchantée, qui lui fait obtenir par amorce d'amour et de plaisir, ce que l'Homme ne sait obtenir que par violence. Elle transforme en jouissances les fonctions les plus répugnantes par elles-mêmes. Quoi de plus rebutant que le soin d'un enfant nouveau né, toujours criant, hébété et souillé de déjections? que fait Dieu pour transformer en plaisir un soin si déplaisant? Il donne à la mère *attraction passionnée* pour ces travaux immondes; il ne fait qu'user de sa prérogative magique, IMPRIMER ATTRACTION. Dès-lors dégoûts les plus motivés disparaissent et sont changés en plaisirs.

Pour estimer le prix de cette faculté exclusive à Dieu, supposons qu'elle fût attribuée à quelque monarque bien ambitieux. Ce prince une fois investi du pouvoir de *DISTRIBUER ATTRACTION*, n'aurait besoin ni de tribunaux, ni d'armées pour faire exécuter ses décrets et soumettre le monde entier à son empire : il lui suffirait de donner à tous les peuples *ATTRACTION* pour tel régime voulu par lui. Par exemple, pour la Civilisation perfectible, qui consiste à piller tout l'argent et faire tuer tous les hommes : aussitôt qu'il aurait imprimé attraction pour ce fortuné régime, les peuples se hâteraient de porter toutes leurs épargnes au percepteur ; les jeunes gens rivaliseraient d'ardeur pour se rendre à la conscription ; les Sauvages adopteraient avec transport l'industrie qu'ils repoussent ; les Barbares donneraient la volée à leurs sérails, etc.

En outre, le susdit prince donnerait à tous les monarques voisins ou éloignés, *attraction pour reconnaître sa suprématie*; tous à l'envi lui enverraient des ambassades, pour faire acte de soumission et le proclamer Omniarque du globe.

Et puisque chaque souverain, chaque peuple trouverait son bonheur dans ces démarches que le prince aurait frappées du charme attractionnel, convenons que ledit prince possesseur exclusif de ce talisman serait bien insensé de mettre en jeu d'autres moyens, comme la contrainte, les supplices, les guerres : ce serait à lui méchanceté gratuite et duperie insigne ; car tout en faisant le malheur des sujets et voisins, il échouerait dans son plan de monarchie universelle par la résistance et le désespoir des peuples ; tandis qu'en se servant du levier magique de l'Attraction, il serait, au bout de trois ans, paisible possesseur du globe entier, sans avoir fait aucuns frais, couru aucun risque, ni mécontenté aucun individu.

Telle est la situation de Dieu à l'egard des créatures. Possesseur exclusif du plus puissant des ressorts, du talisman de l'Attraction, Dieu ne serait-il pas persécuteur et dupe, si, négligeant une si belle chance, il recourait à d'autres leviers que l'Attraction pour régir l'univers, et coordonner à un plan d'unité toutes les classes de mouvement ?

Mouvemens cardinaux.	1.	Le matériel,	Terre.
	2.	L'organique,	Eau.
	3.	L'aromal,	Arôme.
	4.	L'instinctuel,	Air.
Pivotal.	⋊	Le social ou passionnel,	⋊ Feu.

N'épargnons pas les redites sur une question de si haute importance ; elles y deviennent nécessaires. Nous voyons que déjà Dieu se fixe au seul levier de l'Attraction pour diriger les planètes et soleils, créatures immensément supérieures à nous, et les insectes, créatures bien inférieures à nous. L'Homme serait-il donc seul exclu du bonheur d'être guidé au bien social par Attraction? Pourquoi cette interruption dans l'échelle du système de l'Univers? Pourquoi l'Attraction, interprète divin près des astres et des animaux, et suffisant pour les conduire à l'harmonie, ne suffit-elle pas de même à l'homme qui est créature moyenne entre les planètes et les animaux? Où est l'unité du système divin, si le ressort d'harmonie générale, si l'Attraction n'est pas applicable aux sociétés du genre humain comme à celles des astres et des animaux; si l'attraction ne s'applique pas à l'industrie agricole et manufacturière qui est le pivot du mécanisme social? Voilà beaucoup d'argumens resserrés dans un court paragraphe; il est de ceux qu'il faut faire graver en lettres d'or; (*item* le 185 1/2).

L'exercice de l'industrie qui fait les délices des animaux libres, castors, abeilles, guêpes, fourmis, est pour l'homme un supplice dont il s'affranchit dès qu'il jouit de la liberté. Le peuple civilisé n'aspire qu'à l'inertie, et le Sauvage dit à son ennemi, pour imprécation suprême, *puisses-tu être réduit à labourer un champ!*

Cependant, puisque nous sommes évidemment destinés par Dieu au travail agricole et manufacturier, comment se fait-il qu'on ne voie de lui, jusqu'à présent, ni code social sur l'ordonnance des relations industrielles, ni appât naturel au travail? Pourquoi ce travail, qu'on dit être notre destinée, n'est-il qu'un supplice pour les salariés et les esclaves civilisés et barbares, qui ne cherchent qu'à s'insurger contre l'exercice de l'industrie, et l'abandonneraient du moment où ils ne seraient plus contenus par la crainte des châtimens?

Le travail fait pourtant les délices de diverses créatures, comme castors, abeilles, guêpes, fourmis, qui sont pleinement libres de préférer l'inertie : mais Dieu les a pourvues d'un mécanisme social qui attire à l'industrie et fait trouver le bonheur dans l'industrie. Pourquoi ne nous aurait-il pas accordé le même bienfait qu'à ces animaux? Quelle différence entre leur condition industrielle et la nôtre! Un Russe, un Algérien, travaillent par crainte du fouet ou de la bastonnade; un Anglais, un Français, par crainte de la famine qui talonne leur pauvre ménage : les Grecs et les Romains, dont on nous a vanté la liberté, travaillaient par esclavage et crainte du supplice, comme aujourd'hui nos nègres des colonies.

Voilà quel est le bonheur de l'homme, en l'absence du *code industriel attrayant*; voilà l'effet des lois humaines et des chartes philosophiques : elles réduisent l'humanité à envier le sort des animaux industrieux, pour qui l'Attraction change les fatigues en plaisirs. Quel serait notre bonheur si Dieu nous eût assimilés à ces animaux, s'il nous eut imprimé *attraction passionnée* pour l'exercice de tout travail auquel nous sommes destinés ! Notre vie ne serait qu'un enchaînement de délices, d'où naîtraient d'immenses richesses; tandis qu'à défaut du régime d'industrie attrayante, nous ne sommes qu'une société de forçats dont quelques-uns savent échapper au travail, et se coaliser pour se maintenir dans l'oisiveté. Ils sont haïs de la masse, qui tend comme eux à s'affranchir du travail : de là naissent les fermens révolutionnaires, les agitateurs qui promettent au peuple de le rendre heureux, riche et oisif, et qui une fois parvenus à ce rôle par quelque bouleversement, pressurent la multitude et l'asservissent de plus belle, pour se maintenir au rôle d'oisifs ou directeurs des industrieux; ce qui équivaut à l'oisiveté.

Dans cette condition vexatoire, nous sommes réduits à envier le sort des animaux et des insectes; à nous plaindre de la Providence qui paraît avoir eu pour ces êtres une sollicitude qu'elle n'a pas eue pour nous; car s'il faut en croire aux préjugés philosophiques, elle ne nous aurait assigné ni code social, ni mécanisme fixe en industrie, ni Attraction industrielle pour charmer les travaux auquels elle nous a destinés, ni même garantie de cette industrie pénible dont manquent la plupart de ceux qui la demandent pour leur subsistance, et dont manquent indirectement ceux qui l'obtiennent; car le plus souvent ils cultivent pour un maître et non pour eux; vexation qui n'a pas lieu dans l'ordre sociétaire, où le moindre des hommes, femmes et enfans, jouit d'un dividende proportionné à ses trois facultés, capital, travail et talens.

Vainement nos philosophes prétendraient-ils que leur vague sagesse, leurs lois oppressives rempliront cette lacune de *code industriel* attrayant; vainement s'engagent-ils par d'innombrables constitutions, à procurer des torrens de charmes à nos salariés : toutes ces théories n'enfantent que la répugnance de l'industrie, et les sept fléaux lymbiques (39, 92). Sont-elles assez confondues par ces honteux résultats !

D'ailleurs, si c'est à l'humanité à se donner des lois, s'il n'est pas besoin que Dieu intervienne dans notre législation, il aurait donc jugé notre raison supérieure à la sienne en conceptions législatives ! De deux choses l'une :

Ou il n'a pas su, ou il n'a pas voulu nous donner un code social quelconque.

S'il n'a pas su, comment a-t-il pu croire que notre faible raison réussirait dans une tâche où il aurait craint d'échouer lui-même? *S'il n'a pas voulu*, comment nos législateurs peuvent-ils espérer de construire l'édifice dont Dieu aurait voulu nous priver ?

Prétendra-t-on que Dieu a voulu laisser à la raison une portion de régie, une carrière en mouvement social ; qu'il nous a départi les fonctions législatives, quoique pouvant assurément les exercer lui-même ; qu'il a voulu réserver cette chance à notre génie politique ?

Nos essais de 3000 ans prouvent assez que le génie civilisé est insuffisant, inférieur à la tâche. Dieu a dû prévoir que tous nos législateurs, depuis Minos jusqu'à Roberspierre, ne sauraient qu'enraciner les sept fléaux lymbiques, tout en promettant de nous conduire dans les sentiers fleuris de la perfectibilité.

Dieu, qui a prévu cette impéritie et ces résultats déplorables de la législation humaine, nous aurait donc donné à plaisir une tâche au-dessus de nos forces, et qui aurait été si légère pour les siennes !

Analysons plus en détail cette erreur qui veut attribuer les facultés législatives à la faible raison humaine. Quels auraient été les motifs de Dieu pour renoncer à remplir cette fonction qu'il lui était si facile d'exercer, en nous donnant un code étayé d'attraction ? Quel motif aurait-il eu de nous le refuser? Il y a sur cette lacune sextuple opinion.

1° *Ou il n'a pas su* nous donner un code social : dans ce cas il est inepte de nous créer ce besoin, sans avoir les moyens de nous satisfaire, comme les animaux pour qui il compose

des

des codes-sociaux attrayans et régulateurs du système industriel.

2° *Ou il n'a pas voulu* nous donner ce code : et dans ce cas il est persécuteur avec préméditation, nous créant à plaisir des besoins qu'il nous est impossible de contenter, puisqu'aucun de nos codes ne peut extirper les sept fléaux lymbiques.

3° *Ou il a su et n'a pas voulu :* dans ce cas il est l'émule du Diable, sachant faire le bien et préférant le règne du mal.

4° *Ou il a voulu et n'a pas su :* dans ce cas il est incapable de nous régir, connaissant et voulant le bien qu'il ne saura pas faire, et que nous pourrons encore moins opérer.

5° *Ou il n'a ni su, ni voulu :* dans ce cas il est au-dessous du Diable, qui est scélérat, mais non pas bête.

6° *Ou il a su et voulu :* dans ce cas le code existe, et il a dû nous le révéler ; car à quoi servirait ce code, s'il devait rester caché aux hommes à qui il est destiné ?

Lorsqu'une théorie découverte après 2500 ans d'inadvertance nous transmet cette révélation, nous initie à la connaissance du code social divin et du mode de relations qu'il assigne à notre industrie, qu'avons-nous à faire, sinon de rougir de nos fausses lumières, et d'essayer sur un hameau ce code qui ne sera repoussé que des sophistes confus de voir dans cette découverte l'arrêt de mort de leurs sciences désastreuses ?

On n'aurait pas douté un seul instant de l'existence de ce code, si on eut observé combien il est aisé à Dieu de nous accorder cette faveur. En effet, pour nous délivrer du fléau des fausses lumières, pour nous donner un code propre à harmoniser nos relations domestiques, industrielles et sociales, qu'en coûte-t-il à Dieu ? RIEN : oui, rien du tout. Il n'a pas même besoin de génie, dont sans doute il est bien pourvu ; il lui suffit de *vouloir*.

D'après sa propriété exclusive d'*imprimer attraction*, le plus mauvais code composé par Dieu et étayé d'attraction, se soutiendrait de lui-même, ainsi que je l'ai observé 188, et s'étendrait à tout le genre humain par l'appât du plaisir ; tandis que le meilleur code social composé par les hommes, ayant besoin d'être étayé de contrainte et de supplices, devient une source de discordes et de malheurs, par la seule absence d'attraction pour l'exécution des lois : aussi, toutes les constitutions des hommes s'écrouleraient-elles à l'instant, si on cessait de les soutenir de sbirres et de gibets.

On peut de là tirer la singulière conclusion, que notre bonheur ne peut naître que des lois divines, lors même que Dieu serait moins habile en législation que les philosophes. Que sera-ce donc si Dieu est leur égal en génie, ce qu'on peut présumer sans leur faire injure? Son code ne fût-il que l'égal des leurs en sagesse, aura toujours un titre de supériorité inappréciable, en ce qu'il sera soutenu de l'Attraction, seul gage de bonheur pour ceux qui obéissent. L'homme est plus heureux d'obéir à une maîtresse que de commander à un esclave : ce n'est donc pas de la liberté seule que naît le contentement, mais de la convenance d'une fonction avec les goûts de celui qui l'exerce.

Ainsi Dieu serait assuré de faire notre bonheur par un *code attractionnel*, fût-il inférieur en sagesse aux lois des hommes : et d'autre part, Dieu est assuré de nous voir tomber dans le malheur sous tous les codes venant de la raison humaine, par cela seul qu'ils ne seront pas *attractionnels*, et que le législateur *hominal* n'a pas la faculté d'inspirer attraction pour ses percepteurs, garnisaires, sbirres, conscriptions et autres perfectibilités perfectibles des constitutions civilisées.

Un législateur homme peut bien nous exciter à aimer ses lois, nous faire avouer, le sabre à la main, que nous les aimons; mais il ne peut pas nous en inspirer l'amour, à moins de nous donner part aux sinécures, pensions et gages d'oisiveté qui ne sont que pour un très-petit nombre d'élus; tandis que l'Attraction, une fois attachée par Dieu à l'exécution d'un code, le rendrait aimable à tout le monde.

En vain des moralistes comme Saint-Lambert diront-ils aux pauvres : « Payez les impôts *avec joie*; c'est le mieux employé » de l'argent que vous dépensez, » Le paysan ne goûte point ces préceptes, et éprouve au contraire un profond dépit en livrant cet argent au gouvernement : celui-ci l'emploiera comme fit un ministre de 1799, à faire en un seul jour une dépense de 500,000 fr. de lampions, pour amuser la populace de Paris, et encore mieux les fournisseurs d'huile et co-partageans, qui étaient les seuls réjouis de ce fatras de lampions payé par cent mille paysans à 5 fr. par homme. Le villageois donnerait cet argent *avec joie*, si quelque puissance investie de la prérogative divine, lui imprimait *attraction pour le paiement des impôts*; il les paierait avec autant d'empressement qu'en met une mère à vaquer aux soins immondes mais *attrayans* qu'exige son nourrisson.

Ces considérations qui n'ont pas pu échapper à la sagesse divine, ont dû la déterminer à nous donner un code quelconque, étayé du ressort d'attraction passionnelle. Ces mêmes considérations devaient stimuler les hommes à rechercher si ce code divin, qui régirait tout par attraction, n'est pas existant et ignoré par suite des méthodes vicieuses de la science, ou par oubli d'investigation. Il fallait donc mettre en question, par quelles voies on pouvait procéder à la recherche et atteindre à la découverte de ce code. On verra, au chapitre suivant, que Dieu serait tombé dans un océan d'absurdités, s'il eut manqué à le composer.

Au lieu de s'occuper de cette recherche, les hommes fabriquent à l'envi des constitutions qui ont beaucoup pullulé depuis 30 ans : la philosophie les enfante par torrens. Comment se fait-il qu'en voyant l'insuffisance de ces fantômes de garantie contre les fléaux connus, Indigence, Fourberie, Oppression, Carnage, aucun homme n'ait songé à mettre en question si Dieu n'avait pas pourvu à nos besoins en législation sociale, et composé pour nous un code propre à nous conduire aux divers buts où les nôtres ne sauraient atteindre; aux richesses, à la justice, à la pratique de vérité, à la garantie de travail et de minimum; enfin à l'unité sociale, but essentiel de la législation divine et rêve de la politique humaine?

Si nous en étions au coup d'essai, aux premiers âges de civilisation, nous serions peut-être excusables de fonder quelqu'espoir de bien social sur nos propres lumières, sur la législation des hommes sans intervention de code divin : mais nous sommes amplement désabusés par une longue expérience; nous n'avons évidemment rien de bon à espérer de nos quatre sciences, Métaphysique, Morale, Politique, Economisme. Vingt-cinq siècles d'épreuves de leurs systèmes ont prouvé qu'elles sont autant de cercles vicieux qui, loin de remplir aucune de leurs promesses, font éclore de nouvelles calamités, comme les affiliations clubiques, emprunts forcés, réquisitions, conscriptions, émissions de rentes et de papiers-monnaie, et tant d'autres perfectibilités révolutionnaires qui aggravent tous les fléaux que la science promettait d'extirper.

Quels sont les fruits de la plus vantée de ces constitutions, de celle d'Angleterre, où la capitale contient 106000 mendians, vagabonds, filoux et gens sans aveu? Un secours annuel de 150 millions aux indigens, n'empêche pas que le pays ne fourmille d'ouvriers sans pain, sans travail, émigrant par milliers.

Si tel est le sort de la contrée qui soumet à une dîme commerciale toutes les régions du globe, quel doit être le sort des régions pressurées pour enrichir l'Angleterre où règne tant de misère? Combien l'aspect de ces résultats devait nous inspirer de défiance pour les lumières et chartes des philosophes et des conquérans, nous exciter à la recherche du code divin et d'une issue de la désastreuse civilisation!

Et si l'on considère que la raison, qui aurait bien pu échouer sur cette recherche comme sur tant d'autres, n'a pas même abordé l'exploration, pas même proposé le moindre concours sur ce problème, il y aura unanimité à disculper Dieu de tout soupçon d'oubli ou de négligence, et condamner la raison humaine qui depuis 25 siècles se refuse obstinément aux recherches qui lui sont assignées. Elle réduit par ce refus le genre humain à la privation du code social divin, et le laisse gémir sous la direction des légistes civilisés, qui ne savent produire et entretenir que les sept fléaux lymbiques.

Beaux esprits des quatre facultés philosophiques, ligués pour empêcher et ridiculiser l'étude de l'Attraction passionnelle, que répondrez-vous à ces argumens tirés des trois propriétés de Dieu, et sur-tout de l'unité de système que vous lui déférez de commun accord? Expliquez comment un être qui est moteur universel et unitaire en système, pourrait avoir adopté avec l'Homme seul cette renonciation à diriger le mouvement social, cette manie d'isoler l'Homme du cadre général, du mode universel d'impulsion et révélation, cette bizarrerie de nous refuser un bonheur qui ne lui coûterait RIEN 193, puisque lui seul peut distribuer attraction pour obéir aux lois, toujours haïes quand elles viennent des hommes. Dans quel labyrinthe d'absurdités Dieu se jeterait-il par cette contradiction avec lui-même, avec son plan d'unité attractionnelle! C'est ce que nous allons examiner, en résumant divers théorèmes exposés sur ce sujet.

CHAPITRE XI.

Des absurdités sans nombre où serait tombé Dieu, s'il eut manqué à la composition et révélation d'un code social attractionnel et unitaire.

Les devoirs sont proportionnels aux moyens : plus un père est opulent, plus il a de devoirs à remplir envers ses enfans. Le pauvre qui n'a ni pain, ni vêtemens, ne doit pas à des enfans ce nécessaire dont il manque lui-même : l'artisan qui jouit déjà d'un petit bien-être, leur doit le strict nécessaire : l'homme aisé leur doit l'instruction primaire, les connaissances utiles : l'homme fortuné leur doit la haute éducation, les arts d'agrément, et ainsi par gradation jusqu'au monarque. Celui-ci est sans contredit le père le plus obligé envers ses enfans, parce qu'il a plus de moyens que tout autre de soigner leur éducation et assurer leur bien-être.

Selon cette progression, Dieu qui est notre père commun, nous doit encore plus qu'un monarque ne doit à ses enfans ; car Dieu étant mille fois plus puissant que tous les monarques ensemble, il a dû assurer à chacun de nous, dès ce monde, plus de bien-être qu'aucun monarque Civilisé ou Barbare n'en puisse procurer à ses enfans ; et ce bien-être doit commencer pour nous, du moment où le code social divin sera mis à exécution ; les biens que la providence nous réserve ne pouvant pas naître sous les lois des Hommes.

Nous ne sommes pas si exigeans dans nos prières ; nous ne lui demandons que le misérable pain dont le peuple a besoin : demander si peu, c'est méconnaître sa magnanimité, tourner sa providence en dérision. Dieu nous doit beaucoup, puisqu'il peut beaucoup. En voyant le raffinement qui règne chez les grands, quelle opinion concevrions-nous d'un Dieu qui, ayant inventé tant de variétés pour les plaisirs du riche, n'aurait rien fait pour le pauvre ; n'aurait pas avisé à établir, par un bon système social, une distribution progressive des moyens de jouissance, une gradation telle, que si le riche a de quoi servir cent mets sur sa table et posséder vingt équipages, le pauvre ait au moins le *minimum proportionnel*, comme serait une table copieusement servie, une bonne voiture en voyage, etc.?

Des Sophistes répondront que Dieu nous réserve le bonheur en l'autre monde, et qu'à ce titre il est dispensé de nous le donner en celui-ci : c'est prétendre qu'il existe des lacunes dans sa providence ; qu'elle n'embrasse pas l'universalité du mouvement; qu'au lieu d'être composée, elle n'est que simple, en limitant à une seule vie le bonheur qui doit s'étendre à l'une et à l'autre. Ces Sophistes ne produisant aucun détail certain sur les fonctions de nos ames dans l'autre vie dont je traiterai plus loin, ils donnent lieu de soupçonner, selon l'unité et l'analogie, qu'elle est malheureuse comme celle-ci. Cependant la puissance du père commun étant infinie en ce monde comme en l'autre, il nous doit un bonheur infini dans la vie présente comme dans la vie future.

La théorie de l'Attraction passionnelle va démontrer qu'il a rempli ce double devoir, et qu'outre les biens qu'il nous a préparés sous le régime d'harmonie sociétaire auquel le globe va passer, il nous garantit encore les biens de l'autre vie dont nous n'avions jusqu'à présent que des indices. On ne pouvait en acquérir la preuve détaillée que par la théorie intégrale du mouvement, ou théorie unitaire des cinq branches dont nos sciences, au bout de 3000 ans, n'ont su expliquer que la moins importante, la matérielle, connue depuis Newton, et dont l'étude ne conduit pas à expliquer les autres branches.

Laissant à part ces questions transcendantes, bornons-nous à raisonner sur les devoirs de Dieu relativement à notre destination temporelle, qu'il a dû régler par un code social antérieur à la création des hommes. Examinons jusqu'à quel point il se serait compromis s'il n'eut pas rempli ce devoir : établissons son accusation simulée, pour le cas où il n'aurait pas composé un code de relations industrielles, révélé par synthèse de l'Attraction, et coordonné aux mathématiques.

Le côté intéressant du tableau qui va suivre, est que tous les griefs articulés ici, au nombre de 16, griefs disséminés dans les précédens chapitres, d'où je les récapitule, retombent à la charge de la raison humaine, si on peut prouver que ce n'est pas Dieu qui a négligé de composer pour les hommes un code social unitaire, mais que c'est la raison humaine qui a refusé obstinément d'en faire la recherche.

TABLEAU *des Chefs d'accusation à produire contre Dieu, dans l'hypothèse de lacune d'un code social divin.*

Nota. Rappelons ici la note 113 sur les redites nécessaires : elles sont, dans tout le cours de cette notice, obligées rigoureusement, puisqu'il s'agit de lever la cataracte à l'esprit humain, sur la plus importante question dont il puisse s'occuper, celle de l'existence du code passionnel.

A *Dieu est imprévoyant*, *limité en providence et en lumières*, si, après l'expérience qu'il a dû acquérir pendant une éternité passée à créer et gouverner des mondes, il n'a pas prévu le besoin qu'auraient leurs habitans, d'un code social unitaire qui est au-dessus des moyens de la raison humaine, et s'il n'a pas pourvu à satisfaire ce besoin, par un système régulateur du mécanisme domestique, industriel et unitaire des passions.

∀ *Il est suspect d'avoir considéré la raison humaine comme supérieure à la sienne*, puisqu'il lui a laissé le soin de statuer sur la branche pivotale du mouvement, celle du mécanisme social.

B *Dieu est avilisseur de lui-même et de l'homme à la fois*, en ce que pouvant faire notre bonheur par un code attrayant quelconque, *mauvais ou bon* en théorie, mais toujours bon en application, pourvu qu'il soit étayé d'Attraction 104, Dieu se plaît par le refus de ce code à dénoter sa malveillance envers nous et constituer notre infortune perpétuelle.

ᗺ *Il fait naître*, *par cette lacune de code*, *l'irréligion et le mépris de la Divinité.* Il décèle une providence insuffisante sur l'objet le plus important de ses attributions, sur le code passionnel : il excite et justifie les sectes d'impiété.

C *Il se ravale au-dessous du dernier des hommes* par cette lacune de code passionnel ; car le plus grossier de nos maçons, en rassemblant des matériaux de construction, pierres, bois, etc., ne manque pas de faire un plan pour leur emploi. Or, si Dieu, en créant les passions, l'industrie, les sciences, les arts et autres élémens d'édifice social, a oublié d'arrêter un plan d'emploi combiné de ces matériaux, il est d'une imprudence qui exposerait à la risée le moindre de nos ouvriers.

Ɔ *Il est suspect d'intermittence de raison ;* car sachant conduire en harmonie les tourbillons planétaires, et leur univers ou masse collective des astres connus, s'il ne savait pas harmoniser les petits êtres qui habitent ces globes, il ressemblerait à un architecte qui, après avoir bâti un vaste palais, serait en défaut pour construire une maisonnette, et deviendrait par-là suspect d'un dérangement accidentel de raison.

D *Il devient provocateur et fauteur d'anarchie sociale*, en nous privant de ce code qu'il n'a pas pu oublier; car tout roi ou ministre, en fondant une colonie, ne fût-elle que d'une centaine de familles, n'oublie pas de lui assigner préalablement une législation quelconque. Dieu la devait à notre globe ainsi qu'à tous les autres, tous étant des colonies dont il est le fondateur. En y manquant, il a organisé à plaisir l'anarchie sociale préméditée.

ᗡ *Il est coupable de déni de justice envers notre globe seul ou envers tous;* car si d'autres globes n'ont pas besoin de ce code passionnel, et savent atteindre à l'harmonie par les seules lumières de la raison humaine, ou bien si ces globes découvrent le code divin par des voies d'instinct refusées au nôtre, Dieu a donc pour eux une providence qu'il n'a pas pour nous: et pourquoi manque-t-il, ou à nous affranchir de ce besoin de code passionnel, ou à nous initier aux moyens de découverte concédés à d'autres globes?

Ou bien si tous ces globes sont privés, comme le nôtre, de ce code passionnel dont la confection ne coûterait RIEN à Dieu; s'ils sont condamnés à gémir comme nous à perpétuité sous les lois versatiles de la philosophie, tous les globes dans ce deuxième cas, et notre globe seul dans le premier cas, sont fondés à accuser Dieu d'un déni de justice.

E *Il est absurde en mécanique et ennemi de toute économie*, pour n'avoir pas employé l'attraction à exercer près de l'homme les fonctions de boussole sociale qu'elle exerce près des astres et des animaux: en faisant de l'attraction un guide trompeur pour l'homme seul, il manque l'unique moyen de cumuler les sept garanties énoncées (184), révélation permanente, exécution spontanée, etc.

Ǝ S'il a donné à l'attraction cette faculté de boussole sociale, *il ne nous a donc fait qu'une rétribution dérisoire de lumières;* car jusqu'ici la théorie de l'attraction passionnelle a été impénétrable à nos sciences, quoiqu'elle soit, à titre de boussole sociale, l'objet le plus urgent à connaître. Dieu ne nous aurait donc donné qu'un génie avorton, qui sait s'initier aux inutiles théories de l'attraction sidérale, et non aux théories précieuses de l'attraction passionnelle ou boussole sociale.

F *Il est ennemi positif et négatif de l'homme :* ennemi positif, d'après les refus de code passionnel attrayant qui ferait notre bonheur et ne coûterait RIEN au distributeur de l'attraction. Ennemi négatif, en ce que pouvant distribuer à son gré les attractions et répulsions, il ne nous a pas donné une attraction adaptée aux résultats de pauvreté, fourberie, oppression, carnage, etc., que produisent les lois des hommes ; lois qui seraient devenues pour nous un gage de bonheur, si Dieu nous eut donné attraction pour leurs odieux résultats, ainsi qu'il devait le faire si nos sociétés actuelles étaient notre destinée irrévocable.

E *Il veut la guerre permanente de l'homme avec Dieu et avec l'homme*, s'il nous a condamnés à résister à l'influence des passions dont il est distributeur ; et si, prévoyant qu'elles nous conduiraient au mal, il ne nous a donné pour y résister, d'autre secours que la raison, impuissante même chez ceux qui s'en disent les oracles, tels que les Philosophes, gens les moins capables de résister à leurs passions.

G *Il est avec préméditation provocateur à l'athéisme* ; car il a prévu qu'après des essais infructueux de plusieurs mille ans, l'humanité réduite aux lois de ses sophistes n'aboutirait qu'à aggraver ses antiques misères, et qu'elle invoquerait vainement l'intervention d'une sagesse divine, en régime social où échoue la sagesse humaine ; que ces disgrâces conduiraient à perdre toute espérance en Dieu, et se rallier aux dogmes de matérialisme, athéisme, pessimisme, culte du mauvais génie et autres aberrations que provoque l'aspect des misères civilisées, barbares et sauvages, tant qu'on désespère d'une loi divine et d'un avénement à un meilleur ordre.

9 *Il est l'équivalent de l'être fictif que nous nommons Diable*, car on peut défier à l'esprit infernal, si on lui donne le globe à administrer, d'inventer pour torturer et avilir le genre humain,

plus de férocité et de brutalité qu'on n'en voit dans l'état sauvage ;

plus de persécution qu'on n'en voit dans l'état barbare;

plus de perfidie qu'on n'en voit dans l'état civilisé et patriarcal ;

enfin, plus de pauvreté et d'avilissement que n'en éprouve l'espèce humaine dans ces trois sociétés.

✕ X En ce qui touche au passionnel du globe,

Dieu tombe en duplicité interne : il se trouve contradictoire avec lui-même, ennemi de lui-même, si, aimant la justice, la vérité, l'unité, il nous a destinés au mécanisme civilisé, barbare et sauvage, où les passions ne produisent que le triomphe permanent de l'injustice, de la fausseté et de la duplicité d'action, l'état de scission collective et individuelle avec nous-mêmes.

Dissidence collective par la résistance universelle des peuples aux gouvernemens civilisés et barbares qui tomberaient sans l'appui de la contrainte et des supplices.

Dissidence individuelle par la guerre que l'Attraction et la raison spéculative se livrent dans chaque individu.

Dissidence générale par les passions qui entretiennent par toute la terre quatre sociétés incompatibles *extérieurement*, se refusant à une fusion unitaire des civilisés, barbares, patriarcaux et sauvages ; et incompatibles *intérieurement*, par refus de fusion unitaire des nations qui composent une même société, comme les peuples civilisés.

✕ Y En ce qui touche au matériel du globe,

Dieu tombe en duplicité externe ou scission avec l'univers composé de trois principes.

1. Dieu, principe actif et moteur ;
2. La matière, principe passif et mu ;
3. Les mathématiques, principe neutre et arbitral.

Dieu se trouve en scission avec les deux autres principes, s'il a destiné irrévocablement le deuxième, la matière, aux conflits, intempéries, congélations polaires et ravages des hommes et des animaux. Si ce chaos actuel du globe est le dessein ultérieur de Dieu, il régit donc la matière contradictoirement aux lois du troisième principe, des mathématiques, où lui-même ayant puisé des lois d'harmonie pour les astres, aurait dû les appliquer à établir l'harmonie dans les relations matérielles de l'homme et des élémens.

Cette série de griefs contrevient en tout sens aux attributions de Dieu, déjà énoncées (187).

Attribution radicale.	X Direction intégrale du mouvement dans toutes ses branches (26).
Attributions primaires.	Economie de ressorts. Justice distributive. Universalité de Providence.
Attribution pivotale.	✕ Unité de système.

J'ai exposé les torts dont Dieu serait coupable, s'il eut manqué à composer pour nous un code social passionnel, coordonné aux mathématiques, et interprété par synthèse de l'Attraction.

J'ai réduit ces torts à un canevas de seize griefs; un autre en pourra doubler et tripler le nombre; il suffit de ceux qui sont énumérés ici, pour appuyer la thèse posée dans ce chapitre:

Que dans une accusation méthodique de Dieu, tous les griefs retombent à la charge de la raison humaine, si on peut prouver que ce n'est pas Dieu qui a négligé de composer pour nos relations un code unitaire, mais que c'est la fausse raison ou Philosophie qui s'est refusée obstinément à toute recherche de ce code.

Raisonnons ici comme si la découverte n'en était pas faite: la justification de Dieu serait déjà des plus faciles; elle se fonde sur un moyen péremptoire, sur le refus d'exploration dont les hommes se sont rendus coupables. Dieu adhère volontiers à ce qu'on élève contre lui toutes ces accusations, et cent autres, sur la négligence de confection et révélation d'un code social; mais s'il y a pourvu avant même de créer l'espèce humaine, et s'il nous a donné dans l'Attraction passionnée un agent de révélation et d'impulsion permanente, sur qui retombent les divers chefs d'accusation, sinon sur les savans qui ont perdu 25 siècles en controverse politique, sans daigner rechercher le code divin par le calcul analytique et synthétique de l'Attraction passionnelle; calcul dont on devait s'occuper dès les premiers siècles savans, ne fût-ce que par pure curiosité, et par règle d'exploration générale.

Ainsi l'accusation de Dieu, qui semble au premier coup-d'œil un acte d'impiété, devient par le fait l'acte le plus judicieux que puisse faire l'homme, en ce qu'elle amène le mis en cause de la fausse raison ou Philosophie, contradictoirement avec Dieu.

Les consciences timorées pourront craindre qu'un tel acte ne soit outrageant pour la Divinité, en la compromettant d'égal à égal avec la raison humaine. Dieu est inaccessible à ces petitesses; il est trop grand pour craindre de s'abaisser en daignant nous confondre, comme il arrivera toutes les fois qu'on voudra mettre en balance les torts apparens de Dieu et les torts réels de la raison humaine.

En accusant ostensiblement la Divinité dans ce débat, on n'accuse réellement que les sophistes; car plus on aurait accumulé contre Dieu ces griefs dont il serait facile de doubler et tripler le nombre, plus il serait devenu incroyable que Dieu eût pu tomber dans cet océan de ridicules et d'absurdités, en négligeant la confection et révélation d'un code passionnel unitaire, et plus on aurait incliné à en faire la recherche et sommer la Philosophie d'y procéder.

L'accusation méthodique de Dieu, loin d'être un acte d'audace et d'irréligion, aurait donc été un acte de haute sagesse, en ce qu'elle aurait suffi à désabuser les hommes du préjugé qui nous ôte la foi et l'espérance en l'universalité de la Providence. On aurait conclu de ce débat, qu'il devait exister un code divin; et sa découverte aurait suivi de près, dès qu'on aurait seulement admis en principe son existence.

Pouvait-on présumer que Dieu s'offensât d'une pareille accusation? L'administrateur qui a géré fidèlement, ne craint pas qu'on en vienne à une vérification de ses comptes; il est le premier à la provoquer, pour mettre au grand jour sa probité.

Telle est nécessairement l'opinion de Dieu : il a trop sagement organisé l'Univers matériel et passionnel, pour craindre qu'on critique ses méthodes et ses dispositions, qu'on s'enquière des causes et des fins du mal apparent : loin de là; nous ne saurions faire de démarche plus flatteuse pour lui, que de sortir du système d'adoration servile et superstitieuse, de scruter sévèrement ses plans sur la distribution du mouvement et sur-tout des passions, pourvu toutefois que nous en agissions de même avec l'adversaire de Dieu, avec la Philosophie ou fausse raison qui, depuis la naissance des sociétés, s'est emparée de la régie du mouvement social, excluant Dieu d'y intervenir.

On ne peut donc pas accuser Dieu sans accuser en même temps la raison humaine. C'est le seul moyen de mettre en évidence la sagesse de Dieu, qui jusqu'ici est grièvement compromise aux yeux de l'humanité : elle ne sera régulièrement justifiée, qu'autant qu'on fera l'examen des devoirs de Dieu et de leur exécution, en faisant subir pareil examen à la raison humaine.

Le procès entre Dieu et la raison humaine se réduit aux deux points suivants :

Les devoirs de l'un sont de composer pour le genre humain un code passionnel attrayant, et de le lui révéler par interprétation permanente.

Les devoirs de l'autre sont de chercher ce code par étude analytique et synthétique de l'Attraction, et d'en faire l'examen critique et l'essai quand il est découvert.

Pour peu qu'on veuille examiner qui des deux a manqué à remplir sa tâche, la Philosophie sera d'emblée suspectée, et sommée de procéder à la recherche du code divin, à l'étude méthodique de l'Attraction passionnelle.

Tel est le résultat où nous auraient conduits nos scandales d'athéisme, si leurs auteurs n'eussent été des avortons en raisonnement et en caractère. Cette insurrection contre Dieu qu'ont tentée les modernes, était peut-être un effet de désespoir, chez un siècle fatigué de ses bévues et du désordre apparent de la nature. L'Athéisme, tout odieux qu'il est, serait devenu une voie de découverte, si les Philosophes eussent été moins timides quant aux formes. S'ils s'étaient crus fondés dans leur aggression contre Dieu, ils n'auraient pas craint d'établir le procès régulièrement, de tenter un engagement sérieux entre la raison et la Divinité, en débutant par un tableau détaillé des griefs et sur-tout des devoirs respectifs.

Et comme tout débat sur ce sujet, en nécessitant le mis en cause de la Philosophie, aurait fait planer le soupçon sur elle comme sur Dieu, et entraîné une vérification de l'accomplissement des devoirs, il est indubitable que la Philosophie aurait succombé par le seul fait de contravention à ses douze devoirs énoncés 99, et notamment au devoir d'exploration générale, premier des douze.

Ainsi les extrêmes se touchent : ce mystère des destins sociaux, ce code unitaire à la découverte duquel on serait arrivé par la plénitude de foi et d'espérance en Dieu, on y serait arrivé de même par une accusation méthodique de la Divinité. Un tel acte, impie en apparence, aurait conduit par voie inverse au même but où nous eut conduits, par voie directe, une foi raisonnée, une espérance ardente en la sagesse divine, et une exploration du code qu'on en devait attendre.

Nos Philosophes, en athéisme comme en toutes choses, ont donc péché par simplisme et petitesse. L'athéisme simple est une opinion hideuse; l'athéisme composé, ou suspicion de la Divinité et de la Raison humaine, eut été une conception très-heureuse et nullement déraisonnable; car il est *conditionnel*, et ne révoque en doute l'existence de Dieu que jusqu'à l'examen de son antagoniste la Philosophie, jusqu'à la vérification de ce qu'a fait chacun d'eux pour l'accomplissement de ses devoirs. Sous ce rapport, l'athéisme composé conduit au même but que la *foi raisonnée*, car tous deux provoquent l'étude régulière de l'Attraction.

Notre globe jusqu'ici n'a connu que la foi simple ou aveugle, attribuant le mouvement au pur caprice de la Divinité, sans intervention du principe mathématique ou arbitral.

Dans cette étude comme en toute autre, la civilisation s'est perdue par le simplisme; et avec ses subtiles théories sur la génération des idées, elle n'a jamais pu, dans ses études relatives à Dieu, l'Homme et l'Univers, s'élever à aucune idée composée, à aucune hypothèse d'unité et de lien universel. J'analyserai, dans un chapitre spécial, ce simplisme continu de la raison civilisée.

Les demi-mesures ne servent qu'à aggraver un mal: qu'on en juge par l'équipée de nos athées modernes, dont la demi-aggression nous a éloignés de la découverte des lois de l'Attraction; tandis qu'un athéisme composé et méthodique nous aurait conduits directement à l'accusation de la raison civilisée. C'était-là le but qu'il s'agissait d'atteindre.

Un procès est inextricable, tant que le criminel fait fonction d'accusateur: il se gardera bien de rien articuler à sa charge; et telle a été la ruse de nos athées simples: ils se sont bornés à arguer contre Dieu des désordres apparens de ce monde, où le règne du mal ne comprend qu'un huitième de la carrière, selon la table suivante des quatre phases du mouvement et de leur durée approximative sur ce globe.

Carrière Sociale du Genre humain.

C 1re Phase.	*Subversion ascend.^e Lymbes antér.*	. .	5000
CC 2e Phase.	HARMONIE ASCENDANTE.	. . . . . .	36000
✝ *Plénitude.*	APOGÉE SOCIAL ET MATÉRIEL.	. .	9000
ƆƆ 3e Phase.	HARMONIE DESCENDANTE.	. . . . .	27000
Ɔ 4e Phase.	*Subversion descend.^e Lymbes postér.*		4000
		Ans.	81,000

Sans contredit la Providence paraît en défaut pendant la 1re phase ou subversion ascendante (25), qui est l'état actuel de notre planète fort jeune encore. On ne suspectera pas ainsi la Divinité dans la 4e phase ou âge caduc, retombant en périodes lymbiques par pauvreté et refroidissement de l'astre : on saura alors que les deux transitions extrêmes de toute carrière sont pénibles, et que la Divinité, d'après cette règle générale de mouvement, ne peut épargner à aucun globe les souffrances des deux âges extrêmes. Quant à celles de 1re phase, elles sont peu fâcheuses, puisqu'il est aisé d'y échapper dès qu'on a créé le ressort d'association, la grande industrie agricole et manufacturière. Après son développement (déjà suffisant au siècle de Périclès), il ne reste plus à la raison qu'à découvrir l'emploi de ce ressort, qui ne devient gage de bonheur que lorsqu'on a su organiser l'association et l'unité sociale.

Nos savans, au lieu d'en rechercher la théorie, se sont bornés à l'accusation pure et simple de Dieu ; arguant des désordres actuels du globe, sans tenir compte des leviers d'harmonie que Dieu peut nous avoir ménagés, et dont la raison devait faire la recherche.

Les juges de l'âge moderne, l'opinion, les critiques et toute la classe bien pensante, n'ont pas eu assez de perspicacité pour discerner si ce n'était pas le délateur même qui devait descendre au banc des accusés, et payer de sa tête, comme les accusateurs de Suzanne. Devait-on se borner à mettre hors de cour l'athéisme et le philosophisme ? Non ; il fallait les accuser, les confondre en remplissant la tâche qu'ils n'avaient pas remplie, et leur prouver par la synthèse de l'Attraction, que l'homme, au lieu de corriger l'ouvrage de Dieu, les passions, doit chercher à quel emploi Dieu les destine.

Pourquoi la raison prétendrait-elle au privilége d'accuser Dieu sans qu'on eût le droit de l'accuser elle-même? Pour échapper, elle use d'un subterfuge qui jusqu'à présent lui a pleinement réussi : elle feint de s'humilier, disant : « révérons » la profonde sagesse de Dieu; ne tentons point, par une sa- » crilége audace, de pénétrer les augustes mystères, enlever » les voiles d'airain : un pygmée tel que l'Homme est-il fait » pour sonder les profondeurs de la Divinité! »

Ne soyons pas dupes de ces escobarderies; allons aux éclaircissemens : il existe un coupable; il faut qu'il soit reconnu; et puisque le soupçon ne peut porter que sur deux êtres, ou la Divinité, ou la Raison civilisée, on ne doit admettre aucun moyen évasif. Ne craignons pas que l'enquête soit offensante pour Dieu : loin de là; il la désire pour sa gloire et pour notre bonheur. Il est, depuis 25 siècles, en butte à des soupçons qu'on dissimule sous un masque de révérence : mais à travers ces affectations de respect, on ne pose pas moins en principe *que sa providence est limitée, insuffisante*, puisqu'elle aurait manqué à nous pourvoir d'un code social; *qu'il est ennemi de la justice distributive, de l'économie de ressorts et de l'unité de système*, puisqu'on lui suppose l'intention de vouloir perpétuer le chaos civilisé, barbare et sauvage.

Tels sont les délits que nous imputons, *par le fait*, à l'Être suprême, tout en lui offrant un encens souillé par nos préventions très-infamantes pour lui. Dieu ne se paye pas de ces respects équivoques : sa sagesse ne peut paraître au grand jour que par la manifestation du vrai coupable; il faut définitivement qu'on sache si c'est Dieu qui est en arrière de providence quant au code passionnel, ou si c'est la raison humaine qui est en arrière de recherches.

Du moment où les débats prendront cette forme pressante et ne laisseront plus d'accès aux subterfuges, on verra pâlir le criminel, et la Philosophie confondue ne voudra pas même courir les chances d'un éclaircissement. Elle confessera l'universalité de la Providence et l'existence nécessaire du code social divin : quant au crime d'en avoir négligé ou empêché la recherche, les auteurs vivans s'en laveront en le rejetant sur les défunts, notamment sur l'antiquité qui engagea l'esprit humain en fausse route, consacra le dogme de compétence de la raison

humaine

humaine et incompétence de la raison divine en législation sociale, industrielle et domestique.

C'est ainsi qu'on aurait vu s'écrouler l'édifice des Anges de ténèbres, des Titans philosophiques, du moment où on les aurait attaqués par voie de raisonnement et d'enquête méthodique sur leurs devoirs et leurs préceptes : mais on s'est borné contr'eux à des diatribes, d'où il ne pouvait naître aucune lumière.

Quiconque voudra méditer sur le tableau des seize griefs que je viens d'exposer pour hypothèse d'une accusation de Dieu, et sur les neuf garanties qu'aurait trouvé Dieu dans l'emploi de l'attraction, se convaincra que si cette ébauche d'accusation eut été développée et régulièrement établie, elle aurait de prime-abord éveillé les soupçons sur le compte de la Philosophie qui attribue à Dieu tant d'absurdité, en le suspectant d'avoir manqué à la confection et révélation d'un code social ; et avant même de terminer les débats, chacun aurait conclu à l'exploration de ce code passionnel, qu'on aurait eu bientôt découvert du moment où on l'aurait franchement cherché.

Franchement cherché ! ! ! ! Mais où trouver cette franchise? Les deux partis du monde philosophique, les Expectans et Obscurans (91) sont ligués de fait contre la recherche sincère de la vérité. Les *Obscurans*, tout entiers à leurs spéculations mercantiles, repousseront l'idée d'un code social divin, qui anéantirait les bibliothèques de controverse et le négoce de sophismes. L'auteur de cette conception sacrilège est *ennemi du commerce, ennemi des torrens de lumière*.

Quant aux *Expectans*, ce sont des ames faibles, esclaves de l'habitude, génies étroits n'osant sortir de leur sphère : les bras leur tombent, lorsque du tableau 25 de première phase, on leur déduit l'argument suivant : » votre globe est en retard ; il ne s'est avancé qu'à la période 5 ; il a perdu en fausse route 2000 ans et plus ; il faut rentrer en bonne voie, avancer en échelle de destinée, passer des périodes 4 et 5 aux périodes 7 et 8, restaurer du même coup le monde passionnel et le monde matériel 65. »

A ces mots, nos bourgeoises têtes philosophiques s'imaginent qu'on veut les faire voyager dans la lune : elles ne sauraient concevoir que le génie social puisse ambitionner de rôle plus sublime, plus fortuné que la Civilisation perfectible, avec ses villes jonchées de mendians et ses neuf fléaux lymbiques.

En outre, les deux partis, Expectans et Obscurans, sont également esclaves du préjugé anti-religieux qui, en mécanique sociale, place Dieu au second rang, et l'homme au premier. Vous les verrez s'unir d'opinion, s'insurger si on leur déclare que ce n'est point à la raison humaine à faire des codes; que Dieu y a pourvu; qu'à lui seul appartient de statuer sur la direction du mouvement, social ou autre.

Sur ce, ils déclareront *la patrie en danger*; et lanceront l'anathème sur le Titan qui dispute à la Philosophie le droit de législation. Ils consentent bien à reconnaître fictivement la suprématie de Dieu, mais sous condition de le tenir en tutelle, comme Richelieu y tenait Louis XIII, et réserver à l'auguste Philosophie le privilége exclusif de répandre des torrens de lumières et de constitutions pour le maintien de nos droits imprescriptibles à l'état d'indigence, fourberie, oppression, carnage.

Voilà comment l'opinion est fascinée sur notre globe : faut-il s'étonner qu'on n'ait jamais pu s'y élever à l'idée d'une loi sociale divine, et que les principes SOCIAUX-RELIGIEUX, la reconnaissance des attributions divines 203, entr'autres de l'universalité de la Providence, n'aient pu germer chez aucune des corporations savantes ?

CHAPITRE XII.

EXAMEN détaillé des sept garanties inhérentes à l'Attraction.

REDOUBLONS de preuves pour établir la grande vérité devant laquelle s'écroulent tant de bibliothèques; savoir : QU'IL DOIT EXISTER UN CODE PASSIONNEL UNITAIRE COMPOSÉ PAR DIEU ET INTERPRÉTÉ PAR L'ATTRACTION, et que les sciences n'ayant fait jusqu'ici aucune étude de l'Attraction passionnée, il y a dans cette omission, sinon perfidie, au moins impéritie et négligence bien honteuses, depuis que le succès de Newton sur l'Attraction matérielle excitait à poursuivre cette étude, à l'élever du simple au composé, en ajoutant les calculs de la Passionnelle à ceux de la Matérielle.

Les trois chapitres de cette notice ne roulent que sur cette thèse délayée et présentée en divers sens ; il n'est pas de sujet où les redites soient plus necessaires. Dans ces trois chapitres nous livrons bataille à 400,000 volumes : si la thèse est bien démontrée, les bibliothèques sont anéanties, l'Attraction est proclamée interprète de Dieu, et les philosophies anciennes et modernes vont en masse au fleuve d'oubli.

N'épargnons donc pas les détails pour porter la conviction dans les esprits. Si divers lecteurs sont suffisamment préparés, d'autres sont rétifs et sceptiques, sans maligne intention, mais par engouement pour le philosophisme, la civilisation perfectible, les constitutions libérales et la compétence de la raison humaine en législation. Encroutés de ces doctrines obscurantes (93 1/2), qu'on puise dans les quatre sciences fausses (193 1/2), ils voudraient les amalgamer avec celles de l'Attraction qui repousse tout dogme arbitraire, toute illusion démentie par l'expérience.

Notre siècle, enfoncé dans ces illusions législatives, a besoin d'apostrophes réitérées, sur sa rebellion à l'évidence et à la nature. Ses préjugés contre l'Attraction sont comme les vieilles murailles de ciment romain, contre lesquelles échoue la barre du travailleur : telle est la ténacité de nos préventions contre le guide que Dieu nous a donné, contre l'Attraction. Il faut donc déblayer en plein cette vieille maçonnerie philosophique, avant de jeter les fondemens de la nouvelle doctrine.

Plus on examine la convenance parfaite de l'Attraction avec les propriétés de Dieu et les vœux de l'homme, plus on est convaincu que nos corporations savantes, en se refusant à toute étude sur l'Attraction, se sont rendues coupables, sinon de perfidie, au moins de honteuse impéritie.

On voit la curiosité ou la cupidité nous entraîner à tant de recherches, la plupart inutiles. Que d'études opiniâtres sur des problèmes insolubles, comme ceux des Alchymistes ! Que de fouilles inconsidérées dans les pays qui semblent recéler des mines ! Que de voyages pour découvrir quelque misérable île déserte ou quelques inscriptions de nulle valeur ! Que d'efforts impuissans pour explorer l'Afrique intérieure, ses mines d'or, le Niger et le Zaïre ! Que de dépenses pour chercher au nord une passe qui, dans l'état actuel de la température, ne serait ni assurable commercialement, ni praticable raisonnablement 541.

Cependant, quelles que soient les difficultés, rien ne peut rebuter l'esprit scientifique et la curiosité, sur les points où l'on n'a que des tribulations et mystifications à essuyer; tandis que la plus magnifique des palmes, le calcul de l'Attraction et des destinées, reste oublié depuis 3000 ans, sans avoir excité la curiosité de personne.

Je ne puis donc mieux le comparer qu'à ce végétal, objet de nos mercantiles fureurs, ce CAFÉ qui resta pendant 4000 ans ignominieusement rebuté à Moka, sans que nul herboriste daignât l'honorer d'un regard. Combien les botanistes arabes dûrent être confus de leur négligence, lorsqu'un premier essai du café décéla ses belles propriétés! Il en sera de même de l'Attraction, et de la théorie d'Unité que nous dévoile son étude: lorsque cette découverte sera bien constatée, par une facile épreuve sur un hameau, le monde savant ou ignorant croira, comme Epiménide, s'éveiller d'un rêve de plusieurs mille ans: quelle source de dépit pour tant d'écrivains et de penseurs, qui cherchent un sujet neuf, et qui ont sous la main le plus fécond de tous, sans l'apercevoir! Combien de fois ils se diront: « pends-toi, Figaro, tu n'as pas deviné celle-là! »

Insistons sur les indices qui devaient stimuler le génie à cette étude, et reprenons l'examen des sept garanties que l'Attraction offre à Dieu et à l'Homme: je ne les ai exposées (184) qu'en tableau; je vais les analyser en détail.

1° *Boussole de révélation sociale permanente*, en ce que l'aiguillon de l'Attraction nous stimule continuellement, par des impulsions aussi invariables en tous temps et en tous lieux, que les lumières de la raison sont variables et trompeuses.

L'expérience de tous les siècles ayant prouvé que l'Attraction est immuable, qu'elle sera dans dix mille et vingt mille ans aussi fixe qu'elle l'a été depuis la création du monde, qu'elle tendra toujours aux richesses et non à la pauvreté, aux groupes et non à l'incohérence, il devient évident par cette immutabilité de l'Attraction, que toute science relative à ses développemens et propriétés, serait une science fixe; que tout système social qui en résulterait, serait un code fixe dicté par Dieu, et interprété par révélation permanente de Dieu, puisque l'Attraction n'est jamais ni muette, ni incertaine. Quel appât à rechercher ce code, qui, une fois déterminé, deviendrait boussole fixe en politique sociale, et donnerait congé à nos inconciliables systêmes !

Si l'Attraction n'est pas destinée à nous fournir cette boussole, quel but, quel emploi le Créateur lui a-t-il donc assigné? elle ne sert jusqu'ici qu'à nous égarer, nous pousser aux excès, aux fureurs sociales; elle semble un ennemi dont Dieu nous aurait entourés, un traître qui vient, sous des dehors flatteurs, s'emparer de notre confiance pour nous leurrer et nous perdre. Est-ce donc Dieu qui veut nous trahir, car c'est lui qui nous fait assiéger par elle?

Des Sophistes croient expliquer le problême, en disant *que Dieu nous donne la raison pour résister.* C'est précisément ce qu'il ne nous donne pas : la raison qu'on veut opposer à l'Attraction, est impuissante même chez les distributeurs de raison; elle est toujours nulle quand il s'agit de réprimer nos penchants. Les enfans ne sont contenus que par la crainte; les jeunes gens, par le manque d'argent; le peuple, par l'appareil des supplices; le vieillard, par des calculs cauteleux qui absorbent les passions fougueuses du jeune âge : mais personne ne sera contenu par une raison qui, sans user de contrainte, viendrait heurter de front ses penchants.

La raison est donc de nulle influence; et plus on observe l'homme, plus on voit qu'il est tout à l'Attraction; qu'il n'écoute la raison qu'autant qu'elle enseigne à raffiner les plaisirs et mieux satisfaire l'Attraction. De là, il est évident que Dieu, en nous asservissant à cet interprète, à ce guide qu'on nomme Attraction, a dû lui réserver quelqu'emploi adapté aux vues d'Unité et de justice qui sont attributs du Créateur : il a dû, pour utiliser l'Attraction, nous donner un code qui pût en permettre l'essor. Cette opinion est la seule qui puisse cadrer avec les propriétés de Dieu (187).

D'après cette masse d'indices qui nous excitaient à étudier l'Attraction et déterminer le mécanisme qu'elle tend à former, quelle est l'étourderie des nations policées qui ont différé si longtemps cette étude, et quelle serait la perversité de ceux qui chercheraient à entraver l'épreuve du lien sociétaire dont nous découvrons enfin les lois dans le calcul de cette Attraction si longtemps négligé !

2° *Economie de mécanisme* dans un ressort cumulant les facultés d'interprétation et d'impulsion ; ressort apte à révéler et stimuler à la fois.

Quelle idée se forme-t-on de cette économie de Dieu sur laquelle on déraisonne sans cesse ? Croit-on que lorsqu'il se présente un moyen de faire double service par un seul agent, Dieu veuille préférer à cette économie le procédé coërcitif qui causerait double déperdition ? C'est ce qui arriverait, s'il choisissait pour interprète la raison sans Attraction : il serait obligé, selon le mode civilisé et barbare, de mettre en jeu

Des interprètes improductifs
Et des disciples rétifs.

Nous avons, dans l'état actuel, beaucoup de soi-disant interprètes de la sagesse et de la raison, appuyés d'une grande armée improductive sans laquelle aucun peuple n'entendrait aux leçons de la sagesse, ni ne consentirait à payer l'impôt. Toute cette masse de régisseurs actuels est improductive ; elle produirait beaucoup en association, où le travail fait les délices des rois comme des peuples, où l'état d'opulence et de paix générale dispense d'armées coërcitives, préserve le peuple de l'ennui et de la pauvreté attachée au travail morcelé, et fait, des plaisirs mêmes, naître les bénéfices.

L'effet contraire a lieu si l'Attraction cesse d'intervenir. Les pauvres refusent de travailler, ou ne le font qu'avec dégoût et lenteur ; les grands sont réduits à se liguer et enrôler des affamés pour forcer le peuple à un travail ingrat : de là naissent les légions d'improductifs dont je donnerai ailleurs le tableau, et qui comprennent, le croirait-on ! *LES DEUX TIERS* de la population civilisée, puisqu'on pourrait, en Association, obtenir le même produit avec un tiers de cette population, en distribuant ses travaux par Séries passionnelles.

Nos théories qui attribuent à Dieu la faculté de suprême économe, se montrent vides de sens et dérisoires, quand elles supposent que Dieu spécule sur ce régime coërcitif d'où naît une si énorme déperdition. Il lui est si facile d'adopter le régime attrayant d'où naîtraient toutes les économies, toutes les richesses : déja il emploie visiblement ce régime dans la direction des astres et de divers animaux industrieux ; peut-on présumer qu'il veuille nous en exclure ?

Mais comment la Philosophie nous donnerait-elle des notions régulières sur le système économique de Dieu, elle qui, en voulant s'immiscer dans le régime économique de l'administration, est parvenue avec ses perfectibilités à augmenter si rapidement et si monstrueusement les impôts, que bientôt il faudrait dépenser la moitié du produit à faire administrer l'autre moitié ?

Telles sont les prouesses d'une science qui nous promet de simplifier les ressorts administratifs : et si on admet que Dieu ait le pouvoir de faire le bien promis par nos charlatans ; si, au lieu de compliquer comme eux le mécanisme au suprême degré, il veut le simplifier, n'en possède-t-il pas l'unique moyen dans l'Attraction dont il est seul distributeur ? Ne doit-on pas présumer qu'il a pris des mesures pour utiliser cette attraction, et ne doit-on pas en faire l'étude pour découvrir les emplois sociaux auxquels Dieu la réserve ?

3° *Concert spontané du Créateur avec la Créature*, ou conciliation du libre arbitre de l'homme obéissant par plaisir, avec l'autorité de Dieu commandant le plaisir.

Ce n'est qu'à l'Attraction qu'on pourra devoir ces doubles merveilles : où trouvera-t-on un ressort qui garantisse aussi parfaitement les libertés respectives du maître et du sujet, et qui fasse naître l'amour de l'obéissance même, d'où l'on ne voit naître dans l'ordre actuel, que la haine du sujet pour le maître ? Aussi est-on obligé d'ordonner aux civilisés la crainte de Dieu, pour les amener par suite à craindre l'autorité qui exige l'impôt. Si, au lieu de cet ordre qui ne repose que sur la terreur et les haines, on en découvrait un où le peuple, selon les vœux du moraliste St-Lambert (*), *aimât à payer les impôts*

(*) Quelqu'un lisant l'épreuve de cette feuille, m'observait que St.-Lambert n'était plus cité en morale : j'ai répondu, celui qui est cité aujourd'hui ne le sera plus demain, puisque les systèmes philosophiques, devenus objet de spéculation mercantile, doivent se succéder rapidement *pour le bien du commerce.* Il a besoin de mettre en crédit à chaque saison un nouveau système de morale, de politique, d'économisme et d'idéologie, comme aussi de nouveaux colifichets et nouveaux chiffons : ceux d'aujourd'hui ne valent pas mieux que ceux de la veille, puisque demain un nouveau chiffon littéraire ou modiste éclipsera celui d'aujourd'hui. Dès-lors, St.-Lambert, chiffon moral passé de mode, vaut les chiffons moraux de 1821.

et tressaillît de joie en voyant entrer le percepteur, les philosophes n'admireraient-ils pas le ressort qui aurait produit cet effet, si impossible à obtenir de leurs théories ?

Ce problème n'en est pas un pour l'Être suprême qui dispose de l'Attraction. En effet, si Dieu peut donner attraction pour le travail sociétaire d'où naissent d'immenses bénéfices, il aura déjà tari la source du dégoût qu'on éprouve à payer l'impôt; dégoût qui naît principalement du défaut de richesse. Tout canton sociétaire étant très-riche, et distrayant l'impôt avant d'avoir distribué les dividendes à chaque série, peu importe au peuple qu'on paye l'impôt; rien ne sort de la bourse de l'individu; il ne voit pas même de percepteur. La lettre du ministre où on avise des répartitions de contingens, ne concerne que le bureau de la régence chargée de la comptabilité du canton. La masse du peuple ne songe pas au paiement: la voilà déjà arrivée à l'indifférence en matière d'impôt; comment l'amener à la *joie de payer*, joie si peu connue en civilisation, sur-tout chez le paysan qui voit entrer un garnisaire ?

Cette joie de payer est connue par fois de chacun, quand il reçoit un objet longtemps désiré.

Un littérateur qui reçoit un livre nouveau, attendu avec impatience;

Un agronome qui reçoit des végétaux exotiques dont il est dépourvu;

Un marchand qui reçoit des étoffes attendues, sur lesquelles il espère gagner beaucoup;

Une femme qui reçoit des parures nouvelles, à la veille d'un bal où ces colifichets la feront briller;

Il a eu son règne comme tout autre. En 1799, le ministre François de Neuchateau fit afficher dans toutes les écoles de France 25 préceptes ou devoirs envers la patrie, extraits du Catéchisme universel de St.-Lambert. C'est une collection si plaisante et si curieuse, que j'en donnerai par forme de récréation une analyse dans quelqu'intermède: je n'en cite, pour échantillon, que le 15e et sublime devoir, *payez donc les impôts avec joie*.

Lorsqu'on voit des doctrines de cette force passer de mode, après une vogue si bien constatée, croit-on se justifier en disant, un tel n'est plus cité, plus en crédit ? Croit-on que celui qui le supplante vaille mieux ? Donnez-moi les préceptes du moraliste dominant en 1821, et je me fais fort d'y trouver, comme dans ceux de St.-Lambert, autant de balourdises que de maximes.

Tous ces individus ne craignent point de payer les frais d'achat et de route ; ils sont au contraire bien satisfaits, quand l'objet leur parvient à bon port, et tel qu'ils l'ont désiré : dans ce cas ils paient *avec joie*, ils croient leur argent très-bien employé, et remercient le correspondant qui les a bien servis.

Il s'agit d'établir pareille gratitude en relations fiscales ; convaincre la masse que les impôts sont bien employés, qu'elle ne ferait aucune dépense plus profitable. Il faut fonder cette conviction sur des réalités et non sur des phrases.

Usons d'une comparaison : tel canton situé sur les bords du Rhin, désire ardemment un pont : il ne refuse pas d'en payer sa quote-part ; il la fournira *avec joie*, pourvu que le pont soit bien construit : ce sera donc pour lui un jour de fête que celui où arrivera le budget du pont désiré. Ce canton sait que, dans les relations par Séries passionnelles, on ne peut pas griveler une obole ; il croit donc sa dépense utile, judicieuse ; il se réjouit d'avoir pu la faire.

Il en est ainsi de tous les impôts de l'état sociétaire, même de celui de liste civile payée aux souverains de tous les degrés, depuis l'Unarque, ou baron titulaire d'un canton, jusqu'à l'Omniarque, 13e degré qui est hypermonarque du globe.

Les relations sociétaires sont disposées de telle manière, que chacun trouve son agrément individuel dans les fonctions de ces nombreux dignitaires, aujourd'hui si onéreux pour les producteurs. La masse des peuples en harmonie veut le faste de tous ces souverains ; il devient branche de ses plaisirs et soutien de ses intérêts, ainsi qu'on le verra au traité des Séries passionnelles. Sous un tel régime, il ne sera pas besoin de faire craindre les rois, parce qu'ils seront aimés ; ni d'ordonner la crainte de Dieu, parce qu'il sera aimé et loué sans relâche, pour avoir inventé un système social si fortuné, si bien assorti au vœu des passions collectives et individuelles, à leur concert et leur libre essor.

Je n'ai jamais lu une page des controverses relatives au libre arbitre, et j'ai vainement cherché ce mot dans l'Encyclopédie, aux lettres L et A. Je désirais voir comment nos sophistes prétendent nous prouver que l'homme soit libre, quand il ne peut pas obéir aux impulsions qui viennent de Dieu, quand il n'a pas la faculté accordée à tout animal d'obéir à l'Attraction. J'ignore comment ils s'y prennent pour persuader que le sort du civilisé ou barbare soit égal à celui de l'animal, qui a le droit de prendre sa subsistance où il la trouve (*).

Le problème à résoudre, en fait de libre arbitre, est de réunir d'intention les administrateurs et les administrés : cet effet ne peut avoir lieu que sous un code généralement attrayant. Lorsque les peuples auront une sincère affection pour les souverains sous qui on jouira du bonheur individuel, ils auront par suite affection pour Dieu, auteur de ce bel ordre, et tout sera lié dans le système social, mais lié passionnément, sans aucune contrainte. Alors existera la garantie du libre arbitre.

Quant à présent, peut-on penser qu'il existe chez les nations industrieuses? Non, puisque les peuples libres ou sauvages refusent l'industrie, et que chez les nations agricoles on voit éclater la révolte, du moment où la contrainte cesse.

Nos sociétés industrielles connues sont donc un état d'oppression pour Dieu et pour l'Homme; oppression pour Dieu qui nous stimule par l'Attraction toujours comprimée; oppression pour l'Homme qui a l'intention et non la liberté de se livrer à l'Attraction. Nous ne pourrons donc concilier

La libre intervention de Dieu
Et le libre arbitre de l'Homme,

que sous un code adapté aux vœux de l'Attraction collective et individuelle. J'ai démontré que ce code existe; mais comment l'aurait-on découvert, tant qu'on en aurait refusé obstinément la recherche?

4° *Combinaison de l'utile et de l'agréable*, ou bénéfice et charme par entremise de l'Attraction dans les travaux productifs,

(*) Sans doute ils se retrancheront dans de pompeux verbiages sur les convenances de civilisation perfectible, et sur les devoirs de l'individu envers la masse qui ne s'engage à rien envers lui, puisqu'elle ne lui garantit ni travail, ni subsistance : or, comment l'individu est-il obligé envers une masse qui, après l'avoir dépouillé des sept droits naturels (126), ne lui garantit aucun minimum en indemnité? Sous cet inique système, faut-il s'étonner que les maîtres soient réduits à prêcher la crainte de Dieu et du Prince, et que les sujets, à part le 8e de privilégiés et co-partageans, n'aient aucun amour ni pour Dieu, ni pour le Prince?

où elle doit nous entraîner passionnément, comme à tout ce qui est fin de Dieu.

Nous devons, dit la morale, préférer l'utile à l'agréable, ou, s'il faut opter, l'utile est préférable. Mais cette option est contraire à notre destination, qui est composée et non pas simple : elle doit nous procurer l'utile et l'agréable à la fois : nos relations doivent être distribuées de manière que nous obtenions l'utile en ne songeant qu'à l'agréable ; à défaut, notre bonheur serait inférieur à celui des animaux.

Croit-on que la fourmi songe à l'utile quand elle transporte les provisions dans ses magasins ? Non ; c'est l'instinct seul qui la conduit ; elle ne s'occupe que de l'agréable sans songer au lendemain, sans s'embarrasser de spéculations sur l'époque et la durée de l'hiver. Dieu nous doit un régime semblable, où nous puissions vivre pour l'instant présent, et non pour le lendemain qui peut-être ne luira pas pour nous.

Prétention insensée, dira-t-on ! Elle serait vraiment insensée en civilisation, et cela prouve le besoin d'une société différente, où cette insouciance devienne applicable, où les deux services du présent et de l'avenir s'exécutent simultanément. Si nous nous privons aujourd'hui pour jouir demain, le bonheur n'est pas intégral et continu. Cette prudence qui se prive pour l'avenir, est une sagesse divergente, une guerre de l'avenir avec le présent. La sagesse dans l'ordre sociétaire devient convergente ; elle n'exige autre chose de l'homme, sinon qu'il se divertisse aujourd'hui sans songer au lendemain, à moins que ce soin n'ait pour lui du charme. Du reste, cette inquiétude lui sera inutile dans l'état sociétaire, puisqu'en croyant n'avoir vaqué qu'à ses plaisirs présens, il aura, comme l'abeille, travaillé pour l'avenir.

C'est trop de merveilles, dira-t-on, et nous ne désirons pas tant de prodiges ! Ainsi répondent les prétendus sages : rien de plus erroné que leur modération. Ils ne considèrent pas que notre destin étant composé, si nous n'obtenons pas double prodige en bonheur, nous tomberons dans le double malheur. C'est une alternative qu'il faut souvent rappeler. Le bien et le mal sont toujours en effet dualisé dans la destinée humaine ; ou, plus exactement, le bien est toujours *dualisé*, le mal est toujours *duplique*, (adjectif analogue au substantif *duplicité* qui suppose *fausseté*).

A quel sort nous conduisent aujourd'hui nos théories de modération? A la famine composée, ou famine collective et individuelle; c'est-à-dire qu'aux époques de disette, la famine directe s'étend sur une contrée entière, et qu'aux jours d'abondance elle pèse encore directement sur la classe pauvre, et indirectement sur le cultivateur; nouveau Tantale, il meurt de faim et de soif au milieu de ses greniers et caves pleines que dédaigne l'acheteur, ou dont on ne lui offre pas de quoi payer les frais de culture, (abondance dépressive, 8e caractère de commerce mensonger 168).

Cette lésion devient famine indirecte; elle renaît périodiquement, faute d'un système d'approvisionnemens de réserve, qui employant le superflu des années fécondes, maintiendrait les denrées à des prix sortables. Une telle précaution est impraticable dans l'état civilisé et barbare, où la guerre, l'impéritie et le gaspillage sont des obstacles invincibles à tout régime d'approvisionnement public.

Eh! comment l'association vaquera-t-elle à ces soins de l'avenir, à ces approvisionnemens anticipés, si chacun y prend pour règle de ne s'occuper que du plaisir présent? L'Attraction y pourvoira. Tant de caractères trouvent *dans le soin de l'avenir un plaisir présent*: ce seront eux qui, dans chaque Série, s'occuperont par attraction des approvisionnemens. Par exemple, dans un canton sociétaire, la régence formée de gens graves, d'octogénaires et centenaires, trouve le plaisir présent dans ces actes de précaution; et lorsque, dans une année où surabondent les grains, elle délibère d'en mettre à part une provision de trois ans, fermée en silo; lorsque chacun des Patriarches surveille tour à tour le travail d'enserrer le grain, le garantir de tout dommage; lorsqu'enfin les vieillards peuvent dire à la phalange, nos greniers sont remplis pour trois ans et disposés en bon ordre, leur plaisir est-il renvoyé à l'avenir, comme la consommation de l'objet amassé? Non certes, car un vieillard jouit *présentement* quand il fait, pour des personnes aimées, quelque disposition qui leur garantit un heureux avenir. Les vieillards trouvent d'ailleurs un charme *présent* à présider aux réunions des jeunes gens qui enserrent le grain; charme qui n'existerait pas pour des vieillards civilisés, toujours en butte aux railleries et malignités de la jeunesse. L'incompatibilité des âges extrêmes étant une des duplicités les plus habituelles de l'état civilisé, elle figurera dans le grand tableau, avec celle qui nous occupe, scission entre l'utile et l'agréable, et nécessité d'opter entr'eux sans pouvoir les concilier.

Il n'y aura sur ce point unité d'action, que dans un état de choses capable de faire cesser ce conflit d'attraction et de raison, et de donner combinément l'utile par l'agréable; assurer le bien à venir par l'abandon au plaisir présent; problème bien brillant, bien effrayant, et qui est pleinement résolu par le mécanisme des Séries pass. et de l'Attraction industrielle dont elles sont le gage.

Cette théorie une fois découverte, quel cas devons-nous faire de notre sagesse actuelle, qui mettant aux prises l'Attraction et la raison, et voulant sacrifier l'une à l'autre, ne parvient à satisfaire ni l'une ni l'autre (227), puisqu'on ne voit en civilisation aucun résultat de raison, pas même le premier et le plus urgent de tous, qui est l'approvisionnement anticipé ou garantie contre la famine. Sans cette garantie, un corps social éclairé de 400,000 tomes de controverse, a moins de bon sens que la fourmi qu'il foule aux pieds. Or, quand nous arrivons, sous les auspices de ces torrens de lumière, à nous ravaler au-dessous des plus vils insectes; quand il est évident que notre raison ne s'est pas élevée, en fait d'approvisionnemens, au niveau de l'instinct des fourmis, comment douter qu'il ne nous reste de grands mystères à pénétrer en théorie de sagesse et d'harmonie sociale, et qu'on ne doive suspecter les savans qui refusent d'aborder les études retardées, les sciences vierges dont on peut se promettre la solution de tant de grands problèmes ?

5° *Epargne des voies coërcitives, des sbirres, gibets, législateurs, philosophes et rouages parasites*, que l'état civilisé et barbare entremet pour le maintien de l'industrie morcelée et répugnante.

Cet attirail de contrainte serait inutile, du moment où on organiserait un mécanisme d'attraction industrielle. Et peut-on douter que nous n'y soyons destinés? Il suffit pour indice, d'observer que Dieu n'a créé sur la terre aucun moyen de contrainte par autorité divine et supérieure aux forces que peut opposer l'homme. On ne voit sur notre globe ni géans, ni centaures, ni tritons, ni agens capables de dompter les armées humaines, quoiqu'il eut été si facile à Dieu de créer sur les terres et dans les mers des êtres de stature colossale, et aptes à morigéner l'homme en cas de rebellion aux vues de Dieu. Cette lacune dénote que la contrainte n'entre pas dans les plans du Créateur, et qu'un code venant de lui en sera pleinement exempt.

Si Dieu ne possédait pas le levier de l'Attraction, il serait obligé de recourir à la contrainte, créer dans le firmament des planètes colossales qui heurteraient les plus faibles, pour les contenir et les faire cheminer en orbite. Il en serait de même sur la terre, où Dieu serait obligé de créer des hommes d'espèce et de taille monstrueuse, des minotaures, sphinx, géans, briarées, centaures, sirènes, etc., pour forcer les hommes à exercer l'industrie, et adopter tel régime voulu par Dieu. Il serait également obligé de créer des abeilles gigantesques, pour forcer les moyennes à recueillir le miel; et des castors gigantesques, pour forcer les moyens à construire la digue.

Encore ces espèces colossales pourraient-elles désobéir à Dieu, si elles n'étaient pas elles-mêmes en attraction pour le service qu'il leur assignerait. Dieu serait donc obligé d'employer l'*Attraction avec les uns, et la contrainte avec les autres*, et d'opérer sciemment en duplicité de système, quand il peut opérer par voie d'unité, en soumettant les masses à l'Attraction, qui produisant l'obéissance empressée, affectueuse, devient une chaîne de fleurs pour les créatures.

Comment supposer qu'un créateur qu'on nous dépeint comme suprême bonté, suprême économie, ait pris plaisir à compliquer le mécanisme social, par les voies coërcitives qui obligent à doubler les agens et faire le malheur du grand nombre? Comment ce Dieu à qui on attribue l'unité de système, pourrait-il se priver à plaisir du merveilleux ressort de l'Attraction, qui déjà employé avec plein succès comme agent des harmonies sidérales, doit, selon l'unité, s'appliquer de même à l'harmonie des relations sociales de l'humanité?

Il résulte de ces indices, que Dieu, dans les lois sociales qu'il nous destine, n'a pu spéculer que sur l'Attraction, puisqu'il ne s'est pas pourvu de moyens coërcitifs. D'après cela, comment expliquer l'inconséquence des humains, qui veulent, disent-ils, marcher dans les voies de Dieu, et qui refusant de consulter l'Attraction, son interprète en mécanique sociale, se confient obstinément à une science vague et arbitraire, nommée philosophie; quoique la ténacité des sept fléaux lymbiques leur ait prouvé, depuis 3000 ans, qu'ils sont à l'opposé des voies de Dieu, et qu'ils ont manqué la théorie des destinées et le code social divin?

6° *Récompense directe et active des globes dociles*, par le charme du régime attrayant, et *punition indirecte et passive des rebelles*, sans emploi de la violence, par le seul aiguillon du désir, ou martyre d'Attraction, qui est le sort des globes rebelles et obstinés à vivre sous les lois des hommes.

Il ne conviendrait pas à la dignité de l'Être suprême de tirer une vengeance directe des globes ou individus rebelles; il n'existerait plus alors de *libre arbitre*. Comment serait-on libre d'opter entre la loi divine ou association industrielle, et la loi philosophique ou morcellement industriel, si Dieu usait de sa puissance pour punir les globes rebelles, par châtiment direct? Il n'y a plus liberté d'opinion, là où il y a certitude de punition si l'on opte: Dieu, pour nous laisser le libre arbitre, n'a eu d'autre parti que de se désister de sa faculté de punir activement, et n'infliger qu'une peine passive, celle du désir ou impulsion; peine équitable en ce qu'elle se proportionne dans tous les cas à la résistance du rebelle, et qu'elle n'entremet aucun châtiment spécial, aucun effet de colère divine.

La ténacité de l'Attraction, la permanence de ses impulsions, est un mal léger au premier moment. On peut essayer quelques jours de se vaincre soi-même, de mépriser les richesses perfides, et se consoler par la lecture de Sénèque lorsqu'on manque du nécessaire. On réussirait peut-être à s'étourdir sur les privations, si on ne voyait pas l'objet désiré, si les richesses perfides n'étaient pas étalées par-tout aux yeux du malheureux pressé par le besoin. On voit toujours, même au village, un petit nombre de riches dont l'aspect irrite les désirs de la multitude, et la réduit au sort de Tantale. Ainsi l'attraction dégénère en supplice par des privations longtemps prolongées, et ce mal-être n'est point vengeance directe de la part de Dieu; car les globes sont toujours libres de venir à résipiscence, de quitter les bannières de la philosophie, du travail morcelé et de la pauvreté; pour se rallier à la richesse, à la vérité, en organisant l'état sociétaire. Du moment où les nations sentent leur malheur et savent disserter sur les désordres du monde social, elles possèdent déjà la grande industrie qui est le ressort du lien sociétaire; et rien ne les empêche de s'élever à la destinée heureuse, pourvu qu'elles reconnaissent la nécessité d'une intervention sociale de Dieu, et qu'elles déterminent son code sociétaire. Ce n'est donc pas Dieu qui diffère l'avénement au bonheur; ce sont les hommes qui s'en privent à plaisir, en niant la nécessité d'une intervention divine en mécanique sociale et d'une révélation de code industriel.

Remarquons que le martyre d'attraction pèse sur les riches comme sur les pauvres, et qu'on voit dans la classe riche dont le bonheur est envié, une foule de gens rongés d'ennui et dévorés de désirs. Écoutons sur ce sujet madame de Maintenon: « Que ne puis-je vous faire voir l'ennui qui dévore les grands, » et la peine qu'ils ont à remplir leur journée! L'obsession où » ils sont de cette multitude de valets dont ils ne peuvent se » passer; l'inquiétude qui les porte à changer de lieu sans » en trouver un qui leur plaise; l'ennui qui les suit jusques » sur le trône! Ne voyez-vous pas que je meurs de tristesse » dans une fortune qu'on aurait eu peine à imaginer, et qu'il » n'y a que le secours de Dieu qui m'empêche d'y succomber! » (secours bien faible s'il la conduit à mourir d'ennui). J'ai » été jeune et jolie, j'ai goûté des plaisirs, j'ai été aimée par- » tout dans un âge plus avancé; j'ai passé des années dans » le commerce de l'esprit, je suis venue à la faveur, et je vous » proteste que tous les états laissent un vide affreux, une in- » quiétude, une lassitude, une envie de connaître autre chose, » parce qu'en tout cela rien ne satisfait entièrement. »

Si l'on est dévoré d'ennui quand on est parvenu au faîte des grandeurs, qu'est-ce dans le cas où l'ambition est frustrée? On en voit périr de chagrin à la suite d'un échec. Le savant chimiste Fourcroy mourut, dit-on, de regret, en voyant donner à M. de Fontanes la place de chef de l'Université. Sir Samuel Romilly tomba dans le désespoir et se suicida dans un accès de fièvre, après avoir manqué la place de chancelier donnée à M. Abbot. Examinez vingt pères de famille pris au hasard, il on en voit dix-neuf pour qui le besoin de fortune est un supplice perpétuel. Il en est de même des femmes qui ont passé l'âge de plaire et n'ont plus de passion suffisante à les occuper. On voit régner par-tout le martyre d'attraction, jusques dans les classes les plus obscures. Tel paysan sèche de dépit pour avoir manqué une ferme qu'a obtenue son voisin; telle demoiselle dépérit et meurt à la suite d'un mariage rompu. On ne voit par-tout que ces privations désespérantes, qui n'ont pas lieu dans l'état sociétaire, parce qu'il est disposé de manière à ménager à chaque passion, quantité d'essors qui font diversion l'un à l'autre, avec variété de succès et de plaisirs si bien entrelacés, que les revers peuvent tout au plus causer quelques instans de tristesse promptement dissipée.

Tel est l'effet de l'équilibre passionnel, où l'homme ne peut atteindre qu'autant que ses douze passions sont développées par Séries contrastées, rivalisées, engrenées. Hors de ce mécanisme, nos ames, dit fort bien Maintenon, ne trouvent, même au faîte des grandeurs, *qu'un vide affreux, une inquiétude, une lassitude, une envie de connaître autre chose.*

Tous les observateurs de l'homme ont déploré ce martyre d'attraction, *atra cura*, qui règne principalement chez les savans, tous confus du vide que leur laisse la science. Je transcris à ce sujet la plainte de l'un d'entr'eux, N., qui proclame le besoin d'un autre état social adapté au vœu des passions. » Qu'est-ce que nous crie cette avidité d'acquérir des » connaissances, sinon qu'il y a eu autrefois en l'homme un » véritable bonheur, dont il ne reste maintenant que la marque » et la trace toute vide, qu'il essaie de remplir de tout ce qui » l'environne, en cherchant dans les choses absentes le secours » qu'il n'obtient pas des présentes, et que les unes et les autres » sont incapables de lui donner, parce que ce gouffre infini » ne peut être rempli que par un objet infini et immuable. » C'est-à-dire par l'état de destinée ou harmonie sociétaire, qui est infini en jouissances variées sans cesse.

L'opinion précitée est plus exacte que son auteur même ne l'a pensé : mais pour en sentir la justesse, il faudra avoir lu le traité des Séries pass. et les immenses ressources qu'elles fournissent pour remplir ce vide, pour combler ces vastes désirs par une variété de biens supérieure encore à nos vœux; que la civilisation transforme en martyre d'attraction, faute de moyens pour les satisfaire.

Ces écrivains, et sur-tout les femmes, ont souvent des inspirations fort justes sur ce qui touche aux destinées : telles sont les opinions du philosophe N. (nom oublié), que je viens de citer avec Maintenon ; tel est aussi l'avis de plusieurs grands hommes cités au 1er chapitre. Mais chez tous, le mauvais esprit l'emporte sur le bon ; et s'il leur survient une idée juste, elle est toujours étouffée du plus au moins, par un travers commun à tous les beaux esprits; c'est la *rétrogradation* ou tort de revenir aux sophismes rebattus, et rentrer dans les controverses, quand ils ont reconnu qu'il faudrait des théories neuves, des découvertes en destinée. Tous ces écrivains, après de sages aperçus, ne savent que semer le découragement, terrifier leurs lecteurs, au lieu de les exciter à poursuivre, par de nouvelles méthodes, les secrets que la nature a jusqu'ici refusés aux méthodes actuelles.

Ce vice qui paralyse le génie depuis plusieurs mille ans, n'a jamais été plus dominant que dans notre siècle.

Nous venons d'analyser dans le martyre d'attraction, la propriété de punition indirecte, combinée avec l'impulsion, et sans châtiment spécial, sans effet de vengeance active qui dégraderoit la Divinité. C'est la 6e économie que Dieu trouve dans l'emploi de l'Attraction. Passons à la dernière.

7° *Ralliement de la saine raison avec la nature*; c'est-à-dire garantie d'avénement aux vœux de la nature, aux richesses et aux plaisirs, par la pratique de la justice et de la vérité qui sont vœu de la saine raison et ne peuvent régner que dans l'Association.

C'est peut-être la plus belle propriété de l'Association, que celle de concilier la raison et la nature, et mettre d'accord toutes les classes incompatibles dans l'état actuel ; jeunes et vieux, riches et pauvres, maîtres et valets, vicieux et vertueux : elle concilie tous les caractères, en combinant toujours les deux essors contradictoires en civilisation, en accordant toujours la raison avec la nature ou Attraction. Donnons-en un exemple qui servira de thèse sur la nécessité de recourir à l'ordre sociétaire pour accorder la nature avec la saine raison.

Je tire cet exemple de l'amour des richesses qui est la passion la plus générale. Observons le cercle vicieux dans les opinions contradictoires sur ce sujet.

Le sage en civilisation veut qu'on méprise les richesses et les plaisirs, qu'on les dédaigne pour chercher l'auguste vérité: quelques-uns vont jusqu'à vouloir 110, qu'on jette les richesses dans le sein des mers. Le fou ne veut pas qu'on néglige d'acquérir des richesses, encore moins qu'on jette l'or et l'argent dans les mers; il opine à conserver ces vils métaux, pour se procurer les besoins et les agrémens de la vie; enfin il veut qu'on préfère les charmes réels de la fortune, aux charmes douteux de la vérité et des subtilités morales.

Lequel, du sage ou du fou, est dans l'erreur? Tous deux ont tort en civilisation. En effet:

Le sage qui manque les voies d'enrichissement, n'obtient d'ordinaire que le mépris général, et n'a nulle influence pour faire adopter ses vues, quelque louables qu'elles soient. Le sage indigent compromet la sagesse même; il la décrédite, l'expose à la risée dans un monde purement mercantile, qui estime tout au poids de l'or. La sagesse est comparable à un beau vaisseau, qui malgré la perfection de structure, d'agrès et de marche, ne peut pas s'équilibrer par lui-même, ni se soutenir seul contre l'essor des vagues et des vents; il faut l'étayer d'un *lest* ou contre-poids, et ce lest, en civilisation, c'est la fortune, le vil métal qu'on nomme argent.

Il faut, comme Sénèque, se nantir de 100 millions pour prêcher avec succès l'amour de la pauvreté; une fois pourvu de cette somme, le philosophe sera un sage, quelques principes qu'il professe.

Un sage sans fortune est donc absurde en civilisation: quant au fou qui aime les richesses, est-il certain qu'il ait tort? Chacun va répondre en souriant: « si c'est un crime, le nombre » des coupables est bien immense, et on ne trouvera guères » d'innocens qu'à l'Académie française qui voit des charmes » dans la pauvreté, si l'on en croit aux discours prononcés » dans la séance du 25 août 1818. » Est-il certain, d'autre part, que le fou ait pleinement raison d'aimer les richesses? Non, sous le rapport des moyens odieux qu'il faut employer pour les acquérir. Il y a donc dans l'un et l'autre cas, mélange de sagesse et de folie, complication de principes contradictoires et impossibles à concilier dans l'état actuel, car on en viendrait à conclure qu'il faut des richesses, mais qu'il faudrait y parvenir par d'autres voies que celles du vice, qui en civilisation est le seul chemin de la fortune.

Les débats sur ce sujet amèneront donc tous les opinans à désirer un ordre de choses qui conduise à la richesse par la pratique de la justice et de la vérité : c'est demander l'anéantissement de la Civilisation et de la Barbarie, leur remplacement par l'état sociétaire, où on arrive à la richesse par la vérité. Il sera louable alors d'aimer la richesse et la vérité à la fois ; les deux impulsions seront en essor combiné et en ralliement. L'Attraction ne sera plus contrariée par la raison ; l'homme sera en paix avec la nature et avec lui-même. Il y aura unité d'action entre les passions et la sagesse, qui aujourd'hui sont en pleine duplicité d'action ; car, quel que soit le système social, il est toujours impossible en civilisation de concilier la saine raison et l'Attraction.

Aussi nos moralistes actuels, qui sont des louvoyeurs, des caméléons littéraires, ont-ils adopté des doctrines lâches, des capitulations et subterfuges qui ne sont que l'amour des richesses un peu fardé de verbiages sur la modération ; témoin le sage de Delille, cet *homme des champs*, ou plutôt *homme des châteaux*, qui cultive une sagesse dont la pratique exige au petit pied cent mille écus de rente. S'il faut aimer une pareille sagesse, il faut donc aimer cent mille écus de rente : plaisante modération ! Ainsi tous les systèmes de morale sont des cercles vicieux, depuis le tonneau de Diogène jusqu'à la modération du sage de Delille : tous n'aboutissent qu'à la déraison (227), et on ne peut attendre de sagesse que d'un ordre de choses qui conciliera l'essor de l'Attraction et la pratique de la vérité.

Et si l'on considère que Dieu seul a le pouvoir d'atteindre un but si louable, puisque lui seul peut imprimer Attraction pour tel ordre qu'il lui plaît, lui seul est distributeur universel de l'Atttraction, comment peut-on douter qu'il n'ait mis à profit cette brillante faculté, pour nous donner un code social adapté aux vœux de l'Attraction ?

En récapitulant ses propriétés merveilleuses, la garantie septuple qu'elle fournit à Dieu et à l'Homme pour établir l'accord des passions avec la raison, réaliser les vœux présumables du Créateur et les vœux connus des créatures, comment penser que Dieu, à moins d'être le plus malveillant de tous les êtres, ait pu songer à préférer la contrainte, qui même sous le titre de morale n'est toujours qu'oppression, ressort indigne d'un maître magnanime qui peut se faire obéir et aimer, en imprimant Attraction pour les actes qu'il exige de nous ?

J'ai observé que, ne pouvant opter qu'entre deux ressorts, Contrainte ou Attraction, il dérogerait par le choix de la contrainte à ses caractères essentiels, 1° économie de ressorts, 2° justice distributive. Il dérogerait de même au 3e, l'universalité de providence, puisqu'il n'a organisé sur le globe aucune voie de contrainte purement divine, aucune qui conduise à l'unité, but de ses opérations. Les méthodes coërcitives dont nous faisons usage, n'établissent au contraire que discorde universelle entre les nations et les sociétés. Si donc ces méthodes étaient conformes aux vues de Dieu, il deviendrait (193) l'équivalent de l'être fictif que nous nommons Diable ; car pouvant assurer au genre humain l'unité et le bonheur par un régime d'Attraction, il opinerait sciemment à entretenir la discorde et le malheur universel, par option pour les voies de contrainte, et dédain des sept garanties que l'Attraction seule peut assurer à Dieu et à l'Homme.

Si notre siècle qui ne raisonne que de garanties, avait fait l'analyse des sept que je viens de citer, aurait-on tardé à étudier la science qui nous promet cette immensité de bienfaits? D'ailleurs, que signifie ce respect qu'affectent les Philosophes pour la nature? S'ils croient que la nature doive être consultée dans l'étude de l'Homme et des destins sociaux, comment prouveront-ils que l'Attraction ne fasse pas partie de la nature humaine, et qu'on puisse étudier l'Homme sans étudier l'Attraction passionnelle, dont ils n'ont dit mot dans leurs cent mille systèmes? omission digne de gens qui, en voulant nous ramener à la nature, admirent une société où l'Homme est dépouillé des sept droits naturels, sans aucune indemnité.

Conclusions sur la 3me Notice.

Le défaut de la plupart des lecteurs est de ne faire aucun résumé de leurs lectures, de n'en pas conserver une idée principale qui leur serve de règle. Après avoir lu cette notice, plusieurs se borneront à dire : voilà des opinions bien neuves, bien extraordinaires ; et là dessus ils rentreront dans le cercle des préjugés civilisés, sans tirer aucun fruit de ce qu'ils auront lu. Il faut en déduire une conclusion, la plus brève possible, à laquelle on devra se rallier.

J'ai préludé à cette conclusion, 205 1/4, en réduisant à deux points le problème de nos destinées, ou procès entre la Divinité et la raison humaine.

On y a vu, que les devoirs de Dieu sont de composer pour nous un code social et nous le révéler. Il est évident, d'après les éclaircissemens donnés, qu'il a rempli ces deux devoirs ;

Et que ceux de l'homme sont de chercher le code divin dans l'étude de l'Attraction. Il est notoire que l'esprit humain y a manqué. Or, la faute étant réparée et le code passionnel étant découvert, il ne reste plus à remplir que les devoirs d'examen critique et d'épreuve.

Mais pour exercer dans cet examen une critique judicieuse, il est deux conditions : la première est d'être pénétré de l'immensité de biens dont on va jouir dans ce nouvel ordre : on ne peut pas encore les apprécier, puisque je n'en ai donné aucun tableau ; j'y emploierai la 2e partie, et quand on connaîtra le bonheur de l'état sociétaire, le dédain que méritent les pauvretés civilisées, on sera en état de critiquer sainement et sans malveillance la théorie sociétaire.

Une seconde condition est d'être bien convaincu que les sciences incertaines ont égaré la raison et faussé l'entendement humain 104, par leur manie de subordonner Dieu à la Philosophie, et d'envisager en mode simple la nature et les destinées. Est-il beaucoup de lecteurs assez sages pour s'affranchir de ces préjugés ? J'en doute : l'habitude est bien impérieuse, et pour les amener à suspecter leurs vaines sciences, il faudra encore passer en revue bon nombre de questions, notamment les *pivotales* ou problèmes de l'immortalité et de l'analogie.

Une digression sur chacun de ces deux sujets, confirmera que nos lumières actuelles ne sont encore que l'épaisse nuit dont se plaignait Voltaire ; nuit dont on n'a su après lui que renforcer l'épaisseur, en l'affublant d'un manteau de perfectibilité, vrai mariage de l'orgueil avec l'ignorance.

Franchement, à quoi se réduisent les trophées sociaux conquis depuis Voltaire ? Faut-il en donner le sommaire ? Matérialisme, athéisme, esprit révolutionnaire, politique anti-religieuse (1), dépravation mercantile, monopole maritime, triplement d'impôts, décimation d'avenir, fièvre jaune, dégradation climatérique ; voilà en stricte analyse nos progrès sociaux les plus récens. Et lorsque la Civilisation s'enorgueillit de ce redoublement de sottise, n'est-on pas fondé à lui dire qu'elle n'est pas en état d'exercer une sage critique sur les inventions ultra-civilisées ; qu'il faut préalablement la ramener à cette modestie qui, depuis Socrate jusqu'à Voltaire, distingua les *Expectans*, gens vraiment judicieux et honorables, en ce qu'au lieu de vanter leurs torrens de lumières et chanter la perfectibilité, ils s'avouaient *honteux d'ignorer, espérant qu'un jour la lumière descendrait.*

Fin de la 3me notice.

Pivot direct.

THÈSE DE L'IMMORTALITÉ BI-COMPOSÉE,

ou des

ATTRACTIONS PROPORTIONNELLES AUX DESTINÉES ESSENTIELLES.

Initial. Le but des prolégomènes étant de faire désirer la théorie du mécanisme sociétaire, d'y intéresser et disposer le lecteur par tous les moyens ; appâts de fortune, chances de plaisir, curiosité scientifique, etc., il convient d'effleurer tour

(1) Entr'autres actes où elle se manifeste, on peut citer la protection accordée *de fait* à la traite des Nègres, malgré un simulacre d'interdit, et les atrocités inouies commises par les capitaines négriers dont aucun n'est puni. On citera aussi l'hésitation des princes chrétiens à punir la férocité ottomane, et la perversité des Juifs qui vendent les chrétiens pour les faire crucifier, faire brûler les femmes et les enfans sous les pieds du père attaché à la croix. Ces horreurs, favorables à quelques marchands, sont favorisées pour ce motif sordide et infâme : ces horreurs sont légitimées dans l'Europe qui se dit chrétienne. L'esprit religieux transigerait-il sur pareils outrages ?

à tour les problèmes désespérans, dont il ne pourra obtenir la solution que de la théorie sociétaire ou calcul de l'Attraction passionnée.

Le sort futur et passé des ames est un de ces grands problèmes qu'éclaircira la théorie de l'Attraction. Il n'est pas de question plus rebattue et pourtant plus neuve que celle de l'immortalité de l'ame ; c'est le principal écueil des lumières scientifiques. Nous avons sur ce point une conviction suffisante, fournie par la Religion ; mais les dogmes religieux n'étant pas de mon ressort, je ne puis disserter ici que sur la valeur des notions obtenues de la science. Examinons donc si elle nous a fourni quelques documens rassurans, quelques doctrines recevables sur le sort extra-mondain de nos ames.

La théorie d'immortalité de l'ame embrasse le passé comme l'avenir. Si l'ame est immortelle au futur, elle l'a été au passé. Dieu ne créant rien de rien, n'a pu former nos ames de rien. Si l'on croit qu'elles n'existaient pas avant les corps, on est bien près de croire qu'elles retourneront au néant d'où nos préjugés les font sortir.

Les barbares et sauvages, dans leurs fables grossières de métempsycose, ont été par instinct plus judicieux que nous. Ce dogme approche en double sens de la vérité : 1° en ce qu'il ne fait pas naître nos ames de rien ; 2° en ce qu'il n'isole pas nos ames de la matière, ni avant, ni après cette vie. Voilà du moins des lueurs de sagesse, dans des fictions qui sont l'ouvrage de barbares ; et ce n'est pas la première fois que des nations brutes se sont montrées plus voisines du bon sens que les orgueilleux civilisés.

Nous avons à disserter ou plutôt *préluder* sur les modifications qu'a subies et que subira l'ame pendant l'éternité composée, ou citérieure X et ultérieure Y. C'est une question du domaine de la Cosmogonie, et non de la Psycologie.

Rien n'est plus abondant aujourd'hui que les cosmogonies ; on en est prodigue autant que de constitutions ; et tout auteur de systèmes de la nature, se croit obligé en conscience, de donner sa cosmogonie *en mode simple*, selon l'usage civilisé.

Nos Cosmogones considèrent sans doute l'ame comme ne faisant pas partie de l'Univers, puisqu'ils ne donnent, sur le sort passé et futur des ames, aucune théorie combinée avec celle du sort de la matière. Peut-être font-ils prudemment de ne pas s'écarter du matériel où ils ne brillent déjà guères. On a pu en juger dans un débat qui s'éleva, il y a peu de temps, entre les Cosmogones de Paris et d'Edimbourg, au sujet de la formation des vallées. Chacun prouva à ses adversaires qu'ils étaient loin de la solution, et personne ne donna le mot de l'énigme, *la trempe en secousse*, opération sans laquelle une comète implanée et concentrée se refroidissant par degrés, serait lissé en surface comme une bulle de savon, puis l'abaissement des eaux vaporisées y formerait une mer générale.

Pour éviter cet inconvénient qui rendrait les planètes inhabitables à l'Homme, on pince l'astre aux deux pôles par cordons aromaux serrant un axe aromal, et lui donnant des secousses réitérées pour agiter la lave en fusion. Au moment où les vagues sont bien disposées, le soleil, par une colonne d'arôme réfrigérant enveloppe subitement l'astre, condense les vagues de lave et les fixe en montagnes et abymes, après quoi les vapeurs s'abaissant, occupent les cavités et forment les mers.

Il suffit de ce problème pour dénoter que les Cosmogones ont échoué sur la branche du passé matériel, seule partie dont ils se soient occupés, sans tenter aucune recherche sur le sort futur matériel de l'astre.

On ne peut pas expliquer les destinées matérielles du monde, avant d'avoir expliqué les passionnelles; le mouvement passionnel étant pivot des quatre autres (189), sa théorie peut seule nous initier à celle des quatre autres; les Cosmogones sont donc obligés de déterminer les trois destinées de l'ame en mode *citra*, *intra* et *ultra*-mondain, avant de rien découvrir sur les trois destinées passée, présente et future de l'Univers.

Il suit de là que leur science qu'ils ont crûe simple et bornée au passé, comprend six branches inséparables; savoir :

Psycologie sur-composée ou *destinée*
citer-passionnelle, inter-pass. et ulter-passionnelle.
Passé, présent, futur.

Géologie sur-composée ou *destinée*
citer-matérielle, inter-mat. et ulter-matérielle.
Passé, présent, futur.

Dans les détails, nous supprimerons fréquemment le passé; car sa théorie est, en sens inverse, à peu près la même que celle de l'avenir. Je dis *à peu près*, car il y a dans le parallèle, de nombreuses différences, mais sur lesquelles on ne doit pas fixer l'attention du commençant : il suffit de l'habituer à spéculer, en thèse générale, sur l'unité des deux éternités passée, et future : quand il sera exercé sur ce sujet, on sera à temps de l'initier aux règles d'exception, aux menues différences du passé au futur.

Je comptais, dans ces prolégomènes, donner une 3me partie à la Cosmogonie ; il a convenu de restreindre le plan, et je me bornerai à deux articles sur ce sujet : ils seront placés en pivots des 1re et 2me parties. Ils ne traiteront du matériel qu'accessoirement, et pour explication des destins de l'ame.

Y Pivot direct, *Psycologie spéciale*
ou immortalité composée en passé et futur X.
ᛣ Pivot inverse, *Psycologie comparée*
ou analogie universelle du matériel au passionnel ⋈.

Le Pivot direct ou immortalité de l'ame, est le sujet qui va nous occuper.

S'il est vrai que les lumières aillent croissant, nous devrions en savoir sur l'immortalité plus que nos devanciers, les Grecs et Romains : loin de là ; nous ne sommes parvenus qu'à mettre en problème ce qui était certitude pour eux : ils croyaient à l'existence de l'ame et à son immortalité ; nous avons des sectes qui ne croient ni à l'une, ni à l'autre.

Les lumières modernes ont évidemment rétrogradé sur ce point, comme sur une foule d'autres où l'instinct avait mieux guidé les anciens. Ils croyaient à l'existence du nouveau continent, à la rotation de la terre ; nous étions au contraire parvenus, dans l'âge moderne, à ridiculiser ces vérités qui n'ont percé que très-tard. L'obscurité continue encore à régner sur une foule de questions qui autrefois ne semblaient pas problématiques, et notamment celle de la vie future, plus que jamais révoquée en doute. L'esprit humain, au lieu de se rallier à l'espoir d'immortalité composée ou métempsycose, a voulu contester même sur la simple. Nos athées et matérialistes, loin de soupçonner le retour périodique des ames, ne veulent admettre ni ame, ni autre vie.

Nous avons sur ce point des doctrines qu'on dit *suffisantes*, mais qui ne sont que *médiocrement persuasives* : si elles l'étaient suffisamment, on n'aurait pas vu éclore des sectes de matérialisme. Leur seule existence prouve qu'il sera très-opportun d'ajouter aux preuves *suffisantes* des preuves convaincantes et mathématiques. Je ne pourrai les fournir complètes qu'après avoir traité des transitions et de l'analogie universelle. Nous n'en sommes ici qu'à des préludes.

Tant de fois des questions m'ont été adressées sur les destinées ultra-mondaines, que je dois en donner dans les prolégomènes au moins un *aperçu* qui, selon la règle tracée à l'avant-propos, devra être suivi d'un abrégé, puis d'une théorie : elle est obligée dans un ouvrage où l'on s'engage à démontrer l'unité de l'Univers, dont aucun sophiste n'a pu nous fournir de preuves appliquées au mécanisme social des passions, et à l'immortalité de l'ame.

Toutefois, évitons sur ce sujet de compliquer les doctrines de l'Attraction avec les dogmes religieux. Supposons, sur tout ce qui touche aux affaires ultra-mondaines, que je ne sois qu'un philosophe, qu'un faiseur de système : je puis user du droit qu'ont eu avant moi cent mille philosophes qui ont fait des systèmes sur l'un ou l'autre monde. Si je me trompe, je répondrai, *errare humanum est.* Mais après avoir lu mes erreurs sur le sort futur des ames, on avouera au moins que leur cadre est digne de la puissance de Dieu et du génie de l'homme.

Citer.— On a vu (Trans-Méd. 181), que les biens de ce monde, richesse, vigueur, longévité, ne seraient pour les harmoniens qu'un sujet de regret, si l'immortalité dualisée ou métempsycose ne leur était garantie : en outre le but de Dieu serait manqué ; car en faisant beaucoup pour le bonheur *intra-mondain* des humains, il n'en obtiendrait qu'une affection équivoque, un reproche continuel de n'avoir pas perpétué le bonheur de cette vie terrestre, et d'avoir inspiré à l'Homme un violent désir de retour en ce monde, sans avoir pris aucune mesure pour le satisfaire.

L'immortalité composée ou métempsycose est donc un des pivots du système de l'harmonie : il ne serait qu'avorton, sans la solution de ce problème dans lequel l'Attraction va nous servir de guide : il tomberait, quant au sort futur des ames, dans le simplisme relatif, dans le vice que j'attaque sans cesse. Leur bonheur à venir sur ce globe, serait imparfait, si elles ne rentraient pas en cette vie.

Examinons d'abord dans quel esprit ont été calculées nos théories actuelles d'immortalité.

Pendant le cours des lymbes sociales (25), où la vie n'est qu'un sentier de ronces, il suffit à l'homme d'une perspective de vie future dégagée des plaisirs sensuels, dont le civilisé jouit peu en ce monde. Il n'y possède pas même le nécessaire; il ne conviendrait pas qu'il espérât trop de bonheur sensuel dans l'autre monde; il deviendrait apathique ou séditieux en cette vie. Si notre populace, toujours famélique, pouvait espérer bonne table dans la vie future, elle serait trop empressée de s'y rendre, et trop disposée à sacrifier sa vie dans les bandes de voleurs, et les émeutes populaires où elle ne s'aventure déjà que trop.

D'après cette considération, l'on a dû restreindre beaucoup les tableaux de bonheur ultra-mondain; les borner à des passe-temps insipides et mesquins; des Champs-Elysées où les ames des justes sont réduites à des promenades monotones, à de stériles entretiens sur la vertu; un Olympe où les Dieux et demi-Dieux mangent toujours du même plat, toujours de l'ambroisie; d'autres séjours ascétiques où l'on n'a aucun usage des sens principaux, *goût et tact*, ni même des passions romantiques; certaines demeures célestes où l'usage des sens est outré et sans diversion; tels sont les deux paradis imaginés par Odin et Mahomet : dans le premier, le régal se bornera à boire du sang dans les crânes de ses ennemis; dans l'autre, on sera conjoint pendant 50,000 ans avec une des Houris ou nymphes célestes, dont on pourra bien s'ennuyer au bout de 50 jours, si rien ne fait diversion à cette uniformité.

Chacun de ces fabricans de paradis n'a dépeint, dans ses tableaux, que son goût favori.

» Tout à l'humeur gasconne, en un auteur gascon. »

Dans le paradis de Sommonakodom, Dieu des Siamois, on passera des milliers d'années en état d'absorption mentale, *sans songer à rien*. Un tel bonheur pourra plaire à certains oisifs d'Italie qui ont pour devise, *bella cosa far niente*. Bref, on ne saurait à qui donner la palme de déraison, parmi ces fabricateurs de séjours olympiques dont je ne pousserai pas plus loin la collection.

Ces pauvretés peuvent suffire à charmer des civilisés et barbares, à qui il serait dangereux de promettre davantage; elles ne seraient pas présentables à des harmoniens qui seront insatiables de jouissances, et qui convaincus, par leur état social, de l'extrême sagacité de Dieu dans la distribution des plaisirs, verraient en lui une parcimonie méprisable, si l'immortalité ne leur garantissait pas dans l'autre vie une supériorité d'essor de chacune des douze passions, une perspective capable d'exciter la convoitise, même dès ce monde.

Jusqu'à présent, les tableaux de l'autre vie sont si peu satisfaisans, que les riches redoutent et diffèrent autant que possible d'aller en jouir. Quant aux pauvres, s'ils sont familiarisés avec la mort, ce n'est point par amorce de bien-être futur, mais par dégoût de l'existence présente; ennui qu'ils expriment par ce refrain : « nous ne pouvons pas être plus mal dans » l'autre monde que dans celui-ci. »

Pour éclaircir le problème de notre sort dans l'autre monde, consultons d'abord les indices que nous fournit l'Attraction à titre d'agent de la Divinité.

J'ai suffisamment démontré que Dieu contreviendrait à toutes ses propriétés (187), s'il employait d'autre agent que l'Attraction pour diriger l'Univers : mais en quelle dose la distribue-t-il à chaque espèce d'êtres; quelle règle suit-il dans cette distribution? Il est hors de doute qu'il répartit l'Attraction conformément à ses trois propriétés primaires et ⋊ (187).

A partir de cette base, tous les doutes sur l'immortalité composée vont être levés : démontrons la thèse par application à l'une des trois lois (203), à l'*économie de ressorts.*

Si Dieu distribue l'Attraction avec économie, il n'en doit donner à chaque être que le nécessaire, en juste proportion avec les destinées; la justesse exige que la dose d'Attraction soit inférieure aux biens qui nous sont réservés, qu'elle soit en degré d'*INFRA-DESTIN*, afin de nous ménager le charme d'une surabondance de biens. L'Attraction en dose de superflu ou *SUPRA-DESTIN*, en excédant de rapport avec les biens à obtenir, serait un tourment pour l'espèce entière; jugeons-en par comparaison aux animaux. Le renne est destiné à vivre dans les glaces ; Dieu ne lui donne pas Attraction pour les prés fleuris et les végétaux de nos climats ; ce quadrupède préfère les neiges et la mousse qu'elles recouvrent ; son attraction est donc proportionnelle avec sa destinée essentielle.

Remarquons que Dieu distribue les lumières en même rapport. Un bœuf, est condamné à périr dans nos boucheries ; Dieu ne lui donne pas, comme à nous, la faculté de réfléchir sur la mort et les genres de mort. Cet animal serait inquiet toute sa vie, en prévoyant sa triste fin. La nature en agit de même à l'égard d'un sauvage destiné à encourir les risques de famine ; elle lui inspire une apathie qui lui cache le péril.

Il est donc évident que le Créateur a réparti les attractions et les lumières avec économie et discernement ; qu'il n'en donne à chaque espèce aucune branche, aucune dose qui puisse excéder le nécessaire, ni s'écarter de convenance avec la destinée essentielle du grand nombre ; j'entends par destinée *essentielle*, le sort qui est réservé à la multitude, pendant les 7/8es de sa carrière. (Les 7/8es sont comptés pour le tout en mouvement ; le 8e d'exception confirme la règle). Ainsi notre destinée essentielle est celle des deux phases d'harmonie ascendante et descendante, qui, selon le tableau 207, comprennent avec l'apogée, au-delà des 7/8es de la carrière sociale du genre humain. Les deux phases de subversion ne sont que destinée accessoire et transition.

Selon ce principe, toutes nos impulsions collectives sont oracles de destinée, interprètes du sort que Dieu nous prépare en l'une et l'autre vie ; et selon la règle d'*infra-destin*, nécessaire à l'équilibre général, nous devons espérer plus que les biens dont le désir est universel.

Cela posé, analysons l'impulsion générale sur l'immortalité, et constatons d'abord que cette impulsion est composée ou dualisée, exigeant la garantie de métempsycose avec la garantie de bonheur dans l'autre vie.

Bien qu'on soit parvenu à ridiculiser la métempsycose, elle n'est pas moins désir général 181 1/2, dont l'expression mal déguisée échappe à chaque instant à tous ceux qui sont au déclin de l'âge. Il n'est pas un vieillard qui, jetant un coup-d'œil sur les disgrâces de la vie, ne vote à mot couvert pour la métempsycose, en disant : « Il faudrait pouvoir renaître avec l'expérience qu'on a acquise, avec notre connaissance des écueils du monde et de la fausseté des hommes. Si l'on revivait avec ces lumières, combien l'on saurait utiliser la vie, mettre à profit les chances de fortune et de plaisir ! »

Ce langage est celui de tous les vieillards ; ils désirent donc la métempsycose, et plus encore, car ils voudraient renaître avec l'expérience du monde. Ils ne souhaitent pas la métempsycose pure et simple, mais composée ; le retour à l'existence, avec la sagesse qui manque aux jeunes civilisés. C'est désirer deux existences, que de souhaiter, outre le retour à la vie, l'expérience, fruit d'une vie entière déjà écoulée.

Or, s'il est certain, selon la première propriété de Dieu, qu'il y a économie dans la distribution de l'Attraction, qu'elle est proportionnelle aux destins de chaque espèce d'êtres ; que loin d'être en dose de superflu ou *supra-destin*, elle est toujours en dose d'*infra-destin*, il faut en conclure que nous sommes réservés à la métempsycose composée et non pas simple, c'est-à-dire à la renaissance en corps et en lumières. Si l'on se refusait à cette conclusion, ce serait inférer que Dieu distribue les Attractions en dose superflue, et non en dose proportionnelle aux destinées. Dans ce cas, Dieu serait un chef inepte et incapable de diriger le mouvement.

On objecte : nos ames, en reprenant un corps, y transféreraient donc les lumières qu'elles auraient acquises antérieurement ; de sorte qu'Hyppocrate renaissant, serait un habile médecin dès l'âge de quatre ans !!!

Ce n'est pas ainsi que doit s'entendre la transmigration composée : le vieillard ne prétend pas à des concessions déraisonnables ; il souhaiterait seulement qu'en renaissant, on eût l'aptitude à goûter les leçons de cette sagesse à laquelle sont rétifs tant de jeunes gens qui pourraient s'y rallier, puisqu'on la voit régner plus ou moins chez un petit nombre d'adultes bien dirigés et dociles aux bons avis.

Tel est l'effet de l'ordre sociétaire sur tous les enfans et jeunes gens : on verra, au traité des Séries pass., que dans cet ordre, l'enfant abandonné à lui-même, dès l'âge de deux ans et demi, fréquentant et parcourant les groupes de ses semblables dans les ateliers et jardins, s'y conduit avec autant de sagesse que s'il était dirigé par la main de Dieu, et pourtant sans suivre d'autres conseils que ceux de l'Attraction. L'on verra que ce même égide le soutient dans l'adolescence, où, tout en se livrant aveuglément à ses passions, il ne peut commettre aucune faute notable contre sa santé ni ses intérêts. (L'exception de 1/8ᵉ confirme la règle : on en verra à peine un sur huit, commettre de légères fautes contre l'économie sanitaire et pécuniaire. Aujourd'hui l'exception est en sens contraire ; à peine un sur huit qui tienne une conduite constamment prudente).

Dès-lors, une ame qui renaîtra dans un corps harmonien, y revivra avec l'adjonction de la sagesse désirée aujourd'hui par les vieillards : elle aura subi la métempsycose en composé, et non en simple ; d'où il suit que ce souhait de nos doyens sociaux est rigoureusement conforme à la destinée ; que cette impulsion est, comme toutes les autres, distribuée judicieusement par le suprême économe, qui ne donne à chaque être qu'une dose d'Attraction proportionnelle aux destinées *essentielles*.

Précisons, par une comparaison, la différence du destin essentiel à l'accessoire.

Si l'on transporte des abeilles à cent lieues en mer, dans une île déserte, meublée de rochers nus ou de sables arides, elles n'y trouveront pas une fleur ; elles n'auront pas moins attraction pour les fleurs, parce que leur destinée essentielle est de vivre du pollen des fleurs. Ainsi l'homme a des attractions adaptées à l'état sociétaire qui est sa destinée essentielle, et non à l'état de lymbe sociale, qui n'est que transition et voie d'acheminement dans le cadre de la destinée humaine.

Obj. Si nous sommes réservés, dans cette harmonie sociétaire, à obtenir tout ce que nous désirons aujourd'hui, chacun de nous devra donc y posséder d'immenses richesses qu'il convoite dans l'état actuel !

J'ai déjà préludé à la réplique 179 1/2, et je la donnerai complète à la septième section, où il sera prouvé que le plus opulent des monarques civilisés ne peut pas, à égale santé, parvenir un seul jour au degré de bonheur et à la variété de plaisirs dont jouit un harmonien. Nous ne désirons donc rien de trop, en souhaitant les trésors de Crésus, c'est-à-dire la dose de bonheur qu'on se procurerait avec ces trésors ; car nous

nous obtiendrons, dès l'établissement de l'ordre sociétaire, un bonheur bien supérieur à celui des Crésus anciens et modernes, qui, malgré leurs trésors, doivent être encore tourmentés de désirs, parce qu'ils sont loin des biens que nous garantira l'état de destinée *essentielle.*

Lorsque nous jouirons de tant de bien-être dès ce monde, à quelles conditions la perspective d'une autre vie pourra-t-elle nous présenter des charmes dès celle-ci? Elle ne pourra nous amorcer que par l'assurance d'y développer nos douze passions en essor supérieur à celui qu'elles trouveront en ce monde élevé à l'harmonie.

Loin de se rallier à ce principe, les doctrines civilisées privent les ultra-mondains de l'usage des deux sens recteurs et actifs, *GOUT* et *TACT*. Elles ne leur accordent que l'emploi des trois sens passifs en jouissance;

Vue pour admirer la Divinité, les murs et escaliers de diamant des demeures célestes;
Ouïe pour entendre les chœurs des hiérarchies célestes;
Odorat pour humer les parfums des cassolettes célestes.

Le goût et le tact ne sont pas de la partie, et peut-être a-t-on bien fait de les en exclure, d'après les considérations alléguées (236) sur la misère de la populace.

Mais, lorsque le genre humain sera parvenu au plein essor des douze passions, l'autre vie ne pourra le tenter que sous la garantie de leur essor plus étendu. Par exemple, quant au sens de la vue: s'il est prouvé que, dans l'autre vie, nous verrons très-distinctement ce qui se passe dans les diverses planètes, dans le soleil intérieur et sur toute la surface de notre globe, mieux que nous ne voyons aujourd'hui, du haut d'un clocher, ce qui se passe aux quatre points cardinaux, ce sera assurément une extension d'exercice de la vue; ce sera vision élevée en degré supérieur, et *attrait visuel* pour nous amorcer au sort de l'autre vie.

L'appât devra être le même sur chacune des douze passions radicales, dont sept animiques (126) et cinq sensitives. La théorie des destinées trans-mondaines devra nous fournir pleine garantie d'extension de ces douze jouissances.

Est-il d'inconséquence plus choquante que de vouloir, dans l'autre vie qu'on dépeint supérieure en plaisirs à celle-ci, réduire les chances de plaisir qui nous sont déjà connues, et diminuer le nombre de nos passions ! Comment les auteurs de ce dogme se concilieront-ils avec leurs propres doctrines? On nous dit que nous sommes créés à l'image de Dieu : rien n'est plus vrai quant à notre ame (*); elle est, comme celle de Dieu, formée des douze passions radicales ou octaviennes, qui sont aussi celles des planètes, des univers, binivers, trinivers, et des créatures d'échelle harmonique, dont l'Homme est la plus basse et Dieu le pivot général. Si nous perdions quelqu'une de ces passions en passant à une autre vie, nous serions donc moins rapprochés de l'essence de la Divinité; nous ne serions plus en accord intégral, en pleine unité avec elle, et nous rentrerions dans la classe des animaux. Ils sont hors de la chaîne d'harmonie, à titre de moules incomplets, inhabiles à comporter le clavier intégral des douze passions; leur essor harmonique dont l'exercice exige des octaves complètes, en majeur et mineur, en direct et inverse.

On peut sans doute se passer de quelqu'une des douze, et même de deux : un aveugle existe sans le sens de la vue : mais s'il est avéré que l'absence d'une seule des douze peut nous rendre malheureux en cette vie, il en serait de même dans l'autre, où l'exercice des passions étant plus étendu, plus raffiné, les privations seraient d'autant plus grandes.

Or si nous devons, selon la loi *des Attractions proportionnelles aux destinées*, conserver dans l'autre vie l'usage intégral de nos passions, l'on ne peut pas admettre en principe l'exclusion de métempsycose ou retour en cette vie : cette exclusion supposerait l'anéantissement de la onzième passion, dite (126) Papillonne ou Alternante; passion non encore définie, et qui exige les variantes périodiques en tous degrés. Pour satisfaire cette onzième, ainsi que la douzième, dite Composite, il n'est d'autre moyen que de renaître périodiquement en cette vie, y fournir pendant la carrière de la planète un grand nombre d'existences qui, en estimation générale et balancée, auront donné environ 17/18es de bonheur, selon le tableau suivant, calqué sur celui de la page 207.

(*) L'ame est en identité positive avec Dieu, par exacte ressemblance des passions : le corps est en identité relative, c'est-à-dire analogie dans le cadre et le but des fonctions, quoiqu'il y ait différence dans le mode d'exercice, notamment en ce qui touche aux passions sensuelles.

Echelle générale des Métempsycoses, estimées à une par siècle.

1ere *Phase.*	5000	ans.	50	*cis et trans-migrations.*	
2e *Phase.*	36000	»	360	» »	810 à réduire à 405.
✝ Apogée.	9000	»	90	» »	
3e *Phase.*	27000	»	270	» »	
4e *Phase.*	4000	»	40	» »	

Selon ce tableau, nos ames, à la fin de la carrière planétaire, auront alterné environ 810 fois de l'un à l'autre monde, en aller et retour, en émigration et immigration; total, 1620 existences, dont 810 *intra-mondaines* et 810 *extra-mondaines*; existences dont il faut réduire le nombre à moitié, parce que durant les 72,000 ans d'harmonie, le terme de la vie est plus que double dans l'un et l'autre monde. Mais peu importe le nombre des migrations, puisqu'il s'agit, en dernière analyse, de 81,000 ans, dont environ

2/3 54,000 à passer dans l'autre monde;
1/3 27,000 à passer dans celui-ci.

Continuons donc sur l'hypothèse de 810 alternats, inexacte quant au nombre, mais commode pour les détails.

Il faut en compter d'abord 720 communément très-heureux, dans les deux phases d'harmonie et l'apogée.

Les deux phases de subversion comportent environ 90 alternats, selon cette échelle approximative :

Détail des métempsycoses, en 1ere et 4me phase.

Existences en subversion.			
1.	10 heureuses.		45 favorables, demi-bonheur.
2.	10 tutélaires.		
3.	10 favorables.		
4.	10 faciles.		
5.	10 supportables.		
6.	10 pénibles.		45 fâcheuses, malheur gradué.
7.	10 fâcheuses.		
8.	10 vexatoires.		
9.	10 malheureuses.		

Récapitulation des 810 existences.

720	Très-heureuses, sauf rares exceptions.	*Harm.*
45	Favorables en moyen terme.	*Subv. asc.*
45	Fâcheuses en moyen terme.	*Subv. desc.*

Ce sera donc 765 existences heureuses pour 45 fâcheuses, puisque les 45 de demi-bonheur peuvent être comprises dans la masse des stations heureuses.

Toute ame parvenue au terme de carrière planétaire, jugera ce résultat d'autant plus avantageux, qu'elle connaîtra la loi générale des transitions, comportant 1/9e ou 1/8e de mal et demi-mal, pour 7/9es ou 7/8es de bien. Elle n'aura essuyé, selon cette échelle, que 1/16e ou 1/18e de malheur gradué, puisque le 1/8e d'exception assigné au règne du mal, se subdivise encore en deux phases de plein mal et demi-mal, comprenant environ 90 métempsycoses, dont

45 existences favorables, comme celles d'un bon bourgeois, d'un bon fermier, d'un sauvage en santé.

45 existences fâcheuses, comme celle d'un Esope, contrefait, esclave, supplicié, ou d'un chrétien captif dans les bagnes des Musulmans.

Chaque ame n'aura ressenti, selon cette échelle, que 1/16e ou 1/18e de malheur, puisque, dans les âges de subversion estimés malheureux, on trouve encore une moitié de chances à peu près favorables, et assez heureuses comparativement aux faibles prétentions des civilisés et barbares, dont les désirs, en fait de bonheur, sont très-limités, sur-tout ceux des barbares et encore plus ceux des sauvages.

Une ame, en récapitulant et balançant ses 810 existences (plus ou moins), conclura sur le tout comme un cultivateur qui, sur 18 années, a eu seize bonnes récoltes, une moyenne et une mauvaise. L'agriculteur n'élève pas si haut ses prétentions; il s'estime heureux quand il a deux bonnes années sur trois: on en voit si fréquemment deux médiocres sur trois, depuis que la destruction des forêts et les théories de *perfectibilité perfectible* ont dégradé les climatures au point de les rendre méconnaissables, et faire bientôt de la France une Sibérie en miniature.

D'après cette estimation très-régulière des chances de métempsycose, loin d'admettre aucun retranchement sur l'exercice futur des passions, nous devons considérer comme enfer passionnel les sociétés actuelles, 2, 3, 4, 5, (tableau 25), où les passions toujours entravées, n'existent que pour le tourment des humains qui, dans ces sociétés, manquent la plupart des trois chances d'essor, fortune, vigueur, longévité (178).

Et pour arriver au vrai bonheur de cette vie, il n'est d'autre moyen que d'y renaître périodiquement; car l'existence, dans les quatre sociétés actuelles, ne peut être comptée que pour demi-essor de passions, chez les plus heureux, comme les sauvages, les grands, les riches; et pour servitude passionnelle, chez le grand nombre des civilisés et barbares, dont le sort actuel ne semblera qu'une captivité, quand on connaîtra les biens réservés aux harmoniens.

Il faudra donc renaître en harmonie, pour connaître le bonheur de cette vie, où la plupart des hommes n'ont paru que pour y voir le bien sans en jouir; notamment la masse du peuple, qui n'a vécu que pour atteindre au triste sort de ne pas mourir de faim. Là se bornent à peu de chose près les plaisirs du *peuple souverain*, dont l'ambition est de *manger du pain*, trouver du travail.

D'autres classes, quoique possédant la fortune, ont à peine un éclair de bonheur. Telle femme a été belle et heureuse quelques instans; mais bientôt passée et délaissée, elle a traîné une fastidieuse vieillesse. Rien ne dure si peu, n'est si vite fané que les femmes civilisées: aucune classe ne doit plus souhaiter de revivre dans cette harmonie sociétaire, où l'on pourra, sur une carrière de 144 ans (*) (terme approximatif), compter 120 ans d'exercice actif en amour, avec des chances de sympathies artificielles, dont les détails, lorsqu'ils seront connus, feront envisager en pitié la carrière amoureuse de civilisation; carrière dont les développemens, même chez une Cléopâtre ou une Laïs, ne peuvent s'élever qu'au 8e d'essor des amours d'harmonie composée (8e période).

Encore cet essor des amours civilisés, déjà réduit à 1/8e sur les développemens, est-il réduit à 1/8e sur la durée moyenne, à 15 ans au lieu de 120; ce qui le borne, par réduction composée, au 64e, proportionnément à la carrière amoureuse d'une harmonienne.

(*) Je n'indique pas 144 ans pour terme moyen de la vitalité des harmoniens, mais pour terme parfait qui est celui d'un sur douze; de sorte que, de 12 harmoniens nés le même jour, il en parviendra un à 144 ans, 2 à 120 ans; et de 144 individus nés le même jour, on en verra un atteindre à 192 ans, âge centenaire d'harmonie.

Mêmes disgrâces pèsent, en affaires d'ambition, sur le sexe masculin. On en voit l'immense majorité se consumer en efforts d'intrigue, sans pouvoir atteindre aux emplois ni à la fortune, et tomber à la fin dans l'apathie et le dégoût de la vie.

Beaucoup de civilisés sont condamnés à l'inquiétude perpétuelle, par *la pression d'une dominante engorgée*; c'est-à-dire par une passion impérieuse qu'ils ne peuvent ni ne pourront jamais contenter, faute de fortune, comme le goût des voyages, le goût des bâtimens, etc. Ce penchant qu'un homme pauvre ne saurait satisfaire, devient pour lui le vautour de Tityus, le mal-être continu. Combien de civilisés y sont plongés, par engorgement de quelque passion dominante!

L'effet est bien plus remarquable chez ceux qui sont pressés par une dominante inconnue, comme Jules-César qui, parvenu au trône du monde, se plaint de n'y trouver que le vide; ou comme Maintenon citée 224, et N. 225. Ceux-là sont tourmentés par une ou plusieurs des trois distributives (table 126), qui ne sont pas connues des civilisés. Quand on est pressé par une ou plusieurs des quatre affectives ou des cinq sensitives, on sent fort bien d'où naissent l'*inquiétude et le vide affreux* 224. Didon, après la fuite d'Enée, sait trop que son inquiétude naît de l'amour; et Irus attendant les restes de la table de Pénélope, sait bien que son vide affreux est vide de l'estomac et non de l'ame.

Lorsque j'aurai fait connaître les trois passions distributives, chacun pourra analyser exactement ses inquiétudes, ses vides affreux, et conclure que le seul remède est dans le mécanisme des Séries passionnelles qui, par un développement combiné des douze passions, transforme les inquiétudes en charme perpétuel, et ne laisse au cœur humain d'autre vide que celui du temps; que le regret de n'avoir pas des journées de 48 heures au lieu de 24, pour suffire à l'immense variété de plaisirs qui naissent du règne de la loi divine ou état sociétaire.

Quant à présent, cet état de privation habituelle rallie tous les individus au désir de métempsycose composée, au souhait de revivre avec *la fortune*, *la vigueur*, *la longévité*, dans un monde plus juste et mieux organisé.

Lorsqu'une volonté est si généralement prononcée, on doit en conclure qu'elle est destin *essentiel* de l'Homme. Si elle ne devait pas être satisfaite, il n'existerait aucune proportion entre la destinée et l'Attraction : Dieu serait inhabile en régime distributif de cette Attraction qu'on voit pourtant répartie en juste mesure, dans toute la nature animale et végétale, depuis les concerts des astres jusqu'à ceux des animaux industrieux, castors, abeilles, etc., qui opérant géométriquement, par le seul stimulant de l'Attraction passionnée, nous démontrent qu'elle est coordonnée aux mathématiques, et répartie en juste proportion avec les destinées. Cet indice deviendra certitude quand on connaîtra en plein la théorie du mouvement.

Quant à présent, pour aperçu de l'immortalité et du mode d'exercice, il suffit de consulter les attractions, et j'ai suffisamment démontré qu'il n'en est pas de plus générale que celle de la métempsycose, dont le désir, aujourd'hui étouffé par la crainte de renaître malheureux, va devenir passion violente par la perspective de revivre dans un immense bonheur.

Ulter. — Des aperçus d'immortalité composée, essayons de nous élever à la bi-composée, aux rapports de nos ames avec la grande ame planétaire dont nous partagerons le sort pendant l'éternité ; nos ames étant des émanations de la sienne, comme nos corps sont des parcelles du grand corps nommé *la Planète*, qui est un être ANDROGYNE.

Notre siècle, qui admet en principe 105, que tout est lié dans le système de la nature, qu'il y a unité entre ses parties, prétendra-t-il qu'il n'existe pas de relations entre les ames humaines et la grande ame planétaire? Autant vaudrait avancer qu'il n'existe pas de rapports administratifs entre César et cent millions d'hommes soumis à son sceptre, ou bien qu'il n'y a point de rapports entre les feuilles d'un arbre et le corps ou tige qui leur distribue ses sucs et en reçoit d'elles.

Si pendant quelques années consécutives on laisse dévorer les feuilles par les chenilles, l'arbre languira et périra : même relation s'établit de corps et d'ame entre une planète et ses habitans ; leur retard en échelle sociale cause le déclin matériel de la planète : aussi voyons-nous la nôtre en dégénération climatérique très-rapide, par effet du retard d'avénement à l'harmonie. Ce vice devient plus sensible chaque année.

Entre la grande ame et les petites ou humaines, il existe une échelle d'ames de divers degrés auxquels on s'élève successivement après la mort, comme on s'est élevé en cette vie. Sans cette analogie entre le sort des défunts et des mondains, l'unité de système n'existerait pas. Laissant à part l'analyse de ces degrés, traitons ici du plus élevé, qui est l'ame de la planète, *LA GRANDE AME*, ou ame pivotale.

C'est un sujet peu intéressant pour la multitude, que le sort de cette grande ame planétaire dans l'éternité future et passée. Les lecteurs peu exercés à porter si loin leurs vues, préféreraient qu'on les entretînt du sort de nos menues ames dans l'autre vie où nous tendons. Je cède à leurs intentions : mais qu'ils me permettent, pour la régularité, un article très-court sur le sort de la grande ame. De là je rentrerai dans les détails plus intéressans de la métempsycose composée et du sort futur des petites ames.

YY—A l'époque du décès de la planète, sa grande ame, et par suite les nôtres inhérentes à la grande, passeront sur un autre globe neuf, sur une comète qui sera implanée, concentrée et trempée. Les petites ames achevant par le décès leur carrière individuelle estimée plus haut à 400 alternats ou stations en l'une et l'autre vie, perdront la mémoire parcellaire des métempsycoses, puis se confondront et s'identifieront avec la grande ame. Nous ne conserverons alors qu'un souvenir du sort général de la planète pendant ses quatre phases (207). Le souvenir des métempsycoses cumulées deviendrait, à la longue, insipide et confus : ce ne serait bientôt qu'un abyme de menues réminiscences ; il conviendra que la mémoire en soit bornée à des sommaires et des époques.

Lorsqu'une ame planétaire se sépare de son globe défunt, elle s'adjoint à une jeune comète non encore implanée. C'est pour elle une décadence comparativement aux fonctions bien supérieures d'une planète. La durée de carrière cométaire n'est guères que de 1/8e en rapport de la carrière planétaire. Lorsque la comète est mûre et suffisamment raffinée, on l'implane, et son ame recommence une carrière d'harmonie sidérale.

La grande ame, après avoir fourni une échelle d'existences dans plusieurs planètes parcourues de la sorte, et dont elle a occupé successivement les corps, doit s'élever en degré ;

c'est-à-dire que si elle a été pendant un temps suffisant, ame de satellite, elle devient ame de cardinale, puis ame de nébuleuse, puis ame de prosolaire, puis ame de soleil, et ainsi de suite : elle parcourt encore des degrés bien autrement élevés ; car elle devient ame d'univers, de binivers, de trinivers, etc. : mais n'engageons pas le lecteur dans une région si éloignée de sa portée.

Lorsqu'un univers est en vibration descendante, les ames de ses astres vont en déclinant sur l'échelle des grades ; mais notre univers est en vibration ascendante, état de jeunesse, et nos ames croîtront en développemens pendant plusieurs milliards d'années.

Je me borne à cet article pour en déduire la conclusion d'immortalité bi-composée et fondée sur ce que les métempsycoses auront lieu pour la grande ame passant de planète en planète, comme pour les petites ames qui en définitive s'amalgameront avec elle ; fusion qui aura lieu au décès corporel de la planète, à l'époque nommée vulgairement *fin du monde.*

X X — Même échelle progressive sur l'état antérieur des ames planétaires et cométaires ; l'éternité étant sans bornes au passé comme au futur.

J'ai été bref sur les relations des grandes ames ; c'était un article obligé pour la forme. Ramenons le lecteur sur le sort des petites ames, dans leurs trois existences :

La cis-mondaine ou vie passée ;
La mondaine ou vie présente ;
La trans-mondaine ou vie future.

Il est inutile de s'occuper de la vie passée, puisque ses développemens ont été, en sens inverse, les mêmes que ceux de la vie future, que je ne désigne pas, selon l'usage, par le nom de vie céleste ; car les ames, dans l'autre vie, sont bien plus que dans celle-ci adhérentes au globe terrestre ; dont elles parcourent l'intérieur, pour y fonctionner en divers sens et en divers degrés.

La vie trans-mondaine est à la présente, ce qu'est la veille au sommeil. La veille est un état composé, où nous combinons l'exercice des deux facultés corporelle et animique. Le sommeil est un état simple, où le corps n'obéit pas à l'ame : c'est une scission entre le corps et l'ame. Celle-ci, dans l'état de sommeil, tombe en déraison, et n'a communément que des pensers vagues dont elle reconnaît au réveil le ridicule.

Par analogie, nos ames en cette vie sont sujettes aux erreurs les plus grossières, et dans l'autre vie elles sont douées de sagesse et de haute intelligence.

La durée des stations ou alternats de l'une à l'autre vie est en même rapport que celle de la veille au sommeil : or, la veille comprend au moins les 2/3 de notre existence; et par analogie, le séjour périodique de nos ames dans l'autre monde, est double des stations qu'elles font en celui-ci, où le moyen terme de la vitalité est estimé 30 à 33 ans. De là vient que j'ai compté plus haut sur un alternat de métempsycose dans le cours d'un siècle, en supposant 33 ans de vie mondaine, et 66 de vie trans-mondaine. Ce terme n'est point uniforme et peut, comme ici-bas, varier du tiers au triple; soit 20 ans de station pour telle ame, et 200 ans pour telle autre.

L'ame humaine étant de nature harmonieune et différente de celle des bêtes, elle ne peut pas stationner dans les corps des animaux. Ils ne sont pas moules d'harmonie, mécaniques à douze passions; ils ne sont que moules partiels, touches disseminées, coffres d'ames simples, réduites à certaines branches de passions; et par suite, le corps d'un animal est inapplicable à une ame humaine, possédant comme Dieu le clavier intégral des douze passions. Si un corps animal pouvait les contenir, il se trouverait unitaire avec Dieu, et admis à l'usage du feu ou corps de Dieu, dont les emplois sont interdits à l'animal, parce qu'il est hors d'unité divine. Aussi n'est-il pas admis à l'honneur de connaître Dieu et se rallier intentionnellement à Dieu.

La vie présente étant à l'autre vie ce qu'est le simple au composé, nous avons dans l'autre vie double exercice de mémoire, et dans celle-ci double lacune de mémoire, parce que le mode simple conduit à la fausseté qui est toujours *duplique* (*); la vérité est toujours dualisée (sauf rares exceptions).

(*) Les expressions *duplique*, *dupliquer* 219, sont indispensables en théorie des passions : les mots *double*, *doubler*, n'exprimeraient point la duplicité d'action; *double* se prend en bonne comme en mauvaise part; il est générique : mais si l'on passe du genre aux espèces, il faut employer : en bonne part, *dualiser* qui suppose le concert de deux élémens; et en mauvaise part, *dupliquer* pour expression de leur discorde.

En conséquence, nous ne pouvons avoir souvenir en ce monde, ni des existences mondaines passées, ni des trans-mondaines ; tandis que, dans l'autre vie, nous aurons la mémoire des unes et des autres.

Ainsi, dans un rêve, nous ne nous rappelons ni des songes passés, ni régulièrement des journées passées, car nous confondons en rêve les temps, les lieux et les choses, tandis qu'en état de veille, nous nous rappelons distinctement, et des songes, et des veilles passées.

Les ames dans l'autre vie prennent un corps formé de l'élément que nous nommons Arôme, qui est incombustible et homogène avec le feu. Il pénètre les solides avec rapidité, comme on le voit par l'Arôme nommé fluide magnétique, circulant dans les roches intérieures et au centre des mines, aussi rapidement qu'en plein air.

L'effet est prouvé par l'aiguille aimantée, que le fluide magnétique dirige au sein des roches les plus épaisses.

Le corps des défunts est aromal-éthéré, c'est-à-dire qu'à la substance aromale dont il est formé, se joint une autre substance de l'élément nommé Ether, qui est la portion subtile et supérieure de notre atmosphère.

Les corps mondains étant terre-aqueux, formés des deux élémens terre et eau, il est dans l'ordre que les corps trans-mondains soient formés des deux autres élémens, arôme et air. Celui-ci isolément ne pourrait pas former le corps des trans-mondains, car l'air est combustible ; mais sa partie supérieure, Ether, plus dégagée d'oxigène et combinée avec l'arôme, forme des corps pleinement homogènes avec le feu et l'intérieur brûlant du globe, que parcourent dans leurs fonctions les ultra-mondains de divers dégrés.

Les ultra-mondains ne sont point égaux : la sainte égalité philosophique ne règne pas plus dans l'autre monde que dans celui-ci. C'est encore une bizarre idée de nos fabricateurs d'Elysées, que d'avoir nivelé tous les élus ; tant il est vrai que le Philosophisme a faussé en tout sens les idées, et que les ennemis mêmes de cette science en adoptent, sans s'en apercevoir, une foule de préventions.

Bref, les trans-mondains sont de 12 degrés, dont 5 mixtes, et ces degrés ne sont point grades de faveur, mais grades de fonctions. Le 1er degré, *bas pivot*, est occupé par nos ames en ce monde. Suivent onze échelons d'ames trans-mondaines; total 12. L'octave est fermée en 13e degré, *haut pivot*, par la planète même, la grande ame adhérente au corps de l'astre. En le quittant, elle est comme nous sujette à la mort et à la souffrance, parce que son corps est tout à la fois d'espèce terre-aqueuse et éther-aromale.

Les ames de tous degrés participent dans l'autre vie aux sensations corporelles de la planète; elle est languissante et presque malheureuse, tant que dure l'état de lymbe sociale, état commun à la grande ame comme aux ames individuelles. Cet état réduit la grande ame, et *par unité* le grand corps planétaire, au rôle de *lépreux*, êtres infectés de contagion physique et morale, séquestrés du monde céleste, privés de commerce aromal avec les autres astres. Ceux-ci risqueraient l'infection s'ils communiquaient en plein avec une planète

Engagée en lymbes ascendantes,
Ou retombée en lymbes descendantes (*).

Dans l'une et l'autre phase, estimées à 1/9e de carrière 207, l'astre est en état de contagion aromale, et les autres astres le tiennent en quarantaine quant aux communications. L'on se borne à lui fournir amplement le *nécessaire aromal*, comme à un navire pestiféré à qui on donne, sans contact, ce dont il a besoin pour subsistance et traitement, et même pour agrément.

Les astres suivent entr'eux pareille méthode en cas de contagion aromale causée par l'état subversif : ils traitent une planète en lymbe sociale, comme nous traitons un vaisseau atteint de la peste : on lui prodigue le nécessaire et même l'agréable; on ne lui refuse rien, mais on l'isole de communications libres et intimes.

Les relations sensuelles des planètes s'opèrent, quant au matériel, par cordons aromaux sur lesquels glissent les arômes envoyés d'un astre à l'autre, comme on voit, dans nos feux d'artifice, l'étincelle glisser sur un dragon de corde enduite,

(*) Les lymbes descendantes occupent, dans la 4e phase de la carrière sociale, tableau 207, les contre-numéros des ascendantes, tableau 25; savoir : 26 Sérisophie postérieure. 27 Garantisme. 28 Civilisation. 29 Barbarie. 30 Patriarcat. 31 Sauvagisme. 32 Eden postérieur.

qui, si elle était prolongée, pourrait communiquer le feu à une distance infinie.

Les ames des défunts (ames plus vivantes que les nôtres), sont aussi malheureuses que nous, tant que dure l'état de gêne et de quarantaine que je viens de décrire : ces ames jouissent pourtant de divers plaisirs qui nous sont inconnus, entr'autres le plaisir d'*exister et de se mouvoir.* Nous n'avons pas connaissance de ce bien-être, comparable à celui d'un aigle qui plane sans agiter les aîles. Tel est dans l'autre monde l'état des défunts ou trans-mondains; pourvus d'un corps aromal bien plus léger que l'air, ils planent dans l'air, et de plus dans l'épaisseur de la terre, dont ils peuvent sans obstacle traverser les rochers les plus compacts.

Il nous arrive par fois, pendant le sommeil, de goûter ce plaisir, ce bien-être du corps parcourant un espace immense avec plus de rapidité que l'hirondelle, et se détachant de la terre sans intervention d'ailes : c'est une faculté dont jouissent constamment, dans l'autre vie, les ames des défunts pourvues de corps aromaux; c'est dans ce plaisir, inconnu pour nous, que consiste le bonheur d'*exister* et jouir à chaque instant, par le seul avantage de se mouvoir sans fouler la terre, sans forcer de jambes, sans s'aider d'un porteur.

Nous ne connaissons en ce genre que trois légères transitions : 1° la voiture suspendue qui est un mouvement fort agréable aux enfans; ils s'en font une fête, sur-tout dans le bas âge. 2° L'équilibre du patin en dehors. 3° L'escarpolette, mouvement suave, qui évite la secousse : il nous rapproche bien davantage du mouvement habituel des ultra-mondains, qui est celui d'un aigle planant. Cette seule différence de leur mouvement au nôtre, leur procure le plaisir d'exister; plaisir très-inconnu de nous, qui tombons dans le calme et l'ennui, dès que nous manquons de fonction attrayante et de distraction. Nous n'avons que le contre-plaisir du mouvement; c'est le repos ou coucher.

Je pourrais décrire beaucoup d'autres jouissances des défunts, qu'il faut nommer *vivans ultra-mondains*, *gens plus vivans que nous.* Il sera démontré que nous sommes des tortues, comparativement à notre sort en l'autre vie. Cela n'empêche pas que les ultra-mondains ne soient en état de *malheur relatif*, par la privation d'une infinité de biens dont ils jouiraient, si l'harmonie sociétaire était établie; privation d'autant plus sensible pour eux, qu'ils voient notre globe en état d'organiser l'harmonie dont il jouirait comme eux.

Etayons ce tableau de quelque preuve tirée des doctrines mêmes des philosophes : ils ont pour principe, « que tout » est lié dans le système de la nature, et qu'il y a unité entre » ses parties 105. » Selon ce théorème, les ames doivent être alliées à la matière, en l'autre vie comme en celle-ci. Qu'ils nous expliquent donc les jouissances matérielles des ames dans l'autre vie, où elles ne peuvent pas avoir des corps de terre comme les nôtres. Si elles avaient de tels corps, on les verrait attachées à la surface du globe; elles ne pourraient ni parcourir l'Air et l'Ether, ni circuler rapidement dans l'intérieur du globe, où elles ont maintes fonctions à exercer, grâce à leurs corps aromaux et subtils, qui pénètrent l'enveloppe de roche ou cuir de la sphère, plus facilement qu'une flèche ne fend les airs.

Nonobstant cette prééminence de facultés, les ames des défunts (je ne parle pas de celles qui sont en station mondaine et en métempsycose, où elles redeviennent ames de mondains, en corps terre-aqueux; je ne traite que des ultra-mondaines à corps aromal); ces ames, dis-je, attendent la découverte et l'établissement de l'harmonie, bien plus impatiemment que nous qui ne la connaissons pas, et qui ignorons les privations qu'on essuie dans l'autre monde, par absence d'harmonie sociétaire en celui-ci.

Le meilleur service à rendre aux défunts comme aux vivans, est donc d'établir sans délai l'harmonie sociétaire; après quoi, l'ame d'un Roi, l'ame de César, sera beaucoup plus heureuse en renaissant dans le corps du moindre des humains, qu'elle ne l'a été dans le corps de César même, qui, après une carrière pénible et agitée, où il ne trouvait que le vide sur le trône du monde, a fait une fin tragique à la fleur de l'âge, et se trouve peut-être aujourd'hui l'un de ces chrétiens vendus par les Juifs et crucifiés par les Ottomans, qui font brûler à ses pieds et à petit feu sa femme et ses enfans.

Tant que dure l'état de lymbe sociale ou subversion, il n'est pas plus possible aux ames défuntes d'échapper à cette disgrâce, qu'il n'est possible à un Roi d'échapper aux mauvais rêves, au cauchemar, où il se croit tantôt dévoré par un crocodile, tantôt précipité dans un abyme.

Du moment où l'harmonie sera organisée, les défunts ou trans-mondains seront d'autant plus heureux, qu'ils ne sont pas sujets à la mort pour rentrer en cette vie : ladite transition est pour eux une fonction analogue à celle du coucher suivi du sommeil. C'est pendant ce sommeil qu'on ménage au trans-mondain un corps en cette vie : il ne le rejoint pas au moment de la conception du fœtus, mais seulement à l'instant de la dentition. Jusque-là, l'enfant est animé par la grande ame du globe. L'adjonction d'une ame spéciale est pour lui l'opération de la greffe sur le sauvageon.

Demander pourquoi on ne meurt pas dans le passage de l'autre vie à celle-ci, tandis qu'on meurt dans le passage de celle-ci à l'autre, ce serait s'engager dans la théorie des transitions, qui ne sont pas identiques, mais graduées en doses de bien et de mal.

Nous n'en sommes pas encore à ces hautes questions : observons seulement que ceux qui comparent la mort à un sommeil, font un parallèle très-inexact; car l'instant du coucher et de l'assoupissement n'a rien de pénible pour nous, et tel est le mode de rentrée des ames en cette vie. Il n'en est pas de même de la sortie, qui n'est rien moins qu'une transition agréable.

Je ne traiterai pas ici des degrés des ames dans l'autre vie, ni de leurs fonctions, bien restreintes quant à présent, jusqu'à ce que la planète rentre en commerce aromal avec le tourbillon sidéral et en reçoive de nouvelles créations dont elle a un extrême besoin en tous règnes. On s'est étrangement trompé, quand on a cru que nos ames étaient oisives dans l'autre monde : l'oisiveté et la privation de corps n'y sont nullement leur destinée. Nos sibylles et devins ont été aussi mal inspirés sur cette énigme, que sur tous les autres mystères de la nature, qu'ils ont voulu expliquer en organique, instinctuel, aromal et passionnel (189).

En accordant trop peu aux défunts, on a voulu accorder trop aux vivans, et beaucoup de gens ont supposé des communications individuelles entre les mondains et les ultra-mondains. Rien n'est plus faux; car si les ultra-mondains ou défunts pouvaient conférer avec nous, ils débuteraient par nous informer que nous sommes dans l'erreur sur la destinée sociale; que l'état civilisé et barbare n'est point le sort que Dieu nous destine, et que notre délai d'avénement à l'unité cause le malheur des défunts et le nôtre. Il suffit de notre ignorance à cet égard, pour prouver que nous n'avons pas de communication personnelle avec les défunts.

Cependant, comme il existe des liens dans tout le système de la nature, il faut bien que les vivans participent aux propriétés des ultra-mondains. Voici, en matériel et spirituel, des aperçus de cette transition ou lien de participation.

En Matériel : nous avons avec les ultra-mondains quelque relation, par entremise de certains sujets doués de facultés sensuelles plus qu'humaines. C'est une prérogative très-rare, dont peu de personnes sont susceptibles : citons-en quelques détails.

Tact : on trouve des gens nommés *Sourciers*, dont le corps éprouve un frémissement lorsqu'il se trouve placé sur une source cachée : on ajoute que la baguette de noisetier s'agite entre leurs mains. Cela peut être exagéré; mais il est de fait que ces hommes trouvent des sources cachées et sont affectés par l'arôme émané de la source; arôme qui n'a aucune action sensible sur le commun des hommes. C'est une participation à des facultés *tactuelles ultra-humaines*, qui sont propriétés des corps aromaux des défunts, beaucoup plus sensibles et plus irritables que les nôtres.

Vue. L'on trouve une faculté ultra-humaine chez quelques magnétisés et somnambules, qui voient sans le secours des yeux, et lisent un écrit malgré l'interposition d'un carton ou corps opaque entre les yeux et le livre. C'est encore une faculté empruntée sur celles de l'autre vie, où l'exercice des cinq sens est différent de ce qu'il est dans celle-ci, quoique ce soient toujours les mêmes sens, mais d'une perfection immensément supérieure à celle des facultés humaines. On pourra prouver, en traitant du mouvement aromal, que la nourriture des ultra-mondains et du grand corps planétaire est au moins vingt fois plus variée et plus raffinée que celle de nos gastronomes. C'est donc à tort qu'ils craignent de ne pas trouver la nappe mise dans l'autre monde : on y goûtera tous les plaisirs des sens, et et à un degré bien plus élevé, parce que les corps éther-aromaux sont beaucoup plus susceptibles de sensations délicates que les corps terre-aqueux. L'homogénéité avec le feu donne à leurs plaisirs sensuels une activité qui serait pour les corps mondains aussi peu supportable que le contact du feu.

On assure aussi que certains magnétisés de haut degré (car il en est de tous degrés), voient des colonnes aromales de diverses couleurs, qui se croisent en tout sens. L'effet qu'ils affirment voir, existe bien réellement, car les communications des corps ultra-mondains et des planètes s'opèrent par ces colonnes. Reste à savoir si les magnétisés de haut titre les voient distinctement : j'incline à le croire, car c'est une propriété de transition nécessairement inhérente à quelques sujets.

EN SPIRITUEL : notre participation aux facultés animiques des ultra-mondains se borne à une aptitude innée qu'ont certains caractères pour atteindre à des connaissances transcendantes qui sont un apanage commun aux ames ultra-mondaines, beaucoup plus éclairées que nous. Certains individus parmi nous, ont un instinct particulier pour pénétrer les mystères de la science. Euclide, Archimède, Pascal, sont géomètres d'instinct; ils sont en ce genre des esprits ultra-humains.

C'est, pour l'ordinaire, parmi les caractères de haut degré qu'on trouve cette supériorité de génie. Je ne peux pas indiquer ici quelles sont ces classes de personnages; il faudrait préalablement donner le tableau des 810 caractères classés par gamme de titres.

ut.	Monotitres.	1	Dominante quelconque.	
ré.	Bititres.	2	Dominantes animiques.	
mi.	Trititres.	3	»	animiq.
fa.	Tetratitres.	4	»	animiq.
sol.	Pentatitres.	5	»	animiq.
la.	Hexatitres.	6	»	animiq.
si.	Heptatitres.	7	»	animiq.
UT. ⋈	Omnititres.	8	»	7 animiques. 1 surdominante.

Puis les mixtes de cinq degrés; local des semi-tons.

On verra, lorsque nous en serons à ces théories, que les facultés spirituelles ultra-humaines commencent au 5e degré dit *Pentatitre*, et sont en pleine participation ultra-mondaine au degré ⋈ pivotal.

On n'a su tirer, sur notre globe, aucun parti de ces précieux individus, parce qu'on a ridiculisé d'avance les divers sujets sur lesquels ils auraient pu s'exercer, entr'autres la théorie d'Association et d'Attraction ; il ne leur est resté que la carrière de la physique et des arts, ou celle du sophisme qui a absorbé plusieurs de ces génies participans de l'ultra-mondain : tels étaient Leibnitz et Pythagore, qui ont perdu à cultiver le sophisme au moins la moitié de leur carrière.

En général, ces personnages s'accordent à répéter les plaintes de Maintenon 224, sur le vide affreux : ils trouvent le monde trop resserré pour eux ; leur ame y est réellement entravée ; tandis que les *monotitres* qui forment le très-grand nombre, ne se plaignent pas que le théâtre soit insuffisant pour leur étroit génie. Un 5e degré ou *pentatitre*, comme J.-J. Rousseau, Fox, etc., se trouve déjà déplacé en civilisation : un 6e degré, ou *hexatitre*, comme Bonaparte ou Fréderic, a besoin de bouleverser le monde : un *heptatitre*, 7e, comme Jules-César ou Alcibiade, a la même ambition, mais plus raffinée, plus flexible : enfin le degré ✕ *omnititre*, le plus rare de l'octave (*), est tout à fait incompatible avec l'état de lymbe, et très-apte à en découvrir d'instinct les issues.

L'ignorance où sont restées nos sciences modernes sur cette échelle des caractères, est une des causes qui ont empêché toute découverte sur la nature et l'immortalité de l'ame, ainsi que sur la nature de Dieu. Pour esquiver le problème, on en fait deux êtres impénétrables ; on recommande même à l'esprit humain de ne pas chercher à comprendre Dieu. Quant à l'ame, ce qu'on en explique n'aboutit, comme le dit Voltaire, qu'à épaissir les ténèbres. Faut-il s'étonner, d'après cette double cataracte sur ce qui touche à Dieu et à l'ame, qu'on n'ait rien découvert sur l'immortalité ?

(*) On trouve un couple *omnititre* sur une masse d'environ 35,000 personnes ; mais ce caractère échoit souvent à tel paysan, tel esclave, chez qui il ne peut pas se développer. Vient ensuite la gamme des *biomnititres* 9e, *triomnititres* 10e, *tétromnititres* 11e, jusqu'au 17e degré qui est le plus élevé que puisse produire notre globe. Le 15e, *l'hyper-omnititre*, ne se trouve qu'en proportion d'un couple sur trois cens millions d'individus.

Final. — Rien de fait pour le bonheur, tant que nous n'avons pas, sur l'immortalité de l'ame, des garanties convaincantes et mathématiquement établies ; des certitudes si fortes, qu'elles ne laissent aucun accès au doute.

Cette grande question exigera une étude régulière de Dieu, de l'Homme et de l'Univers considérés dans leurs rapports d'unité. On n'a vu éclore sur ces trois sujets, que des sophismes ; il est à propos d'en rappeler deux des plus saillans, pour expliquer l'insuccès de nos études relativement à l'immortalité, et prouver que la métaphysique s'engageait de plus en plus dans le labyrinthe.

Sur Dieu. Les uns nous disent que notre ame est créée à l'image de Dieu (242), et que Dieu est incompréhensible ; d'où il suit, 1° qu'il ne faut pas essayer d'analyser notre ame, si nous ne pouvons pas comprendre Dieu dont elle est l'image. 2° Que si nous prétendons réussir dans l'analyse de l'ame humaine, rien n'empêche de s'élever à l'analyse de celle de Dieu, dont la nôtre, dit-on, est l'image. 3° Que si notre ame n'est pas l'image de celle de Dieu, l'unité entre Dieu et l'Homme devient un sophisme, ainsi que celle de l'Univers.

Dans le premier cas, les métaphysiciens sont mis hors de cour ; leurs subtilités sur l'ame, sur *les perceptions de sensations de la cognition du moi humain*, ne conduiront à aucune analyse.

Dans le deuxième cas, ils ont le tort d'avoir entrepris leur travail en simple, et de n'avoir pas tenté simultanément les deux analyses de Dieu et de l'Homme, supposés identiques.

Dans le troisième cas, nos systèmes d'unité sont des charlataneries ; car si l'homme n'est point unitaire avec Dieu, centre de vérité et de justice, nous sommes donc destinés au règne perpétuel de la fausseté et de la civilisation, et hors d'unité avec l'univers si mathématiquement harmonisé.

Sur l'Univers et l'Homme. On nous enseigne que l'homme est miroir de l'univers : rien n'est plus vrai, tant en matériel qu'en spirituel ; mais rien ne sera plus faux, si l'on admet l'état actuel comme destinée essentielle ; car l'homme, quant à présent, ne trouve point, comme l'univers, un agent d'harmonie sociale dans l'Attraction. Jusqu'à ce moment, elle ne nous a conduits qu'au chaos social : sous ce rapport, l'homme n'est rien moins que le miroir de l'univers; c'est un portrait qui n'a nulle ressemblance avec l'original; et si nous sommes hors d'unité avec l'univers, comment serons-nous unitaires avec Dieu qui dirige l'univers?

A envisager l'ensemble des trois questions, il est déjà évident que la raison, sur ces divers points, est au plus profond des ténèbres : c'est pis, si on descend aux détails.

1° *Sur l'Univers :* j'ai observé (avant-propos), que nous ne connaissons que *les effets* de mouvement, et non *les causes :* encore, quels faibles progrès dans l'étude des effets, dont nos astronomes ignorent le plus plaisant! C'est qu'à une distance de sept diamètres de la grande aire du tourbillon (environ 9,400,000,000 lieues), nos yeux et nos télescopes opèrent comme une lunette retournée, qui éloigne les objets autant qu'elle devait les rapprocher. De là vient que nous voyons les étoiles fixes à une distance incommensurable. Elles sont pourtant si peu éloignées, que le soleil, par jets aromaux, communique avec elles en trois mois et demi. Combien d'autres mystifications pour nous, dans ce mouvement dont nous connaissons à peine quelques effets, et non les causes!

2° *Sur l'Homme :* rien de connu, ignorance complète, puisqu'on ne sait pas même analyser les trois foyers d'Attraction et les douze passions, encore moins déterminer leur destinée d'harmonie. On ne connaît pas même la dualité d'essor social 27 3/4, l'état vrai ou sociétaire, et l'état faux ou morcelé.

3° *Sur Dieu.* Nombreux sophismes et pas une vérité. On croit lui faire honneur en le mettant au rang d'être simple, d'ame sans corps. Certains peuples ont été mieux inspirés, car ils ont adoré le feu comme corps de Dieu; en quoi ils ont très-bien jugé. Quant à nous, qui ne lui accordons pas un corps, et qui faisons de lui un être simple, il n'est pas surprenant que nous jugions son ame aussi faussement que son corps, et que nous lui ayons attribué tous nos vices, entr'autres les pivotaux

Y Egoïsme, χ Duplicité d'action.

Assurément il est au superlatif de l'égoïsme, s'il nous a refusé ce gage de bonheur, ce code social attractionnel qui 193, ne lui coûterait RIEN, et à défaut duquel il tombe à plaisir dans les duplicités d'action 202.

Imbus de tant d'erreurs sur Dieu, l'Ame et l'Univers, devons-nous être surpris de n'avoir rien découvert sur l'immortalité, et notamment sur son premier degré qui est la métempsycose ?

Le peu que j'en laisse entrevoir, doit relever les espérances de ceux qui se plaignent d'incertitude sur l'autre vie, et qui s'épouvantent à juste titre de cette éternité, dont on n'a su indiquer aucun emploi satisfaisant.

Au déclin de l'âge, on réfléchit sur ce dénouement, et ne sachant qu'en penser, on se jette *par frayeur* dans les bras de la religion. Ce n'est point par crainte, mais par amour, que le Créateur veut nous rallier à lui (et tel est le vœu de la Religion elle-même); c'est par garantie de plaisirs variés à l'infini, pendant l'éternité comme pendant cette vie.

Loin de ces terreurs outrageantes pour Dieu, les harmoniens l'aimeront, dans le jeune âge, en reconnaissance du bonheur dont ils jouiront, et du bel ordre qu'ils verront régner dans les conceptions *sociales divines*. Ils l'aimeront dans l'âge déclinant, par conviction des nouveaux biens qu'il nous prépare en migration ultra-mondaine. Sa tactique pour conquérir notre amour, est de nous ménager toujours plus de bonheur que l'homme n'en peut concevoir et désirer 238. C'est à nous à recueillir les fruits de sa générosité, en organisant sans délai l'ordre fortuné qu'il a assigné à nos relations.

Nous allons faire un pas de géant dans la carrière sociale. En passant immédiatement de la Civilisation à l'Harmonie, nous échappons à vingt révolutions qui pouvaient ensanglanter le globe pendant vingt siècles encore, jusqu'à ce que la théorie du destin sociétaire eût été découverte. Nous ferons un saut de deux mille ans dans la carrière sociale, sachons en faire un semblable dans la carrière des préjugés : repoussons les idées de médiocrité, les désirs modérés que nous suggère l'impuissante Philosophie. Au moment où nous allons jouir du bienfait des lois divines, concevons l'espoir d'un bonheur aussi immense que la sagesse du Dieu qui en a formé le plan. En observant cet univers qu'il a si magnifiquement disposé, ces milliards de mondes qu'il fait rouler en harmonie, reconnaissons qu'un être si grandiose ne saurait se concilier avec la médiocrité, et qu'on lui ferait injure, si on attendait de lui des plaisirs modérés en ce monde ou en l'autre, des biens médiocres dans un ordre social dont il sera l'auteur.

Nos vœux sont pour l'immensité de richesses, de plaisirs et de justice.

Une science nouvelle nous ouvre toutes ces voies de bonheur; elle nous apprend que notre seul tort était de souhaiter trop peu (179); que nous devons nous livrer à toute l'étendue de nos désirs; qu'ils seront satisfaits, *puisque nos attractions sont proportionnelles aux destinées* (comme en harmonie sidérale les aires sont proportionnelles aux temps).

Cette vérité, produite ici en aperçu, acquerra une nouvelle force à l'article *pivot inverse ou psycologie comparée*, qui termine la 2me partie. J'y soulèverai un autre voile d'airain, celui de l'unité de l'Univers, jusqu'à présent si inconcevable aux mortels, et qui pourtant doit nous être dévoilée sans réserve, s'il est vrai *que nos destinées soient proportionnelles à nos attractions.*

Qu'on cesse donc de reprocher à l'homme cette impatience de connaître les harmonies de l'Univers, cette avidité (225 3/4) d'acquérir de la science et de retrouver les voies du bonheur qui a existé autrefois (Eden, 1ère période, tableau 25). La fortune sourit à ces prétentions, et nous pouvons dès à présent tout espérer, tout prétendre. L'esprit humain saisit enfin le grand livre des destins présens et à venir; la nature n'a plus de mystères, et le génie plus de limites.

Toutefois, ne soyons pas étonnés de l'ignorance qui règne sur l'immortalité, ni de l'insuffisance des sciences connues sur cette question. Dieu ne doit pas permettre que les humains acquièrent, pendant l'état subversif, des notions scientifiques sur la vie future. Si l'on en était convaincu, les plus pauvres des civilisés se suicideraient; il ne resterait que les riches, qui n'auraient ni aptitude, ni penchant à remplacer les pauvres dans leurs ingrates fonctions. Dès-lors, l'industrie civilisée tomberait, par la mort de ceux qui en portent le faix, et un globe resterait constamment dans l'état sauvage, par la seule conviction de l'immortalité.

Mais Dieu ayant besoin de maintenir quelque temps les sociétés civilisée et barbare, pour servir d'acheminement à d'autres meilleures, il a dû nous laisser, pendant la durée de la civilisation, dans une profonde ignorance relativement à l'immortalité. Il a dû réunir dans un même calcul, la théorie de l'autre vie et celle des issues de l'ordre civilisé et barbare.

Il faut le redire : ce serait en vain que nous compterions sur un grand bonheur dans l'autre vie, tant que durerait l'état subversif des sociétés humaines. Conformément à *l'unité de système*, attribution pivotale de Dieu (187), le sort des deux mondes est lié ; le bonheur et le malheur y sont réciproques ; et les ames des trépassés végètent dans un état de langueur et d'anxiété dont les nôtres participeraient après cette vie, jusqu'à ce que le monde social se fût élevé de la subversion à l'harmonie sociétaire.

Cette révélation deviendrait fâcheuse pour nous, s'il était difficile d'organiser l'harmonie, dont l'établissement deviendra le signal du bonheur pour les défunts comme pour les vivans ; mais l'extrême facilité de fonder et généraliser ce nouvel ordre, nous rend précieuse une théorie exacte sur la vie future, où nous n'aurions passé que pour y partager l'inquiétude et les privations dont nos pères sont affectés, en attendant l'avénement de leur globe à l'harmonie dont le calcul de l'Attraction nous ouvre enfin la voie.

FIN DE LA 1re PARTIE.

Erratum. Page 145, ligne pénultième, au lieu du numéro 159, *lisez*, 207. On ne trouve à 159, que les phases de la civilisation ; celles de la Planète et du monde social sont à 207.

TABLE DE LA Ire PARTIE.

Ire NOTICE. — *Principes généraux.*

Erratum. C'est par inadvertance qu'on a employé, au tableau 159, les signes X ⋈ ⋈ pour désigner les transitions ; ce sont des signes de Pivot inverse ascendant et descendant. Les vrais signes indicatifs des transitions se trouvent 169, aux quatre issues du commerce mensonger.

Au résumé : Pivot direct ⋈ ⅄Y. Pivot inverse X ⋈ ⋈.

Intermède.

LES SAVANS ET ARTISTES, DUPES DE LA CIVILISATION.

Antienne. — » C'est convenu, diront les critiques : nous » avouons qu'on aurait dû s'occuper plus tôt de cette étude » de l'Attraction passionnée ; qu'il est même assez honteux » de l'avoir négligée depuis que le succès de Newton sur la » matérielle, excitait à des recherches sur la passionnelle. Finissons-en de reproches, puisqu'on est d'accord sur ce point : » çà, voyons ; produisez votre théorie ! voilà des préambules » suffisans : au fait, sans délai. »

Ainsi concluront les esprits superficiels : ils ont eu la patience d'attendre pendant 25 siècles ; ils ne pourront pas patienter pendant 25 chapitres ! ils ont amoncelé et parcouru 400,000 tomes de divagations sur le bonheur ; ils ne pourront pas accorder 400 pages aux indices et préliminaires de la découverte qui leur garantit le prompt avénement au bonheur ! voilà des juges vraiment impartiaux.

On sent bien où le bât les blesse : leur embarras n'est pas de soutenir la lecture d'un volume préparatoire ; ils en accueillent souvent trois et quatre en préambules, sur des sujets du plus mince intérêt. J'ai ouï dire que, dans le roman de Clarisse Harlowe comprenant douze tomes, il faut se résoudre à en dévorer six, fort insipides, parce que l'intérêt ne commence à naître qu'au 7me. Vous trouverez des milliers de lecteurs qui souscriront à cette corvée, et qui liront les six volumes traînans de Clarisse Harlowe, dans l'espoir d'être satisfaits des six autres.

D'où vient donc leur impatience, pour un tome de préludes sur un ouvrage de huit tomes ? d'où vient, dis-je, cette intolérance en fait d'instructions préliminaires ? Elle naît de ce que l'ouvrage ne flatte pas l'auguste Philosophie moderne, ses torrens de lumière en faveur de l'agiotage, de la banqueroute et des droits de l'Homme *sans minimum*. Si je voulais flatter les théories d'agiotage, de mendicité, de constitution, je pourrais faire agréer des prolégomènes aussi immenses que l'Encyclopédie.

Sans m'abaisser à ce rôle de caméléon, sans souscrire à aucune concession en fait d'opinion, je prétends dès cet article devenir le favori des Sophistes, en leur assurant la double moisson de gloire et de fortune. Je vais leur expliquer comment les millions, si rares aujourd'hui chez les savans et artistes, vont pleuvoir sur eux dans l'état sociétaire. Les présens, dit-on, apaisent les hommes et les Dieux. Je vais montrer aux beaux esprits, dans les récompenses unitaires, une mine d'or si abondante et des triomphes si éclatans, qu'ils excuseront l'âpreté de mes critiques; et selon le principe des compensations, ils abonneront en faveur de ce nouveau Pactole, à tolérer quelques boutades sur les torts d'une science dont les auteurs, à défaut de lumières, se recommandent au moins par des talens éminens; je leur ai ménagé une capitulation plus que suffisante, par la distinction de leurs sectaires en Expectans et Obscurans 91. Ceux qui ne seraient pas satisfaits de cet accommodement, ceux qui hésiteraient à se ranger dans la classe modeste des Socrate, des Aristote, des Bacon, des Montaigne, des Condillac, des Montesquieu, des Jean-Jacques, des Voltaire et autres Expectans, ceux-là, dis-je, ne mériteraient pas qu'on briguât leur suffrage.

Les grands hommes précités, qui après avoir tant écrit pour chercher la vérité, en sont venus à confesser qu'ils ne trouvaient que d'épaisses ténèbres, se seraient-ils étonnés qu'avant de les initier à cette vérité enfin découverte, on les eût astreints à un volume de réfutations, d'indices et de dégrossissement?

Quant aux présomptueux qui s'offensent de la condition de dégrossissement, loin de quêter leur faveur, j'ai annoncé (avant-propos), que je ne transigerais pas même sur leur dernière chimère, sur le *faux libéralisme* isolé du *minimum proportionnel*; et je me suis engagé à démontrer qu'il n'a jamais existé sur le globe un *vrai libéral*; que toutes les doctrines sur ce sujet ne sont que préjugé chez les Expectans, et jonglerie chez les Obscurans. C'est sur quoi nous préluderons dans le courant de cet intermède. Il ne conviendrait pas de soutenir pareille thèse avant d'avoir passionné les Philosophes pour la théorie sociétaire; il faut les amener à souhaiter eux-mêmes l'anéantissement de leurs systèmes, et à former en secret des vœux pour l'Association et sa prompte épreuve. Il ne sera pas difficile de les rallier à cette opinion, et nous allons, dès cet entr'acte, beaucoup accélérer leur conversion.

Notre thème, dans la deuxième partie, sera de prouver *qu'on n'aime point assez les richesses en civilisation :* c'est sur quoi je vais préluder dans l'intermède, et c'est d'abord aux savans et artistes que j'adresserai le reproche.

» Badinage, réplique-t-on ! Les savans et les artistes ne » désirent que des richesses : est-il un homme assez sot pour » croire à leurs diatribes contre *le vil métal* dont ils abon- » neraient si volontiers à remplir leurs coffres ? »

On s'abuse étrangement en jugeant ainsi sur les probabilités : je vais prouver que la vanité l'emporte, et pousse les savans et artistes à sacrifier la fortune aux fumées de l'orgueil scientifique et de l'esprit de corps. S'ils aimaient les richesses avec ardeur, ils ne pourraient pas aimer la civilisation qui les condamne spéculativement à la pauvreté : du moment où ils se passionneront *pour la fortune acquise par les voies de l'honneur*, ils seront tous d'accord de renoncer à la civilisation et se rallier à la théorie sociétaire, aux dépens de leurs fausses doctrines dont ils sont les premières victimes, puisqu'ils y perdent la richesse, premier vœu de l'Attraction.

C'est donc maintenant sur le défaut d'amour des richesses qu'il faut incriminer la Philosophie, pour la convaincre de ses duperies, exposées sommairement 111 et 112. Il faut amener ses disciples à aimer les dignités éminentes, et la fortune colossale que le nouvel ordre va leur assurer. Il faut à ce sujet procéder à une cure que Corneille appelle *purgation des passions;* guérir les Philosophes de leur vicieux système d'ambition civilisée, qui les entraîne toujours à isoler leurs intérêts de ceux des souverains et des grands. Tel est le faux libéralisme ou duplicité d'action, sur lequel je les critiquerai, lorsque les voies seront suffisamment préparées, lorsque je les aurai amenés à souhaiter que leurs théories soient reconnues illusoires, et que la mienne soit éprouvée sans délai. Il faudra préalablement leur démontrer, dans le deuxième article de cet intermède, que leurs intérêts, jusqu'à présent si isolés de ceux des grands et des ministres, vont s'y rallier intimément

Je débuterai par désabuser nos beaux esprits d'un préjugé dont ils se déferont volontiers ; celui qui leur persuade qu'ils sont destinés à la pauvreté, qu'ils doivent se contenter de fumées de gloire, tandis que les sots entassent des millions.

Le principe est juste *en politique civilisée ;* il ne l'est nullement dans l'état sociétaire, où les chances ne sont plus pour la sottise, mais pour le mérite. Cet ordre, dès sa naissance, comblera des dons de la fortune tous les savans et artistes, même ceux de moyenne classe, et à plus forte raison ceux d'un mérite distingué. Ils ne peuvent donc juger sainement de cette théorie, qu'autant qu'ils se rallieront à l'amour de la fortune dont la faveur va *LES ACCABLER*, dans l'état sociétaire.

C'est une thèse qu'ils ne seront pas fâchés de voir démontrée. Quatre articles y seront employés ; deux en positif, et deux en négatif. Ce sujet, plus plaisant que sévère, fera une petite diversion aux aridités dogmatiques dont il a fallu meubler la première partie des prolégomènes.

1er Moyen positif simple.

RÉCOMPENSES ET LUSTRE

DES SAVANS ET ARTISTES, EN HARMONIE SOCIÉTAIRE.

COMMENÇONS par un exposé de leurs bénéfices futurs, et du mode employé dans l'Association pour distribuer les récompenses avec justice et prodigalité, sans qu'elles deviennent un fardeau pour la masse qui les fournit.

La population actuelle du globe fournira, au début, environ 600,000 Cantons ou Phalanges de 1500 personnes en moyen terme. Le nombre des Phalanges s'élevera par la suite de 3 à 4 millions, quand la population du globe sera portée au grand complet ; mais les savans et artistes de la génération présente ne doivent établir leur compte que sur 600,000 Phalanges, distribution du nombre actuel de 900 millions d'habitans.

Toute Phalange dresse chaque année, à la majorité absolue des voix, un tableau des inventions, compositions et nouveautés de science ou d'art qu'elle a accueillies. Chacune de ces productions est jugée par la Série compétente : une tragédie, par les Séries de littérature et de poésie ; et ainsi de toutes les nouveautés. On verra, au traité des Séries passionnelles, comment se recueillent les votes, et avec quelle célérité on effectue ces opérations de suffrage universel, si pénibles, si lentes aujourd'hui, même en vote partiel.

Si l'ouvrage paraît digne de récompense, on fixe la somme à adjuger à l'auteur. Par exemple, un franc à Racine, pour sa tragédie de Phèdre.

Chaque Phalange, après avoir formé le tableau des prix qu'elle décerne, l'envoie à une administration, qui fait le dépouillement des votes de canton et forme le tableau provincial : celui-ci est envoyé à une administration de région, qui opère de même sur le dépouillement des tableaux provinciaux. Ainsi le recensement des votes arrive par échelons jusqu'au ministère de Constantinople (siége du congrès d'unité sphérique), où se fait le dépouillement ultérieur, et où l'on proclame les noms des auteurs couronnés par les suffrages de la majorité des Phalanges du globe. On adjuge à l'auteur le moyen terme des sommes votées par cette majorité. Si le tiers des Phalanges a voté un demi-franc ; le tiers un franc, et le tiers un franc et demi, la récompense adjugée sera d'un franc.

En supposant que le recensement ait donné un franc à Racine pour sa tragédie de Phèdre, et trois francs à Francklin pour l'invention du paratonnerre, le ministère fait passer à Racine des traites pour la somme de 600,000 francs, et à Francklin pour 1,800,000 francs, sur les congrès de leurs régions. La somme est répartie sur chacune des 600,000 Phalanges du globe, dès que l'ouvrage a obtenu majorité absolue, comme 300,001 voix.

En outre, Francklin et Racine reçoivent la décoration triomphale, sont déclarés Magnats du globe, et sur quelque point qu'ils parcourent, ils jouissent dans toute Phalange des mêmes prérogatives que les Magnats de la contrée.

Ces récompenses, insensibles pour chaque Phalange, sont immenses pour les auteurs, d'autant plus qu'elles peuvent être souvent répétées. Il se peut que Racine et Francklin gagnent pareille somme l'année suivante, en s'illustrant par quelqu'autre production qui obtiendra le suffrage de la majorité du globe.

Les plus petits ouvrages, pourvu qu'ils soient distingués par l'opinion, valent encore aux auteurs des sommes immenses; car si le globe adjuge

à Lebrun deux sous pour telle ode;
à Haydn un sou pour telle symphonie;

Lebrun recevra 60,000 fr., et Haydn 30,000 fr., pour un ouvrage qui peut-être n'aura coûté qu'un mois de travail. Ils pourront gagner cette somme plusieurs fois dans une seule année. Ainsi une fortune de 10 millions sera chose très-commune chez les savans, les littérateurs et les artistes de l'état sociétaire, surtout quand la population portée au complet de cinq milliards, formant au-delà de trois millions de Phalanges, vaudra à tel auteur, comme Virgile, *dix millions* de francs pour un bel ouvrage comme l'Enéide, que je suppose récompensée à 3 francs.

Quant aux ouvrages comme ceux d'un statuaire, qu'on ne peut pas mettre sous les yeux du globe par voie de presse ou gravure, il existera d'autres moyens de les faire participer à la récompense unitaire. J'indiquerai les méthodes au traité des Séries (suffrages compensés).

Objection. « Ce procédé rémunérateur ne sera-t-il pas un peu vexatoire pour certains auteurs, notamment pour ceux qui ayant dédaigné les caprices de la mode et évité quelque travers du goût dominant, risqueront fort de n'avoir pas la majorité absolue, comme il arriva de Racine, qui eut de la peine à vaincre la coterie *Sévigné*, toute dévouée à Pradon? Le globe sociétaire n'aura-t-il pas aussi ses coteries, sectes, écoles et modes bizarres? Cette variété souvent vicieuse est un effet nécessaire de la 11e passion, nommée *Alternante* ou *Papillonne*, qui devra, comme toutes les autres, avoir son cours. Il en résultera donc souvent que l'auteur qui n'aura pas flatté les travers de la mode, sera frustré en faveur de quelque production monstrueuse. »

» A spéculer sur la loi de majorité absolue : si sur 600,000 Phalanges, Pradon, habile à flatter la mode et gagner les coteries, obtient 300,001 suffrages, et Racine 299,999, on verra, par suite de cette misérable intrigue, Pradon couronné et Racine éliminé. »

Cette objection n'est pas applicable à l'ordre sociétaire; elle porte sur les chances de civilisation, où le bon goût relégué chez quelques adeptes, ne s'étend jamais à la multitude. On verra, au traité de l'éducation des Séries, qu'elles ont la propriété de répandre le bon goût, même chez la classe populaire, et que les différences de genre dominant chez les harmoniens, ne donneront point accès au mauvais goût. La masse y sera élevée à apprécier plusieurs nuances de genre, comme classiques et romantiques, et de plus les nuances d'espèce. Elle optera pour en récompenser plusieurs; ce qui sera facile, vu le peu de dépense. Les prix vraiment énormes pour les auteurs, ne seront qu'une bagatelle pour les Phalanges; car ils ne pourront jamais s'élever annuellement à mille francs par canton : or, qu'est-ce qu'une somme de mille francs, pour un canton dont le revenu s'élevera à 3 millions, valeur réelle, et qui, pour le bien de ses habitudes et de ses besoins, se plaira à donner beaucoup de soins à l'encouragement des sciences, lettres et arts, qui dans ce nouvel ordre concourent puissamment à accroître la richesse générale?

Ajoutons que les règles d'harmonie accordant toujours le huitième de grâce ou d'exception, un ouvrage sera couronné à la majorité moins un huitième; c'est-à-dire qu'au lieu de 300,001 suffrages, il lui suffirait de 262,501, pour obtenir le prix comme s'il avait la majorité absolue, qui dès-lors ne sera plus fixée à 1/2, mais à 7/16es, l'exception comprise. On évitera par ce moyen toute lésion cabalistique, aucune intrigue ne pouvant parvenir à séduire 37,500 cantons en faveur d'un ouvrage de mauvais goût.

Admettons que l'auteur qui n'obtient que 6/16es, 225,000, soit encore un homme de mérite; il n'est pas frustré de récompense pour avoir manqué la majorité; il est seulement frustré d'*universalité* de récompense. Les cantons qui lui donnent leur suffrage au nombre de 225,000, paieront ce qu'ils auront voté. Si leur terme moyen est d'un franc, l'auteur recevra 265,000 fr., mais répartis seulement sur les votans, et non sur la masse du globe entier, qui est d'accord de coopérer en masse par-tout où il y a majorité absolue, moins le huitième d'exception.

Ces paiemens particuliers n'ont pas lieu, si les votes de couronnement sont au-dessous de 1/8e, soit 37,500, nombre qui est le 8e de la majorité absolue. Ainsi l'auteur qui n'obtient sur la masse du globe que 30,000 suffrages, est censé éliminé, et les 30,000 votans ne le portent pas dans leur budget de versement.

Il est évident que ce mode de récompense assure aux hommes à talent une immense et rapide fortune. Elle sera d'autant plus honorable, que le savant ou artiste n'aura besoin ni de protection, ni de sollicitation : loin de là ; toute faveur ne servirait qu'à humilier les protecteurs et le protégé. Par exemple,

Je suppose que Pradon, à force d'intrigues, parvienne à intéresser pour sa *Phèdre* une centaine de cantons voisins, où il a des amis et où il a obtenu qu'on jouât la pièce ; je suppose que ces cantons aient la faiblesse de voter un prix à Pradon : que lui servira ce vote limité à 100 Phalanges, quand il lui en faudrait au moins 37,500 pour obtenir seulement le prix partiel ? Analysons les résultats de cette intrigue.

Lorsque le dépouillement des votes partiels sera imprimé dans chaque empire, on y verra qu'une *Phèdre* inconnue, composée par un sieur *PRADON*, a trouvé des amateurs dans une centaine de cantons de telle province, tous compères et voisins dudit Pradon. Une telle publication serait un affront pour les Phalanges qui l'auraient protégé. Les cent cantons ne voudront pas s'exposer à ce camouflet, ni attacher leur suffrage à une pièce si médiocre, que loin de pouvoir espérer la majorité 300,001, ni même le 16e 37,500 exigé en récompense partielle, cette pièce n'est pas même admise à 30 lieues de là ; dans les pays où Pradon n'a plus ni amis, ni coterie.

C'est ainsi que, dans l'ordre unitaire, toute faveur ne sert qu'à confondre un mauvais auteur, sans le servir ; tandis que l'homme à talent s'élève subitement à l'immensité de fortune et de gloire, sans aucune intrigue ni protection. Il n'y a qu'un seul moyen de réussite ; c'est de charmer la majorité, les 7/16es du globe, où l'unité de langage et la généralité de bonne éducation assureront aux auteurs un nombre de juges trop immense pour qu'on puisse les capter autrement que par le mérite réel.

Les cas d'exception seront infiniment rares. Si quelque haut personnage, comme un Omniarque d'unité sphérique (Empereur du globe), s'avisait de faire une mauvaise comédie ou de mauvais vers (sottise très-possible), sa pièce, par impor-

tance

tance de l'auteur, se répandrait, et il se pourrait que le globe eût l'indulgence de le couronner à la majorité : mais les personnages dignes de partialité aux yeux de tout le globe, seront excessivement rares, et une légère faveur qu'ils pourront obtenir, ne mettra aucun obstacle au succès des vrais talens, qui aujourd'hui ont mille peines à percer, parce qu'ils n'ont ni les moyens de se former, ni des récompenses suffisantes, ni l'art des intrigues, sans lequel on ne parvient à rien en civilisation.

Nota. (Il est entendu que le numéraire devant tripler de valeur dans l'état sociétaire, selon la note page 1, un auteur, pour l'équivalent de 600,000 fr. valeur actuelle, ne devra recevoir que 200,000 fr. Si on lui donnait 600,000 fr., valeur de 1821, il recevrait en effectif 1,800,000 fr., valeur d'état sociétaire. (Voyez la note, page 1).

Il est inutile de répéter que lesdites sommes s'élèveront au quadruple et au quintuple, à mesure que la population s'approchera du grand complet de 5 milliards : mais les estimations que je viens de faire sur une population de 900 millions, doivent déjà sembler assez brillantes à ces savans et artistes si chétivement récompensés, si frustrés en civilisation.

Tels seront les avantages de cette unité qu'invoquent nos beaux esprits, et dont ils n'ont pas voulu chercher la théorie, quoiqu'ils l'aient rêvée en gros et en détail ; car on les a entendus souvent exprimer le vœu d'un langage universel, d'une mesure universelle, etc. etc., et de toutes les dispositions d'unité qui ne peuvent naître que de l'Association.

Les merveilles de l'unité, qui doivent sembler si colossales dans les récompenses que je viens de décrire, le sembleront bien davantage quand j'analyserai plus loin les économies unitaires appliquées au globe entier, et quand il faudra, même sur des babioles comme des œufs, des allumettes, des épingles, s'habituer à compter les bénéfices par milliards.

Je viens d'exposer la magnificence des récompenses unitaires : chacun va se récrier sur cette profusion, et les prétendans mêmes diront que ce serait les combler de trop de richesses. Mais aujourd'hui ces auteurs ne trouvent pas que ce soit trop d'un gain de cinquante millions, pour un agioteur, un accapareur, un usurier : ils admirent les perfectibilités de cette civilisation qui jette cinquante millions à la tête de gens malfaisans et quelquefois très-ignorés. Dissertons sur ce désordre.

Si l'état sociétaire ou état d'harmonie passionnelle a la propriété de récompenser par d'immenses trésors, les fonctions nobles, celles des savans et artistes, il faut, par opposition, que l'état civilisé, destiné à travestir et *contressencier* les passions, prodigue les trésors aux êtres les plus vils et les plus nuisibles; à ceux qui, au lieu de travailler, comme les savans et artistes, pour l'utilité et le charme du genre humain, ne travaillent qu'à affamer une contrée et rançonner l'industrie productive, sous prétexte de *faire circuler*. Voilà les hommes dignes de la faveur publique, dans les sociétés civilisée et barbare, où les effets de passions sont l'opposé de ceux que produirait le code social divin, qui ne favorise que la vérité et la justice, que les choses et les idées nobles : aussi nos anges de ténèbres, nos sophistes n'aboutissent-ils, avec leurs *perfectibilités*, qu'à concentrer de plus en plus les fruits de l'industrie dans les mains des frelons mercantiles, qui déjà entrent en partage d'influence avec les gouvernemens (159-172), et font décliner rapidement l'ordre civilisé vers sa 4e phase, vers *la féodalité composée*, ou partage entre les deux classes nobiliaire et mercantile 159-162-164.

Continuons sur les perspectives qui peuvent désabuser les savans et artistes de leur engouement pour la civilisation, où ils sont la classe la plus victimée, sur-tout depuis qu'engagés dans l'esprit révolutionnaire, ils sont devenus suspects aux souverains, et que la politique est obligée de les tenir spéculativement dans un état de misère et d'abjection, en les leurrant de quelques fumées de gloire, et transformant par les privations, leur vie en un long supplice.

Les savans de France devront peser, dans cette affaire, une chance d'intérêt particulier; celle du langage unitaire.

Quelle sera provisoirement la langue unitaire? Il y a de grandes probabilités pour l'adoption de la langue française, qui pourra bien être admise *provisoirement*. Il faudra au moins deux cents ans avant de parvenir à composer le langage définitif et régulier : en attendant, le choix devra se fixer sur une langue riche en bons auteurs. La France, d'après la supériorité incontestable de sa littérature, pourrait, dans divers cas, obtenir la préférence, qui serait une source de fortune subite, non seulement pour les auteurs distingués, mais pour tous les menus écrivains et grammairiens capables de diriger un enseignement littéraire.

Spéculons sur cet aperçu. Toute région, à mesure qu'elle s'organisera, s'empressera d'attirer les hommes capables d'enseigner le langage unitaire, qui sera de nécessité urgente en relations sociales. Dès que le globe commencera sa métamorphose, dès que les nations civilisées, barbares et sauvages, fondues en ordre sociétaire, ne s'occuperont plus qu'à organiser les moyens d'enrichissement et d'unité, ce sera n'exister qu'à demi, que d'ignorer le langage de lien universel. Dès-lors, tous les menus auteurs, les régents et grammairiens, qui en France végètent si tristement, se verront tout à coup assaillis d'offres séduisantes, par les pays non français qui leur prodigueront les appâts de fortune, pour se procurer des instituteurs exercés, et capables de former en peu de temps un canton à la connaissance du langage adopté pour l'unité.

Il règnera, au début de l'Association, une impatience extrême sur ce sujet, et l'une des mesures d'accélération auxquelles tout canton aura recours, sera de se procurer une famille tirée des pays où le langage français réunit la pureté d'expression et la grâce de prononciation, comme Paris, Rheims, Blois, Berlin. Ce sera une source de fortune subite pour les familles pauvres et de bon accent.

Si la langue française est adoptée, on sera par-tout empressé d'avoir une de ces familles, pour l'entremettre dans toutes les fonctions de la Phalange, et sur-tout parmi l'enfance à qui il conviendra de faire entendre des natifs de France, afin de la former de bonne heure à la pratique du langage unitaire.

Les termes vicieux de localité française, les Parisismes, Tourangismes, etc., ne seront pas un obstacle, parce qu'on en dressera un tableau pour les proscrire de commun accord, et en corriger la famille même qui sera introduite pour l'instruction pratique.

Au résumé, ces chances de fortune subite sont si colossales pour les savans, les littérateurs, les artistes, et de plus pour les Français bien parlants, qu'on sera fondé à suspecter de malignité ou de démence tous ceux qui n'embrasseraient pas ardemment cette perspective.

Gloire et fortune, tel est le but commun des savans et artistes : on pourrait dire *fortune et gloire*, pour s'exprimer plus exactement, pour classer au 1er rang l'objet le plus désiré. Mais en civilisation il n'est pas d'usage de parler comme on pense ; de là vient que les auteurs civilisés feignent et doivent affecter de préférer la gloire ; au moins avoueront-ils qu'il serait bon d'y joindre la fortune, car, selon certain adage, *l'argent ne gâte rien.*

Quelle est donc la bizarrerie de nos savans et artistes, quand ils vantent la civilisation qui ne leur assure ni gloire, ni fortune, et qui les raille hautement sur leur pauvreté devenue proverbiale ? Aussi dit-on : *gueux comme un peintre, déguenillé comme un poëte, crotté comme un maître de mathématiques, logé comme un savant, au grenier, tout près des astres !)*

On voit à peine quelques-uns d'entr'eux, à peine un huitième, atteindre péniblement à une petite fortune. Cette exception confirme la règle de pauvreté générale ; car, en théorie de mouvement social, les 7/8es sont comptés pour le tout.

Il n'est donc rien de plus molesté par la civilisation, point de classe plus maltraitée par elle, que ces savans qui la prônent et la décorent du nom de *perfectibilité perfectible.* Depuis le prince des poëtes, Homère, qui mendiait son pain, jusqu'au prince des sophistes, J. J. Rousseau copiant de la musique pour gagner sa subsistance, on a toujours vu le régime civilisé n'assigner aux savans et artistes que l'indigence et presque le mépris. Quelle faiblesse à eux, j'oserai même dire *QUELLE BASSESSE*, de vanter une société qui donne des palais aux agioteurs, puis des haillons aux hommes qui honorent l'esprit humain ! !

Ils ne jugeront bien leur humiliante condition, que lorsqu'ils connaîtront la théorie de cet état sociétaire qui va les élever subitement à l'immensité de lustre et de richesse. Je viens de leur donner un tableau très-incomplet du sort qui les y attend : après en avoir lu ce peu de détails, ils ne s'étonneront plus si je les critique sur leur engouement pour la civilisation qui les bafoue.

CITIENNE. — Que de biens inespérés, quel orage de richesse va fondre sur ces savans, lettrés et artistes, aujourd'hui si disgrâciés de la fortune ! Mais ne sera-ce point une source de jalousie ? les autres classes, et principalement celle des grands, verront-elles sans ombrage cet enrichissement gigantesque de trois corporations aujourd'hui si pauvres ?

Je pourrais répondre que l'autorité ne s'ombrage pas de la fortune bien plus colossale des agioteurs, et bien moins méritée : mais admettons l'objection, et répliquons-y.

Ce serait à moi maladresse, que de présenter tant de chances d'enrichissement pour une classe des moins puissantes de la société, si je n'ouvrais une carrière équivalente et même supérieure à la caste des gouvernans. Je vais les informer de ce que l'Association peut faire pour eux dès son début : ce sera le sujet du 2e moyen (positif composé). Après l'avoir lu, les princes et les grands opineront, qu'en se passionnant pour la civilisation, ils tomberaient dans une duperie pire encore que celle des savans, lettrés et artistes qui inclineraient à en prolonger la durée.

Rallions la thèse à un principe déjà établi, celui des garanties composées.

On a vu, aux chapitres 10e, 11e, 12e, que Dieu observe scrupuleusement ce principe et s'étaye en tous sens de garanties composées. Pourrait-il les négliger dans une affaire aussi importante que la fondation de l'ordre sociétaire, évènement le plus décisif qui puisse avoir lieu sur un globe, métamorphose qui doit faire succéder les lois de Dieu aux lois des hommes ?

Dieu n'a-t-il pas dû prévoir les obstacles que pourra éprouver cette fondation, et aviser à les surmonter d'emblée ? L'expérience d'une éternité passée, l'épreuve déjà faite sur des milliards de globes, lui ont assez fait apprécier l'intensité des obstacles que peuvent opposer les passions civilisées : s'ils sont grands, Dieu a dû se munir de puissantes ressources pour les vaincre. Enfin il a dû, selon la règle d'*INFRA-DESTIN* 237, *ménager un excédant de la somme d'appâts sur la somme de défiances.* Or, l'appât devant être composé en tous sens, applicable aux diverses classes et non à une seule, Dieu a dû pourvoir à ce que la fondation de l'harmonie pût tenter spécialement les grands, qui sont maîtres en civilisation ; leur présenter une amorce encore plus séduisante que celle de la fortune pécuniaire qu'il assure aux savans et artistes.

Bref, la perspective d'Association doit entraîner, non pas une classe influente, comme celle des savans, mais toutes les corporations puissantes, et notamment celle des gouvernemens. A défaut, l'appât ne serait que *simple* en sens collectif, puisqu'il n'agirait puissamment que sur les corps savans, dont l'influence n'est point aussi grande que celle des princes et ministres. Il faut, pour amorce *composée classique*, étendre l'appât aux uns et aux autres, et même le rendre plus séduisant pour les chefs de l'autorité, puisque leur empressement à fonder l'Association, sera gage de prompte épreuve.

Une invention vraiment tutélaire pour le genre humain, doit remplir les vœux de tous les rangs et de tous les ordres; servir à la fois la cour, les grands, le sacerdoce, l'administration, l'armée, le propriétaire, le fermier, l'artisan et l'ouvrier. Dieu a dû se ménager les moyens d'emporter d'emblée tous ces suffrages : il serait indigne de sa sagesse de se commettre dans une lutte avec le scepticisme : il possède (188) la *baguette magique*, la faculté d'imprimer Attraction; il a dû s'en réserver l'exercice dans l'affaire de la fondation du canton d'épreuve, opération d'où dépend l'avénement de chaque globe à la destinée heureuse. Quelles mesures a-t-il prises pour y réussir, et entraîner simultanément toutes les classes de la civilisation ?

Sans entrer ici dans le détail de leurs intérêts divers, nous aurons assez fait, si nous découvrons dans la fondation du canton d'épreuve, un sujet d'enthousiasme et d'émulation pour les grands et les savans. Ces deux classes une fois prononcées et unies d'intention, seront plus que suffisantes pour déterminer la prompte initiative.

D'autre part, l'entreprise languirait si les perspectives ne stimulaient pas à la fois la cour et les beaux esprits. De quel œil la cour verrait-elle un avenir tout d'or pour une classe d'hommes qu'elle n'affectionne point? En vain représenterait-on aux grands l'avantage du triplement de revenu réel (pag. 1), qui s'étendra à tous les propriétaires; la passion ne raisonne pas, et les grands n'envisageraient que cette mine d'or ouverte aux savans et non aux courtisans.

D'ailleurs, n'est-il pas nécessaire, en civilisation, que le lion ait la meilleure part au gâteau, et que l'entreprise qui va combler de tant de biens les auteurs célèbres, en assure de plus grands encore aux gouvernans qui l'auront protégée! Dieu n'a-t-il pas dû prévoir que l'autorité exigerait ici, comme dans toute affaire, la part du lion?

Sans l'accomplissement de cette condition, les bienfaits de l'harmonie ne seraient point un gage de prompte épreuve, quelque régulière que pût en être la théorie. Aucun prince, aucun ministre, ne se passionnerait pour un ordre qui débuterait par jeter des millions à la tête des savans, lettrés et artistes, sans donner plus encore à leurs supérieurs.

Sous ce rapport, le problème d'enrichissement subit devient *composé classique*, devant s'étendre à la fois aux deux classes des grands et des savans, condition sur laquelle je ne saurais trop insister.

Mais où prendre de quoi gorger de trésors tant de personnages? Voilà déjà les beaux esprits tellement criblés de millions dans le premier article, qu'il ne devra rien rester pour ceux qui arriveront en seconde ligne!

Cela n'est point à craindre, et je ne poserais pas le problème si je n'étais bien assuré de le résoudre. Je sais combien les grands sont insatiables de richesses et de dignités : à quoi servirait d'irriter en eux la cupidité, si l'ordre sociétaire n'offrait des moyens d'outrepasser leurs vœux dès son début, ainsi qu'ils vont en juger dans l'article suivant.

Cet article exigera d'autant plus d'attention, qu'il nous fournira plus loin (Inter-pause), des principes à poser contre *le faux libéralisme*, dont la réfutation méthodique est renvoyée à l'extroduction. Mais il est bon d'y préluder, et c'est ce que je vais faire en établissant que la règle du *vrai libéralisme* est de *donner à tout le monde sans rien ôter à personne*; principe fort contradictoire avec le système de certains libéraux, qui est d'ôter l'autorité aux uns pour la donner aux autres, et ne laisser, en dernière analyse, que la famine au peuple.

Des hommes très-respectables par leurs bonnes intentions, sont infatués de ce vicieux système. Autant j'approuve leurs vues, autant je blâme leurs moyens. Je vais les entretenir d'un ordre de choses qui débutera par donner beaucoup à ces grands dont la Philosophie veut restreindre le lot, et donner en même temps beaucoup aux beaux esprits et au peuple. C'est à cet effet de *libéralité composée*, qu'on pourra reconnaître *le vrai libéralisme*.

Le moyen suivant, le deuxième, rentre tout-à-fait dans le genre gigantesque et incroyable ; peu importe : on doit se rappeler que la théorie sociétaire n'a pas besoin de séduire des milliers de partisans, mais un seul.

Déjà j'ai observé, au sujet des candidats pécuniaires, que sur quatre mille, nombre auquel j'en estime la masse, il nous suffira d'en convaincre *un*, *sans plus*. Il en sera de même au sujet de l'amorce dont je vais traiter : elle va sembler effrayante, exagérée, à ceux qui n'ont aucune connaissance en géographie. Répétons-leur que, sur 4000 grands que peut contenir la civilisation, il n'en faut qu'un pour consommer l'œuvre de fondation. Qu'importera que 3999 pygmées crient à l'exagération, pourvu que l'un des 4000 sache porter un jugement et cueillir la palme? Quelles que soient les préventions des civilisés, je ne cherche en tout sens qu'un homme sur 4000 : est-ce trop prétendre, et fut-on jamais mieux fondé à espérer, en disant, *hominem quæro !*

2me Moyen positif composé.

RÉCOMPENSES DE SOUVERAINETÉ

AUX COOPÉRATEURS DE LA FONDATION D'ÉPREUVE.

Je vais mettre en jeu un levier si puissant sur l'esprit des ambitieux, qu'ils oseront à peine y ajouter foi, tout en brûlant d'impatience de voir le pronostic réalisé. Ici, les cœurs glacials de nos politiques vont palpiter comme ceux des amoureux de quinze ans.

Quel charme pour un grand, pour un ministre, que l'espoir d'un beau trône, du sceptre d'un grand empire, comme la monarchie héréditaire de France ou d'Autriche! C'est ce que ne peut ni obtenir, ni prétendre le plus puissant favori. Emm. GODOI, Prince de la Paix, avait, dit-on, amoncelé une fortune de 400 millions ; il n'obtint pas même un petit état souverain, comme Wurtemberg ou Bade.

Un ministre aujourd'hui serait coupable de former pareille prétention ; car il ne pourrait la satisfaire qu'aux dépens de son souverain, ou par des guerres, des commotions générales dont le dénouement serait bien incertain et la tentative bien désastreuse. Les hommes qui ont longtemps et sagement gouverné, Sully, Richelieu, Colbert, n'ont pas même obtenu quelque principauté héréditaire de médiocre étendue, comme Gotha ou Weimar.

Cependant, un ministre qui voudra scruter et confesser son arrière-pensée, dira qu'il est las de ne commander qu'en sous-ordre ; d'avoir encore, tout ministre qu'il est, vingt partisans à ménager, vingt rivaux à déjouer, et qu'il serait fort doux pour lui d'être enfin chef suprême et inamovible d'un bon empire comme la France, ou tout au moins d'une souveraineté moyenne, comme Piémont, Bavière, Portugal.

Pour estimer ce que les grands peuvent aujourd'hui prétendre en ce genre, il faut nous transporter en idée à la 4e année après l'épreuve de l'Association, soit 1827, selon l'échelle suivante :

an 1822, préparatifs du canton d'essai.
1823, installation ; épreuve définitive.
1824, imitation générale par les civilisés.
1825, adhésion des barbares et sauvages.
1826, organisation de la hiérarchie sphérique.
1827, versemens d'essaims coloniaux.

Telle est la marche que suivra l'opération ; et si on la suppose commencée en 1822, il faudra, dès l'an 1827, aviser à distribuer les souverainetés des régions à coloniser.

L'analyse de cette distribution et des principes qu'on y observera, va garantir aux grands cette bonne fortune que je leur annonce : elle va démontrer que celui d'entr'eux qui voudra protéger l'essai de l'Association, peut dès à présent se considérer comme souverain d'un empire bien supérieur à ceux de Chine ou de Russie, et que les agens secondaires qui auront coopéré au succès de l'entreprise, obtiendront, en divers degrés, des sceptres héréditaires dont la hiérarchie sphérique aura une quantité énorme à distribuer, par suite des colonisations attrayantes.

Exposons d'abord le système des colonisations en harmonie.

Autant il est facile aujourd'hui d'entraîner aux Antipodes une foule de misérables à qui on fait espérer de trouver *du travail et du pain*, autant il serait impossible dans l'état sociétaire, d'arracher de leurs foyers des familles très-heureuses, vivant dans les délices. Tout harmonien sourirait de pitié à l'idée d'aller chercher fortune au bout du monde : il jouira, sur le sol natal, d'une existence préférable à celle des monarques civilisés : ne serait-ce pas à lui insigne folie, que de se transporter dans les déserts de la Guyane pour y tenter des défrichemens, y lutter contre les moustiques et serpens-sonnette, les marécages et la fièvre jaune ?

Cependant, un incident forcera l'émigration ; elle sera obligée par le rapide accroissement de population. Les enfans sont si bien soignés dans l'état sociétaire, qu'il n'en meurt pas le dixième de ce qu'en moissonne la misère des petits ménages civilisés. En conséquence, le progrès de la population sera colossal, et on s'apercevra, dès le début de l'harmonie, qu'il faut aviser aux versemens coloniaux ; à défaut de quoi les pays déjà au complet, comme la France, ne tarderaient pas à être encombrés ; tandis que les *surcomplets*, comme Lombardie, Naples, Wurtemberg, Silésie, Flandre, Alsace-Bade, Piémont, Normandie, seraient engorgés dès le début, parce que l'harmonie dont le mécanisme exige de vastes forêts, prairies, bassins, etc., ne peut pas comporter la mesquine distribution des cultures civilisées, ni l'accumulation des fourmillières de pauvres gens.

On saura en outre, (j'en donnerai la preuve), que la population sociétaire ne doit augmenter que pendant un laps d'environ 250 ans, sept générations, non compris la présente, et qu'il faut employer ces sept générations à porter le globe au grand complet, parce que dès la 9e génération (celle-ci comprise), les femmes deviendront de moins en moins fécondes : l'excès de vigueur les rendra plus aptes au plaisir, mais beaucoup moins à la conception ; de sorte qu'à la 9e génération d'harmonie, le genre humain ne produira plus que la quantité d'enfans rigoureusement nécessaires à maintenir le complet existant.

On devra donc mettre à profit les huit générations plantureuses, et notamment les premières, qui seront les plus fécondes; car, à mesure que la race gagnera en vigueur, elle perdra en fécondité. Nous en voyons la preuve de fait chez les femmes civilisées : sur huit stériles, il y en a sept de robustes. Ce sont toujours les plus grandes, les plus fortes, qui sont les plus tardives à enfanter.

Un autre obstacle sera l'excellence de nourriture, qui cause fréquemment la stérilité des femmes. Celles de la campagne, vivant d'un pain grossier, sont toutes fécondes : celles de la ville, qu'il faut, dit Molière, nourrir d'*orge mondée et de crême sucrée*, passent quelquefois trois ou quatre années de mariage avant de concevoir, et cessent de bonne heure, malgré les secours officieux de bons voisins et amis de la maison, prêtant aide et assistance au mari.

Fondée sur ces considérations, l'harmonie s'occupera d'emblée à coloniser. D'ailleurs, le méphitisme des régions incultes obligera à spéculer sur une colonisation intégrale, pour garantir l'état sanitaire du monde matériel, et accélérer le raffinage climatérique (note A, 65).

Venons aux moyens d'exécution. D'après le bonheur dont jouiront les harmoniens, ils ne pourront coloniser qu'en transportant des essaims complets, des Phalanges entières, bien assorties en progression de caractères, de fortunes, d'âges, etc., et aptes à exercer par mécanique de Séries passionnelles. Or, cet assortiment exige environ 1500 personnes pour tenir au complet le clavier général des 810 caractères (257), avec ses suppléans et acolytes; (non compris les deux âges extrêmes, 1er chœur, bambins, 16e chœur, patriarches, qui ne sont pas comptés en clavier de caractères).

Pour déterminer un essaim à se transporter aux Antipodes, à la Nouvelle-Hollande ou la Nouvelle-Zélande, ou seulement à la Guadeloupe, il faudra lui assurer trois avantages.

1° *L'accroissement subit de fortune.* On verra, au chapitre des colonisations par annuités, que ce transport sera un triplement réel de fortune pour tous les émigrans.

2° *L'installation subite et insensible.* Pour la garantir, on aura dû préparer à l'essaim un PHALANSTÈRE ou grand palais aussi commode que la demeure qu'il aura quittée; plus, des plantations et étables en bon état, dont l'essaim colonial n'aura qu'à poursuivre la culture.

3° *Le transport agréable.* Chaque essaim devra partir avec des flottes nombreuses, et trouver en arrivant des armées industrielles dont la présence étant un gage de fêtes habituelles, répandra beaucoup de charme sur les premiers mois de séjour, qui sont les seuls insipides.

Toutes ces précautions, qui seraient impraticables pour un souverain, seront très-faciles à la hiérarchie sphérique, ainsi qu'on en pourra juger aux chapitres spéciaux. Elle seule peut organiser les armées *attrayantes extérieures* : elle exercera donc la police générale des colonisations; elle jouira, par suite, du droit de distribution des sceptres héréditaires dans les régions à coloniser, où elle fera verser les superflus des huit premières générations. Elle répartira d'abord les essaims par lignes d'intersection sur trois Phalanges de front, afin d'éclairer le pays et agglomérer les hordes sauvages. On les disséminera en petit nombre dans chaque essaim, et par douzième au plus, comme 120 sauvages pour 1500 harmoniens; total, 1620 sociétaires.

D'après cet exposé, il est évident que la distribution de souverainetés des pays colonisés devra être faite par la hiérarchie sphérique, aux yeux de qui le principal titre de recommandation sera d'avoir coopéré d'une manière quelconque à la fondation de l'harmonie, à la délivrance du monde social.

Quels seront les degrés, le nombre, l'étendue, les bénéfices, les attributions de ces souverainetés? Avant de m'engager dans ces détails (dont je ne prétends pas traiter dans cet intermède), il a convenu de prouver d'abord :

Que la colonisation sociétaire ne peut être opérée que par entremise de la hiérarchie sphérique.

Que la nomination aux sceptres de divers degrés sera dévolue à ladite autorité suprême.

Qu'elle ne pourra préférer que les individus recommandés par coopération active à l'essai de fondation.

C'est une proie bien immense que ces souverainetés à distribuer en harmonie : je vais en donner le tableau régulier; mais pour y préluder, observons que diverses régions des plus vastes n'ont pas un seul titulaire légitime. L'Australie encore inculte, peut former, à elle seule, plus de 15 empires égaux à la France. Voilà donc dans cette île déserte un lot de quinze sceptres égaux à celui de France, et dont on pourra jouir titulairement en Europe, avant d'aller en prendre possession. Au reste, dès qu'il y aura seulement cent Phalanges de fondées dans une contrée neuve, le séjour en sera cent fois plus agréable que ne peut l'être en civilisation celui de Paris ou Londres.

L'Australie, dira-t-on, est bien éloignée de nous : mais l'Afrique, l'Amérique, si fréquentées par nos commerçans, sont bien voisines ; et un homme qui obtiendra un bel empire sur l'Amazone ou le Mississipi, n'aura pas grand déplacement à subir pour aller en prendre possession.

Et les titulaires actuels, Espagne, États-Unis, Angleterre ! Ils ne seront titulaires que d'une portion équivalente aux surfaces mises en culture, sauf l'indemnité de colonisation (*). Ainsi les deux couronnes d'Espagne et Portugal pourraient tout au plus réclamer deux empires dans la Colombie (Amérique mérid.), qui en fournira plus de quarante quand elle sera mise en culture.

Et comme l'état insalubre du globe, la nécessité de prompt raffinage, obligeront à coloniser méthodiquement, les titulaires actuels qui n'auront aucun moyen de procéder à ces colonisations ni de former des *armées attrayantes extérieures*, seront obligés de traiter de leurs terrains vacans avec la hiérarchie sphérique. Elle leur assurera d'ailleurs de si grands avantages, qu'aucun d'entr'eux ne pourra songer à différer le traité, ni le défrichement colonial qui sera d'urgence pour la restauration des climatures. Tous les Princes, au contraire, chercheront à s'associer actionnairement dans le travail de colonisation générale ; chaque Souverain aimant bien mieux vendre comptant ses déserts et s'y ménager des souverainetés futures,

(*). Nous avons foule de publicistes, et jamais aucun d'eux n'a donné un plan de droit public sur les émancipations coloniales, indemnités de colonisation, calculées selon l'époque de fondation, les travaux de découverte, les soins d'exploitation, le temps de jouissance, les produits d'impôt, la durée du monopole, etc. etc. Il en est résulté de singulières injustices, dont la principale est que l'Europe a reconnu les droits de l'Espagne qui sont prescrits en toute règle ; tandis qu'elle a légitimé l'émancipation des colonies anglaises, à une époque où la métropole n'était nullement indemnisée. Aussi l'Angleterre obtiendra-t-elle en congrès d'unité sphérique, un dédommagement pour cette lésion.

que de spéculer sur les lenteurs du défrichement colonial, qui ne pourra être facile et prompt que sous la direction de la hiérarchie sphérique.

Estimons, d'après ces aperçus, la masse de souverainetés héréditaires à distribuer, leurs degrés, leur étendue.

Les cultures existantes n'embrassent pas un cinquième des terres, y compris les glaciales, qui seront bientôt dégagées par un évènement plus décisif que la culture intégrale composée, note A 59.

Il reste donc au moins quatre cinquièmes du globe à coloniser et pourvoir de Souverains en harmonie.

Déduisant quelque chose pour les concessions aux grands titulaires de déserts, on trouve au moins les trois quarts du globe à pourvoir de Souverains en pays colonisés, dont le défrichement s'effectuera avec rapidité.

Évaluons d'abord le nombre des souverainetés dans chaque degré; et distrayant un quart pour les titulaires, il restera trois quarts à allouer aux coopérateurs d'harmonie, qui certes ne seront pas assez nombreux pour une proie si copieuse.

OCTAVE DES SOUVERAINETÉS D'HARMONIE.

Titulaires environ			*régissant* Phalanges.	
2,985,984.	1	Unarques ou Barons	1	1.
995,328.	2	Duarques ou Vicomtes . .	3 ou 4	4.
248,832.	3	Triarques ou Comtes . . .	12	3.
82,944.	4	Tétrarques ou Marquis	48	4.
20,736.	5	Pentarques ou Ducs	144	3.
6,912.	6	Hexarques ou Grands-Ducs .	576	4.
1,728.	7	Heptarques ou Rois . . .	1,728	3.
576.	8	Octarques ou Califes . . .	6,912	4.
144.	9	Ennéarques ou Empereurs .	20,736	3.
48.	10	Décarques ou Césars . .	82,944	4.
12.	11	Onzarques	248,832	3.
3.	12	Douzarques	995,328	4.
1.	✕	*Omniarque*.	2,985,984	3.

Nota. Au-dessus de 10, les noms grecs sont peu connus. J'ai préféré Douzarques, nom français, à Dodécarques; ceci sauf rectification.

J'ai, selon mon usage, cavé au plus bas, et compté seulement 3 millions de Phalanges, au lieu de 3 1/2 (grand complet), seulement 144 empires de 9e degré comme la France, au lieu de 200 que donne au compas la mesure topographique.

Vérifions l'estimation sur un seul article, sur le 9e titre, celui des Ennéarques ou Empereurs, dont le terrain estimé à 31 millions (1500 par phalanges), ne supposerait qu'une population de 4,464,000,000. Elle s'élevera au moins à 5 milliards; et comme divers Ennéarques auront un empire borné à 20 millions au lieu de 31, l'Italie et l'Angleterre qui sont ennéarchats, ne pouvant pas excéder ce nombre, il est évident que la masse des Ennéarques ou Empereurs s'élevera au moins à 200 au lieu de 144. J'ai donc cavé au plus bas, sauf pour les deux grades suprêmes 12 et ⋈, dont le nombre sera exactement de trois et un.

Les titulaires existans et légitimes n'absorberont pas le quart des sceptres à distribuer. En effet, les trois plus forts, qui sont les souverains de Chine, Russie et Angleterre-Bengale, ne peuvent prétendre, même en exagérant leurs droits, que les lots suivans :

Chine,	6	empires et 1 césarat et demi.
Russie,	4	empires et 1 césarat.
Angleterre,	5	empires et 1 césarat.

Aucun autre prince du globe n'a droit à un césarat, et on ne trouve, après les trois ci-dessus, qu'environ 12 titulaires à un empire de 9e degré.

Il restera donc à distribuer en 9e degré, environ cent vingt empires égaux à la France, et proportionnément dans les autres degrés. Quelle garantie d'un beau sceptre héréditaire pour ceux qui auront efficacement coopéré à la fondation du canton d'épreuve !

Les objections qu'on élèvera sur cet aperçu, seraient trop irrégulières et trop peu fondées, pour qu'il convienne de les réfuter avant qu'elles ne me soient connues : il en est une, pourtant, que je ne dois pas différer à examiner.

On demandera comment pourront s'accorder ces filières de souverains de divers degrés dans un même empire? Le Roi de France, qui sera alors Empereur, aurait donc dans son empire même, des Califes ou Octarques à Paris, Bordeaux, Lyon et

Nantes; puis des Heptarques ou Rois, au nombre d'une quinzaine, pour les divisions moins étendues; puis des Grands-Ducs! Eh, qu'importent les titres? ne peut-on pas les commuer en ceux de préfets et gouverneurs? je les ai assortis aux divisions. Il est évident que le titre de Roi, donné aux monarques de 1,300,000 habitans, en Wurtemberg et Saxe, devient insuffisant pour un monarque de 29 millions de Français. L'harmonie n'admettra pas ces irrégularités, et les souverains prendront des noms analogues aux degrés.

Du reste, ne nous attachons ici qu'aux fonctions: le traité des Séries passionnelles prouvera qu'en harmonie la parfaite graduation et la multiplicité des fonctions contribuent à l'accord général, et à l'enrichissement des souverains et des peuples. Dès-lors, qu'importera au souverain de France d'avoir sous lui quatre califes et douze rois; qu'importera au souverain de Chine d'avoir sous lui six empereurs, une vingtaine de califes et une soixantaine de rois, puisque ces souverainetés progressives, loin d'être, comme aujourd'hui, un sujet d'ombrage et de commotions politiques, deviendront, dans le nouvel ordre, des ressorts nécessaires à l'unité, à la stabilité?

Je n'ignore pas qu'en civilisation il ne convient nullement à un monarque d'avoir en sous-ordre des subalternes puissans, qui aspireraient à l'indépendance: mais, autres temps, autres mœurs: la discorde et la fausseté étant l'essence de nos sociétés, chaque autorité, chaque fonctionnaire y cherche à s'affranchir du supérieur: dans l'état sociétaire, les divers agens s'aiment et se soutiennent par utilité réciproque, et sont aussi indispensables les uns aux autres, que le bras l'est aux doigts. Ils ne peuvent pas plus songer à s'isoler du supérieur, que nous ne songerions à nous couper un doigt pour le rendre indépendant du bras. Ils sont entr'eux comme une chaîne de postes, dont chacun est indispensable à la sûreté de ses deux voisins et de la ligne entière.

Il restera à expliquer comment l'hérédité en lignée, privilége qui aujourd'hui est la source de tant de jalousies parmi les grands, deviendra pour eux une garantie des intérêts respectifs. C'est sur quoi je m'engage à satisfaire amplement, au traité des Séries passionnelles, section des équilibres cardinaux,

article

article famillisme, ainsi que sur d'autres questions, comme celle des arrondissemens et rectifications de frontières donnant à chaque souverain, en provinces compensées, un bénéfice de 3 pour 2, qu'il n'obtiendrait pas en vingt ans de guerre.

Prévenons, à cette occasion, les ergoteurs impatiens, rapportant tout à leurs habitudes civilisées, que jamais ils ne porteraient un jugement exact sur l'harmonie, tant qu'ils s'obstineraient à établir des parallèles entre l'état faux ou civilisé, et l'état vrai (*) ou sociétaire.

Dans ses débuts, la hiérarchie sphérique ne se hâtera point de distribuer les souverainetés vacantes en divers degrés; mais n'en concédât-elle que le huitième, nombre de rigueur, exception obligée, c'en sera plus que n'en pourront occuper les sujets à récompenser; d'autant mieux qu'on n'admettra pas les titres équivoques, les *MOUCHES DU COCHE*, les hableurs qui viendront, après coup, prouver à force de belles paroles, qu'ils ont tout fait pour accélérer l'essai de l'Association, et que c'est à eux seuls qu'on doit cette épreuve, à laquelle ils n'auront contribué qu'en verbiages tardifs et inutiles.

On n'abusera pas sur ce point la hiérarchie sphérique; et ceux qui prétendront aux récompenses de souveraineté, sont prévenus qu'il faudra s'être prononcé bien franchement; que tout procédé de louvoyeur, de caméléon, ne sera qu'un gage d'exclusion, lors même qu'il aura été soutenu de bonnes intentions cachées. Qu'arriverait-il si on admettait au concours les louvoyeurs? Le nombre en serait si grand, que cent mille sceptres ne suffiraient pas à les satisfaire, tant cette classe d'intrigans est innombrable: ils doivent donc se tenir pour bien avertis, qu'il faudra, soit en actions, soit en écrits, s'être déclaré avec franchise pour la nécessité d'Association et la prompte épreuve. A défaut, le caméléonisme ne deviendrait, au lieu d'un brevet de sceptre, qu'un titre à la risée. Qu'on se le tienne bien pour dit, et qu'on n'espère pas employer avec succès, dans cette affaire, les procédés ambigus dont la réussite n'est infaillible qu'en civilisation.

(*) On ne peut les comparer qu'en contrariété et non en contraste; car le contraste suppose accord des extrêmes. Voyez la note 250, sur les dualités et duplicités.

J'ai terminé sur l'exposé du 2me moyen. J'ai dû, en raison de son importance, m'étendre en détails : j'admets que les pygmées, les êtres qui ne savent pas même prendre le compas et mesurer la surface du globe, considèrent comme exagération cette annonce de 200 empires égaux à la France. Redisons-leur qu'il ne s'agit point ici de convaincre la masse des ignorans, des présomptueux, mais seulement le très-petit nombre d'hommes judicieux, qui prennent la précaution de vérifier avant de juger.

J'ai intitulé ce 2me moyen, *composé* et même *bi-composé*, parce qu'il satisfait cumulativement les intérêts divers; tandis que le 1er moyen ne sert que la classe des hommes à talent. Nous pouvons distinguer ici quatre ordres de personnages fort hétérogènes, et tous d'accord à convoiter les prix de souveraineté ; ce sont :

Rangs supérieurs. { Les princes frustrés de sceptre.
Les ministres et les grands.

Rangs inférieurs. { Les savans, lettrés et artistes.
Les hommes opulens et actionnaires.

✕ Les citoyens honorables, mais sans fortune.

Tout individu de ces divers ordres peut prétendre à de grands ou menus prix de souveraineté, s'il concourt *de tous ses moyens* à la fondation du canton d'épreuve. Or, quel est le sens de cette clause, *concourir de tous ses moyens* ! Elle n'implique pas d'engagemens aventureux : elle suppose les démarches possibles et approuvées par la prudence.

Ainsi un homme qui possède cent mille écus, peut, sans imprudence, hasarder une action de mille écus, dans une entre-purement agricole et exempte de risque.

Un bel esprit, sans fortune, peut, sans se compromettre, hasarder un écrit donnant franchement l'impulsion, et arguant des erreurs de 25 siècles, pour en induire qu'il ne peut pas arriver pis.

Un ministre peut, sans rien donner au hasard, adresser à son souverain une invitation d'essai, motivée sur la seule chance des économies palpables que garantit l'Association, entr'autres sur l'épargne du combustible, devenue si urgente, si impérieuse.

Un prince peut, sans aucun risque, engager à crédit, à prix de bail et de fermage, un grand domaine qui deviendrait local d'essai, de bâtisse et de plantation pour les entrepreneurs et souscripteurs actionnaires.

✕ Enfin un homme sans fortune peut, dans sa sphère bourgeoise, exciter des souscripteurs, concourir activement et notoirement selon ses faibles moyens.

Tous ces individus auront, en divers sens, prêté un secours efficace; et pourvu que leur franche intervention soit constatée, ils auront un titre suffisant aux récompenses de souveraineté, qui sont de tous degrés et assorties à toutes les ambitions. N'obtint-on qu'un Pentarchat ou principauté héréditaire d'environ 144 Phalanges ou 200,000 habitans, ce sera l'équivalent des états de Nassau, Weimar, Gotha, Brunswick, avec l'avantage de possession garantie et transmissible à perpétuité, en lignée légitime, pendant les 70,000 ans de durée assignée à la carrière d'harmonie.

Je l'ai dit plus haut; ni les favoris de fortune colossale, depuis Mécène jusqu'à Godoï, ni les ministres célèbres, tels que Sully et Pitt, n'ont obtenu pareil prix, qui aujourd'hui peut devenir le lot de tout homme sans fortune. Le nombre approximatif des Pentarchats, porté au tableau pour 20,700, sera réellement de 23,000 au moins. Or, il n'est pas sur le globe 3000 titulaires de Pentarchats, même en y admettant les chefs de hordes principales et les brigandeaux d'Afrique, fiers du titre de *grands sorciers et grands voleurs;* il restera donc 20,000 Pentarchats à distribuer; et en supposant qu'on ne dispose provisoirement que d'un huitième, on pourra allouer aux coopérateurs subalternes 2500 principautés héréditaires, bien rentées, bien garanties, et égales en surface aux états de Nassau, Brunswick, Weimar, Gotha, Saltzbourg, Luxembourg, ou tout au moins à l'état de Lucques.

Ainsi les menus ambitieux, qui n'oseraient pas spéculer sur de grandes acquisitions, peuvent se fixer aux souverainetés d'ordre moyen; Heptarchats, Hexarchats, Pentarchats, ou aux inférieures : quant aux ambitieux de nature insatiable, quel vaste champ leur est ouvert! L'Omniarchat, le sceptre héréditaire d'unité universelle, si digne de tenter le plus puissant souverain, peut devenir le lot d'un simple particulier; car celui qui aura été fondateur de fait, chef notoire et pivot de l'entreprise d'épreuve, sera par acclamation promu au rang d'Omniarque du globe. Combien d'individus peuvent prétendre à cette palme, puisqu'il suffira, pour l'obtenir, d'être fondateur avéré du canton d'épreuve ; canton qu'il suffira d'organiser en mode simple ou hongré, borné à 80 familles, soit 400 habitans des trois sexes !

Et lors même que deux et trois fondateurs ou coopérateurs d'égal mérite entreraient en concurrence, n'auront-ils pas, dans les sceptres de 12ᵉ et 11ᵉ degré, un proie cent fois colossale? J'ai remarqué qu'il n'est pas un seul titulaire pour les trois Douzarchats, et qu'on ne voit que trois titulaires pour les Onzarchats, dont le nombre pourra s'élever à 15 ou 16. Que de chances pour les hautes ambitions, et plus encore pour les petites qui ne convoiteront que les magnatures héréditaires de bas degré, comme un Triarchat ou souveraineté d'environ une douzaine de cantons !

Cet appât des prix de souveraineté est si supérieur à celui des prix de talent énoncés au 1ᵉʳ moyen ; il est d'ailleurs si facile à obtenir et si bien adapté à tous les degrés d'ambition, que j'ai dû le considérer comme levier principal auquel doit se coordonner le plan de l'intermède. Nous y reviendrons en Ulticune ; il suffit ici d'avoir présenté ces prix comme voie de *séduction composée*, voie de fortune et grandeur, voie applicable non seulement à toutes les classes d'ambitieux, mais *aux femmes ainsi qu'aux hommes*, puisqu'en harmonie il n'est pas un seul de ces degrés de souveraineté qui n'ait sa titulaire féminine comme son titulaire masculin, sauf la différence d'émolumens moins copieux et de fonctions moins étendues.

Toutefois, évitons d'entretenir les femmes de cette chance de grandeurs futures ; car elles sont si rapetissées par l'éducation civilisée, qu'on leur devient suspect en leur annonçant un ordre social où leur sexe ne sera pas borné à l'influence très-passagère de ses charmes ; un ordre où elles pourront, à l'appui d'un mérite constaté, s'ouvrir toutes les carrières et participer aux dignités de tous les degrés.

Avant de conclure sur l'influence que doit exercer ce brillant ressort des prix de souveraineté, il faut entretenir les savans et artistes des erreurs où les a entraînés une ambition modérée, une résignation abjecte au dénuement où les réduit la civilisation. Cet examen fournira les deux moyens négatifs où je traiterai de la fausse politique des savans, et de la contre-politique non moins fausse des grands qui redoutent l'ambition secrète des corporations savantes.

Compromis et froissés par ces défiances, les sophistes doivent chercher une voie pour rentrer en grâce avec les souverains. Je vais la leur indiquer, mais aux dépens de leur dernière chimère, qui est le faux libéralisme.

Inter-Pause.

Les deux Libéralismes.

Des moyens positifs que je viens d'exposer, nous pouvons déduire les principes du vrai libéralisme dont on n'a aucune connaissance : je n'en traiterai qu'à l'extroduction ; il est à propos de préparer les voies.

Le faux libéralisme est un des égaremens les plus récens de l'esprit humain. Son examen longtemps différé va servir de réplique aux reproches d'illusion et d'exagération sur les deux tableaux de récompenses. Je réponds aux sceptiques par l'analyse de leurs propres illusions décorées de titres spécieux : ces prétentions vont se trouver, selon l'usage, bien en défaut dans la chimère la plus en vogue, dans l'esprit libéral actuel, qui n'est qu'un égoïsme travesti et maladroitement fardé.

On trouve par-tout, dans les cours et les assemblées législatives, des coteries qui veulent, selon l'usage, s'emparer de l'influence, diriger l'opinion, se partager les ministères et autres fonctions. D'ordinaire, ces partis prennent des noms insignifians, comme Guelphes et Gibelins, Rose blanche et Rose rouge, Montagne et Marais ; quelquefois même ces noms sont très-exactement appliqués, comme *Opposition* en Angleterre, *Ligueurs* sous Henri IV ; mais ici le nom de libéralisme est aussi impropre que le serait le nom de *chimisme* pour le parti rival, dit *ultra* : s'il se parait de ce titre, on pourrait lui dire : vous ne vous occupez pas de chimie, mais d'affaires de parti : quelques-uns de vous peuvent être chimistes, mais l'objet de vos comités et de vos ligues n'est point l'étude de la chimie ni le progrès de cette science.

Tel est le vice où tombe *l'opposition française*, en donnant à son esprit de corps le nom de libéralisme. Expliquons le sens de ce mot, et les conséquences de sa fausse application.

La libéralité est un caractère. Le nom de libéral peut convenir à un homme riche, bienfaisant, généreux ; et le nom de libéraux, à une société d'hommes opulens, qui répandraient beaucoup d'aumônes, feraient des constructions et fondations utiles à la classe indigente. Mais le mot de libéralisme n'est applicable qu'à une théorie sur l'emploi général de l'esprit libéral, sur son extension à des mesures qui puissent embrasser la masse du peuple.

Or, que veut cette masse? Elle veut,

Le plein exercice des douze passions 242.

Les sept droits naturels et le minimum 143, 130.

Ces deux volontés sont la même, en différentes expressions.

Pour être libéral envers la masse du peuple, il faudrait lui garantir ces divers biens ; et le libéralisme est la théorie qui les lui garantira en tout ou en partie.

Le libéralisme comprend donc deux sciences encore inconnues.

1° Celle de l'Association, qui garantit le plein exercice des facultés précitées.

2° Celle du Garantisme (6ᵉ période), qui ne procure que le demi-exercice de ces facultés.

Et comme nos partis politiques, nommés Libéraux ou Ultras, Ligueurs ou Frondeurs, n'ont jamais eu la moindre idée d'aucune étude ni opération relative à ces garanties, aucun d'eux n'a droit à s'attribuer l'esprit de libéralisme qui suppose une tendance à l'établissement de ces garanties.

On ne vit jamais abus de mots plus étrange, et par suite abus de choses. Un parti politique prendre le nom d'une science qui n'est pas encore née, et dont il empêche l'étude, en la confondant avec les cabales d'ambition !

Il résulte de cet abus de mots, que les deux sciences dont se compose le libéralisme, sont décréditées de fait, avant même d'être connues, et qu'elles sont obligées aujourd'hui de déguiser leur nom, parce que le libéralisme ne présente que le sens d'intrigue démocratique, tendance à envahir les fonctions administratives, sous l'apparence d'un beau zèle pour le peuple, à qui cet envahissement ne garantirait aucun des droits qu'il réclame, pas même le plus urgent de tous, *le minimum proportionnel*, (chapitre VI).

En déclinant les prétentions des soi-disant libéraux, je leur jette le gant d'autant plus franchement, que je les considère tous comme mes partisans secrets. Ils pourront s'offenser de quelques doutes sur leur philantropie ; mais la bonne nature l'emportera ; et comme ils sont, pour la plupart, très-ambitieux, ils seront, plus que toute autre classe, disposés à réfléchir sur la vaste carrière d'ambition que je viens d'ouvrir au 2me moyen, et qui est pour tous les partis sans distinction.

Pourquoi les modernes, si pourvus de lumières en certains genres, n'ont-ils fait aucun pas dans la science urgente, celle d'associer les industrieux ? C'est qu'ils n'ont jamais connu les voies à suivre en garantie sociale, où l'on doit prendre pour règle,

D'enrichir toutes les classes de citoyens, sans en appauvrir ni spolier aucune.

De procéder par les réformes industrielles, sans s'occuper de la politique administrative.

Telle est la marche suivie dans les deux moyens positifs que je viens d'exposer : ils enrichissent les hommes à talent, sans spolier personne ; et loin de contrecarrer l'administration, loin de provoquer des suppressions ou destitutions de fonctionnaires, ils posent en principe la nécessité d'augmenter le nombre des fonctionnaires et dignitaires, qui ruineux aujourd'hui, deviennent utiles dans l'Association, où le travail étant attrayant, exerce attraction sur eux comme sur tout le monde.

Quel accueil pourrait espérer la théorie sociétaire, si elle débutait comme celles de nos prétendus libéraux, qui ne savent qu'appauvrir les savans et harceler l'autorité, sous prétexte de sauver le peuple ? Bien loin d'effaroucher les grands, cette théorie ne les aborde que le rameau d'or à la main. Elle dit à un ministre : » Que désires-tu ? des richesses, des grandeurs ? Tu n'es qu'au 2me rang, soumis aux intrigues de cour, qui peuvent à chaque instant te faire chanceler : veux-tu devenir plus grand que ceux que tu sers ? veux-tu un trône plus beau que celui de France ou d'Angleterre, le trône du monde (*Omniarchat*), ou d'un tiers du monde (*Douzarchat*) ? Veux-tu seulement un empire égal à la France ? Veux-tu, en acceptant cette bonne fortune, jouir du témoignage de ta conscience, faire à la fois le bien de ton souverain et de son peuple, libérer ta nation de sa dette publique (Introduction)? »

Ainsi s'exprime et opère le vrai libéralisme; *il donne à tous, sans rien ravir à aucun;* méthode opposée au plan d'abaisser les grands sous prétexte d'enrichir le peuple, qui, en définitive, a toujours, comme l'âne de la fable, deux bâts à porter sous tous les régimes civilisés.

Les illibéraux sont plus francs; ils avouent qu'ils veulent s'emparer de tous les priviléges, et pressurer les industrieux autant que possible. Je me garderai bien de faire l'apologie de leur cupidité; mais je remarquerai, à ce sujet, qu'en voulant la réprimer, on n'a su se rallier à aucun des deux principes qu'il eût fallu suivre: je les ai exposés plus haut.

» Eh! quel moyen de les suivre, va-t-on me dire? Il faudrait » posséder comme vous un faisceau de sceptres impériaux à » distribuer, un assortiment d'empires à proposer aux ama- » teurs. » Passons sur ces badinages, qui bientôt seront pour les plaisans un sujet de profond dépit: je les attends au dénouement très-prochain. Jusque-là, insistons sur les principes du vrai libéralisme, si peu connus:

Enrichir tout le monde sans spolier personne;

Réformer le système industriel sans déplacer aucun fonctionnaire administratif, sans s'ingérer en aucune manière dans les opérations de l'autorité établie.

Ces deux principes sont tout à point l'opposé du système de nos soi-disant libéraux, qui, loin de savoir enrichir le peuple, ne savent pas s'enrichir eux-mêmes, et ne tendent à la fortune que par des voies qui portent ombrage à l'autorité.

L'absence du véritable esprit libéral entrave les découvertes en politique sociale; le faux libéralisme enracine les neuf fléaux lymbiques 39; il consacre l'égoïsme et la duplicité d'action: je le démontre.

Y *ÉGOÏSME.* Jugeons-en par le plus fameux patron des libéraux, Caton, vertueux républicain, dont l'opinion entrait en balance avec celle des Dieux mêmes:

» Victrix causa Diis placuit, sed victa Catoni. »

Or, qu'était-ce que les vertus de Caton? En voici un sommaire, un petit tableau, fait pour servir de modèle.

Caton prêtait son argent *à la petite journée*; c'était l'usurier le plus dévergondé qu'il y eût dans Rome. L'usure y était, au temps de Caton, vertu endémique chez tous les amis de la patrie.

Caton faisait, de ses nombreux esclaves, une maison de prostitution; il leur permettait, à prix convenu, des accointances quelconques, soit entr'eux, soit avec le public, le tout pour le triomphe de la saine morale.

Caton applaudissait aux jeunes gens qu'il voyait fréquenter les maisons de filles de joie; il déclarait ces jeunes gens amis de la république et des bonnes mœurs; et vraiment ces jeunes gens étaient amis de la *chose publique*, res publica.

Caton, en vrai ami de la chose publique, prêtait sa femme aux protégés, notamment à Hortensius, avocat célèbre et très-influent dans le sénat, mais avocat très-dispendieux, car il avait exigé de *Verrès* un fameux sphinx d'argent. Ledit Hortensius rendait des services à Caton, qui, pour la balance du commerce, chargeait sa femme de solder le compte; paiement économique et vraiment républicain !

Enfin Caton, digne émule de certains modernes, avait toujours, dans les débats politiques, le refrain des Robespierre et des Marat, *LA GUILLOTINE : supplicium sumendum.* C'était la conclusion habituelle du sévère Caton, non moins altéré de vin que de sang, car il était d'habitude ivre chaque soir; aussi J. B. Rousseau nous dit-il, pour l'achever de peindre :

La vertu du vieux Caton,
Chez les Romains tant prônée,
Etait souvent, nous dit-on,
De Falerne enluminée.

Caton était donc le plus éhonté des égoïstes, et pourtant Caton est le héros de vertu sociale; c'est le modèle des sentimens patriotiques. Autant en serait des Solon, des Lycurgue, et de tous les fameux libéraux, si j'essayais de disséquer leurs vertus, dont je fais grâce aux lecteurs, afin de n'humilier ni libéraux, ni autres, et m'en tenir à mon plan, qui est de ne heurter ni encenser aucun parti.

J'aime les libéraux; je préfère leur société à celle de leurs antagonistes; je suis, comme eux, ennemi du despotisme qui ne peut plaire qu'à ceux qui l'exercent; mais je souris de pitié quand ils exposent leurs moyens, tous tendant à perpétuer *l'égoïsme* dont je viens de peindre un héros, *et la duplicité d'action*, autre vice de leur système. Je me réserve d'en donner la preuve positive à l'extroduction : nous n'en sommes ici qu'aux préludes en négatif, et je passe au 2e vice.

X *Duplicité d'action.* Les aveugles-nés seraient moins aveugles que nos libéraux sur ce qui touche à la duplicité. Sans recourir aux leçons de l'histoire, aux agitateurs d'Athènes et de Rome, ne suffit-il pas des évènemens récens pour démontrer que le libéralisme est une armée à double ligne, dont la 1re se compose d'honnêtes gens, bien intentionnés, rêveurs d'équilibre et de constitution? Après eux viennent, en 2e ligne, les démagogues, troupe de garnemens qui, en cas de victoire, s'empareront du butin et immoleront les libéraux mêmes, ainsi qu'on l'a vu en 1794.

Le libéralisme est donc un parti d'enfans perdus, mis en avant par les démagogues : ceux-ci, après une victoire, savent prouver qu'ils sont les vrais patriotes, et que le côté libéral est traître à la patrie. Pour faire face à ces intrigans, les libéraux n'ont d'autre ressource que de saisir le rôle du ministère qu'ils ont renversé, de rétablir le despotisme et l'oligarchie, afin de comprimer les agitateurs.

Il n'est donc pas de ressort plus illusoire que ce faux libéralisme qui tend à déposséder les titulaires, pour établir ensuite, ou l'oligarchie inquisitoriale, ou la démagogie et l'anarchie qui mènent au despotisme militaire. C'est pourtant sur cet échafaudage de duplicité et de cercle vicieux, qu'est fondée la science de nos régénérateurs.

D'où vient cette aberration? De ce qu'ils ne connaissent pas les deux principes du vrai libéralisme 295, principes dont l'observance aurait conduit depuis longtemps à la découverte des garanties sociales. Bien loin d'y tendre en aucun sens, on n'est parvenu qu'à envenimer les défiances, et établir entre l'autorité et le mot de libéralisme une antipathie très-fâcheuse.

Parmi les duplicités d'action qui naissent du faux libéralisme, j'en pourrais citer de bien déplorables; entr'autres celle dont aujourd'hui la nation grecque est victime. Les gouvernemens, alarmés par le penchant connu des libéraux à changer le ministère et les autorités, ont proscrit tout ce qui porte une couleur de libéralisme, et les malheureux Hétéristes ont été, par suite de cette défiance, abandonnés à la hache des Turcs. La politique en est venue au point de favoriser le mahométisme et le judaïsme, aux dépens du christianisme ; tant est grande la défiance qu'inspirent les libéraux, par leur manie de contrecarrer les autorités, dont un politique judicieux ne doit jamais s'occuper, puisque la source du bien social réside exclusivement dans les améliorations industrielles, qu'aucun gouvernement ne songe à entraver. La fondation d'une Phalange sociétaire serait protégée par les inquisiteurs de Goa, comme par les Cortès. Tout gouvernement sait bien discerner ses amis et ses ennemis.

Provisoirement, pourquoi devons-nous augurer la faveur des cours et des grands? C'est que l'Association, au lieu de harceler le ministère et traverser ses plans, selon la coutume des libéraux, débute au contraire par lui garantir des postes bien supérieurs aux dignités actuelles, s'il adopte seulement une opinion neutre, expectante et conditionnelle, comme celle-ci :

» On ne risque rien d'essayer le mode sociétaire sur un hameau, ne fût-ce que par espoir des économies matérielles, sur-tout en combustible. »

Retranché dans ce langage de prudence, un ministre réfléchira aux suites de l'opération ; il pesera la chance de distribution de sceptres qui aura lieu à la fondation de l'harmonie. Des esprits frivoles, des politiques à courte vue, en gloseront ; je ne daigne pas les désabuser, puisque je ne veux persuader que le très-petit nombre ; ma théorie n'ayant nul besoin de l'opinion générale, mais seulement du suffrage de quelques hommes exempts des petitesses de leur siècle. Je récuse tous ceux qui ne sauraient pas reconnaître,

» *Qu'il n'y a ni libéralisme, ni liberté, sans le minimum*
» *proportionnel, dont les trois conditions énoncées* 132,
» 133 *et* 143, *devaient être boussole de l'esprit libéral,*
» *qui n'en a tenu aucun cas.* »

Il restera donc à indiquer aux faux libéraux, quelles voies ils auraient dû suivre pour acheminer par degrés à l'établissement du minimum, en observant les règles ci-dessus établies :

Enrichir toutes les classes de citoyens, sauf les fripons :
Se concilier avec tout gouvernement, fût-ce l'inquisition :
Eviter en tous sens l'égoïsme et la duplicité d'action.

J'expliquerai, à l'extroduction, comment on aurait pu spéculer pour atteindre ces divers buts, sans effort de génie, sans invention du mécanisme sociétaire.

Ce serait intenter à l'esprit humain une mauvaise querelle, que de poser en principe, qu'il est coupable pour n'avoir pas su inventer l'Association. Chacun est toujours en droit de répondre que la nature ne lui a pas donné le génie inventif: mais chacun pouvait opérer sur les procédés connus en civilisation; et c'est sur leurs emplois possibles, sur les modifications négligées, que j'incriminerai les faux libéraux, qui ont manqué par cette faute l'entrée en garantisme.

Rentrant dans le sujet de cet entr'acte, je vais prouver que loin d'être généreux pour la masse du peuple, ils ne le sont pas pour eux-mêmes; qu'en tous pays ils sont ennemis de leur propre corporation, et bassement prosternés devant la politique qui les trahit comme ils se trahissent entr'eux.

Cette discussion sera le sujet des 3me et 4me moyens. J'ai pris l'engagement de convertir, dans le cours de cet Intermède, les plus engoués de la civilisation: il est entendu que je ne prétends étendre la conversion qu'à 1/8e ou 1/10e, puisque je n'ai nul besoin d'en désabuser un plus grand nombre.

J'ai mis en jeu la gloire et la fortune dans les deux premiers moyens; employons les deux derniers à stimuler l'amour-propre des individus, et l'honneur de la corporation entière, humiliée en tout sens par la politique et l'opinion.

3me Moyen, négatif-pratique.

Leurre sur la Fortune et la Gloire.

A la suite des deux moyens de fortune et de gloire que j'ai fait valoir, il convient de placer en parallèle un tableau du sort des savans dans leur civilisation perfectibilisée. Nous en déduirons la conclusion suivante:

Que les savans et artistes, en prônant la civilisation, tombent dans un *illibéralisme composé*, car ils deviennent persécuteurs des sciences et des arts, et persécuteurs des classes libérales de bonne foi.

Telle est, par le fait, la marche qu'ils adoptent en repoussant la théorie sociétaire.

Nous ne la contrecarrons pas, diront-ils; nous sommes partisans déclarés de toute économie réelle, de toute voie de restauration physique et morale : nous ne repoussons que les exagérations, *les pluies de sceptres impériaux !!!*

Je reprendrai cette plaisanterie à l'Ultienne; ce serait ralentir que d'y répliquer ici. Mais si les récompenses du 2me moyen n'ont pas l'art de leur plaire, ils acceptent au moins celles du 1er, qui n'ont rien de gigantesque. Ils jugeront très-convenable qu'une Phalange accorde un prix de *dix sous* pour une belle tragédie, et qu'il en résulte 300,000 francs pour l'auteur.

Les voilà d'accord sur ce point: il serait fort bien, diront-ils, d'obtenir cent mille écus et la décoration triomphale, au lieu de cent vexations et cent humiliations que valut à Racine la pièce d'Athalie, et que valent encore aujourd'hui à leurs auteurs tant de bonnes pièces. Mais tout cela serait trop beau, s'écrient nos savans; et là-dessus ils retombent dans leurs jérémiades civilisées, leurs chansons d'impossibilité, refrains favoris de la nation française. Les savans, en France plus qu'ailleurs, sont pétris d'impossibilité; toujours engagés dans les opinions extrêmes, croyant *tout possible* si on veut adhérer à leurs perfectibilités idéologiques, et *tout impossible* si on révoque en doute la suprême sagesse de leurs 400,000 volumes.

Dissertons sur le triste sort que leur fait cette civilisation, qui donne à un agioteur 80 millions de bénéfice en une seule année : analysons les libéralités qu'elle fait à ses hommes utiles et dignes de protection.

Le jour où je mis la main à cet article, j'avais été trois fois de suite révolté par des tableaux de la pauvreté des savans. Le matin, en lisant dans les journaux une séance de l'Académie française, j'y avais trouvé des stances de M. Raynouard sur la misère du poëte Camoëns, qui, dans un âge avancé, demandait l'aumône dans les rues de Lisbonne. Sur le midi, feuilletant quelques papiers, je trouve une ancienne gazette où l'on déplorait la pauvreté de M. Heyne, savant distingué d'Allemagne, qui pendant la majeure partie de sa vie eut à peine quelques pommes-de-terre à manger. Le soir, un volume de Racine me tombe sous la main, et j'y lis des détails sur la pauvreté de Dumarsais, qui dans sa vieillesse était réduit à se faire précepteur.

Ainsi, trois fois dans un jour je fus assiégé par les hideuses peintures de la pauvreté des savans, et je résolus de leur adresser une boutade sur leur manie de tendre l'autre joue quand la civilisation leur donne un soufflet; de se prosterner devant les agioteurs, les usuriers et la clique de sangsues mercantiles à qui la civilisation jette des millions à la tête. Quel est donc ce penchant abject qui les porte à vanter un système de fourberie dont ils sont victimes? n'est-ce pas ressembler à l'enfant qui baise la verge dont on l'a frappé, ou à la canaille chinoise qui remercie le mandarin lorsqu'il lui a fait donner la bastonnade? encore ces enfans et ces Chinois ont-ils pour eux l'excuse de la contrainte.

Pour éveiller les savans et artistes de cette apathie honteuse, démontrons que leur civilisation chérie est armée systématiquement contr'eux. Je vais analyser cet effet en pratique, 3me moyen; et en théorie, 4me moyen.

Commençons par les effets pratiques: je m'appuie d'un évènement récent.

En 1818 ou 1817, l'Académie française mit au concours *le tableau du bonheur qu'on trouve dans la culture des lettres.*

On y trouve d'abord *LA PAUVRETÉ*, voie de bonheur assez douteuse. On y rencontre de plus tous les dégoûts imaginables; *détraction*, *plagiat*, *asservissement*, *avilissement.*

Tels sont les fruits bien connus de la culture des lettres et des arts en civilisation; et si l'on en doute, qu'on prenne information vers les quarante auteurs dont les tragédies attendent à la porte du théâtre français; humiliation d'autant plus fâcheuse, que dans d'autres théâtres, le mélodrame ne fait guères antichambre; il est admis d'emblée, et enrichit soudainement ses auteurs.

Dans le concours de 1818, l'Académie avait exigé qu'on peignît aux savans leurs disgrâces comme un sort plein de charmes; enfin, qu'on leur dorât la pilule.

Pour récompense, elle proposait un prix de *trois cents*

francs ; tandis qu'au même instant, la petite république de Genève donnait des prix de douze cents francs, et l'Angleterre en donnait de vingt-cinq mille et huit mille francs dans Aberdeen, pour un seul discours. Mais il s'agissait ici de vanter la pauvreté, et le prix de 300 francs était bien assorti au sujet.

L'auteur couronné, M. Lebrun, pour encourager les savans à la résignation, leur disait :

» On vit si peu de temps et de si peu de chose. » Que ne prêche-t-il cette frugalité aux possesseurs de sinécures, et autres personnages qui, selon Rabelais, *ne vivent pas de peu !* Jadis Alexandre donnait à Aristote de quoi tenir un train splendide ; et tout récemment, l'Angleterre donnait à Newton d'amples revenus. Louis XIV voulait que les beaux esprits qui honoraient son règne, fussent à l'abri de cette médiocrité de fortune. Pourquoi donc prêcher aux savans le genre de vie de Diogène, les haillons et le tonneau, tandis qu'on assure à la classe méprisable des agioteurs, un faste scandaleux ? Mais, selon M. Lebrun, les savans n'ont pas besoin de fortune ; ils ont, dit-il, assez de ressources dans l'étude :

» Elle sait des paroles,
» Dont le charme assoupit les plus vives douleurs. »

Je ne vois pas *quelles paroles peut savoir l'étude*, pour dédommager un malheureux littérateur que poursuivent la famine et les créanciers. Quand il est obligé, comme Rousseau, Camoëns et tant d'autres, de sacrifier son temps à un travail mercenaire, ou à la mendicité, *quelles paroles saura l'étude, pour le consoler de ne pouvoir pas vaquer à l'étude !* Si les académies croient qu'elle fasse le bonheur des hommes studieux, que ne leur assurent-elles *de quoi étudier ;* que n'obtiennent-ils au moins un minimum de gens de lettres ?

Soutenir qu'un amant de la gloire doit cultiver les lettres pour se consoler du défaut de fortune, c'est devenir l'écho de *M. Vautour*, personnage de comédie, qui prétend que, » lors-» qu'on n'a pas de quoi payer son loyer, on doit avoir une » maison à soi. » Mais celui qui ne peut pas subvenir aux frais de loyer, est précisément celui qui n'a point de maison ; et de même, l'homme qui voudrait consacrer sa vie à l'étude, manque, pour l'ordinaire, de cette fortune qu'on méprise à l'Académie française, et sans laquelle un homme studieux doit être fort malheureux, puisqu'il ne peut plus entendre parler cette étude, ... Qui sait des paroles,

« Dont le charme assoupit les plus vives douleurs. »

Dans ladite séance, on put remarquer un incident fâcheux pour la thèse du jour ; l'un des concurrens osa contredire l'Aréopage ; c'était M. Delavigne, poëte connu par la tragédie des Vêpres Siciliennes et autres ouvrages. » L'auteur, dit un » journaliste, a osé changer le programme du sénat littéraire, » et envoyer à l'Académie, sous la forme d'un doute *inju-* » *rieux*, la question du bonheur que procurent les lettres : » l'assemblée n'a pas manqué d'accueillir cette annonce avec un » malin plaisir ; tout le monde riait, même le rapporteur. »

Voilà des juges bien impartiaux : ils s'accordent d'avance à railler celui qui ne partage pas leur avis, celui qui ose émettre franchement son opinion. Quel sens attache-t-on donc au nom de république des lettres, s'il ne règne pas à l'Académie quelque liberté d'opinion sur des fadaises de vieille controverse, des balivernes morales comme le dogme du mépris des richesses ; question sur laquelle on doit d'autant mieux accorder le franc-parler, qu'elle ne touche en rien aux intérêts de la politique ? Celle-ci, tout occupée à accroître la masse des richesses, ne saurait trouver *INJURIEUX* qu'un littérateur désire, comme tout autre, quelque minime portion de la richesse nationale.

Je pourrais sur ce débat opposer à l'Académie l'opinion d'un de ses secrétaires célèbres, Marmontel. Quand il était mourant de faim dans Paris, prêt à abandonner la littérature et à retourner planter des choux en Auvergne, pensait-il qu'un littérateur dût mépriser l'argent, et se passer de cette fortune sans laquelle on ne peut pas même subsister, encore moins étudier ? Il ne fut conservé aux lettres, que par la protection d'un savant très-opposé aux principes actuels de l'Académie ; c'était Voltaire, qui ne pensait pas qu'un littérateur dût vivre de si peu de chose : et si Voltaire n'avait eu, selon le vœu de M. Lebrun, que de quoi vivre de peu, lutter contre la famine et assoupir ses douleurs par l'étude, comment aurait-il pu soutenir Marmontel ?

Combien de fois l'Académie a-t-elle été sur ce point réfutée par ses propres membres ! Saint-Lambert, en recevant du ministre

ministre une pension de 3000 fr., lui répondait en ces termes : » Permettez que, pour vous remercier d'une manière digne » de vous, je félicite d'abord les lettres d'avoir trouvé un mi- » nistre qui, etc.... » qui nous paye bien, qui ne partage pas l'opinion de l'Académie sur les charmes qu'un littérateur doit trouver dans la pauvreté.

Qu'il me soit permis de soumettre ici à une épreuve, l'auguste compagnie, dont je ne goûte pas l'opinion sur le mépris des richesses.

Je suppose que le souverain, en lisant les détails de la séance, en eût adopté les doctrines, et qu'il eût chargé son ministre d'écrire au docte Aréopage la lettre suivante : » Sa Majesté » condamne comme vous le profane écrivain qui doute que la » culture des lettres suffise au bonheur ; et voulant rendre » hommage à vos principes, en faire une pleine et entière » application, elle supprime, à dater de ce jour, les pensions » publiques ou secrètes des président, secrétaire et académi- » ciens. Elle considère ces émolumens comme un outrage aux » lettres : dorénavant elle réservera les pensions à ces aveugles, » comme M. Delavigne, qui pensent qu'aux charmes de l'étude » il faut joindre celui des secours de la fortune. » A cette lecture, combien aurait-on vu de froncemens de sourcil dans la docte assemblée qui s'accorde à railler, *avec un malin plaisir*, ceux qui doutent que la culture des lettres doive suffire à des lettrés réduits, comme Rousseau, Marmontel et Camoëns, à l'indigence et même à la mendicité !

Sur ce, l'on va me répondre, » qu'il ne faut pas prendre » à la lettre ces louanges de la pauvreté ; que ce sont des » momeries convenues et de politique obligée en civilisation. »

Je le sais ; mais comme cette politique devient inutile dès à présent, il importe de la réfuter dans ses applications les plus récentes, et faire bien connaître aux savans de diverses classes, le piége où ils s'entraînent les uns les autres par leur faux libéralisme, leurs aberrations systématiques en idées libérales. Il n'en est pas de plus intéressés à cette réfutation que les académiciens de Paris, pour qui la découverte de l'Association est un vrai pactole ; car si la langue française est adoptée pour langage provisoire de l'unité, le titre de littérateur français, et sur-tout d'académicien de Paris, sera un relief colossal, et on accablera d'offres séduisantes chacun de ces écrivains, pour les engager à accepter une direction d'instruction publique. On ne saurait évaluer à moins de cinquante mille fr. de rente les offres qui seront faites à tout académicien de Paris, et proportionnément à ceux de moindre importance. Il convient donc, pour leur intérêt, de les détourner du mépris des richesses, les prévenir contre cette marche de la politique civilisée, obligée d'appauvrir systématiquement les savans, d'après les motifs exposés au 4ᵉ moyen ci-après.

Cette politique devient également vicieuse dans l'intérêt des souverains, qui ont besoin que le mécanisme sociétaire vienne sans délai les délivrer du poids des dettes publiques, et des révolutions dont elles sont le germe.

Il est donc nécessaire de combattre la résignation des savans à la pauvreté; de les éclairer sur cette jonglerie morale qui spécule sur leur misère, et les critique lorsqu'ils osent, comme M. Delavigne, dédaigner le bonheur d'être pauvre et persécuté.

Passons à l'examen du jugement de l'Aréopage sur l'opuscule dudit concurrent. Je transcris le récit du journaliste. » Porteur de plusieurs couronnes académiques, il a poussé » L'INGRATITUDE et L'IRRÉVÉRENCE jusqu'à renier en quelque » sorte les lettres et l'Académie. Le rapporteur s'est laissé aller » à sa faiblesse pour un jeune homme qui du moins n'était » pas coupable du crime de lèse-poésie. C'est alors qu'il a » loué, presque sans réserve, l'originalité, la verve, la gaieté » comique, les vers brillans et naturels de celui auquel le » sévère Aréopage voulait bien accorder une mention hono- » rable. »

Quoi, parce qu'un homme est bon poëte et porteur de plusieurs couronnes bien méritées, il faut que sa pensée soit asservie aux convenances de telle compagnie! qu'il en devienne le Séide, et moins encore; qu'il soutienne en mercenaire, en quêteur de cent écus, un sophisme très-dangereux en ce qu'il pousse les littérateurs à leur perte! il les excite à mépriser l'appui de la fortune dont ils auront besoin tôt ou tard, pour soutenir une famille, pour produire leurs ouvrages, les défendre contre la détraction; enfin, pour échapper à la servitude littéraire, au besoin d'écrire pour le compte d'un académicien opulent, se mettre à ses gages, et le voir publier sous son nom telles compilations ou compositions dont le salarié littéraire aura eu toute la peine et tout le mérite ! Faut-il donc déguiser aux savans ces vérités incontestables ; les exciter à croupir dans la pauvreté, leur en vanter les charmes imaginaires, sous peine *d'irrévérence* et *d'ingratitude* envers l'Académie ! Quel noble rôle assigné aux écrivains ! quelle liberté garantie à la pensée !

Puisque M. Delavigne excelle en poésie, de l'aveu de ses juges sévères, il devient lui-même juge compétent sur les jouissances de l'art. Il peut nous dire quelle dose de bonheur lui a procuré la culture de cet art : il n'est donc ni ingrat, ni irrévérent, mais seulement sincère, en déclarant, dans une jolie épitre, qu'il n'a point trouvé dans la culture des lettres ce bonheur que l'Académie veut isoler de la richesse : et cette opinion si franche, si plausible, devient un crime aux yeux d'hommes voués à la recherche de la vérité ! ! !

Poursuivons sur le forfait littéraire de M. Delavigne : je continue à transcrire.

» Il critique à bon droit l'importance que se donnent les
» savans, leurs courtes lumières, et l'immense ignorance de
» cette science orgueilleuse qu'il dépeint dans ce vers : »

» J'ai su tout expliquer, ne pouvant tout connaître. »

En effet, la philosophie a voulu expliquer même les passions dont elle ne connaît ni le mécanisme, ni le but. Aussi veut-elle encore aujourd'hui placer le bonheur des nations dans la richesse, selon les Economistes, et le bonheur des savans dans la pauvreté, selon l'Académie. Voilà une de ces mille contradictions qu'on appelle torrens de lumières, et qui ne sont que le caractère ⋈ X duplicité d'action (39).

Le journaliste avoue » qu'on a applaudi au passage où
» l'auteur compare notre savoir à un grand labyrinthe dans
» lequel l'étude nous conduit à l'aide d'un fil embrouillé qui
» s'allonge toujours. »

C'est définir exactement les quatres sciences philosophiques, allongées de 400,000 tomes. Celui qui juge si sainement sur le tout, est-il moins sage dans son opinion sur le besoin de richesse ? et pourquoi gêner la liberté de la pensée, sur un problème aussi embrouillé que celui du bonheur des littérateurs ou autres classes d'hommes ? qu'y a-t-il de si irrévérent à placer ce bonheur dans la fortune, dont, après tout, les académiciens ne sont pas si ennemis qu'ils affectent de l'être?

Une vérité de fait à leur opposer, c'est qu'en France les littérateurs ont été la plupart très-malheureux, faute d'un peu de fortune. Le nom de l'auteur couronné dans cette séance, rappelle qu'un fameux poëte de même nom, Lebrun-Pindare, l'honneur de la lyre française, a été, comme son collègue J. B. Rousseau, accablé de dégoûts par les détracteurs, sans que la nation qu'il illustrait, ait rien fait en sa faveur. L'Académie ne niera sans doute pas l'influence des détracteurs, puisqu'elle a, dit le journaliste, beaucoup goûté les vers suivans de M. Delavigne :

» Que de petits esprits, jaloux des noms célèbres,
» Prendront contre le jour, parti pour les ténèbres !
» Les sots, depuis Adam, sont en majorité. »

Si donc elle confesse l'influence de la détraction, elle doit savoir que les littérateurs ne trouvent guères de moyen de lutte que dans la fortune : car il faut confondre l'envie par de nouveaux chefs-d'œuvre; mais on ne peut les composer qu'autant qu'on a quelque revenu pour se dispenser d'un travail mercenaire; il faut donc un peu de fortune aux savans, quoi qu'en dise l'Académie.

Parmi les littérateurs français, on n'a guères vu d'heureux que ceux qui ont su allier l'intrigue et la fortune aux talens littéraires. Voltaire fut heureux dans cette carrière, parce qu'il était habile à lutter de subtilités commerciales avec les libraires, à leur opposer fin contre fin : mais Rousseau qui était inhabile aux astuces mercantiles, fut très-malheureux dans la carrière littéraire. On ne lui paya pas même 60,000 fr. que l'Opéra lui devait pour bénéfice du *Devin de village*. Par suite de ces injustices, il fut réduit à copier de la musique pour gagner sa subsistance : n'eut-il pas été mieux pour lui et pour les lettres, qu'il eût joui d'un modique revenu?

On en citerait une foule qui ont subi cette infortune. J'ai parlé de Rousseau, Camoëns, Marmontel, qui essuyèrent le sort du prince des poëtes; mais si les personnages transcendans, comme un Homère, sont réduits à mendier, quel doit être le sort des littérateurs moins renommés, quoique dignes de distinction? Ils essuient le double supplice *de la pauvreté et de la raillerie*. On en voit une foule dont la misère est raillée en vers et en prose, comme celle de Gilbert et Malfilâtre, dont on a dit :

» La faim mit au tombeau Malfilâtre ignoré. »

Le mot *ignoré* n'est ici qu'une malice. Malfilâtre n'était point ignoré de son temps, et avec 20,000 fr. de rente, il auroit été un poëte de grand renom. Il en fut ainsi de Dom Cervantes,

» Qui corrigea son siècle et mourut de misère. »

D'autres n'ont eu pour récompense, que de stériles éloges après leur mort; car il faut être mort, en France, pour avoir quelque droit aux faveurs de l'opinion. Les rares exceptions, comme celle de Delille, confirment la règle, et ne sont qu'un masque d'équité dont se fardent les Zoïles. Ils sentent bien qu'ils trahiraient leur secret, s'ils ravalaient tout le monde : leur méchanceté serait trop à découvert. Aussi prennent-ils le parti de *contredécimer* les auteurs : au lieu d'en déprimer un sur dix, ils en bafouent neuf sur dix, et épargnent le dixième pour se donner des airs de suffrage équitable; encore souvent renvoient-ils leurs éloges après le décès. Quand un grand écrivain n'est plus de ce monde, on daigne enfin reconnaître ce qui lui est dû, publier un recueil de ses *ana*, se cotiser pour lui élever un mesquin monument. Aujourd'hui, l'on sollicite en France de misérables souscriptions pour une statue de Molière. Quelle honte à un État de 29 millions d'habitans, d'attendre un siècle avant d'ériger un monument à qui l'a si bien mérité! Ces hommages expiatoires aux défunts, ne sont-ils pas autant de soufflets que la nation se donne à elle-même?

On l'a nommée *la grande nation:* si elle l'a été quelques années par la guerre, on peut sans injure lui décerner, en fait de gratitude littéraire, un nom tout opposé, lui allouer le titre que lui donne Kotzebue; *ces petits Français :* et vraiment ils sont des plus petits, quand leur lésine offre un prix de 300 francs à qui osera nier l'évidence, et vanter aux savans les charmes de la pauvreté.

La tâche des sociétés savantes n'était-elle pas plutôt de pourvoir au soutien des auteurs pauvres et des talens enfouis? C'était là un problème digne d'occuper de vrais libéraux : tant d'évènemens leur ont donné l'éveil sur ce sujet ! Métastase faillit rester portier toute sa vie, sans le hasard qui lui procura la connaissance et la protection d'un cardinal. Quelle honte pour le monde savant, que les Marmontel et les Métastase ne soient rendus à la littérature que par une aumône fortuite; que les grands talens formés par la nature, soient presque tous étouffés par l'indigence ; qu'on n'ait avisé à aucune précaution tutélaire pour discerner et soutenir ceux que la nature destinait à exceller dans les sciences et les arts, et qu'on aille chercher exclusivement des objets de culte parmi les morts, quand il y a foule de talens parmi les vivans !)

On nous vante les productions de divers auteurs médiocres du siècle de Louis XIV; on nous les dépeint comme autant de phénix, parce qu'ils ont le passe-port exigé en France, *l'avantage d'être morts* : l'opinion sur ce point opère comme les cloches du lutrin, qui,

» Pour honorer les morts, font mourir les vivans. »

On trouverait dans la seule ville de Paris, trente écrivains négligés, enfouis dans un travail mercenaire, et qui, s'ils avaient le nécessaire pour se livrer à l'étude, surpasseraient en vers et en prose bon nombre des vieilles idoles du siècle de Louis XIV. On écrit aujourd'hui avec plus de pureté et de goût. Nos écoliers mêmes n'oseraient pas, dans le style apologétique, employer ces pesanteurs de Boileau :

» Grand Roi, cesse de vaincre, ou je cesse d'écrire. »

Et nos échappés de collége feraient des odes meilleures que celle sur la prise de Namur.

Mais il règne en France un accord général pour la détraction anticipée, sur-tout contre les inventeurs qui n'ont aucun moyen d'accès, d'examen et d'épreuve, et qui seraient fort bien accueillis s'ils se présentaient avec la fortune d'un Voltaire, d'un Helvétius; tant il est vrai que la richesse est nécessaire à tous ceux qui s'occupent de sciences, lettres et arts! A défaut, ils sont communément réduits à se mettre à gages, se livrer, pieds et poings liés, aux écumeurs scientifiques et littéraires, qui mettent au jour d'amples ouvrages en salariant une douzaine d'écrivains pauvres dont ils s'attribuent le travail. Il faut qu'un auteur sans fortune aille courtiser ces traitans, leur demander de l'emploi, leur persuader même qu'ils sont les vrais auteurs du travail qu'on a fait pour eux; ropine exprimée dans ces vers d'un poëte peu connu:

» .... S'il vous naît quelque idée,
» Sachez la présenter avec ménagement,
» Comme leur propre idée, arrangée autrement.

VIOLLET-LE-DUC. *Nouvel art poëtique.*

Le poëte cite à ce sujet l'administration, dont il dit: » C'est » d'ordinaire l'obscur employé qui a tout le mérite d'un » travail dont l'employé supérieur a tout le profit. » Tel est le lot des écrivains pauvres, et sur-tout des inventeurs, qui, pour se produire, seraient obligés d'aller faire hommage de leur découverte à quelque potentat scientifique.

D'ordinaire, les découvertes tiennent, ou à une science inconnue, ou à des branches inconnues de quelque science. Or, quel appui peuvent espérer, sans la richesse, les hommes qui s'occupent de sciences inconnues, quand il n'existe pas même d'appui pour les sciences que tout le monde opine à protéger, comme la littérature? Analysons brièvement l'état de persécution où elle se trouve en France.

La détraction est parvenue à déshonorer successivement les ordres et les genres. Par exemple, on nous dit que la poésie n'est plus de mode: un littérateur ne doit s'exercer que sur le budget, le décrochement de la rente, et le vol sublime des huiles et des savons. Telle est la réponse qu'on fera à qui parlera de poésie (*). Cependant si, par exception, l'on veut bien admettre encore quelqu'ombre de ce talent, à quel genre faudra-t-il se fixer pour complaire à l'opinion? Elle prononce que l'épopée est une antiquaille, un genre insipide.

(*) En 1802, un homme de lettres, M. Noël, publia un dictionnaire de mythologie, très-détaillé et très-utile. J'entendis, à Lyon, dire de lui: » On l'a blâmé, à Paris, d'avoir écrit sur ce sujet-là. » Je répondis: » sur quoi fallait-il qu'il écrivît? — Eh, sur le commerce. — Mais s'il ne » connaît pas le commerce; s'il est littérateur et non économiste, com- » ment écrira-t-il sur le vol sublime des savons? »

Tel est l'avilissement où est tombée la littérature. On exige aujourd'hui qu'un lettré écrive en l'honneur du tripot d'agiotage. Serait-elle avilie à ce point, si ses auteurs ne s'étaient pas laissé appauvrir; s'ils eussent étudié et mis en crédit les procédés du vrai libéralisme, dont le premier (Extroduction) a pour résultat d'enrichir les savans et artistes?

Choisira-t-on l'ode; c'est la poésie *des écoliers*, s'il faut en croire le goût moderne, et Horace aujourd'hui ne serait qu'un écolier. La satire, qui fit la renommée de Boileau, est encore moins recevable dans un siècle qui ne vit que d'encens, et en exige pour la classe même des agioteurs que badinaient Horace et Boileau. La tragédie est une bagatelle : on en a 40 à la porte du théâtre. L'auteur d'une tragédie est considéré comme un saute-ruisseau, qui ne peut faire son chemin que par la protection d'une actrice. Quant à la bonne comédie, elle est trépassée le lendemain de son apparition. Tel qui ferait aujourd'hui la Métromanie ou le Misanthrope, verrait son nom oublié la semaine suivante. Sur quoi donc s'exercer? sur des pièces fugitives? cela est de mauvais ton; c'est se donner le renom de poëte. La bonne compagnie ne lit plus les vers ; elle ne s'occupe que de budget ou de charades. Notre siècle est semblable à ces gastronomes trop bien repus, dont le palais blasé ne trouve plus aucune saveur ni aux mets, ni aux vins.

Cependant, comme il faut une exception, une grâce à quelque genre, on admet encore celui des couplets et vaudevilles, parce que c'est un moyen de mordre et de déprimer toute nouveauté. Aussi est-il prudent à l'auteur d'un opéra, de faire lui-même sa parodie, pour en prévenir une plus méchante.

Le zoïlisme n'épargne pas mieux les prosateurs. Il n'est plus guère possible d'écrire en prose au goût des Français, à moins de protection spéciale, ou d'influence administrative qui force les applaudissemens et équivaille à l'arrêt burlesque :

» De par le Roi : ces vers sont beaux.
» Signé Louis ; et plus bas, *Phélipeaux*.... »

Encore cette protection de quelques privilégiés n'est-elle, je le répète, qu'une arme spéculative entre les mains des Vandales qui s'autorisent de la louange donnée à l'auteur puissant, pour immoler 20 victimes. Les journalistes de Paris, qui sont de fort bons écrivains, remplis d'esprit, d'érudition et de moyens, se traitent respectivement d'imbécilles. Il en est de même dans les arts : on a prouvé, bien ou mal, que la Galatée de Girodet n'avait pas le sens commun ; que ce n'était pas un sujet de peinture. D'où vient cet acharnement des savans et artistes à se déprécier réciproquement? De ce qu'ils manquent de fortune. On n'avilit pas ceux qui possèdent un million. Loin de là ; on prône leurs ouvrages, avant qu'ils ne soient connus; on s'extasie devant leurs moindres bluettes.

Si jamais on dût réfléchir sur ce désordre, c'est au moment où la théorie sociétaire garantit aux savans et artistes l'avénement subit à une grande fortune. Ces injustices qui les accablent, ne prouvent-elles pas contre le sophisme qui présente pour gage de bonheur aux littérateurs, *le mépris des richesses!* Ils doivent en conclure à se rallier à la nouvelle science, qui les servira assurément beaucoup mieux en les élevant à la fortune, qu'en les façonnant à la mépriser.

ULTIENNE. — Je ne m'engagerais pas dans ces critiques sur l'état des sciences et des arts, si elles n'avaient pour objet de désabuser ceux qui les cultivent; d'amener au moins quelques-uns d'entr'eux à suspecter la civilisation qui les persécute, et à tourner leurs vues vers l'Association.

Précisons bien le vice du faux libéralisme, où ils sont entraînés : je n'inculpe pas sous ce nom les intrigues politiques; elles sont le péché de toutes les coteries; et à supposer que des savans et artistes y participent, c'est un faible commun à toutes les classes, et non pas un grief d'accusation contre aucune.

Le côté vicieux de leur libéralisme, c'est la *duperie composée.* 1° Celle des auteurs; je viens d'en donner des preuves plus que suffisantes; 2° celle du corps social qui est frustré de découvertes en Association et en Garantisme, points sur lesquels la science aurait fait de rapides progrès si, au lieu de se laisser leurrer de fumées de gloire, les savans s'étaient ralliés au principe de vrai libéralisme, énoncé plus haut: *enrichir toutes les classes utiles, sans en spolier aucune.*

Quel est le résultat du système qui excite les savans à l'amour de la pauvreté? Il les façonne à se contenter de l'état civilisé, et ne point songer à en inventer de meilleur: c'est donc un système ennemi des progrès sociaux. Si, au contraire, on excitait les savans à aimer la fortune acquise par les voies de l'honneur, ils en concluraient que l'honneur n'étant guères voie de fortune en civilisation, l'on doit s'appliquer à découvrir une société meilleure, et apte à enrichir les savans, lettrés et artistes. Ceux-ci, en se bornant aujourd'hui aux fumées de gloire, n'obtiennent le plus souvent, ni fortune, ni gloire, et sont *leurrés sur l'une et l'autre*, en voulant *sacrifier l'une à l'autre.*

Objectera-t-on qu'une société amie des mœurs, une grande Académie, ne peut pas décemment recommander aux savans et artistes l'amour des richesses? Pourquoi non, si elles sont acquises par les voies de l'honneur? Or, en adoptant cette règle de rechercher la fortune par les voies de l'honneur, et de la procurer par cette voie à tous les savans et artistes, on s'impose la condition de découvrir une société *ultra-civilisée.*

Ainsi l'on aurait marché au bien, en se ralliant spéculativement à l'Attraction, dont le premier vœu est la richesse; et l'on a marché au mal, au prolongement de la civilisation, en déviant du premier vœu de l'Attraction, en façonnant les savans et artistes à la pauvreté.

Quel est le fruit de ces doctrines qui ordonnent de préférer la gloire à la fortune? Elles n'engendrent que l'hypocrisie générale. Chacun feint d'estimer la gloire et la vertu, et chacun en secret ne tend qu'à s'enrichir. Certaines classes ne prennent pas même la peine de déguiser cette opinion. Les marchands disent tout net : » nous ne travaillons pas pour la gloire ; c'est pour l'argent. » Ce que disent crûment les marchands, d'autres se bornent à le penser, et agissent en conséquence : les rares exceptions confirment la règle.

Si, au contraire, nous voulons désirer gloire et fortune à la fois, la nature est prête à nous satisfaire; et pour arriver d'un seul trait à nos trois buts ou foyers d'attraction,

Au 1er foyer, — *Luxe*, *richesse*, ambition sensuelle;
Au 2e foyer, — *Gloire*, *honneur*, ambition animique,

il ne nous reste qu'à découvrir le secret d'arriver au 3e foyer, celui *d'association ou industrie sériaire*, qui garantit l'avénement aux deux autres, et leur sert de lien.

Si nous ne voulons arriver qu'au 1er foyer en négligeant le 2e, la nature ne nous fournit d'autre moyen que la fausseté : aussi est-elle caractère général des civilisés, qui tendent à la fortune aux dépens de l'honneur, ignorant l'art d'allier l'un et l'autre. Si nous ne tendons qu'au 2e foyer, en négligeant le 1er, la nature nous jette dans les duperies et les disgrâces. Aussi l'homme épris de la vertu, et voulant la pratiquer aux dépens de la fortune, en vient-il à s'écrier : *ô vertu, tu n'es donc qu'un vain nom !*

Ainsi l'ambition simple, désir de fortune sans gloire ou de gloire sans fortune, engendre fausseté et duperie : on évite l'un et l'autre vice, par une ambition composée ou désir cumulatif de fortune et gloire ; but où l'on ne peut atteindre que par la découverte d'un régime social autre que la civilisation ; par l'invention d'une des trois périodes, 6e Garantisme, 7e Association simple, 8e Association composée.

Si l'on manque le moyen de mettre les savans sur cette voie de découvertes ; si on les en détourne en les résignant à la pauvreté, quelle classe pourra les suppléer ? Ni le peuple, ni les oisifs ne s'inquiéteront de découvertes ; elles seront négligées, et le monde social restera stationnaire en lymbe civilisée et barbare.

Ainsi les auteurs d'idées soi-disant libérales, comme le mépris de la fortune, quelque louables que soient leurs vues, ont par-tout le tort de conduire à l'opposé du but, à l'opposé des inventions en mécanique sociale ; ils opèrent pour le salut de la société, comme l'ours de la fable, qui d'un coup de pavé casse la tête à son ami, en voulant le dégager d'une mouche qui trouble son sommeil.

On commet pareille maladresse en appauvrissant les savans et artistes, en les réduisant au sort le plus mesquin, sous prétexte de leur créer un bonheur inconnu du vulgaire, un pur amour de la gloire, une félicité romanesque et vilainement démentie par les poursuites du créancier.

Un vice déplorable de ces jongleries, c'est d'abuser les protecteurs bénévoles des sciences et des arts. On leur persuade qu'un savant est assez heureux quand il manque du nécessaire, et qu'il n'a que des fumées de gloire pour solder les fournisseurs qui lui envoient le sergent.

Il résulte de ces illusions, qu'un protecteur croit souvent faire aux savans et artistes une grande faveur, EN LES ABSORBANT par une place de scribe ou cu-de-plomb dans un bureau : et pourtant ce protecteur est bien intentionné pour la science, tout en assassinant le talent par une fonction absorbante.

L'Angleterre commit cette faute à l'égard de Newton : il

fut en partie absorbé par une récompense inconsidérée ; on lui donna une place lucrative de directeur de la monnaie, place ou vingt autres pouvaient le suppléer.

La chronique assure qu'il y rendit de grands services ; je le crois : un homme aussi éclairé, aussi intègre que Newton, doit rendre d'éminens services dans toute fonction qui exige la connaissance des sciences fixes : mais n'était-ce pas un meurtre scientifique, un scandale, que de le détourner des études où il pouvait servir le monde entier? Un génie tel que Newton appartient au monde, et non pas à l'Angleterre : elle devait donc éviter de le distraire de travaux où il servait l'humanité entière, tout en servant son pays.

Qui sait à quel point Newton aurait poussé le calcul de l'Attraction, s'il y eut donné les vingt années QU'IL PERDIT au service de la monnaie? Peut-être aurait-il, dans le cours de ces vingt années, achevé ce qu'il avait si bien commencé, et étendu le calcul, du matériel au passionnel. Ce travail aurait été d'autant plus précieux, que publié par Newton, il aurait été adopté d'emblée ; tandis que mis en scène par un inconnu tel que moi, il aura des obstacles nombreux à surmonter ; entr'autres la prévention du siècle contre les inventeurs et savans sans fortune, toujours titrés d'imbécilles par la classe des publicains, dont le jugement, quoique diamétralement opposé à celui de l'aréopage français, arrive pourtant au même but selon la loi du contact des extrêmes : tous deux concourent également à dégrader la science et ceux qui la cultivent. Je m'appuie d'une preuve qui a l'à-propos d'éphéméride.

Le jour même où l'Académie vantait aux savans la pauvreté, un journal de Paris (Débats, 26 août 1818), contait la déconvenue d'un poëte absorbé par une faveur de cette espèce ; de M. Viollet-le-Duc, auteur du nouvel art poétique, où il déplore la condition d'un littérateur français. » Il prouve, » par d'illustres exemples, dit le journaliste, qu'avec le savoir-» faire on va bien plus loin en littérature qu'avec le savoir. » *Aussi son poëme fort joli est-il presqu'ignoré*, » parce qu'il démasque les intrigues littéraires.

Il en a obtenu la récompense qu'on donne fréquemment en France au talent naissant ; une place de scribe à 1200 fr. ; le charme de gagner sa vie en amoncelant tout le jour des colonnes de chiffres, qui exigent une attention minutieuse et faite pour hébêter un tête poétique. Plaisant moyen pour électriser la muse et inspirer les beaux vers ! Aussi n'a-t-on vu, depuis, aucune production de cet auteur.

Voilà comme en civilisation l'on excelle à absorber et ensevelir vivant un poëte dont le début donne de grandes espérances : on le paralyse, on l'anéantit, tout en feignant de le récompenser, et lui vantant les charmes de la pauvreté.

Redisons aux savans, que s'ils ignorent l'art d'être libéraux pour eux-mêmes, ils ne sauront pas l'être pour la masse du peuple. On a vu que le principe fondamental du libéralisme est d'enrichir toutes les classes, excepté les fripons : à quel propos voudrait-on excepter les savans et artistes ?

En les façonnant à se résigner à la pauvreté, on les a rendus incapables d'envisager sans éblouissement les récompenses que leur prépare l'état sociétaire. Cette idée de sceptres à obtenir leur paraît une billevesée ; elle sera plutôt goûtée de leurs ennemis mêmes, des faux libéraux, qui jouent le désintéressement ; mais qui, dévorés d'ambition, ne trouveront aucune proie trop copieuse, et prêteront volontiers l'oreille à ces perspectives : n'importe qui en profitera : j'ai dit (290), que la carrière est ouverte à tous, et j'ajoute, comme je l'ai promis, un éclaircissement propre à fonder l'espoir.

On croira ou l'on ne croira pas à la possibilité de l'Association et de l'harmonie générale, ou unité universelle qui en doit naître.

Je n'ai rien à dire à ceux qui n'y croiront pas, après la lecture du traité ; je ne parle qu'à ceux qui croiront, ou qui hésiteront et se diront avec inquiétude : » *si pourtant cela était vrai* ; si cette association allait réussir, et que les suites donnassent lieu à cette distribution de sceptres 286 ou dignités analogues sous des noms quelconques ! dans le doute, n'est-il pas prudent de se ménager une voie d'accès, en se ralliant à l'opinion dubitative et conditionnelle (290) ?

C'est pour ces hommes circonspects que j'insiste sur cette perspective, en attendant le traité des Séries passionnelles, qui donnera les démonstrations.

Raisonnons sur une estimation locale, et sans embrasser le globe, spéculons sur un seul point, *Madagascar*. Voyons quelle quantité de couronnes disponibles fournira cette île, en cas de versemens coloniaux et d'organisation harmonienne.

Madagascar, où les Français et Anglais ont souvent essayé des établissemens, n'a pas plus de 4 millions d'habitans. L'île peut, avec ses attenances, Archipels de Comore, de France et Bourbon, nourrir 45 millions d'habitans qui formeront deux empires; nord-Madague et sud-Madague.

Il n'existe parmi les roitelets ou brigandeaux du pays, aucun titulaire impérial ou Ennéarque 286; point d'Octarque, point d'Heptarque, mais seulement une cinquantaine d'Hexarques ou grands-Ducs de plein droit, à titre de chefs d'un petit territoire et de ses villages.

Cependant, qui placer à la tête des relations de Madagascar, quand on l'organisera? Il faudra y établir,

	2 Ennéarques ou Empereurs,	9e degré.
Environ	6 Octarques ou Califes,	8e »
	18 à 20 Hectarques ou Rois,	7e »
	60 à 70 Hexarques ou grands-Ducs,	6e »
	200 Pentarques, Ducs,	5e »

Parmi les titulaires légitimes de Madagascar, on trouvera tout au plus 20 grands-ducs et 60 ducs; encore les deux souverains de France et d'Angleterre sont-ils comptés ici pour trois ducs à fournir de plein droit aux îles de France, Bourbon et Rodrigue.

Il restera donc en emplois supérieurs à la disposition de la hiérarchie sphérique, environ

2 Empires, 6 califats, 20 royaumes, 50 grands-duchés, 150 duchés, emplois qu'on ne remplira pas d'emblée, mais qui suffiraient à récompenser tous les ambitieux notables de France; car les ministres, les grands et même divers princes du sang, n'obtiendront jamais ni un empire, ni un califat d'environ 8 millions d'habitans, ni un petit royaume de 2 millions, pas même un grand-duché de 7 à 800,000 ames, comme serait l'Alsace; pas seulement un petit duché souverain de 200,000, comme Weimar. Et pourtant Madagascar qui va leur en fournir à profusion, n'est qu'un centième de ce globe, dont les 3/4 au moins resteront à pourvoir de dignitaires en tous degrés.

Ceux qui obtiendront les hautes dignités de cette île, pourront très-prochainement en prendre possession; car l'île sera bien vîte portée au complet, par ses habitans mêmes qui sont disséminés sur tous les points. Il suffira, pour les organiser, d'y transporter sur diverses localités, environ 60 phalanges, soit 100,000 Européens ; après quoi le séjour en sera plus agréable que n'est aujourd'hui celui de Paris. D'ailleurs, tout titulaire sera pleinement libre de rester en Europe, et d'envoyer, quand bon lui semblera, un de ses enfans : l'on en dépayse pour de moindres lots ; et si les savans s'effraient de ces récompenses, ne seront-ils pas toujours à temps de les refuser, ou d'en sous-traiter comme d'un autre domaine ?

Soit dit pour *la purgation des passions* (267) de messieurs les ambitieux, à qui la morale persuade qu'ils ont de trop vastes désirs, qu'ils doivent n'aimer que la médiocrité et la constitution. Ils doivent, dès à présent, pour le bien de l'humanité, se purger de la modération, ambitionner de beaux sceptres, de vastes empires, et prétendre à les obtenir sous 5 à 6 ans ; car il n'en faudra pas davantage pour généraliser l'Association, organiser la hiérarchie sphérique et nécessiter les premières distributions. Il faut donc aujourd'hui, pour le bien de l'humanité, pour accélérer son avénement au bonheur sociétaire, que chaque moraliste conçoive une ambition *cent fois plus vaste* que celle des conquérans qu'il blâme de vouloir s'emparer d'une petite province.

Qu'ils prennent garde, avec leur scepticisme, de ne pas se laisser gagner de vîtesse. La plupart d'entr'eux, je le leur prédis, viendront trop tard jouer le rôle de la mouche du coche, et se donner après coup pour chauds partisans de l'Association, quand il aura été constaté qu'ils n'ont rien fait ou n'ont fait que des riens pour la servir, et qu'ils ont, de propos délibéré, louvoyé et tâtonné, dans les momens où il eut fallu se prononcer au moins en opinion *dubitative et conditionnelle* ; car l'harmonie sera trop sage pour ignorer qu'on ne peut pas, en civilisation, attendre davantage d'un homme prudent, obligé de céder beaucoup aux petitesses et aux préjugés du siècle.

J'ai fait connaître aux savans et artistes, les duperies où ils tombent de fait, les disgrâces qu'ils ont à espérer de leur chère civilisation : prouvons que la politique tend systématiquement à frustrer ces malheureux, et que leur infortune est un effet de convenance générale en régime civilisé.

4me Moyen, Négatif-Théorique.

Situation critique des Savans et Artistes.

Après l'analyse de leurs disgrâces, il reste à démontrer que l'autorité est spéculativement obligée à les disgrâcier, à se tenir sur la défensive avec eux, et qu'en civilisation, l'enrichissement des savans et artistes est doublement impolitique : on peut y remarquer, vice essentiel et vice accidentel.

1° *Vice essentiel :* en ce que, s'ils parviennent à la fortune, ils tombent dans l'oisiveté; ils sont perdus pour la science et l'art, qu'ils abandonnent.

La carrière scientifique et littéraire est entravée par la détraction, par le ridicule et autres obstacles; elle est presque répugnante, ou si peu attrayante, qu'on ne s'y livre que dans des vues d'intérêt. Aussi voit-on les 9/10 des écrivains renoncer à leur profession quand ils parviennent à une fortune subite. Plusieurs orateurs cités en France comme les aigles de l'éloquence, M. de Fontanes et autres, n'ont pas produit un seul ouvrage remarquable depuis qu'ils ont figuré dans le ministère ou les fonctions éminentes. A peine a-t-on vu d'eux quelques pièces de circonstance, qui ne sont point monumens littéraires, mais productions éphémères, où l'orateur ne rentre en scène que pour éviter le reproche de désertion, pour n'être pas assimilé à ces parvenus qui ne reconnaissent plus leurs anciens amis : c'est ainsi que les auteurs arrivés à l'opulence, en agissent avec les Muses et le pauvre monde littéraire. (On se moque du Parnasse, quand on n'a plus besoin d'y grimper pour gagner sa vie.)

Il est donc avéré qu'en civilisation la fortune engourdit le talent; que les sciences et les arts, fortement entravés par la détraction, exercent trop peu d'attrait pour faire surmonter la nonchalance qu'inspirent les richesses; et c'est un résultat dont la politique se prévaut, pour tenir systématiquement les savans et artistes dans une médiocrité voisine du besoin. Ainsi la science, dans l'état civilisé, est spéculativement bourreau de ses propres disciples.

2° *Vice accidentel :* c'est le penchant aux intrigues politiques;

tiques; penchant très-répandu parmi les corps savans, et redouté des souverains, qui ne reviendront plus à aucune confiance pour les philosophes, ni même pour les savans de classe fixe, qu'on a vus presqu'aussi empressés que les sophistes de figurer dans l'arène révolutionnaire.

Entretemps, les savans, sur-tout ceux de classe incertaine, se trouvent dans une position très-pénible, et jamais, depuis l'existence de la civilisation, l'on ne vit d'avenir plus sinistre pour eux. Appuyons de quelques détails ce fâcheux horoscope.

Les évènemens révolutionnaires ayant décrédité tous les verbiages démocratiques d'Athènes et de Rome, la philosophie convaincue de sa défaite est réduite à changer de batteries. Au lieu de nous promettre (42 1/2) la douce fraternité, la sainte égalité, elle nous promet à présent la perfectibilité perfectible, l'équilibre du commerce et des abstractions métaphysiques, le règne des saines doctrines idéologiques et économiques, et autres suavités.

Inutile pâtelinage : les gouvernemens actuels conservent la mémoire du passé, et ne voient dans les sophistes que des agitateurs dangereux, des caméléons qui tendent par toutes sortes de voies à s'immiscer dans la politique, pour s'élever à la fortune. Suspects aux autorités, surveillés comme ennemis publics, et réduits à s'affubler de nouveaux masques pour se remettre en scène, ils sont astreints à se renier eux-mêmes; à décrediter les dogmes qu'ils enseignaient il y a 30 ans. On les assimile à ces marchands hollandais, que le gouvernement du Japon n'admet dans un de ses ports qu'à condition de fouler aux pieds la croix: (peu importe à l'esprit mercantile, qui doit, selon Smith, faire de la religion un objet de commerce; 4e tome, où il traîte des moyens de faire tomber à bas prix les ministres du culte. *Smith* est bien servi aujourd'hui en France, où les curés de campagne ont à peine le strict nécessaire).

Telle est l'humiliation de la philosophie moderne : elle ne peut reparaître qu'en se reniant elle-même, qu'en sollicitant l'indulgence et l'oubli pour ses bévues de 25 siècles. N'est-on pas fondé à suspecter, par suite, les nouveaux dogmes qu'elle essaie d'accréditer, et qui sont frappés du même caractère de réprobation? car les perfectibilités idéologiques et économiques ne produisent toujours que les sept fléaux lymbiques (39) :

1 Indigence, 2 fourberie, 3 oppression, 4 carnage, 5 excès climatériques, 6 maladies provoquées, 7 cercle vicieux;

Ⅹ Y Egoïsme général,
λ Duplicité universelle d'action.

On est donc bien convaincu que les nouveaux systèmes de la philosophie ne serviraient qu'à nous jeter de Scylla en Carybde, et ne seraient que le cercle vicieux, 7e caractère de la civilisation 39. Ses fumées de perfectibilité sont aussi suspectes au peuple qu'aux gouvernans: elle n'a donc plus ni partisans, ni espérances. Quelle différence du temps où un grand conquérant allait faire visite et offres de service au chef des Cyniques, temps où la philosophie était une carrière d'honneurs et de richesses pour les Platon et les Aristote, les Pythagore et les Sénèque! Des plaisans pourraient lui dire :

« Déplorable Sion, qu'as-tu fait de ta gloire!
» Tout l'Univers admirait ta splendeur.
» Tu n'es plus que poussière, et de cette grandeur
» Il ne nous reste plus que la triste mémoire. » *Athalie.*

La philosophie a débuté comme le genre humain, par un Paradis terrestre : elle eut son âge d'or dans les beaux jours de la Grèce, où le défaut de spectacles habituels mettait en crédit les controverses, les réunions du Portique et du Lycée. Elle en est maintenant au siècle de fer, et il n'est pas de carrière plus ingrate que celle des sophistes. Leur secte est devenue le *bouc infame* de la civilisation, et les écrivains actuels portent la peine des erremens de leurs devanciers, qui, au dernier siècle, jouissaient encore de quelque relief. La révolution les a perdus sans retour, jusques dans l'esprit des révolutionnaires comme Bonaparte, qui débuta par éliminer de l'Institut les quatre facultés philosophiques.

Même chute pour les littérateurs : nous ne sommes plus au temps où les grands s'honoraient de leur intimité, où la Cour et la haute noblesse de Paris étaient en émoi pour l'élection d'un académicien : on ne s'en inquiète pas plus, aujourd'hui, que de l'élection d'un marguillier.

Une autre disgrâce pour les écrivains, est la dépravation récemment introduite dans la littérature. Des modes bizarres ont décrédité le bon goût, et ouvert les voies de fortune aux auteurs médiocres, à l'exclusion des bons. L'invasion du mélodrame et d'autres monstruosités, fait tomber dans l'oubli les bons ouvrages, et force les écrivains à déserter la bannière du goût, s'ils veulent obtenir quelque bénéfice. Autrefois, on était un grand homme pour un sonnet ou un rondeau ; à présent, l'épopée même n'est pas honorée d'un regard, et il est de règle que la poésie n'est plus de mode.

Il n'y a de vogue et de renommée que pour les ergoteurs sur le budget et la balance, le cours du change et du savon, et le sordide grimoire des astuces mercantiles et fiscales. Quel dénouement honteux pour la littérature civilisée, qui décore du titre de perfectibilité l'ère d'avilissement des sciences, des lettres et des arts !

D'autre part, depuis que le système représentatif met aux prises les partis politiques, on voit les écrivains tout occupés à se vendre aux coryphées de parti, et prostituer un talent qu'ils pourraient employer à des productions honorables. On considère même tout écrivain comme un manouvrier qui expose en vente son industrie. La plupart d'entr'eux n'en font pas mystère (331) ; et celui qui conserverait un esprit indépendant, serait d'autant moins cru, que les plus vénaux se targuent du titre d'indépendans, écrivant sans passion.

Il ne reste donc aux littérateurs que la corruption pour voie de fortune : au dernier siècle, ils pouvaient encore jouer un noble rôle ; aujourd'hui, ils ont à opter entre la vénalité et le mélodrame ; et c'est pitié de voir comment l'on traite en France une épopée, une tragédie, et leurs auteurs.

Le sort des philosophes et des artistes n'est pas moins déplorable que celui des lettrés : froissés par la défiance des gouvernemens et par la détraction qui sème d'épines toutes les carrières, nos savans et artistes sont devenus la classe la plus molestée de tout le corps social. Quelle reconnaissance ne doivent-ils pas à l'invention qui leur tend une main secourable, les élève à une brillante fortune, et les délivre du fardeau de 400,000 tomes de controverse, dont le soutien devient de plus en plus impossible !

Et quand ils jouiraient encore du lustre qu'ils avaient au dernier siècle, auraient-ils moins à se plaindre de la civilisation qui les prive de la fortune, premier besoin des hommes policés ? La science et la gloire sont estimables, sans doute, mais bien insuffisantes quand elles ne sont pas accompagnées de la fortune. Les lumières, les trophées ou autres illusions, ne conduisent que peu ou point au bonheur, qui consiste, avant tout, dans la possession des richesses (*); aussi les savans sont-ils généralement malheureux en civilisation, par la pauvreté; et d'autant plus malheureux, que les qualités dont ils se vantent, *les yeux exercés et les sens délicats*, leur rendraient plus précieuses les jouissances de la fortune.

Indépendamment de leurs privations, ils ont à souffrir des humiliations déshonorantes, comme le tribut d'encens à payer aux agioteurs, la suspicion d'agitateurs, classe mal-intentionnée, saltimbanques de perfectibilité, méditant en secret le renversement des trônes et des autels. Je suis persuadé que ce mauvais esprit n'existe point chez la grande majorité d'entr'eux; mais il n'est pas moins certain qu'on le leur attribue; aussi la philosophie est-elle devenue pour ses disciples un fardeau dont ils désirent en secret de s'affranchir. Ils portent la peine des erreurs de 25 siècles; ce sont des héritiers maudits pour les torts dont leurs devanciers ont seuls profité :

» Delicta majorum immeritus lues. »

La révolution, qui a ouvert tant d'abymes pour le monde social, n'a pas épargné les philosophes, littérateurs, savans et artistes. Leur classe est peut-être une des plus maltraitées. Parmi les fléaux de fraîche date qui pèsent exclusivement sur elle, il faut remarquer la détraction et le monopole parisien.

1° *La détraction*. L'esprit de parti aigri par les révolutions,

(*) Et la santé, dira-t-on, n'est-elle pas quelque chose en fait de bonheur? Quand nous en serons à déterminer rigoureusement les conditions du bonheur intégral, je ne manquerai pas de les établir en ordre bi-composé, exigeant,

Le matériel interne, ou santé;
Le matériel externe, ou richesse;

puis le spirituel interne et le spirituel externe. Mais pour l'instant, nous n'avons que faire de tant de méthodes, et l'on peut bien admettre quelques sous-entendus; s'en rapporter à ce qui a été dit à l'avant-propos, sur les prétentions vétilleuses des méthodistes, et à l'exemple donné 146, sur la confusion où jeteraient ces détails minutieux. J'ai fait sentir la nécessité de s'y refuser, et de les renvoyer à un opuscule spécial où on pourra descendre à ces subtilités, mais seulement après la publication des branches de théorie plus nécessaires.

a envenimé la critique à tel point que, loin d'être une boussole pour le littérateur et l'artiste, elle n'est plus qu'un minotaure à qui il faut chaque jour immoler quelque victime. La malignité a fait tout récemment des progrès gigantesques : Paris fourmille de bons poëtes et bons prosateurs; mais il est à peu près impossible de contenter le goût du siècle, qui ne sait pas bien lui-même ce qu'il désire.

On fait quartier aux ouvrages de quelque favori comme Delille, pour avoir le droit d'écraser vingt poëtes qui peuvent le valoir. Le public est blasé à tel point, que rien ne saurait plus le satisfaire. Il ne jouit que de l'art des Zoïles : certains feuilletons trop fameux lui en ont donné l'habitude, et il lui faut à présent des gladiateurs littéraires. Les corps savans sont, en quelque façon, condamnés *aux Naumachies*; il faut qu'ils se déchirent entr'eux pour la récréation du public, et ils n'y inclinent que trop par leur jalousie. On en a vu un effet bien scandaleux, lors des trente-cinq prix décennaux proposés par Bonaparte. L'animosité que mirent les concurrens à se ravaler, méritait bien qu'on supprimât les prix.

Nos savans parlent de leur penchant pour la liberté, et ils se sont jetés dans tous les genres de servitude. On ne saurait dire de qui ils ne sont pas esclaves; leurs entraves sont souvent le comble de l'humiliation : un Racine, un Voltaire, doivent être les très-humbles valets d'un Aréopage de coulisses, qui jugera Phèdre et Mérope en dernier ressort. Si ces deux pièces étaient inconnues et présentées demain, il serait fort douteux qu'elles fussent admises. Lorsque les journaux disent (1818), *quarante tragédies attendent à la porte du théâtre français*; probablement les meilleures seront rejetées, faute de protection ou de menées cabalistiques; l'homme de génie n'étant pas pourvu du grand moyen de succès qui est, comme on sait, la qualité de *médiocre et rampant*.

Ainsi les savans et artistes français sont les premières victimes de l'esprit de détraction qu'ils ont mis en crédit en France; tandis que, dans d'autres pays, on est prôné pour un article de gazette. Dernièrement, la ville de Berne se vantait d'avoir trois fameux poëtes, qui paraissent être bien inconnus hors de l'enceinte de Berne. Paris n'avouerait pas autant de poëtes, et depuis Delille, je ne sache pas qu'on en ait admis seulement deux à jouir de ce titre. Baour n'est entré en ligne que depuis sa Jérusalem : il en est beaucoup d'autres, sans doute ; mais comment déterminer la critique à leur concéder ce rang avant la mort, première condition requise pour jouir de la faveur littéraire des Français qui se disent libéraux.

2° *Le Monopole Parisien.* La nation française étant la plus satirique du monde, il n'en est point chez qui un monopole littéraire soit plus dangereux. Il faudrait, pour conserver en France quelque justice dans la hiérarchie savante, qu'il y existât, comme en Allemagne et en Italie, plusieurs capitales également pourvues de moyens d'encouragement pour les sciences et les arts.

Le contraire a lieu : tout est village en France, hors de Paris. Les villes de 160 et 100,000 habitans, Lyon et Bordeaux, n'oseraient porter le moindre jugement avant de connaître la décision du Minotaure. Il n'existe pas de monopole mieux établi que celui de Paris. Les plus grandes villes se croiront très-honorées, si on leur enlève une statue pour en orner la ville qui engloutit tout.

J'allais voir un jour le musée d'antiquités à Arles : celui qui me conduisait, me dit, d'un air triomphant : » on en a » beaucoup enlevé pour Paris. » Il crut que j'allais être enthousiasmé de cet honneur fait à la ville d'Arles en la dépouillant ; je lui répondis : » n'allons pas plus loin ; je n'ai » que faire de voir les restes des Parisiens : ils ne vous auront » laissé que ce qui ne vaut pas la peine d'être vu. »

Les Français ne peuvent revenir de leur étonnement, quand ils voient quelqu'un de leurs concitoyens rebelle au principe *Gniak Paris, Gniak Paris.* D'autres nations, les Allemands, les Russes, les Espagnols, se défendent quand leur capitale est prise ; mais les Français regarderaient comme insensé, celui qui croirait que la France n'est pas toute entière dans Paris.

Cette influence de la capitale en affaires scientifiques, devient le germe de la détraction et le fléau des hommes de l'art, même de ceux qui habitent Paris. En outre, cette ville répand ce mauvais esprit dans toute l'Europe, où il s'insinue par l'influence de la littérature française, qui est la plus gracieuse, la plus châtiée, la plus conforme aux règles du goût.

Ce sont les savans français qui ont organisé ce monopole,

par leur jalousie contre les provinces ; il est bien juste qu'ils en soient victimes, et que leurs 40 tragédies attendent à la porte d'un tribunal de coulisses. Chaque jour ils s'en plaignent, et réclament contre le despotisme des comédiens. Pour tout remède, ils essaient des demi-mesures, comme doublement de théâtre. Il fallait créer une concurrence d'opinion ; fonder dans les grandes villes comme Lyon, Bordeaux, Marseille, Nantes, les établissemens qui peuvent donner du relief aux sciences et aux arts, tels que les fonderait une cour, si elle résidait dans ces villes, dégradées en faveur de Paris.

Au lieu de suivre cette méthode, les savans, pendant la révolution où ils ont eu quelqu'influence, ne se sont appliqués qu'à tout concentrer dans Paris ; réduire les grandes cités au rôle de bourgades industrielles, selon le principe, *Gniak Paris*. Et des hommes imbus de cet esprit de monopole, prétendent nous donner des leçons de liberté, de garantie et de libéralisme (*) ! Ce sont des êtres pétris de despotisme et de vues tyranniques : aussi Fréderic avait-il raison de dire que, s'il voulait punir une de ses provinces, il la donnerait à gouverner aux Philosophes. Ce sont eux qui ont créé l'esprit de concentration ou monopole de capitale, qui est l'une des 16 plaies révolutionnaires, l'un des 16 indices de déclin social sur lesquels je donnerai un chapitre.

Les savans et artistes sont victimes de ce monopole parisien, par la détraction qui écrase les 7/8es d'entr'eux ; elle compromet les classes entières, en avilissant successivement chacun de leurs membres, en les subordonnant à des tyrannies subalternes, intrigues de coulisses et railleries de l'agiotage.

Ils n'ont à redouter aucune de ces disgrâces dans l'ordre sociétaire : l'affluence des récompenses et des juges y suffirait seule à prévenir la détraction et le monopole. Il est dans cet ordre, des prix pour tous les concurrens qui savent plaire ou instruire, et nul n'a besoin de ravaler le mérite d'un rival.

(*) Ils pourront répondre que le système politique s'oppose à ce qu'on crée dans les villes de province, l'indépendance d'opinion ; quelles doivent, pour l'unité administrative, suivre les impulsions d'une capitale, même en littérature. Je le sais, et cela prouve d'autant mieux que l'ordre civilisé est incompatible avec les garanties sociales et le vrai libéralisme ; ces biens ne peuvent naître que dans la période 6e et les suivantes.

Personne ne peut craindre qu'une intrigue le frustre ou l'élimine, puisque l'unique juge est l'opinion constatée par vote individuel. Qu'importe à un canton que les compétiteurs soient nombreux, quand la récompense est si peu coûteuse?

Supposons que la majorité du globe ait distingué, dans les productions de l'année, cent odes à couronner, au vote moyen d'un sou de France : total, cent sous par Phalange pour les poëtes lyriques de l'année. Un tel don n'est qu'un atome pour un canton d'une lieue carrée, qui doit donner annuellement un produit équivalent à 3 millions (ce dont on verra les détails dans le corps de l'ouvrage, et dès la 2me partie des proleg.). Les cent poëtes couronnés n'auront aucun sujet de porter envie à des compétiteurs, ni de tenter, comme aujourd'hui, la détraction de tous ceux qui courent la même carrière.

Au lieu de ces faciles triomphes, de ces moissons de richesse et de gloire, quel est le sort des littérateurs, savans et artistes civilisés ! leurs talens ne peuvent pas même percer, et sont le plus souvent étouffés, dès leur naissance, par l'envie et le manque de fortune : puis, s'il paraît une bluette de quelque homme en faveur, vous verrez se pâmer d'attendrissement tous les malins qui la veille ravalaient vingt beaux ouvrages (*).

Ces abus sont inséparables de l'ordre civilisé qui, à raison de la grossièreté du peuple, concentre les sciences et les arts dans les capitales. C'est malheureusement un vice nécessaire en civilisation, où les deux inconvéniens de répugnance industrielle et pauvreté graduée, obligent à tenir le peuple dans l'ignorance, à y tenir même la bourgeoisie, et par suite comprimer les savans, arrêter l'essor de la pensée.

L'ordre sociétaire, qui a les propriétés d'Attraction industrielle et richesse graduée, ne craint pas que, ni le peuple, ni les grands, abandonnent le travail transformé en plaisir : dès-lors il devient inutile d'élever le peuple à l'ignorance et la grossièreté, pour le contenir et le fixer au travail.

(*) Que de délectations ne vit-on pas, le jour où feu M. de Fontanes prononça une ode assez ordinaire ! Mais c'était l'ouvrage d'un potentat scientifique : divers journaux assuraient que tout l'auditoire avait été baigné de larmes. Ils suppliaient M. de Fontanes d'accepter le sceptre de la poésie lyrique ; offre assez inconséquente, puisqu'en France l'ode est nommée *genre d'écolier*.

En conséquence, l'éducation sociétaire forme à la culture des sciences et des arts, toute la population, riche ou pauvre, indifféremment. On verra, au traité des quatre phases d'éducation harmonienne, que tout enfant né et élevé dans les Séries passionnelles, y devient aussi poli que le sont aujourd'hui ceux des grands, aussi instruit que le sont ceux des savans; et comme cette instruction générale du peuple est, dans ce nouvel ordre, une source de grands bénéfices, on conçoit que chaque pays rivalisera d'offres pour attirer, à titre d'instituteurs, le petit nombre de savans et artistes que possède la civilisation : elle n'en aura, au début de l'harmonie, pas le centième du nécessaire.

La richesse, tant critiquée par les moralistes, est donc l'un des moyens qui doivent établir dans le monde savant, cette concorde qu'on voulait faire naître de la pauvreté. Si, au lieu de trente-cinq prix décennaux, on avait pu en assurer dix fois plus, trois cent cinquante; en tripler la valeur; la graduer par 10,000, 20,000, 30,000, 40,000, 50,000 fr., tous les auteurs qui se sont dénigrés respectivement, auraient évité ce scandale, parce qu'il y aurait eu des prix en nombre superflu, et qu'au lieu de trente à quarante prétendans qui se sont diffamés, on aurait pu en récompenser un nombre décuple. Il n'y a donc de salut pour les savans et artistes, que dans l'enrichissement du corps social, et sa prodigalité en récompenses : dès-lors ils n'avaient d'autre souhait à former que la découverte que j'apporte.

Elle les sert, sous tous les rapports, au-delà de leurs espérances : elle remplit,

1° Leur vœu secret, qui est pour une fortune subite et immense, et pour le transport aux savans et artistes, de la considération que l'ordre civilisé n'accorde qu'aux publicains et agioteurs;

2° Leur vœu simulé ou apparent, qui est la propagation des lumières, le règne de la justice et de la vérité, *la purgation des passions* 267, etc.;

3° Leur vœu mixte, ou vœu moitié réel, moitié affecté, qui est pour les unités, sur-tout celle de langage et typographie, unité si précieuse aux savans, lettrés et artistes.

Il suffirait, je pense, de l'accomplissement du premier vœu, celui de la richesse, pour obtenir tous leurs suffrages. Quelle serait leur duperie, si, pour des considérations d'amour-propre, ils se passionnaient contr'eux-mêmes, en faveur de ces 400,000 tomes dont ils ne sont pas les auteurs! si, pour le soutien de ces rêveries, ils retardaient le bonheur du genre humain, et le leur qui ne peut naître que de l'avénement à l'ordre sociétaire et à la richesse!

Leur sagesse consiste, selon Delille, à avoir des yeux plus exercés et des sens plus délicats que ceux du vulgaire : à quoi sert ce raffinement sensuel, quand on n'a pas la fortune? Il vaudrait mieux avoir les yeux du Sauvage, qui trouve la colonnade du Louvre moins belle que sa cabane; et les oreilles d'un Français qui s'habitue à entendre ses chanteurs à timbre faussé et sans mesure (*).

Prenons au mot les savans et artistes; admettons qu'ils fassent grand cas des yeux exercés, des sens délicats, et par suite, de la richesse qui nous garantit le plein essor des sens. Quelle est donc la duperie des corporations savantes, si elles négligent le moyen de jouir des richesses et du plein exercice des sens? Combien elles sont frustrées par les délais de fondation sociétaire! Elles seraient déjà comblées de trésors, si on eut organisé, dès l'an 1810, l'Association qui pouvait commencer à cette époque, où la théorie, quoiqu'ébauchée, incomplète, était déjà suffisamment avancée pour qu'on pût mettre la main à l'œuvre!

Supposons donc l'essai de fondation fait en 1810, et les résultats consécutifs tels qu'on les voit indiqués 281, pour six années.

L'organisation générale du globe serait achevée depuis 1817, et les prix établis, selon la méthode indiquée au 1er moyen 268.

En conséquence, tous ces Parisiens qui écrivent bien en

(*) J'entrai, un dimanche, dans une église d'Aix-la-Chapelle, et je fus bien surpris d'entendre les trois officians, curé, diacre et sous-diacre, chanter le *Gloria in excelsis* en trio fort juste et en mesure bien soutenue. Comment se fait-il que la belle France, avec ses perfectibilités perfectibles, n'ait pas songé à placer un professeur de musique dans chaque séminaire, et instruire les jeunes abbés à ne pas fausser les oreilles du peuple? On parle de garanties; si on en avait quelque notion, l'on saurait que le garantisme doit s'appliquer aux 12 passions, aux plaisirs de l'ouïe comme aux onze autres.

vers et en prose, auraient déjà acquis, pour prix de leurs ouvrages, des sommes énormes, et marcheraient à des fortunes 105, de plusieurs millions, par la récolte annuelle de ces récompenses unitaires. Les plus petits ouvrages, les bluettes réprouvées et ingrates, comme les poëmes de MM. Delavigne et Viollet-le-Duc, cités précédemment, auraient valu à leurs auteurs au moins *un quart de franc*, soit 150,000 fr.; plus, le bénéfice de vente (*), estimé pareille somme; en tout, 300,000 fr., pour tel opuscule aujourd'hui dédaigné, parce qu'il contredit la doctrine d'une société puissante qui veut façonner ces auteurs à aimer la pauvreté et vivre de peu de chose (303).

Lesdits, auteurs auraient depuis 1810, composé beaucoup de ces menus ouvrages, dont ils auraient obtenu pareil prix; ou bien de grands ouvrages rémunérés plus amplement. Tous ces écrivains de Paris seraient aujourd'hui riches à millions. Leur fortune aurait été d'autant plus rapide, qu'en 1810 la langue française avait toutes les chances pour être adoptée, sans opposition, comme langage provisoire d'unité.

Quel est aujourd'hui le sort de ces poëtes ou prosateurs? La plupart sont réduits à enfouir leur génie, fabriquer des colonnes de chiffres pour un chétif salaire, ou faire de leur plume un emploi vénal et déshonorant. Les plus fameux d'entr'eux n'en font pas mystère: Geoffroy avouait franchement, que tel auteur lui avait envoyé une soupière d'argent, surmontée d'un bel oiseau d'argent : et sur ce, le feuilleton était favorable à l'envoyeur. Geoffroy, dans de pareils aveux, était plus adroit que ceux qui nient tout: il imitait certaines femmes, qui avouent quelques amans pour en cacher un plus grand nombre.

J'ai suffisamment établi par ces détails, que la médiocrité de fortune avilit les savans et artistes. Un écrivain a l'esprit indépendant quand il possède quelques millions : il peut, à

(*) Le bénéfice de vente sur un opuscule, à supposer deux exemplaires par phalange et cinq sous de profit par exemplaire, doit donner 300,000 fr., dont moitié aux gérants, moitié à l'auteur. On ne pourrait pas en civilisation vendre un ouvrage par tout le globe, sans être spolié par des contrefacteurs. On verra, au traité du commerce véridique, l'impossibilité de succès en contrefaçon, comme en fourberies quelconques.

l'abri d'une telle fortune, dire sa pensée en dépit des malins ; il peut dédaigner la vénalité, et marcher à la gloire par la richesse unie au talent.

Au contraire, toute marche honorable est interdite à celui qui n'a pas la fortune. S'il essaie de s'exprimer franchement sur le bien et le mal, il en résultera, dit Beaumarchais, que les sots et méchans le dénigreront ; que son joli poëme ou sa jolie prose iront au rebut ; que sa tragédie restera à la porte du théâtre ; enfin, qu'il aura manqué le chemin de la gloire en manquant celui de la fortune, faute de laquelle il ne parvient pas même à faire admettre sa pièce ou connaître son ouvrage. Quel avilissement pour le talent, et quel leurre que ces principes de modération et de mépris des richesses ; principes qui dupent à la fois le monde policé et les savans, en différant la recherche d'une issue de lymbe sociale !

POSTIENNE. — Les trois classes dites savans, lettrés et artistes pouvant, sinon par leurs capitaux, du moins par leur influence, accélérer beaucoup la fondation de l'ordre sociétaire, et décider un candidat hésitant, j'ai dû consacrer un long article à leur exposer leurs intérêts à cet égard.

Ai-je trop présumé de mes argumens, en annonçant (300 1/2), que je prétendais faire la conquête *d'un huitième* des savans, lettrés et artistes, convaincre cette minorité de la nécessité d'échapper à leur sort actuel ?

De leur propre aveu, l'état civilisé est un jeu de dupes et de fripons. Je m'en rapporte à eux-mêmes, sur le rôle qu'ils y jouent : sont-ils de la classe des dupes ou de celle des rieurs ? Il n'y a pas de doute sur l'alternative ; ils sont évidemment au superlatif de la duperie.

Ils y sont d'autant mieux que leur situation empire de jour en jour, depuis qu'ils ont (321) perdu sans retour la confiance des souverains et des cours.

Cette prévention des grands contre les quatre sciences philosophiques, rejaillit par contre-coup sur tout ce qui tient aux sciences fixes et aux arts, et concourt à faire maintenir les savans et artistes dans un état voisin de la pauvreté. La politique voit dans leur appauvrissement un gage de sûreté, un préservatif contre l'esprit agitateur qu'on leur suppose. Elle se borne à enrichir, dans leur compagnie, un très-petit nombre d'hommes sûrs, chargés de contenir la multitude scientifique et littéraire.

Cette méfiance, nécessaire en civilisation, devrait guérir les savans et artistes de leur engouement pour une société qui les avilit par leurs propres dogmes. Ils ont prôné la pauvreté, le mépris des richesses : on les prend au mot; on les réduit à ce triste lot, et on les force à en vanter les douceurs; eux-mêmes ont fourni la verge qui les frappe : sont-ils assez mystifiés !

Ils n'ont à opter, dans l'état actuel, qu'entre deux rôles également ignobles : se déclarer adulateurs de l'*anti-libéralisme*, ou partisans du *faux libéralisme*. Telles sont aujourd'hui les deux sectes qui se partagent l'opinion, et se disent protectrices du peuple, sans rien faire pour lui : il n'obtiendra, sous aucun parti civilisé, l'équivalent des sept droits naturels 126 : il sera misérable sous les uns ou les autres (*). Tout est pour lui cercle vicieux en civilisation.

Il est d'autant plus urgent de renoncer à ces dogmes de libéralisme illusoire, qu'ils compromettent à la fois maîtres et disciples, font suspecter des hommes bien intentionnés, et égarent la politique même, qui, par frayeur du libéralisme, a commis récemment les fautes les plus graves; entr'autres, celle de laisser depuis dix ans l'Amérique en proie aux ravages de l'anarchie, et laisser aujourd'hui l'Orient et l'Afrique sous le joug des propagateurs de peste et buveurs de sang.

On avait une si belle occasion de les renvoyer dans les déserts de Scythie, ou les morigéner selon les convenances des nations policées, et les réduire, presque sans coup férir, si on eut opéré en sens inverse de la marche qu'on a suivie.

(*) On a vu, 294, 295, que le vrai libéralisme serait l'ordre qui enrichirait progressivement toutes les classes, et sur-tout celle des salariés, en leur garantissant deux biens inséparables; savoir :

Minimum proportionnel et attraction industrielle.

Voyez les conditions 132, 133, et la récapitulation 143.

La solution de ce problème, examiné au 6e chapitre, était la tâche assignée aux vrais libéraux; personne ne s'en est occupé : il n'existe donc dans l'état actuel, que de *faux libéraux* ou des *anti-libéraux*.

Mais la politique déconcertée par ses frayeurs de libéralisme, n'est plus en état de raisonner froidement sur ses intérêts. Elle pouvait placer des princes européens dans l'Orient et dans les deux Amériques ; c'eut été faire le bien de toutes ces régions et de l'Europe même. Une crainte irréfléchie des idées libérales a tout paralysé, et fait manquer les moyens *d'absorber le faux libéralisme par le vrai.* C'est un problème très-digne d'examen, dans l'état actuel de la politique : ne s'est-elle point fourvoyée ? N'a-t-elle pas, en abandonnant les Grecs, mérité la devise, *errare humanum est !*

Peut-on croire que les évêques et prélats grecs étaient des partisans de la démagogie ? Vit-on jamais le clergé catholique pencher vers les démagogues ? Non, sans doute : les chefs de l'insurrection grecque étaient des oligarques semblables à ceux de Venise et de Berne. Aucune ligue n'est plus amie des souverains ; tous recherchent les soldats des républiques de Berne et de Vaud : ils ne craignent donc pas *la chose*, mais *l'abus du mot RÉPUBLIQUE.*

Certains diplomates ont su adroitement embrouiller cette question, confondre les républicains oligarques avec les républicains démagogues, employer à propos l'épouvantail du libéralisme et de la démagogie, et donner cette couleur à l'insurrection des Grecs.

La ruse a suffi pour désorienter plus d'une grande puissance, et dépister des politiques à courte vue. Ils ont donné tête baissée dans le piége : cette ruse a opéré sur eux comme les moulins à vent sur Dom Quichotte, qui les prend pour des géans armés contre lui.

On pouvait donner aux Grecs des constitutions oligarchiques, selon la méthode suisse tant applaudie par les souverains. L'Europe, enthousiasmée de la Grèce, aurait vu la sagesse dans toute mesure qui aurait réuni l'assentiment général de la nation grecque, dont le nom seul excite l'idolâtrie.

Comment les diplomates ont-ils pu négliger un levier si puissant, un ressort qui suffisait à absorber les idées démagogiques ? Il fallait, aux prestiges de fausse liberté, opposer des illusions monarchiques, entr'autres le respect de la religion, qui s'allie si bien à la cause des Grecs, sur-tout dans l'esprit des hommes d'un certain âge, des quinquagénaires, etc. Ils ont été élevés sous Louis XVI par des ecclésiastiques très-respectables et très-austères, qui les formaient à aimer la Religion chrétienne, et la Grèce, patrie des sciences et des arts. Tous auraient applaudi à toute mesure qui eut protégé le Christianisme et la Grèce, *autrement qu'en paroles.*

Des terreurs paniques ont désorienté la politique : elle a cru trouver une planche de salut dans les opinions ambiguës qui dénaturent la cause des Grecs, et prônent les Musulmans et les Juifs. L'épouvante causée par le libéralisme est donc bien forte, si elle amène les Chrétiens à aimer Judas et Mahomet.

L'erreur n'a pas pu prévaloir ; et déjà on voit (23 octobre), les deux journaux officiels de France et d'Angleterre, *Moniteur et Courrier*, désavouer les calomnies qu'on avait répandues contre les Grecs ; *certifier qu'ils n'ont spolié aucun vaisseau.* Cette accusation était donc aussi calomnieuse que celle d'avoir massacré 1500 Turcs dans Çydonie, où il n'en existait pas 15.

Il est très-possible qu'en d'autres lieux, des demi-sauvages, des Schypetars et Albanais que les Grecs sont obligés de s'adjoindre, aient usé de représailles contre les cruautés des Turcs ; mais il demeure constant que les véritables Grecs se sont montrés, sur mer et sur terre, en dignes héritiers de Léonidas et de Thémistocle. Ce sont encore les hommes des Thermopyles et de Salamine. Est-il de fait d'armes supérieur à celui du bataillon sacré de Dragaschan, qui, trahi et livré par tous ses alliés, repousse quatre fois les nuées de bourreaux turcs, et qui s'obstine, malgré la certitude de voir périr sur le pal et dans les supplices, tous ceux qui, par suite de blessures, seront pris vivans ? Ce combat était leur début : qu'aurait fait de plus une troupe de vieux soldats ?

Et lorsque de tels hommes sont diffamés par quelques Zoïles, on se demande où sont ces orateurs qui se disaient enthousiastes du Christianisme ? Ils se taisent quand une nation chrétienne périt dans les supplices. Quelle mascarade morale que ce 19e siècle, où l'on voit des partis français protégeant, l'un le Mahométisme, l'autre le Judaïsme ! des Chrétiens criant vive Judas, vive Mahomet, pendant que les Musulmans insultent la Chrétienté torturée dans leurs bagnes, et peut-être digne de cet avilissement, par les tributs qu'elle leur paye !

A ces affronts, on oppose de prétendus intérêts du commerce.

Pitoyable excuse ! L'intérêt du commerce exigeait, avant tout, qu'on purgeât le globe de la peste, et qu'on mît l'Orient et l'Afrique en culture ; ce qui ne pouvait avoir lieu qu'en morigénant les Ottomans, les Barbaresques et ennemis du Christianisme. Ce principe était bien connu, bien admis ; mais la peur du libéralisme a faussé les esprits ; elle les a rendus incapables d'un sain jugement en politique de circonstance.

On a compliqué très-insidieusement, dans cette affaire, la légitimité. Quel rapport a-t-elle avec l'usurpation des coupe-têtes ? Ignore-t-on que toute nation d'Anthropophages n'est pas admissible aux droits des nations policées ? Or, les Cannibales qui ont pour eux l'excuse de la faim, sont dans leurs cruautés bien moins coupables que les Turcs. Peut-on voir un souverain légitime dans celui qui prend le titre *d'impérial tueur d'hommes, ayant le droit de tuer quatorze hommes par jour, sans aucun motif!* dans celui qui, des fenêtres de son sérail, encourage les noyades des Chrétiens liés par douzaines ? dans celui qui contemple la populace coupant en morceaux et jetant aux chiens les corps de ces malheureux que les flots rejettent sur le rivage ? Marat et Carrier deviennent des agneaux devant cet *impérial tueur d'hommes*, (c'est le titre qu'il se donne) ; devant ses sicaires, comme Ghezzar-Pacha qui, en montant à cheval, s'amuse à couper la tête de l'esclave qui lui tient l'étrier, et fait enterrer vives toutes les femmes de son sérail, parce que l'une d'entr'elles a commis une infidélité ; ou comme un Pacha de Scutari, qui oblige les fils à pendre leurs pères, et fait piler dans un mortier ceux qui refusent d'obéir ?

Voilà les Turcs, bêtes féroces à figure d'homme, faisant empaler ceux qu'ils ont attirés sous promesse d'amnistie, égorgeant les garnisons capitulées (à Séka et Bucharest) ! N'est-ce pas outrager les Princes Chrétiens, que de leur assimiler, quant aux droits, ces cannibales qui, coupant une jambe à un prisonnier, la font rôtir devant lui et l'obligent à la manger, à se manger lui-même ; qui font brûler à petit feu les femmes et les enfans, aux pieds des pères crucifiés ? Si de tels monstres sont des maîtres légitimes, il faudra en conclure que les lions et les tigres sont légitimes possesseurs de l'Afrique, parce qu'ils y exercent le massacre, de temps immémorial.

Je

Je ne m'appesantirais pas sur ces horreurs, si le tableau n'en était nécessaire à démontrer aux sophistes combien ils se sont trompés dans leurs méthodes, qui n'ont abouti qu'à égarer la politique, par défiance du faux libéralisme, et la détourner du vrai, du Garantisme, 6ᵉ période.

On s'en éloigne de plus en plus, et l'égoïsme envahit de toutes parts le domaine social. Jadis la Chrétienté, dans ses croisades, commit de nobles fautes pour conquérir des monumens religieux : aujourd'hui elle ne s'émeut pas même pour les individus ; elle ne voit dans le massacre des Chrétiens, qu'un champ de spéculation mercantile ; et pour le profit des marchands, on déclare légitime un Visir Ellatsch-Salih fumant sa pipe sur le cadavre des prelats catholiques, pendant et après leur supplice ; un Békir-Pacha, faisant saler les oreilles, langues et nez, qu'il a fait couper à des Chrétiens sans armes, dénoncés par les Juifs ; puis remplissant de ces horribles trophées des sacs, pour les envoyer à *l'impérial tueur d'hommes*. Et c'est dans la patrie de Saint-Louis, DU FIER CHRESTIEN, que ces atrocités sont légitimées !

Tel est le résultat de l'esprit mercantile et des abus du libéralisme. Ils ont frappé la politique de petitesse et de terreur : tout est sacrifié à des craintes exagérées, à des duperies qui ne tendent qu'à garantir aux Anglais l'Indostan ; et quand la Philosophie n'aurait d'autre tort que d'avoir, par ses fausses mesures, paralysé les anciennes idées d'honneur, d'avoir détruit toutes les vertus sociales en prétendant les perfectibiliser par le trafic et le libéralisme, c'en serait assez pour lui prouver le vice de ses doctrines, et la nécessité d'abandonner une carrière qui va devenir de plus en plus épineuse pour elle.

En vain essaiera-t-elle de se travestir, de prendre les formes les plus suaves, se traîner aux pieds des agioteurs et des Juifs, leur promettre *la perfectibilité du commerce immense et de l'immense commerce des amis du commerce :* en vain promettra-t-elle aux souverains *la perfectibilisation du perfectibilisantisme de civilisation perfectible* Cet attirail doucereux ne la sauvera point. Proscrite par les dynasties européennes, elle n'en dissuadera aucune. La défiance est aujourd'hui l'esprit dominant des cours. Les idées qu'on appelle improprement *libérales*, avaient eu quelque vogue sous *LOUIS XVI ;* mais d'après l'abus qu'on en a fait, l'opinion est irrévocablement fixée, et le nom de Philosophe est un épouvantail pour tous les gouvernemens.

En admettant que ces sophistes n'aient que le tort de maladresse, au moins est-il certain qu'ils l'ont au suprême degré, puisqu'en voulant élever cette génération au bonheur social, ils ne l'ont élevée qu'au règne des Clubs, des Assignats, puis de l'agiotage et de l'anarchie directoriale, terminée par un despotisme militaire. Peuvent-ils se justifier de ces honteux résultats, autrement qu'en reniant la science qui les a produits, et qui s'est montrée si malencontreuse dans toutes ses opérations, affranchissement des nègres, système mercantile, etc. ?

Daprès ces échecs trop récens, la Philosophie est perdue de réputation, même dans l'esprit de ceux qui lui attribuent des vues sages. Sans doute elle veut le bien, mais il est clair qu'elle en ignore les routes. Dans cette conjoncture, quel avenir peut lui promettre un prolongement de l'état civilisé et barbare? Les plus zélés partisans de cette science doivent être convaincus que le poste n'est pas tenable, qu'il faut définitivement songer à la retraite; et peut-être en secret sont-ils déjà bien satisfaits qu'une découverte inespérée vienne leur ouvrir des issues de civilisation, des voies de fortune subite, dans un abandon des fausses doctrines.

Leurs talens sont dignes d'une meilleure cause; tous avouent qu'ils cherchent un sujet, et que s'ils exploitent ce domaine ingrat du sophisme, c'est qu'ils ne savent sur quoi écrire, pour se faire connaître et vivre de leur commerce oratoire: la découverte de l'Association va les servir à souhait. Mais sur quoi se fonderait leur gloire dans ce nouvel ordre, s'ils étaient, comme aujourd'hui, bornés à ressasser vingt sujets épuisés? Ils mépriseraient eux-mêmes ce régime sociétaire qui les enrichirait pour le stérile talent d'écrire sur des riens.

Ils vont trouver dans le tableau des lois de la nature, en mouvemens instinctuel, aromal, organique et passionnel (189), un trésor vraiment inépuisable pour les écrivains et les savans. Tous les sujets qui paraissent usés, comme la botanique, vont redevenir des mines plus fécondes que le Potose. La science exacte, dite *mécanique sociale*, et ses applications au système de l'Univers, fourniront plus de volumes de vérités, que les sciences trompeuses, dites politique sociale, n'ont enfanté de tomes d'erreurs. Je donnerai sur ce nouveau domaine scientifique, un aperçu à l'art. PIVOT INVERSE, *Psycologie comparée.*

Les voilà donc délivrés du tourment de chercher un sujet; de prostituer leur plume à des paradoxes, à des pantalonnades oratoires dont on a fait des tableaux (*) si déshonorans pour la littérature. Ils n'auront plus que l'embarras du choix.

Et lorsque j'apporte à ces légions de faméliques, la plus riche moisson de fortune et de gloire, faudra-t-il que je me présente l'encensoir à la main? Qu'ils sachent que si jamais on dût admettre une dispense du tribut d'encens, c'est en faveur de l'inventeur qui les relève eux-mêmes de l'avilissement, et leur ouvre une carrière où le génie sera dispensé de fléchir devant la sottise.

CONCLUSION.

On a vu qu'ils ont à opter entre l'immensité d'humiliations, de leurres et de privations, si l'état civilisé se prolonge;

Ou l'immensité de richesses et de triomphes, si le monde passe à l'Association, par épreuve sur 80 familles inégales.

S'ils hésitaient sur cette option, ils auraient à craindre un nouvel écueil, le reproche de *trahison sociale*. Ils en seraient convaincus, par le seul fait d'opposition à l'essai sociétaire.

En effet, les grands et la classe instruite sauront bien reconnaître, dès à présent, que jamais la Philosophie n'a voulu s'occuper d'aucun des problèmes de *mécanique sociale*, tels que

Invention des garanties, sur-tout de celle du minimum 132;

Invention du mode commercial véridique, et analyse du mode mensonger 168;

Analyse des phases de civilisation 159;

Recherche des douze issues 108,

(*) *Isocrate* a fait l'éloge de Busiris; *Alcidamus*, de la mort; *Polycrate*, de Clytemnestre; *Phavorin*, de Thersite et de l'Injustice; *Cardan*, de Néron; *Lucien*, de la Mouche et des Parasites; *Heinsius*, du Pou; *Psellius*, de la Puce; *Majoraggius*, de la Boue; *Pirekmeir*, de la Goutte; *Galissar*, de la Fièvre quarte; *Erasme*, de la Folie; *Synesius*, des Têtes chauves; *Jules Scaliger*, de l'Oie; *le Vayer*, de l'Âne; *Ménage*, du Pédant; *Homère*, des Grenouilles et des Rats; *Virgile*, du Moucheron; *Passerat*, du Rien; *Lafare*, de la Paresse.

et tant d'autres énigmes sur lesquelles la science aurait réussi, pour peu qu'elle eût mis en pratique ses 12 préceptes, chap. 3.

Si, au moment où une découverte répare toutes ces négligences, au moment où la théorie sociétaire est publiée, les sophistes interviennent pour la contrecarrer, il sera évident qu'ils trahissent, de propos délibéré, la cause de l'humanité. De là on sera fondé à conclure qu'ils l'ont trahie à dessein dans tous les temps, et que l'omission de tout calcul sur l'Association et les problèmes ci-dessus, a été de leur part une perfidie préméditée.

J'ai dû les aviser en grand détail sur toutes ces particularités relatives à leurs intérêts, afin de les bien convaincre que si ma théorie m'oblige à attaquer leurs doctrines, j'agis sans aucune malveillance contre les auteurs, que je sers (329) par delà leurs espérances.

Je les entends répondre : « si on était sûr que cette Asso» ciation pût réussir ! ! ! » Eh, pour s'en assurer, il faut procéder à l'essai, provoquer une épreuve qui ne peut exposer à aucun risque. C'est un beau rôle pour les écrivains : sans sortir du *doute conditionnel*, sans se compromettre par une crédulité prématurée, ils peuvent innocenter leur science et réhabiliter ses auteurs, en prétextant d'inadvertance (93.) Une telle marche les justifiera, sous le rapport de l'intention, qui deviendrait plus que douteuse dans le cas où ils s'obstineraient à soutenir leur caduc édifice, leur législation civilisée, qui n'a fait régner de tout temps que la cupidité et la fourberie, n'a su former que des êtres esclaves de l'argent, n'osant penser ni agir que selon les chances de gain, sans aucune acception de la vertu ; n'ayant enfin d'autre boussole morale que la soif de l'or.

Tel est l'ouvrage des Philosophes : doivent-ils hésiter à l'abjurer, au moment où l'on découvre enfin l'ordre de choses qui conciliera *l'amour des richesses avec la pratique des vertus !* L'excuse des sophistes passés et la fortune des sophistes présens vont dépendre du parti que ceux-ci prendront dans cette circonstance décisive. J'ai dû, en honorable adversaire, les en aviser très-franchement, et les stimuler dans un article spécial, par le parallèle des chances de fortune qui leur sont assurées en Association, et des disgrâces dont ils sont accablés en civilisation.

Toutefois, je les invite, après cet exposé de leurs duperies, à suspendre tout jugement, jusqu'à l'apposition de la pierre de touche ou théorie du vrai libéralisme, dans ses trois degrés qui sont, (en amalgame avec le tableau 25),

Le Demi-Libéralisme, ou Demi-Association.
Garantisme, 6ᵉ période.
Le Libéralisme simple, ou Association hongrée.
Sériisme simple, 7ᵉ période.
Le Libéralisme composé, ou pleine Association.
Sériisme composé, 8ᵉ période.

Je préluderai à l'extroduction sur la théorie du demi-libéralisme : l'exposé de ce degré, quoique le moindre des trois, suffira à convertir les sophistes bien intentionnés ou Expectans 91 ; à leur prouver qu'il n'y a de vrai libéralisme que dans les méthodes qui tendent à l'Association industrielle, et que, hors de cette direction, les idées libérales détournées de leur emploi naturel et appliquées à l'industrie incohérente, sont comme les armes à feu entre les mains des enfans.

Il restera donc à examiner dans mes théories sur les trois degrés de l'Association, si j'en ai vraiment découvert le procédé, à défaut duquel toute alliance entre le monde social et les idées libérales, est d'un succès très-douteux.

Dès que cette découverte sera constatée, il deviendra hors de doute qu'elle garantit l'avénement au vrai libéralisme, bien différent des caractères qu'on lui prête aujourd'hui. Les sophistes assurés de recueillir une part brillante des bienfaits de l'Association, s'inquiéteront peu si elle donne aux faux systèmes un congé absolu ; et dans leur enthousiasme, ils me rendront grâces de mes agressions officieuses ; comme un blessé recouvrant la santé, remercie son chirurgien de quelques douleurs qu'une main tutélaire lui a fait souffrir.

Par intérêt pour leurs coryphées, rappelons-les à l'exemple de Saint Augustin. Lorsqu'il vit le culte des faux dieux chanceler, il ne balança point à se ranger sous la bannière du vrai Dieu. Lui seul fit plus, pour le progrès de la Religion, que n'aurait fait une grande armée. En suivant un parti perdu, il serait resté dans la médiocrité ; en se ralliant à la lumière naissante, il s'éleva au faîte de la renommée.

La conjoncture est ici la même : c'est toujours la cause du

vrai Dieu. Chez les anciens, il fallait arborer sa bannière religieuse, la doctrine de Jésus-Christ ou voie du salut des ames; chez les modernes, il faut arborer sa bannière industrielle, la théorie d'Association unitaire ou voie du salut des corps sociaux. Cette lumière, espérée par Socrate, vient éclairer enfin la raison perdue dans les sophismes : un chantre de l'heureuse découverte serait un puissant accélérateur d'épreuve et de fondation. Paris, capitale du monde littéraire, fera-t-il moins que l'ancienne capitale du monde civilisé? Rome enfanta l'Augustin religieux; que Paris enfante l'Augustin social.

Argumentum ad hominem! qui habet aures audiendi, audiat.

FIN DE L'INTERMÈDE.

Table de l'Intermède.

LES SAVANS ET ARTISTES, DUPES DE LA CIVILISATION.

OMISSION. — En tête du tableau 108 des issues de lymbes, placez les deux transitions dir. et inv.

K ≺ L'architecture combinée.
≻ Les utopies sociétaires.

Ces deux sujets seront traités,
Le ≻ dans la 2me partie;
Le ≺ dans l'extroduction.

SECONDE PARTIE.

THÉORIE MIXTE,

OU ÉTUDE SPÉCULATIVE DE L'ASSOCIATION.

PRÉ-AMBULE.

Rappel au plan et au but de l'Ouvrage.

C'est assez de débats avec les aigles du monde savant : descendons maintenant dans la moyenne région, habitée par les hommes qui n'ont pas de prétention à l'Académie, et qui se bornent à juger selon les lumières du sens commun : c'est à eux que s'adresse la 2me partie. Je l'ai dégagée, à dessein, de raisonnemens scientifiques ; je l'ai restreinte à des calculs familiers et séduisans, qui seront à portée des femmes comme des hommes.

J'ai annoncé, à l'avant-propos, que dès la 2me partie je joindrais le merveilleux au raisonnement. Cette alliance va rendre les tableaux plus intéressans, et je dois préluder par apostropher les romanciers, qui, dispensés de preuves et libres de bâtir sur l'idée d'Association, *des châteaux en Espagne*, n'en ont pas eu la pensée. C'eût été un coup de partie, que d'attirer l'attention sur ce point. Peu importait qu'on eût commencé par des visions ; mille incidens auraient conduit par degrés à des calculs. Tant de gens se plaisent à rêver le bonheur : comment se fait-il que, dans le nombre des illusions et féeries dont on repaît leurs esprits, personne n'ait jamais mis en jeu l'idée d'une grande association domestique, ni spéculé sur les bénéfices et les agrémens qui en pourraient naître ?

Ce sujet, même à le considérer comme *utopie* (rêve d'harmonie sociale en pays fabuleux), n'en valait-il pas tant d'autres dont on meuble nos romans politiques ? On va voir qu'il eut été bien autrement fécond, et que les romanciers en auraient pu faire, dès le premier instant, une chimère en vogue ; chimère qui aurait bien vîte acheminé à des tentatives d'épreuve. Pour cette fois, l'on serait arrivé à la sagesse par les chemins de la folie. (Tous moyens sont bons quand ils conduisent au bien général, sans préjudicier à personne.)

Spéculons sur ces perspectives, dont le tableau sera intelligible aux enfans mêmes, et passionnera d'avance pour la théorie positive d'Association, contenue au 2e tome.

On a vu (avant-propos), qu'il serait imprudent de produire cette théorie avant d'en avoir excité vivement le désir; que l'opération reposant sur des calculs de gastronomie et d'amusemens combinés, pourrait sembler, au premier abord, indigne de confiance. Le lecteur s'épargnera ces doutes, en s'exerçant, dans cette 2me partie, sur l'analyse des prodiges que doit enfanter le régime sociétaire. Il en conclura qu'une théorie de plaisirs industriels peut bien conduire au but où n'ont pas abouti nos subtiles théories de *balance*, *contre-poids*, *garantie*, *équilibre*.

En réplique à ces illusions dominantes, il a bien fallu, dans la 1re partie, débuter par de graves et profonds raisonnemens; prouver qu'on n'est pas en peine de battre les sophistes avec leurs propres armes. Beaucoup de personnes ennemies du jargon scientifique, auront glissé sur ces argumens dont fourmille la 1re partie; j'ai même dispensé (avant-propos), de cette étude les lecteurs de 3me classe. Quant à ceux de classe mixte ou 2me qui en auront pris une légère notion, elle a dû leur laisser des impressions qui les guideront dans l'étude de la 2me partie où nous allons entrer.

D'abord, ils auront fort bien compris que tout va au plus mal en ce monde, malgré qu'on vante sans cesse le perfectionnement de la raison. Mieux vaudrait avoir déraisonné, et avoir trouvé les voies de richesse et de bonheur dont la multitude civilisée est si éloignée.

Ils auront compris de même, qu'il existe beaucoup de branches d'étude négligées et encore vierges, dont j'ai donné de nombreux tableaux, entr'autres celui des caractères et phases de civilisation (159), détail complètement ignoré, et sans lequel notre politique ne se connaît pas elle-même, ne sait pas si l'ordre social est en âge de progrès ou de déclin.

Ces omissions auront pu être aperçues des êtres les moins initiés aux sciences, et les amener à conclure que tant de branches d'étude négligées (voyez les tableaux 92, 108, 126, 167, 168, 189), pourraient bien contenir le secret du bonheur social, si vainement désiré.

Les lecteurs, même superficiels, auront compris encore que, dans le monde matériel comme dans le monde social, tout se détériore à vue d'œil; que les climatures sont dénaturées et méconnaissables; que les hivers usurpent la place des printemps (1821) et souvent des automnes (1820); qu'au lieu de prendre des mesures pour extirper l'ancienne peste, la civilisation laisse introduire de nouvelles pestes, fièvre jaune et typhus; que ce surcroît de calamités physiques, ajouté au redoublement d'impôts et de calamités politiques, est un signe incontestable de dégradation, en mouvement matériel comme en social.

Ce sont là des points de fait, des vérités palpables et suffisantes à éclairer tout homme qui voudra préjuger sur le débat établi entre l'industrie morcelée et l'Association qui va métamorphoser *de mal en bien* le monde matériel et social. Chacun, en récapitulant ces effets croissans du mal, suspectera les sciences d'où naît ce désordre qu'on a le front de nommer *perfectionnement social:* chacun sera tenté de prêter l'oreille à la nouvelle science, qui doit réaliser tous les biens que l'ancienne promet en vain.

Sur ce, l'on réplique par un argument qui paraît concluant, et qui semble infirmer toutes ces belles espérances. On objecte : » *chacun se* » *serait donc trompé, et vous en sauriez donc plus à vous seul que les* » *savans de tous les siècles ?* »

» Chacun se serait donc trompé ! » Pourquoi non ? Serait-ce la première fois ? N'en disait-on pas autant à Colomb, quand il annonçait l'Amérique, et à tous les inventeurs qui ont prouvé que chacun s'était trompé avant eux ? C'est le propre *de chacun et du monde entier*, que de se tromper pendant plusieurs mille ans, sur les dispositions les plus urgentes et les plus faciles, comme la suspente et l'étrier. Assurément, *chacun s'était trompé* jusqu'au 12e siècle, par oubli de ces deux inventions si précieuses, et pourtant si à portée de tout le monde.

Il suffirait de cette étourderie entre mille autres, pour prouver que *le monde entier* peut être un monde sot, étourdi et aveugle sur les minuties comme sur les grandes choses. Eh ! combien ne l'a-t-il pas été sur l'Association ? Si on en eut manqué la découverte après de pénibles recherches, il y aurait déjà maladresse, puisqu'il existait (108) seize voies d'exploration et de réussite. Or, quelle est l'étourderie d'un globe qui n'a pas même songé à chercher la seule invention d'où dépendait son bonheur, pas flairé une seule des 16 voies !

N'a-t-on pas vu *le monde entier* commettre des erreurs bien plus choquantes ? Citons-en une de celles qui règnent encore, et qui aurait dû depuis plusieurs mille ans être rectifiée par tout homme, femme ou enfant : c'est la coutume de considérer la droite comme côté d'honneur. Il faut que Dieu en ait jugé tout autrement, car il a placé à gauche le cœur, foyer de mouvement et le plus noble des viscères. Si les civilisés ont raison de préférer la droite, il faudra donner raison à ce médecin de comédie, qui veut placer le cœur à droite. On voit, au contraire, que dans tout le système de l'univers, comme dans le corps humain, la gauche est le côté d'honneur. Aussi toutes les planètes présentent-elles la gauche au soleil levant. (Le seul Herschel fait exception, pour causes qui seront expliquées en cosmogonie).

Qu'on cesse donc de s'étonner si le *monde entier* se trompe sur la destinée sociale, problème dont la solution n'était pas à portée de tous, quand on le voit se tromper sur des vérités palpables, comme la prééminence de la gauche sur la droite. Combien compterait-on de ces erreurs, *soit générales*, comme la préférence donnée à la droite ; *soit spéciales* et bornées à un art, comme la stupide coutume de noter la musique sur onze lignes ; ce qui oblige à faire usage de huit clefs ; tandis qu'en notant sur douze lignes, dont deux intermédiaires, 6, 7, en blanc, tout serait ramené à une seule clef ; (correction qui sera expliquée).

C'est sur-tout dans l'étude de l'Association qu'il importe de se défier de ces préjugés flatteurs pour l'ignorance générale ; de ces argumens dictés par l'orgueil, comme celui-ci : « *tout le monde se serait donc » trompé ! Eh ! qui êtes-vous, pour prétendre à donner des leçons » au monde entier ?* »

Je réponds : qu'étaient ceux qui inventèrent la suspente et l'étrier ? Peut-être un sellier et un maquignon, qui sur ces deux points, sur l'équitation et la voiture, en savaient plus que *le monde entier*, et lui prouvèrent qu'il s'était trompé, car ils élevèrent le transport à cheval et en voiture, du mode simple au mode composé.

Il n'est donc pas nécessaire d'être un génie transcendant, pour remontrer *le monde entier*, et en savoir plus que lui sur quelque point, notamment dans les branches d'étude dont il ne s'est jamais occupé, comme l'Association, branche où le premier qui enfin s'avise de tenter des recherches, doit avoir tout l'avantage des premiers qui arrivèrent au Pérou : ils avaient beau jeu de trouver les mines d'or.

Il est assez doux à l'orgueil, d'établir dans la classe savante comme dans le corps politique, une noblesse et une roture, et de vouloir éconduire un inventeur en le traitant de roturier scientifique, d'intrus dépourvu de titres à la confiance ; mais l'expérience confond cette manie exclusive. Nous voyons tous les jours l'instinct ou le hasard favoriser ces intrus ou roturiers de la science, et se servir de l'homme obscur pour humilier le superbe : voici une anecdote qui se lie bien au sujet.

En 1799, l'envoyé des Mamelucks à Londres, Elphi-Bey, avait à sa suite un nègre, hardi cavalier, mais sans principes, vrai casse-cou. Elphi-Bey entendit parler d'un beau cheval, si fougueux, si indomptable, que les plus fameux écuyers de Londres n'avaient pu parvenir à le monter. Elphi-Bey se flatta que son nègre en viendrait à bout. Les paris s'ouvrent ; les hommes de l'art s'assemblent ; on amène le Bucéphale, et malgré sa violente résistance, on voit le nègre, après un quart d'heure de combat, dompter le terrible coursier, à la barbe de tous les virtuoses du pays, fort scandalisés qu'un casse-cou d'Éthiopie, un roturier en équitation, fût plus habile que les fameux écuyers de Londres, qui avaient épuisé sur ce cheval toutes les ressources de l'art, et déclaré *l'impossibilité*.

Ce camouflet n'est-il pas l'emblème de la déconvenue qu'éprouvent aujourd'hui les quatre sciences incertaines ? Il y avait en théorie sociale un problème jugé inabordable comme le cheval dont il s'agit ; c'était le problème de l'Association graduée, ou amalgame domestique et industriel des ménages inégaux en fortune. Personne, dans la hiérarchie savante, n'avait osé s'exercer sur cette grande énigme, pas même la proposer. C'était le superlatif de l'impossibilité ; et pourtant la voilà expliquée par un homme qui ignore les subtilités scolastiques où excellent ces savans ; un de ces inconnus qu'ils dédaigneront comme les écuyers de Londres dédaignaient l'Éthiopien qui, sans être initié aux principes d'équitation, dompta l'animal rebelle à tous les maîtres de l'art.

Ainsi l'aptitude naturelle peut l'emporter sur les raffinemens de la science, et faire découvrir à l'homme vulgaire quelque perle qui aura échappé à l'œil exercé des grands maîtres. La nature distribue au hasard les instincts de science et d'art, le génie inventif. On ne doit donc pas s'étonner qu'il se soit trouvé enfin dans les rangs du vulgaire un homme pourvu de l'instinct de découverte en mécanique sociétaire.

Ces instructions familières m'ont paru propres à fonder la confiance, et disposer les lecteurs bénévoles qui ne tireraient aucun fruit de cette 2me partie, s'ils y exigeaient des raisonnemens sévères, comme ceux que j'ai disséminés dans la 1re partie. Servons tour à tour les convenances de chacun, et dans une théorie qui doit faire le bonheur de tous, donnons quelques préliminaires adaptés au goût de cette nombreuse classe qui, peu versée dans les sciences, redoute les chemins de ronces, et exige que la théorie, même la plus utile, soit artistement fardée.

On a pu voir, au début de l'avant-propos, que loin d'avoir besoin de fard, je serais obligé de déguiser longtemps les beautés et les bienfaits de l'Association. Dès à présent cette contrainte cesse: j'ai déjà atteint le premier but, qui était d'entrer en lice quant aux raisonnemens, et de prouver qu'en ce genre mes batteries valent au moins celles des sophistes, qui n'ont su acquérir aucune connaissance exacte, ni sur l'Homme, ni sur l'Univers, ni sur Dieu, et qui l'avouent dans ces vers :

» Montrez l'homme à mes yeux; honteux de m'ignorer, etc. »

Ils n'ont de même rien produit de satisfaisant sur les controverses dont l'âge moderne s'enorgueillit, comme la liberté, le commerce, le libéralisme. Il me suffit d'avoir, sur ces divers points, plaidé la négative et démontré l'aberration des sciences, pour inspirer une *confiance conditionnelle* en la découverte qui va réparer tout le mal.

Fort de ces dispositions préalables, je puis commencer à montrer les côtés merveilleux de la nouvelle science, mais sans jamais séparer ce merveilleux des calculs arithmétiques : à défaut, on pourrait me reprocher de tomber dans le vice du génie civilisé, dans le simplisme, dans l'emploi de la raison sans le merveilleux, ou du merveilleux sans la raison. J'établirai entre ces prétendues antipathiques, une alliance permanente; et comme cette intervention du merveilleux va donner aux leçons une teinte moins sombre, qui les mettra à portée de la classe étrangère aux sciences, je distingue cette nouvelle méthode par un léger changement dans le titre général: c'est une transition de Prolégomènes en Cis-légomènes, (contre-partie des Trans et Post-légomènes qui occuperont le 9e tome).

Un mot sur le titre, *Étude spéculative*. L'étude ne sera pas simple, mais *composée*, spéculant à la fois sur l'essai d'Association, et sur l'efficacité du procédé dit Séries pass. Au reste, n'eût-on spéculé qu'en mode simple, sur l'épreuve seule, comme aux chap. 1 et 4 (2e p.), c'en eut été assez pour donner l'éveil sur la recherche du procédé sociétaire.

Ire NOTICE.

ALLIANCE DU MERVEILLEUX AVEC L'ARITHMÉTIQUE.

CHAPITRE PREMIER.

Bénéfice détaillé de la gestion unitaire : Greniers, Caves, Combustibles, Fruits, Transports.

Je répare ici une omission commise par les 300 académies d'arrondissement créées nouvellement en France, et affectées au service de l'agriculture. Ces sociétés (avant-propos), devaient porter leurs regards sur les branches négligées, et spéculer avant tout sur l'Association, en constater d'abord les avantages par forme d'appel au génie inventif. C'eut été, diront-elles, une utopie. Qu'importe? les travaux des sociétés d'agriculture ne sont-ils pas tous des utopies ou rêves du bien sans moyens d'exécution, à commencer par l'échenillage ordonné chaque année et jamais effectué, pas même à demi? C'est bien pis des projets de restauration forestière.

Utopies pour utopies, puisque les sociétés d'agriculture sont engagées dans cette carrière, et condamnées à des rêves de bien, pourquoi ne pas choisir le plus beau des rêves, celui de l'Association agricole et domestique?

On est ébloui quand on passe quelques instans à faire le tableau des énormes bénéfices que donnerait une réunion de 300 ménages, dans un seul édifice où ils trouveraient des logemens de divers prix, des communications abritées, des tables de diverses classes, des fonctions variées, enfin tout ce qui peut abréger, faciliter et charmer les travaux.

J'ai déjà touché à ces aperçus (introduction 9); donnons-y quelques chapitres, d'où chacun pourra conclure qu'on obtiendrait de l'état sociétaire une richesse *décuple en effectif* de celle que donne l'état morcelé ou travail civilisé.

Jusqu'ici je n'ai porté l'estimation qu'au *triplement* de richesse ou produit réel, que j'ai annoncé *triple*, *quintuple*, *septuple*, selon que l'Association sera simple, mixte ou composée. C'était une estimation provisoire et fortement réduite, pour ne pas effaroucher le lecteur. La vérité est que le produit réel de l'Association s'élève pour le moins au *décuple effectif* du produit que peut donner le travail morcelé. C'est de quoi l'on va se convaincre en théorie spéculative, ensuite de quoi l'on sera d'autant plus attentif à la théorie positive ou calcul des Séries passionnelles, d'où naîtront ces torrens de richesse.

Abordons les détails. J'examine d'abord les avantages de grenier et cave sociétaires.

Les 300 greniers qu'emploient aujourd'hui 300 familles villageoises (15 à 1600 habitans), seraient remplacés par un grenier vaste et salubre, divisé en compartimens spéciaux pour chaque denrée, et même pour chaque variété d'espèce. On pourrait s'y ménager tous les avantages de ventilation, de siccité, d'échauffement, d'exposition, etc., auxquelles ne peut songer un villageois; car souvent son hameau tout entier se trouve mal placé pour la conservation des denrées. Une Phalange, au contraire, choisit un local favorable, soit pour l'ensemble, soit pour les détails, caves, greniers, etc.

Les frais de ce vaste grenier, en construction, murs, charpentes, couverts, portes, poulies, surveillance d'incendie, garantie d'insectes, etc., coûteraient à peine le 10me de ce que coûtent les 300 greniers de villageois, bornés à un seul étage, quand on pourrait en faire trois sous un même couvert. Le grenier sociétaire n'emploierait que dix portes et ferremens, là où nos villages emploient 300 portes; ainsi de tout le reste.

C'est sur-tout dans les précautions contre l'incendie et les dégâts, que le bénéfice deviendrait colossal. Toute mesure de sûreté générale est impraticable parmi 300 familles, les unes trop pauvres, les autres mal-adroites ou malveillantes. Aussi voit-on, chaque année, l'imprudence d'un seul ménage incendier toute une bourgade.

Les précautions contre les insectes et animaux deviennent de même illusoires dans nos villages, parce que la masse n'y coopère pas : aussi les battues de loups n'empêchent-elles pas que ces animaux ne foisonnent. Si, à force de soins, vous détruisez les rats de vos greniers, vous serez bientôt assailli par ceux des greniers voisins et des champs qu'on n'aura pas purgés par mesures générales, impossibles en civilisation, où l'on ne peut pas même effectuer l'échenillage, ordonné tous les ans et jamais exécuté. Il n'y aura pas une bourse de chenilles dans les régions cultivées sociétairement : cet insecte est un de ceux qui disparaîtront au bout de trois ans d'exploitation combinée (*).

La gestion combinée donne lieu à une foule d'économies sur les démarches que nous croyons productives : par exemple, trois cents familles d'une bourgade agricole envoient aux halles et marchés, non pas une fois, mais vingt fois dans le cours de l'année. Le paysan se plaît à muser dans les halles et cabarets : n'eût-il à vendre qu'un boisseau de féves, il va passer une journée à la ville ; et c'est pour les trois cents familles une perte moyenne de 6000 journées de travail, non compris les frais de voiture, qui sont vingtuples de ceux de l'Association. Elle vend toutes ses denrées par grandes masses, vu que dans cet ordre on n'achète que pour des Phalanges d'environ 1500 personnes (**).

En épargnant la complication de vente, l'abus d'envoyer trois cents personnes au marché au lieu d'une seule, faire trois cents négociations au lieu d'une seule, on épargne du même coup la complication d'emploi. Si un canton vend 3,000 quintaux de blé à trois autres cantons, les soins de mouture et de manutention ne s'étendront pas à trois cents ménages, mais seulement à trois. Ainsi, après avoir épargné sur la vente les 99/100es du travail distributif, on renouvellera cette épargne sur l'emploi et la gestion du consommateur. Ce sera donc une économie deux fois répétée de 99/100es : et combien en opérera-t-on de cette force !

Observons, à ce sujet, que les économies sociétaires sont

(*) Quelqu'un va dire qu'on y perdra de beaux papillons. Grand dommage ! eh, qui empêche de conserver quelques belles espèces qui n'obstrueraient pas les arbres et les chemins ! Les papillons compensent-ils la 100e partie du dégât que font les chenilles ?

(**) La vente est faite sur échantillons levés par jurys, et remis sous cachet au congrès provincial, selon les méthodes qui seront indiquées au traité de commerce véridique. Loin de prostituer les denrées avant leur maturité, on ne les met en vente qu'aux approches de la perfection complète. Chacun des cantons conserve toujours pour deux ans de subsistances, outre l'année courante, et ne risque pas, comme nos paysans, d'être réduit à *vendre son champ pour acheter du pain.* La pénurie devient impossible dans l'Association.

presque toujours de mode composé, comme celle-ci qui, à l'épargne des frais du vendeur, ajoute par contre-coup celle des frais du consommateur.

Passons des grains aux liquides. Les trois cents ménages villageois ont trois cents caves et cuveries, soignées d'ordinaire avec autant d'ignorance que de maladresse. Le dommage est bien pire encore dans les caves que dans les greniers, la manutention du liquide étant beaucoup plus délicate et plus chanceuse que celle du solide.

Une Phalange, soit pour ses vins, soit pour ses huiles et laitages, n'aura guères qu'un seul atelier. La cave, en pays de vignoble, contiendra tout au plus une dizaine de cuves, au lieu de trois cent. Il suffit de dix pour classer les qualités de vendange, même en supposant la cueillette faite en deux et trois fois, comme elle le sera lorsque l'Association, qui prévient tout risque de vol, permettra de cueillir à terme les trois degrés de fruit, vert, mûr et passé, qu'on est obligé de confondre et vendanger à une seule époque dans l'état actuel. Dès que la cueillette serait répartie en trois actes, il n'existerait plus ni vert, ni passé.

Quant aux futailles, il suffirait d'une trentaine de foudres, au lieu d'un millier de menus tonneaux qu'emploient les trois cents familles. Il y aurait donc, outre l'économie de 9/10es sur l'édifice, une économie de 19/20es sur la tonnellerie, objet très-coûteux et doublement ruineux pour les civilisés : souvent, avec de grands frais, ils ne savent pas maintenir la salubrité dans les vaisseaux de leurs caves, et exposent le liquide à la corruption, par mille fautes qu'éviterait la gestion sociétaire.

L'œnologie est, de toutes les branches d'industrie agricole, celle où les civilisés sont le plus en défaut. Divers auteurs, entr'autres M. le Comte Chaptal, ont démontré que cette industrie est encore au berceau; en conséquence je le citerai de préférence, dans les tableaux de l'impéritie des cultivateurs civilisés.

Il est impossible à des paysans, et même à de bons propriétaires, de donner au vin les soins convenables. Dans le cours de l'automne 1819, l'arrondissement que j'habitais a perdu plus de 10,000 pièces de vin qui ont poussé, parce que les qualités faibles exigeraient trois sortes de soins qu'il est impossible de leur donner en civilisation.

1° Bonnes caves placées en local opportun, soit sur roc, soit sur terrain exhaussé et bien exposé au nord. Est-ce le paysan qui peut remplir ces conditions? pas même le propriétaire, qui emploie sa cave telle que le hasard la lui a donnée.

2° Rafraîchissement journalier des caves et futailles. On ne voit au village aucune de ces précautions : le paysan n'en a ni le temps, ni le talent, ni les moyens. Il n'y a qu'une Série pass. de cavistes qui puisse vaquer à de pareils travaux.

3° Coupe des vins faibles avec des qualités fortes qui les soutiennent à propos. Ni le paysan, ni le bourgeois ne peuvent songer à se procurer des vins chauds d'Espagne, de Calabre, de Chypre, etc. Une Phalange qui traite pour 1500 personnes, correspond avec tous pays et se procure aisément, par le *mode commercial véridique*, toute denrée nécessaire et en telle qualité qu'elle désire.

Tous ces contre-temps qui paralysent l'agriculture civilisée, n'existent plus chez les Harmoniens. D'ailleurs, les récoltes y sont faites en gradation; et lorsqu'on évite de confondre le vert, le mûr et le passé, on laisse beaucoup moins de prise aux germes de corruption : une Phalange les prévient dans tous les cas, en appliquant à chaque travail des groupes spéciaux et enthousiastes; on évite par-là les immenses déperditions que nos statisticiens oublient de porter en compte.

Les théoristes oublient de même le calcul des améliorations possibles et négligées en civilisation. Souvent on pourrait, sur le liquide, quadrupler la valeur réelle d'une récolte, sur-tout dans les vignobles dont la qualité n'est raffinée qu'au bout de quelques années, et dont la précipitation civilisée consomme le produit subitement, lorsqu'il est à peine au quart et même au sixième de la valeur où il peut s'élever. Tel canton produit des vins qu'on vend 5 sous la première année, et qu'on vendrait 50 sous au bout de cinq ans, époque où ils ne reviendraient qu'à 10 sous avec les soins et l'intérêt. Mais tout a été consommé dès la 1re ou la 2me année, avant que le vin n'ait pu se dépouiller de sa grossièreté.

Une Phalange bien pourvue de vins pour le courant annuel, aurait, au bout de cinq ans, toute cette récolte intacte et raffinée; elle ne la vendrait qu'en cette cinquième année où un canton civilisé n'en conserve pas le 50me; ou bien si elle la vend de de bonne heure, c'est à quelque Phalange de montagne qui n'en produit pas et s'approvisionne de vin nouveau pour l'améliorer et le conserver jusqu'à terme.

Il n'est pas d'économie reconnue plus urgente que celle du combustible ; elle devient énorme dans l'état sociétaire ; une Phalange n'a que cinq cuisines au lieu de trois cent ; savoir :

La commande ou extra ;
Les 1re, 2me, 3me classes ;
Les préparations pour animaux.

Leur ensemble peut s'alimenter de trois grands feux, qui, comparés aux 300 feux des cuisines d'une bourgade, portent l'économie de combustible à 9/10es.

Elle n'est pas moins énorme sur les feux de maître : on verra, au traité des Séries pass., que leurs groupes, soit en relations d'industrie interne ou manufacturière, soit en relations de plaisir, bal, etc., exercent toujours en réunions nombreuses et dans des salles consécutives ou *Séristères*, servies par des poêles à vapeur qu'on ne chauffe que 3 heures pour 24. Les feux particuliers sont très-rares, excepté au fort de l'hiver, chacun ne rentrant guères chez soi avant l'heure du coucher, où il se borne à un petit brasier pour le déshabillé.

D'ailleurs, le froid est insensible dans l'intérieur du phalanstère (manoir de Phalange); il y règne dans tous les corps de logis, des galeries couvertes et chauffées à petit degré, au moyen desquelles on communique par-tout à l'abri des injures de l'air. On peut aller aux ateliers, aux réfectoires, aux bals et réunions, sans besoin de fourrures ni bottes, sans risque de rhumes ni fluxions. La communication fermée s'étend même du phalanstère aux étables, par souterrains sablés ou par couloirs élevés sur colonnes à la hauteur du 1er étage.

Il n'y a de forte consommation en bois et charbon, qu'aux cuisines, où l'on prépare en un seul atelier,

Pour la 1re classe,	de 900	personnes ;
Pour la 2me classe,	400	*id.*
Pour la 3me et la commande,	200	*id.*

Il suffit donc de trois feux, dont les restes et les brasiers alimentent la cuisine des animaux.

Les détails subséquens prouveront que l'ordre sociétaire, tout en chauffant le phalanstère entier et même les rues fermées ou rues-galeries, ne consomme en combustible qu'environ le quart des masses qu'emploie l'ordre morcelé ou civilisé, qui paraît n'être coûteux qu'en feux de ville, et qui l'est encore plus en feux de village; car souvent le paysan s'éclaire en brûlant force fagots, parce qu'il n'a pas de quoi acheter de l'huile, et qu'il a le droit de ravager la forêt communale. Elle est au contraire cultivée pièce à pièce dans l'Association, où les Séries de sylvains donnent à chaque arbre forestier autant de soins que nous en donnons à un pot de fleurs.

Je viens de passer en revue quelques-unes des épargnes sociétaires : leur examen successif donne toujours en minimum, les 3/4, les 9/10, et souvent les 99/100. On l'a vu précédemment, au sujet des marchés, ventes et achats de denrées; même sur de petits objets qu'on ne daigne pas aujourd'hui porter en compte, et qui deviennent de haute importance quand l'économie s'élève à 99 pour 100, ou seulement à 49 pour 50, comme celle des laitières. Si une bourgade est voisine de la ville, on verra les trois cents familles envoyer quelquefois cent laitières avec cent brocs de lait, dont la vente et le port font perdre à ces femmes cent matinées. J'ai observé (introduction, 9), qu'on peut les remplacer par un petit char suspendu, conduit par une femme et un ânon; bénéfice de 49/50es. L'épargne est double si on considère que la femme distribuant dans deux ou trois grands ateliers, sera de retour en moitié moins de temps que n'en auraient mis les deux cents laitières : c'est un bénéfice réel de 99/100es sur le temps et les agens.

Les économies que je viens de citer sont toutes relatives aux travaux connus et déjà pratiqués; nous en pourrons énumérer une foule d'autres qui rouleront sur des travaux évités : je les nommerai économies *négatives*, par opposition aux précédentes qui sont *positives*, ou travail abrégé sans suppression de service.

Définissons quelque travail évité ou bénéfice négatif de l'Association : il en est un bien immense, qui est celui des précautions contre le larcin.

Le risque de vol oblige trois cents familles d'une bourgade, ou du moins les cent plus aisées, à une dépense improductive de cent murs de clôture, barricades, fermetures, bornes, chiens, fossés, surveillans de jour et de nuit, et autres moyens de défense contre le voleur. Cet inutile et dispendieux attirail serait supprimé dans l'Association, qui a la propriété de prévenir tout larcin, et dispenser de toute précaution contre le danger. On verra que, dans les relations sociétaires, il serait impossible au larron de tirer parti de l'objet volé (sauf l'argent): dans ce cas, un peuple qui vit dans l'aisance et qui est imbu de sentimens honorables, ne forme pas même de projets de vol. Il sera démontré que les enfans, si essentiellement voleurs de fruits, ne prendraient pas, dans l'état sociétaire, une pomme sur un arbre. On en verra la preuve aux chapitres qui traitent des esprits de corps dominans dans les Séries passionnelles.

Analysons, quant au fruit seulement, les dommages du vol. Chacun a pu voir, dans les villes populeuses, les marchés garnis de fruits verts et très-malfaisans, sur-tout ceux à noyau. Si on reproche aux paysans cette cueillette prématurée, ce meurtre végétal, chacun d'eux répond : *on me les volera si j'attends qu'ils soient mûrs.* Nous avons vu plus haut, que ce vol vicie les qualités de tous les vins, par la coutume de cueillette intégrale et simultanée, dite Ban de vendange. Le vol vicie de même la qualité des autres fruits, en forçant à la cueillette prématurée. A défaut de récolte faite en temps opportun et en trois degrés, pour éviter les mélanges de vert, mur et passé, il devient difficile et même impossible de conserver les fruits : cet inconvénient concourt, avec le défaut de bons fruitiers et procédés scientifiques, à réduire au vingtième la masse des fruits conservés, et réduire en même proportion la culture de ces végétaux.

Une perte bien plus ruineuse en sens négatif, et qu'on peut estimer au vingtuple de la récolte réelle, c'est le dégoût de plantation. Je n'exagère pas en disant qu'on cultiverait vingt fois plus de fruits, si on pouvait éviter les inconvéniens attachés à cette culture en civilisation, c'est à dire si on avait :

1° L'assurance de n'être pas volé.

2° La garantie de n'être jamais trompé en achats de plants.

3° La perspective d'être amicalement et habilement secondé dans le soin des arbres et du fruitier.

4° L'avance des espèces, terrains et attirails nécessaires au succès de ce genre de culture. 23.

⋈ Enfin, pour condition pivotale et voie d'emploi des grandes masses de fruit, *le bas prix du sucre* (voy. p. 34, Introd.), qu'il faut allier au fruit, pour employer utilement la quantité et les qualités inférieures ou troisième choix.

Dans un ordre social où ces avantages seraient réunis, les 9/10es des hommes se feraient une noble récréation de la culture des fruits, qui est de tous les travaux le plus généralement goûté, le plus attrayant pour les divers âges et sexes, tous ayant quelque fruit d'affection et de convenance : groseiller pour les enfans, oranger pour les femmes, etc.

Comment s'adonner aujourd'hui à cette culture, quand on y rencontre les quatre disgrâces opposées aux conditions d'amorce! On est assuré,

1° D'être volé de toutes parts, en dépit des clôtures, qui ne garantissent point des domestiques, enfans, maraudeurs.

2° D'être mystifié par les pépiniéristes, malgré l'offre de bien payer les bons plants et les bonnes espèces.

3° De ne s'adjoindre, au lieu d'amis officieux et intelligens, que des mercenaires maladroits, fripons, indifférens au succès.

4° De ne pouvoir pas se procurer l'assortiment de terrains, d'expositions, de machines et édifices nécessaires.

⋈ Enfin, de ne pas obtenir en échange de farine et à poids égal, le sucre qu'on doit mêler avec les fruits, pour les employer en conserve, confiture, compote, marmelade.

Cette multiplicité d'obstacles donne une perte négative du vingtuple sur la non-plantation des vergers ; et quant à la faible quantité de fruit existant, il y a perte de plus de deux tiers, par le vice de qualité, l'impéritie de culture, et l'obligation de cueillir au moment où le fruit est vert, fiévreux et plus nuisible qu'utile.

Le fruit allié au sucre, doit devenir *pain d'Harmonie*, base de nourriture chez les peuples devenus riches et heureux. Mais les sociétés civilisée et barbare n'ayant pas la faculté d'exploiter le globe entier, et d'élever les denrées de zone torride, sucre, café, cacao, en balance de prix avec les produits de zone tempérée, froment, vin, huile, etc., on ne peut pas se procurer à prix modéré le sucre qui serait nécessaire pour l'emploi du fruit à la nourriture économique des classes pauvres.

En Harmonie, on prodiguera aux enfans la compote à quart de sucre, parce qu'elle sera, à poids égal, moins coûteuse que le pain, comestible ruineux par les renouvellemens fréquens. Cette entrave n'a pas lieu pour la confiture et la compote; car on peut fabriquer la première en dose d'un an, la deuxième en dose d'un mois; tandis que le pain blanc doit être renouvelé au moins tous les trois jours, et certaines qualités tous les jours. C'est pour éviter cet embarras de fabrication journalière, que les Harmoniens spéculeront sur l'emploi des compotes, bien plus agréables aux femmes et aux enfans que le meilleur pain. Les civilisés n'ayant jamais disserté sur l'hypothèse de culture intégrale du globe, n'ont pas pu reconnaître que la nourriture pivotale de l'homme ne doit pas être le pain, comestible simple, provenant d'une seule zone, mais le fruit au sucre, comestible composé, alliant les produits de deux zones.

Objectera-t-on que l'immense culture de fruits réduirait trop celle des graminées? C'est une erreur: on verra que l'Harmonie bien pourvue d'engrais et de moyens qui nous sont inconnus, comme alternat de forêts et labour en défoncement 56, saura communément obtenir de 100 arpens la quantité de grain qui chez nous en distrait 300.

Evaluons le coût du *pain d'Harmonie* ou fruit au sucre. Lorsque la culture des fruits s'élevera au vingtuple, tout le 3me choix, tout le fruit piqué ou taché, propre à l'emploi de compote, ne coûtera guères, poids pour poids, que le 8me du prix du pain, qui sera à plus haut prix qu'en civilisation.

Les frais de compote se borneront donc à peu près au coût du quart de sucre qu'il faut allier à 3/4 de fruit. Je compte pour peu de chose la préparation, parce qu'elle est des plus attrayantes et que la Série des compotistes sera peu rétribuée, vu la forte dose d'amorce que présentera ce travail.

Il n'y aura donc sur les compotes et marmelades, qu'une dépense notable, celle du sucre, peu coûteux en Harmonie.

Le bon sucre, celui de Saint-Domingue, le meilleur du monde, puisqu'il évite par sa pureté le déchet de 15 pour % causé par la clarification; ce sucre, dis-je, ne coûtait, en 1788, que 3 sous la livre sur les lieux d'origine. Il en coûtera 4 à 5, dès que le genre humain sera sorti de lymbe sociale, et aura mis la zone torride en culture (34).

Alors, d'après l'abondance du sucre et des fruits, la compote à quart de sucre deviendra nourriture économique des femmes et enfans de la classe pauvre ou 3e classe, et même de beaucoup de riches qui en font deja leurs délices. Elle sera, à poids égal, beaucoup moins chère que le beau pain, qui, vu les fatigues attachées à sa culture et à sa manutention, sera peu en crédit chez les Harmoniens. Ils préféreront la viande, qui sera très-abondante; le fruit à 1/4 de sucre, et les légumes à 1/4 de sucre, ou au jus, qui abondera de même, vu la grande consommation de viande et les nombreux résidus de boucherie.

Cette abondance de mets sucrés sera exempte d'inconvéniens, quand on pourra corriger l'influence vermineuse du sucre par une grande abondance de vins liquoreux pour les hommes, de vins blancs pour les femmes et les enfans, de boissons acidulées, comme limonade, aigre de cèdre : elles deviendront très-abondantes, lorsque la zone torride mise en pleine culture, échangera pièce pour pièce une cargaison de citrons contre une de pommes reinettes.

Tous ces avantages tiennent à la restauration climatérique autant qu'à l'Association; elles naîtront l'une de l'autre, et il suffira de quelques années d'état sociétaire pour nous délivrer de cette horrible saison qu'on appelle, par ironie sans doute, le doux printemps; saison infernale, sur-tout à l'époque dite *Lune rousse*, où le cultivateur passe deux mois entiers dans les transes et la perspective de voir chaque matin ses vergers, ses vignes et tous ses travaux anéantis par une gelée, comme on en a vu cette année 1821, la veille de juin, la nuit du 29 au 30 mai, après une série de mauvais temps qui ont pu compter pour un second hiver : l'aimable saison qu'un doux printemps de cette espèce ! N'est-il pas comparable à l'épée de Damoclès ? n'est-il pas pour les campagnes l'ange exterminateur, dont les ravages réduisent la culture des fruits au 20me de ce qu'elle devrait être ?

Combien il serait aisé d'étendre à un volume ces détails des désordres de l'agriculture : ils iraient croissant tant que durerait la civilisation, si déclinante aujourd'hui, sur-tout par les intempéries dont le progrès rapide exige le plus prompt remède : il n'en est qu'un, c'est le passage à l'état sociétaire.

CHAPITRE II.

DISTINCTION des bénéfices en génériques et puissanciels.

POUR mieux discerner et apprécier les bénéfices de l'Association, classons-les en divisions générales; en effectifs et relatifs, en positifs et négatifs : je reproduirai souvent ces distinctions; il faut s'étudier à les connaître.

Il est entendu que nous supposons la découverte du procédé sociétaire, et son efficacité. C'est une hardiesse qui n'a rien de neuf, car en algèbre on n'opère pas autrement qu'en supposant une solution de toutes les conditions du problème. J'ai marché aux découvertes par la même voie.

Tout autre pouvait me devancer : la plupart de mes analyses de produit sociétaire pouvaient être calculées avant même qu'on ne connût la découverte du procédé; il suffisait seulement de spéculer sur les travaux d'une grande réunion, opérant en agriculture comme les sociétés de commerce, où tout le monde veille strictement aux intérêts de la masse dont il est co-intéressé, sans pouvoir la friponner.

Procédons au classement, objet de ce chapitre : distinguons d'abord le bénéfice négatif qui consiste à produire *sans rien faire*, plus qu'un civilisé qui, en travaillant à force de bras, fait souvent *MOINS QUE RIEN*; jugeons-en par les murs de clôture : si le vol n'existait pas, si les troupeaux étaient, comme en Harmonie, si bien gardés et escortés de chiens, qu'il n'y eut besoin que de faibles haies pour la démarcation, ou même d'un ruban gardé par le chien, l'on se passerait de murs de clôture; on épargnerait les frais de construction et d'entretien de ces barricades. Elles sont donc travail superflu, comparativement à l'ordre sociétaire qui n'en a aucun besoin.

Ainsi, un mur tout neuf et très-coûteux équivaut *relativement A RIEN*, quant au produit présent; et il est *MOINS QUE RIEN*, quant au produit futur, puisqu'il coûtera des frais d'entretien.

La plupart des travaux les plus vantés en civilisation, sont *ou rien*, ou *moins que rien*, notamment tous ceux de la guerre et de la fortification, envisagés indépendamment des ravages : les empires n'auront que faire de forteresses, d'arsenaux et d'armées inertes, quand il y aura paix universelle. Cette paix procurera un bénéfice *négatif* de l'épargne des dommages de guerre, et des constructions que nécessitent la guerre *militaire* et la guerre *domestique* ou larcin.

Le bénéfice négatif ou épargne d'un travail improductif par lui-même, est facile à distinguer du bénéfice positif, tel que celui d'une extension de culture qui vingtuplerait la masse du fruit, dans le cas d'accomplissement des quatre conditions indiquées 352.

Le bénéfice négatif étant le moins apprécié dans l'état actuel, ajoutons-en un indice tiré du poisson et du gibier.

1° *Le poisson de rivière* : ce comestible est d'autant plus précieux, qu'il n'exige aucun soin, et que sa multiplication extrême n'est pas, comme celle du gibier, préjudiciable aux récoltes. Quelle serait l'abondance du poisson dans le cas de concert général sur l'intermittence de la pêche et les doses à laisser dans chaque rivière! cet accord est une des propriétés de l'ordre sociétaire. J'ai ouï dire à des experts dignes de foi, qu'on prendrait, année commune, vingt fois plus de poisson dans toutes les petites rivières, si on pouvait se concerter pour ne faire la pêche qu'en temps opportun, en quantité mesurée sur les convenances de reproduction, et si on donnait à la chasse aux loutres le quart du temps qu'on emploie à ruiner la rivière. C'est ainsi qu'opère l'Association, qui ajoute au produit des rivières celui des viviers à courant, servant à conserver et engraisser dans une série de réservoirs, les sortes distinctes.

Les naturalistes admirent la munificence de la nature dans la colonne de harengs qu'elle nous envoie chaque année, grâce à la barrière des glaces polaires qui les garantit de nos poursuites pendant le temps où ils multiplient. Supposons que cette barrière n'existât plus, et que le pôle fût parcouru et pêché en tout temps par nos vaisseaux ; il est certain que l'avidité et la jalousie des pêcheurs priveraient le nord de cette manne céleste. On tirerait à peine du hareng, le 20ᵉ du produit que nous garantit sa paisible multiplication sous ces glaciers, gages de vingtuple récolte.

L'accord sociétaire nous assurera pareil bénéfice en poisson de rivière, dont nous sommes presque dépourvus comparativement à la masse vingtuple qu'on en pourrait obtenir, soit en rivière, soit en viviers latéraux. L'ensemble de toutes ces richesses négatives, dont je donne un aperçu, fournira en terme moyen, un produit *décuple effectif* dans toutes les branches d'industrie avortées aujourd'hui ; comme celle du poisson de rivière dont l'état sociétaire produira une si énorme quantité, *en négatif* par l'aménagement des eaux, et *en positif* par l'entretien de viviers latéraux, et la chasse aux loutres, qui détruisent en divers lieux plus de poisson que l'homme n'en consomme.

2° *Le gibier* : il est à la fois l'ornement des campagnes, la richesse de l'homme et le destructeur des insectes malfaisans. S'il faut éviter l'excessive pullulation de quelques espèces, il faut prévenir de même leur destruction. Les cultivateurs se plaignent que l'affluence de chasseurs encombre de chenilles toutes les cultures, en détruisant les oiseaux qui mangent les vermisseaux : le chasseur ne tue pas le moineau qui consomme beaucoup de blé, mais il tue tous les oiseaux qui mangent les insectes, et font l'ornement des campagnes.

En spéculant sur un ordre de choses où le travail agricole deviendrait plus attrayant que la chasse, qui par suite serait négligée et réduite au nécessaire, on trouvera les résultats suivans.

Bénéfice *négatif*, ou augmentation du gibier sans aucun soin, les 9/10es en sus.

Bénéfice *positif*, ou destruction des insectes. Il est inutile de l'évaluer, parce que l'industrie des Harmoniens devant réduire à fort peu de chose les insectes nuisibles, comme les chenilles, il en restera à peine pour la subsistance des oiseaux, et l'on pourra, dans cette hypothèse, réduire le nombre des moineaux, qu'il serait dangereux de trop diminuer aujourd'hui par épargne du blé.

Tous ces calculs sont subordonnés à l'emploi des Séries pass. 15, qui ont la propriété de régulariser toutes les fonctions industrielles, chasse, pêche ou autres, et en limiter l'essor au degré suffisant à l'utilité générale.

Ceux qui auraient spéculé sur l'Association avant d'en connaître le ressort, la Série pass., n'auraient pas pu raffiner ainsi sur l'équilibre de fonctions et de besoins : mais à défaut d'entrevoir tant d'avantages, on aurait entrevu les principaux, comme ceux de caves et greniers combinés.

De toutes les voies de bénéfice que présente l'Association, il n'en est pas de plus colossale que celle du puissanciel, ou multiple de ressorts qui ne sont pas de même catégorie, comme la manutention, la qualité et la quantité.

Je viens d'analyser une amélioration produisant le quintuple net, sur la seule chance de manutention et raffinage. Si, avec cette chance, on peut en faire intervenir deux autres, qualité et quantité, dont chacune donne seulement le double net, deux pour un, l'on aura le vingtuple net en les multipliant les unes par les autres ; savoir : bénéfice. produit.

	bénéfice.	produit.	
de manutention,	5 p. 1.	10.	20.
de qualité,	2.		
Produit,	10.	2.	
de quantité,	2.		

Démontrons la thèse, en continuant l'application au produit de la vigne, bien plus compromise que le blé par les intempéries et les vices de gestion.

1° *Sur la qualité*. Les températures actuelles sont si viciées, si variables, si outrées, qu'elles fatiguent la végétation au lieu de la seconder. L'été, appelé belle saison, n'offre qu'une succession de tous les excès qui peuvent contrarier le règne végétal, et chaque plante peut à peine, sur trois années, en rencontrer une favorable aux développemens de qualité. C'est même trop espérer que de se promettre sur trois années de vin une récolte de garde et de bon aloi : on aura plutôt deux années de détérioration, comme il arriva de 1816, qui ne donna que des raisins verts, et gâta les ceps à tel point qu'il ne se rétablirent qu'en 1819. On en vit beaucoup, en 1817 et 1818, dont le bois fatigué ne pouvait pas élever son fruit au degré de maturité, malgré la suffisance de chaleur.

Si, au lieu de ces excès d'intempéries, l'on obtenait des climatures favorables, comme celles indiquées dans la note A sur la culture intégrale composée, l'on pourrait compter sur un produit *double en qualité*, espérer trois bonnes années sur quatre; et à n'en supposer que deux sur trois, le bénéfice de qualité serait déjà double. En le combinant avec celui de manutention, estimé cinq, on aurait en résultat un produit décuple, comparativement à l'état actuel des récoltes.

Il reste à combiner le bénéfice de quantité avec les deux chances précédentes. Les données sont ici les mêmes que sur la qualité: tout est contrarié par les désordres climatériques. On a vu récemment et depuis l'an 1800, la vallée de Namur à Liège privée pendant sept années consécutives de sa récolte de vins. On a vu presqu'en même temps les vignes de Maconnais et Beaujolais criblées pendant six ans, soit par la pyrale (vermisseau), soit par les gelées, et ne donnant même dans les bonnes années, que des quarts et des huitièmes de récolte, comme 1811, année de la belle comète.

Cette lésion vraiment énorme sur les quantités qu'elle réduit au tiers, cesserait du moment où la restauration climatérique serait opérée selon les détails donnés note A (culture intégrale composée).

A supposer qu'on n'obtînt, année commune, que moitié en sus, le produit serait vingtuple, selon le tableau puissanciel 362, multiple de manutention, qualité et quantité.

La civilisation contrariée en tous sens par les vices climatériques et le défaut des moyens de gestion, n'ose pas envisager ces calculs d'amélioration sociétaire; elle frémit lorsqu'on les lui présente: ils sont pour elle ce qu'est la lumière du soleil pour un œil malade. Elle préfère les consolations du Messager Boiteux (almanach populaire), qui, lorsqu'on a été ravagé par les gelées, grêles, inondations et sécheresses, nous dit très-poétiquement:

» Louons Dieu pour sa grande bonté,
» Dont il nous gratifie cette année. »

D'autres se croient plus sensés que le Messager Boiteux, en nous disant: « aide-toi, le Ciel t'aidera. » Conseil d'Escobars! Le Ciel n'aide pas toujours celui que s'est aidé à force de travail. On a pu en juger par la misère de tant de cultivateurs qui, après s'être *bien aidés* en 1816, étaient réduits, en 1817, à vendre leurs champs pour acheter du pain.

Le Ciel exige de nous une *aide composée et non pas simple.*

Il veut que nous nous aidions de bras et de génie, et qu'aux efforts de travail nous ajoutions les efforts d'invention pour découvrir notre destinée sociétaire, dont je viens de démontrer les bénéfices en générique et en puissanciel, et dont nos aides scientifiques esquivent l'étude, en disant : *çà serait trop beau. Restons-en au morcellement industriel, aux 7 fléaux lymbiques* 92, pour épargner aux philosophes la peine de découvrir le mécanisme d'association agricole.

J'ai prouvé qu'elle peut, tout en nous délivrant de l'*intempérie* et du *travail morcelé*, élever, année commune, la richesse au vingtuple effectif, sur certaines récoltes.

Au lieu de ces calculs sur l'enrichissement réel, sur le vrai libéralisme, qui consiste à augmenter le bien-être des grands et des petits à la fois, on ne s'est exercé que sur des chimères de fausse liberté et de richesse imaginaire des nations, dont les villes jonchées d'indigens démentent si bien les belles théories d'économisme et de perfectionnement.

Loin que l'ordre actuel tende à l'économie, les fonctions improductives y augmentent journellement, et la masse des agens parasites peut être évaluée aux deux tiers de la population; tout travail étant *relativement improductif*, quand il peut être épargné par le régime sociétaire. Je donnerai plus loin un tableau de ces nombreuses classes improductives : résumons sur la richesse réelle; classons-en les genres en *positif*, *négatif* et *relatif*, dont se formera la richesse *effective* de l'Association.

1° La richesse positive se composera du produit obtenu par industrie active. Nous avons en civilisation une assez grande masse de richesse positive, mais dont on pourrait tirer un effectif double et triple; tels sont les bois qui s'étouffent sans culture, tandis que chaque tige de taillis, chaque baliveau serait cultivé, en Harmonie, comme nos fleurs de luxe.

Nous avons en certaines branches trop de richesse positive; on pourrait, selon la quantité de vin recueillie, réduire des deux tiers la masse de futailles, si on n'employait que de grandes cuves et des foudres. Ainsi la richesse effective se composera en divers sens d'une diminution de produit positif. Elle saura tirer d'un bateau de merrein, plus que nous de deux bateaux; et d'une forêt de mille pieds d'arbres, plus que nous ne tirons de deux mille non cultivés.

2° La richesse négative se composera des germes non développés, et dont on peut sans travail décupler le produit, comme celui du poisson de rivière; il sera produit *négatif* dans les eaux fluviales et les lacs; produit *positif* dans les bassins artificiels destinés à l'engrais. Une des branches les plus considérables du produit *négatif* sera celle des travaux évités, comme clôtures, fortifications, attirails de guerre.

3° La richesse relative sera celle des emplois judicieux sans transformation. Si l'opéra, au lieu de coûter 3 fr., ne coûte que 3 sous, il y aura un bénéfice *relatif* du vingtuple. Un grenier pourra être le même qu'aujourd'hui; mais si on sait le garantir de rats et de charançons, d'humidité, fermentation et gelée, quelle augmentation de produit relatif!

Nous n'avons rien de mieux à faire que de négliger provisoirement toutes ces distinctions de positif, négatif et relatif, sur lesquelles je reviendrai quand il en sera temps. Je n'ai mentionné ces détails que pour prévenir les arguties de gens captieux qui voudront contester sur mes évaluations générales. Ils s'étayeront de ces distinctions de positif, négatif et autres, pour exiger les détails minutieux dont j'ai démontré l'inconvénient, page 146. En confondant ainsi les espèces, ils croiront infirmer les estimations du bénéfice que je vais porter au décuple en système général, et au milluple sur divers points, par les combinaisons d'effectif, puissanciel et relatif.

Dans ces aperçus de richesse, je n'ai pas mentionné le principal, qui est la santé de l'homme et des animaux, le perfectionnement des races et la longévité des individus, principalement de l'homme et du cheval, qui sont les êtres les plus coûteux à élever, et dont pourtant la politique sacrifie des légions comme on sacrifierait des moucherons.

Si l'Association élève tout produit à sa plus haute perfection, celle de l'homme devra atteindre au moins au triple effectif en force, en longévité, en intelligence. Il faut sur ce point se borner à des annonces, et réserver les preuves pour le traité, où l'on verra, qu'entr'autres bienfaits relatifs à la santé, l'Association opère en moins de six ans l'extirpation des venins accidentels, psorique, pestilentiel, siphyllitique, et prévient les maladies essentielles, goutte, fièvre, épilepsie, rhumatismes et autres qui naissent du régime vicieux des civilisés, et qui seront presqu'inconnues en Harmonie, par suite d'une vie active et de plaisirs variés sans excès.

On concevra plus aisément l'amélioration éventuelle des races d'animaux, par exemple du cheval. Quand on le voit prospérer en Arabie, dans quel pays ne prospérera-t-il pas, moyennant les soins convenables? Tel canton qui ne contient aujourd'hui que des Rossinantes, comme les Ardennois, valant à peine 100 francs, les aura remplacés sous 20 ans par des chevaux de 3000 francs, prix actuel; et toute Phalange saura, même en terrain aride, se pourvoir de bonnes races et de bons pâturages. En conséquence, l'Ardenne, sur la seule amélioration des chevaux, atteindra sous 20 ans à la trentuple valeur du produit positif; et ainsi des moutons, bœufs et autres animaux, dont le perfectionnement produira par-tout d'énormes bénéfices positifs.

L'Association jouit de la propriété d'apprivoiser plusieurs espèces encore indisciplinées, comme castor et zèbre : aussi les laines de castor et de vigogne y seront-elles abondantes, comme aujourd'hui celles de mérinos. Les castors y construiront en sûreté leur édifice dans des vallons palissadés. Les zèbres *séduits* et non pas *domptés*, par des méthodes impraticables aujourd'hui, serviront docilement de monture aux escadrons de petite cavalerie (enfans de 10 à 12 ans). Le zèbre et le quagga, deux porteurs magnifiques, supérieurs au cheval en vélocité, égaux à l'âne en vigueur, sont une conquête impossible à la civilisation : lors même qu'elle connaîtrait le procédé nécessaire à les apprivoiser, elle n'en pourrait pas faire usage, parce qu'elle manque de tout ce qui peut se prêter aux convenances instinctuelles de ces quadrupèdes.

Sans prévoir tous ces brillans résultats, il suffisait bien des accroissemens de richesse que promet l'Association, pour stimuler un siècle tout mercantile à en chercher le procédé. Divers modernes ont entrevu ce produit colossal qu'on en obtiendrait; mais au lieu d'en faire l'objet d'un calcul, ils ont reculé d'éblouissement; chacun s'est écrié : *ça serait trop beau : tant de perfection n'est pas faite pour les hommes.* Ainsi l'Association a été pour nos esprits, ce qu'est pour nos yeux l'éclat du soleil que nous ne pouvons pas fixer. Eh! de ce que le soleil fatigue nos faibles yeux, s'en suit-il que cet astre n'existe pas? C'est ainsi qu'ont raisonné ceux qui ont prétendu que l'Association était impossible, parce qu'elle présentait des résultats trop immenses pour leur étroite imagination.

Mais les passions! mais les inégalités! mais les conflits d'intérêts! mais les caractères antipathiques! mais! mais!!! etc. Objections dignes des sophistes, qui s'exagèrent les difficultés d'un problème, pour se dispenser de le résoudre.

Les passions qu'on croit ennemies de la concorde, ne tendent qu'à cette unité dont nous les jugeons si éloignées. Mais hors du mécanisme appelé *Séries contrastées*, *rivalisées*, *engrenées*, elles ne sont que des tigres déchaînés, des énigmes incompréhensibles. C'est ce qui a fait dire aux Philosophes, qu'il faudrait les réprimer; opinion doublement absurde, en ce qu'on ne peut pas réprimer les passions autrement que par la *violence* ou la *substitution absorbante*, substitution qui n'est plus répression. D'autre part, si on les réprimait efficacement, l'ordre civilisé déclinerait avec rapidité et retomberait à l'état nomade, où les passions seraient encore malfaisantes comme parmi nous. Les vertus des bergers sont aussi douteuses que celles de leurs apologistes, et nos faiseurs d'utopies, en supposant ainsi des vertus chez des peuples imaginaires, n'aboutissent qu'à prouver l'impossibilité d'introduire la vertu en civilisation.

CHAPITRE III.

ENORMITÉ des bénéfices relatifs: Trentuple, centuple, milluple, infinitésimal.

C'EST exciter la défiance des lecteurs, que de leur annoncer des richesses trop immenses pour leurs modiques désirs. Cependant il faut, dans les aperçus de cette Association dont le traité va commencer dès le chapitre suivant, exposer tout ce qui peut exciter l'intérêt.

Les calculs d'un profit centuplé peuvent, quoique fort justes, mal sympathiser avec la bourgeoise ambition des civilisés. La plupart s'écrieront: à quoi bon ces perspectives d'opulence démesurée, quand on se contenterait du dixième de tant de biens! Qu'importe? celui qui s'en effraiera, ne sera-t-il pas toujours libre de refuser?

Les produits de l'Association *en relatif* sont d'une telle immensité, qu'ils méritent un chapitre à part. Je vais, pour apprivoiser le lecteur, les lui présenter par degrés, en trentuple, centuple, milluple, infinitésimal.

Démontrons d'abord sur le trentuple. Il faut ici supposer l'ordre sociétaire pleinement établi.

Trentuple. Deux hommes fréquentent assidument l'opéra : l'un payant chaque jour 3 francs à l'entrée, a dépensé au bout de l'an, 300 francs pour cent représentations. L'autre, au moyen d'une faveur, est admis gratuitement, sauf étrennes qui s'élèvent à 10 francs. Tous deux ont joui du même plaisir, aux mêmes loges ; l'un pour 300 fr., l'autre pour 10 fr. Celui-ci ayant dépensé trente fois moins, a donc joui d'une richesse *relativement* trentuple.

Objectera-t-on que l'opéra est un amusement, et non pas un gain positif, un produit encaissé? Peu importe : notre objet ici est l'analyse du bénéfice relatif : d'ailleurs, nul avantage n'est indifférent dans l'état sociétaire, puisque tout y est lié, et que le résultat obtenu sur les plaisirs, sera applicable aux travaux productifs. Voyez note B, 373.

Dissipons une erreur dominante sur ce point. Les civilisés, toujours embarrassés de nourrir et vêtir leur populace affamée, n'estiment la richesse effective que sur la masse de choux et de sabots que le travail a pu donner : c'est un calcul bon pour des misérables. Quant aux Harmoniens qui ne risquent jamais de manquer du nécessaire, ni même du superflu, et qui ont toujours des provisions de subsistances pour plusieurs années, leur jugement sur la richesse ne s'établit pas comme le nôtre, en mode simple, borné à la quantité de subsistance : on porte aussi en compte les ressources d'agrément propres à exciter cette attraction d'où naît le produit agricole et manufacturier. En partant de ce principe, une amusette comme l'opéra devient branche de fortune publique, si elle peut contribuer à renforcer l'attraction, véhicule des travaux productifs. Nous verrons (3e et 4e sections), que l'opéra en association est indispensable à l'éducation industrielle.

Par égard pour les préjugés, restreignons nos calculs à l'utile, comme logement, vêtement, subsistance, et déterminons le moyen terme du produit que donneront ces diverses branches,

branches, en faisant la balance de l'effectif et du relatif. Nous verrons l'accroissement de richesse relative, que je viens d'estimer trentuple sur l'opéra, s'élever au centuple et au milluple sur d'autres objets.

En centuple, citons les vêtemens artificiels et naturels. J'entends par vêtement *artificiel*, nos étoffes, nos murs et chambres; et par *naturel*, l'atmosphère qui, par contact avec nous, devient portion naturelle du vêtement.

Sur ce point, un prince n'atteint pas au centième de la richesse d'un harmonien de dernière classe. Le charme des vêtemens ne consiste pas à être chamarré d'or, mais pourvu dans tous les cas d'habillemens commodes et assortis à la circonstance, aux fonctions du moment. Si ce prince veut en hiver aller des bals aux assemblées, il n'a point de communications couvertes et chauffées. Cependant l'atmosphère et les abris sont une portion intégrante de nos vêtemens. Quant à la partie qu'on nomme étoffe, le plus pauvre des harmoniens sera en ce genre l'égal de nos princes, parce que l'ordre sociétaire multipliera les vigognes, castors et cachemires à tel point, que ces laines seront à portée de la classe pauvre, et que les qualités dites Ségovianes, seront réservées pour les emplois ordinaires, schabraques, voitures; puis les qualités dites Berry, Flandre, pour les habits de travail, à moins de fonction qui en exige de plus grossières; et ainsi des autres étoffes.

Nos monarques, en fait de vêtement, sont donc fort audessous du sort d'un pauvre harmonien, car ils sont privés de la branche principale d'agrément, qui est l'atmosphère factice adaptée à toutes fonctions. Le Roi de France n'a pas même un porche pour monter en voiture à l'abri des injures de l'air : quelle est comparativement la pauvreté d'un plébéïen, qui à l'armée est obligé de bivouaquer sur la neige ou dans la boue ! tandis que, dans l'état sociétaire, il ne travaille en plein air qu'en temps opportun, et trouve sur tous les points du canton des belvédères et kiosks, où sont déposés les tentes et habits spéciaux, et où l'on amène à la fin de la séance d'une heure et demie ou 2 heures, des rafraîchissemens, puis des voitures en cas de pluie, etc.

On n'a jamais songé, en civilisation, à perfectionner cette portion du vêtement qu'on nomme atmosphère, avec laquelle nous sommes en contact perpétuel. Il ne suffit pas de la modifier dans les salons de quelques oisifs, qui eux-mêmes au sortir de leur hôtel gagneront des rhumes au milieu du brouillard. Il faut modifier l'atmosphère en système général, adapté à toutes les fonctions du genre humain ; et cette correction doit être COMPOSÉE, portant sur l'*essentiel* ou graduation générale des climatures (voyez note A), et sur l'*accessoire* ou graduation locale, qui n'est pas même connue dans nos capitales ; car on voit à Paris un Bazar ouvert, dit Palais-royal, dont les galeries couvertes ne sont ni chauffées en hiver, ni ventilées en été. C'est le superlatif de la pauvreté, comparativement à l'état sociétaire, où le plus pauvre des hommes aura des communications chauffées et ventilées, des tentes et abris pour toutes ses fonctions ; sauf un petit nombre de corvées, comme celle de la poste, qu'il faut bien faire en plein air, quelle que soit la température : mais l'exception du huitième confirme la règle : d'ailleurs les corvées seront affectées à quelques individus dont le tempérament pourra s'en accommoder, et qui s'en feront un jeu, vu le grand bénéfice qu'ils y trouveront.

L'accroissement de bien-être ou richesse relative, quant au vêtement, s'élevera donc à un degré prodigieux ; ce n'est pas exagérer que de l'estimer au centuple relatif, pour le vêtement naturel ou atmosphérique.

Passons aux bénéfices relatifs de degré milluple et infinitésimal ou incalculable : nous allons trouver cet avantage sur les logemens et transports de l'état sociétaire.

On a vu que, dès la fondation de l'Harmonie, tel qui aujourd'hui n'a qu'une cabane ou un grabat dans les greniers des villes, jouira de 800,000 palais (phalanstères, manoirs de Phalanges), beaucoup plus agréables que les palais de Paris et de Rome, où l'on ne peut pas trouver le quart des agrémens que réunira un phalanstère, entr'autres celui des communications couvertes et tempérées.

Ce même homme qui aujourd'hui est obligé de porter ses sabots à la main, de peur de les user (coutume des paysans de la belle France), aura sur toutes les routes du globe l'admission gratuite dans les voitures de *minimum*, qui seront de bonnes diligences, bien suspendues ; puis le *minimum* de table, car les harmoniens exercent par-tout l'hospitalité, comme on l'exerçait à la Grande-Chartreuse, où un voyageur pouvait s'installer pendant trois jours, bien reçu, bien nourri, bien logé, mais sans fourniture de vêtemens, ni de voitures, qu'il trouvera en Harmonie par-tout où il en demandera.

Sous ce rapport, la richesse d'un tel homme s'élevera bien au-delà du millupie, comparativement à l'état civilisé. Les Rois mêmes pourront se dire mille fois plus riches; car à quelques journées de leurs états, n'allassent-ils que de France en Barbarie, ils ne trouveront ni gîte, ni subsistance; encore moins des divertissemens *composés*, c'est-à-dire plaisirs des sens et de l'ame, essor combiné des passions sensitives et affectives.

Un monarque est donc pauvre sous le rapport des logemens, si voulant voyager en Asie, en Afrique, il n'y trouve pas un abri, n'y rencontre que famine, voleurs, assassins, vermine, intempérie, et n'est pas même admis dans divers états, comme Chine ou Japon, où son goût pour les voyages l'aurait attiré. Que lui serviront, dans ce cas, les châteaux qu'il possède autour de Paris ou Londres, châteaux souvent fort ennuyeux pour lui et sa cour? J'ai cité (224) madame de Maintenon, qui de son propre aveu mourait d'ennui; il paraît que Louis XV était de même avis, et désertait volontiers ses palais pour le parc aux cerfs (*) et la petite maison.

Quant au salarié qui, au lieu de palais, n'a pas même un grabat, comme les Lazarons de Naples, réduits à coucher dans la rue, s'il acquiert l'avantage de résider, faire bonne chère et se délecter dans 800,000 phalanstères, se faire transporter gratuitement de l'un à l'autre dans d'excellentes voitures, ne sera-t-il pas sur ce point 800,000 fois plus riche qu'un seigneur civilisé, qui n'a qu'un château où il vit souvent fort ennuyé et très-dépourvu en tous genres de plaisirs?

La richesse RELATIVE peut donc, en Harmonie, s'élever, en quelques branches, au degré incalculable désigné sous les

(*) Le monarque voyageant dans l'Harmonie, aurait trouvé beaucoup mieux dans les 800,000 palais du globe, ainsi qu'on le verra au traité du sympathisme occasionnel, sorte de plaisir que ne peuvent pas se procurer les monarques civilisés, même dans leur parc aux cerfs, qui n'est après tout qu'un sérail, une réunion de plaisir simple et de lien matériel. Ces sortes de jouissances, le sympathisme occasionnel et autres, ne s'établiront pas dans la 1re génération d'Harmonie; tout ira par degrés.

titres de milluple et infinitésimal : en prenant le terme moyen de ces accroissemens relatifs, combinés avec les effectifs dont traite le 1er chapitre, et les puissanciels dont traite le 2me, on verra que je suis excessivement au-dessous de la réalité, dans mes évaluations de bénéfice général énoncé comme il suit :

Assoc. simple, triple en effectif,
décuple en relatif.
Assoc. mixte, quintuple en effectif,
vingtuple en relatif.
Assoc. composée, septuple en effectif,
trentuple en relatif.

Et lorsqu'on aura lu le traité des Séries pass., qui enseigne l'art d'opérer ce concours d'industrie bienfaisante, ce sera le lecteur même qui voudra enchérir sur mes estimations, dont il aura été choqué à la lecture des premières pages.

D'ailleurs, en richesse effective comme celle de la subsistance, n'est-il pas évident que les plébéïens et les princes mêmes obtiendront le trentuplement réel ? Cela sera démontré plus loin, en parlant du pain et de ses variétés, sur lesquelles un prince même ne peut pas, dans sa capitale (et encore moins en voyage), satisfaire ses fantaisies d'*espèce*. Il est impossible de lui procurer en pain les variétés journalières, si impraticables, si ruineuses en civilisation : lui-même n'aura pu ni les prévoir, ni les commander ; il n'aura pas su qu'à telle heure il lui surviendrait une fantaisie de pain bis, en telle qualité et tel mélange ; et avec des millions de rente, il sera obligé de se passer de ce qu'il désire. Ce n'est qu'en Association qu'il peut jouir sur ce point de la richesse effective *en variétés* ; on les y trouve sans cesse, parce qu'elles y deviennent ressort d'économie pour les Séries pass.

On se convaincra, dans le cours du traité des Séries, 2e tome, que toute fabrication qui se rapprocherait de l'uniformité, entraverait peu à peu le jeu des contrastes et des rivalités : on verrait la manœuvre gênée, les ressorts d'attraction s'amortir, s'éteindre par degrés ; les passions tomber en calme, puis en discorde ; la mécanique sociale se désorganiser par le seul fait de cette uniformité de goûts qu'exige aujourd'hui la morale, ennemie des variétés qu'exigent le luxe et l'Attraction.

Ce sera donc un effet forcé que cette richesse du trentuple effectif sur les comestibles ; or, si elle est

en effectif trentuple sur cet objet,

et en relatif centuple, milluple, incalculable sur divers détails de vêtement, logement, etc., c'est caver au plus bas et beaucoup trop bas, que de l'énoncer en moyen terme au trentuple relatif pour l'Association composée, au décuple pour la simple.

Illusions, diront les sceptiques. Nous n'avons que faire de ces trentuplemens et centuplemens relatifs; il nous faut de l'effectif, du bénéfice réel et sonnant. J'observe que nous en sommes ici au chapitre du relatif: cependant, pour les rassurer, j'ajoute en note (*) deux preuves détaillées du bénéfice réel ou effectif des cultures de l'état sociétaire. L'une des preuves, tirée

---

NOTE B, *Sur le Trentuplement de Richesse effective.*

Application au *Melon* et a l'*Artichaut*.

(*) Un melon fade et fiévreux, cultivé en Flandre ou en Hollande, peut valoir 6 sous à Bruxelles. Si l'on pouvait procurer aux riches habitans de Bruxelles ou d'Amsterdam un melon musqué d'Astracan, qualité garantie, ils en donneraient volontiers un prix décuple, 60 sous; et n'en a pas qui veut, de bons à ce prix. On paie bien dans Lyon 30 sous un petit melon musqué de Provence, encore faut-il en acheter plus d'un mauvais avant d'en trouver un bon; de sorte que le bon revient, en prix réel, à 60 sous, par la nécessité du double achat et la perte de moitié des pièces achetées, qui valent *moins que rien*, car un mauvais melon fait murmurer toute une compagnie.

Si l'ordre sociétaire, moyennant la correction de température, note A, a les moyens de produire sur le sol de Bruxelles et Londres, des melons en qualité d'Astracan, ce sera déjà un bénéfice réel porté au décuple; bénéfice bien effectif, puisqu'aujourd'hui on paierait à Londres un véritable Astracan 60 sous de France, au lieu de 6.

Admettons en outre que l'Association puisse, à frais égaux, à égale étendue de terrain, tripler la quantité de ces melons; en évitant les vices de culture, les ravages d'insectes ou de rats, les entraves de température, etc., le bénéfice réel deviendra *trentuple*, puisqu'on aura triplé la quantité d'un objet décuple en valeur effective, comparativement à ce qu'il est aujourd'hui. Le sol qui rendait, sur tel espace carré, un méchant melon de 6 sous, aura rendu sur pareil espace, trois melons musqués de 60 sous, valeur actuelle; total 180 sous, et en effectif un bénéfice trentuple.

Si, par des mesures de conservation impraticables dans l'ordre civilisé, on peut garder ces trois melons jusqu'en mars et avril, où leur valeur devient triple, comme celle de tout fruit longtemps conservé, cette valeur de 180 sous, soit 9 fr., s'élevera à 27 fr. pour les trois melons. L'accroissement de bénéfice est porté ici du trentuple au nonantuple, et ce

du Melon, spécule sur le bénéfice industriel combiné avec le climatérique et donnant un produit du *centuple effectif* : l'autre preuve, tirée de l'Artichaut, présente un bénéfice du *cinquantuple effectif* sur la seule chance de perfectionnement industriel en climature actuelle.

Les parallèles contenus dans cette note B donnent la mesure de l'énormité de produit qu'obtiendront des Séries pass., élevant au plus haut degré les trois moyens d'*intelligence*, *dextérité* et *attirail agricole* ; affectant à chaque travail, non pas un homme intelligent, mais une masse d'habiles sectaires

---

n'est pas richesse relative, mais effective, et aussi réelle que la différence d'un diamant à un grain de verre.

Chacun jouit plus ou moins, en Harmonie, de ces branches de richesse réelle trentuplées et centuplées par les trois ressorts cumulés de

1. qualité perfectionnée et raffinée ;
2. quantité triplée sur même sol ;
3. conservation efficace par habileté de gestion.

Les Harmoniens qui, par suite du raffinement climatérique en mode intégral composé (note A), sauront produire en affluence, raffiner et multiplier toutes les denrées, pourront servir en mars et avril des melons fins aux tables de 1re classe, et les fournir journellement comme on les fournit au mois d'août. Les tables de 3e classe en profiteront partiellement ; car tout individu pauvre aura, dans le courant de l'année, plus de 50 repas de corps, où il sera servi en 1re classe par les chefs d'apparat de ses groupes et séries. Il aura de plus des invitations amicales, et pourra ainsi jouir cent fois dans l'année d'un produit précieux, dont les gens opulens jouiront tous les jours.

L'ordre civilisé ne sachant pas cumuler les trois moyens de *qualité*, *quantité* et *conservation*, n'a pas pu spéculer sur le multiple de ces trois bénéfices réunis, que je puis, sans exagération, estimer au *trentuple effectif en industrie générale*, puisqu'on vient de le voir élevé au nonantuple effectif, sur un fruit spécial qui est le melon, fort gauchement cultivé en Europe.

J'ai spéculé pour le melon sur les deux ressorts de restauration climatérique et perfection industrielle ; nous allons sur l'artichaut nous borner à un seul des deux moyens, celui de la perfection d'industrie sans restauration climatérique.

On voit chaque jour des hommes cultivant à moyens égaux, différer du cinquantuple en produit réel. Le jour où j'écrivais ce paragraphe, j'ai vu deux voisins cultivant l'artichaut dans deux jardins bien égaux en qualité de sol : l'un deux, sur 64 pieds d'artichaut, a obtenu 5 pommes en tout ; l'autre, avec moins de fatigues mais plus de dextérité, a obtenu

subdivisés en groupes, dont chacun excelle dans l'un des détails théoriques ou pratiques, exerce passionnément et cabalistiquement sur telle espèce ou variété, et non pas sur un genre entier, comme nos cultivateurs. Ceux-ci remplissant des fonctions auxquelles une Série affecte une cinquantaine d'hommes instruits, atteignent tout au plus au dixième de la dextérité des Séries pass.

Tout en promenant mes lecteurs sur les flots du Pactole, je n'ai point encore satisfait ceux qui sont les plus empressés d'y puiser : c'est la nombreuse classe des disciples de Barème,

---

jusqu'à 8 pommes sur divers pieds, et 4 en moyen terme ; ce qui donne 256 pommes pour 64 pieds, dont son voisin n'a su tirer que 5 pommes, que le 50me. Voilà une richesse élevée au *cinquantuple effectif* par le bon cultivateur, comparativement au mauvais.

(On n'obtient pas sur le froment ces énormes différences que donne la perfection industrielle dans le soin des vergers, jardins et animaux ; c'est pour cela que les Harmoniens spéculeront sur la nourriture de fruit sucré, légumes, viandes et vins, et qu'ils négligeront le pain, subsistance bonne pour les misérables civilisés).

A ce bénéfice du *cinquantuple positif* que peut donner le perfectionnement industriel, ajoutons celui du *cinquantuple négatif*, ou épargne des dommages de mauvaise culture.

A côté de ces deux cultivateurs d'artichaut, dont l'un n'atteignait qu'au *cinquantième* du produit possible, j'en vis un cinquante fois plus lésé, car il perdit, pendant l'hiver, cent vingt pieds d'artichauts, par la sottise d'un valet qui les couvrit mal et les fit geler tous. Là-dessus, on jure, on tempête contre le lourdaud ; le mal n'en est pas moins fait.

Pour évaluer arithmétiquement la récolte de ces trois quidams, disons : que le 1er, en recueillant le cinquantuple du 2e, est encore bien loin du produit que donnerait la dextérité d'une Série pass. ; que le 2e, avec ses 5 pommes sur 64 pieds, a travaillé en pure perte ; et que le 3e, perdant ses 120 plants par une maladresse, a fait avec son travail *cent vingt fois moins que rien*.

Telles sont les prouesses de l'industrie morcelée : et lorsque la France, convaincue de cette impéritie, cherche à y remédier en créant 300 académies d'agriculture, que ne doit-elle pas à celui qui lui apporte le vrai remède, le seul efficace, la théorie de culture sociétaire garantissant les trois bénéfices de *qualité*, *quantité et conservation*, leur produit en *multiple* ou *puissanciel*, et l'avantage plus grand peut-être, de la *restauration climatérique*, impossible en civilisation ?

FIN DE LA NOTE B.

les Usuriers. Chacun d'eux va demander si, dans l'Association, l'on ne pourra pas retirer de son argent un honnête intérêt, comme 30 pour 100; prétention bien modique, dans un ordre qui va trentupler tant de sortes de bénéfices? Cette demande n'est pas si déraisonnable qu'elle le paraît, et j'y satisferai dans un chapitre de la 3ᵉ notice, où je disserterai sur la lésion des propriétaires civilisés, qui au lieu de 30 n'obtiennent que 3 pour 100 : je leur prouverai *arithmétiquement*, qu'en Association le petit propriétaire obtient communément 30 pour 100 du capital qu'il a versé dans la Phalange. Répétons que ce sera calcul arithmétique.

Ces aperçus de prodiges sociétaires que ridiculisent les lecteurs malveillans, serviront à piquer la curiosité des hommes impartiaux, et soutenir leur attention dans la notice théorique à laquelle nous allons passer.

Pour fruit de celle-ci, reconnaissons qu'un volume d'analyses et de tableaux spéculatifs sur l'Association (volume dont la publication devait être la première tâche des Sociétés d'agriculture, dont chacune y pouvait fournir un contingent), aurait réussi à stimuler les esprits et provoquer l'investigation. Il faut des indices pour éveiller le génie, et le décider à entrer dans des routes inconnues.

Rien n'y aurait mieux coopéré qu'un éveil spéculatif, un volume d'*utopie sociétaire*, dont je viens de donner le canevas dans cette 1ʳᵉ notice, en supposant, selon la méthode algébrique, le procédé découvert; hypothèse d'autant plus licite, que ledit procédé est publié dans cet ouvrage, et remplira pleinement les trois conditions, 1° lien spontané des familles inégales; 2° répartition proportionnelle aux trois facultés, *Capital*, *Travail* et *Talent*; 3° concours de l'intérêt collectif avec l'intérêt individuel, et tant d'autres merveilles sociales, *minimum*, *vérité*, *attraction industrielle*, etc. : elles ne peuvent naître que de l'Association, et nullement de cette industrie morcelée ou civilisée qui s'épuise en tentatives d'amélioration si tristement déjouées par le progrès évident des 9 fléaux (92), dont on ne peut trouver le remède que dans une issue de la civilisation.

FIN DE LA 1ʳᵉ NOTICE.

CIS-AMBULE.

Les Melons jamais trompeurs, ou les prodiges de Gastronomie composée sériaire.

Donnons quelqu'article à chacune des classes de lecteurs. Il en est qui aiment les démonstrations amusantes et alliées à leurs plaisirs favoris ; de ce nombre sont les gastronomes : j'essaie, dans cette médiante, leur conversion. Je les suppose déjà émus des tableaux du raffinement que les Séries pass. introduisent dans la bonne chère. Je vais donner ici à la gourmandise des couleurs plus nobles, et la présenter comme auxiliaire principal des vues économiques de la Providence, pourvu toutefois que cette passion se développe en Séries de Groupes.

Un petit débat gastronomique va nous prouver qu'en s'initiant à la théorie des Séries pass., on acquiert le don d'expliquer toutes les bizarreries apparentes de la nature, et d'enlever tous les voiles d'airain. C'est le melon qui va nous servir d'interprète.

Chacun connait le dictum, que les melons sont aussi difficiles à connaître que les femmes et les amis. Ce serait un vrai prodige qu'un moyen de n'être jamais dupé sur ce fruit qui désoriente les juges les plus experts. On se demande souvent pourquoi la nature n'y a pas attaché quelque signe certain de qualité et de maturité ; serait-ce intention de se jouer de l'homme ? Je vais expliquer cette énigme, et montrer dans le régime sociétaire, une garantie pour ne jamais commettre aucune erreur sur le choix des melons.

Ce serait un faible avantage, s'il ne conduisait à de plus précieux : mais si la méthode qui évitera toute duperie sur les melons, peut en préserver dans cent relations plus importantes, il devient très-curieux d'apprendre comment on peut introduire dans la distribution des melons, ce discernement, cet à-propos que l'ordre civilisé ne sait établir ni dans les petites choses, ni dans les grandes.

Il n'est pas de fruit qui convienne plus généralement à tous les goûts, que le melon de haute qualité, comme les musqués de Perse, d'Astracan, de Basse-Provence, etc. Hommes, femmes et enfans, les animaux mêmes, depuis le cheval jusqu'au chat, sont friands du melon, qui, par cette raison, est fruit de haute harmonie et d'affinité unitaire.

Cependant ce végétal si éminemment destiné à l'homme et à ses animaux domestiques, est le plus trompeur, quant aux apparences : il semble que la nature l'ait créé pour persiffler l'espèce humaine. Quelque soin qu'on apporte au choix du melon, sans cesse on y est dupé, sur-tout en pays froid ; et les tables retentissent de jérémiades sur le désagrément d'avoir amplement payé un bon melon, et de ne rencontrer qu'une courge.

On prend cependant, pour l'achat de ce fruit, des précautions extraordinaires : on en exclut les femmes, comme incompétentes et profanes en gastronomie ; et dans tous pays, ce n'est point la ménagère, c'est le mari qui est chargé de l'achat du melon. Malgré tant de soins, la bévue est si fréquente, qu'on plaisante celui qui porte un melon ; tant il est connu que les acheteurs les plus exercés trouvent souvent à décompter quand on en vient à l'ouverture.

Quelle était donc l'intention de la nature, quand elle revêtit ce fruit d'une enveloppe énigmatique et faite pour mystifier les dîneurs civilisés ? A-t-elle voulu berner ces légions de fourbes ; les payer en leur monnaie, qui est la *fausseté* ? Oui : mais cette ironie calculée se rattache à des dispositions de justice distributive, impraticable en civilisation.

Dans l'ordre sociétaire, le choix du melon est aussi exempt d'erreur que si on l'achetait à la coupe. Expliquons le mystère.

Toute Phalange agricole établit dans ses distributions de comestibles 7 classes, qui sont,

1e	La commande, environ		50 indiv.	1500
2e	Les malades et patriarches, env.		50	
3e	La 1re classe,	env.	100	
4e	La 2e classe,	env.	300	
5e	La 3e classe,	env.	900	
6e	Les enfans de 2 à 4 1/2	env.	100	
7e	Le caravenserai, nombre illimité.			
X	Un lot d'animaux contenant les mets grossiers et les rebuts.			

Examinons comment aucune de ces classes ne peut être dupée, ni sur le melon, ni sur d'autres comestibles.

Chaque jour les groupes de melonistes, c'est-à-dire les cultivateurs et distributeurs de melons achetés ou recueillis, disposent la quantité nécessaire à la consommation journalière.

Quelques momens avant le repas de chacune des classes, on procède à la sonde et dégustation des melons du jour : on commence par le lot estimé superfin, et destiné aux compagnies de commande et de 1re classe, aux malades et patriarches (*).

Sur ces melons sondés et choisis parmi les meilleurs en apparence, on sépare tout l'inférieur pour les tables de 2e classe, qui, payant moins, doivent avoir la moyenne qualité. On sonde ensuite une masse

(*) *Nota.* La 1re classe, quoique la plus riche, est la 1re attablée, contre l'usage civilisé qui, par des travaux sédentaires et une vie apathique, ôte l'appétit aux gens riches, ou leur en laisse à peine pour un dîné à la nuit tombante. Le contraire a lieu en Harmonie, où les riches, par une vie plus active encore que celle des pauvres, jouissent d'un appétit florissant à leurs cinq repas, et ne s'accommoderaient nullement d'un dîné qui prendrait la place du soupé, selon l'usage de Paris.

de melons estimés 2e classe, dont on n'admet que la portion précieuse pour être jointe aux résidus de 1re classe. Ensuite pour les 3es tables de 900 personnes, dont le repas est plus tardif, on sonde la masse entière des melons à consommer, et dont le choix est adjoint aux résidus de 2e classe. Ainsi tous les melons servis aux tables de divers degrés, sont non seulement bien appropriés au degré, mais revêtus d'un signe indicatif de leurs qualités; de sorte que, loin d'avoir aucune erreur à redouter, on voit par signes indicatifs la valeur réelle de chacun des melons placés au buffet.

Achevons sur les convenances générales de cette répartition. Les pièces trop menues, le fretin de très-bonne qualité, qui ne serait pas présentable aux compagnies de 1re classe, convient à merveille pour les enfans de ladite classe. Après tous les choix terminés, il se trouve quelques melons gâtés ou inférieurs, qui sont répartis aux chevaux, vaches, moutons ou autres animaux, ainsi que les croutes de divers degrés. Vient ensuite la distribution des restes de tranche, négligés quoique bons : ils sont distribués d'abord aux chats, puis aux volailles et poissons en engrais. Les restes de sorte inférieure se partagent entre les animaux de moindre valeur, comme les pourceaux.

Ainsi pas un homme, *pas un chat*, ne peut être dupe sur le melon, fruit si perfide pour les civilisés, parce qu'ils ne règlent pas l'ordre distributif selon la méthode sériaire voulue par Dieu; méthode avec laquelle il a fait coïncider toutes les dispositions de la nature. Il est fort juste que les civilisés, dans ces détails distributifs, soient dupes de leur morcellement social ou régime familial; et Dieu exerce une ironie aussi fine que judicieuse, en créant certains produits énigmatiques en qualité, comme le melon, fait pour mystifier innocemment les banquets rebelles aux méthodes divines, sans pouvoir tromper en aucun sens les gastronomes qui se rangeront au régime divin ou sociétaire.

Je ne prétends pas dire que Dieu ait créé le melon exclusivement pour cette facétie; mais elle fait partie des nombreux emplois de ce fruit. L'ironie n'est jamais négligée dans les calculs de la nature; on en verra la preuve à l'article PIVOT INVERSE, *pollen du lys*. Le melon a parmi ses propriétés, celle de l'*ironie harmonique*, indépendamment d'autres plus importantes et dont il n'est pas temps de faire mention.

Il suffirait de cette description des emplois combinés du melon, pour nous désabuser sur tant de bizarreries apparentes de la nature. Il n'y a de bizarre que la civilisation, qui n'a rien de compatible avec les vues de la Divinité, ni avec le système distributif réglé antérieurement à la création, et adapté à l'état sociétaire ou régime des Séries pass. contrastées, rivalisées, engrenées.

Il est, je le sens, bien humiliant de se rendre à pareille opinion, quand on a amoncelé 400,000 tomes pour prouver que la civilisation est le but de Dieu, et voilà pourquoi les Buffon, les Sénèque et autres beaux esprits, aiment mieux prétendre que la nature s'est trompée en créant les passions et les règnes, que de mettre en question si les passions et les règnes n'ont pas une autre destination, et par quels moyens on pourrait déterminer cette destinée inconnue, dont toute la création matér. et pass. nous fait soupçonner l'existence, par son inconvenance avec l'ordre civilisé et barbare.

Obligé de reproduire sous différentes faces la vérité fondamentale, que *ni l'homme, ni les produits de divers règnes ne sont faits pour la civilisation*, j'ai recours, dans cet article, aux dissertations familières, comme l'induction tirée des emplois du melon dans l'état sociétaire. Je pourrais l'appuyer d'autres exemples de même genre, fournis par ces produits qui paraissant faits, comme le melon, pour persiffler l'homme, ne persifflent que la civilisation inhabile à les employer.

Terminons en observant que, dans l'ordre civilisé où le travail est répugnant, où le peuple est trop pauvre pour participer à la consommation des mets précieux, et où le gastronome n'est point cultivateur, sa gourmandise manque de lien *direct* avec la culture ; elle n'est que sensualité *simple* et ignoble, comme toutes celles qui n'atteignent pas au mécanisme *composé*, ou influence de production et consommation agissant sur le même individu.

Je reprendrai cet argument au *trans-ambule*, où la gastronomie qui n'est examinée ici qu'en emploi *composé*, sera traitée en *bi-composé* sur un autre sujet. Il suffit, pour prélude à la 2e notice, d'avoir démontré sur cette bagatelle gastronomique, l'inconvenance de l'ordre civilisé avec les dispositions de la nature, la connexion essentielle des passions et des règnes avec les séries de groupes industriels dont nous allons traiter, et l'impossibilité d'expliquer autrement que par la destination sociétaire, toutes les bizarreries apparentes de la création, telle que la rebellion d'un couple de porteurs magnifiques, le *zèbre* et le *quagga*, plus précieux que l'âne et le cheval, et qui, indomptables pour les civilisés et barbares, deviendront des montures aussi dociles que précieuses pour l'état sociétaire. La nature, en nous refusant la possession de ces superbes quadrupèdes, nous raille plus amèrement encore que dans les piéges du melon.

Si l'explication de ces intéressantes énigmes tient à la théorie du mécanisme sériaire, quelle attention ne doit-on pas au traité, et d'abord à l'abrégé *abstrait* que j'en vais donner ! Dans cet abrégé, je ne ferai entrevoir la théorie que pour me recommander auprès du lecteur de ce que je la lui épargne, en procédant au deuxième tome par une synthèse routinière, bien commode pour les Français, qu'elle servira à leur gré, en leur enseignant le mécanisme sociétaire, sans leur donner la peine d'en étudier à fond les principes.

IIme NOTICE.

ABRÉGÉ SUR LES GROUPES ET LES SÉRIES PASSIONNELLES.

CHAPITRE IV.

Des Quatre Groupes.

Sommaire de leurs propriétés principales.

Une théorie des Groupes ! ! ! à cette annonce chacun s'attend à entrer dans des chemins de roses : mais les roses n'ont-elles pas des épines ?

Il y en a très-peu dans cette notice : je l'ai dégagée du jargon méthodique, parce qu'elle est de lecture obligée, même pour ceux qui veulent juger sur la préface et la table des chapitres. Je les ai prévenus (avant-propos), que cette 2me notice fait partie du traité, et qu'on ne peut pas la franchir.

Apprivoisons ces impatiens : quel est leur but ? C'est d'apprendre par quel procédé on établit le lien sociétaire, si impraticable selon les coutumes civilisées. On ne peut l'organiser que par emploi de groupes et séries de groupes industriels ; il n'est pas d'autre moyen.

C'est assez dire quelle attention les étudians doivent à cet abrégé, réduit à cinq chapitres, qui sont les fondemens de l'édifice. On ne pourroit pas, sans la lecture de ces cinq chapitres, passer à celle du traité contenu au 2me tome.

Dans le plan tracé à l'avant-propos, j'ai adopté la marche progressive par *aperçu abrégé et traité*. L'aperçu a été donné (15 à 19, Introduction).

Nous passons à l'abrégé, qu'il a convenu de placer dans la théorie mixte : il ne tient ni à la positive, puisqu'il n'est pas *concret*, appliqué à l'industrie sociétaire ; ni à la négative, ou critique des fausses lumières. (1re partie).

J'ai annoncé, à l'avant-propos, que je prétendais, dans l'une des six notices, faire la conquête des moralistes. Nous touchons à ce dénouement ; et à la fin du chap. 6, la morale va capituler à discrétion avec la théorie des groupes, s'en déclarer l'apôtre, et abjurer les méthodes philosophiques. Il faut se sentir fort en moyens, pour se flatter d'opérer pareille conversion.

Notre siècle, très-porté à tenter des recherches sur l'Association, ridiculise les branches primordiales de cette étude, les groupes et l'Attraction passionnée. L'on en fait des sujets de plaisanterie. Parlez en France d'une théorie des groupes, vous êtes assuré qu'avant d'entendre une observation sensée, il faudra essuyer, même de la part des savans, vingt bordées de fades équivoques et d'allusions triviales à certain groupe qui est l'un des quatre.

Souvent ces verbiages sont des ruses par lesquelles un faible dialecticien esquive le débat qu'il ne se sent pas capable de soutenir. Chacun faisait de même du bel esprit aux dépens de Colomb, avant son expédition d'Amérique, et chacun trouva bientôt à décompter.

Tel sujet qui nous paraît plaisant au premier coup-d'œil, peut, après mûr examen, devenir un champ de vastes et profonds calculs. Telle est la théorie des groupes, dont le moindre abrégé exigerait une ample section; mais il convient, vu les préventions, de se borner d'abord à quelques détails suffisans pour désabuser ceux qui considèrent cette étude comme une amusette, une grivoiserie.

Les groupes ou modes élémentaires des relations sociales, sont au nombre de quatre, en rapport avec les élémens matériels de l'Univers (189). En voici le tableau analogique.

	Groupes		*Élémens.*
Majeurs.	d'Amitié,	affection unisexuelle,	Terre.
	d'Ambition,	» corporative,	Air.
Mineurs.	d'Amour,	» bissexuelle,	Arôme.
	de Famille,	» consanguine,	Eau.
Pivotal.	⋈ 5ᵉ d'*UNITÉISME* ou fusion des liens.		⋈ *FEU.*

Le groupe pivotal n'est qu'un lien composé et non élémentaire; il est applicable à chacun des quatre autres.

On ne peut pas découvrir d'autres liens chez l'homme social. S'il ne forme aucun de ces quatre liens, il devient, comme le sauvage de l'Aveyron, une bête brute à formes humaines. Il ne fait de progrès en sociabilité, qu'autant qu'il parvient à former 1, ou 2, ou 3, ou 4 groupes. C'était donc par l'analyse des groupes qu'il fallait débuter dans l'étude de l'homme social, tout-à-fait négligée, quoi qu'on en dise.

Les sens ne sont point isolément des ressorts de sociabilité, car le plus influent des sens, le goût, *besoin de se nourrir*, pousse à l'anthropophagie. La sociabilité dépend donc de la formation des groupes ou ligues passionnées.

Les quatre groupes exercent alternativement l'influence dans les quatre phases de la vie ; chacun d'eux est dominant dans l'une des phases, selon le tableau suivant.

DOMINANCE ALTERNATIVE DES GROUPES.

En Phase antér. ou enfance, 1 à 15 ans, l'amitié.
En Phase citér. ou adolescence, 16 à 35 ans, l'amour.
En Phase foyère ⋊ ou *virilité*, 36 à 45 ans, *amour et ambition*.
En Phase ultér. ou maturité, 46 à 65 ans, l'ambition.
En Phase postér. ou vieillesse, 66 à 80 ans, le famillisme.

Ladite succession d'influence correspond à celle de *bouton*, *fleur*, *fruit*, *graine*, aux quatre âges de la végétation.

Ce tableau n'a pas besoin de commentaire. On ne saurait contester que l'amitié ne prédomine chez l'enfance, comme l'amour chez l'adolescence ; que l'ambition ne règne sur l'âge mûr ; et que la vieillesse, isolée du monde, ne soit concentrée dans les affections familiales, par inhabileté aux trois autres, même à l'amitié ; car les vieillards civilisés sont communément trop défians pour se livrer à la franche amitié : on leur reproche avec raison de donner à corps perdu dans l'égoïsme, qui est l'opposé de l'amitié. Aussi se croient-ils de vrais philantropes, quand ils ont pourvu au bien de leur famille, selon le beau principe,

Faire le bien est si doux,
Pour ne rendre heureux que nous
Et les nôtres.

Conformément au 1er principe des sophistes 99, *explorer en entier le domaine de la nature*, on doit, en étudiant les groupes, ne pas se borner à une demi-exploration ; il faut les analyser tous quatre, sans prévention pour ou contre aucun des quatre. Si Dieu les a créés tous, il faut qu'il ait prévu un emploi pour tous. Tel groupe, comme celui d'amour, étranger au succès de l'industrie morcelée, sera peut-être le plus précieux en emplois d'industrie sociétaire ; et par contre, tel groupe, comme celui de famille, qui nous semble en civilisation le plus puissant pour attirer à l'industrie (*), pourra bien se trouver le moins influent pour attirer au travail sociétaire, où les groupes se soutiennent réciproquement et doivent intervenir tous quatre, comme les roues d'un char.

Distinguons-les d'abord en harmoniques et subversifs.

Un groupe harmonique est une réunion pleinement libre, et liée par une ou plusieurs affections communes aux divers individus dont se compose le groupe.

Si le groupe est harmonique, la *dominante* ou passion réelle est conforme à la *tonique* ou passion d'étalage.

Le groupe est subversif, lorsque la dominante est différente de la tonique.

Par exemple, rien n'est plus commun que les réunions de prétendus amis, tout pétris d'égoïsme, n'ayant de l'amitié que le masque, et de mobile réel que l'intérêt. Telles sont les assemblées d'étiquette, où l'on ne ressent pas l'ombre du dévouement qu'on y affecte. Chacun y vient dans des vues particulières d'ambition, de galanterie, de gourmandise, tout en prétendant que l'amitié vive et pure est son seul mobile.

Ces groupes ont une *dominante* contradictoire avec la *tonique*. En effet, leur tonique ou passion d'étalage est l'amitié ; leur dominante ou ressort véritable est l'intérêt personnel.

EN TONIQUE, une réunion de clubistes prétend n'aimer que la patrie, la fraternité, l'auguste philosophie et le salut du peuple souverain. *EN DOMINANTE*, ils ne sont mus que par le désir de s'enrichir et d'envahir les fonctions administratives.

(*) Le groupe de famille n'excite à l'industrie que par frayeur de la famine ; aussi l'arrière-secret des politiques civilisés est-il d'exciter le peuple aux mariages et à la pullulation, afin qu'il travaille par effet d'alarme pour le sort d'une famille. Un tel mobile est attraction subversive, et non pas harmonique ou fondée sur le charme attaché au travail. C'est pour cacher cette vérité, ce vilain côté de la civilisation, que les politiques s'insurgent en chorus contre ceux qui, comme Stewart et Malthus, aperçoivent le danger de l'excessive pullulation, et confessent franchement ce cercle vicieux qui ne tend qu'à multiplier les mendians, alimenter les germes de révolution, et fournir à un conquérant *de la viande à canon.*

La

La contrariété de tonique et dominante constitue le groupe subversif, qui est ressort général en mécanique civilisée. Les quatre groupes y sont communément subversifs, et presque jamais harmoniques ou mus par des passions qui soient à la fois *dominantes* et *toniques*.

On trouve pourtant quelques groupes harmoniques en civilisation, car il existe dans tout système social une exception du 8e qui confirme la règle. Par exemple :

Dans une partie carrée, les deux couples d'amans ressentent vraiment les passions dont ils font étalage : ils ont réellement de l'amour d'amant à maîtresse, et de l'amitié de couple à couple. Ils donnent un essor bien franc à ces deux passions ; elles sont donc à la fois *dominantes* et *toniques*. Cette unité constitue le groupe d'harmonie, très-rare en civilisation : il n'y figure pas même en dose du 16e ni peut-être du 32e ; et quand il y figurerait en dose du 8e, l'exception confirmerait la règle ; d'autant mieux que, par fois, l'exception s'étend à 1/4, ce qui n'empêche pas d'appliquer la règle aux trois autres quarts. Ainsi, parmi les quatre groupes, celui de famille est en exception ou déviation du cadre général, parce que son lien formé par le sang est indissoluble. Ce n'est donc pas un groupe libre, comme les trois autres.

Rien de moins harmonique, parmi nous, que ce groupe de famille, qui pourtant est pivot social. On y voit communément les pères opposés aux goûts des enfans, sur les plaisirs, la dépense et la parure, sur le choix des amours et des maris : de là vient que les enfans, et souvent la ménagère, déguisent habituellement leur *dominante*, pour affecter la *tonique* voulue par le père. Dès-lors le groupe est faux et subversif ; il perd les propriétés des groupes harmoniques dont nous allons parler aux pages suivantes.

La distinction des groupes en *harmoniques* et *subversifs*, nous donnera huit groupes au lieu de quatre. Nous aurons à étudier les propriétés des quatre groupes harmoniques, ayant même passion en tonique et dominante ; puis les propriétés des groupes subversifs, ayant la dominante hétérogène avec la tonique, selon l'usage civilisé.

Et comme la distinction sera la même sur les huit autres passions radicales, dont cinq sensitives et trois distributives, nous aurons, dans l'Alphabet de l'étude de l'homme, vingt-quatre passions radicales (*) et non pas douze.

Par exemple, en traitant de l'amitié, nous distinguerons,

l'Amicisme ou amitié harmonique;

l'Amicâtre ou amitié subversive.

Et de même sur la vue, nous distinguerons,

le Visuisme ou vue harmonique;

la Visuâtre ou vue civilisée, amie des vilenies, du mauvais goût, des villes et villages hideux.

Propriétés. Les groupes, lorsqu'ils sont harmoniques, tels que les formera l'état sociétaire, ont des propriétés régulièrement contrastées et graduées : j'en donne ici trois tableaux comparatifs, sur l'*entraînement*, le *ton* et la *critique*.

1° L'ENTRAÎNEMENT : s'il s'agit de braver un péril, dans le cas de guerre, de brigands, d'incendie, on verra les quatre groupes soumis à des influences très-différentes.

Maj. Groupe d'amitié; .... Cercle : tous s'entraînent en confusion.

Maj. Groupe d'ambition; .... Hyperbole : les supérieurs entraînent les inférieurs.

Min. Groupe d'amour; .... Ellipse : les femmes entraînent les hommes.

Min. Groupe de famille; .... Parabole : les inférieurs entraînent les supérieurs.

Ces propriétés se développent même en civilisation, où les groupes, quoique subversifs, conservent encore des appâts d'entraînement, parce que, dans le cas de danger ou d'enthousiasme, on oublie les rangs et les préjugés; on n'écoute plus que l'impulsion de la nature.

(*) Les 24 passions correspondent analogiquement aux 24 consonnes, accolées par douzaines majeure et mineure; BE-PE, DE-TE, FE-VE. L'alphabet des articulations naturelles formé de 12 consonnes majeures, 12 consonnes mineures, 4 voyelles mixtes, 4 voyelles sous-pivotales, et la pivotale quadruple, est exactement conforme à l'alphabet passionnel de 3e degré, formé de 32 passions et le pivot quadruple.

Je ferai connaître, dans le cours du traité, l'alphabet naturel et son analogie aux passions. Ce sera un sujet intéressant pour les sophistes, qui ont tant disserté sur la langue naturelle; ils reconnaîtront qu'elle est calculée, et que par conséquent elle n'a pu exister chez aucune des peuplades primitives.

2° *Le ton*. Chacun des groupes adopte, en relations internes, un ton et une manière.

Groupe d'amitié ou nivellement;
la cordialité et la confusion des rangs.
Groupe d'ambition ou ascendance;
la déférence des inférieurs aux supérieurs.
Groupe d'amour ou inversion;
la déférence du sexe fort au faible.
Groupe de famille ou descendance;
la déférence des supérieurs aux inférieurs.

Il est impossible que ces tons s'établissent dans les groupes civilisés. Par exemple, dans celui de famille, les pères ne peuvent pas suivre leur impulsion naturelle, qui est de céder constamment aux enfans : les convenances de l'éducation obligent le père à tenir l'enfant dans la dépendance, ou du moins dans le respect. L'état des choses est bien différent en Association, où le père n'étant chargé ni de l'éducation, ni de la remontrance, n'a d'autre tâche que de flatter l'enfant, et se livre sans danger au ton naturel de ce groupe, *au gâtement* ou déférence du supérieur pour l'inférieur.

Il est de même à peu-près impossible, dans les groupes d'amour civilisé, d'observer le ton naturel, la pleine déférence du sexe fort au faible : aussi n'est-elle qu'apparente. Si elle était réelle, il en résulterait d'innombrables duperies, dont les hommes savent bien se garder. La politique prévient ces duperies, en excitant les jeunes gens à ne point céder aux suggestions d'une maîtresse qui, si elle est pauvre, débutera par demander le mariage. Les Français sont très-habiles à esquiver ce piége; aussi sont-ils la nation la moins galante, celle où les femmes sont le plus trompées par les hommes.

3° *La critique*. C'est une des relations les plus importantes dans l'état sociétaire, où elle est source d'émulation et de perfectionnement. Voici en quel ordre elle s'y exerce.

Maj. Groupe d'amitié :
la masse critique facétieusement l'individu.
Maj. Groupe d'ambition :
le supérieur critique gravement l'inférieur.
Min. Groupe d'amour :
l'individu excuse aveuglément l'individu.

Min. Groupe de famille :
la masse excuse indulgemment l'individu.

Les groupes civilisés, presque tous subversifs, n'ont pas ces propriétés : de là vient que certains personnages, comme les Rois, sont tout à fait dépourvus du secours de la saine critique ; tandis que les gens dénués de protection et de fortune, sont criblés par la fausse critique ou détraction. Personne ne jouit de la vraie, sauf quelques exceptions, comme celle d'un écrivain riche et puissant. Lorsqu'on critiqua, il y a 3 ans, l'ode de Fontanes sur les tombeaux de St.-Denis, on se borna strictement à ce qu'exigeait la saine critique : mais Fontanes était un potentat scientifique. S'il eut été un écrivain sans fortune, on aurait traité son ode comme Geoffroy traitait les vers de Voltaire.

La nature ayant voulu que la critique s'exerçât par les deux groupes majeurs, nous a donné de la répugnance pour celle qui vient des deux groupes mineurs : ils ne sont faits que pour aimer et flatter ; ils deviennent haïssables quand ils s'adonnent à moraliser et censurer ; ils sortent de leurs attributions. La critique étant attribut essentiel des groupes majeurs d'amitié et d'ambition, n'est jamais désobligeante de la part de ces deux groupes, quand ils sont régulièrement organisés selon le traité des Séries pass.

Cependant la civilisation est obligée d'employer sans cesse l'un des deux groupes mineurs, celui de famille, à critiquer et remontrer l'enfant. Il en résulte double contre-sens en lien domestique ; d'une part, irritation et rebellion secrète de l'enfant, qui suit la loi de nature en dédaignant la critique du père et du précepteur ; d'autre part, gêne et frustration du père, qui, remplissant à regret ce pénible devoir, n'en recueille pour salaire que l'indifférence de l'enfant. Ces inconvéniens disparaissent pleinement dans l'Harmonie, où l'enfant fréquentant une trentaine de groupes et de Séries, y rencontre une foule d'amis et sectaires très-sévères sur son impéritie ; leur franchise dispense bien le père de remontrances.

Chacun des quatre groupes est produit par l'impulsion de deux principes ou ressorts ; l'un spirituel S, l'autre matériel M, dont suit le tableau.

RESSORTS ÉLÉMENTAIRES DES QUATRE GROUPES.

Hypomajeur ou Groupe *d'amitié.*

S Affinité spir. de caractères.

M Affinité matér. de penchans industriels.

Hypermajeur ou Groupe *d'ambition.*

S Affinité spir., ligue pour la gloire.

M Affinité matér., ligue pour l'intérêt.

Hyperminour ou Groupe *d'amour.*

M Affinité matér. par la copulation.

S Affinité spir. par la céladonie (*).

Hypomineur ou Groupe de *famille.*

M Affinité matér., lien de consanguinité.

S Affinité spir., lien d'adoption.

⋈ Essor des Groupes, en identité Y. en contraste ⅄.

On peut s'étonner que je compte ici les affinités industrielles pour ressort d'amitié : c'est un effet incompréhensible en civilisation, où le travail morcelé est un supplice et non un lien de plaisir. Il faut attendre là-dessus l'exposé de l'ordre sociétaire, où l'industrie devient aussi attrayante qu'elle est répugnante dans l'ordre morcelé, si contraire à la nature de l'homme, que le sauvage dit à son ennemi : *puisses-tu être réduit à labourer un champ* ! imprécation déjà citée, et qu'il faut rappeler sans cesse à nos philosophes, prôneurs de l'industrie morcelée et anti-sociétaire.

On voit à la priorité des deux lettres S ou M, que le ressort spirituel tient le 1er rang dans les deux groupes majeurs, et que le ressort matériel domine dans les deux groupes mineurs, moins nobles, par cette raison.

(*) En d'autres termes, *lien de cœur*. Mais l'expression lien de cœur est bien équivoque en amour : il faut des noms qui évitent la confusion du matériel et du spirituel. Par exemple, pour le matériel, la médecine et la théologie emploient les noms de *copulation et œuvre de chair*. J'ai adopté le premier. On ne connaît guères de nom spécial pour l'amour purement spirituel, si rare et si douteux, qu'il n'a sans doute pas paru digne d'attention. Autrefois on l'a nommé, dans les romans, amour *platonique et céladonique*; je me fixe au 2e nom. Au reste, je répète que sur les nomenclatures j'admettrai toute correction régulière qui me sera indiquée.

Si les deux ressorts interviennent combinément, le groupe est *composé* ; s'il n'est stimulé que par l'un des deux ressorts, il est groupe *simple* : il devient *mixte*, s'il est mu par deux ressorts de groupes différens ; il est *sur-composé*, si aux deux ressorts d'un groupe s'en joint quelqu'un d'un autre groupe ; et *bi-composé*, s'il réunit quatre ressorts de deux groupes différens.

Les groupes *simples*, à ressort isolé, sont d'ordinaire,

Lien méprisable en dominance du matériel ;
Lien de duperie en dominance du spirituel.

Exemples. Deux associés de commerce, *travaillant pour l'argent et non pour la gloire*, sont en affinité simple d'ambition, en lien d'intérêt sans acception de la gloire. Ce groupe limité au ressort matériel, est un lien méprisable.

Deux artistes sont ligués par amitié et passion pour la gloire : ils négligent des voies de fortune que la flatterie pourrait leur ouvrir ; ils restent véridiques, indépendans et pauvres. C'est un lien de dupes, un *mixte* de deux ressorts spirituels d'amitié et d'ambition. Le mode mixte peut participer des vices du simple comme des perfections du composé.

Un amour sans sympathie, comme celui d'une prostituée qui ne se livre qu'à beaux deniers, est groupe *simple* et méprisable, parce que le ressort matériel en est l'unique mobile. Et par opposition, deux amans céladoniques et chastes, sont un couple de dupes, si, n'étant pas entravés par des surveillans, ils se bornent au lien spirituel ou groupe *simple*. Tout essor simple est toujours méprisé en matériel et raillé en spirituel, sauf rares exceptions.

Exerçons-nous sur un *mixte*, à la dissection des groupes.

Deux hommes peuvent se protéger, se soutenir à titre de frères. C'est groupe de famillisme, *simple matér.*

S'ils sont liés par convenance de caractère, c'est groupe d'amitié simple spir., combiné avec le lien de famille en simple matériel ; ce groupe devient *mixte*.

S'ils se soutiennent par ligue de pillage ou autre fourberie, c'est alliance cupide, groupe d'ambition en ressort matér. Ce 3ᵉ lien élève le groupe au degré *hypermixte*. La morale civilisée confondra ces trois liens sous le nom de *douce fraternité*, quand il est évident que la fraternité ou lien familial n'y intervient qu'en tierce-partie.

Les détails élémentaires qu'on vient de lire, sont les ronces de la science. Mais si l'on veut étudier la théorie d'Association qui n'opère que sur des groupes, il faut s'exercer à ne pas les confondre ni en genre, ni en mode, ni en degré. Je viens de définir le genre; passons au mode, qui n'exigera qu'un paragraphe des plus courts.

✕ *Mode général d'essor.*

Les liens dans les quatre groupes, s'établissent en identité ou en contraste. Par exemple, en amitié : l'affinité de caractère s'établit par contraste ou lien hétérogène, aussi bien que par identité ou lien homogène. C'est un effet si connu, qu'il est inutile de l'étayer de preuves.

Divers sophistes ont voulu fonder exclusivement les liens sur l'identité de penchans : c'est l'erreur favorite des moralistes, qui veulent niveler tous les goûts, rendre les hommes tous frères, tous amis du brouet noir, comme si le caractère devait être identique chez tous.

D'autres veulent fonder tous les accords sur l'affinité de contraste; entr'autres, Bernardin de St.-Pierre, qui ne voit de germe d'harmonie que dans le contraste.

Rien de plus erroné que ces méthodes exclusives : les accords de caractère et autres naissent de double source, *des identités et des contrastes*. L'état sociétaire emploiera toujours ces deux ressorts concurremment et en alternat.

Il suffit de ce peu de notions pour désabuser ceux qui considèrent l'étude des groupes comme plaisante. On pourrait leur faire entrevoir sur ce sujet des calculs très-profonds et très-mathématiques dont j'épargne l'aperçu.

Résumons par une définition exacte et succincte.

Les groupes réguliers ou harmoniques, ceux qui ont la dominante conforme à la tonique, doivent remplir les trois conditions suivantes :

1re. Association spontanée sans lien obligé et sans autre engagement que celui des bienséances.

2e. Passion ardente et aveugle pour une fonction d'industrie ou de plaisir commune à tous les sectaires.

3e. Dévouement sans bornes aux intérêts du groupe; disposition à des sacrifices pour le soutien de la passion commune.

Ce dévouement doit régner même dans le groupe de famille :

seul des quatre, il a le vice d'immutabilité en lien matériel. Il faudra, en Harmonie, que ce lien forcé par le sang, soit ramené par affection à la *spontanéité ;* qu'il soit passionné, chez les consanguins comme chez les adoptifs.

J'ai beaucoup abrégé ces détails élémentaires, et trop, peut-être; mais si l'on veut connaître l'art d'associer, l'art d'où dépend le bonheur général ; si l'on veut enfin *décupler promptement son revenu*, il faut bien se résoudre à étudier les trois leviers qu'emploie l'Association ; savoir :

les Groupes en genres, modes et degrés ;

les Séries contrastées, rivalisées, engrenées ;

les Claviers ou gammes de caractères des sept titres.

Etude peu effrayante, d'*après ma promesse* 380 3/4, de l'épargner au lecteur, de me borner à la lui faire entrevoir, et de le guider par synthèse routinière. Au moins préludons à cette routine par une légère teinture des principes.

CHAPITRE V.

Accords puissanciels des quatre Groupes.

Antienne. Heureux ceux qui ont le droit d'écrire méthodiquement, d'exposer en plein les principes de leur science vraie ou fausse ! les sophistes jouissent en France de cet avantage qui n'est pas accordé à un inventeur : on exige qu'il communique sa théorie sans entraîner à aucune étude, sans engager le lecteur dans aucun sentier épineux. Ceux qui ont dit que la France est le paradis des femmes et l'enfer des chevaux, devaient ajouter que la France est le paradis des sophistes et l'enfer des inventeurs.

Quel est le secret que cherchent depuis si longtemps les sciences politiques, morales et autres qui s'occupent, selon Corneille, de la purgation des passions? Elles cherchent le procédé de *substitution absorbante* ou art de remplacer sans violence une passion nuisible par une utile et agréable. Il y a trois manières de réprimer les passions.

Mode subversif ou violence par fois colorée de morale.

Mode mixte ou fusion, méthode de révolution.

Mode harmonique ou substitution absorbante.

Les philosophes ne connaissent que la purgation subversive et un peu la mixte. Ils violentent les passions, tout en feignant de les absorber par les charmes de la morale. Si un homme qui ne possède que vingt écus est forcé de les donner au percepteur, la philosophie lui présente en indemnité le bonheur de vivre sous la constitution et d'obéir à la morale douce et pure, escortée de garnisaires : c'est toujours le mode *violenté*, un peu mieux fardé que chez les Algériens.

La fusion ou mode *mixte* est fort usitée en révolution. Bonaparte et Fouché y excellaient. Fouché, régicide, et de plus bourreau des Lyonnais, mitrailleur des 209, était devenu le mignon des royalistes. L'usurpateur Bonaparte se plaignait qu'ils encombraient ses anti-chambres : la fusion y était parfaite entre partis opposés. Ce mode *mixte* couvrant des arrière-pensées, des intentions perfides, est une voie méprisable, quoique puissante pour réprimer les passions.

Il n'est qu'un moyen noble et sûr à la fois ; c'est la substitution d'une passion à une autre qu'elle absorbe pleinement. Daphné se désole depuis hier du départ de son amant : aujourd'hui il s'en présente un autre, plus beau, plus aimable ; Daphné l'accepte, et le chagrin du départ d'Anténor est absorbé dans le charme d'un nouveau lien avec Pollux.

Voilà la vraie *purgation* des passions ; c'est la *substitution absorbante*, qui évite les violences du mode subversif et les perfidies du mode mixte.

Eh ! comment s'approvisionner de charmes assez nombreux pour en offrir sans cesse à l'individu lésé et chagrin ? Deux hommes sollicitent une place de 20,000 fr. de rente ; l'un d'eux l'obtient ; l'autre est nécessairement envieux : il faudrait donc, pour le guérir de cette jalousie, lui procurer une autre place de 20,000 fr. de rente. Voilà ce qu'exigerait la méthode harmonique ou *substitution absorbante*.

C'est le secret qu'on va découvrir dans l'étude des passions, opérant par Séries contrastées, rivalisées, engrenées. Ce procédé offre des moyens d'absorption subite ou graduée, dans tous les cas où il y a conflit de passion. Et si on ajoute à cet avantage celui de décupler le revenu, ces perspectives ne suffiront-elles pas à soutenir le courage dans quelques études un peu ardues, comme la gamme des accords puissanciels ?

L'homme qui veut s'initier à la médecine matérielle, ne consent-il pas à étudier, dans un laboratoire de chimie, *la matière médicale*, analyser les propriétés et préparations des antidotes? Celui qui veut s'initier à la médecine passionnelle, ou art de concilier les intérêts divers et absorber les conflits, doit de même étudier *la matière passionnelle*, analyser les douze passions, et les sept degrés d'accords de chacune. S'il ignore ces notions élémentaires, il sera impossible de lui enseigner le traitement et l'harmonie des passions.

La première question des sceptiques est toujours celle-ci: Comment pourrez-vous accorder tant de gens inégaux, tant de caractères disparates? S'ils désirent le savoir, qu'ils apprennent d'abord ce que c'est que les accords passionnels, quels en sont les degrés et les variétés; après quoi il leur restera à étudier le procédé sériaire, qui crée et mécanise les accords, et les distribue dans tout le système social. (*Suivez à 395.*)

GAMME puissancielle des accords d'amitié

	Degré.		*Espèce.*	*Titre.*	*Essor.*
bas accords	0	UT.	Brut.	*Isolé.*	*HÉTÉROPHILIE.*
	1re	UT UT.	Simple.	*Prime.*	*MONOPHILIE.*
	2e	UT RÉ.	Bâtard.	*Seconde.*	*HÉMIPHILIE.*
Moyens accords	3e	UT MI.	Les 4 accords cardinaux.	*Tierce.*	*ANDROPHILIE.*
	4e	UT FA.		*Quarte.*	*HERMAPHILIE.*
	5e	UT SOL.		*Quinte.*	*MULTIPHILIE.*
	6e	UT LA.		*Sixte.*	*PHANÉROPHILIE.*
Hauts accords	7e	UT, SI *b*.	Transitif.	*Septième.*	*ULTRAPHILIE.*
	⋈ 8e	UT UT UT	Pivotal Y.	*Octave dir.*	*OMNIPHILIE* D.
			Pivotal ⅄.	*Octave inv.*	*OMNIPHILIE* J.
	Z	UT UT. UT SI *n*.	Accords faux.		*EXTRAPHILIE.*

⋈ L'accord d'*UNITÉISME* en *direct* Y et *inverse* ⅄ est l'assem-

Les accords *omnimodes* sont pivotaux; celui *d'Uni-*

Commençons à parler aux yeux par une échelle ou gamme septenaire des accords dont chaque passion est susceptible. Je ne décrirai ici que les deux gammes d'amitié et d'amour ; on pourra appliquer cette échelle aux dix autres passions.

Pour aider le lecteur par des analogies, je joins ici le tableau des degrés ou accords d'une passion sensitive, *la vue*, et d'un végétal, *le raisin*, fruit dont l'industrie humaine obtient une gamme très-régulière en produits gradués.

Etudions d'abord l'échelle d'accords sur une gamme matérielle bien connue, celle des emplois du raisin et de ses transformations successives.

On voit dans le tableau ci-bas, qu'à partir du verjus qui est déjà un suc utile en cuisine et en confiserie, le raisin subit *sept* métamorphoses progressives avant d'arriver à l'accord d'oc-

---

et des accords d'amour, avec analogies.

Amour.	*Visuisme.*	*Raisin.*	*Accord générique.*
Hétérogamie.	Oeil convergent.	*Verjus.*	HÉTÉROMODE
Monogamie.	Oeil asinique.	*Moût.*	MONOMODE.
Hémigamie.	Oeil caméléonique.	*Piquette.*	DIMODE.
Androgamie.	Oeil co-terrestre.	*Bourru.*	TRIMODE.
Cryptogamie.	Oeil co-aérien.	*Cuvé.*	TÉTRAMODE.
Delphigamie.	Oeil co-aromal.	*Vieilli.*	PENTAMODE.
Phanérogamie	Oeil co-aquatique.	*Vin cuit.*	HEXAMODE.
Ultragamie.	Oeil noctambule.	*Vinaigre.*	HEPTAMODE.
Omnigamie Y *Omnigamie* X	Oeil diaphanique ou co-igné. Oeil ultra-éthéré.	*Alkool,* *Esprit.*	OMNIMODE Y X
Extragamie.	Louche, faussé, Miope, presbyte.	*Forcé aigri.* *Poussé, tourné.*	EXTRAMODE

---

blage des 8 accords *omnimodes* fournis par chacun des 4 groupes *téisme* est hyper-pivotal.

tave ✕ ou feu liquide, connu sous les noms d'Alkool et d'Esprit.

Il est possible qu'on trouve pareille gamme d'emplois dans le sucre, qui est végétal unitaire comme le raisin, et qui arrive aux degrés pivotaux de Rhum et d'Arrack : mais ne connaissant par les modifications que donne le sucre, à partir du jus de canne jusqu'au Rhum, je me fixe à une plante connue dans nos climats, et fournissant une gamme complète, que nous mettrons en parallèle avec les accords de passions.

J'ajouterai à ce parallèle celui des degrés puissanciels du sens de la vue, degrés qui ne sont pas encore nés chez la race actuelle, et qui ne naîtront que chez les races harmoniennes. Toutes ces analogies contribueront à familiariser le lecteur avec l'étude des gammes passionnelles, sans laquelle il ne pourrait pas s'instruire sur la théorie de *substitution absorbante* 392, ou art d'équilibrer les passions, art si vainement cherché par les philosophes.

Je divise les degrés d'accords en trois genres ;

les *bas*, les *moyens*, et les *hauts*.

(*Nota.* Il faut s'aider du tableau des huit ressorts affectifs, pag. 389).

BAS ACCORDS. O. 1. 2.

Trois pages à donner aux ronces de la science ; tout sera de roses dès qu'on arrivera aux moyens accords, tierce, quarte, etc.

O. *Brut.* Hétérophilie, hétérogamie. Un seul des ressorts d'amitié (389) ou d'amour, développé sans réciprocité, comme serait une amitié non partagée. Ce n'est point un accord, mais seulement un germe d'où pourra naître l'accord nommé groupe.

1. *Prime* en amitié monophilie, en amour monogamie. Il s'établit entre des individus mus par accord monomode. Un seul des ressorts d'amitié ou d'amour indiqués au tableau.

Il est assez rare de trouver cet accord sans complication. Les enfans dans leurs jeux sont communément en accord *monophile* spirituel, ou affinité d'amusemens sans affinité d'industrie. L'amitié de Cicéron et Atticus est un *mixte* où intervient la ligue d'intérêts, mélange d'amitié et d'ambition.

Le lien de *monogamie* matérielle, accord de *prime* en amour, a lieu entre homme et femme co-habitant sans inclination, comme il arrive dans la plupart des mariages d'intérêt, où le lien est purement matériel.

Il y a *monogamie* spirituelle entre deux amans qui, surveillés et entravés, sont contraints à s'en tenir à une ardeur céladonique ou lien de cœur, à un accord purement affectif, une *prime* spirituelle.

Seconde. 2e HÉMIPHILIE, HÉMIGAMIE. Accord *dimode*, lien qui déploie deux ressorts chez l'un, et un seul chez l'autre. L'*hémigamie* est un lien fréquent en mariage : une jeune personne de 16 ans épouse un barbon de 60 ans : celui-ci ressent bien les deux sortes d'amour (tableau 389), l'amour matériel et le spirituel ou lien de cœur (céladonie et copulation). Mais la jeune épouse ne trouve dans cette union aucun lien pour l'ame; elle y goûte à peine quelque plaisir sensuel, et se trouve bornée à l'un des deux élémens de l'amour, au matériel ou copulation. L'analyse de ce lien présente donc deux ressorts chez le mari et un seul chez la femme. C'est accord de seconde, *hémigamie;* il est fade et médiocre comme la seconde musicale, basse transition à peine digne du nom d'accord.

Deux associés cultivent passionnément un verger : l'un des deux n'a de goût que pour cette culture et non pour celui qui lui prête assistance; l'autre joint au goût de ce genre de travail une affection sincère pour son compagnon. Le lien chez celui-ci est à double ressort, lien de fonction et lien de caractère; et comme il n'y a que le lien de fonction chez le premier, monalité de ressort chez celui-ci, dualité chez l'autre, c'est lien d'*hémiphilie*, groupe d'amitié en accord de seconde; accord fade en amitié comme en amour, mais dont on sait tirer grand parti dans l'Association, en ce qu'on amène à cet accord de *seconde* les personnes que la civilisation n'amènerait pas même à celui de *prime*.

Analogies du raisin. O *état brut.* Le verjus correspond à ce degré, parce qu'il est par lui-même hors d'harmonie avec l'homme, et réduit à quelques emplois, qu'on n'obtient qu'en le dénaturant par le feu ou l'eau-de-vie.

1e *Prime.* Le raisin en passant du verjus à la maturité donne un jus sucré appelé moût de vin, qui est potable, et forme le premier degré d'accord avec l'homme.

2e *Seconde.* Le raisin donne l'accord de seconde par la piquette, petit vin léger, mêlé de grappe et de verjus, et très-rafraîchissant en été, où il est, dans le cas d'extrêmes chaleurs, plus sain et plus agréable que les vins forts.

Analogies de la vue. O état brut. Effet *hétéromode.*

Yeux de l'homme enchaînés l'un à l'autre, sans jouir d'un mouvement indépendant. Effet opposé à celui des yeux de caméléon, qui jouissent d'un mouvement divergent, comme ceux du poulet.

L'aspect hétéromode réduit le cercle de notre vue à très-peu de chose, au tiers de celui qu'embrassent les yeux d'un poulet. C'est pour l'homme double lésion, rétrécissement d'aspect et fréquence de conversion. L'on ne s'est pas aperçu de cette disgrâce visuelle, encore moins des suivantes.

1. *Prime.* Accord *monomode*, vue *ASINIQUE*, celle qui s'équilibre à l'aspect du précipice. L'homme n'est pas doué de cette propriété; ses yeux se troublent devant un abyme. Les maçons parviennent à s'y habituer, mais non pas à obtenir, comme l'âne, un redoublement d'à-plomb par l'aspect des abymes, une fixite composée, en aspect descendant comme en aspect ascendant.

2. *Seconde.* Accord *hémimode*, est celui des yeux du caméléon, susceptibles de deux directions en sens *amphivertical* et *amphihorizontal.* Cette faculté de diriger ainsi nos yeux en divergence, en louchement volontaire et variable, n'ôterait rien à la grâce habituelle du regard convergent qu'on reprendrait à volonté. Elle serait d'une prodigieuse utilité, pour lire une partition, pour chercher quelqu'un dans une foule, inspecter deux lignes de procession à la fois, et pour tant d'autres emplois qui exigeraient la faculté de divergence des yeux en vertical et horizontal, ou marche caméléonique, si familière aux ames civilisées.

Combien il est à désirer que l'état sociétaire vienne, dans cette fonction, opérer le transfert du caméléonisme, purger les ames de leur duplicité, et transporter la *double action*, de l'ame à l'œil, qui en sera doué après quelques générations de perfectionnement corporel en Harmonie!

Ces duplicités harmoniques ou accords de seconde peuvent fournir une analyse très-étendue, dont nous aurons lieu de citer quelques effets moraux et physiques.

Quelle que soit la faiblesse de ces bas liens de prime et seconde, l'Harmonie sait en obtenir encore des effets très-brillans, par alliage des contraires, ou rapprochement des classes les plus incompatibles en civilisation (*). Là finit l'exposé des bas accords ou ronces de la science : tous les autres, depuis la tierce jusqu'à l'octave, sont des liens si charmans, qu'on me reprochera de n'avoir pas donné à chacun au moins un chapitre; mais nous en sommes à l'abrégé.

Moyens Accords dits *Cardinaux*.

Ici commencent les groupes séduisans, les belles harmonies, en amitié, en amour, en corporation, en famille. Les groupes cardinaux, toujours pleins de charmes, sont au nombre de quatre. Pour les dépeindre en peu de mots, avant d'en donner une définition régulière, je les examine d'abord en action, en amour individuel, où leur échelle bien restreinte, est plus commode à définir qu'en amitié.

(*) On voit sur les théâtres des essais de pareils accords. Dans l'opéra de la fée Urgèle, une vieille femme de 80 ans veut se faire aimer du chevalier Robert; elle n'exige de lui qu'un accord de *seconde*; elle ne prétend pas exciter chez le jeune homme un amour spirituel (389), mais seulement le déterminer à une complaisance répugnante pour lui. Il s'y résout enfin, et cette concession est si péniblement amenée, que les spectateurs mêmes en sont fatigués.

Dans la pièce de Zémire et Azor, on traite le même degré d'amour, l'accord hémimode qui déploie deux ressorts chez l'un, et un seul chez l'autre. On veut obtenir de Zémire une affection spirituelle pour le hideux Azor. Cet effet a été représenté au naturel dans le mariage du cu-de-jatte Scarron avec Mme de Maintenon. Chacun s'étonnait de pareil succès, tant la civilisation est dénuée de moyens pour établir ces accords de seconde, bien utiles pourtant en harmonie sociale, puisqu'ils sont la ressource des gens avancés en âge.

Je me charge de démontrer (et ceci devient singulièrement intéressant pour la vieillesse d'un et d'autre sexe), qu'en Association, rien n'est plus facile que de procurer à tout sexagénaire, homme ou femme, cette affection hémimode qu'on a représentée dans les deux opéras de la Fée Urgèle et de Zémire et Azor, et que chaque vieillard de 60 ans verra, non pas un, mais trois à quatre jeunes gens de l'autre sexe empressés de lui accorder *par pure inclination* ce qu'Azor et la Fée, sur nos théâtres, demandent si piteusement à Zémire et Robert.

Soit dit pour intéresser divers lecteurs qui ne veulent pas qu'on les entretienne sans cesse de bénéfices agricoles. Il me serait aisé de choisir des sujets plus gais, mais la bienséance me les interdit; bienséance bizarre, qui blâme en écrit ce qu'elle permet de représenter sur les théâtres; contradiction inhérente à l'ordre civilisé, qui n'offre dans tous ses détails que *duplicité d'action* 92.

Tierce,	Androgamie,	Fidélité simple.
Quarte,	Cryptogamie,	Infidélité simple.
Quinte,	Delphigamie,	Infidélité composée.
Sixte,	Phanérogamie,	Fidélité composée.

Je n'examine ici que des couples et non des masses. Notre analyse va se borner à mettre en scène *la partie carrée*.

Daphnis et Chloé, Tityre et Galatée, sont deux couples de parfaits amans qui s'aiment en accord de *tierce*, en fidélité simple, car chacun d'eux est fidèle à sa moitié.

Leur amour est un lien *androgame*, puisqu'il met en jeu de part et d'autre les deux ressorts du tableau 389,

Affinité matérielle par copulation ou lien des sens;
Affinité spirituelle par céladonie ou lien de cœur.

Tant que les deux pastourelles sont fidèles chacune à son pastoureau, et ceux-ci réciproquement, l'accord est une tierce amoureuse, lien *trimode* (395).

Or, la fidélité des amans étant sujette au variable, sur-tout parmi ces couples de partie carrée, il arrive bientôt que Chloé fait secrètement une infidélité à son Daphnis, en faveur de Tityre; on n'en dit mot ni à Daphnis, ni à Galatée; mais l'accord est changé; ce n'est plus une tierce où tout est réciproque: il y a infidélité simple, puisque la tricherie se borne à un seul couple. Ces deux fraudeurs sont en lien de *quarte*, par double emploi de l'amour chez un couple, et emploi simple chez l'autre; accord cryptogame et *tétramode*.

Peu après, Daphnis et Galatée qui étaient restés fidèles quelques jours de plus, s'avisent aussi de faire brèche au contrat, et s'aimer en secret, sans en rien dire à Tityre et Chloë qui commettent la même peccadille. Voilà donc les deux couples de tourtereaux devenus parjures: leur amour est parvenu à la *quinte* ou accord delphigame et *pentamode*, infidélité composée, où le double emploi d'amour est réciproque.

Et comme tout se découvre avec le temps, nos couples de fraudeurs ne tardent guères à se prendre en faute les uns les autres. Pour faire la balance des torts, chacun accommode, vu qu'on est à niveau de tricheries et qu'on n'a rien à se reprocher. Tout s'arrange moyennant quelques verbiages sur la perfidie, et on entre en accord de *sixte*, où chacun connaît les infidélités respectives, les doubles emplois d'amour. Là-dessus s'établit s'établit un nouveau lien ; qui admet tacitement cet accord phanérogame ; cet équilibre de contrebande amoureuse où chacun a trouvé son compte.

Ainsi finissent tous les quadrilles de tourtereaux, et ces réunions de société honnête où il arrive qu'en dernière analyse chacun des hommes a eu toutes les femmes, et chaque femme a eu tous les hommes.

Telles sont les quatre phases de liens cardinaux en amour. Les deux dernières s'appellent orgies ; elles ne sont que secrètes en accord de *quinte ;* elles deviennent orgies franches en accord de *sixte*, bien que le quadrille soit censé n'avoir pas même d'intimité copulative, et se borner à des liens de cœur, permis par la morale et les saines doctrines.

Pour abréger sur la définition, je n'ai appliqué ces quatre accords qu'à des couples et non à des masses. L'accord devient beaucoup plus étendu et plus brillant, si on l'applique à des masses au lieu de couples. Dissertons sur cet effet en amitié, puisque les amours de masse ne sont pas admis en morale civilisée, quoique bien pratiqués par tant de compagnies fardées de morale. D'ailleurs, les accords d'amour devant être bannis de l'Association simple, objet de ce traité, je n'en parle qu'autant qu'ils peuvent concourir à faciliter les définitions.

Accords cardinaux d'amitié.

3me *Tierce* ou Androphilie, accord *Trimode.*

On a beaucoup célébré en amitié le lien de tierce, comme l'amitié de Thésée et Pirithoüs, d'Oreste et Pylade ; ce lien n'est brillant qu'autant qu'il s'étaye d'une action, et qu'il réunit l'affinité de caractère à celle de fonction industrielle. Thésée et Pirithoüs étaient en affinité d'action, par ligue pour les faits héroïques ; ils étaient de même en affinité de caractère 389, s'étant pris d'amitié à la suite d'un combat singulier, où ils furent étonnés respectivement de leur bravoure.

On ne rencontre point, en civilisation, ces *androphilies* franches en lien de caractère et d'action ; l'on n'y trouve guères que des amitiés subversives, en conflit de ressorts.

Deux jeunes gens nous semblent grands amis ; c'est parce que l'un des deux tire parti de l'autre, courtise sa sœur sans intention de l'épouser. Deux voisins nous semblent grands amis ;

c'est parce que l'un des deux veut obtenir pour son fils, la fille de l'opulent voisin. Dans tous ces liens on peut voir affinité de caractère, mais non pas affinité d'action, puisque l'un déguise le lien d'action, et l'autre n'en a point.

Bref, les amitiés en accord de tierce ou androphilies, déjà excessivement rares parmi des couples unisexuels, le sont bien plus aujourd'hui parmi les masses. Renonçons donc à les y chercher, et passons à la quarte, plus facile à rencontrer.

4me *Quarte*, HERMAPHILIE, accord *Tétramode*.

C'est un lien des plus gais et tout-à-fait convenable à dérider les civilisés, sur-tout en réunion nombreuse. On ne peut le rencontrer qu'en société libre et payante, comme une pension de table. Pour l'équilibrer en quarte, il faut y réunir, quant au lien de caractère, trois divisions ; par exemple :

Genre actif, les coryphées tenant le dé, ... 5.
Genre mixte, les moyens convives sans prétention, 4.
Genre passif, les faibles ou bardots, gens badinés, 3.

J'attribue cet accord à une table de pension, parce qu'il ne peut se rencontrer,

1° Ni aux tables de famille, où tout est glacial.
2° Ni aux tables d'hôte, où règne la défiance.
3° Ni aux tables d'étiquette, sans cordialité.
4° Ni même aux tables amicales fortuites, où les trois distinctions de genre et les gradations de facétie ne sont pas établies.

On ne peut rencontrer cette série de trois groupes échelonnés en genre amical, que dans une table de pensionnaires habitués et pleinement libres.

Il y a grande différence entre la cordialité d'un pique-nique assemblé pour une seule séance, ou la même société vue après une réunion habituelle de trois mois. L'amitié était toute bienveillante le premier jour ; on ne badinait personne ; enfin on était en accord de *tierce collective*. Mais après trois mois d'habitudes formées, le ton de cette table sera tout-à-fait différent, et l'on pourra y trouver les trois divisions indiquées plus haut, si c'est table de jeunes bourgeois ; car aux tables militaires, la facétie ne peut guères s'établir, non plus qu'aux tables de vieillards.

Dès que le classement de rieurs, de badinés et de mixtes est organisé, la réunion prend un ton fort différent de celui qu'elle avait au début; elle passe

De l'accord de *tierce* ou identité de caractère et d'action entre deux masses, à l'accord de *quarte* ou identité d'action entre trois masses, avec contraste de caractère entre deux des trois masses, et accord par une tierce partie. Même effet peut avoir lieu entre trois individus.

Si je poussais plus loin les dissections et les parallèles, si j'y ajoutais des réunions de *quinte* et de *sixte*, on m'accuserait de tomber dans les subtilités analytiques. J'en reste donc à l'accord de quarte, car on ne trouve guères de quintes ni de sixtes amicales en civilisation, sur-tout entre des masses; mais on y trouve encore des accords de quarte, et qui sont d'un tel charme que ceux qui ont été habitués de pareilles réunions, en conservent toute la vie d'agréables souvenirs.

Quiconque a fréquenté ces réunions, reconnaîtra sans peine l'erreur des définitions données sur l'amitié, que la morale nous dépeint comme une passion fade et sentimentale; c'est au contraire une affection joyeuse, bruyante, facétieuse, dans les trois liens de quarte, quinte et sixte. Elle est encore très-ardente en lien de *tierce composée*, jeu des deux ressorts 389: il n'a rien de ces fadeurs que prête la morale à ses insipides modèles, qui ne sont communément qu'en accord de *prime*, à un seul ressort.

D'ailleurs, si les tons ne variaient pas dans les divers degrés d'amitié, où en seraient les Harmoniens, obligés de varier au moins douze fois par jour les séances et les tons de groupes? (on en verra la preuve à la fin du chapitre 6). Leurs réunions deviendraient bien fastidieuses, si le ton de l'amitié y était toujours le même, toujours pleurnichant de tendresse pour le bien de la morale douce et pure.

Ces assemblées uniformes en couleur, sembleraient bientôt aussi fades que les raves de Cincinnatus et de Phocion. La muscade même, selon Boileau, devient insipide quand on en met par-tout. Convaincus de cette vérité, les Harmoniens s'appliqueront à se ménager, sur chacune des douze passions, toutes les variétés possibles en sept degrés de gamme et en mixtes. Ils n'y parviendront que par une exacte connaissance des tables d'accords, et du procédé d'opération qui leur assurera les moyens d'établir à chaque instant des accords puissans et variés, là où la civilisation, avec ses momeries fraternelles, ne sait pas même établir le lien de prime, le plus faible de tous.

HAUTS ACCORDS. Transition 7me.

ULTRAPHILIE, ULTRAGAMIE, accord *Heptamode*.

» Les deux ressorts en engrenage dans une autre passion. »

Dans toute gamme passionnelle, un accord heptamode ou 7me est toujours une sorte de déviation, un empiétement sur les attributs d'une autre passion. Par exemple, en amour, il y a *ultragamie* entre deux femmes saphiennes. Ce lien sort des attributions de l'amour qui comprennent les unions bi-sexuelles (382). Dans ce cas, les deux ressorts de l'amour engrènent dans la passion d'amitié ou affection unisexuelle. Etablissons la définition sur l'amitié.

L'*Ultraphilie* ou amitié en accord de 7me, se compose des liens de charité purement philantropique, sans affinité de caractère ni d'action. Tel est, en collectif, le dévouement des pères de la Rédemption qui vont quêter et voyager pour le rachat des captifs abandonnés par la chrétienté dans les bagnes des Barbaresques. On peut ranger dans cette catégorie les religieux du Mont-St.-Bernard, qui se consacrent à sauver les voyageurs égarés dans les neiges; les sœurs hospitalières vouées au soin des malades.

Cette charité collective est un emploi hétérogène des ressorts d'amitié. Dans ce noble dévouement à des êtres inconnus, il n'y a *ni affinité de caractère*, *ni affinité d'action*. C'est une transition de l'amitié à une passion non encore définie, à l'unitéisme, sujet du chapitre suivant : (Philantropie universelle, accord omnimode ⋈).

L'accord de 7me est celui qui lie entr'eux les quatre groupes et les fait engrener par déviation d'emploi des ressorts. C'est un accord de haute transition, jeu d'une passion qui sort du cercle de ses emplois, et engrène dans les fonctions d'une autre.

Cet engrenage est bien figuré dans les analogies de *vinaigre* et *vue noctambule* (table 395). Le vinaigre, liqueur infiniment utile, s'écarte des emplois de la gamme vineuse, en ce qu'il est *non potable* comme le verjus; et de même la vue noctambule sort de l'échelle des emplois possibles à l'homme dans son état naturel, puisque le noctambule voit sans le secours des yeux, et malgré le carton interposé. Cette propriété d'*écart de gamme* est commune à tous les accords de 7me, et en général à toutes les transitions.

Nota. En traitant des quatre accords cardinaux, je n'ai pas mentionné leurs analogies avec les modifications du raisin. L'affinité graduée est si visible, à l'inspection du tableau, que j'ai cru inutile d'y donner un paragraphe de comparaison.

J'ai négligé de même l'application des quatre essors de vue nommés co-élémentaires; le sujet nous aurait menés trop loin. Il convient de le réserver aux sections qui traiteront spécialement de l'analyse des sens, et de leurs accords en tous échelons.

Il nous reste à traiter de l'accord pivotal ou omnimode et unitaire, accord de si haute importance, que j'ai dû lui donner un chapitre à part. Il est but de Dieu et de l'homme, ressort essentiel de cette unité, qui est l'objet de toutes les utopies de nos sophistes modernes, aussi éloignées des théories d'unité, que la civilisation l'est de la pratique de vérité.

CHAPITRE VI.

De l'Accord omnimode Y χ, *et unitéiste* ⋈.
Capitulation de la Philosophie morale.

Ce ne sera pas une médiocre conquête que celle des moralistes, ennemis-nés de l'Attraction : comment les rapatrier avec elle? Il suffira de leur faire connaître les sublimes propriétés de l'Attraction dans ses accords d'octave ou 8me degré Y χ : c'est le sujet de ce chapitre.

Cet accord 8me est celui qui fait naître les affections généreuses et le dévouement collectif entre gens qui ne se connaissent pas même de vue ni de renommée. Il les met en sympathie artificielle et subite.

Sous le nom de sympathie, je n'entends pas l'esprit charitable qui est une affection de 7me degré; le 8me n'a pour véhicule que le plaisir, que le charme, et non la pitié. Tout élan de charité est ressort de 7me, et non d'octave.

Faire naître subitement une amitié collective et individuelle entre des êtres qui ne se sont jamais vus, (je dis amitié de charme, et non de charité), c'est un avantage que la civilisation ne sait pas procurer à des rois : l'ordre sociétaire assure cette jouissance aux plus pauvres individus.

C'est une des nombreuses merveilles qu'on va devoir aux accords de 8me degré, que je désignerai sous divers noms.

Isolément et spécialement, ils seront nommés

Accords omnimodes, ou Octaviens, ou Pivotaux Y ⅄.

Collectivement et génériquement, je les nommerai

Accord unitéiste ⋈ X, provenant de l'ensemble des quatre pivotaux, ou plutôt des huit, car ils sont huit, si on les distingue en essor direct Y, et inverse ⅄. Nous allons en étudier quatre seulement, puisque l'état de nos mœurs n'en admet que quatre, les majeurs, et proscrit les quatre autres, les mineurs. Il n'importe ; nous étudierons et nous opérerons sur quatre comme sur huit.

L'accord 8e omnimode en degré direct Y, procède des masses aux individus ; et en degré inverse ⅄, des individus aux masses, en observant constamment la marche progressive, qui est, selon les tableaux 25, 159, 286, ressort essentiel d'unité, marche immuable de la nature harmonique.

Ici l'exemple doit précéder les définitions ; mais je suis obligé d'aller chercher l'exemple dans les coutumes d'Harmonie, faire une excursion de quelques pages dans la 8me période, décrire le procédé qu'elle emploie pour former un lien d'octave ou lien omnimode entre des masses d'inconnus. Notre définition des gammes d'accords serait incomplète, si je manquais à faire connaître et apprécier l'accord pivotal, le plus sublime de tous. Décrivons-le donc en action, et d'abord en préliminaires, car il faut le préparer avant de le faire éclore.

Exemple : une caravane de mille voyageurs et voyageuses, composée de Sybarites français ou autres, arrive d'Ephèse et vient coucher à Gnide, y séjourner le lendemain, pour se rendre ensuite à Rhodes et Candie. Il faut la mettre en sympathie subite avec les Gnidiens : on en a vingt moyens, entr'autres celui des assortimens par caractères et par penchans industriels.

Assortiment caractériel. Dès la veille, les envoyés de Gnide sont allés à la Phalange d'Halicarnasse, au-devant de la caravane, prendre note des caractères de ceux qui la composent.

Les caractères n'étant qu'au nombre de 810, très-distincts, sauf nuances, chacun connaît le sien en Harmonie; chacun en porte le signe indicateur, sur écusson, médaille, épaulette, rosette ou autre indice apparent. C'est l'opposé des mœurs civilisées, où tant de gens déguisent leur naturel.

En arrivant à Gnide, la caravane y trouve la Phalange rangée en divisions co-sympathiques avec les voyageurs : les liaisons amicales sont formées à vue d'œil et en descendant de voiture; car chaque voiture est pavoisée du caractère dont elle contient un groupe ou un titulaire individuel. Chacune est abordée par une petite compagnie identique en passions, et par conséquent *amicale d'emblée*.

Ce concert amical des deux masses est un accord mixte de 1re et de 7me. En le décomposant, on y trouve, 1° ressort de prime par l'identité de titres caractériels 257 entre les deux compagnies classées progressivement. 2° Ressort de 7me par l'hospitalité ou amitié divergente (ultramode), puisqu'elle s'applique à des inconnus. L'amalgame des liens de prime et septième produit un accord mixte des plus intéressans.

On peut former de vingt autres manières ce lien artificiel d'amitié subite entre des masses nombreuses : décrivons-le sur quelque sujet plus à portée des lecteurs civilisés, qui ne connaissent ni l'échelle, ni les gammes de caractère. Spéculons sur les penchans industriels, pour être plus intelligible.

Assortiment industriel, établi en affinité inverse χ, c'est à dire des individus aux masses.

La voiture n° 1, pavoisant de grande chasse, contient six chasseurs et chasseresses des plus fameux de la caravane.

La voiture n° 2, pavoisant de hyacinthe et d'œillet, contient six sectaires habiles en ces deux genres d'industrie.

Et ainsi de cent cinquante voitures qui contiennent des assemblages par 1, 2, 3 penchans, plus ou moins, voire même par sympathies industrielles de choux et de raves, cultures aussi attrayantes en Harmonie, que celle de l'oranger l'est en civilisation.

L'heure d'arrivée est fixée à huit heures du soir. On est strict en Association, sur les heures de rendez-vous; tout à minute fixe et sans attendre qui que ce soit, ni à table, ni en voiture. Les Harmoniens ayant leur journée distribuée pour une douzaine de séances, au moins, opèrent à la minute, comme aujourd'hui les militaires. Tout individu en retard se place aux voitures ou tables d'arrière-division.

A huit heures, les Gnidiens et Gnidiennes rassemblés au caravanserai de leur phalanstère, s'y classent en même série que les cent cinquante voitures attendues, voitures dont on connaît le contenu en assortimens industriels, par un tableau qu'ont remis les fées de caravane aux fées de Gnide.

Je désigne sous le nom de *Fées* et *Fés*, la corporation affectée au travail des sympathies quelconques. Ce sont des officiers du passionnel. Je place les *fées* avant les *fés*, parce que dans toute relation d'accords mineurs (Amour et Familisme), les femmes ont le pas sur les hommes.

Au moment où les hérauts et hérautes de la caravane viennent annoncer son arrivée, la Phalange de Gnide s'avance aux vestibules, et plus loin si le temps est beau. Dans ce cas, elle distribue ses cent cinquante groupes sous les péristyles et portiques. Au-devant viennent se ranger les cent cinquante voitures pavoisées, vers lesquelles s'avancent autant de groupes analogues en affinité industrielle.

Si le temps est pluvieux, l'abord s'exécute à couvert et aux vestibules. Les voitures 1 et 2 entrant les premières sous les porches, voient se détacher deux groupes, l'un à bannière de grande chasse, l'autre à bannière de hyacinthe et d'œillet. Ces groupes viennent donner la main à leurs sympathiques en industrie, s'apparier collectivement et individuellement; et ainsi des autres voitures, à mesure d'entrée. L'affinité est aussi subite que si l'assortiment eut été distribué par caractères.

(Voyez, pour plus amples détails, la note C).

NOTE C. *Préliminaire de sympathie omniphile* X.

Dans cette réception l'on observe la précaution de mélanger les sexes pour acheminer aux accords sympathiques. Raoul, chasseur de Saint-Cloud, est reçu par Calypso, chasseresse de Gnide, et Mathilde, chasseresse de Chantilly, est reçue par Actéon, chasseur de Gnide.

On commence la réception par des entretiens sur les penchans mutuels: on est à l'instant même en affinité générale par identité de goûts industriels, et cette première conversation entre gens qui ne se sont jamais

Jusqu'ici, on ne voit guères, malgré les détails de la note C, sous quel rapport ces assortimens de sympathies doivent séduire nos moralistes : je vais le leur expliquer, par l'analyse de quelques germes d'accords omnimodes qu'on rencontre en civilisation.

Ce genre de lien y est excessivement rare ; il ne s'y montre que fortuitement et par lueurs ; mais dans ses courtes apparitions, il élève les hommes à un état qu'on peut nommer *perfection ultra-humaine* : il les transforme en demi-dieux, à qui tous les prodiges de vertu et d'industrie deviennent possibles.

---

vus, est aussi animée qu'elle serait glaciale s'il fallait répondre à des harangues d'officiers municipaux ou d'amis du commerce.

On donnera environ une heure et demie à cette première séance amicale. D'abord, une demi-heure aux conversations et au parcours du phalanstère ; un quart d'heure à la station de toilette et installation, puis trois quarts d'heure au soupé, afin que ladite séance *amicale* soit à double ressort, qu'elle soit *groupe composé*, groupe d'affinité industrielle et d'action gastronomique.

Entre gens qui ne se sont jamais vus, il suffit bien d'une heure et demie pour une première séance ; encore faut-il la soutenir par ressort composé ou double plaisir. Une conversation animée sans l'appui d'un repas, ne suffirait pas à charmer cette première rencontre ; le calme pourrait naître, et l'équilibre passionnel serait faussé dès la première séance.

Au bout d'une heure et demie partagée entre les débats sur l'industrie, la toilette, le parcours du phalanstère et le soupé, on procédera au changement de séance, de peur de calme ou de tiédeur.

A neuf heures et demie le soupé est fini ; les Gnidiens et Gnidiennes se levent de table, sauf quelques officiers gastrosophes, et laissent pendant dix minutes leurs hôtes conférer sur les premières impressions, se concerter pendant que la Phalange de Gnide est au vestiaire.

Dix minutes suffisent ; on est expéditif en Harmonie, pour la toilette comme pour toutes choses : les costumes y sont brillans, variés, mais commodes et faciles à revêtir. On n'a pas un instant à perdre ; les momens sont comptés, non par devoir ou discipline, mais parce qu'on a un enchaînement de plaisirs à parcourir dans la journée et qu'on n'en veut manquer aucun. De là vient que tout harmonien, homme, femme ou enfant, est un prodige d'activité.

L'Harmonie, dans ses festivités, n'imite pas les frivoles civilisés, qui dans leurs divertissemens n'ont aucune vue d'accord général, n'établissent aucun lien des plaisirs avec l'industrie. On verra plus loin, que ces conditions sont strictement remplies dans cette séance de réception ; que le lendemain matin, elle aura servi à passionner toute la caravane pour

On en vit un bel effet à Liége, il y a quelques années, lorsque 80 ouvriers de la mine *Beaujonc* furent enfermés par les eaux. Leurs compagnons électrisés par l'amitié, travaillaient avec une ardeur surnaturelle et s'offensaient de l'offre de récompense pécuniaire. Ils firent, pour dégager leurs caramades ensevelis, des prodiges d'industrie dont les relations disaient : *ce qu'on a fait en quatre jours est incroyable.* Des gens de l'art assuraient que, par salaire, on n'aurait pas obtenu ce travail en vingt jours.

Quelle est cette impulsion qui enfante subitement les vertus,

---

les travaux agricoles et manufacturiers de Gnide, où ces voyageurs s'entremettront activement et passionnément pendant les huit séances industrielles de la journée de station. Achevons sur le moment d'arrivée, qui ne peut pas être donné à l'industrie, les harmoniens ne travaillant guères après huit heures du soir, à moins d'urgence.

A neuf heures et demie, le dessert est à sa fin, et l'orgue du caravanserai annonce, par une salve, la séance de la cour d'amour. On voit s'ouvrir les portes qui conduisent aux salons de cour, et s'avancer les proto-fées qui, escortées de troubadours et corybantes, viennent au nom de l'archi-fée inviter la caravane. A leur suite sont des groupes de bayadères et bayaders, bacchantes et bacchants qui se répandent dans la salle, entourent les voyageurs, prennent part aux vins mousseux, et font *sauter les bouchons* selon les leçons de sagesse données par Delille. (Homme des Champs.)

Bientôt la caravane est entraînée, et l'assemblée, dans un beau désordre, se rend au séristère d'amour. (On appelle *séristère*, une masse de salles et pièces affectées aux fonctions d'une série d'ordre subdivisée en séries de genre.)

Les deux troupes confondues marchent sans cérémonial jusqu'à la salle du trône, où les chefs de la caravane présentent leurs hommages à l'archi-fée. Au bout d'une minute, elle donne le signal d'ouverture, en élevant son sceptre. Les corybantes sonnent *aux rangs*; les Gnidiennes et Gnidiens quittent le bras de leurs hôtes. Alors les dignitaires d'amour, les fées et sylphides, les génies et magiciens, disposent les colonnes de sympathie occasionnelle, et en moins de cinq minutes on entre en séance.

Comment se passera cette séance qui doit terminer la journée? Je n'essaie pas d'en rendre compte : notre objet n'est pas de donner des tableaux d'Harmonie, mais seulement de définir et faire entrevoir l'accord ⋈ omnimode ou accord d'unitéisme, concert et lien subit entre des masses d'inconnus. Je viens d'en décrire une première séance; je ne m'arrête pas à la suivante, celle de la cour d'amour, qui prolon-

les prodiges industriels unis au désintéressement ? Elle n'est autre que l'omniphilie, amitié de 8e degré. Ce n'est point l'amitié douce et tendre que vante la morale ; c'est une passion véhémente, une vertu fougueuse ; c'est vraiment le feu sacré ; et cependant il n'y a point là d'amitié de 3e, 4e, 5e, 6e degré, puisque ces ouvriers venus des autres fosses, ne connaissaient pas individuellement ceux de la fosse *Beaujonc*. Il n'y avait donc rien de personnel dans ce dévouement ; c'était affection de philantropie collective et non individuelle ; circontance à remarquer pour la régularité de l'analyse.

---

gerait trop le chapitre. Je me borne à dire que, malgré cet appareil de bayadères et bacchantes, elle sera beaucoup plus décente que ne le sont aujourd'hui certaines maisons titrées de sociétés pudiques et honnêtes.

La caravane à cette cour doit trouver des groupes assortis bien différemment de ceux qu'elle aura formés à l'arrivée : le dispositif des sympathies d'amour occasionnel, objet de 2me séance, ne peut pas être semblable à celui d'amitié occasionnelle, 1re séance.

Quelque civilisé observera que les voyageurs et voyageuses ont pu déjà trouver à s'assortir en amour parmi les groupes d'affinité industrielle qui ont occupé la première séance. Qu'importe ? Deux sûretés valent mieux qu'une : ils vont rencontrer à la cour d'amour un assortiment fort différent, et calculé sur leurs sympathies d'amour occasionnel, qu'on aura constatées par entremise des fées et fés. Chaque voyageuse ou voyageur sera bien libre d'agir selon ses goûts : il n'est pas moins vrai que l'accord de première séance, calculé pour identité industrielle, n'a aucun rapport avec l'accord de 2me séance, calculé pour contraste occasionnel en sympathies d'amour passager. La Phalange de Gnide, pour bien choyer ses hôtes, devra leur ménager ces successions d'accords en identité et contraste, sauf à eux à opter sur les variantes offertes.

Après une douzaine de pareilles séances dans la journée du lendemain, séances où l'on aura varié de toutes manières les sympathies, l'affection de la caravane pour tous les Gnidiens et de ceux-ci pour toute la caravane, sera élevée au degré omniphile inverse X, puisqu'on aura procédé des individus aux masses.

Le but serait manqué si cet enchaînement de plaisirs ne coopérait pas au bien de l'industrie active. Dès le lendemain les voyageurs seront déjà en si intime liaison avec les Gnidiens, qu'ils s'adjoindront à eux dans toutes les séances de travail à 5 h. du matin, après le délité (1er repas), l'hymne à Dieu et la parade industrielle ; tous les Gnidiens allant en groupes au travail, s'y verront suivis et secondés par leurs hôtes, car en Harmonie chacun, quelle que soit sa fortune, a été dès l'enfance élevé à exercer *par attraction* une cinquantaine de travaux ; on en verra plus

Ce mouvement d'affection collective qui germe tout-à-coup chez des masses, est le plus brillant essor de la vertu. Tout moraliste avouera que si on pouvait maintenir les hommes dans cet état de sublime philantropie, leur conserver cette noblesse dans toutes leurs relations, ils seraient transformés en demi-dieux. Or, si ma théorie remplit complètement ce vœu de la morale, n'aurai-je pas fait sa conquête? Disposons-la par les tableaux de cette unité amicale ou accord omniphile, dont elle exprime le désir.

En voici un autre effet où se rencontre la vraie fraternité, mais pour un instant seulement.

---

loin la preuve, au traité de l'éducation composée. La caravane connaîtra donc et pratiquera *par attraction*, les travaux des Gnidiens : si tel groupe, au sortir du délité, va à la culture des hyacinthes, il verra se joindre à lui les hyacinthistes qui étaient dans la voiture n° 2 ; et ainsi des groupes qui iront cultiver choux, raves, haricots et autres légumes philosophiques.

N'anticipons pas sur ces détails d'emploi des groupes; nous n'en sommes ici qu'à la définition. Il suffit de dire que ces dispositions si opposées à nos coutumes, coopèrent sans cesse aux progrès de l'industrie; et pour en acquérir la preuve, il faut attendre le traité des Séries sur lesquelles je vais préluder en deux chapitres de définitions.

Celle des groupes m'a obligé à faire une excursion dans le domaine de l'Harmonie. J'avais à décrire des accords de huitième degré, dont on ne trouve en civilisation que des germes informes, sans graduation comme celle des 150 groupes de Gnidiens, assortis aux penchans industriels des 150 groupes de voyageurs.

Je crois inutile d'avertir que ces brillans développemens de passions n'auront pas lieu dans les débuts de l'état sociétaire. Notre génération de paysans grossiers n'a que faire de fées et de troubadours; elle ne saurait convenir à de pareils accords; mais elle en a les germes confus: je les analyserai aux pages suivantes, où l'on verra que l'accord omnimode, quoique réduit chez nous au degré confus, enfante déjà des prodiges de vertu et d'industrie : quelle sera son influence, quand on l'aura généralisé, et élevé du mode confus au mode régulier et progressif!

Je n'ai expliqué cet accord qu'en degré inverse X, procédant des individus aux masses; il est inutile de donner la définition du direct Y, opérant des masses aux individus. Ce serait compliquer l'exposé, qu'il faut abréger, puisqu'il nous entraîne souvent à parler d'un ordre social non encore existant. Je vais (409) rentrer dans la sphère intellectuelle des lecteurs, et traiter des germes d'unitéisme ou accords omnimodes qu'on rencontre en civilisation.

Les Troyens, après dix ans de siége, voient enfin s'éloigner l'armée grecque; ils sortent en foule de leur ville et vont parcourir les positions qu'occupait l'ennemi : *panduntur portæ; juvat ire*. Dans l'excès de leur joie, ils oublient les distinctions de rang, s'abordent confusément pour se dire : » Ici était Ajax, là Diomède : ici étaient les Dolopes, là les Thessaliens. » En pareil cas, le prince et le plébéïen se confondent; la joie est si pleine, si franche, qu'elle a besoin de s'épancher de toutes parts, se communiquer à tout venant. Chacun voit un confident, un ami, dans tout ce qui l'entoure. C'est dans une telle situation que la philosophie peut contempler quelques instans *l'égalité et la fraternité*, si maladroitement rêvées en civilisation, où l'on ne sait pas former des groupes omniphiles qui sont vraiment fraternels.

On les forme à volonté dans l'Association, mais sauf préparatifs; aussi n'ai-je fait, dans la note C, qu'indiquer les dispositions préliminaires, une séance d'arrivée, sans parler de la 2e ni de la 3e, dont les détails n'auraient pas été intelligibles. Il suffit d'avoir fait entrevoir que l'ordre sociétaire, au moyen de ses méthodes calculées sur les sympathies, saura, par une série de séances co-sympathiques artistement graduées, faire naître les accords omnimodes en tous les titres;

En maj. *omniphilie* Y et λ, *omnitimie* Y et λ;
En min. *omnigamie* Y et λ, *omnigynie* Y et λ,

Et par suite, en *Unitéisme* $\asymp$ et X, résultat de ces accords pivotaux des quatre groupes.

Continuons sur les germes qu'on en trouve parmi nous; passons des effets d'amitié omnimode aux effets d'ambition.

J'en vois un brillant essor dans l'assaut livré au fort de Mahon par l'armée française. Le maréchal de Richelieu qui la commandait, étonné que les troupes eussent pu, sous le feu de l'ennemi, gravir ces rochers *INACCESSIBLES*, voulut le lendemain faire répéter cet assaut par forme de parade. La répétition semblait facile, vu que les soldats n'avaient plus à surmonter le double obstacle du feu de l'ennemi et du barrage des points faciles. Cependant, ces mêmes soldats ne purent pas escalader de sang froid, les rochers qu'ils avaient franchi la veille, malgré tant de périls.

Pourquoi ce ralentissement? C'est que le jour de l'assaut,

les soldats stimulés par le levier suprême, l'*accord omnimode*, étaient des Dieux et non pas des hommes ; le lendemain, privés du feu sacré, du ressort omnimode, (branche d'ambition, nuance d'honneur du 8me degré), ils n'étaient plus que des hommes, des champions d'impossibilité, des civilisés.

Dans ces tableaux de passions véhémentes, on voudrait éviter les froideurs analytiques ; on ne peut pourtant pas les élaguer tout-à-fait : il est forcé de revenir sur les trois effets que je viens de citer, et d'en décomposer les ressorts, afin d'apprendre aux moralistes mêmes à connaître cette affection omnimode ✕ 8me degré, cette passion foyère, dite unitéisme, qui réalisera toutes les vertus invoquées dans leurs utopies.

Analysons successivement les trois accords cités, Liége, Troye, Mahon, en les rapportant aux ressorts du tableau 389. Nous n'y verrons que des accords mixtes, car il est bien difficile en civilisation d'en former d'autres. Peu importe; puisque le mixte est très-fort en propriétés, quoiqu'assemblant des ressorts empruntés de divers groupes.

Accord des Mineurs Liégeois, Analyse.

2. Affinité d'ambition, branche de l'esprit de corps.
1. Affinité d'amitié, ressort d'industrie.

Accord des Troyens, Analyse.

1. Affinité d'amitié entre compatriotes.
2. Affinité d'ambition, orgueil de victoire.
4. Affinité de famillisme, familles sauvées.

Accord des Français de Mahon, Analyse.

2. Affinité d'ambition, ressort de gloire.
1. Affinité d'amitié, ressort d'industrie.

Le premier vice de ces trois accords est qu'on n'y voit point de progression, point de subdivision par séries, genres et espèces. Tout y est confus ; ce ne sont pas moins de très-beaux germes d'unité sociale, de vertu, de magnanimité ; ils n'ont d'autre vice que celui de courte durée.

Dans ces trois accords, les impulsions, quoiqu'irrégulières, suffisent déjà à élever l'enthousiasme au plus haut degré, créer des hommes qui se jouent des obstacles, et à qui les prodiges de vertu deviennent familiers ; des hommes qui atteignent de fait à cette fraternité rêvée par les moralistes.

Malheureusement un tel accord dure peu en civilisation, et n'y fait que de rares apparitions ; mais il suffit qu'on l'y ait vu par momens, pour qu'il soit accord possible à l'espèce humaine, accord sur l'extension duquel on doit spéculer, puisque ses impulsions élèvent l'homme au rang des Dieux, en l'excitant à tous les prodiges de vertu et d'industrie.

Le but de la morale doit donc être de multiplier ces accords omnimodes, et de leur donner la prédominance en mécanique sociale. C'est un effet réservé à l'état sociétaire, qui arrive en tout sens aux liens d'octave : ils n'y règnent pas constamment ; leur impulsion trop violente userait l'ame et les sens ; mais ils y dominent assez fréquemment pour exercer la suprématie, et régir les autres accords de gamme, les subordonner aux liens omnimodes qui sont germes de prodiges en industrie, en vertu et en fraternité, comme on le voit par ces trois accords de Liége, Troye et Mahon.

Ce beau lien d'octave ou 8e degré ne peut naître et se soutenir que par entremise des sept accords inférieurs qui forment son échelle ou gamme. S'il ne dure qu'un instant parmi nous, c'est qu'on ne peut pas mettre en jeu combinément les sept liens de gamme (voyez 394, 395), d'où naît le 8e, comme le blanc naît de l'assemblage des sept rayons lumineux.

De là vient que tel qui, comme Richelieu à Mahon, s'extasie devant un effet d'accord omnimode, ne peut pas le faire renaître le lendemain, même en diminuant les obstacles. On n'a point de méthode fixe, en civilisation, pour produire les accords, pas même en bas degrés ni en moyens. Tel est le sujet du désespoir de la morale, sans cesse occupée à rêver des liens civiques, familials et autres, en place desquels ses théories ne font germer que de nouvelles discordes.

En principe, si l'on veut maîtriser le bel accord omnimode, le faire naître à volonté, il faut créer préalablement les sept ressorts dont il se compose. Lorsqu'un régime social produira en tous degrés les sept accords de la gamme d'amitié (voyez 394), il pourra à volonté faire naître les accords omniphiles 8es, et de même en titres d'ambition, d'amour, de famillisme.

J'ai décrit, dans le cours de l'Intermède, un très-bel effet d'ambition en accord omnimode, effet permanent en Association ; c'est l'unité passionnée de tous les savans et artistes du globe, qui, dégradés aujourd'hui par leurs discordes, seront en unité intentionnelle permanente, lorsque l'immensité des récompenses et des auteurs couronnés aura absorbé toutes les jalousies. Leur concert sera aussi éclatant, aussi ardent, que leurs haines sont scandaleuses en civilisation. Il importait de faire connaître aux auteurs par quels moyens, par quels ressorts d'ambition, l'ordre sociétaire peut les élever à cette fraternité dont leur maligne république est si éloignée.

Publier la science qui enseigne à produire et perpétuer ces merveilles morales, ces liens sublimes de 8ᵉ degré, n'est-ce pas conquérir de fait le suffrage des moralistes? Il m'est d'autant mieux acquis, que ma théorie d'Association simple flatte les habitudes qu'ils ont consacrées, et élimine tout ce qu'ils proscrivent. Ils ne veulent admettre en gamme de famillisme qu'un seul accord, que la prime ou monogynie; (enfans de deux pères ou de deux mères en mariages *consécutifs* ou second mariage après décès): ils n'admettent pas même l'accord de seconde, hémigynie, (enfans d'un père marié et d'une concubine, comme ceux de Jacob). On exclura de l'Association simple toutes ces licences; elle n'atteindra pas moins à l'unité sociale, quoique dépourvue de quatorze accords; savoir:

En amour, les 4ᵉ, 5ᵉ, 6ᵉ, 7ᵉ Y, λ.
En famillisme, les 2ᵉ, 3ᵉ, 4ᵉ, 5ᵉ, 6ᵉ, 7ᵉ Y, λ. } 14.

Ce n'a été qu'en 1819 que j'ai trouvé le moyen de hongrer ainsi le mécanisme sociétaire: une fois cette découverte faite, j'ai pu me dire, les moralistes sont à moi. J'aurais dû présumer longtemps auparavant, que Dieu qui a prévu toutes les entraves, avait ménagé quelque moyen d'accommoder l'Association aux convenances du régime civilisé. Et si les amis de la vertu admirent, comme on n'en peut douter, les beaux accords que je viens de décrire aux articles Liége, Troye, Mahon; s'ils désirent sincèrement l'extension de ces germes de vertu à tout le système social, à tout le genre humain, ne sont-ils pas de fait, les partisans de cette théorie des groupes et Séries pass., qui va outrepasser cent fois leurs désirs, et transformer 900 millions de créatures démoniaques en autant de demi-dieux, dont chaque pas sera marqué par des prodiges de vertu, d'industrie et d'unité sociale?

PAUSE.

PAUSE. *Rappel de Thèse*
Sur l'étude de l'Homme sensitif.

J'ai reconnu maintes fois, en conférant avec des hommes intelligens et désireux de s'instruire sur l'Association, qu'ils n'allaient pas à dix minutes sans perdre de vue les bases, comme le minimum et l'attraction industrielle (131), et y substituer leurs prestiges de civilisation.

Quelquefois il fallait, dans le cours d'une séance, leur répéter trois et quatre fois le même principe ; les y ramener sans cesse, quoiqu'ils en eussent dès le premier instant confessé la rectitude. Mais les préventions philosophiques sont si puissantes, qu'en peu de minutes elles reprennent leur empire, même chez l'homme résolu à en secouer le joug.

Il est donc nécessaire d'adopter, dans un sujet aussi neuf, la règle des *redites fréquentes ;* elles pourront être superflues pour un très-petit nombre de bons esprits ; mais elles sont indispensables pour guider la multitude obstruée de préjugés dont on ne peut la dégager qu'en lui démontrant sans relâche la malversation des sciences incertaines, en qui elle a placé sa confiance.

Qu'on se rappelle la condition stipulée à l'avant-propos : *je ne vends pas ma découverte ; je la donne*, sous la seule réserve de partage distributif du traité. Les impatiens voudraient distribuer à leur gré les deux premiers volumes ; j'en retiens un à ma disposition, avec droit de le meubler des instructions que j'ai pu juger convenables, d'après une expérience de 22 ans sur les préjugés des partis scientifiques.

D'ailleurs, je distrais de ce premier tome les cinq chapitres de la présente notice ; je les affecte, par anticipation, à la théorie positive : c'est encore une concession faite aux impatiens. Ceux qui ne seraient pas satisfaits, donneraient à penser qu'ils sont fatigués de s'entendre dire quelques fâcheuses vérités.

---

*Dès le premier chapitre et même dès l'avant-propos, j'ai dénoncé l'omission de l'étude de l'homme. La classe des métaphysiciens paraît s'en occuper ; elle prétend même étudier à la fois l'*Homme, *l'*Univers *et* Dieu. *Ces trois problèmes sont liés intimement, sauf progression. La marche naturelle est d'étudier d'abord le 1er, qui sert d'acheminement au 2e : on ne peut rien découvrir sur les harmonies de l'Univers, sur les causes du mouvement 260, si on n'est pas initié à la connaissance de l'homme ou du mouvement social et passionnel, qui est (189) pivot et type des quatre autres, clef d'étude pour tous quatre.*

Et lorsqu'on est versé dans les deux sciences de l'Homme et de l'Univers, lorsqu'on sait expliquer l'analogie, l'unité de système qui règnent entre les harmonies de l'Univers et les passions de l'homme (voyez l'art. pivot inverse), on peut s'élever, en continuant les calculs d'analogie, jusqu'à la connaissance partielle *de l'essence de Dieu et de ses propriétés.*

La métaphysique civilisée n'ayant point suivi cette marche progressive; ayant voulu, au contraire, étudier simultanément les trois problèmes, a dû échouer sur tous trois 259, 260, *parce qu'elle a mal envisagé le premier, qui servait d'échelon aux deux autres.*

*Elle n'a pas su, dans l'étude de l'homme, se tracer un plan d'*exploration intégrale et graduée; *commencer par l'analyse des passions matérielles et spirituelles, pour s'élever ensuite à la synthèse ou destinée sociale.*

N'en déplaise aux matérialistes, l'homme est un composé de corps et d'ame; il faut donc étudier dans l'homme les ressorts sensuels et les animiques.

A-t-on de bonne foi procédé à l'analyse des ressorts matériels, c'est-à-dire des cinq passions sensitives! Non; je viens de constater cette omission, par l'échelle graduée du sens de la vue, tableau 395.

Personne n'a classé les divers exercices de la vue, ni en échelle progressive, ni même en tableau confus. Nous en possédons plus ou moins certains degrés, que je vais extraire de l'échelle 395.

1er. *Vue* asinique *ou équilibrée: nos maçons et Miquelets élèvent leur vue à ce degré déjà supérieur à l'état brut* 0, *à l'œil chancelant devant l'abyme. Voilà chez certains hommes un progrès* artificiel *de* 0 *à* 1, *progrès que des analystes exacts auraient mentionné dans une échelle de degrés visuels, s'ils eussent avisé à ce classement.*

3me. *Nos sciences physiques ont élevé* artificiellement *l'espèce humaine à la faculté visuelle de 3e degré, dite* co-terrestre. *Vue télescopique et microscopique; emploi de l'œil, combiné avec la terre vitrifiée; (accord de tierce).*

6me. *Nos plongeurs, et sur-tout les pêcheurs de perles, élèvent leur vue au degré* co-aquatique, *discernant les objets au loin dans l'intérieur des eaux.*

A ces trois progrès artificiels, *ajoutons-en deux* naturels, *que des sophistes nommeront écarts de la nature.*

4me *Degré : la vue* co-aérienne *dont jouissent les Albinos, qui sont doués, comparativement à nous, de plusieurs perfections incontestables; entr'autres :*

Tact co-aérien, ou épiderme blanchissant par contact avec la lumière solaire qui noircit les corps de race subversive.

Chevelure soyeuse et probablement plus durable que la nôtre, qui a le double vice de chute et de blanchîment.

Vue co-aérienne ou co-nocturne, faculté commune avec le chat et le hibou, avec le lion et le tigre, dont les yeux recueillent la portion de lumière que fournissent les cordons aromaux; lumière bien copieuse, puisqu'elle suffit en pleine nuit aux Albinos, aux lions et aux chats.

7me *degré. Vue* noctambule, *faculté de voir sans le jeu ordinaire des yeux, et malgré l'interposition de corps opaques, paupières, etc., qui masqueraient un œil éveillé.*

S'il existe ainsi dans les facultés de la vue, des échelons dont l'homme atteint déjà quelques-uns, par le secours de l'art ou de la nature, ne pourra-t-on pas s'élever à d'autres degrés d'exercice visuel, comme le 2e, *dit caméléonisme; le* 5e, *dit* co-aromal (*); *les* 8e *Y et* 8e *λ*, non définis ?

En supposant que le corps humain ne doive pas s'élever au-delà de ses facultés actuelles, il fallait au moins les classer; c'est ce qu'on n'a fait ni sur le sens de la vue, ni sur les quatre autres.

Ainsi, tout en paraissant raffiner sur les méthodes ana-

(*) *Le* 5e *degré, vue co-aromale, nous vaudrait l'avantage de voir, en télescope, le miroir céleste ou coque aromale qui entoure le globe et qui l'enveloppe en forme de bulle de savon placée entre l'air et l'éther, à* 16 *lieues de hauteur. Sans ce réflecteur, les planètes ne renverraient aucune lumière. Il a la propriété de miroir interne du globe : il réfléchit toute scène de la surface du globe, dans chacun de ses segmens formés par les arcs du réflecteur, et jusqu'aux points d'intersection de la plus basse corde des rayons. Ainsi, par un temps serein et en choisissant les momens opportuns, un œil de* 5e *degré pourra voir de Paris, avec télescope, le mouvement des ports de Bordeaux, Brest, Bristol, Amsterdam, et encore mieux de Londres et Anvers. Les assureurs paieraient cher la jouissance d'un tel miroir.*

lytiques, tout en se flattant de quintessencier les analyses de sensations, perceptions, intuitions, etc., l'on n'a pas encore analysé l'échelle des fonctions sensuelles intuitives, non plus que celles des quatre autres sens.

Prétendra-t-on que ces recherches sur l'échelle sensuelle, sur les degrés d'essor naturel ou artificiel de chaque sens, n'auraient conduit à aucun résultat utile! C'est une erreur des plus graves : je prouverai à l'extroduction que les recherches sur le sens de la vue et ses emplois intégraux, pouvaient ouvrir une très-belle issue de civilisation, celle de l'architecture combinée, (l'une des transitions < du tableau 108. Voyez l'omission 342, au bas).

Ce dédain qu'on manifeste pour les branches d'étude négligées, ne contrevient-il pas au premier des douze préceptes philosophiques 99, explorer en entier le domaine de la science? *Elle devait donc fureter par-tout, généraliser l'investigation, sans dédaigner aucun point : elle aurait fait des découvertes dans les branches dont elle augurait le moins, notamment dans les recherches spéculatives sur le sens de la vue : on en verra la preuve à l'article garantisme visuel; (Extroduction).*

Passant de l'homme matériel à l'homme spirituel, on retrouve pareille lacune. La métaphysique n'a analysé aucune des facultés d'accords sociaux inhérentes aux quatre groupes.

Il est donc évident qu'on a négligé l'étude de l'homme, tant matériel que spirituel; on s'est attaché à l'écorce, à la superficie, à des subtilités idéologiques fort inutiles en calcul de destinée sociale.

De là vient qu'on n'a rien découvert sur les harmonies de l'homme avec l'Univers, sur le destin des passions, les causes du mouvement, et l'analogie universelle (dont je traite en aperçu au pivot inverse).

Et par suite, on n'a rien déterminé sur les vues de Dieu; on ne connaît pas même ses propriétés primordiales 187, 203 : si on en avait quelque notion, comment oserait-on lui attribuer l'unité de système, et prétendre qu'il destine l'humanité au chaos civilisé, barbare et sauvage, état opposé à toute unité! Comment pourrait-on croire, en outre, qu'il veuille employer l'attraction en mécanique sidérale, et la contrainte en mécanique sociale! Cette duplicité d'action et de ressorts peut-elle cadrer avec les vues d'un être unitaire en système!

Dieu a disposé l'échelle des connaissances de manière à faire de l'étude de l'homme un préliminaire obligé, une clef de toutes les sciences d'agrément que recherche la folle raison civilisée : elle voudrait découvrir l'agréable avant l'utile, pénétrer les mystères de l'harmonie de l'Univers avant d'avoir trouvé les voies de la richesse, du bonheur, de l'unité sociale.

Dieu n'a pas permis cette anticipation, ce contre-sens de génie : il nous a irrévocablement astreints à débuter par l'étude de l'homme, sous peine d'échouer dans toutes les sciences d'agrément, comprises sous le nom générique de Théorie des CAUSES *du mouvement.*

Nous allons y être initiés en plein, grâce à cette étude de l'homme, esquivée depuis 3000 ans; omission impardonnable à un siècle qui recommande sans cesse d'aller du connu à l'inconnu, *et qui donnant ce précepte pour méthode et voie d'invention, a refusé obstinément de l'appliquer à l'étude de l'homme, a refusé d'aller de l'Attraction matérielle déjà connue, à l'Attraction passionnée, dont la théorie restait à connaître.*

Voilà des redites, sans doute; mais trop peu encore : il faudrait les pousser à cent fois, pour bien convaincre le genre humain qu'on l'a trompé sur ce qui touche à l'étude de l'homme.

Cette science était l'issue naturelle de l'ordre civilisé et barbare (109 Y, *synthèse de l'Attraction*). *Les métaphysiciens l'ont esquivée, tout en faisant sonner bien haut leurs études de l'homme, qui ne retire aucun fruit de ces subtilités scientifiques. Par-tout le peuple se plaint à bon droit, que les savans n'ont rien fait pour améliorer son sort, que leurs découvertes en mécanique sociale se bornent à l'art d'augmenter les impôts, et d'enrichir les sangsues fiscales et mercantiles, tout en chantant la perfectibilité.*

Glissons sur l'impéritie politique, cette pause ayant pour objet de dénoncer l'omission d'études en matériel.

J'y ai préludé par la note A (Introd.), *sur le désordre atmosphérique, et les calculs de climature équilibrée.*

Je rallierai ce sujet avec la note E (Extrod.), *qui traite d'une belle issue de lymbe sociale, par le* garantisme visuel *ou architecture sociétaire. Ces branches de perfectionnement tiennent à l'étude du matériel et des sens, ou de l'homme sensitif. La Providence a ménagé sur tous les points des palmes pour le génie, et il y en avait de belles à cueillir dans les études relatives au tact, à la vue et au goût; ceux qui dédaignent les spéculations politiques sur le matériel de l'homme, peuvent être assimilés, quant à l'impéritie, à cette pitoyable secte qui, par un autre excès, a voulu faire de l'homme un être purement matériel.*

Auteurs qui avez échoué si honteusement sur le problème du bonheur social, vos erreurs, en morale comme en métaphysique, ne proviennent que de l'ignorance de notre double destinée, *la sociétaire* ou travail combiné, et l'insociétaire ou travail morcelé : vous avez vu avec raison, dans l'homme *insociétaire* ou civilisé, un monstre de perversité, bien dépeint dans ce distique :

» L'argent, l'argent; sans lui tout est stérile!
» La vertu sans l'argent est un meuble inutile. »

Vous avez essayé des correctifs, des plans de régénération qui, ne reposant que sur le travail morcelé ou insociétaire, ne peuvent garantir au peuple, ni *minimum*, ni *attraction industrielle*, ni vraie liberté 126. De vos chimères sur la souveraineté du peuple, on ne voit naître, comme du despotisme, que des légions d'affamés, esclaves d'un écu, disposés à tous les crimes pour échapper à la misère ; gens dont Rousseau a dit : » ce ne sont pas là des hommes; il y a quelque bouleversement » dont nous ne savons pas pénétrer la cause. »

Effrayés, comme Rousseau, de la laideur de l'homme moral, vous avez cherché à vous faire illusion par des subtilités idéologiques, sur le perfectionnement de la raison. En étudiant le mécanisme des idées, avez-vous découvert le chemin du bonheur social? Non.

Avouez votre déconvenue : vous n'avez pas su expliquer l'énigme que présentait l'homme; *la dualité d'essor des passions* 27; la chenille sociale à métamorphoser en papillon; l'homme éclatant de vertus et comblé de richesses dans l'industrie sociétaire, dégoûtant de vices et de pauvreté dans l'industrie morcelée ou civilisée.

L'ignorance de cette double destinée vous a jetés dans les écarts de l'athéisme et du matérialisme; vous vous en êtes pris à Dieu, du rétrécissement de votre génie, de l'insuffisance de vos méthodes philosophiques. N'êtes-vous pas heureux qu'on vous dévoile enfin le secret de cette nature de l'homme, la dualité d'essor passionnel 27, et les échelons de la destinée sociétaire 25, dont vous désespériez plus que jamais de pénétrer le mystère?

CHAPITRE VII.

DISPOSITIF des Séries passionnelles.

LA distribution par groupes et séries n'est point, il faut le redire, une méthode capricieusement imaginée. C'est l'ordonnance que Dieu a établie parmi les choses créées, et que les naturalistes ont dû adopter dans toutes leurs études, où ils sont obligés de distinguer les êtres par séries ascendantes et descendantes; établir,

1.° des séries de classe divisées en groupes d'ordre;
2.° des séries d'ordre divisées en groupes de genre;
3.° des séries de genre divisées en groupes d'espèce;
4.° des séries d'espèce divisées en groupes de variété.

Appliquant cette méthode aux passions, nous l'étendrons à

5.° des séries de variété div. en groupes de ténuité;
6.° des séries de ténuité div. en groupes de minimité;
7.° des séries de minimité div. en groupes d'infinitésisme;
✕ de l'infinitésimal aux degrés diminutifs.

Ce n'est donc pas une nouveauté suspecte d'arbitraire, que la théorie d'Association; c'est un ralliement à l'ordre général de l'Univers, à l'unité de système tant recommandée par les savans de toutes les classes, unité selon laquelle on doit distribuer le passionnel comme le matériel, par séries de groupes. Si cet ordre ne s'adaptait pas au jeu des passions comme au distributif de produits des trois règnes, où serait l'unité de l'Univers, et quel sens faudrait-il attacher au mot UNITÉ ?

Je conçois qu'il ait été difficile à l'esprit humain de franchir le pas et de passer tout-à-coup d'un extrême à l'autre, s'élever du système familial ou morcelé, au calcul des grandes sociétés domestiques étendues à des masses d'environ 1500 p.

Entre ces deux extrêmes, il existait des échelons dont aucun n'a été découvert. Est-ce inadvertance ou escobarderie? Nous en raisonnerons au chapitre 9me, où je traiterai des états intermédiaires entre le morcellement et l'Association. Bornons-nous ici au sujet de ce chapitre, au dispositif des Séries pass.

Relisez (Introd. 15 à 20), la définition des Séries, et appliquons cette distribution à quelque menu détail d'industrie domestique.

Si on adapte à un mets neuf sauces différentes, ce mets, servi à une compagnie de cent personnes, fera éclater neuf goûts divers; chacune des neuf sauces trouvera un groupe de partisans plus ou moins nombreux.

On pourra les classer dans l'ordre suivant, (sauf correction de l'échelle, car je ne suis ni chimiste, ni cuisinier, et ne sais pas classer les saveurs; distinguons-les approximativement).

Sur les neuf saveurs, et les neuf groupes qui prennent parti pour quelqu'une, il faut analyser deux transitions et trois corps de série; savoir :

K Transit ascend.		*Aigre-doux.*
Aile ascend.	Fade. Doux.	
Centre.	Suave. Sucré. Acide.	
Aile descend.	Apre. Amer.	
K Transit descend.		*Amer-putride.*

Voilà, sauf rectification, une série assez régulièrement graduée. J'ai désigné sous le nom d'*amer-putride*, les saveurs putréfiées, comme le gibier faisandé. Certains chasseurs le veulent infect et à demi-gâté. Ne disputons pas des goûts, puisque leur variété tant critiquée par la morale, est précisément le ressort dont on a besoin dans les Séries pass., qui ne pourraient ni opérer, ni s'équilibrer sans contraste de goûts.

Un homme de l'art saurait élever la série beaucoup plus haut, et y ménager des transitions plus nombreuses; par exemple :

Transit *antér.*	1.	
Aile ascend.	8.	
Transit *citér.*	1.	
Centre.	13.	32.
Transit *ultér.*	1.	
Aile descend.	7.	
Transit *postér.*	1.	

Cette distribution exigerait 32 sauces ou variétés; or, en civilisation, où il serait déjà fort coûteux d'accommoder un mets de neuf manières différentes, il deviendrait bien plus dispendieux de pousser le raffinement à 32 variétés.

Le contraire a lieu dans l'état sociétaire; la 2me série élevée à 32 variantes, sera moins dispendieuse quant aux préparations, et plus attrayante au travail. Or, comme on doit toujours se proposer les deux buts d'*économie* et *appât industriel*, il est bon de connaître les dispositions d'une Série à trente variétés environ; c'est le nombre le mieux adapté aux économies dans une Phalange de 1500 personnes : il lui en coûtera moins de faire trente-deux sortes de pain, que de se borner à neuf. Miracle des plus bizarres ! il donne la mesure de l'intérêt que doit exciter ce mécanisme des Séries, qui va transformer (17 1/4) en germes d'harmonie sociale toutes les fantaisies gastronomiques ou autres, les rehausser l'une par l'autre, et les faire valoir par leur affluence, leur contraste et leur graduation.

Il suffit, pour des notions élémentaires, de disserter sur la Série à neuf variétés; elle est régulière, exactement contre-balancée, en ce qu'on y trouve,

Un groupe de pivot, sur la saveur centrale ou sucrée.
Trois corps en gradation; un de centre, deux d'extrêmes.
Deux transitions, initiale et finale.
Enfin, une échelle de contrastes ascend. et descend.

Telles sont les parties constituantes d'une Série *libre* ou de basse espèce. Nous n'en sommes pas encore aux *mesurées* ni aux *puissancielles*.

Dans les libres, on observe constamment l'ordre précédent, quel que soit le nombre des groupes. Il peut s'élever à une centaine, comme il arrive de la culture des poires, qui fournissant au-delà de cent variétés, peut comporter plus de cent groupes en une seule Série libre.

En minimum, la Série est bonne et admissible, pourvu qu'elle ait au moins trois groupes, dont le 1er et le 3me soient en contraste, et dont le 2me tienne un juste milieu entre les deux extrêmes. La Série est de même bonne à quatre groupes, dont les 2me et 3me font fonction de centre; les 1er et 4me, fonction d'extrêmes contrastés en goûts, puis *discords* avec le centre. Une telle Série, dans ses rivalités et équilibres, jouit des propriétés d'une proportion géométrique.

J'ai donné, en Série libre, un exemple matériel tiré des saveurs; il serait le même en échelle spirituelle, en nuances de partis politiques, littéraires, etc.

Par exemple, dans une assemblée législative, on voit naître d'abord une série informe et bornée à trois ou quatre partis saillans, qui sous divers noms sont toujours un contraste d'extrêmes contre-balancés par un ou deux termes moyens.

Tels ont été les partis de France, nommés,

En 1789, « Patriotes, Ventrus, Aristocrates; »

En 1820, « Libéraux, Doctrinaires, Ministériels, Ultras. »

Ainsi la marche en essor passionnel est constamment la même: on débute par se classer en discords gradués et contrastés, que le centre doit tenir en équilibre. Si le centre est faible en nombre, les extrêmes se heurtent. On évitera facilement ce vice dans les Séries pass., la nature ayant réparti ses attractions de manière à forcer de nombre sur le centre, pourvu que la Série soit organisée méthodiquement et jouisse d'un libre essor.

Dans ce cas, on voit les discords se nuancer, se subdiviser; et une assemblée qui ne formait que trois partis le premier jour, formera bien vîte sept ou neuf partis de nuance par la décomposition des trois primitifs.

Cette propriété des passions est depuis 3000 ans l'écueil de la science; elle ignore que la nature veut débuter par établir les discords avant les accords, une Série (17, 18), ne pouvant pas prendre son à-plomb ni se mécaniser avant d'avoir donné l'essor aux nuances de goûts.

Tel est le motif pour lequel Dieu a donné à l'homme un penchant invincible aux discords: ils sont germes de série, germes de groupes contrastés et gradués; c'est donc pour nous disposer à former nos relations par séries, que la nature fait éclater les discords jusques dans les moindres choses. Ajoutons un exemple tiré de quelqu'objet matériel, de la saveur du pain, rivalisée en 4e puissance, par 3, 9, 27, 84, à peu près.

Si l'on pétrit une seule qualité de pain et qu'on la serve à 300 gastronomes, on les verra se distinguer en trois partis au sujet de la levure, la salaison et la cuisson, sur le degré desquelles chaque parti portera quelque plainte; de là naîtront une trentaine de groupes.

Tel parti voudra le pain *peu levé;*
Tel autre, *moyen levé;*
Tel autre, *fort levé.*

Ces trois goûts combinés avec les divers degrés de salaison, donneront 7, ou 8, ou 9 groupes gradués et contrastés. Les partisans du pain peu levé se classeront en deux ou trois degrés sur la salaison ; savoir :

Peu levé, peu salé.
Peu levé, moyen salé.
Peu levé, très-salé.

D'autre part, les sectaires du pain *moyen levé* et ceux du *très-levé* formeront de même deux ou trois partis en degrés de salaison. Il n'est pas nécessaire que les partis marchent régulièrement trois par trois, mais seulement que les centres de Série soient plus forts que les ailes ; et ainsi dans les subdivisions de groupes.

L'on aura déjà sept ou huit partis sur les variétés de levure et salaison. Si on veut ensuite classer les goûts en degré de cuisson ; en *peu cuit*, *moyen cuit et très-cuit*, on aura un troisième élément de discord, qui subdivisera les huit ou neuf partis déjà formés, et les élevera de vingt-cinq à trente.

Ensuite viendront les transitions, les goûts bizarres de ceux qui veulent du pain compact et presque sans levain ; ou du pain brûlé, croute en charbon ; ou des mélanges avec du seigle, avec de l'orge : ces différences de goût donneront aisément quatre transitions formant les liens internes et externes des trois corps de Série.

Les divisions d'ordre pourront être :

En aile asc., les groupes à dominance de salaison.
En centre, les groupes à dominance de levure.
En aile desc., les groupes à dominance de cuisson.

Si l'on met en jeu un quatrième élément de discord, si on prépare les trente sortes de pain avec trois farines différentes A, B, C, et qu'on les serve à 1500 personnes formant une Phalange sociétaire, il sera facile de décomposer les trente groupes déjà cités, en une centaine de menues divisions cabalistiques. Par exemple : 32 pour la farine A,
40 pour la farine B,
28 pour la farine C.

Et pour satisfaire les cent groupes d'environ quinze personnes en moyen terme, chacune des trois farines A, B, C, employée de trois en trois jours, subirait l'échelle de préparations graduées en divers degrés de salaison, levure et cuisson. C'est ainsi qu'on opère en Harmonie, par variantes de farine d'une

cuite à l'autre, comme lundi en farine A,
mardi en farine B,
mercredi en farine C.

Puis, pour ne pas risquer d'épuiser ou ralentir l'attraction industrielle, on répartit le service en alternats, comme

lundi à la Phalange de St.-Cloud,
mardi à la Phalange de Trianon,
mercredi à la Phalange de Marly.

Chacune pétrissant pour les trois, emprunte à ses voisines des cohortes, et envoie après la cuite, les pains en fourgons suspendus. Cette association vicinale n'a guères lieu qu'en hiver, où le pain est plus facile à conserver.

Je ne prétends pas que le bénéfice de variété doive s'étendre indéfiniment; qu'une Phalange fabriquant trois cents sortes de pain, puisse opérer à meilleur compte que celle qui en fabriquera trente. Je veux dire, qu'en se fixant à certaines limites (dont je ferai ailleurs le calcul), en différenciant un mets à 30, 40, et quelquefois 50 ou 60 variétés, on fera moins de frais qu'à travailler en monalité. Les nombres 30, 35, 40, seront en moyen terme le plus économiques; ainsi, dans ce nouvel ordre il en coûtera moins pour faire l'omelette à trente variétés, que pour faire une seule espèce d'omelette. Cette épargne, bien incompréhensible pour nous, se fonde sur ce que l'Association étant obligée de cultiver par Séries qui donnent une grande variété de produits, elle est de même obligée de consommer par variétés en assortiment gradué; à défaut, il n'y aurait ni unité, ni équilibre entre la production et la consommation.

Par suite de cette méthode, une Phalange pourra donner aux sociétaires

de 1re classe, option sur trente espèces;
de 2e classe, option sur vingt espèces;
de 3e classe, option sur dix espèces,

en toutes sortes de comestibles et boissons, et à plus bas prix que ne leur coûterait aujourd'hui l'achat ou la préparation d'une seule espèce de pain ou de vin, qui ne satisfera presque jamais le goût du consommateur, s'il sait discerner les nuances de qualité.

Cette économie obtenue par voie de prodigalité, est, comme

tous les résultats des Séries pass., un miracle composé, un merveilleux doublement choquant, et qui semble contredire le sens commun; mais en étudiant la théorie, on verra que ce prétendu miracle est un effet nécessaire de L'ATTRACTION INDUSTRIELLE, *qui ne peut s'établir et se soutenir qu'autant que la production, manutention, distribution et consommation s'exercent par échelle de nuances croissantes et décroissantes, à chacune desquelles est affecté un groupe voué passionnément à la nuance préférée.*

Une Série n'est bien équilibrée qu'autant que ses groupes sont méthodiquement formés et subdivisés en plusieurs sous-groupes, au moins en trois, afin de graduer et contraster les nuances de goûts dans le groupe même, et se rallier aux groupes voisins par quelques sectaires qui diffèrent de la masse.

Un groupe régulier doit contenir *en minimum* sept sectaires, subdivisés par deux, trois, deux, le centre devant être plus fort que les aîles (424 3/4).

Je ne prétends pas dire qu'un groupe ne puisse fonctionner à six et à cinq sectaires; j'indique ici, en principe général, les meilleures dispositions.

Ajoutons la condition pivotale ⋈, ou enrôlement sur un nombre septuple de sociétaires co-intéressés.

⋈ Une série, à la supposer de sept groupes, soit 50 à 60 personnes, doit se recruter et s'alimenter par une masse au moins septuple, comme 400. Ladite masse doit être associée d'intérêts et de plaisirs avec la série qu'elle alimente par entrée et sortie, recrutement et reversement. Les 50 sectaires doivent avoir des relations actives et journalières avec 350 à 400 co-associés, liés avec eux en intérêts domestiques, et co-sociétaires sur une foule d'autres fonctions.

Ce nombre septuple est indispensable sous le rapport de l'enthousiasme. Si une culture exige 50 personnes passionnées comme on doit l'être dans le travail sociétaire, on ne pourrait guères les extraire d'un nombre quadruple, soit 200. Certaines cultures, comme les roses, les œillets, pourront bien séduire 50 personnes sur 200 : mais s'il s'agit de cultiver ronces ou chardons, vous ne verrez se passionner pour ces travaux, qu'à peine le seizième, et non le quart des 200 personnes.

Estimons donc la fourniture de sectaires passionnés, à un

huitième en moyen terme ; car il est certain que si les orangers et les volières peuvent attirer un quart ou un tiers, le soin des raves et des pourceaux n'attirera guères qu'un douzième ou un seizième de la Phalange : elle doit donc puiser sur un nombre septuple du moyen terme de ses séries ; car elle ne doit pas enrôler des *acceptans* de travail, mais des *enthousiastes*. On ne réussit en industrie que par passion : le mécanisme des séries rejette quiconque n'est pas fortement passionné pour l'espèce gérée par chaque groupe où il prend parti.

Je me borne à ce peu de définitions sur le levier principal du régime sociétaire. On a vu qu'il n'est pas de mon invention ; j'en puise la connaissance dans toutes les œuvres de la Divinité : ce n'est qu'une imitation de la méthode établie dans la nature entière ; et en admettant provisoirement que notre destinée industrielle soit la série passionnelle, on voit quel est l'égarement de ces siècles savans qui ont voulu fonder le système social sur la plus petite réunion possible, celle des familles de 2, 4, 6, 8 individus ; tandis que la moindre des réunions doit être de 400 personnes, afin que chaque série, estimée en moyen terme à 50, puisse enrôler sur un nombre au moins septuple.

Dans cette définition, j'ai préféré, pour analyse, les séries attenantes aux comestibles ; à la gourmandise, passion la plus connue et la plus tolérée. On ne pourrait pas décrire les relations d'une série amoureuse, les intrigues de ses divers groupes, les gradations à observer dans leur classement ; tandis qu'en tirant les exemples de la passion du goût, l'on est sûr de ne choquer aucune classe : tel est mon but.

Au moyen des définitions qu'on vient de lire, chacun saurait déjà former des séries libres en toutes sortes d'emplois. Nous aurons à décrire d'autres séries d'un ordre plus relevé ; les mesurées et les puissancielles. Dans ces deux ordres, le nombre des groupes est fixe et non pas libre : une série mesurée ne s'organise que par 12, 32, 134, 404 groupes et le pivotal. Une puissancielle a de même ses limites fixes. Toutes deux sont à la série libre, ce que la poésie est à la prose.

Il suffit, pour le moment, de s'exercer sur les séries prosaïques ou libres, s'habituer à les classer en trois corps avec transitions. Le peu qui a été dit sur ce sujet, suffit à prouver que ce levier primordial d'harmonie n'est pas un procédé inventé à plaisir ; que c'est une méthode imitative, puisée dans l'ensemble du système de la nature, et que si on veut en suspecter l'excellence, il faudra préalablement suspecter le mécanisme de l'Univers, et son docte Créateur, qui ne procède que par séries dans tous ses ouvrages.

CHAPITRE VIII.

Des trois Passions distributives, 10e, 11e, 12e, *appliquées aux Séries pass.*

J'ai dû différer à définir les trois pass. distributives, la cabaliste 10e, la papillonne 11e, la composite 12e. Elles ne peuvent, en civilisation, se développer qu'en sens malfaisant; il fallait donc, avant d'en parler, faire connaître le levier qui les utilise, la *Série pass.*

Nous ne sommes plus, dit-on, au temps des *miracles:* cela est vrai, quant aux miracles *simples* ou purement mystiques et provenant de Dieu seul; mais nous allons trouver dans les Séries pass., une source de miracles *composés* ou *dualisés*, provenant d'intervention divine et humaine.

1° De *Dieu*, par l'*attraction passionnée* ou impulsion divine, indépendante de l'homme.

2° De l'*Homme*, par le *mécanisme sériaire* qui est effet de calcul économique, trophée de raison, disposition laissée au libre arbitre de l'homme, qui peut à volonté établir la combinaison industrielle ou le morcellement industriel.

De ces deux ressorts, *attraction pass. et mécanisme sériaire*, vont naître d'innombrables miracles, dont le premier, énoncé page 17 1/4, sera l'emploi économique de toutes les fantaisies qui ne sont pas nuisibles ou vexatoires pour autrui.

Ainsi, la gourmandise de l'enfant, les caquets de la mère, la cupidité du père, seront également précieux dans les Séries pass., et tous les humains vont y devenir autant de petits saints en qui le monde social admirera et récompensera chacune de ces fantaisies qu'il est nécessaire de réprimer aujourd'hui, parce qu'elles ne produisent qu'appauvrissement et discorde; que *double calamité*, au lieu du double miracle, *enrichis-*

sement et concorde qu'elles feraient naître à chaque pas dans l'état sociétaire, où l'accord général se fonde sur l'essor de toutes les fantaisies réputées vicieuses en civilisation.

Que penserait-on, *par exemple*, de douze pauvres à qui on donnerait l'hospitalité, et qui exigeraient douze sortes de soupe, douze qualités de pain et de vin, douze accommodages divers pour les viandes et légumes? On verrait en eux des drôles bien vicieux et bien impertinens. Eux-mêmes seraient confus de tant de fantaisies, et opineraient à les dissimuler.

Ce prétendu vice devient doublement utile dans les Séries pass., en servant à la fois l'économie sériaire et l'attraction industrielle. Ces douze *hôtes* seront satisfaits, et de plus louangés sur leurs douze variétés de goûts qu'on satisfera en distribuant leur compagnie dans douze groupes divers, ou en les autorisant à puiser sur un buffet à douze assortimens, comme le sont d'ordinaire ceux des tables de 3e classe.

En considérant que sur toutes les passions le bénéfice des fantaisies va devenir le même, que douze femmes vont devenir utiles en désirant douze toilettes différentes, que douze convives gastronomes feront preuve de sagesse et d'économie en demandant douze vins différens, ne doit-on pas dire que le mécanisme sociétaire, l'essor des passions par séries contrastées, aura métamorphosé le genre humain en 900 millions de petits saints, et le monde social en un foyer de miracles composés?

Déduisons de cet aperçu, l'esquisse des trois passions distributives non encore définies, et dont je n'ai donné qu'une faible idée à l'avant-propos.

10e. La *CABALISTE*. Pourquoi Dieu a-t-il rendu les hommes si enclins à l'intrigue, et plus encore les femmes? C'est parce que, dans l'ordre sociétaire, tout homme, femme ou enfant doit être membre de 30, 40, 50 Séries pass.; y épouser chaudement les esprits de parti, les cabales d'un des groupes de la Série, quelquefois de 2 et 3; (car on peut tenir à plusieurs groupes d'une Série, mais non pas à deux contigus).

Une Série pass. ne souffre pas de sectaires modérés; elle a horreur de la modération. Qu'en arrive-t-il? Que ses ouvrages sont de niveau avec la véhémence de ses passions; qu'ils sont portés à la plus haute perfection, par suite des rivalités ardentes qui règnent entre les divers groupes, tous ennemis de la modération,

ration, tous engoués à l'excès de leur branche de travail, et prétendant l'élever au plus haut degré de raffinement (*).

La perfection générale de l'industrie naîtra donc de la passion la plus proscrite par les philosophes; c'est la cabaliste ou dissidente, qui n'a jamais pu obtenir chez nous, rang de passion, quoiqu'elle soit si enracinée chez les philosophes mêmes, qui sont les hommes les plus intrigans du monde social.

La cabaliste est passion favorite des femmes : elles aiment à l'excès l'intrigue, les rivalités, et tous les grands ou menus essors de cabale. C'est une preuve de leur convenance éminente pour le nouvel ordre social, où il faudra des cabales sans nombre dans chaque Série, des scissions périodiques, afin d'entretenir un mouvement d'entrée et de sortie parmi les sectaires des divers groupes.

(*) Si une Série ne peut pas y atteindre, elle fait abandon partiel ou total, et laisse aux cantons compétens un travail où elle n'espère plus d'exceller; travail qui ne flattant pas l'amour-propre des sociétaires, fait bientôt déchoir l'émulation et diminuer le nombre des sectaires dans les groupes dont l'industrie contrariée par le terrain et les circonstances, n'a donné qu'un produit de médiocre valeur.

Tout canton se borne aux productions agricoles et manufacturières où il peut briller, et se procure les autres par voie de commerce. Une Phalange aime mieux spéculer sur les variétés que sur les espèces, mieux sur les espèces que sur les genres : si son terrain comporte la pomme d'api et non la reinette, elle ne s'obstinera pas à cultiver des reinettes médiocres, selon les principes des civilisés qui veulent, disent-ils, avoir de tout pour se passer de leurs voisins; elle se mettra, au contraire, à la merci de ses voisins pour les pommes reinettes; mais elle les rendra ses tributaires pour la pomme d'api dont elle cultivera les variétés, les ténuités, les minimités (423).

On ne verrait pas en Harmonie un canton élever des animaux, cultiver des fruits, mesquins dans leur espèce : la Phalange met en éclipse tout groupe qui ne produit que de médiocres qualités; on ne le contraint pas à renoncer, car tout est libre en Harmonie; mais il est exclu de la liste des travaux dont le canton s'honore; il porte la bannière écartelée de noir; il est hors de ligne dans les conflits de la bourse, et obligé de céder le pas à toute autre négociation de rassemblement agricole, obligé de porter le panache à sommité noire. Ce n'est pas un déshonneur, mais un signe d'éclipse et de réprobation nécessaire à laver le canton du reproche de médiocrité. Un tel groupe n'attire que faiblement et se réduit toujours à un petit nombre de sectaires.

Mais pourquoi ces innombrables intrigues, dira quelque philosophe; pourquoi ne pas rendre les hommes tous frères, tous unis d'opinion, tous ennemis des richesses perfides?

Pourquoi? C'est qu'il faut dans l'homme des ressorts convenables à l'état sociétaire auquel Dieu nous destine. S'il nous avait créés pour l'état familial et morcelé, il nous aurait donné des passions molles et apathiques, telles que les désire la philosophie. En étudiant le mécanisme sériaire exposé au tome 2e, on verra que l'esprit de cabale en est le ressort le plus actif. Dieu, pour nous approprier au jeu des Séries sociétaires, a dû nous rendre fortement enclins à la cabale.

Aussi les hommes, dans toute assemblée délibérante, deviennent-ils des cabaleurs fieffés. La divinité les persiffle quand ils vont lui adresser la stupide prière de les rendre tous frères, tous unis d'opinion, selon le vœu de Platon et Sénèque. Dieu leur répond : « J'ai depuis des milliards de siècles créé les » passions telles que les exigeait l'unité de l'univers ; je n'irai » pas les changer pour complaire aux philosophes d'un globule » imperceptible, qui doit rester, comme tous les autres, soumis » aux douze passions, et notamment à la 10e, la cabaliste. »

Une preuve que telle est la réponse et la volonté de Dieu, c'est qu'au sortir du temple où les députés ont demandé à Dieu la fraternité et l'unité d'opinion, ils courent dans leurs conciliabules, cabaler et intriguer de plus belle : on n'en fait pas d'autres à l'issue de la *messe du St.-Esprit*, à qui on a pourtant demandé l'éloignement de tout esprit cabalistique. Le contraire a lieu; de là il est évident que le Paraclet veut qu'on obéisse à Dieu, et non à Platon.

Voilà déjà quelques présomptions en faveur de la passion 10e, cabaliste. On peut entrevoir que, nuisible dans l'état morcelé, elle deviendra utile dans le travail sériaire, où les divers groupes doivent être passionnés et cabaleurs pour faire briller la variété qu'ils ont choisie dans telle espèce d'industrie. De là dépend leur activité, leur émulation au travail. Appliquons l'hypothèse aux deux autres passions distributives.

12e *LA COMPOSITE*. Celle-ci exige dans toute fonction l'amorce composée ou plaisir des sens et de l'ame, et par suite, l'aveugle enthousiasme, qui ne naît que de l'assemblage des deux sortes de plaisir. Ces conditions ne sont guères compatibles avec le travail civilisé, qui, loin de présenter aucune amorce ni pour les sens, ni pour l'ame, n'est qu'un double supplice dans les ateliers les plus vantés, comme les filatures d'Angleterre, où les hommes, les enfans mêmes travaillent quinze heures par jour à coups de fouet, en local privé d'air.

Le travail sériaire charme les sens, parce que chaque groupe l'exerce sur une variété qu'il a passionnément choisie. Celui qui n'estime que la reinette verte, refuse de travailler aux arbres de reinette jaune, et encore mieux aux autres pommiers.

Voilà pour le charme sensuel : quant au spirituel, il consiste dans la compagnie d'une masse de sectaires enthousiastes de la reinette verte et de ses somptueux vergers, s'applaudissant entr'eux sur leur préférence, fiers des éloges que reçoit leur fruit, dans les expositions et les passages.

Pour nous rendre aptes à un travail disposé de cette manière et présentant toujours double charme pour les sens et l'ame, il a fallu que Dieu nous assujettît à la passion 12e, dite *composite*. Elle exige cet amalgame des deux sortes de plaisir, et l'aveugle enthousiasme qu'ils excitent parmi les divers groupes d'une Série. C'est donc nous établir en révolte contre Dieu, que de vouloir nous guider par la froide raison, quand il nous a donné pour guide l'enthousiasme composé.

La composite est la plus belle des douze passions, celle qui rehausse le prix de toutes les autres. Un amour n'est beau qu'autant qu'il est amour composé, réunissant le charme des sens et de l'ame. Il devient trivialité ou duperie, s'il se borne à l'un des deux ressorts 389. Une ambition n'est véhémente qu'autant qu'elle met en jeu les deux ressorts, gloire et intérêt. C'est alors qu'elle devient capable de brillans efforts.

La *composite* commande si bien le respect, qu'on s'accorde par-tout à mépriser les gens enclins au plaisir simple. Qu'un homme s'approvisionne d'excellens mets, d'excellens vins, pour en jouir isolément, se livrer tout seul au plaisir de la goinfrerie, il s'exposera à des quolibets bien mérités. Mais si cet homme réunit chez lui une compagnie choisie, où l'on goûte à la fois plaisir des sens par la bonne chère, et plaisir de l'ame par l'amitié, il sera prôné, parce que ses banquets seront plaisir composé et non pas simple.

Si l'opinion méprise le plaisir simple matériel, il en est

de même du simple spirituel, des réunions où il n'y a ni table, ni danse, ni amour, ni rien pour les sens, et où l'on ne jouit qu'imaginairement. Une telle réunion, dénuée de la *composite* ou plaisir des sens et de l'ame, devient insipide à elle-même, et n'ira pas loin sans mourir de sa belle mort.

11e La *PAPILLONNE* ou Alternante. Quoiqu'onzième selon le rang, elle doit être examinée après la 12e, parce qu'elle sert de lien aux deux autres, 10e et 12e. Si les séances des séries devaient se prolonger 12 à 15 heures comme celles des travailleurs civilisés, qui du matin au soir s'*ahurissent* à une fonction insipide sans aucune diversion, Dieu nous aurait donné le goût de la monotonie, l'horreur de la variété. Mais les séances de série devant être fort courtes, et l'enthousiasme qu'inspire la composite ne pouvant guères se prolonger au-delà d'une heure et demie, Dieu, par convenance à cet ordre industriel, a dû nous donner la passion de *papillonnage*, le besoin de variété périodique dans les phases de la vie, et de variété fréquente dans les occupations. Au lieu d'un labour de 12 heures, à peine interrompu par un triste et chétif diné, l'état sociétaire ne poussera jamais une séance de labour au-delà de 1 1/2 ou 2 h. au plus ; encore y répandra-t-il une foule d'agrémens, des réunions des deux sexes terminées par un repas local, au sortir duquel on passera à une séance de nouveaux plaisirs, avec variante de compagnies et de cabales.

Sans cette hypothèse de travail sociétaire distribué dans l'ordre que j'ai décrit, il serait impossible de concevoir à quel dessein Dieu nous aurait donné trois passions si antipathiques avec les monotonies civilisées, et si intempestives dans l'état actuel, qu'on ne veut pas même leur accorder le rang de passion, mais seulement le nom de vices (*).

(*) La manie de variété ou papillonnage peut bien être un vice dans l'ordre civilisé qui est inconciliable avec la nature ; mais cette passion n'est pas moins un besoin évident pour tous les règnes : les races ont besoin d'alternat, variante, croisement ; à défaut, elles s'abâtardissent. Les terres veulent de même alterner de productions et même de graines ; car un blé ne prospère pas bien dans le champ qui l'a produit ; il réussira mieux dans le champ voisin. Les estomacs ont également besoin de ce papillonnage : une variété périodique de mets aiguise l'appétit et facilite les digestions. Les cœurs ne sont pas moins sujets au variable ; et si la morale

Une série, au contraire, ne saurait s'organiser sans le concours permanent de ces trois passions. Elles doivent intervenir continuellement et simultanément dans le jeu des intrigues de série. De là vient qu'on ne pouvait pas remarquer ces trois passions avant d'avoir inventé le mécanisme sériaire, et que jusque-là elles ont dû être considérées comme vices. Lorsqu'on connaîtra en détail l'ordre social auquel Dieu nous destine, on verra que ces prétendus vices, *la Cabaliste*, *la Papillonne*, *la Composite*, y deviendront trois gages de vertu et de richesse ; que Dieu a bien su créer les passions telles que les exige l'unité sociale ; qu'il aurait tort de les changer pour complaire à Sénèque et Platon ; qu'au contraire la raison humaine doit s'évertuer à découvrir un régime social en affinité avec ces passions. Aucune théorie morale ne les changera jamais ; et selon les règles de la dualité d'essor 27, elles interviendront à perpétuité pour nous conduire *AU MAL* dans l'état morcelé ou lymbe sociale, et *AU BIEN* dans l'état sociétaire ou travail sériaire.

Là finissent toutes les diatribes contre les passions, diatribes qui dès ce moment retombent sur leurs auteurs. Il ne leur en restera que la honte d'avoir croupi 3000 ans dans cet esprit simpliste qui ne peut pas s'élever à spéculer sur l'alternative des deux destinées ; l'une dite lymbe sociale, incompatible avec les passions et s'efforçant vainement de les dénaturer au gré des sophistes ; l'autre dite état sociétaire, qui assure le plein développement des passions et de l'attraction.

Envisageons l'abyme de sottise où s'engage la raison humaine

prétend que c'est un vice, l'expérience dépose que c'est un besoin, selon certaine chansonnette qui dit :

> Je le tiens de tous les époux,
> Tel est l'effet du mariage ;
> L'ennui se glisse parmi nous,
> Au sein du plus heureux ménage.
> Notre femme a beaucoup d'appas,
> Celle du voisin n'en a guère :
> Mais on veut ce que l'on n'a pas,
> Et ce qu'on a cesse de plaire.

C'est bien pis quand notre femme a peu d'appas et que celle du voisin en a beaucoup, ou bien quand le mari a peu d'appas et que des voisins plus aimables viennent éveiller, dans le cœur de l'épouse, la 11e passion, la *papillonne*, besoin des ames et des corps, besoin de toute la nature, comme on le verra dans une définition complète, renvoyée au 3e ou 4e tome.

en déclamant contre les trois distributives avant de les connaître. Dieu nous ayant destinés au mécanisme sociétaire qui ne peut opérer que par Séries pass., a dû nous donner des impulsions convenables aux relations par Séries qui exigent,

1 Balance de discords et d'accords. « *Cabaliste*, 10e p[on].
2 Variété fréquente de fonctions et de goûts. « *Papill.* 11e p.
3 Double plaisir et aveugle enthousiasme. « *Composite* 12e p.

Tant que nous vivons dans l'état morcelé, dans les périodes nommées *lymbes sociales*, p. 25, rien n'est plus funeste que l'influence de ces trois passions; elles y engendrent les désordres de toute espèce. Affectées à la direction des neuf autres, elles les excitent à ces penchans d'esprit cabalistique, d'inconstance périodique et d'engouement aveugle, aussi précieux dans les Séries, qu'ils sont pernicieux en civilisation.

Sur ce, la raison philosophique opine à se révolter contre les trois guides que Dieu nous a donnés; elle excite les hommes à étouffer ces trois passions directrices, et par suite les neuf autres qui toujours suivent l'impulsion des trois dirigeantes.

Une telle raison n'est autre chose qu'un état de rebellion ouverte contre Dieu qui reste passif dans cette affaire, et n'emploie contre la sottise humaine d'autre arme que la force d'inertie, la punition indirecte 223, jusqu'à ce qu'il plaise à la raison de mettre en question, si les passions et leur Créateur sont faits pour se plier aux cent mille systèmes de la philosophie, ou bien si la philosophie est faite pour rechercher le système social assorti au vœu des passions, le mécanisme qu'il a plu au Créateur de leur assigner, et auquel sont co-ordonnées toutes leurs impulsions.

Je réduis à ces cinq chapitres les notions préparatoires : elles se bornent à des indices qui auraient besoin d'amples commentaires; mais j'ai promis aux élèves de leur éviter les ennuis de la théorie, de les diriger par synthèse routinière.

Il leur suffira donc d'une légère teinture sur l'étude des passions. J'effleure ici le sujet, sauf à le reprendre dans les volumes 3 et 4, où je reviendrai sur les principes dont je ne donne que de faibles notions, selon la méthode progressive, *APERÇU*, *ABRÉGÉ* et *TRAITÉ*, qui m'a paru la plus convenable pour amortir peu à peu les préjugés.

FIN DE LA 2me NOTICE.

TRANS-AMBULE.

Les Transitions harmoniques, ou le Triomphe des Volailles coriaces.

Problème de Gastronomie bi-composée.

Dans cet entr'acte, j'essaie de disposer en faveur de ma théorie, les nombreux individus que la civilisation raille sur des bizarreries de goûts ou de caractère dont elle ignore l'utile destination.

Conformément aux préceptes, *utile dulci*, *castigat ridendo*, j'ai recours à une facétie gastronomique pour ébaucher une discussion de haute importance; je risquerais d'effrayer le lecteur, si j'employais le jargon méthodique. Il sera mieux de préluder par une bluette qui, sans formules rebutantes, familiarisera les étudians avec la question la plus ardue que puisse présenter la théorie du mouvement social.

Les transitions ou ambigus sont une branche d'études si neuve, que parmi 70 systèmes connus en botanique, et peut-être 700 inconnus, aucun n'a osé hasarder une opinion systématique, ni même des tableaux sur les produits de genre ambigu.

Les transitions sont en équilibre passionnel, ce que sont les chevilles et emboîtemens dans une charpente. Le Créateur les a sans doute jugées bien utiles, puisqu'il en a ménagé un si copieux assortiment dans ses ouvrages matériels, où l'on trouve des ambigus entre toutes les séries : tels sont la sensitive, le coing, la chauve-souris, le poisson-volant, les amphibies, les zoophites, et tant d'autres espèces qui forment dans chaque règne les liens des différentes séries, liens souvent redoublés.

Mêmes transitions existent dans le règne passionnel : on y rencontre par-tout des goûts bâtards et mixtes, des caractères hétéroclites, destinés à servir de lien aux séries sociétaires. Ces ressorts d'espèce ambiguë sont généralement méprisés et ridiculisés dans l'état actuel, où leur ensemble ne présente qu'une gradation de vices, car ils sont

insipides, *incommodes*, *suspects*, *malfaisans*, *perfides*.

C'est un assortiment gradué de toutes les qualités vicieuses.

Il s'agit de prouver que ces caractères de transition, ces ambigus ou mixtes si dédaignés aujourd'hui, deviendront, en Association, des liens éminemment favorables à l'essor des vertus sociales.

On peut établir la preuve sur les goûts les plus subalternes; aussi vais-je appeler en déposition des personnages de mince crédit en gastronomie; ce sont les *vieilles poules*; elles vont figurer, conjointement avec leurs amateurs, pour appuyer une thèse de haut parage, celle *de l'attraction proportionnelle aux destinées* 231. Elles vont concourir à prouver :

« Que toutes les impulsions attractionnelles, ridiculisées pour cause » de bizarrerie, sont co-ordonnées utilement au mécanisme sociétaire, » où elles deviendront aussi précieuses qu'elles sont inutiles et nuisibles » dans le régime familial ou morcelé. »

On va se convaincre que la raison humaine se montre bien novice et bien mal-avisée dans ses critiques sur les passions dites bizarres, et sur leur docte Créateur qui ne les aurait pas données à l'homme, s'il les eut jugées inutiles au bien général. Quel honneur pour une vieille poule coriace, de faire les frais d'une discussion si transcendante !

Au fait, certains estomacs sont affadis par la volaille grasse, et se plaignent qu'elle leur soulève le cœur. Ils préfèrent un coq mariné de trois ans, ou une poule âgée et macérée. Ces viandes faites ont beaucoup de saveur; elles s'attendrissent et deviennent toniques à l'aide de sauces et apprêts qui les mortifient.

Si, dans un banquet, chez quelque Sybarite, l'un des convives paraît désirer ce chétif régal d'une vieille poule, on lui répondra que c'est un mets si commun, qu'on ne se serait pas douté qu'il pût plaire à personne. Cependant, sur 50 individus, il s'en rencontre au moins UN qui a ce goût bizarre : on en trouvera donc 24 dans une Phalange contenant 1200 sociétaires au-dessus de l'âge de 15 ans, y compris les femmes.

Ces partisans de vieilles poules marinées et accommodées en braisière ou en gélatine, forment, dans la série des consommateurs de poulets, un des quatre groupes de transition selon le tableau 424 2/3

Transit.	*Antér.*,	volailles trop jeunes.
»	*Citér.*,	volailles non faites.
»	*Ultér.*,	volailles vieilles.
»	*Postér.*,	volailles faisandées.

Nous traitons ici d'un goût de transition *ultérieure :* examinons l'utilité de cette prétendue bizarrerie, et mettons la morale en action.

Chrysante, magnat de la Phalange de Saint-Cloud, est au nombre de ces amateurs de vieilles poules marinées. Les gastronomes du lieu ne peuvent pas le badiner sur cette manie, car il a trouvé sur la masse de la Phalange, une vingtaine de co-sectaires, hommes ou femmes, qui partagent ce goût avec lui. Souvent la plupart d'entr'eux se réunissent en diné de secte, où le plat d'honneur fourni par Chrysante, est composé d'un coq entre deux vieilles poules.

Cette réunion corporative donne du relief aux cuisiniers qui préparent et marinent ces vieilles volailles, et au groupe qui s'occupe de leur engrais au poulailler. Voilà déjà un lien passionné entre ces trois groupes de *consommateurs*, *préparateurs* et *producteurs*. Nous remarquerons plus loin, que la vieille poule mangée en civilisation, y ferait naître autant de discordes qu'elle engendre ici de liens.

Il faut aux Harmoniens, à table comme ailleurs, des stimulans qui unissent les cœurs, les esprits et les sens. Or, cette régalade bizarre d'un coq entre deux vieilles poules, établit entre les co-sectaires de

Chrysante une foule de liens fondés sur l'affinité de goûts et d'action industrielle 389, sur les menées d'amour-propre tendant à accréditer leur mets favori : ils parviennent par les soins de préparation, à donner du lustre à ces sortes de volailles. Ils s'étayent d'une coalition avec les amateurs des Phalanges voisines ; enfin ils soutiennent ce mets, au point de le faire figurer avec honneur au buffet, à la case de transition ultérieure, où les vieilles poules marinées à propos, sont souvent recherchées par diversion aux poulardes grasses.

Dès-lors ce chétif régal crée entre des inégaux un quadruple lien de cœur, d'esprit, d'amour-propre et de sensualité. Brillant effet d'une transition artistement ménagée, comme elles le sont toutes dans l'état sociétaire.

L'assemblage de ces quatre liens (deux suffiraient), produit une *composite* redoublée ou bi-composée, qui exige double plaisir des sens et double plaisir de l'ame. (Que de merveilleuses propriétés chez une vieille poule adaptée aux coutumes d'Harmonie sériaire !)

Comparons le sort de cette pauvre volaille, au rôle qu'elle jouerait en civilisation ; elle y achevera obscurément sa destinée sur quelque table de menue bourgeoisie où elle deviendra un sujet de discorde. Achetée par une ménagère qui est réduite à griveler sur l'*anse du panier*, pour subvenir aux frais de toilette, la volaille surannée sera servie à midi sonnant, au tendre époux qui aimerait fort les chapons s'ils n'étaient pas si coûteux. A peine a-t-il goûté du chétif oiseau, qu'il dit à sa femme : « peste soit de la poule ; elle est coriace comme les cinq cents » diables ! Vraiment, répond la ménagère, on va te servir des poulardes » fines, pour quelques sous que tu fournis, et qu'il faut t'arracher : donne » donc de quoi payer les bons morceaux, si tu veux faire bonne chère ; » tu as toujours de l'argent à dépenser au café avec les godailleurs. »

Cette apostrophe coupe la parole au tendre époux, qui aimerait, comme Harpagon, faire bonne chère sans donner de l'argent. Il achève sans réplique ce morceau de pénitence, dont on fait manger le surplus aux tendres enfans, à qui il est défendu de trouver rien de mauvais.

Ainsi la misérable poule, qui aurait fait en Harmonie le charme d'un repas de *gastronomes ambigus* (titre de transition ultérieure), sera en civilisation une pomme de discorde, une source de maussaderie dans le dîné d'un petit ménage parcimonieux comme le sont ceux qui achètent les vieilles poules, sans pouvoir ni savoir les mortifier et apprêter convenablement. Un tel ménage, pour la bien macérer, dépenserait en vinaigre et hauts goûts, plus qu'à l'achat d'une volaille fine. Ce raffinement ne convient qu'à une grande Phalange bien pourvue du nécessaire, et faisant servir d'un jour à l'autre les bains de macération, parce qu'elle a une consommation journalière de ces mets de transition.

Examinons un quatuor de beaux contrastes dans le parallèle de ces deux volailles mangées, l'une en civilisation, l'autre en Harmonie.

Remarquons d'abord que le peuple, en Association, profite de ces goûts hétéroclites des riches : si Chrysante, magnat de la Phalange et habitué de 1re classe, a choisi pour traiter ses amis trois vieilles volailles affectées aux tables de 3e classe, il en résulte que trois volailles fines destinées pour la 1re table où figure Chrysante, reflueront sur les tables de plébéiens, au même prix auquel ils auraient payé les communes.

C'est ainsi qu'on traite en Harmonie les reflux de classe ou déviations de table ; elles tournent au bénéfice des inférieurs, qui, pour cette raison et pour beaucoup d'autres, flattent les bizarres manies des riches. Ceux-ci, de leur côté, ont des motifs d'intérêt et d'agrément, pour encourager toutes les bizarreries de la classe pauvre.

Analysons, comparativement au tableau 389, les liens que ces goûts ambigus produisent en Association, et les discordes qu'ils font éclater en civilisation. (Z est signe des effets subversifs, ⋈ des harmoniques.)

⋈ 1. Lien d'AMITIÉ *en titre de caractère* 389, par affinité de goûts entre les partisans d'un mets de qualité commune.

Z 1. Querelle d'AMITIÉ en titre *de caractère*, froideur en ménage, par lésion des goûts qui répugnent aux mets de basse qualité.

⋈ 2. Lien d'AMITIÉ en titre *d'industrie* de la classe pauvre à la riche, par l'échange de volailles fines contre les communes préférées.

Z 2. Germe d'INIMITIÉ en titre *d'industrie* des pauvres aux riches, dont les goûts bizarres ne tournent en rien à l'avantage des tables pauvres.

⋈ 3. Lien d'AMBITION en titre *d'amour-propre* 389, affinité entre inégaux pour le soutien de leurs goûts bizarres.

Z 3. Querelle d'AMBITION en titre *d'amour-propre*, blâme de goûts bâtards qui excitent la raillerie.

⋈ 4. Lien d'AMBITION en titre *d'intérêt*, entre les consommateurs, les producteurs et les préparateurs.

Z 4. Débat d'AMBITION en titre *d'intérêt*, pour fraude mercantile, reproche d'apprêts défectueux.

Voilà pour nos amateurs de balance, contre-poids, garantie, équilibre, une exacte balance de quatre liens d'un côté, quatre discordes de l'autre, le tout au sujet d'un mets employé en cuisine sociétaire ou en cuisine civilisée. D'où l'on peut conclure que la GASTRONOMIE, science badinée aujourd'hui et frivole en apparence, devient en Harmonie une science de haute politique sociale, en ce qu'elle est obligée de calculer ses amorces de manière à ménager sur chaque mets ce quadruple lien (deux des sens, deux de l'ame), entre les convives, les producteurs et les préparateurs. Dans ce cas, elle devient gastronomie *d'appât bi-composé*, c'est-à-dire GASTROSOPHIE, haute sagesse gastronomique, profonde et sublime théorie d'équilibre social.

Dans l'état actuel où elle ne produit qu'une sensualité simple et méprisable, qui ne remédie en rien aux quadruples discordes causées par les mauvais mets, elle n'est pas digne du nom de science.

La thèse qu'on vient de traiter est applicable à toutes les fantaisies raillées comme goûts bâtards et ambigus ; elles sont, soit en nutrition, soit en autres fonctions des sens et de l'ame, fantaisies de transition, et par suite germes de lien bi-composé dans l'état sociétaire. C'est par cette théorie des transitions et de leurs merveilleux emplois, qu'on pourra juger de la profonde sagesse de Dieu dans la distribution de nos passions, même de celles qui sont objets de critique générale.

Je regrette que l'aversion des lecteurs français pour les sciences neuves et raisonnées, ne permette pas de donner, dans ces deux premiers volumes, une section sur les transitions des quatre titres *anter*, *citer*, *ulter*, *poster*. Elles sont la partie la plus savante; la plus miraculeuse du mécanisme d'Harmonie; celle qui donne en toutes relations sensuelles ou animiques, les moyens de ralliement affectueux entre les classes extrêmes, l'art éminemment social de rendre le riche intime ami du pauvre, et le pauvre zélé pour le soutien des fantaisies du riche.

Nous aurons des problèmes bien autrement effrayans à résoudre par l'emploi combiné des transitions, entr'autres celui de rendre le jeune héritier ami de l'aïeul avare, et souhaitant la longévité au donateur; rendre le jouvenceau ami empressé d'une dame surannée, galant et passionné près d'elle, sans aucun motif d'intérêt.

Le miracle serait trop fort, s'écrie-t-on! Pourquoi donc le mettre en scène dans Zémire et Urgèle 599, comme acte possible et louable? Si j'ai su rapatrier ici les gastronomes avec les vieilles poules, sauf la chance de transition, il suffira du même talisman, *des transitions combinées*, pour rapprocher et unir fortement toutes les classes inconciliables dans l'état actuel, comme les jouvenceaux et les vieilles dames. La 7e section traitera de ces ralliemens d'extrêmes divergens, dont je ne pourrai expliquer que les quatre branches d'ordre majeur (amitié et ambition).

Je plaide ici la cause générale, car chacun a sa part de bizarreries; et sur ce, l'évangile dit avec raison, » tu vois une paille dans l'œil de » ton voisin; tu ne vois pas une poutre dans le tien. » Toutes ces originalités sont distribuées par le Créateur, selon les convenances de l'ordre sociétaire et y trouveront d'utiles emplois, quelques-unes par métamorphose, par substitution absorbante 393.

Par exemple, en 1818, on traduisit devant les tribunaux un jeune Champenois, d'inclination vraiment bizarre: il avait la manie de violer toutes les vieilles femmes; il y en avait six plaignantes, dont plusieurs de 70 à 75 ans. C'était bien là une transition postérieure ou extrême de série en fait de penchans amoureux. C'était tenir en amour le même rang qu'occupent en gastronomie les amateurs de vieilles poules.

Tous ces goûts bâtards deviendront, par modification et transfert d'emploi, des moyens de ralliement entre les classes aujourd'hui antipathiques. Chacun peut donc s'applaudir, *conditionnellement et sauf passage à l'Harmonie*, des originalités qu'on persiffle en lui, et les considérer comme voies de lien social, transitions ménagées par la nature, selon la règle 231 des Attractions proportionnelles aux destinées.

IIIme *NOTICE.*

RENFORT D'INDICES PRATIQUES ET THÉORIQUES.

CHAPITRE IX.

UTOPIE D'ISSUE VIOLENTÉE.

La Sérigermie, ou ménage centigyne bourgeois.

J'AI promis (Avant-propos), de payer tribut à la flatterie; je tiens parole, et sur les quatre chapitres de cette dernière Notice, j'en consacre deux à innocenter les caractères les plus vicieux selon les politiques et moralistes.

Quelles sont, pour ces deux classes de philosophes, les bêtes d'aversion? Nos écrivains politiques déclament contre les despotes, qui oppriment l'essor de la pensée, l'essor des agitateurs: nos moralistes condamnent les usuriers, qui pressurent le peuple et boivent le sang du cultivateur.

Je vais donner deux chapitres à la louange raisonnée des despotes et des usuriers, *envisagés selon les convenances de l'Association;* car je n'ai garde de les justifier comme civilisés.

De là on pourra conclure que, si je voulais donner 810 chapitres à la flatterie, je pourrais innocenter successivement toute la civilisation; car il n'existe, en civilisation comme en barbarie, que 810 caractères, (sauf les hauts pivots et les nuances, qui ne sortent pas du cadre général des 810).

On voit que je n'esquive pas le problème; je choisis les deux caractères les plus proscrits par les sciences politiques et morales.

Commençons par les despotes, gens qui aiment à brusquer le bien comme le mal. Démontrons qu'ils sont précieux pour l'accomplissement des vues de Dieu, et qu'il serait à souhaiter aujourd'hui, pour le salut de la France, qu'elle eût un Roi aussi despote que Bonaparte.

Dans ce cas, la dette de France, estimée quatre milliards, serait éteinte en septembre 1822, et le monde entier serait, par la même opération, délivré des lymbes sociales ou état civilisé, barbare et sauvage.

Notre siècle, en poursuivant la nature, en sollicitant l'initiation à ses mystères, ne sait rien oser, rien brusquer. Toujours simpliste dans ses utopies, il ne spécule que sur la vertu, et jamais sur le vice, unique ressort dont on puisse disposer en mécanique civilisée, où la vertu est impuissante.

J'ai avancé (109) que le vice peut fournir plusieurs issues de civilisation. Je vais examiner l'une des plus brillantes : on l'obtiendrait de la contrainte ou despotisme. Elle n'est pas mentionnée au tableau 109, où l'on a omis les deux transitions,

> *l'Utopie sociétaire*, dont je décris ici l'essai violenté;

< *l'Architecture sociétaire*, dont je traite à l'Extroduction.

Entrons en matière sur l'apologie conditionnelle du despotisme.

Dieu ne crée rien en vain : la vipère, la sangsue, la cantharide, fournissent à la médecine des remèdes utiles. Tout ce qui nous paraît complètement vicieux en matériel ou en passionnel, a des propriétés occultes qui nous étonneront un jour, comme celles du café nous ont étonnés après 4000 ans de dédain.

C'est sur la découverte de ces propriétés cachées, qu'échoue le génie civilisé : il ne sait pas même utiliser les petits défauts, les menus ridicules, comme le goût des vieilles poules ; comment saura-t-il trouver dans les vices les plus odieux, des voies de salut social, et transformer un Néron en sauveur du monde policé, rôle qu'il eut rempli s'il l'eut connu ?

Certain adage trivial, mais exact, nous dit, « que jamais » mauvais ouvrier n'a su trouver bon outil. » Tel est le fait de la politique civilisée : elle ne sait tirer parti ni de la vertu, ni du vice. Rencontre-t-elle un Néron ; au lieu de l'utiliser tel que la nature l'a formé, elle veut dénaturer ses passions, le transformer en ami du commerce et de la modération, en ami des raves et du brouet noir. Instituteurs malencontreux, vos leçons rendent Néron pire encore qu'il n'aurait été : sachez employer les germes que la nature a semés dans son ame : il tend au despotisme ; sachez lui suggérer un acte de despotisme grandiose et régénérateur, au lieu de le harceler et le désorienter par le galimatias moral d'un Sénèque.

Il n'est de bon, en politique et en morale, que ce qui est compatible avec la pratique. Les savantes utopies de Platon et Fénelon sont ridicules, parce qu'elles sont impraticables : celles d'un casse-cou scientifique seront bonnes, si on peut les mettre à exécution. Il n'a donc manqué aux Néron et aux Philippe II, que l'assistance d'un *casse-cou utopiste*. Au lieu de Sénèque et Burrhus, il eut fallu près de Néron un philantrope d'instinct, habile à pénétrer les plans d'opérations sociétaires, qui reposent sur l'emploi du luxe et des plaisirs, et non sur le pitoyable amour des raves et du brouet noir.

Nous allons donc, par convenance à l'esprit despotique, spéculer sur un projet d'association violentée, sur un acte vexatoire assorti au caractère grandiose et fastueux d'un Néron. Pour un moment, rallions-nous aux tyrans, puisque les prétendus amis de la vertu, les Socrate et les Marc-Aurèle sont des avortons de génie qui n'ont jamais su ni concevoir, ni exécuter le bien. Prouvons-leur qu'en utopie sociétaire comme en équitation 346 1/2, les plans d'un casse-cou politique auraient été plus efficaces que les subtilités des sophistes.

Je suppose qu'en pays despotique, à Rome sous les Césars, ou à Paris sous Bonaparte, le monarque, d'après quelque projet d'association forcée, prenne fantaisie de réunir en un seul ménage six vingts familles aisées, avec les domestiques nécessaires, et qu'il les oblige à contracter *de gré ou de force*, une société de six mois pour la vie animale et pour quelques travaux accessoires, comme vergers, jardins, basse-cours, étables, avec deux ou trois manufactures pour occuper les journées pluvieuses.

Dans cette entreprise violentée, le despote aura pour but de juger des économies matérielles et des liens passionnels que peut produire une telle réunion. Les économies ne pouvant être considérables que dans la classe qui jouit de quelqu'aisance, et les liens ne pouvant se nuancer que chez la classe polie, il faut choisir les 120 ménages parmi les propriétaires et rentiers que rien n'empêche de se déplacer pendant les six mois de belle saison qu'ils vont souvent passer à la campagne. On les y réunira dans quelque vaste et beau local, *hors de barrières et d'octroi*, puisqu'il s'agit d'essai en économie domestique.

On les obligera à fournir en numéraire ou garanties la somme qu'ils affecteraient pendant six mois à leur table ; apporter un contingent de linge et vaisselle pour le fonds du ménage sociétaire ; on leur en fera au besoin l'avance.

Les travaux y seront sociétaires d'*autorité*, sans aucune licence de gestion familiale séparée, mais sans contrainte au travail; on exclura seulement le travail isolé, en faveur du combiné: c'est l'opposé du système des philosophes. Ils ne manqueraient pas de morceler le jardin en 120 portions égales, selon la loi agraire, et les répartir à chacune des familles rassemblées. Ils donneraient à ces cultures morcelées le nom suave et délicieux de *petite république*.

On doit procéder en sens inverse, puisqu'il s'agit d'essai sur les combinaisons sociétaires: le despote aura défendu les cultures philosophiques et morcelées: aux jardins, aux basse-cours, aux ateliers, on ne pourra travailler qu'en *Association*, qui n'est ni communauté, ni république. Ce sera aux sociétaires à s'ingénier pour découvrir un moyen de rétribuer à chacun selon ses œuvres, mais sans autoriser l'exploitation isolée; le despote voulant forcer l'investigation sociétaire, et provoquer les développemens que peut lui donner une masse de familles choisies dans la classe aisée.

Qu'on n'objecte pas les difficultés de réunion, puisque je suppose un pays despotique où il suffira de dire, comme en 1813, aux 10,000 gardes d'honneur: quittez votre bien-être, vos familles; allez mourir; l'empereur le veut.

Du reste, on ne gênera en rien ces ménages quant à leurs fantaisies individuelles; on se borne ici à exiger d'eux la réunion domestique et sociétaire pendant six mois, où ils pourront nommer eux-mêmes et surveiller le comité de gestion, approvisionnement et dépenses, comité pris dans le sein de la société, comptable à elle, amovible par elle. Examinons les résultats de cette épreuve en matériel et en passionnel.

MATÉRIEL. L'effet digne d'attention dans ce ménage centigyne, c'est la tendance à se former en Séries, et les chances de succès complet ou approximatif. L'Harmonie ne reposant que sur cette opération, un casse-cou politique devient supérieur à tous les savans, s'il peut arriver par violence, ou brusquerie, ou jeu de hasard, à la formation des Séries pass., qui sont destinée sociale de l'homme.

Le ménage centigyne y atteindra fortuitement, malgré qu'il opère sans méthode: le despote l'a rassemblé sans trop savoir quels statuts il fallait lui prescrire. Voilà ces reclus livrés à l'instinct économique.

Dès la première semaine, leur société reconnaîtra que son unité épargne les sept huitièmes en frais de préparation, d'agens, de valets, de combustibles, etc. Les sociétaires verront en outre, qu'avec une dépense réduite au tiers, ils se procurent (par achats en droiture), une variété, une surabondance décuples de l'ordinaire du ménage.

Cet avantage ne serait flatteur que pour la gourmandise, et non pour la sagesse, objet de notre *spéculation violentée* (*). Qu'on ne répugne point à ce moyen; il faut, en mécanique sociale, savoir tirer parti du mal comme du bien. Examinons donc si cette réunion *aventurée et violentée* nous conduira au but, à la formation des Séries pass., mécanisme défini aux deux chapitres 7 et 8.

(*) Est-ce bien par la liberté qu'on peut conduire le civilisé à la sagesse? Non : il faut le contraindre. Lorsqu'on força l'adoption des jantes larges, tous les voituriers jetaient les hauts cris; et deux ans après, ces mêmes hommes vantaient l'opération, disant : « ah! qu'on a bien fait » de nous obliger à prendre ces larges roues! cela conserve les chemins; » on roule bien à présent. » En parlant ainsi, ils oubliaient que deux ans plus tôt, ils avaient vomi peste et rage contre le décret des jantes larges. Que n'a-t-on opéré de même sur le système métrique ou mesure unitaire, opération si mollement conduite, qu'elle a avorté pour l'honneur de la liberté beaucoup trop ménagée dans cette affaire.

Tel est le civilisé, être sans raison. Il faut, pour son propre bien, employer avec lui les voies coërcitives. Il n'use de la liberté que pour se porter au mal, contrarier toute réforme utile, se faire l'instrument des agitateurs. Il n'est pas plus fait pour la liberté, que les barbares bien dépeints par l'auteur de MAHOMET, dans ce vers sur l'Arabie :

« Et pour la rendre heureuse, il la faut asservir. »

Est-ce donc à la seule Arabie qu'il faut appliquer ce principe? Je tiens qu'il s'applique à la civilisation entière, et sur-tout à la France : avec sa frivolité et son mépris d'elle-même et de ses moyens, sa versatilité devenue sujet de risée, sa prévention servile pour une capitale minotaure, son indifférence pour la chose publique, ses chansons sur la perte d'une province et d'une armée, son exigence de flatterie de la part de compatriotes, sa tolérance d'insultes de la part des étrangers, son antipathie pour la vérité, l'ordre, la prévoyance; la France, dis-je, avec ce mauvais esprit fardé de bel esprit, est le pays le moins fait pour la liberté politique. En liberté, comme en musique, les Français ne seraient jamais que la nation des DÉMESURÉS.

S'offenseront-ils de l'aveu? Qu'ils me démentent par le fait, en prenant l'initiative de la vraie liberté, de l'Association.

Sur

Sur quel point, dans quelle branche de relations domestiques devra-t-on habituer nos 120 familles recluses, à former la Série? Sera-ce dans les travaux des jardins, des vergers, des étables, des volailleries? Quelle fonction choisir pour l'essai? Aucune de celles qu'on appelle *TRAVAIL*. Opérons d'abord sur le plaisir, sur la table, puisque c'est la fonction la plus généralement attrayante, et que si on peut introduire à table ce mécanisme sériaire, objet de nos spéculations, il gagnera tout le système industriel avec la rapidité de l'incendie.

La coutume du dîné est la dernière qui passera de mode en ce bas monde. Etudions-nous donc à inoculer l'ordre sériaire dans cette relation fondamentale. Débutons par quelque branche du dîné; choisissons la première qui est la soupe. D'autres voudraient dans un vaste plan de régénération embrasser à la fois *LA SOUPE ET LE BOUILLI*. Modérons ce vol ambitieux, et renvoyons le bouilli à l'ordinaire prochain, car il est la bête d'aversion des femmes et des enfans, dont je veux soutenir dans ce chapitre les intérêts *sexuels*, *sensuels* et *caractériels*.

Observons scrupuleusement, sur une bagatelle comme la soupe, quels sont les germes des Séries et comment on doit opérer pour effectuer leur développement.

Nos six vingts ménages de reclus fabriquaient chez eux, avant cette réunion, cent vingt potages distincts et variés, quelques-uns semblables; mais sur les cent vingt on pouvait trouver une variété habituelle du tiers, soit 40 chaque jour.

Si dans le *Sérigerme* ils veulent se borner à fabriquer pour la masse 40 potages variés, ils trouveront déjà sur la préparation, le combustible et les agens, une économie de plus des trois quarts : mais a-t-on besoin, pour satisfaire les goûts, d'avoir 40 potages au buffet? c'est bien assez du tiers, *treize à quatorze* d'espèce, qu'on peut porter au double en nuances, par des sous-variantes si faciles dans les purées, les juliennes, etc.

Il suit de là, que le mode civilisé ou morcelé qui, pour pareil nombre de ménages, fabrique cent vingt potages en effectif, et quarante en variante, étend ses travaux au triple relatif et au décuple effectif de ce qui serait nécessaire pour organiser des Séries, et leur assurer une option de treize mets à sous-variante, là où les civilisés, avec leurs frais immenses, n'ont dans les cent vingt ménages qu'un seul mets sans option, résultat inconcevable et pourtant rigoureusement exact, car les bons ménages bourgeois n'ont qu'une soupe.

C'est sur de pareilles données bien exposées, qu'on aurait pu exciter un monarque despote, comme Bonaparte, à brusquer l'essai du ménage centigyne, qui est la plus belle manœuvre de casse-cou qu'on puisse imaginer en politique sociale, car elle va au but en moins de trois mois. Je l'ai prouvé 346 1/2 : les casse-cous arrivent plus vîte au but que les méthodistes, et surmontent bien mieux les obstacles.

La réunion nommée Sérigerme va donner aux sociétaires, et dès le premier jour, l'option sur une très-belle Série de 13 à 14 potages, nombre suffisant pour contenter, classer et graduer tous les goûts, selon la table suivante :

Solstice.		Trans. *antér.*,		1.	
		AILE ASC.,	enfans	2.	
Equinoxe.	*Analogie.*	Trans. *citér.*,		1.	
		CENTRE,	hommes	4.	13.
Solstice.		Trans. *ultér.*,		1.	
		AILE DESC.,	femmes	3.	
Equinoxe.		Trans. *postér.*,		1.	

Cet assortiment bien économique, puisqu'il ne coûte en frais de préparation que le sixième de la dépense des 120 ménages incohérens, va favoriser le développement de trois sortes de Séries; celles des *sexes*, des *goûts*, et des *affinités* ou compagnies.

Séries *des sexes*. On voit au tableau que les 13 potages sont répartis aux trois sexes par 2, 3, 4; plus quatre espèces transitives qui s'allient aux divers goûts. On n'avait rien de cette option sur 120 potages séparés, donnant 40 variétés disséminées dans les 120 ménages. Ici, en se réduisant à 13, on peut déjà satisfaire les trois sexes distinctement; les amener à classer leurs goûts, et former leurs cabales gastronomiques. Cette série ou scission des trois sexes est une opération primordiale en Harmonie, où il faut former les discords avant de s'élever aux accords. (L'Harmonie n'est jamais simple en ressort; on le voit par les planètes, qui s'équilibrent en raison directe des masses, et inverse du carré des distances).

2e Série, *des goûts*. C'est ici le beau côté en matériel. Cette diversité de goûts, tant critiquée, devient ressort social nécessaire; car si on a préparé 13 potages, il faut bien 13 goûts pour les consommer. Chacun devient, dans ses fantaisies gastronomiques, un être louable et vertueux, en ce qu'il coopère à l'économie sociétaire, par dissidence avec ses voisins.

Un groupe de Sybarites est ami de la vertu, en préférant le potage au consommé et au coulis, qui est l'un des 13. Un groupe de vrais philosophes exerce la vertu, en savourant la soupe aux raves et aux choux, selon Cincinnatus et Dentatus. Des enfans de Bacchus suivent le sentier de la vertu, en grugeant la soupe au fromage et aux oignons. Des amis du commerce cultivent la vertu, en mangeant un potage de vilenies ultramontaines, vermicelles et pâtes à fumet de vieille colle rancie, (que Dieu confonde ainsi que les raves). Un groupe de savantas en *US* et en *OGUE*, développe ses vertus et son ergotisme sur une soupe exotique où s'unissent le salep d'Orient et le sagou des Indes. Enfin, un groupe de bons bourgeois, sans prétention à l'académie, applique ses vertus à une soupe digne de son génie, une épaisse purée de pois, haricots, lentilles et denrées de bruyant augure. Même gradation de vertus doit régner dans les fantaisies relatives aux divers mets et aux 13 sortes de pain et de vin.

Ainsi se forme la Série : chacun y devient *VERTUEUX* en se livrant à ses fantaisies, avec un groupe de co-sectaires cabalistiques. Les femmes et les enfans font chorus de vertus : ici des groupes de ménagères savourent le potage bourgeois, parfumé au cerfeuil, ou le potage de santé parfumé de poreaux et de carottes roussies; plus loin, des groupes de petites maîtresses opinent pour l'orge mondée et les juleps aux amandes. L'enfant s'y passionne de même pour ses soupes favorites, comme le riz mélangé de lait et de sucre.

Voilà ce qu'est une Série attablée; tout y brille de vertus échelonnées, dignes de la verve des Berchoud, de la prose des Grimod. Chacun, en s'y livrant à ses passions, devient un champion de vertu, puisqu'il coopère à l'equilibre social et à l'Harmonie générale qui exige cette échelle de goûts variés.

Passons sur les détails du repas : il est clair que les 120 ménages qui avaient en moyen terme trois plats au service et deux au dessert, en auront ici, par extrême économie, 40 au service et 25 à 30 au dessert, distribués selon les goûts des trois sexes, et que tous les civilisés du dehors qui seront

29.

invités à pareille lipée, demanderont aux reclus de leur céder la place : chacun des passagers voudra échanger sa liberté contre la nouvelle prison. Et pourquoi ? C'est qu'au sortir de table on retrouvera même illusion aux jardins et ateliers. Les séries une fois formées à table, se forment dans toutes fonctions ; dès que la société en a reconnu, par expérience, le charme et les économies, chacun devient unanime pour appliquer cette méthode à tous les travaux, à tous les plaisirs. De là vient qu'il faut d'abord introduire cet ordre dans le mécanisme des repas, où il est si aisé de le faire adopter et d'en constater l'excellence, comparativement aux maussaderies et déperditions civilisées, où l'on ne parvient à grands frais qu'à donner des repas semblables à celui du renard à la cigogne : chaque maître de maison y sert selon son goût, et sans pouvoir ni savoir satisfaire les convives; témoin la maudite drogue nommée vermicelle, que prodiguent les ménagères et les traiteurs, pour s'épargner les soins qu'exigerait un bon potage.

Ici, *d'une pierre deux coups :* le despote n'aura eu qu'un seul but, celui de tenter les économies de ménage combiné. Non-seulement il réussit ; mais il atteint un autre but fort inespéré, qui est l'*Attraction industrielle*. On verra au 2e tome, qu'elle existe par-tout où il y a des Séries passablement équilibrées : or, elles se forment dans les travaux, du moment où on peut les organiser à table, en triple essor, ou subdivision par *sexes*, *goûts* et *caractères* : ceci nous conduit à parler des subdivisions par caractères.

Passionnel, *assortiment de compagnies*. C'est le point délicat et inconnu en civilisation : il est tâtonné dans les grandes soirées, où l'Amphitrion cherche à appareiller une dizaine de petites tables, sans étiquette et assorties à volonté ; division aussi agréable, que celle du grand couvert est fastidieuse par le ton guindé et alambiqué, le style d'adulation et les phrases parasites, les politesses dites *baisers de Judas*.

Rien de cette gêne parmi nos reclus ; ils ne se distribuent à table et au travail qu'en petits comités, variables à volonté, formant Série et groupes intimes. C'est une distribution que la nature indique lorsqu'on bannit l'étiquette.

Pour faciliter l'assortiment et la liberté, ils ne manqueront pas d'établir trois degrés de service en progression de dépense, des services à 15 mets, à 12 et à 9, choisis sur la masse des objets placés au buffet.

Vouloir décrire les relations que l'instinct leur suggérera, ce serait anticiper sur les volumes suivans; bornons-nous à observer qu'ils réussiront, parce qu'ils auront évité le vice capital des établissemens antérieurs, où on n'a spéculé que sur des ramas de pauvres. On peut les utiliser dans l'Association, mais non pas dans cet essai irrégulier, où il ne faut au début d'autres gens nécessiteux que les domestiques.

Une masse de pauvres ménages ne parviendrait jamais à établir fortuitement les trois divisions de sexes, goûts et caractères; cent familles aisées y réussiront d'instinct. C'est pourquoi il fallait, en épreuve d'Association, une tentative de despote et de casse-cou, partant du principe, « que les économies seront » bien plus fortes et plus faciles chez une masse de riches que » chez une masse de pauvres. » Il fallait donc, *de gré ou de force*, réunir une masse de riches : on n'y a pas songé.

Je ne m'arrête pas à relever les objections qu'on fera contre cette épreuve, puisque je n'en ai pas détaillé les procédés; je me borne à dire et m'engage à prouver que si la réunion est riche, composée de 100 ou 120 bons ménages, elle résondra d'instinct le problème de formation de la triple Série par sexes, goûts et caractères; trinité de Série nécessaire pour utiliser les femmes et les enfans, dont le régime civilisé dénature tous les penchans, parce qu'il est disposé en entier pour les convenances d'un seul sexe.

Pour ne parler que de la table, nous voyons les femmes n'y paraître qu'à regret, y languir et s'enfuir de bonne heure, pour échapper au double ennui d'une conversation politique et d'une cuisine toute masculine, avec boissons mâles comme le vin de Bordeaux, qu'elles appellent *de la médecine*. D'ailleurs, pour les indisposer contre ce plaisir de la table, ne suffirait-il pas des embarras qu'il leur a causés? Les hommes prendraient en aversion la bonne chère, s'ils étaient obligés de la préparer. Aussi les cuisiniers sont-ils très-sobres.

La nature n'a créé qu'une ménagère sur huit femmes; l'état morcelé, en les astreignant toutes au rôle de ménagères, en irrite les sept huitièmes, et cette masse entraîne l'autre 8e. De là vient que le caractère industriel des femmes est généralement faussé en civilisation, et l'on s'étonnera de leurs penchans à l'industrie, lorsqu'on les verra en libre exercice dans un ordre social différent, délivrées des ennuis du ménage qui, en mode sociétaire, n'employant que le 8me des femmes, laisse aux $7/8^{mes}$ pleine faculté de se livrer à leurs goûts industriels, qui prendront une autre direction.

Aussi, dans la réunion centigyne, dite Sérigerme, chaque père serait-il ébahi de voir que sa femme et ses filles qui étaient maussades en famille et qui semblaient ennemies du travail, s'y livrent avec ardeur, parce qu'elles ont trouvé dans les subdivisions sériaires de ce vaste établissement, des amorces de fonctions choisies, et de plus, l'appât de coteries cabalistiques; double charme tout-à-fait banni des travaux d'une ménagère. De là vient que la nature inspire aux femmes une rebellion presque générale contre ce désolant service, déjà insipide chez les riches où tout abonde, et plus fâcheux encore dans les ménages courts d'argent ou ménages de *justes*, hélas si nombreux.

Au reste, chez les riches mêmes il faut que ce brouhaha domestique soit bien répugnant, puisque la seule crainte de s'y entremettre, la seule idée d'en être débarrassé, suffit pour fasciner un homme, le faire tomber en quenouille, en servage sous sa ménagère, lors même qu'il en est dupe comme le savantas Pitiscus, dont la femme vendait furtivement la bibliothèque pour acheter du vin qu'elle buvait en secret. Mais la foi sauve les maris, et la seule crainte des soins du ménage leur persuade à tous que la femme dirige au mieux le gouvernail. Quel serait leur contentement dans la société centigyne, de se voir dès la première semaine délivrés sans retour de ce tracas domestique et familial.

Considérons cette utopie comme un canevas qu'il faudra remettre en scène au 2e tome, pour examiner ses chances de succès éventuel; par exemple, quand nous traiterons de l'éducation attrayante dont les philosophes nommés *Lancastriens*, et mieux *Mutualistes*, paraissent avoir eu quelque légère idée. Nous examinerons quels succès d'aventure aurait pu obtenir en ce genre le ménage centigyne qui serait arrivé forcément à l'éducation sériaire, attrayante à l'industrie.

Si les épreuves sociétaires ont échoué, c'est parce que la fatalité a poussé tous les spéculateurs à opérer sur des masses de pauvres gens qu'on soumet à une discipline *monastique industrielle*, obstacle principal au jeu des Séries. Ici, comme dans toute affaire, c'est toujours le SIMPLISME qui égare les civilisés aheurtés à des épreuves sur la réunion pauvre; ils ne peuvent pas s'élever à l'idée d'un essai sur la réunion riche. Ce sont de vrais Lemmings (rats voyageurs de Laponie), aimant mieux se noyer dans un étang, que de dévier, dans leur marche, de la ligne adoptée.

L'intérêt les dirige bien mieux dans la recherche des mines d'or. Quand ils ont ouvert sur un point quelques puits sans succès, ils savent bien conclure à changer de direction et fouiller sur un autre point. Ils ne sont pas parvenus à ce degré de sens commun en calcul d'Association.

Il fallait donc, à défaut de génie, un essai tyrannique tenté sur des riches. Quelle étourderie aux philosophes (et encore plus aux illibéraux, familiarisés avec le despotisme), de n'avoir pas suggéré cette idée aux despotes, au lieu de perdre le temps à déclamer contr'eux! Bonaparte y aurait topé : la seule idée de changer en trois mois la face du monde, l'aurait électrisé, et il aurait affecté au Sérigerme quelque château royal abandonné, comme celui de Meudon, près Saint-Cloud. Les Parisiens auraient brigué l'honneur d'admission, pour courtiser le despote qui n'aurait eu que l'embarras du choix.

L'on aurait aperçu au bout de trois mois beaucoup de lacunes dans le Sérigerme, entr'autres celles d'une masse de familles pauvres et d'une méthode pour élever les valets au rang de sociétaires non salariés; en peu de temps on aurait obvié à ces inconvéniens, et provisoirement l'on serait arrivé d'emblée à la société bâtarde numérotée 6 1/2, au tableau (page 25). C'eût été une manœuvre aussi brillante que subite; car le Sérigerme installé en avril, aurait été à la fin de juin en plein exercice d'Association et d'Attraction industrielle.

Quelle palme pour les faiseurs d'utopies, s'ils eussent eu l'idée de s'associer au despotisme, et de concevoir qu'avec des esprits viciés et bornés comme les civilisés, l'oppression spéculative peut devenir un ressort plus judicieux que ce fantôme de liberté dont on ne voit éclore aucun remède aux misères des peuples, aux 9 fléaux (39) de lymbe sociale!

CHAPITRE X.

L'ESPRIT *usuraire absorbé par l'Association.*

Chapitre dédié aux petits Propriétaires.

FAIRE l'apologie des penchans usuraires, n'est-ce pas se ranger dans la classe des jongleurs signalés 339, en note? Non; car l'apologie est ici conditionnelle et subordonnée au cas de régime sociétaire. C'est une thèse de *substitution absorbante* (393 1/2), ou emploi utile de toutes les passions odieuses en civilisation, comme despotisme, usure et autres vices.

Les civilisés pourront donc se croire, d'après ma découverte, autant de petits saints; car quel homme ne le sera pas, si elle parvient à réhabiliter les usuriers, maudits de Dieu et des hommes, et cependant plus nombreux que jamais, depuis que les grands propriétaires sont devenus habitués de la bourse, et familiers avec les nobles sciences de l'agiotage et autres dont on prend des leçons à la bourse.

J'ai badiné (376) sur l'honnête intérêt de trente pour cent; je vais prouver que c'est une prétention des plus innocentes, un vœu sanctionné par la nature, et justifié par l'exiguité du revenu foncier. Ce désordre en fait naître une foule d'autres, comme l'usure, dont nous allons déterminer l'antidote; sujet aussi curieux pour les usuriers que pour ceux qui ambitionnent leurs bénéfices.

Les propriétaires se plaignent avec raison du peu de revenu de leurs domaines, dont la plupart ne retirent en net, c'est-à-dire impôts, frais et risques déduits, pas plus de trois pour cent, *net effectif*, mais non pas *net absolu.*

On n'estime, en Harmonie, le revenu qu'en *net absolu.* Si un propriétaire civilisé reçoit de son fermier 3,000 francs, il s'en faut bien que ce soit un net absolu, car il paye d'un autre côté des contributions de foncier, mobilier, portes et fenêtres, sous additionnels, octrois, gens de guerre, assurances, etc. Il faudrait d'abord déduire ces charges, puis rabattre tout ce qu'il dépense pour l'entretien de femme, enfans, domestiques; après quoi, sur les trois mille francs, il lui resterait à peine le quart, 750 fr. de *net absolu*, à employer pour lui exclusivement. C'est ainsi que le compte du revenu s'établit en Harmonie, où chacun n'est chargé que de son entretien, et où l'on ne dépense jamais une obole pour impôts, femme, enfans et domestiques ; l'enfant étant aux frais de la Phalange jusqu'à trois ans, où il gagne déjà subsistance et entretien, pour dividende et revenu des travaux attrayans auxquels il se livre.

Il n'est donc pas surprenant que les propriétaires civilisés, assujettis à tant de dépenses *contre nature*, soient hors d'état d'y subvenir, et que chacun d'eux cherche, dans l'usure, des ressources nécessitées par le revenu dérisoire de trois à quatre pour cent, qu'on retire des domaines. Je vais, en parallèle de cette misère, estimer le revenu net et garanti de l'état sociétaire. Je négligerai les sommes nominales autant que possible, et me bornerai à énoncer abstractivement.

L'agriculture aujourd'hui rend au villageois 10 p. °/₀ du prix d'achat des terres. Or, le produit réel de l'Harmonie étant au moins triple, une terre donnerait, en Association, un revenu de 30 p. °/₀ comparativement à la valeur actuelle du sol. Réduisons à 25 p. °/₀.

Ces 25 p. °/₀ sont répartis en trois lots ; savoir :

1/3 ou quatre douzièmes au capital ;
5/12 cinq douzièmes à l'industrie ;
1/4 ou trois douzièmes au talent.

Le tiers alloué au capital sur un produit de 25 p. °/₀, s'élève à 8 1/3 p. °/₀ ; ce sera le fixe d'option. Ainsi, tout homme qui place dans une Phalange des capitaux ou autres valeurs, sans vouloir courir les chances de récoltes variables, peut stipuler pour rente fixe 8 1/3, faisant le 12e du capital confié. S'il a versé 12,000 fr., on lui doit 1000 fr. d'intérêt annuel, sans aucune charge ni retenue.

A ce revenu du douzième se joignent d'autres bénéfices tirés des deux lots d'industrie et talent, et qui vont élever le produit net à *deux douzièmes* du capital, soit 16 2/3. En voici le détail.

Cléon a versé dans sa Phalange de Meudon 36,000 fr. à rente fixe de 3000 fr. net. Il est homme de plaisir, ne s'occupant que de fêtes ; en conséquence, il s'enrôle dans une trentaine de Séries affectées aux fonctions que nous nommons *plaisirs*, *futilité*, *temps perdu*.

Au bout de l'année, après l'inventaire et les balances de

comptes, la régence déclare à Cléon qu'il lui revient, en dividendes réunis, une somme de 2400 fr. de répartition industrielle; savoir :

Dans la Série des danseurs, groupe du demi-caractère, le 3e lot réglé à . . . . 80 fr.
Dans la Série des chasseurs, groupe de la plume, le 2e lot réglé à . . . . 100.
Dans la Série des pêcheurs, groupe du grand filet, le 1er lot réglé à . . . . 120.
Dans la Série de comédie, groupe des grandes livrées, le 5e lot réglé à . . . . 60.
Dans la Série des œillétistes, groupe de mignonette couronnée, un lot réglé à . . . . . 60.
Dans la Série des orangistes, groupe du citronnier, tel lot réglé à . . . . 90.

Ce compte, que je borne à six articles, s'élevant à 500 fr. se composera de 24 autres articles, provenant de dividendes alloués par les 30 Séries dont Cléon est sociétaire : l'ensemble s'élevera à 2400 fr., surcroît de revenu gagné *au plaisir, à l'attraction*; car c'est par plaisir que Cléon fréquente ces différentes Séries, et qu'il leur aide à produire des oranges, des œillets; à prendre des brochets, tuer des perdrix.

Il trouve une 3e source de revenu dans la répartition affectée au talent. Il est le plus fort de son canton sur le hautbois; c'est lui qui est chargé des solos et qui brille dans les concerts; c'est un virtuose renommé, l'honneur de la Phalange de Meudon. A ce titre, il sort de la ligne des coopérateurs d'orchestre, qui ont une part au lot d'industrie, et il obtient en sus, une part sur le lot de 3/12mes du produit général, affecté aux talens supérieurs dans les sciences et les arts. Ce lot a été réglé à 600 fr. pour le premier hautbois. Récapitulons.

Revenu du capital actionnaire,	3000	6000 fr.
De l'industrie attrayante,	2400	
Du talent supérieur,	600	

En plaçant donc 36,000 fr. dans la Phalange de Meudon, sous condition de ne s'y occuper que de ses plaisirs, Cléon perçoit un revenu *net effectif* de 6000 fr. faisant 16 2/3 p. %, qu'il a gagnés à se divertir et bannir toute inquiétude. Cet avantage de doubler sans travail son revenu effectif, s'étend, dans l'Association, à tous les petits actionnaires en pleine santé, aptes à fréquenter les Séries d'industrie attrayante.

Ce serait peu d'un tel revenu, s'il fallait, comme aujourd'hui, le consumer en faux frais, impôts, domesticité, entretien de femme et enfans. Cléon n'a de dépense à faire que pour lui seul, en nourriture, vêtement et logement. Un Harmonien est délivré de tous ces frais qui accablent un malheureux civilisé. La femme gagne par elle-même en se livrant au travail attrayant dans une trentaine de Séries : l'enfant en fait de même, dès l'âge de trois ans, et jusque-là son entretien est au compte de la Phalange. La domesticité se compose de plusieurs Séries rétribuées en dividende sociétaire, sur le produit général : personne ne les paie individuellement. Quant aux impôts, la Phalange les prélève sur le produit, avant de régler les dividendes de Série (voyez 2e tome, 8e section). Dès-lors, Cléon qui a versé 36,000 fr. de capital, dont il retire 6000 fr. de rente, n'a que lui seul à entretenir. Cléon menant dans sa Phalange le train de vie qui lui coûterait bien au-delà de *trente mille francs* dans Paris (voyez 367, le trentuplement relatif), n'aura dépensé au bout de l'an, que 3000 fr., et pourra en épargner autant chaque année.

Objectera-t-on que chaque petit propriétaire voudra en pareil cas adopter le genre de vie de Cléon, s'adonner comme lui aux plaisirs devenus lucratifs? Mais l'agriculture sera aussi séduisante que les fonctions décorées aujourd'hui du nom de plaisirs, et tout cultivateur opinera à payer d'un fort dividende ces plaisirs devenus appuis de l'industrie productive. Cléon lui-même se trouvera cultivateur, quant aux orangers, œillets et objets titrés aujourd'hui de luxe agricole, mais aussi nécessaires dans l'Harmonie que la culture des légumes et graminées.

Cléon retirant de son capital, sans aucune industrie pénible, un revenu net effectif de 16 2/3 p. °/₀, 6000 pour 36,000, obtient relativement 50 p. °/₀ de *net absolu*. En effet :

Si par voie usuraire ou autre il obtenait, en civilisation, d'un capital de 36,000 fr. le revenu de 6000 fr., il faudrait déduire sur ce net, l'entretien de femme et enfans, les frais d'impôts et de domesticité : ces comptes payés, il ne resterait pas à Cléon un *net absolu* de 2000 fr. à affecter à sa dépense personnelle. Il sera donc, tout autre calcul à part, trois fois plus riche en Harmonie, par compte définitif; c'est-à-dire que 6000 fr. de net absolu lui vaudront 18,000 fr. d'un net effectif dans l'ordre civilisé qui lui en absorberait 12,000 en faux frais de femme, enfans et impôts.

Cela posé, son revenu net absolu comparativement au nôtre, ne sera pas de 16 2/3 p. °/₀, mais de 50 p. °/₀. Nos usuriers sont donc modérés, quand ils se bornent (376) à convoiter *l'honnête intérêt de* 30 *p.* °/₀, puisque l'Association leur rapportera l'équivalent de 50 p. °/₀ de rente du capital, en valeur effective de civilisation; (ceci indépendamment de la base de valeur réelle triplée, *page*·1, et du trentuple relatif 367).

Si j'ai dédié ce chapitre aux petits propriétaires, c'est que la chance de revenu net effectif sera bien moins forte pour un grand propriétaire possédant 500,000 fr. Il percevra, quant au capital, la même rente de 8 1/3 qu'obtient Cléon, soit 42,000 pour 500,000; mais il ne fera, *par attraction*, que le travail d'un homme ordinaire; et en supposant qu'il gagne, comme Cléon, 3000 fr. en lots d'industrie et talent, ce sera une addition imperceptible au lot de revenu capital porté à 42,000 fr. Mais ne sera-ce pas pour lui un avantage énorme, que de placer 500,000 fr. à 8 1/3 de rente garantie, sans aucune charge d'impôt ni de surveillance ou risque, sans dépense de famille et domesticité? A ces conditions, son revenu sera effectivement triple de ce qu'il serait en civilisation, et 42,000 fr. en Harmonie équivaudront pour lui à 126,000 en civilisation. Ce sera un produit comparatif de 25 p. °/₀, non compris les chances indiquées 367.

Il suit de ces détails, que les revenus de 25 à 50 p. °/₀ condamnés aujourd'hui comme usuraires, sont précisément le taux auquel la nature veut élever les capitalistes et propriétaires de diverses classes, les mondors à 25 et les menus à 50, y compris le produit du travail attrayant qu'on a vu classé au rang des plaisirs réels. Ainsi l'usure et même l'usure colossale de 50 p. °/₀ est innocentée, comparativement au revenu *net absolu* de l'Association.

Ce n'est donc pas à tort que nos malheureux propriétaires s'estiment lésés et frustrés par un chétif produit domanial de 4 p. °/₀, et souvent 3, après l'impôt et les risques déduits. Dans cet état de choses, ils sont assez excusables de recourir à l'usure, à l'agiotage, et aux spéculations illicites, pour accroître des rentes à-peu-près illusoires en comparaison des charges et risques, dont un seul, celui de guerre, peut réduire de moitié la fortune d'un propriétaire, ainsi qu'on l'a vu récemment en Champagne, en Saxe, en Espagne et autres lieux.

Voilà pour l'usure une absolution conditionnelle; on ne la justifie que sous le rapport du besoin. Si ce vice a tant d'empire en tous pays, on n'en doit accuser que l'agriculture civilisée, vraiment méprisable par l'exiguité de ses produits et par la fausseté des *bons et simples* villageois, qui ne cherchent qu'à tromper et voler. On a souvent avec eux un procès au lieu d'un revenu: faut-il s'étonner que tous les capitalistes s'adonnent de plus en plus à l'agiotage et aux spéculations désastreuses?

L'usure est extirpée dans l'ordre sociétaire, par *substitution absorbante bi-composée* ou quadruple;

1° Par l'énorme bénéfice que donne le placement en agriculture, sans charges ni retenues;

2° Par l'impossibilité de lutter contre la régence de la Phalange, qui a toujours des fonds à prix courant (*) pour tout homme solvable;

(*) A prix courant! Mais si ce prix courant est de 8 1/3 par an, option accordée pour la rente fixe, l'emprunteur ne sera-t-il pas écrasé par le prêt de Phalange, comme il l'est aujourd'hui par l'usurier? Non: une Phalange prête toujours au denier 16, à 9 pour 144, ou 6 1/4 p. 0/0. Elle obtient elle-même à plus bas prix, des actionnaires externes; à 7 p. 144, faisant 5 p. 100. Un emprunteur connu pourra obtenir d'eux au même prix à 5 ou 5 1/2, sans plus.

L'intérêt agricole de 8 1/3 est pour le sociétaire interne et résidant; encore ne lui prend-on à ce taux qu'une somme déterminée qui n'excédera guères 4 à 500,000 fr. S'il a dix millions de capitaux, il place où il peut à taux de commerce qui est au-dessous du taux agricole; et lors même que sur dix millions il en aurait 9 placés à 5 p. 0/0 seulement, ne serait-ce pas déjà un produit très-avantageux, vu l'exemption des risques de banqueroute, surveillance, gestion, et la faculté de retirer ses dépôts à volonté et sans avertissement préalable? Chaque Phalange, à défaut de numéraire, peut lui envoyer son papier acceptable au congrès provincial, qui a le double de tous les inventaires, et la note des dépôts. Sans cette précaution, une Phalange pourrait spéculer comme nos tripotiers, qui émettent du papier sans motif connu, et exercent ainsi le droit de souveraineté réelle ou droit de monnaie fictive, 12e caractère du commerce mensonger, tableau 168.

3° Par la rareté de besoin chez des gens qui n'ont point de dépense *externe* et gagnent en se livrant au plaisir ;

4° Par les sentimens d'honneur qui sont au 1er rang en Association, mais qu'il est force de placer au 4e et dernier en civilisation.

Cette substitution d'un quadruple absorbant, suffira amplement à faire disparaître l'usure, sans laisser aucun regret à ceux qui l'exercent. Il en sera de même de tous les vices actuels, qui seront tous absorbés par *substitution* et jamais par répression.

J'ai prouvé dans ces deux chapitres, que si je voulais suivre le sentier de la flatterie ; je trouverais dans ma théorie les moyens de blanchir tous les vices et séduire tous les pervers. Assez d'autres sauront donner ces couleurs à l'Association et la travestir selon le goût du siècle. Je leur abandonne volontiers cette palme banale, n'ayant de prétentions qu'à celle d'inventeur ultra-civilisé, et non pas d'orateur civilisé.

CHAPITRE XI.

De l'Economisme composé et puissanciel, vices du simplisme en économie.

Qu'est-ce? Encore des calculs sordides ! non : j'en ai fini, quoiqu'il eût fallu en redoubler, peut-être, pour se mettre au ton d'un siècle tout mercantile, tout fiscal, tout absorbé dans les loteries d'agiotage et les illusions de cupidité. Aussi chacun, sur l'annonce d'une découverte, s'écrie-t-il du premier mot, *y aura-t-il de l'argent à gagner !* C'est pour satisfaire ce goût dominant, que je dois m'appesantir sur ce qui touche au bénéfice. Terminons donc ces instructions préliminaires, en redressant une erreur qui vicie le génie moderne en toutes spéculations d'intérêt, et qui l'empêcherait d'apprécier arithmétiquement les effets de l'Association.

Accusons-le d'abord sur la manie des améliorations simples qui se contrecarrent et se neutralisent. Tel canton aidé d'une société d'agronomes, a légèrement perfectionné une branche de culture : on chante victoire, et sur quoi ? Sur ce que le bien a fait un pas, tandis que le mal en a fait dix, par la dévastation des forêts et l'empirisme des climatures. Les modernes se défieraient de pareilles illusions, si la science les eût habitués à calculer sur l'ensemble des biens désirables, spéculer sur le tout combiné avec les parties, enfin s'élever du mode simple au composé intégral. (Note A 59).

Observons ce vice de *simplisme* dans l'ensemble des voies et moyens d'enrichissement; puis nous descendrons du tout à la partie, à la source, qui est la journée de travail.

Il est deux principes constituans du luxe ou richesse :

L'interne, ou santé proportionnelle aux âges.

L'externe, ou fortune proportionnelle aux classes.

La fortune nous assure les jouissances du luxe conditionnellement, et sauf la santé ou luxe interne, essor complet des facultés sensuelles.

L'économisme composé doit spéculer sur le concours des deux luxes; il tombe dans le mode simple, s'il organise un régime où les deux luxes ne marchent pas de concert, ne se prêtent pas un appui réciproque.

Le contraire a lieu en civilisation : l'on y observe que la classe opulente a moins de vigueur que le campagnard, qui, peu rétribué en richesse externe dite fortune, obtient davantage en richesse interne ou santé : on ne voit guères la goutte s'installer dans les cabanes; on la voit fréquemment sous les lambris dorés.

L'ordre civilisé établit de fait un conflit des deux luxes, une scission entr'eux, car le *luxe interne*, ou santé proportionnelle aux âges, est en raison divergente du *luxe externe*, ou fortune proportionnelle aux classes. Le riche est moins robuste que le pauvre; ce qui est, en mécanique, la plus monstrueuse duplicité d'action. Les deux luxes doivent, selon l'unité, être convergens; chacun des deux doit soutenir l'autre et conduire à l'autre. Quoi de plus vicieux qu'un assemblage de deux élémens qui se contrecarrent! c'est l'image de ces mauvais ménages où chacun des deux époux ruine à l'envi la maison.

Telle est parmi nous la marche des deux luxes, toujours en conflit : l'externe ou richesse entraîne à des excès qui altèrent la santé, ou luxe interne; et de même le luxe interne ou vigueur entraîne à des abus de plaisir qui compromettent la fortune. Tous deux se détruisent l'un par l'autre : comment nos beaux esprits osent-ils parler d'unité d'action et d'économie de ressorts, quand la duplicité règne dans le jeu des ressorts primordiaux ? Peuvent-ils nier qu'il n'y ait jeu discordant ou simple dans ce mécanisme, où l'on s'éloigne de *la richesse* dans les fonctions qui donnent la santé, et où l'on s'éloigne de *la santé* dans les plaisirs que procure la richesse ? Peuvent-ils nier que le bonheur et la sagesse consisteraient dans un ordre de choses qui combinerait richesse et santé, conduirait à l'une et à l'autre simultanément ? Telle est la propriété du régime sociétaire.

Un préjugé nous a abusés sur le désordre actuel, ou conflit des deux luxes : on a pensé que la Providence avait voulu partager ses faveurs, donner au pâtre et au sauvage la vigueur en indemnité de leurs privations. Ce sophisme présente une idée de balance équitable ; il n'est pas moins erroné : ce n'est pas ainsi que Dieu spécule sur la justice ; nous verrons à l'article du *malheur bi-composé*, chap. suivant, qu'il ne veut rien de simple dans la destinée de l'homme, et qu'il ne place pas l'équilibre dans une divergence, mais dans une convergence d'élémens contrastés.

Tel est l'effet des Séries pass., où l'homme riche a encore plus de santé que le pauvre ; ce qui n'empêche pas que celui-ci ne soit très-vigoureux, et qu'on ne voie un homme sur douze atteindre à 144 ans. Mais les riches harmoniens ont en plus grande abondance les garanties de vitalité, parce que leur carrière plus fournie d'attraction, est plus active, plus variée, plus apte à prévenir les excès. Ainsi s'établit le concours de la vigueur avec la richesse ; concours sans lequel il n'y a point d'unité d'action entre les deux ressorts (luxe interne et externe).

Précisons bien ce tort radical de nos équilibristes sociaux, tout aheurtés à spéculer en simple ; savoir :

Les politiques, sur la richesse en négligeant la santé :
Les moralistes, sur la santé en négligeant la richesse.

Tout étant composé dans la destination humaine, si la masse n'arrive pas aux deux luxes combinément, elle tombera dans les deux pauvretés cumulativement. C'est ce qui a lieu dans l'état actuel, où l'on voit une chute

Des

Des *GRANDS* en pauvreté relative, (chap. 2 et 3 II;
en débilité comparative et réelle:
Des *PETITS* en pauvreté réelle,
en débilité relative et obligée (*).

Tels sont les résultats constans de l'état morcelé. Peu importe que les théories prétendent nous conduire au luxe composé, ou luxe *interne et externe*, quand il est notoire que le civilisé est moins robuste que le sauvage, et le citadin moins que le villageois; qu'enfin l'ordre civilisé fait diverger les deux luxes, au lieu de les faire converger, marcher de front.

Voilà l'erreur définie en sens général: j'ai analysé jeu simple et conflit dans la tendance aux deux luxes; attaquons maintenant le simplisme sur quelqu'errement spécial; descendons du tout à la partie, à la *journée de travail*. Nous allons distinguer sa valeur en degrés multiples 362, et arguer de ce calcul contre l'économisme civilisé, qui ne spécule que sur la journée simple ou industrie apathique et réduite au plus bas degré de produit, à la moindre activité possible.

Comment travaillent nos athlètes salariés? Ils ne cherchent qu'à esquiver la tâche. Ils baguenodent si le maître s'éloigne: l'ouvrage est double si le maître surveille sans relâche.

(*) Elle est obligée, en ce que le besoin de travailler les force à faire le sacrifice de leur santé dans des fonctions mal-saines, des ateliers insalubres, des exercices outrés qui usent de bonne heure les tempéramens, exposent le peuple aux fièvres et épidémies, sans moyens de traitement. Il est donc en débilité *relative et obligée*; et rien n'est plus faux que ces visions d'équilibre qui placent la santé chez le peuple, en dédommagement des richesses. Il a les germes de santé; mais il est forcé à s'en priver lui-même et se précipiter par misère dans les maladies, courir à la mort pour échapper à la famine.

L'esprit civilisé, tout sophistique, aime à se repaître de compensations illusoires, comme celles que je viens de réfuter. La vérité est que l'homme étant un être de destin bi-composé, doit arriver ou au bonheur bi-composé dans l'état de choses voulu par Dieu, ou au malheur bi-composé sous les lois des hommes, (redite nécessaire). C'est ainsi qu'on doit envisager la justice divine sociale: elle est franche quant aux voies et moyens; invariable dans sa marche composée; pleine en bienfaits comme en fléaux; témoin la peste bi-composée ou quadruple dont nous sommes frappés aujourd'hui, (avant-propos): enfin, elle est tout-à-fait incompatible avec les escobarderies de contre-poids et de compensation que le sophisme veut lui prêter.

Un ingénieur me disait d'un travail : « cela n'avance pas du tout ; il y a 40 pionniers. — Cependant, répondis-je, 40 hommes robustes. — Bah ! 40 pionniers font de l'ouvrage comme 5 hommes ; ils travaillent par punition, sans gratification ; ils en font le moins qu'ils peuvent. » Même raisonnement va s'appliquer au parallèle de civilisation et d'association. Nous allons voir que 40 civilisés de la classe des maîtres, des bons ouvriers, font de l'ouvrage comme 5 harmoniens ; différence d'un à huit.

Analysons les incidens qui diminuent le produit de la journée d'un salarié : estimons la valeur des ralentissemens actuels, et des stimulans à mettre en jeu par l'Association.

Chance de Ire Puissance.

L'Esprit de Propriété aidé de la Vérité.

1° L'esprit de propriété est le plus fort levier qu'on connaisse pour électriser les civilisés ; on peut, sans exagération, estimer au double produit le travail du propriétaire, comparé au travail servile ou salarié. On en voit chaque jour les preuves de fait : des ouvriers d'une lenteur et d'une maladresse choquante lorsqu'ils étaient à gages, deviennent des phénomènes de diligence dès qu'ils opèrent pour leur compte.

On devait donc, pour premier problème d'économie politique, s'étudier à transformer tous les salariés en propriétaires co-intéressés ou associés. C'eut été doubler la valeur des journées à gages, et par suite les avantages d'accélération.

Mais les salariés ne composent que les trois quarts de la population industrieuse (compte général établi sur les pays d'esclavage et de liberté). Comment élever l'autre quart des journées, celles des maîtres, au double produit ?

Omettant ici les petits moyens, comme exemption de surveillance, retour des maîtres et commis aux travaux qu'ils inspectaient, je me fixe au levier le plus puissant, celui de la vérité qui règne en Association. Il suffirait, en agriculture et manufacture, de la garantie de vérité et fidélité des agens, pour que les chefs entreprissent une infinité de travaux auxquels ils n'osent pas même songer aujourd'hui. J'ai remarqué, en parlant des vergers, qu'on planterait vingt fois plus d'arbres à fruit, si on avait la garantie de n'être ni trompé sur la qualité du plant, ni volé du fruit, obligé de le cueillir en masse et avant maturité; si on avait de plus la garantie de capitaux à prix non usuraire, comme on l'aura en Harmonie, après la chute de l'agiotage.

Ces deux ressorts, propriété et vérité, fournissent déjà plus de moyens qu'il n'en est besoin pour élever la masse des journées de travail à double valeur; et dans cette hypothèse, une province d'un million d'habitans fournira le produit que peut donner aujourd'hui celle peuplée de deux millions.

CHANCE DE IIme PUISSANCE.

L'Extension de Mécanique matérielle et Sociétaire.

J'en ai cité en menus détails, des produits décuples, vingtuples, et même centuples en quelques branches (Introd., page 9). En y ajoutant le bénéfice des unités générales et du commerce véridique (avantages dont on se convaincra au 2e tome), on est fondé à doubler en masse l'estimation précédente, et l'élever de deux à quatre. Dans ce cas, le million d'hommes en vaudra quatre, ou bien la journée de travail estimée aujourd'hui un écu, vaudra quatre écus.

Donnons un exemple partiel, tiré de l'irrigation, branche de mécanique matérielle. Son seul produit peut doubler, en moyen terme, les récoltes de tant de pays chauds, Espagne, Levant, etc., tout-à-fait privés de moisson lorsque les pluies viennent à manquer. Tant d'autres n'ont que demi ou quart de récolte, faute d'arrosage, et ne cultivent pas les objets que la garantie d'eau leur permettrait d'introduire dans les pentes ou les plaines, si le travail des hauts bassins et des rigoles de pentes était généralement entrepris.

Cependant l'irrigation générale de pentes et plaines, travail de si grand prix, ne serait qu'un des mille prodiges de l'Association : quelle source de bénéfices ! Voyez l'intercal., 475.

CHANCE DE IIIme PUISSANCE.

L'Enthousiasme Sériaire, Fougue de la Composite.

Un travail réfléchi donne à peine, malgré son activité, moitié de ce que produit le travail passionné (Liége et Mahon, 410 à 414), d'où naissent la dextérité, la fougue industrielle, et les prodiges incroyables pour ceux mêmes qui les ont opérés. Ce levier suffit à lui seul pour élever au double un bénéfice déjà copieux par une bonne gestion. Ainsi la journée de travail dont le produit se trouvait *quadruplé* selon les chances de 1re et 2e puissance, parviendra au degré *octuple* par enthousiasme composé, levier de 3e puissance : il est attribut permanent des Séries pass., qui se jouent des obstacles : elles élèvent l'habileté, l'activité, à une perfection qui ne peut naître que des passions nobles, dont on ne trouve aucun germe dans les vils ressorts d'intérêt qui stimulent un maître en civilisation.

CHANCE DE IVme PUISSANCE.

Le Retour des Improductifs au travail.

Quel est aujourd'hui le nombre des travailleurs *actifs et positifs* ? Il ne s'élève qu'au tiers de la population. J'ai prouvé (1re notice, IIme p.), qu'un ouvrier utile en apparence, ne fait souvent qu'un travail *négatif*, comme le mur de clôture qui n'est pas produit réel et positif.

Dans le parallèle des travaux de civilisation et d'Harmonie, on reconnaîtra que nous avons en fonctionnaires *nuls ou négatifs*, les *DEUX TIERS* de la population ; savoir :

TABLEAU DES IMPRODUCTIFS EN CIVILISATION.

Div. antér.	Div. intér.	Div. postér.
1. Femmes.	4. Armées.	9. Chômage.
2. Enfans.	5. Fiscaux.	10. Sophistes.
3. Valets.	6. Manufactures.	11. Oisifs.
	7. Commerce.	12. Scissionnaires.
	8. Transport.	

Y Agens de destruction positive.
Λ Agens de création négative.

Division antér. *LES PARASITES DOMESTIQUES.*

1° Les trois quarts des *FEMMES* de la ville et moitié de celles de la campagne, par absorption aux travaux de ménage et à la complication domestique. Aussi leur journée n'est-elle estimée, en économisme, que le quint de celle de l'homme.

2° Les trois quarts des *ENFANS*, pleinement inutiles dans les villes et peu utiles dans les campagnes, vu leur maladresse et leur malfaisance (*).

(*) J'observais un jour 5 enfans employés à garder 4 vaches ; (plus de bergers que de bêtes). Que faisaient-ils ? Ils mettaient leurs vaches

3° Les trois quarts des *DOMESTIQUES* de ménage, non cultivateurs, dont le travail n'est qu'effet de complication, surtout en cuisine, et la moitié des valets d'écurie, qui n'étant nécessaires que par suite du morcellement industriel, deviennent superflus en Association.

Ces trois classes composant le ménage, forment une division à part dans la série des parasites. Elles cesseront d'y figurer dans l'état sociétaire où la répartition judicieuse, l'emploi opportun des sexes et des services, réduiront au quart ou au quint le nombre de bras qu'emploie aujourd'hui l'immense complication des ménages morcelés ou familles incohérentes.

Division intér. LES PARASITES SOCIAUX.

4° Les *ARMÉES* de terre et de mer, qui distraient du travail la plus robuste jeunesse et la plus forte somme d'impôts, disposent ladite jeunesse à la dépravation, en la forçant à sacrifier à une fonction parasite, les années qu'elle devrait employer à se former au travail dont elle perd le goût dans l'état militaire.

L'attirail d'hommes et de machines qu'on appelle armée, est employé à ne rien produire, en attendant qu'on l'emploie à détruire. Cette 2e fonction sera relatée plus loin. Nous n'envisageons ici l'armée que sous le rapport de stagnation.

5° Les légions de *RÉGIE*. On voit la seule douane absorber en France 24,000 hommes : ajoutons-y les droits-réunis et autres armées de commis, gardes champêtres, gardes-chasses, espions, etc., enfin toutes administrations complicatives, comme

dans des blés verts et en épi. J'avertis le premier de faire retirer la vache placée devant lui. Il me répondit : » ce n'est pas la mienne. » Je fis même injonction au suivant, et j'en obtins pareille réponse. A les entendre, les 4 vaches n'étaient à aucun des 5 bergers. Je me retirai en haussant les épaules sur nos perfectibilités économiques.

On prétend que les enfans de village travaillent beaucoup : rien n'est plus faux. On en jugera par le tableau des emplois de l'enfance dans l'état sociétaire, où son service est d'un produit supérieur à celui que donnent les pères en civilisation, quoiqu'elle se borne à s'emparer des fonctions faciles qu'exercent aujourd'hui les pères ; fonctions qui, une fois envahies par les femmes et les enfans, laissent d'autant plus de marge aux travaux de force, comme irrigation et autres, dévolus aux athlètes masculins, qu'absorbent aujourd'hui la complication domestique et la répartition confuse des agens.

celles de finance et autres qui seront inutiles dans un ordre où chaque Phalange paiera tous les impôts à jour fixe et sur simple avis du ministre (voyez la note 47).

6° La franche moitié des *MANUFACTURIERS* réputés utiles, mais qui sont improductifs *relativement*, par la mauvaise qualité des objets fabriqués; objets qui, dans l'hypothèse d'excellence générale, réduiraient l'usé et la fabrication à moitié de la déperdition actuelle, et souvent aux 3/4 dans les travaux entrepris pour le Gouvernement, que chacun s'accorde à duper.

7° Les 9/10mes des *MARCHANDS* et agens commerciaux, puisque le commerce véridique ou méthode sociétaire effectue ce genre de service avec le 10e des agens qu'y emploie la complication actuelle. (Ce nouveau mode commercial est une des belles branches de l'Association, et je regrette de ne pouvoir en donner connaissance dans ces deux premiers tomes, qu'il est force de consacrer aux instructions préliminaires et aux dispositions domestiques).

8° Les deux tiers des agens du *TRANSPORT* de terre et de mer, qui sont mal à propos compris dans la classe du commerce, et qui, au vice de transport compliqué, joignent celui de transport aventureux, notamment sur mer, où leur impéritie et leur imprudence décuplent les naufrages.

Plaçons dans cette catégorie la *contrebande*, qui souvent aboutit à décupler la somme des mouvemens et agens qu'emploirait le transport direct. On a vu des étoffes, pour aller de Douvres à Calais, passer par Hambourg, Francfort, Bâle et Paris; faire 500 lieues pour 7, le tout pour l'équilibre du commerce et de la perfectibilité.

Division postér. LES PARASITES ACCESSOIRES.

9° Les *CHÔMEURS* légaux, accidentels et secrets, les gens inertes, soit par manque d'ouvrage, soit par récréation. Ils la refuseraient dans le cas de travail attrayant; ils la poussent au contraire au double des concessions légales, chômant (*Saint Lundi*, le plus ruineux de tous les saints, car il est festoyé 52 journées par an, dans les villes de fabrique.)

Ajoutons les fêtes de corporation, de révolution, de carnaval, de patronage, de mariage, et tant d'autres qu'on ne voudra plus chômer dans un ordre où les réunions industrielles seront plus agréables que les festins et bals des civilisés.

Dans le chômage, il faut porter en compte la station accidentelle. Si le maître s'éloigne, les ouvriers s'arrêtent : s'ils voient passer un homme ou un chat, les voilà tous en émoi, maîtres et valets, s'appuyant sur la bêche et regardant pour se délasser : 40 fois, 50 fois par jour ils perdent ainsi cinq minutes. Leur semaine ressort à peine à quatre journées pleines. Que de chômage, sans l'attraction industrielle!

10° Les *SOPHISTES*, et d'abord les controversistes ; ceux qui les lisent et s'entremettent à leur instigation en affaires de parti, en cabales improductives. Il faut ajouter au travail de controverse qui embrouille chaque sujet, les commotions politiques et distractions industrielles dont il est la source.

Le tableau des controversistes et sophistes s'étendrait bien plus loin qu'on ne pense, à ne parler que de la jurisprudence qui semble un sophisme excusable ; supposons que l'ordre sociétaire n'engendre pas le 20e des contestations actuelles, et que pour terminer ce peu de différents, il ait des moyens aussi expéditifs que les nôtres sont complicatifs ; il en résulte que les 19/20mes du barreau sont parasites, ainsi que les plaideurs, les témoins, les voyages, etc. etc. Combien d'autres parasites en sophisme, à commencer par les économistes, qui déclament contre le corps des parasites dont ils portent la bannière.

11° Les *OISIFS*, gens dits *comme il faut*, passant leur vie à ne rien faire. Joignons-y leurs valets et toute la classe qui les sert. On est improductif en servant des improductifs, comme les solliciteurs dont on a compté jusqu'à 60,000 dans la seule ville de Paris. Colloquons ici tout le monde électoral.

Les prisonniers sont une classe d'oisiveté forcée ; les malades encore mieux. On ne verra pas, chez les harmoniens natifs, le dixième des malades qu'on voit en civilisation. Ainsi, quoique la maladie soit un vice inévitable, il est susceptible de correction et de réduction énormes. Sur dix malades il y en a neuf enlevés mal à propos au travail, par effet du régime civilisé ; neuf qui dans l'état sociétaire seraient bien portans, n'en déplaise aux médecins.

12° Les *SCISSIONNAIRES*, gens en rebellion ouverte contre l'industrie, les lois, les mœurs et usages. Tels sont les loteries et les maisons de jeux, vrais poisons sociaux, les chevaliers d'industrie, les femmes publiques, les gens sans aveu, les mendians, les filoux, les brigands et autres scissionnaires, dont le nombre tend moins que jamais à décroître, et dont la répression oblige à entretenir une gendarmerie et des fonctionnaires également improductifs.

ⵅ *CLASSES PIVOTALES.*

Y *directe.* Les agens de DESTRUCTION POSITIVE; ceux qui organisent la famine et la peste, ou concourent à la guerre. L'ordre civilisé accorde sa haute protection aux agens de famine et de peste; il chérit les agioteurs et les turcs; il encourage toute espèce d'invention qui peut étendre les ravages de la guerre, fusées *Congrève*, canons *Lamberti*, etc.

(*Nota.* Les militaires, dans ce tableau, figurent en double ligne; ici comme faisant la guerre, opérant la destruction, et au n° 4, comme bornés à la stagnation, au role improductif. Ce n'est pas double citation, mais différence de rôle, double caractère qui exige deux articles distincts.)

⅄ *inverse.* Les agens de CRÉATION NÉGATIVE. J'ai déjà prouvé qu'ils sont excessivement nombreux; que la plupart des travaux, tels que murs de clôture, sont relativement improductifs : d'autres sont illusoires, par mal-entendu et maladresse; comme édifices qui s'écroulent, ponts et chemins qu'il faut déplacer et refaire. D'autres sont un ravage indirect : cent ouvriers paraissent faire un travail utile en abattant une forêt; ils préparent la ruine du pays, et lui sont plus funestes que les ravages de guerre, qui se réparent. D'autres sont fléaux de contre-coup, prônés par l'économisme, comme l'invention d'une mode, qui réduira à la mendicité vingt mille ouvriers, dont la stagnation sera une source de désordres.

En spéculant sur le retour au travail de toutes ces classes d'improductifs que l'Association utiliserait d'emblée, nous pourrons encore tripler le produit. Il était *octuple* en 3ᵉ puissance; il devient ici *vingt-quadruple*, car ces masses d'improductifs comprennent au moins les deux tiers de la civilisation; et peut-être estimé-je trop bas : il est certain que la seule chance d'emploi *opportun* des trois sexes en industrie domestique, doublerait la masse de travail : or, leur emploi *inopportun* ne comprend que les trois articles de division antérieure 1, 2, 3. Si le produit présumé de ces trois chances doit doubler la masse du revenu industriel, on peut bien le tripler pour les onze autres.

Nous ne sommes pas au terme de ces accroissemens puissanciels : j'en citerai encore des moyens très-efficaces, comme

5ᵉ PUISSANCE. Le rapide accroissement de la *SANTÉ* et de la force, tant des hommes que des animaux et végétaux. Pour en juger, il faut attendre le traité d'éducation intégrale, où je prouverai que la force d'un harmonien doit égaler celle de trois civilisés; et que cent jeunes femmes harmoniennes prises au hasard, seront de force à terrasser cent grenadiers civilisés. L'amélioration des animaux sera la même. Un ressort si puissant autorise bien à doubler l'estimation du produit sociétaire futur; mais il faudrait donc élever l'accroissement présomptif de 24 à 48 ! ici les données de richesse deviennent choquantes; négligeons l'evaluation.

6ᵉ PUISSANCE. La restauration des *CLIMATURES* indiquée à lanote A, Introd. Cette nouvelle température devant garantir trois récoltes, sur les points qui en obtiennent difficilement une, et faciliter le parcours du globe par la cessation des ouragans, ce serait un nouveau sujet de doubler encore la somme du produit à espérer.

7ᵉ PUISSANCE. Voie de *transition* : je n'en ferai mention que dans la note D : elle nous ouvrira une source de luxe bien immense, en élevant à trente-deux variétés pour une, les saveurs qu'on peut obtenir de chaque végétal; par exemple du légume favori des vrais sages : un champ de raves ne donne aujourd'hui à toutes ses raves qu'une même saveur, *item* à tous ses choux d'une seule espèce. Comment s'y prendre pour donner à cette espèce qu'on semerait en trente-deux carreaux ou compartimens, autant de parfums différens ? Ici des raves à l'arôme de rose, là des raves à l'arôme de lilas, et ainsi de tous les légumes sans varier les engrais, sans aucun art culinaire, et par la seule influence de la nature? Beau problème à résoudre, belle carrière pour les gastronomes et même pour les philosophes, qui en prêchant l'amour de ces raves perfectibilisées et variées à trente-deux saveurs naturelles, seront mieux fondés qu'aujourd'hui à promettre de leur doctrine des plaisirs toujours nouveaux.

⋊ PUISSANCES PIVOTALES Y χ. Je n'en ferai pas mention dans ces deux premiers volumes. Elles auront plus d'influence, en accroissement de richesse, que toutes celles précédemment citées. J'en ai suffisamment décrit pour assouvir les esprits les plus insatiables, et démontrer un vice inaperçu dans les plans de nos économistes : en se bornant à spéculer sur le degré simple, ou état brut de l'industrie, ils se sont privés d'un précieux véhicule scientifique, de la curiosité ou manie d'exploration. S'ils s'étaient exercés sur les calculs d'amélioration puissancielle qu'on vient de lire, ils auraient fini par soupçonner la possibilité de succès, et proposer la recherche de l'ordre sociétaire, unique voie pour ramener à l'industrie tant de légions improductives.

Quant aux lecteurs que révolterait ce tableau de richesses futures, il est pour eux un moyen de s'y familiariser; c'est de se rallier à l'esprit religieux, et reconnaître que notre globe a été dupe de sa prévention pour le régime civilisé et barbare: les sophistes nous ont abusés 3000 ans, en nous disant, au sujet du bonheur, de la justice, de la vérité, de l'unité, de la richesse, « tant de perfection n'est pas faite pour les hommes : » l'esprit religieux nous ramenera à des opinions plus sensées, à l'espérance en Dieu, et à la conclusion : « que si cet ordre » sociétaire, ce nouveau monde social peut assurer à l'humanité » tant de bonheur, il est impossible que la Divinité qui a en- » trevu cet Océan de richesse et de vertu dans l'Association, » n'ait pas avisé aux moyens de nous y conduire. »

A défaut, il y aurait impéritie et vexation dans le système de la Providence; les attractions seraient sans rapport avec les destinées (voyez la règle d'infra-destin, 237 3/4). Comment supposer pareille inconséquence chez le suprême économe, qui a si justement réparti toutes les impulsions, que nul animal n'ambitionne de s'élever à un autre bonheur que le sien. Si l'homme seul désire davantage, c'est qu'il n'est point fait pour les misères civilisées, point arrivé au sort que Dieu lui réserve.

Mais quelle étourderie à nos économistes de ne pas s'apercevoir qu'il y a sur la population civilisée, trois quarts d'improductifs, et que si on veut atteindre à la véritable économie, au triplement et quadruplement de produit, il faut s'élever à un mécanisme social différent. Ce ne peut être que le sociétaire ou combiné, puisque le monde industriel ne peut opter qu'entre deux ordres; la combinaison sociétaire, et l'incohérence ou morcellement actuel.

CHAPITRE XII ET XXIV.

DÉFINITION du bonheur et du malheur, en composé, bi-composé et puissanciel.

C'EST ici le quart d'heure de Rabelais, le moment où il faut compter ou plutôt décompter en thèse générale, sur les sophismes politiques et moraux que j'ai attaqués dans le cours des Prolégomènes.

Je vais, dans ce 24e et dernier chapitre, débrouiller les idées confuses de bonheur et de malheur social ou individuel, rectifier les préjugés qui existent sur ce point, et établir une échelle si méthodique, si précise, que le moindre adepte pourra éclaircir en un instant toutes les controverses de bonheur qui depuis 3000 ans sont l'écueil des aréopages scientifiques.

Il est connu, et j'ai déjà remarqué que le docte Varron comptait à Rome 278 opinions différentes sur le *VRAI BONHEUR*. Même contradiction parmi les sages de nos jours. Il faut enfin tirer au clair ce galimatias moral et politique. Le lecteur ne saurait porter un sain jugement sur l'Association, tant qu'il ne serait pas exercé à discerner entre le vrai et le faux bonheur, entre les degrés de vrai bonheur que l'Association pourra lui procurer, et les degrés de vrai malheur dont elle devra le garantir.

Sur cette question posons en thèse :

1° Que le suprême bonheur doit être *bi-composé*, formé de quadruple jouissance, et même de *PARCOURS* ou plaisir puissanciel à 5, 6, 7 jouissances cumulées.

2° Que ce degré de bonheur doit nous être garanti en jouissance habituelle dans l'état sociétaire ou destinée.

3° Que nous devons, par opposition, tomber dans le malheur *bi-composé* et le malheur en *PARCOURS*, tant que nous vivons dans l'état morcelé ou travail incohérent, qui est l'antipode de la destinée sociale.

Définissons l'un et l'autre lot, et d'abord celui qui est aujourd'hui notre partage; c'est le malheur.

On observe avec raison qu'un mal ne va guères sans un autre : par exemple, un homme pauvre est déjà accablé de double disgrâce, la privation de travail, l'aspect des souffrances et du dénuement de sa famille; c'est malheur *composé* ou *dualisé* : la civilisation saura doubler la dose; elle va *bi-composer* ou *quadrupler* le mal. Cet indigent est en butte aux traits de la calomnie; il est titré de gredin, parce que son mal-être peut l'exciter à des larcins qu'il ne veut point commettre : un vol survient; c'est lui qu'on en soupçonne, lui qu'on en accuse, et sans autre fondement que le besoin dont il est pressé.

Voilà pour lui deux nouvelles disgrâces, mépris et calomnie, lesquelles jointes à celles de manque de travail et dénuement des enfans, élèvent le malheur de cet infortuné au degré bi-composé ou quaternaire. Il peut arriver à ce quadruplement par mainte autre voie, par une maladie combinée avec la perte de travail. Au reste, quand sa misère se bornerait à trois ou à deux disgrâces, elles suffiraient déjà à confirmer l'adage de *sort composé*, selon lequel un mal ne va pas sans un autre, et ainsi du bien.

Les heureux sont clair-semés, et les malheureux en nombre immense dans la civilisation perfectibilisée, où les disgraces pleuvent sur l'indigent. Est-il pourvu d'aptitude au travail, il ne trouve ni emploi, ni protection; tandis que le millionnaire qui n'a nul besoin de places administratives, et souvent nul talent pour les remplir, voit la faveur lui jeter à la tête ces emplois dont tant d'honnêtes familles auraient un besoin urgent. *La pierre va toujours au tas* : celui qui possède le bien, voit tous les biens s'offrir à lui; celui qui est engagé dans l'infortune, voit tous les maux fondre sur lui. L'état du civilisé est donc un état *composé* et non pas *balancé*, puisque l'affluence de biens amène un redoublement de biens, et que l'orage de maux amène un déluge de maux.

Il semble, et je l'ai dit plus haut, que la justice divine aurait dû ménager des indemnités aux affligés, établir des équilibres de compensation. Ce faux principe a égaré le génie social dans tous les siècles; il suppose un équilibre *simple* et *divergent*, un état de choses où chaque malheur serait compensé par un bonheur, et où la balance naîtrait d'élémens hétérogènes, *BIENS et MAUX AMALGAMÉS*. C'est pour avoir envisagé ainsi le mouvement à contre-sens de la destinée, que les philosophes n'ont jamais su faire un pas en avant dans le calcul des voies de la providence. Elle ne veut composer l'équilibre que d'élémens convergens et homogènes ; d'une masse de plaisirs, se garantissant de l'excès par leur affluence.

Un tel mécanisme est l'opposé des systèmes actuels qui spéculent sur la compensation de bien et de mal, incompatible avec nos sociétés. Tant que nous sommes rebelles à la loi divine et obstinés dans l'industrie morcelée, Dieu ne nous doit qu'un redoublement de maux pour nous éclairer sur la fausseté des sciences qui nous dirigent, et nous prônent le morcellement industriel. Il est juste que ce vicieux mécanisme nous enfonce de plus en plus dans l'abyme des misères sociales, afin de nous démontrer par le fait, que l'état civilisé et barbare est une contre-marche des passions, un faux emploi des ressorts par lesquels Dieu voulait nous conduire au bonheur bi-composé.

Pour le définir, puisons deux exemples dans l'amitié et l'amour. J'ai prouvé (435 3/4), qu'un plaisir de gourmandise simple, qu'on méprise avec raison, s'anoblit par emploi de la bonne chère dans une réunion amicale : on goûte en ce cas une amitié *composée*, ou étayée du plaisir sensuel nommé gastronomie.

Joignons-y un autre plaisir composé. Timagène, au repas que je viens de décrire, se lie avec un homme puissant qui promet de l'aider dans une entreprise favorable à lui et à ses amis présens. Voilà pour Timagène deux nouveaux plaisirs combinés : l'un d'ambition, espoir de faveur, et l'autre de générosité, de zèle affectueux pour ses amis. C'est une nouvelle composite qui s'allie fort bien à la précédente, au charme du repas ; et cet assemblage de quatre sortes de jouissances intimément liées, est un bonheur bi-composé, bonheur à double composite. C'est la nature de l'homme ; c'est le sort que Dieu nous destine en jouissance habituelle ; je ne dis pas *continue*, mais fréquente, réitérée chaque jour en plusieurs séances, et artistement variée.

Autre exemple tiré de l'amour. Deux jeunes époux, beaux comme des héros de roman, s'aiment à l'adoration, mais sans éclat, loin du monde, en lieu ignoré. C'est déjà plaisir composé, essor de la composite (12e passion), par jouissance matérielle et spirituelle.

Si le jeune couple changeant de séjour, vient se produire

dans une ville où sa beauté fixera tous les regards, ce sera un nouveau plaisir en sens d'amour-propre. Ce couple fidèle en sera d'autant plus précieux à ses propres yeux; le lustre dont il jouira à la ville, donnera à ses amours un stimulant qui n'existait pas dans la retraite. L'étalage d'une conquête, l'étalage d'une épouse ou d'un mari fidèle, est un charme pour certains amans. Ce troisième plaisir ajoute aux deux précédens; il élève le couple, du bonheur composé au sur-composé ou 3e degré.

Ajoutons-y un quatrième charme. Le couple nouvellement fixé dans la capitale, y trouve de puissans protecteurs; ou se fait des amis avec une jolie femme, et le mari a obtenu une place de 10,000 fr. de revenu. Il l'accepte, en dépit de la philosophie qui veut qu'on aime les places gratuites et les femmes sans dot. Voilà un quatrième plaisir pour ce beau couple; il ne s'en aimera pas moins; *l'argent ne gâte rien.* Tout compte fait, les deux époux sont arrivés au bonheur *bi-composé*, par ce quatrième plaisir fort bien lié avec les trois précédens.

Il suffit, je pense, de ces deux exemples pour prouver que le bonheur bi-composé ou amalgame de deux *composites* est le but auquel tendent les humains, et que par contre le malheur bi-composé où est plongée la multitude civilisée, est l'antipode de la destinée humaine.

Cela est hors de doute, réplique-t-on; mais dans l'impossibilité d'atteindre à tant de bien-être, on veut chercher pour l'homme social un moyen terme, un bonheur mixte et simple, borné à une seule jouissance morale, comme de n'avoir pas le sou en poche et boire avec Diogène de l'eau claire dans le creux de sa main, pour se rallier à la simple nature.

Spéculation très-fausse! la nature n'admet rien de simple dans le sort de l'homme social; il faut, on ne saurait trop le redire, qu'il opte pour le mode composé en bonheur ou en malheur. Il faut que l'état de choses opposé aux vues de Dieu, produise une somme de mal-être égale au bien qu'aurait donné l'ordre divin ou sociétaire. Les hommes les plus judicieux sont donc ceux qui s'apitoient sur l'excès des malheurs sociaux: la multitude, sous ce rapport, est bien plus sage que les beaux esprits qui chantent la perfectibilité, tandis que le peuple s'écrie par-tout: *ah! qu'on est malheureux!*

Achevons la définition du bonheur. Il reste à parler du *PARCOURS* ou jouissance puissancielle, qui s'élève au delà du degré bi-composé, au delà du quadruple plaisir.

Le parcours est l'amalgame d'une masse de plaisirs goûtés successivement dans une courte séance, enchaînés avec art dans un même local, se rehaussant l'un par l'autre, se succédant à des instans si rapprochés qu'on ne fasse que glisser sur chacun, y donner seulement quelques minutes, à peine un quart d'heure à chacun.

On peut, dans le cours d'une heure, éprouver une foule de plaisirs différens, et pourtant alliés, réunis dans un même local. Par exemple : Léandre vient de réussir auprès de la femme qu'il courtisait : c'est double plaisir des sens et de l'ame : elle lui remet l'instant d'après un brevet de fonction lucrative qu'elle lui a procurée ; c'est un troisième plaisir. Au bout d'un quart d'heure, elle le fait passer au salon, où il trouve des surprises heureuses ; la rencontre d'un ami qu'il avait cru mort ; quatrième plaisir. Peu après entre un homme célèbre, un Buffon, un Corneille, que Léandre désirait connaître ; cinquième plaisir. Ensuite un dîné exquis ; sixième plaisir. Léandre s'y trouve à côté d'un homme puissant, qui peut l'aider de son crédit et s'y engage ; septième plaisir. Dans le cours du repas un message vient lui annoncer le gain d'un procès ; huitième plaisir.

Toutes ces jouissances cumulées dans l'intervalle d'une heure, et se rehaussant par leur active succession, composeront un *parcours* qui doit, en règle générale, rouler sur un plaisir de base, continué dans tout le cours de la séance. Ici Léandre a atteint ce but, par la compagnie de sa nouvelle conquête, et le succès affiché au repas ; c'est le plaisir de pivot qui broche sur le tout et intervient en continuité, comme fait le pain dans un repas où il est pivot, s'alliant à tous les mets.

Si les plaisirs sont bornés à quatre, ils rentrent dans le genre bi-composé, que j'ai distingué pour la régularité ; car quatre plaisirs peuvent être goûtés en parcours ou alliage successif, aussi bien qu'en alliage simultané : mais au-delà de quatre, la simultanéité devient difficile, et c'est sur les nombres 5, 6, 7, qu'on peut supposer le parcours.

Cette sorte de plaisir, si rare en civilisation, est très-fréquente en Harmonie, où un homme riche est assuré de se procurer chaque jour au moins trois ou quatre parcours, indépendamment des séances de mode sur-composé et bi-composé.

Les parcours sont de trois titres, en pivot de cabaliste, de papillonne et de composite : celui que je viens de décrire est en titre de papillonne. Ce sont les hauts accords des trois passions distributives, qui ne forment pas leurs gammes puissancielles comme les autres passions 394.

Je passe brièvement sur cette définition, indispensable à faire connaître les divers exercices dont se compose une journée de plein bonheur, qui doit être à l'abri de la tiédeur et la monotonie, vrais poisons en Harmonie passionnelle, où le calme romprait tout équilibre.

Les parcours sont des jouissances réservées à l'Harmonie composée : ils ont peu d'emploi dans la simple, qui sera la première fondée. Il lui suffira de s'élever par fois au plaisir bi-composé : ce sera déjà merveille pour des échappés de civilisation.

Cependant, comme un prince ou une société d'actionnaires pourraient opiner à débuter par une fondation de Phalange à plein mécanisme, il est bon de leur faire entrevoir qu'on a prévu tous les développemens théoriques et pratiques dont les passions seront susceptibles dans l'Harmonie composée, comme dans la simple.

Cela posé, examinons à quel degré de bonheur et de malheur nous ont élevé nos perfectibiliseurs sociaux. N'imitons pas ici les sophistes, qui ne s'occupent que du bonheur des heureux du siècle, des sybarites et meneurs d'élection; considérons pour quelque chose la multitude criblée de privations, et voyons si, en fait de bonheur, elle parvient à l'un des degrés, simple 1, composé 2, sur-comp. 3, bi-comp. 4, parcours 5, 6, 7, etc.

Loin de là, le peuple civilisé ne parvient pas même au degré simple, à l'assouvissement de son appétit, qui n'est qu'une passion simple sensitive. Sans cesse il est poursuivi par la faim, et on le voit radieux, souriant à la seule idée de *manger et boire*. Il souhaiterait que les philosophes, au lieu de perfectionner les abstractions métaphysiques, eussent perfectionné l'art de trouver à manger quand on a faim.

Le peuple, en échelle de bonheur, n'est donc pas même arrivé

arrivé au plaisir simple, puisqu'il ne jouit pas du nécessaire en subsistance, en exercice du sens du goût, qui est le plus impérieux de tous, la condition *sine quâ non*. Le peuple est au contraire accablé d'une foule de privations, qui transforment son existence en enfer permanent, et constituent les degrés de malheur, en simple, en composé, en sur-composé et bi-composé, et en parcours subversif ou malheur omni-composé.

On peut énumérer jusqu'à 16 motifs de désespoir, dont le peuple civilisé est assailli plus ou moins, à chaque instant, selon le tableau suivant.

DISGRACES DES INDUSTRIEUX.

Nota. Cette échelle n'est qu'un aperçu très-incomplet; je le livre à de plus exercés; ils pourront aisément doubler la série des malheurs du pauvre, après quoi on la classera plus méthodiquement.

MAL PRESSANT. 1. Charges d'impôts : poursuites des agens fiscaux qui viennent lui arracher les deniers amassés avec tant de peine pour le soutien de sa malheureuse famille.

2. Nécessité d'exposer, dans des travaux outrés, insalubres, sa santé d'où dépend la subsistance de ses enfans et la sienne.

MAL DIRECT. 3. Contre-coup de misère, souffrance communiquée, ou faculté de ressentir les maux de sa famille, dont les privations ajoutent aux siennes.

4. Nouveaux malheurs qui viennent redoubler sa peine, quand il croyait avoir épuisé les rigueurs de la fortune.

5. Flétrissure injuste; opprobre et diffamation qui s'attachent à l'homme pauvre, en raison de son dénuement, et l'exposent d'autant plus au mépris, qu'il est plus pressé de besoin.

MAL INDIRECT. 6. Aspect des favoris de la fortune, que le hasard, l'intrigue ou le crime élèvent chaque jour au bien-être, comme pour désespérer l'honnête industrieux que la probité engouffre de plus en plus dans l'indigence.

7. Déchéance relative par la progression du luxe, qui, créant chaque jour aux riches de nouveaux moyens de jouissance, accroît en même rapport les souffrances de la multitude privée du nécessaire, et stimulée par l'étalage de cet accroissement de luxe que ne voit pas le sauvage.

8. Frustration des voies de salut que la loi lui accorde, comme réclamations juridiques et autres, qu'il ne peut tenter, par défaut de fortune, par impossibilité d'avances.

MAL ACCESSOIRE. 9. Piége social, ou danger d'être à chaque pas trompé par ses concitoyens, de ne rencontrer dans le monde social qu'un essaim de fripons ou d'ennemis déguisés.

10. Pauvreté anticipée au présent, ou crainte de manquer du travail, dont l'exercice est libre au sauvage et à l'animal.

11. Dérision scientifique, ou secours illusoire des charlatans littéraires, qui en promettant au peuple un adoucissement de maux, l'accablent de nouvelles calamités.

12. Trébuchet moral, ou persécution que lui attire l'exercice de la vertu, qui portant ombrage à des rivaux pervers, les excite à la calomnie, toujours accueillie en civilisation.

PIVOTS. Y Répugnance industrielle et privation de la prérogative des animaux, castors, abeilles, etc., qui éprouvant attraction pour le travail, trouvent leur bonheur dans cette industrie qui fait le supplice du civilisé.

X Trahison de la nature, ou martyre d'attraction; aiguillon de nombreux désirs que le civilisé ne peut satisfaire, et qui le conduisent à sa perte, tandis que la nature ne donne à l'animal que les passions propres à le diriger, et lui donne en même temps plein droit de les satisfaire.

Transitions. Ӽ Retour fâcheux sur le passé, souvenir de nombreuses misères déjà endurées et encore à craindre.

K Souffrance anticipée au futur, ou faculté d'entrevoir pour sa vieillesse, dans un avenir lointain, un accroissement de misères sans aucun moyen d'y échapper.

Tel est le sort de ce peuple à qui les sophistes vantent ses progrès croissans vers la perfectibilité, tandis que sa condition est au-dessous de celle des bêtes féroces, du lion bien vêtu, bien armé, et prenant sa subsistance où il la trouve; plus heureux cent fois que le peuple civilisé qui est traîné au gibet, s'il réclame quelqu'un des droits naturels 126, et le droit primordial de société, qui est le *minimum.*

Objectera-t-on que le peuple est abruti, et n'a pas l'esprit de sentir l'énormité de ses maux: en ce cas, que signifie la prétention de nos sages à répandre par-tout les lumières, nous donner des sens délicats, des esprits raffinés sur les perceptions de sensations? L'on serait tenté ici de louer les obscurans qui veulent abrutir les peuples: tout étant cercle vicieux en civilisation, il est douteux si les obscurans n'ont pas raison dans plus d'une circonstance (*). Voyez aussi note D, Pivot inverse.

Après ces définitions, chaque lecteur peut juger des degrés de bonheur et de malheur; il suffira, pour débrouiller toute controverse à cet égard, de classer le nombre de plaisirs que présente une séance : en réunit-elle

2, Elle est composée.
3, Elle est sur-composée.
4, Elle est bi-composée.
5, 6, 7, Elle devient parcours ultra-composé.

Elle est parcours omni-composé ou pivotal ⨯, quand 7 jouissances étayées d'une pivotale et réunies dans une séance, font voltiger l'ame et les sens de plaisir en plaisir.

Cette division est une pierre de touche pour les analystes et les sybarites; ils pourront juger à quel degré de bonheur ils parviennent dans chaque séance de leur journée, et combien il est de lacunes de bonheur dans le cours de leur vie.

Là finissent les 278 opinions sur le vrai bonheur. Il n'en restera qu'une seule, quand on saura analyser régulièrement les degrés de jouissance. Le bonheur est plein quand on parvient à une variété de plaisirs contrastés et gradués, avec variantes d'heure en heure, de jour en jour, de semaine en semaine, de mois en mois, de saison en saison, d'année en année, de lustre en lustre et d'âge en âge, selon les lois de la papillonne ou 11.e passion, et des deux autres distributives dont l'essor exige cette variété.

(*) Les lumières ne peuvent être utiles au peuple que par combinaison avec le *minimum*, et garantie de ce droit primordial. Quant à présent, il serait bien fâcheux que le peuple fût en état de raisonner et mesurer l'abyme de maux où il est plongé. On ne trouve que trop de gens aptes à faire l'analyse de leurs maux : si le peuple s'élevait à *cette dignité*, *à cette raison*, *à cette perspicacité idéologique*, *à cette fierté d'homme libre*, que les philosophes lui veulent inoculer, il aurait constamment à souffrir les 12 maux que je viens de citer et qui pèsent communément sur le pauvre. Tout individu de la classe ouvrière a toujours 2, 3, 4 et 5 de ces misères en fardeau habituel, en souffrance composée et bi-composée, en parcours de privations; ce qui confirme le principe émis plus haut (475), que si l'homme civilisé n'atteint pas au bonheur bi-composé, il tombe en malheur bi-composé, la destinée du monde social ne pouvant être simple. *Abyssus abyssum invocat.*

Pour table de comparaison, l'homme heureux doit goûter chaque jour, *au moins*, l'assortiment suivant de plaisirs, qui est le *minimum* du pauvre en Harmonie.

Journée de l'Harmonien pauvre.		Degrés.
Y	1. Parcours en mode majeur. . . .	8.
	2. Séances de plaisir bi-composé. .	4.
	2. *id.* de *id.* sur-composé. .	3.
	3. *id.* de *id.* composé. .	2.
	5. *id.* de *id.* simple. . .	1.
λ	1. Parcours en mode mineur. . .	8.

Journée du riche, *moyen terme*, 32 séances et les pivots.

Une particularité à remarquer dans ce tableau, c'est que le plaisir simple n'est point banni de l'Harmonie, mais il n'y figure qu'en relais du composé. Celui-ci, par son intensité, sa véhémence, userait les corps et les ames, s'il n'était relayé de temps en temps par de courtes séances en mode simple, comme une lecture de gazettes et nouveautés : c'est plaisir simple et propre à fournir une demi-heure de diversion utile entre des séances de vive jouissance, comme la sur-composée, la bi-composée et le parcours.

Ainsi la simple nature n'est point exclue des plaisirs d'Harmonie ; mais elle n'y figure qu'en accessoire, qu'en entr'acte ou relais du composé ; le plaisir simple étant un état imparfait, un repos passionnel, qui est en exercice général ce qu'est le sommeil à l'état de veille.

Ces charmes de la simple nature sont encore une des sornettes qu'il faudra disséquer en plein. Ses amans, en l'exaltant premier rang, ont réussi à la faire haïr ; je veux la faire aimer ainsi que la vérité, en les mettant toutes deux à leur place. La nature composée et l'intérêt au 1er rang ; la nature simple et la vérité au 2me. Hérésie apparente ! mais quand on connaîtra le mouvement social, on verra que cette décision est sans appel.

(Au tableau de ces plaisirs qui nous sont garantis en Association, je pourrais ajouter en contraste plusieurs analyses de malheurs sociaux, inhérens à l'état civilisé, entr'autres celle des 28 conflits des sens contre les vœux de l'ame, et conflits de l'ame contre les vœux des sens. Le tableau serait digne d'exercer les subtils analystes ; mais j'ai résolu d'abréger, dans ces deux premiers volumes, sur tout ce qui touche à la théorie).

APPENDICE *sur l'ignorance en mécanique sociale.*

J'AI resserré, dans un cadre fort étroit, cette définition des faux systèmes de bonheur. On vient de voir que nous ne savons pas même classer l'échelle des jouissances, en distinguer les degrés depuis le simple jusqu'à l'omni-composé.

Le *VRAI BONHEUR* consiste dans la jouissance la plus étendue de ces divers degrés de plaisir où figurent combinément les douze passions, dont cinq sensitives et quatre affectives (183), ces neuf, dirigées par les trois distributives.

Disons plus succinctement, que le vrai bonheur est l'*essor intégral et continu des douze passions radicales.*

Cette définition renvoie bien loin les sophismes qui placent le bonheur dans des privations pénibles ou des compensations imaginaires. Il existe bien quelques voies de compensation, mais elles ne sont ouvertes qu'aux riches. Si Cléopatre a la migraine, toute l'Egypte est en émoi; les secours de la médecine, les distractions du luxe et des arts, tout lui est prodigué pour adoucir *une souffrance légère.* Mais si, à quelques pas de son palais, vingt pauvres ou cent esclaves sont accablés à la fois par les privations et les maladies, on ne verra personne s'intriguer pour leur porter secours ou consolation : il n'y aura point pour eux de compensations; elles sont donc pour le riche exclusivement.

Rien n'est plus juste en système de *PROGRÈS SOCIAL;* car si la pauvreté ne causait pas redoublement de maux et privation de soulagemens; si, au contraire, elle était compensée par des secours physiques et moraux, on s'habituerait à croire que l'état civilisé est un état de justice et de sage destinée; rien ne stimulerait à en chercher un meilleur; le génie social serait frappé d'apathie et d'*immobilisme*, par le seul vice de compensations appliquées aux misères civilisées.

La Providence doit les aggraver chez la multitude malheureuse, pour lui prouver par des faits que l'ordre civilisé n'est ni règne de justice, ni destinée assortie au génie d'un Dieu juste. Cet ordre n'est compensatif que sous le rapport de contre-poids méthodique de destinée; enfer social, frappant l'humanité d'une somme de maux égale au torrent de biens qu'elle obtiendrait sous le régime de la loi divine ou Harmonie sociétaire, laquelle loi doit régner sept fois plus longtemps que la loi des hommes ou état subversif. Voyez le tableau 207.

Convaincus et confus des malheurs qui pèsent sur le civilisé, et craignant qu'on ne les somme de chercher le remède par l'invention d'un nouvel ordre social, nos sages escobardent le problème, et nous abusent par des sophismes de compensation générale, qui sont, en théorie de mouvement civilisé, une monstrueuse hérésie; car ils supposent la Providence consentante à perpétuer la civilisation, cherchant à nous engouffrer dans l'abyme, par des illusions d'une indemnité qui n'a lieu que pour les riches.

A spéculer ainsi, Dieu voudrait donc nous frapper d'apathie, nous fataliser, nous détourner de toute exploration sur une destinée autre que l'état civilisé, barbare et sauvage : car, qu'y a-t-il à chercher, si on nous persuade que tout est au mieux, que l'assujétissemenl de 600 millions d'hommes à des Pachas coupe-têtes, est la perfectibilité perfectible; que les maux les plus insoutenables ne sont pas maux réels; qu'il existe par-tout des indemnités suffisantes; que le dénuement et la faim sont compensés par la lecture d'un chapitre de Sénèque?

Ainsi dans la pièce du *Médecin malgré lui*, Sganarelle compense tout avec quelques verbiages. Sa femme lui dit : » J'ai » cinq enfans sur les bras, qui me demandent du pain; » il répond, » donne-leur le fouet; quand j'ai bien dîné, je veux » que personne n'ait faim chez moi. » Sganarelle entend fort bien la théorie des compensations. Les siennes sont moins ingénieuses, moins fardées de style, mais aussi réelles que toutes celles dont on nous berce.

En admettant les compensations, il y aurait donc dans la destinée de l'homme conflit d'élémens; le mal y interviendrait en dose égale à celle du bien et combinément avec le bien. La destination de l'homme serait une guerre permanente du mal et du bien; cette doctrine tombe devant celle du bonheur composé et bi-composé (475) au tableau duquel chacun s'écrie: » *Voilà le bien-être que je désire;* je ne veux pas un » bien qui compense un mal, qui soit neutralisé par un mal; » je veux 2, 3, 4 biens à la fois, se soutenant, se rehaussant » l'un par l'autre, se succédant sans excès, et élevant mon » bonheur au degré d'enthousiasme continu. » Telle est l'opinion que nous dicte la nature dans ces controverses de bonheur.

On était bien plus docile à sa voix au siècle passé : écoutons là-dessus des écrivains défunts qui, en vers et en prose, valent encore les vivans. Lafontaine avoue qu'il n'y a point de compensation dans les souffrances du pauvre ; il nous dépeint ainsi le bucheron.

Quel plaisir a-t-il eu depuis qu'il est au monde?
En est-il un plus pauvre en la machine ronde?
Point de pain quelquefois, et jamais de repos :
Sa femme, ses enfans, les soldats, les impôts,
Le créancier et la corvée,
Lui font d'un malheureux la peinture achevée.
Il appelle la mort, etc.

A l'opinion du poëte, accolons celle d'un prosateur, Bern. de Saint-Pierre : il réfute les sophismes de compensation, en apostrophant ainsi les Sénèque, les Marc-Aurèle et autres optimistes qui, dans un bel hôtel, compensent à leur aise les souffrances du pauvre. Il leur répond :

» Pour me soutenir dans le malheur, vous m'appuyez sur le bâton de la philosophie, et vous me dites : » Marchez ferme ; » courez le monde en mendiant votre pain ; vous voilà tout » aussi heureux que nous dans nos châteaux, avec nos femmes » et la considération de nos voisins. » Mais la première chose » qui me manque, c'est cette raison sur laquelle vous voulez » que je m'appuie ; toutes vos belles dialectiques disparaissent » précisément quand j'en ai besoin ; elles ne sont qu'un roseau » entre les mains d'un malade. »

Qu'importe, au reste, le mérite des écrivains, sur une question si bien décidée par l'expérience et la nature? Suffit-il donc de bien écrire pour faire autorité en politique et en morale, pour infirmer tous les témoignages de l'expérience? Comment un siècle qui vante à tout propos son perfectionnement de raison, en vient-il à ne croire qu'au bel esprit, à donner sur toute question indécise, la palme au bel esprit?

Quelle versatilité dans les opinions! L'on prétend avoir fait des progrès en raison et en raisonnement, et l'on met en crédit des sophismes tendant à paralyser l'esprit investigateur, étouffer toute recherche d'un nouvel ordre social ; sophismes décrédités de fait, par l'apostasie de leurs auteurs et fauteurs, dont les actions dénotent que rien à leurs yeux ne compenserait le défaut de cette richesse dont ils font leur idole!

Aux grands maux les grands remèdes : plus notre siècle est engouffré dans les malheurs, révolutions, dettes, agiotage, monopole, intempérie, quadruple peste, etc., plus il est urgent de reconnaître qu'on s'est totalement fourvoyé dans la recherche du bonheur. Point de palliatifs, point d'accommodement pour sauver les 400,000 tomes ! Il faut franchement avouer l'ignorance politique, la nécessité de s'ouvrir quelque nouvelle voie, et reconnaître dans le progrès de nos misères, un fanal que nous fournit la providence : en effet,

Si Dieu agit avec nous en père éclairé, impatient de nous voir arriver aux biens de l'Harmonie, il doit écarter de nous tout indice qui pourrait nous prévenir en faveur de l'état subversif. C'est pour cela qu'il donne à notre politique la propriété d'aggraver tout mal dont elle veut tenter la cure. Si elle avait l'art d'adoucir et diminuer les neuf fléaux lymbiques (92), nous nous habituerions à espérer quelque bien de ses lois, et négliger toute investigation du code social de Dieu. Le génie social tomberait dans l'apathie, dans l'immobilisme chinois, dans l'optimisme compensatif ; il cesserait de chercher le bien où il se croirait parvenu.

Pour nous préserver de cette erreur, Dieu a dû nous assujettir au redoublement de maux, tant que nous nous confierons aux lumières philosophiques. Aussi n'aboutissent-elles qu'à cribler de révolutions le monde entier, accroître par-tout les impôts et ravages de guerre, l'indigence et la fourberie, envenimer rapidement la gangrène physique ou intempérie, et la gangrène morale ou esprit mercantile.

En nous frappant de cet accroissement de fléaux, la providence imite le chirurgien qui, par une opération judicieuse, redouble la souffrance du malade, pour le sauver plus vîte : ainsi a spéculé la divinité en aggravant nos infortunes, pour nous amener à nous défier des sciences incertaines, chercher une voie de bonheur moins trompeuse, une boussole fixe que nous donne enfin la théorie de l'Attraction ; boussole d'autant plus nécessaire, que loin d'avoir fait aucun progrès en bonheur effectif, nous ne savons pas même analyser nos désirs en ce genre : je l'ai prouvé dans le cours du 24e chapitre.

Là finissent les instructions préparatoires jugées inutiles par les présomptueux ; mais sont-ils en état de juger du nécessaire ou du superflu en pareille étude? Si l'on veut mettre à l'épreuve leur haute science, qu'on essaie de leur proposer quelques-uns des moindres problèmes en mécanique sociale, un d'analyse, un de synthèse en régime civilisé.

En synthèse. Le problème du changement de phase, indiqué comme très-prochain 163 3/4. Qu'on leur propose de construire en théorie la 4e phase de civilisation, déterminer la marche qu'y suivront les diverses classes du corps politique, et surtout l'espèce d'influence qu'y exercera le commerce, ressort pivotal de 4e phase.

On verra sur cette question les politiques escobarder, se retrancher dans leurs batteries d'abstractions métaphysiques et de perfectibilité, se borner à faire du bel esprit sur les progrès de l'hydre commercial qui déjà enveloppe la civilisation, asservit monarques et sujets, par les progrès du monopole et de l'agiotage.

La politique est-elle plus exercée sur les problèmes d'analyse? Posons-en quelqu'un des plus à portée de tout le monde; la différence de propriétés entre l'industrie combinée ou sociétaire, et l'industrie morcelée ou individuelle. Aucun discoureur ne saura donner un tableau régulier de cette différence, comme serait l'ébauche suivante:

Vices de l'industrie individuelle.

1. Mort accidentelle du fonctionnaire.
2. Inconstance personnelle.
3. Contraste de caractère du père au fils.
4. Défaut d'économie mécanique.
5. Défaut de matériaux et de moyens.
6. Conflit d'entreprises.
7. Fraude et larcin.

X Contrariété de l'intérêt individuel avec le collectif.
Y Absence d'unité dans les plans et l'exécution.

De ces vices réunis découlent tous les désordres industriels. C'est un sujet qui exigerait encore des instructions. Je n'y ai pas touché, non plus qu'à une foule d'autres, parce qu'il eût fallu porter les prolégomènes à 48 chap. au lieu de 24. Mais pour conclure sur cette table qui n'est qu'un sommaire de la matière, comment se fait-il qu'elle n'ait jamais été traitée ni proposée, que les académies n'aient ni remarqué ces neuf vices de l'industrie civilisée, ni provoqué la recherche du remède qui serait l'Association? Quelle nullité dans la politique!

J'ai franchi beaucoup de leçons nécessaires comme celle-ci; ce n'est donc pas prolixité que 600 pages de prolégomènes: après les avoir lus plutôt deux fois qu'une, l'on ne sera pas encore bien affermi contre l'effort des préjugés, contre la duperie de chercher les voies du bien dans des sciences qui donnent toujours *des effets opposés aux promesses.*

Tel est l'argument qu'il faut reproduire sans cesse aux détracteurs, aux présomptueux, aux sceptiques:

Ignorance de la philosophie en mécanique sociale;
Refus d'en étudier (339 3/4) aucun des problèmes;
Empirisme des fléaux qu'elle essaie de traiter.

On ne lui demande pas de répandre les lumières par torrens, comme elle s'en flatte; on désire seulement quelques antidotes spéciaux contre des calamités qui s'accroissent, lors même que les souverains interviennent avec les savans pour y porter remède. Jugeons-en par le quadrille suivant:

En matériel,	*En politique*,
Pestes et Déboisemens. —	Agiotage et Traite des nègres.

Matériel. Tous les souverains sont d'accord avec les savans pour obvier à la peste; elle fait pourtant des progrès chaque année (voy. Avant-Propos, *citér.*): même concours des uns et des autres pour la conservation des forêts. Les souverains rendent force décrets, les philosophes prodiguent les traités de restauration forestière; cependant l'un et l'autre mal vont croissant, parce qu'on ne sait y opposer que le remède philosophique, la civilisation perfectibilisée ou industrie morcelée.

Politique. Souverains et savans seraient d'accord sur la répression de l'agiotage qui spolie les peuples, et compromet le fisc par des entraves de discrédit. Les princes opinent de même contre la traite des nègres, et en ont signé l'abolition au congrès de Vienne. Cependant l'agiotage redouble de ravages; la traite est continuée effrontément et avec des raffinemens de cruauté.

D'où vient cette résistance de tous les vices aux efforts combinés des souverains et des sciences? Elle vient, il faut le redire, de ce qu'on n'oppose au mal d'autre remède que le mal sous une autre forme; toujours l'industrie morcelée, qu'on accompagne d'innovations politiques, vrais péjoratifs qui aggravent les calamités existantes.

Que penserions-nous d'un médecin qui, pour remédier à la fièvre tierce, ferait naître la fièvre quarte avec redoublemens, et la nommerait *fièvre perfectibilisée !* Ce serait toujours la fièvre avec renfort de malignité : (ce n'est pas guérir que de modifier et empirer le mal.)

Tel est le talent de notre politique : elle opère sur une civilisation de 3e phase 159, qu'elle trouve encroutée de vices ; et pour tout remède, elle crée une civilisation qui court en 4e phase par l'esprit mercantile. N'est-ce pas nous jeter de fièvre tierce en fièvre quarte ? On lui demande un moyen d'extirper, et non pas diversifier les vices ; un moyen de sortir du labyrinthe, et non d'en parcourir les détours, qui ne sont toujours que cercle vicieux, comme toutes les théories de civilisation perfectible et de travail morcelé.

Organisez une région selon les vues de Montesquieu ou de Rousseau ; vous y verrez dominer toujours les 9 fléaux lymbiques. Ces fameux publicistes sont donc des *empiristes* ; ils ne savent qu'engouffrer le mouvement dans l'abyme : ils ne sont point inventeurs, et c'est de l'invention qu'il faut pour nous sortir du bourbier civilisé : il faut abjurer cette science *d'engouffrement social*, cette philosophie à l'esprit noueux, incapable de s'élever à aucune découverte. On devait d'autant plus s'en défier, qu'elle ne sait pas analyser la civilisation, en classer les phases (159), en déterminer la marche (162), en disséquer les ressorts (168).

Notre docte 19e siècle est donc un ignorant en mécanique sociale, puisqu'il ne connaît pas même la civilisation, encore moins les périodes plus élevées en échelle. Et quand on saurait s'élever à cette analyse, il ne serait pas moins avéré que la civilisation contrarie le vœu des souverains et des peuples : je viens d'en donner une quadruple preuve.

Bref, il faut au monde policé une nouvelle science qui puisse lui ouvrir quelqu'issue de civilisation ; et cette science ne peut être que celle de l'Association, puisque nous n'avons à opter qu'entre deux régimes industriels, qui sont l'état morcelé et l'état sociétaire.

FIN DE LA 3e NOTICE.

POST-AMBULE.

La dette d'Angleterre payée en six mois par les Oeufs de Poule.

Il n'est point de petit bénéfice en économie *unitaire* appliquée au monde entier. J'ai prouvé (270) qu'une récompense d'un Sou peut, en Association, produire à un savant 30,000 francs, équivalant (page 1) à 90,000 fr., valeur actuelle de France.

L'épargne d'une épingle nous semble aujourd'hui indigne d'attention, et pour ridiculiser Harpagon sur la scène, on l'y occupe à ramasser une épingle. Que deviendra cette mauvaise plaisanterie aux yeux des harmoniens, chez qui l'épargne d'épingles produira, comparativement aux déperditions civilisées, une économie annuelle de *trois cents millions* de francs, revenu fiscal des empires d'Autriche ou de Russie?

Mais ce n'est point par millions, c'est par Milliards que nous allons évaluer les produits de petits objets aujourd'hui dédaignés. Les poules ont figuré avec honneur au Trans-Ambule; c'est maintenant le tour des œufs, qui vont jouer un plus grand rôle et résoudre un problème sur lequel pâlissent tous les érudits de la finance européenne. Ils ne savent qu'accroître la masse des dettes : nous allons, avec le demi-produit des œufs d'une année et sans toucher aux poules, éteindre à jour nommé le colosse de dette anglaise, et par une prestation qui, loin d'être onéreuse, deviendra une amusette pour le globe.

Établissons le compte arithmétiquement; il s'agit d'obtenir un versement garanti de 24 à 25 milliards, somme de la dette anglaise estimée

En fiscal, ...	20	25
En communal, 2 ou .	3	
En révolutionnaire, . .	2	

25 milliards à payer en œufs de poule de l'année 1835.

Estimons d'abord la valeur réelle de ces œufs : je les apprécie à dix sous la douzaine ou un demi-franc (*), quand ils sont garantis frais et de bonne grosseur, comme ceux des poules de CAUX, qui seront encore des plus petites en Harmonie, où la *régénération des poules* et autres animaux suivra de près celle du monde social.

(*) *Quelques paysans qui ont gardé les œufs un mois, en vendent à six sous la douzaine; mais la plupart sont rancis et à demi-punais. Un seul de ces vieux œufs suffit pour gâter une crême ou une omelette. Il serait plus prudent de payer ix sous pour être dispensé d'user de pareils œufs : mais cela est bon pour des gosiers civilisés, des brutes qui ont pour refrain :* » Tout fait ventre, pourvu qu'il y entre. »

Evaluant à 10 sous la douzaine de bons et gros œufs, garantis frais et provenant de poules artistement nourries, nous devons spéculer sur une concession de 50 milliards de douzaines d'œufs pour éteindre en une seule année la dette d'Angleterre. Procédons au recensement des œufs que produiront en 1835 les 600,000 Phalanges.

Le poulet, le plus précieux des volatiles domestiques, est un oiseau cosmopolite. Il s'acclimate par-tout, sauf les soins convenables; il prospère dans les sables d'Egypte et dans les glaces du nord. Multiplié par fours à éclosion, il donnera en Harmonie une immense progéniture.

Lorsqu'on en sera aux comptes détaillés (Séries infinitésimales, T. 2e), je prouverai que le poulailler d'une Phalange doit contenir au moins dix mille poules pondantes, non compris la masse vingtuple des poulets.

Estimons la ponte à 200 jours sur 365. Elle peut être moindre en civilisation; mais il est connu que les soins, la chaleur des poêles doux, la bonne nourriture et l'épargne de diverses couvées par les fours à éclosion, peuvent augmenter beaucoup la ponte, et la porter aisément à 200 jours par an, non compris les binages. Déjà on voit quelques poules bien soignées et de bonne race, donner deux œufs par jour.

Supputons le tout, et faisons le compte à la manière des bonnes femmes, sans fraction ni complication. Supposons les poulaillers de Phalange portés à 12,000 poules pondantes, au lieu de 10,000; nous aurons par jour :

1000 douzaines d'œufs à 1/2 franc,	500 fr.
Cette masse multipliée par 200 jours,	200
Donne en produit annuel des œufs d'un canton,	100,000
Multipliant par 600,000 cantons ou Phalanges,	600,000
On a en produit général, 60 milliards,	60,000,000,000

Et comme nous avons, pour faciliter le compte par douzaine, supposé 12,000 poules par canton, au lieu de 10,000, nombre réel, il faut diminuer un sixième sur ce produit, et le réduire à 50 milliards par année, somme dont la moitié, 25 milliards, est précisément le montant de la dette d'Angleterre évaluée *grassement*, puisque j'y ai compris les engagemens communaux et les indemnités de froissemens révolutionnaires qui ont été peu considérables en Angleterre.

Pour complément de preuve et garantie du calcul, il faudra, comme je l'ai promis, démontrer au 2e tome, qu'une Phalange entretient communément 10,000 poules pondantes. (*V. Séries infinitésimales*, *T.* 2e.)

En supposant que *le Roi et la Nation anglaise* prennent l'initiative de fondation (je dis le Roi et la Nation, parce que le Roi, à titre de Souverain héréditaire de l'empire d'Indostan, doit compliquer ses intérêts avec ceux de la nation, pour faire passer (51) l'un et l'autre cumulativement); la hiérarchie sphérique devra la récompense de fondation aux deux coopérateurs. Dans ce cas elle votera, outre l'hérédité du Césarat d'Indostan pour le prince, un transfert de la dette anglaise au grand livre de l'unité. Dès-lors cette dette sera constituée (284) sur le globe, sur ses immenses propriétés de colonisation par annuités ; et provisoirement l'intérêt en sera supporté par la hiérarchie sphérique et payé de ses revenus provisoires, tels que les mines vierges d'Afrique, etc. Ce sera une créance plus solide que les barres métalliques, sujettes

1° au faux titre ; 3° au larcin ;
2° à la baisse du cours ; 4° à la banqueroute.

Les esprits civilisés, tout pétris de petitesse, regimbent d'abord contre cette perspective de prodiges sociétaires. Essayons de les façonner par calcul arithmétique, à envisager ces immenses résultats. Je vais les leur présenter en gradation, à commencer par un calcul d'allumettes bien séduisant pour des amans de la petitesse. Qu'ils prennent garde que celui qui se moquerait des économies d'allumettes placées en 1er échelon, ne serait pas admissible à douter des économies de 7e et 8e échelon, tout ici étant arithmétiquement calculé pour une population d'*un milliard*.

(Elle n'est pour l'instant que de 900,000,000; mais à peine l'Harmonie sera-t-elle établie, que les chances de cessation de guerre, libre circulation, extirpation de virus variolique et d'autres venins, accroîtront la population avec rapidité jusqu'à la troisième génération, où le ralentissement de progéniture se fera et devra se faire sentir.)

TABLE D'ÉCONOMIES GRADATIVES SUR POPULATION D'UN MILLIARD.

En allumettes,	environ	1 sou.	50 millions.
En épingles,	»	6 sous.	300 »
En dégraissage,	»	3 francs.	3 milliards.
En ravaudage,	»	10 francs.	10 »
En chaussures,	»	40 francs.	40 »
En linge et coiffures,	»	100 francs.	100 »
En draperies, étoffes,	»	250 francs.	250 »
		Environ.	400 milliards

d'économie annuelle sur les dépenses que causerait l'ordre incohérent, par déperdition ou mauvaise qualité des objets fabriqués.

Je ne traite ici que de l'habillement, et non des autres épargnes, comme sellerie, mobilier, etc., qui tiennent au trousseau individuel, très-copieux en Harmonie, où chacun a des vêtemens de toutes saisons, en parure, en mixte, en négligé et en travail. Quelle serait la déperdition, si ces étoffes étaient, comme en civilisation, de mauvais teint, de mauvaise qualité, et mal défendues contre les dommages de hartes, d'humidité, de lessive, etc. ?

Réfutons, à propos de ces épargnes, un étrange sophisme des économistes qui prétendent que l'accroissement illimité du travail manufacturier est un accroissement de richesse ; d'où il résulterait que si on amenait tous les individus à user annuellement quatre fois plus d'habits, le monde social atteindrait à une quadruple richesse en travail manufacturier.

Il n'en est rien : leur calcul est faux sur ce point, comme sur le vœu d'accroissement illimité de population ou *viande à canon.* La richesse réelle, en Harmonie, se fonde,

Y Sur la plus grande consommation possible en variétés de comestibles ;

X Sur la plus petite consommation possible en variétés de vêtement et de mobilier.

La variété appliquée à l'une et l'autre consommation exige le maximum d'un côté et le minimum de l'autre, toute harmonie devant s'établir par jeu direct et inverse des ressorts.

Ce principe a échappé aux économistes civilisés, qui, assimilant les manufactures aux cultures, ont cru que l'excès de fabrication et consommation d'étoffes était mesure de l'accroissement de richesse. L'Harmonie spécule, sur ce point, en sens contraire ; elle veut en vêtement et mobilier, la *variété infinie*, mais la *moindre consommation.*

Lorsque j'étais peu exercé en calcul d'attraction, et que je commençais à balancer les doses et les résultats en chaque branche d'industrie, je fus fort étonné de reconnaître qu'en stricte analyse, il existait peu d'attraction pour le travail manufacturier, et que l'ordre sociétaire, tout en créant des amorces agricoles en dose illimitée, ne développerait qu'en faible quantité les amorces manufacturières. Cet effet me paraissait inconséquent, contradictoire avec les besoins. Peu-à-peu j'entrevis que, selon le principe (231) des attractions proportionnelles aux destinées, Dieu avait dû restreindre l'appât de fabrication, en raison de l'excellence des produits de l'industrie sociétaire, qui élève tout objet manufacturé à l'extrême perfection, de sorte que le mobilier et le vêtement atteignent à une prodigieuse durée, deviennent *éternels.*

Une chaussure confectionnée par un bottier perfectibilisé de Paris, sera trouée sans faute au bout d'un mois ; et cela doit être ainsi ; car ce bottier compromettrait son art, *s'il chaussait des gens communs qui vont à pied.* La même chaussure sortant des ateliers d'une Phalange, sera en bon état au bout de dix ans, parce qu'on aura rempli deux conditions inconnues dans l'état actuel ; savoir :

l'excellence de matières et de confection ;

l'opportunité d'emploi et d'entretien.

Ces détails, sordides en apparence, deviennent sublimes quand on considère qu'ils peuvent assurer une économie *annuelle* de 400 milliards sur les vêtemens, et de 2000 milliards sur l'ensemble des déperditions où tomberaient les Harmoniens s'ils manquaient à spéculer sur les économies combinées.

Chez eux l'économie devient *bon ton*, par influence du jeu combiné des quatre tons 389. Les Harmoniens, quoique généreux et somptueux, sont passionnés *par bon ton*, pour les épargnes que nous traitons de lésine, ladrerie, comme de ramasser une épingle ou retourner une allumette. Ils vous prodigueront les mets précieux, et ils vous traiteront de vandale si vous perdez un noyau de cerise, une pelure de pomme.

Chez nous, par bienséance, on écrit au ministre sur un papier d'ample dimension, dont les 3/4 sont inutiles, et le ministre, par spéculation fiscale, répond deux lignes sur une feuille d'une aune de long. Il régnera chez les Harmoniens un esprit opposé, et en écrivant au ministre, l'honnêteté exigera qu'on emploie le moins de papier possible. Y manquer, ce serait offenser le ministre, le supposer indifférent aux petites économies, qui sont en Harmonie gages de bonheur social, non-seulement par le profit annuel de deux mille milliards, mais par l'équilibre des fonctions avec les attractions. Cet équilibre serait rompu, si une consommation excessive d'objets manufacturés distrayait le peuple des séances agréables d'agriculture, et l'obligeait à prendre sur ce travail des heures qu'il faudrait donner à celui de fabrication, dont l'appât est limité en dose, tandis que l'Attraction agricole est illimitée.

Dans ce cas, la prodigalité des riches causerait au peuple double perte; l'une de plaisir, par la diminution d'exercice en travail attrayant; l'autre de bénéfice, par le ralentissement qu'éprouverait la masse des travaux attrayans, si des fonctions nécessaires mais sans attrait, venaient par leur accroissement diminuer le nombre et l'activité des séances bien intriguées, et réduire en même rapport le charme et le produit qui vont de pair en mécanisme sériaire.

Dans un ordre où les liens affectueux existeront entre toutes les classes, on verra les potentats mêmes donner le ton de cette économie de vêtemens que nous nommons esprit sordide, et qui est le véritable esprit de Dieu, dont la 1re propriété 203, est l'économie de ressorts. Dieu ne perd pas un atome dans le mécanisme de l'Univers, et par-tout où il y a absence d'économie générale, on peut dire qu'il y a absence de l'esprit de Dieu.

Observons que ces petites économies, estimées deux mille milliards pour la population actuelle du globe, s'élèveront au quintuple, à dix mille milliards annuellement, quand le cadre de population sera rempli. Il convient de familiariser les lecteurs à ces immenses calculs d'économie unitaire, pour bien convaincre l'Europe que son fardeau de dettes publiques estimé 50 milliards avec les indemnités révolutionnaires, ne serait qu'une minutie pour la hiérarchie sphérique, dont les moyens déjà colossals sur de petits objets comme les œufs de poule, deviennent effrayans lorsqu'on entre dans le détail de ses grandes ressources, telles que le bénéfice des colonisations par annuités (284).

Quel sujet de réflexion pour les nations endettées! L'article s'adresse aux Anglais, qui aiment les calculs composés ou alliage de petites causes avec les grands effets. Les Français, *simplistes renforcés*, ne sauraient se prêter à cette grandeur spéculative; ils préféreront manquer le remboursement de leur dette fiscale et révolutionnaire, puis venir après coup dire, selon leur usage, *ah! si on avait su!* Qu'ils se tiennent donc pour avertis : je leur ai dit et leur redis encore : « bien avisés seront » ceux qui agiront, tandis que les sots perdront le temps à parler. »

Pivot Inverse.

UNITÉ DE L'HOMME AVEC L'UNIVERS (*), *ou* PSYCOLOGIE COMPARÉE ET ANALOGIE UNIVERSELLE.

Instruction pour les Dames, aux 2 articles MOSAÏQUE.

INITIAL. « Une instruction pour les dames : eh! de quoi allez-» vous les entretenir? D'une question de savantas, de l'unité » de l'homme avec l'univers, de doctrines psycologues et ana-» logues? votre seul titre fera fuir les dames : c'est, diront-elles, » un songe creux de quelque savant en US ou en OGUE, » d'un astrologue ou idéologue : laissons-le parcourir le vaste » univers, nous ne voulons pas être du voyage.

» Si vous vouliez engager les dames à lire un de vos cha-» pitres, il fallait, au lieu de dissertations transcendantes sur » l'univers, allier vos calculs d'Association avec les amours, » avec les roses et les œillets; c'est ainsi qu'on présente la » science au beau sexe. »

J'y souscris : on ne lui parlera ici que du parfum des fleurs et du roucoulement des tourterelles. J'ai promis une science joignant l'agréable à l'utile; voici l'article où il faut tenir parole; prouver que la théorie des passions est de la compétence des femmes autant que des savans; qu'elle peut ouvrir des voies d'instruction séduisante, et des chances de célébrité où le sexe brillera peut-être plus que les académiciens, et aura autant d'aptitude qu'eux à traiter les problèmes d'analogie passionnelle.

Je veux, en deux courtes digressions sur les allégories végétales et animales, initier les dames au grand mystère de l'unité de l'univers, et les mettre en état de faire la leçon sur ce sujet aux

(*) Les deux pivots doivent traiter de l'unité de l'homme avec *Dieu* et avec l'*Univers*; la 3e unité de la nature, celle de l'homme avec lui-même, est traitée dans le corps de l'ouvrage. V. le plan en tête du livre.

compagnies savantes, si bien désappointées sur ce problème de l'unité. Les femmes pourront bientôt leur en expliquer l'énigme : ne sera-t-il pas plaisant pour elles, d'en avoir appris en un factum plus que n'en savent toutes les académies ?

Avant l'instruction pour les dames, contenue aux deux articles *règne végétal* et *règne animal*, il faut s'expliquer avec le monde savant sur le sujet traité dans ce morceau, sur l'analogie hiéroglyphique.

Naturalistes qui savez entrevoir

que la *Rose* est emblème de la *pudeur*;
la *Vipère*, emblème de la *calomnie*;
le *Gui*, emblème du *parasite*;
le *Chien*, emblème de l'*amitié*;

pourquoi n'avoir pas étendu à tous les objets créés ce rapport d'analogie passionnelle? pourquoi n'avoir pas (selon votre précepte, 100 1/2, aller du connu à l'inconnu) présumé que si la rose et la vipère sont emblèmes frappans de certains effets de passions, l'œillet et le crapaud doivent être également des hiéroglyphes de passions, dont quelque théorie inconnue pourra nous dévoiler le système ?

Si le chien et la vipère sont évidemment des tableaux d'amitié et de calomnie, pourquoi les autres animaux, comme cheval et âne (portraits du *militaire* et du *paysan*), ne seraient-ils pas de même des allusions emblématiques, des tableaux de caractères ? Le système de la nature serait donc bien vague, bien contradictoire ! elle aurait modelé dans quelques animaux et végétaux des images de nos passions, tandis que d'autres animaux et végétaux seraient dépourvus de ces rapports symboliques, et par suite dépourvus d'unité et d'analogie avec l'homme, avec le monde passionnel.

Il n'en est rien : l'analogie est complète dans les différens règnes; ils sont, dans tous leurs détails, autant de miroirs de quelqu'effet de nos passions : ils forment un immense musée de tableaux allégoriques où se peignent les crimes et les vertus de l'humanité. J'apporte enfin la science qui doit expliquer ces innombrables énigmes, l'analogie universelle ou psycologie comparée; elle est une des branches du calcul de l'attraction que nous avons dédaigné comme le café, pendant des milliers d'années.

L'antiquité mieux inspirée avait effleuré le secret. Plus rapprochée de la nature, elle avait, par instinct, sinon pénétré, au moins pressenti le mystère de l'analogie entre les passions et les choses créées : ses poëtes établissaient une allusion sur chaque objet. A défaut de connaître la théorie des emblèmes, ils l'imaginaient dans leurs fictions mythologiques dont Boileau dit avec raison :

« Là, pour nous enchanter, tout est mis en usage;
» Tout prend un corps, un ame, un esprit, un visage.
» Chaque vertu devient une divinité;
» Minerve est la prudence et Vénus la beauté.
» Echo n'est plus un son qui dans l'air retentisse;
» C'est une nymphe en pleurs qui se plaint de Narcisse.
» Ainsi, dans cet amas de nobles fictions,
» Le poëte s'égaie en mille inventions,
» Orne, élève, agrandit, embellit toutes choses,
» Et trouve sous sa main des fleurs toutes écloses. »

Les anciens avaient donc entrevu le secret de la nature, l'analogie générale. Ils partaient d'un principe juste, mais ils ne savaient pas l'appliquer; leurs allégories étaient fantastiques : il leur manquait la théorie d'interprétation, l'art d'expliquer méthodiquement le sens de chaque hiéroglyphe animal, végétal et minéral. (Je n'ajoute pas le mot *aromal*, puisque le règne aromal n'est pas encore connu; il suffit bien de citer les trois autres).

S'il est dans les productions de la nature des tableaux frappans, comme le cheval et l'âne, où l'on reconnaît aisément les portraits et caractères du militaire et du paysan, d'autres tableaux comme la ruche d'abeilles et la fleur de pensée doivent nous sembler bien incompréhensibles; car ils peignent des effets sociaux qui n'existent pas encore, et qui sont réservés à l'Association (7e et 8e pér., I, 25).

Ruche, les 3 fonctions d'industrie unitaire;

Pensée, les 5 tribus d'enfans industrieux.

Il faut donc connaître le mécanisme de toutes les périodes sociales indiquées au tableau 25, pour lire dans ce grand livre de la nature et de l'analogie. Ainsi, sous le rapport de la curiosité, quiconque veut étudier les mystères de la nature, sera forcé à s'initier préalablement au calcul des passions, sous peine de ne rien comprendre à ce vaste musée des 4 règnes représentant par-tout les effets de nos passions.

Aussi est-ce une étude bien insipide, quant à présent, que celle de l'histoire naturelle. C'est en vain que les Buffon, les Linné nous en vantent les charmes ; ils n'en ont su faire qu'un corps sans ame, en la présentant sans l'appui des allégories qui nous feront aimer, à titre de portraits, une fleur, un fruit, une feuille, une racine, parce que nous y verrons un miroir de nos ames, des jeux de nos passions.

Qu'on nous présente un bouquet assorti des fleurs nommées *Iris*, dont il existe beaucoup de variétés, depuis l'iris papillon et très-parfumé, jusqu'à l'iris colossal et gris piqueté sans parfum : cette collection sera pour nous de médiocre intérêt, d'autant mieux que plusieurs iris, comme celui de muraille et le gris colossal, sont de nuance terne et triste, l'un sans parfum, l'autre d'odeur amère et rebutante. Mais tous vont devenir intéressans même par leurs teintes sombres, si on nous apprend qu'ils offrent le tableau des variétés du mariage, qu'ils en représentent exactement les divers effets dans les différentes conditions.

Mariage de jeunes amans,	iris papillon.
Mariage de pauvres paysans,	iris de muraille.
Mariage bourgeois ou d'aisance,	iris bleu.
Mariage d'amans opulens,	iris jaune et azur.
Mariage d'ambition ou de princes,	iris gris colossal.

Les détails de cette analogie étendus à une douzaine de variétés, répandront du charme jusques sur les espèces les plus inodores, comme l'iris de muraille ou autres dépourvus d'agrément. Ainsi, dans un musée, les tableaux de serpens et de monstres deviennent, par leur vérité, aussi séduisans que ceux d'animaux aimables.

Par exemple, chacun se récrie sur le lugubre aspect du grand iris piqueté de noir : il étale pompeusement les couleurs du deuil, et on pourrait le nommer *fleur de grand deuil*, sans parfum, sans coloris. D'où vient ce contraste de luxe et de tristesse ? Il le faut, par analogie aux unions conjugales des princes, d'où on exclut les convenances d'amour, puisqu'on les marie sans s'être jamais vus. Le hasard peut rendre heureuses de pareilles alliances ; mais, en principe, elles se privent du ressort principal d'harmonie conjugale : Dieu a dû dépeindre cette servitude politique par un emblème tristement pompeux, comme le grand iris gris, fleur fastueuse, qu'il a privée de parfum, en symbole de ces mariages où règne le lien simple et sans charme; les convenances d'état et des grandeurs, sans acception des convenances d'amour. Elles sont figurées par le parfum des iris bleu, jaune, et iris papillon, emblèmes des mariages heureux par alliance de l'amour avec la fortune.

Dans ces descriptions il faudrait appuyer l'analogie, de détails sur les formes, couleurs, habitudes et propriétés de la fleur, des feuilles, des graines, des racines: j'y reviendrai plus loin; mais dans cet article nous n'en sommes qu'à des préludes sur l'analogie : bornons-nous d'abord à constater une lacune absolue d'études en ce genre; à signaler le vice de la science, qui n'établit ni liens emblématiques, ni unité entre les produits de la nature et les passions, et qui pourtant nous rebat les oreilles d'unité de l'univers, de lien universel entre toutes les parties du système de la nature, 105. Où donc est le lien entre les végétaux et les passions? A quel effet de passion se lie cette fleur nommée iris; à quelle passion correspond chacun des 40,000 végétaux? Même question sur les animaux et minéraux: là dessus nos escobars répliquent par *l'impénétrabilité des profondes profondeurs, et la sacrilège audace de cette raison téméraire qui veut sonder les décrets éternels.*

Quelques auteurs ont reconnu le vice des méthodes actuelles en étude de la nature : J. J. Rousseau se plaint de ces théories qui, dit-il, nous crachent du grec et du latin pour nous intéresser à une plante. Qu'un botaniste vienne vous débiter les mots barbares de *Tragopogon*, *Mesembryanthemum*, *Tetrandria*, *Rhododendrum*, il va vous dégoûter de la science à laquelle vous amorcera de prime-abord une explication d'allégorie sociale. Jugeons-en par quelques végétaux des plus méprisés, comme le buis et le gui.

Rien n'est moins intéressant que le buis, emblème de la pauvreté. Il habite les lieux arides et les terrains ingrats, comme l'indigent qui est réduit au plus chétif domicile, au local dédaigné de tout le monde. On voit les insectes s'attacher au buis, comme au pauvre qui n'a pas le moyen de s'en garantir. Tel que le misérable qui endure patiemment les privations et se fixe au moindre gîte, le buis brave les intempéries et s'attache fortement au mauvais sol où il est relégué. L'indigent n'a point de plaisirs : la nature a peint cet effet en privant la fleur de pétales, qui sont emblèmes du plaisir. Son fruit est une marmite renversée, image de la cuisine du pauvre, qui est réduite à rien; la nature a peint cet effet par le renversement du vase qui, en tout pays, est le fondement de la cuisine. Sa feuille est creusée en cuiller pour recueillir une goutte d'eau, comme la main du pauvre qui cherche à recueillir une obole de la compassion des passans. Son bois est serré et très-noueux, par allusion à la vie rude et à la gêne du misérable chez qui règne l'insalubrité, figurée par l'huile fétide qu'on retire du buis.

Le tableau du parasite n'est pas moins fidèle dans le gui, vivant des sucs d'autrui, se développant indifféremment en sens direct ou inverse, comme l'intrigant qui prend tous les masques. Le gui figure par sa feuille la duplicité, et donne dans sa glu le piége où viennent se prendre les oiseaux, comme les sots se prennent aux ruses du parasite.

Ainsi tels objets qui au premier aspect n'excitent que le dédain et la critique, s'embellissent par la fidélité des tableaux et la justesse hiéroglyphique. Sans cette application, la nature est inanimée, *simple* à nos yeux, dépourvue de lien spirituel avec nous, et le créateur nous paraît en défaut dans ses sages dispositions. Pourquoi, dit la critique, n'avoir pas donné du parfum à de superbes fleurs, comme,

Tulipe,	Renoncule,	Hortensia.
Justice.	*Etiquette.*	*Coquetterie !*

On verra plus loin que si ces fleurs étaient douées de parfum, elles seraient des peintures infidèles, indignes de la vérité qui doit régner dans les tableaux du grand peintre.

Mais quel rapport entre les analogies et un calcul sur l'Association agricole? Ces deux sujets sont en rapport très-intime : la théorie d'Association étant fondée sur les propriétés des passions, il faudra démontrer par des emblèmes de tous règnes que les lois de l'organisation sociétaire sont écrites dans la nature, ainsi que les tableaux des passions vicieuses, ou essors que donne aux passions le régime civilisé. On distinguera donc les hiéroglyphes animaux, végétaux, minéraux et aromaux, en deux classes principales ; celle de subversion qui, comme le buis et le gui, peint des effets de civilisation, de barbarie, de travail morcelé ; puis la classe harmonique où sont représentées les dispositions de l'Harmonie sociétaire, et les caractères qu'elle donne au monde social.

Par exemple, si j'enseigne que, dans une Phalange, l'enfance active de 4 1/2 à 20 ans, doit [illegible] [illegible]tribuée en 5 tribu[illegible] chœurs des deux sexes, tom 2 [illegible]

2° Chérubins et chérubines, 4 1/2 à 6 1/2 ans.
3° Séraphins et séraphines, 6 1/2 à 9.

4° [illegible]ycéens et lycéennes, 9 à 12.
5° [illegible]ymnasiens et gymnasiennes, 12 à 15 1/2.
6° Jouvenceaux et jouvencelles, 15 1/2 à 20,

il faut rallier ce précepte à un tableau naturel : on le voit tracé dans la fleur de pensée, dont les cinq pétales bizarrement disposés figurent les relations des 5 tribus de l'enfance. Les trois plus âgées (n° 4, 5, 6), exercent une autorité régentale sur les deux plus jeunes 2 et 3 ; aussi, par analogie, les trois pétales supérieurs ont-ils la couleur jaune, *Paternité*, 126, dont sont privés les 2 inférieurs. Cette leçon devra se répéter dans toutes les autres parties de la plante ; dans les feuilles, semences, racines, habitudes et relations de genre ou d'espèces.

Chaque disposition indiquée pour l'ordonnance d'une Phalange sociétaire, devra s'étayer de ces preuves analogiques tirées de tous les règnes. Par exemple, si je dis que la Phalange, quel qu'en soit le degré, II, 19, doit se diviser d'abord en 16 tribus d'âges, formant 32 chœurs, 16 masculins et 16 féminins, il faudra démontrer que cette distribution est écrite dans tous les règnes par le Créateur ; s'étayer sur ce point de preuves matérielles, depuis les 32 dents et leur pivot, l'os hyoïde, jusqu'aux 32 planètes et leur pivot, le soleil ; y ajouter cent autres preuves irrécusables, écrites dans le grand livre de la nature, et visiblement analogues à cette disposition.

Ceci devient bien profond, dira un critique, et vous oubliez que vous avez promis en titre une instruction pour les dames ; que vous avez, de plus, pris l'engagement de leur parler de roses, de tourterelles. Sans doute : mais à la part des dames, je dois joindre la part des sophistes qui dissertent sur l'unité de l'univers, et faussent les esprits sur ce problème comme sur tous les autres.

Je vais passer aux leçons de compétence féminine, qui occuperont les deux articles Citer et Inter. Je les dégagerai à dessein du jargon scientifique relégué au 3ᵉ article, et je réitère que toute femme, après avoir lu les 1ᵉʳ et 2ᵉ, Citer et Inter, pourra déjà donner aux philosophes des leçons élémentaires sur l'unité de [illegible], en attendant la théorie où les dames brilleront tout autant que les beaux esprits.

Cette étude, neuve s'il en fut jamais, doit fixer l'attention sous double rapport : elle offre, 1° l'avantage de réduire toutes les sciences vagues en sciences fixes, ralliées à l'ordre général de la nature, et étayées de démonstrations matérielles qu'on puisera dans les quatre règnes.

2° L'avantage de faire dans l'âge adulte une diversion à la grande influence de l'amour ; de présenter à la jeunesse de 16 à 20 ans, une amorce scientifique assez puissante pour l'entraîner à l'étude, par l'appât même des caractères et propriétés de l'amour qu'elle verra dépeints dans les animaux, végétaux, minéraux et aromaux.

Sous ces deux rapports la science de l'analogie serait déjà ce qu'il y aurait de plus digne de l'attention générale ; mais son plus grand relief est d'expliquer le système d'unité de l'univers, objet de tant de vaines recherches parmi les corps savans.

L'unité de l'univers est *INTERNE* et *EXTERNE* : l'interne comprend le globe *matériel* et *passionnel*. J'ai traité du *matériel* et de ses harmonies unitaires, note A, 53. Je vais traiter du globe *passionnel* et de ses unités internes, dans les trois articles Citer, Inter et Ulter. Quant à l'unité *externe ou cosmogonie* (1), elle sera exposée abréviativement dans la grande note E dont le plan se trouve à la fin de cet article.

(1) Rien n'est plus commun aujourd'hui que les cosmogonies ; tout faiseur de système se croit obligé, en conscience, de donner la sienne. Le siècle tend visiblement à pénétrer ce grand mystère, sur lequel il a fait, hélas ! moins de progrès qu'en aucune autre science. Il va passer subitement de l'extrême obscurité à la pleine lumière, sauf à faire trêve de petitesse ; s'habituer à ne voir en mouvement rien de petit ni de grand ; raisonner sur la naissance, l'accroissement, le déclin et la mort des astres, aussi froidement que sur les phases de la vie d'un homme ou d'un insecte. C'est à quoi je voulais former les lecteurs, dans la Note E, dont je ne puis donner que l'aperçu.

CITER. *Mosaïque de tableaux en règne végétal.*

SANS cesse on nous conseille de nous rallier à la nature : elle s'accorde avec nous dans le mépris que nous témoignons à l'ordre simple. Comme nous, elle dédaigne la fleur des champs et le fruit des bois ; elle ne les crée que pour s'allier à notre industrie, s'embellir et se perfectionner par les travaux de l'homme, produire sous sa main des fleurs et des fruits composés et non pas simples.

Il en est de même des études ; elles doivent être *composées* et non pas simples. Il faut envisager dans le système de la nature le matériel et le spirituel, combiner l'un et l'autre ; c'est ce que n'ont jamais fait les naturalistes. Leurs méthodes ne parlent qu'aux yeux et non à l'ame : ils n'ont jamais tenté de rallier leur science aux passions, de déterminer des analogies entre les passions et les substances créées.

Quelques sophistes ont publié des fariboles analogiques intitulées le *langage des fleurs* : il suffit, pour les confondre, de leur demander le *langage des feuilles*, le *langage des fruits*, *des graines*, *des racines*, *etc.* : si l'on connaît le système de la nature végétale quant aux analogies, on doit le connaître tout entier, en fruits comme en fleurs.

Cherchons donc dans les fleurs et les fruits des leçons qui s'adressent à l'ame ; des emblèmes de nos passions. Je commence par la rose, l'œillet et autres fleurs bien connues ; de là nous passerons aux fruits.

La rose est, de tous les tableaux naturels, celui qui a été le mieux compris. Chacun a su expliquer l'analogie de l'épine qui blesse légèrement le ravisseur. Chacun a vu l'emblème de la pudeur dans la propriété qu'a cette fleur de plaire en demi-éclosion. Une rose est insipide si elle est bien épanouie ; elle est ravissante si elle est à demi fermée. Ainsi la jeune innocente plaît mieux que la femme exercée, et les appas à demi voilés plaisent mieux que des nudités.

La rose ne présente que des allégories faciles à comprendre. L'incarnat de ses pétales est bien l'emblème des couleurs du bel âge ; la plante affectionne les lieux frais, en symbole de la fraîcheur de jeunesse dont elle est l'image. Son parfum, qu'on appelle mal à propos doux parfum des roses, est un arôme très-enivrant, comme l'amour que peut inspirer une jeune fille vraiment pudique. Rien n'est simple dans ses accessoires : calice très-orné, feuille parfumée et dentée avec délicatesse ; tout est charmant et soigné dans ce petit arbuste, parce qu'il représente non pas la bergère grossière, simple et champêtre, comme l'ont cru les moralistes, mais la jouvencelle élevée dans le luxe, habituée aux bienséances, et rehaussant les dons de la nature par les secours de l'art ; enfin, la pudeur en mode composé et non en simple.

Cette intervention du travail de l'art se peint dans la feuille finement découpée ; le parfum de la feuille peint une jeune fille qui dans l'opulence est laborieuse (comme le seront les vestales harmoniennes). Observons à ce sujet, qu'en explication d'analogies végétales, chaque portion de la plante fournit des emblèmes génériques.

La RACINE est emblème des principes qui règnent dans l'essor de la passion ;

La TIGE, emblème de la marche que suit la passion ;

La FEUILLE, emblème du travail de la classe ou personne dépeinte, puis du travail et des soins, comme éducation et autres, qui ont préparé tel effet de passion ;

Le CALICE, emblème des formes dont s'enveloppe une passion, des alentours qui l'influencent ;

Les PÉTALES, emblèmes de l'espèce de plaisir attaché à l'exercice de la passion ;

Les PISTILS et ÉTAMINES, emblèmes du produit que doit donner la passion ;

La GRAINE, emblème du trésor amassé par exercice de la passion ;

Le PARFUM, emblème du charme qu'excite la passion.

J'indiquerai abréviativement ces analogies par alliage de deux noms, comme ceux-ci :

FEUILLE-TRAVAIL ; PÉTALE-PLAISIR ; GRAINE-TRÉSOR.

D'où vient que les écrivains, si habiles à expliquer les tableaux de la *ROSE*, n'ont vu dans l'*ŒILLET* qu'une énigme impénétrable? C'est qu'ils n'ont pas même de notions élémentaires en ce genre d'étude ; ils ne connaissent pas encore l'analogie des couleurs, dont neuf sont adaptées au tableau, 126.

Guidés par cette indication, ils auraient vu que l'œillet représente un être gorgé d'amour; car le corps de la plante, feuillage, tige, calice, est plus près de l'azur que du vert. Sa couleur est un petit bleu argentin; d'où il est clair, 126, que l'œillet dépeint un être qui ne respire qu'amour, une classe que l'amour obsède et affaiblit, puisque l'œillet, son emblème, tombe et traîne à terre sa tige élégante. Il faut qu'une main amicale vienne le soutenir, le marier à une branche d'osier nommée tuteur.

Telle est la jeune fille que presse un tempérament ardent: fatiguée de réplétion d'amour, elle succombe comme l'œillet; elle essuie même des maladies; le besoin du plaisir surmonte en elle tous les obstacles du préjugé; et par analogie, l'œillet dans un calice gorgé de pétales, crève son enveloppe et s'échappe en désordre, laissant tomber ses pétales, symboles de plaisir. Il faut que la main de l'homme aide à rompre les barrières du calice, et qu'un ingénieux encartage favorise le développement des pétales. Il faut de même à la jeune fille à tempérament un mari aux petits soins, qui intervienne pour le plein essor des plaisirs. (Pétale est emblème de plaisir).

Aidée de ces divers appuis, la fleur est pompeuse, magnifique; et c'est pour nous peindre fidèlement cet état de la jeune fille, ce besoin de mari protecteur et de soins galans, que l'œillet succombe sous le poids de sa fleur et réclame de nous double secours de branche d'osier et d'encartage.

(*Nota.* L'œillet devrait porter un nom féminin, puisqu'il représente une fille. Les naturalistes ont joué de malheur dans les nomenclatures : ils ont presque partout désigné les genres à contre-sens ; c'est une erreur à ajouter à tant d'autres: tout sera bientôt rectifié, puisqu'enfin le système de la nature est découvert).

Les détails iraient à l'infini, si on voulait analyser complètement un tableau végétal, disserter sur les formes des racines et des graines, sur les habitudes et époques de développement, sur les parallèles et contrastes. Par exemple, dans la rose et l'œillet,

Pourquoi la découpure ou denture est-elle placée sur les feuilles de la rose, et par contraste sur les pétales de l'œillet?

Pourquoi l'épine est-elle placée sur les tiges du rosier, tandis qu'elle se trouve, dans l'œillet, à la pointe des feuilles terminées en piquans?

Ces dispositions sont autant d'emblèmes des effets de l'amour et de l'éducation chez les jeunes filles opulentes; car ici ce n'est point la classe pauvre qui est dépeinte. Quand la nature veut peindre les effets et caractères de pauvreté, elle a soin de les placer, comme le buis et le genet, dans les terrains les plus dédaignés; mais quand une fleur ou un fruit figurent au corset des petites maîtresses ou à la table des sybarites, croyez que ces végétaux ne représentent que les passions et caractères de la classe riche: le Créateur est un peintre bien fidèle; il ne commet pas d'erreurs.

Une phrase de commentaire sur ce premier tableau, sur les deux hiéroglyphes de la rose et de l'œillet! nos docteurs en unité de l'univers ne savent donc pas encore expliquer l'unité sur les deux fleurs les plus connues! Bien plus: ils découvrent par instinct cette unité dans la rose; ils savent y reconnaître le tableau de la pudeur, et ils échouent complètement sur l'œillet, dont ils ne savent expliquer en aucun sens l'analogie avec nos passions. Que sera-ce des végétaux dont le langage hiéroglyphique est moins intelligible?

Combien ils avaient besoin qu'une théorie nouvelle vînt leur livrer la clef de ce grimoire! La psycologie comparée est une science aussi immense que charmante; elle remplira au moins mille gros volumes pour le seul règne végétal; et les dames, sur ce sujet, pourront disputer *les palmes de la renommée*; car on accolera à chaque solution de ces innombrables énigmes, les noms de celles qui les auront expliquées. Et comme un seul végétal peut, dans ses détails, présenter cent problèmes, il pourra immortaliser cent personnages, hommes ou femmes, qui auront expliqué un ou plusieurs des problèmes, et leur valoir des récompenses unitaires, selon la distribution indiquée à l'Intermède, 269.

Cette jolie et lucrative science va faire tomber le goût des énigmes simples, telles que le Mercure en envoie chaque semaine aux oisifs des châteaux. Elles feront place aux énigmes composées ou alliées aux passions. Continuons sur les fleurs en faveur, les roses et les lys.

La nature, dans ses emblèmes, est indiscrète à force de fidélité du pinceau, notamment dans les végétaux et animaux symboliques de la vérité, comme *la fleur de lys*, *le sapin*, *le cygne*, *le cerf.* Observons d'abord cette indiscrétion dans la fleur de lys.

La tige en est droite et ferme, comme la marche de l'homme véridique. Elle se distingue par un entourage de folioles gracieuses : ainsi l'homme honorable et véridique brille par les traces d'estime qu'il laisse dans toutes ses fonctions industrielles ou administratives : (feuille et travail sont synonymes, 506).

La corolle est, comme celle de la tulipe, un triangle sans calice, par analogie à l'homme véridique (lys), et à l'homme juste (tulipe). Leur conduite ne s'enveloppe d'aucun mystère et marche à découvert : ainsi la racine bulbeuse du lys est entr'ouverte de toutes parts en lames détachées et laisse voir l'intérieur de l'oignon, par analogie à la marche de l'homme loyal dont les principes et le fond du cœur sont à découvert.

Cette fleur, emblème de la pureté et de la droiture, a deux propriétés bizarres; elle est *perfide* et *reléguée.*

1° *Perfide*, en ce qu'elle barbouille d'une poudre jaunâtre celui qui s'en approche, séduit par son parfum. Cette souillure qui excite les huées, représente le sort de ceux qui se familiarisent avec la vérité.

Qu'un homme docile aux leçons des philosophes, et résolu à pratiquer *l'auguste vérité qui est*, disent-ils, *la meilleure amie des humains*, s'en aille dans un salon dire la franche et bonne vérité sur les faits et gestes des assistans, sur les grivelages des gens d'affaires et les intrigues secrètes des dames présentes, il sera conspué, traité d'ostrogot philosophique, butor inadmissible en bonne compagnie. Chacun, par une invitation de passer la porte, lui prouvera que *l'auguste vérité n'est point du tout la meilleure amie des humains*, et ne peut conduire qu'à des disgrâces quiconque veut la pratiquer.

La nature nous écrit cette leçon dans le pollen dont elle enduit les étamines du lys. Il semble qu'elle ait voulu dire à l'homme attiré par cette fleur : *défie-toi de la vérité; ne t'y frotte pas.* C'est là le but de ce barbouillage qu'elle imprime sur les nez imprudens qui se frottent sans précaution à la fleur de lys, et se font, l'instant d'après, montrer au doigt par les enfans, comme on se fait montrer au doigt par les pères, quand on se hasarde à leur dire *l'auguste vérité*.

2° *Reléguée*. La vérité est belle, si l'on veut, mais belle à voir de loin; et telle est l'opinion du grand monde, puisqu'il ne peut pas admettre la fleur de vérité. On ne présentera pas un bouquet de lys à une femme de bon genre; on ne verra pas de lys dans le sallon d'un Crésus. Toute belle qu'est cette fleur, sa forme, son parfum, son éclat, ne conviennent pas à la classe des sybarites. Ils n'aiment le lys que de loin, comme la vérité; ils le relèguent dans les angles du parterre. La fleur, comme bouquet, ne peut convenir qu'au peuple qui ne craint pas les pesantes vérités. Aussi voit-on le lys figurer dans les fêtes publiques et sur la porte des cabarets où règne la vérité. Il charme les enfans qui ne craignent pas la bonne et franche vérité. Enfin on l'emploie à orner les statues et portraits des saints aux jours de fête; et c'est fort bien fait de placer le symbole de la vérité entre les mains des habitans du ciel; car si elle est de recette en l'autre monde, elle ne l'est nullement en celui-ci.

D'autres emblèmes de vérité sont moulés dans les espèces de cette fleur. Le lys orange représente une autre classe d'amans de la vérité, ces misanthropes atrabilaires qui la pratiquent avec rudesse et ne savent point la rendre aimable. Aussi ce lys a-t-il tous les caractères de l'âpreté; il est sans parfum; sa couleur est celle de l'enthousiasme sévère. *orange sombre*, 126, nuance terne, taches noires; mais ne donnons pas exclusivement aux roses et aux lys, un article où tant d'autres fleurs sollicitent quelque place. L'iris dont il a déjà été question, exige encore divers détails.

L'iris, emblème du mariage, porte trois chenilles sur ses trois pétales : or on ne peut voir qu'un symbole de vice, partout où le règne végétal figure des chenilles, comme dans l'euphorbe et l'héliotrope défleuri; (la chenille étant l'emblème principal des sociétés lymbiques, et de leur métamorphose en état sociétaire, figuré par le papillon qui succède au vénéneux et dégoûtant insecte, comme l'état sociétaire doit succéder aux infamies civilisée, barbare et sauvage).

L'iris fournit successivement deux corolles ou fleurs qui semblent s'éviter, s'isoler l'une de l'autre. On voit la seconde long-temps cachée, apparaître inopinément dès que la première est passée. C'est l'image du lien conjugal, où un homme presque suranné s'unit à une jeune femme. L'âge du plaisir n'est plus commun entr'eux ; il finit pour l'un et commence pour l'autre : aussi la seconde fleur n'éclot-elle que lorsque la première est flétrie.

La corolle d'iris paraît formée de trois fleurs distinctes, et réunies forcément par leurs extrémités. Le mariage est de même un composé de trois affections bien distinctes et péniblement amalgamées ; ce sont :

L'amour matériel simple.............. *Bleu terne.*
La coalition conjugale ou ligue domestique. *Violet faux.*
Le lien de ménage et de paternité...... *Jaune.*

Ces trois couleurs correspondent aux trois effets passionnels.

Le réceptacle d'étamines a la forme de chenille, emblème des sordides calculs qui président au mariage. Trois pétales accessoires s'élèvent et se rapprochent gracieusement, abandonnant le corps de la fleur ; tandis que les trois pétales productifs, portant graine, s'isolent et semblent s'éviter. Ainsi dans le mariage, les trois sexes, homme, femme et enfant, cherchent hors du ménage des réunions agréables qui n'existent guères dans la vie domestique, où l'on rencontre plutôt la gêne et la discorde.

Par analogie, la nature écrase en éventail la feuille de l'iris commun ; c'est l'image de la gêne qui régne dans les mariages pauvres et les petits ménages. La feuille d'iris commun est terminée par une pointe desséchée, en signe de la pauvreté où conduit le travail des ménages pauvres. On dirait, d'après l'écrasement des feuilles au sortir de la racine, qu'elles manquent d'espace pour s'étendre et s'arrondir : c'est un emblème de la pénurie des ménages mal-aisés, qui ne peuvent pas obtenir du travail, ou n'en obtiennent qu'en servage et non pour eux.

Comme il est des ménages riches et heureux, ainsi que de pauvres et malheureux, la nature a dû figurer cette duplicité d'effets du mariage en donnant au végétal symbolique, duplicité de racines et de feuilles, malgré l'unité ou conformité des dispositions de la fleur.

Une distinction bien essentielle dans cette étude, est celle des 8 sociétés, à l'une desquelles se rapporte chaque végétal. V. tableau, page 25. Une plante représentant quelqu'effet de barbarie, serait incompréhensible pour celui qui ne connaîtrait pas les usages des Barbares; et ainsi des plantes qui représentent les effets sociaux des périodes 6, 7, 8 : elles seront incompréhensibles à ceux qui ne connaissent rien au-dessus de la civilisation, période 5.

Des fleurettes bien connues, jasmin, violette, pensée, réséda, sont des tableaux de la période 8 : comment traiter de ces analogies avec un lecteur qui ne connaît pas les coutumes de la 8ᵉ société décrite au 2ᵉ tome? Pour faire sentir la nécessité d'étudier la 8ᵉ période avant d'étudier les analogies de botanique, je vais expliquer seulement une des quatre fleurettes citées plus haut. Je choisis le *RÉSÉDA*, très-considéré par l'excellence de son parfum.

Il représente les industrieux enfans de l'ordre sociétaire, tome II, sections 3 et 4. Sa fleur n'a point de pétales visibles; elle ne se compose que de la partie productive, étamines et pistil, par allégorie aux enfans d'Harmonie, sans cesse occupés à des fonctions productives et ne trouvant de plaisir que dans le travail utile, qu'ils exercent dans une foule de Séries pass.; par analogie, le réséda supprime les pétales, emblèmes de plaisir improductif. Un parfum très-suave s'échappe de cette fleurette, en symbole du charme qu'excitent les enfans adonnés passionnément à l'utile industrie. La nature donne aux étamines la nuance *capucine*, mélange de rouge et orange (couleurs d'enthousiasme et d'ambition, 126), en symbole du levier industriel des enfans harmoniens, qui est un enthousiasme soutenu d'ambition.

Au-dessous des fleurs vient une longue file de petits sacs, peu remplis et ouverts; c'est l'emblème de tous les petits trésors qu'amasse l'enfant harmonien dans sa jeunesse, où il dépense fort peu de chose, et accumule d'ordinaire une cinquantaine de menues sommes, épargnées sur les dividendes obtenus dans les différentes Séries qu'il a fréquentées. Leur ensemble compose à l'enfant un petit pécule qu'on lui livrera à 15 ans. Il y a peu de graine dans les capsules, parce que l'enfant ne doit gagner que des dividendes peu considérables dans ses Séries. La nature a laissé les sacs ouverts quoique renversés;

c'est

c'est manquer *doublement* aux précautions de prudence, par analogie à l'impossibilité de tromper et frustrer un enfant harmonien, malgré qu'il dédaigne toute précaution contre l'astuce et le vol.

Ce n'est pas aux mœurs des enfans civilisés que peut s'appliquer ce tableau. On comprend par là qu'il serait impossible d'étudier les analogies végétales et animales, tant qu'on ignorerait le mécanisme des périodes sociales 6, 7, 8, auxquelles se rapportent nombre de plantes, comme jasmin, violette, pensée, réséda, serpentin, cacao, dont l'analogie n'existe point dans les coutumes et mœurs de civilisation.

Mais du moment où on connaîtra les coutumes des huit périodes sociales tablées 25, on pourra en trouver les portraits dans le vaste musée des quatre règnes, où les effets de nos passions sont hiéroglyphiquement dépeints. Jusques-là, les naturalistes ne peuvent qu'observer des EFFETS, sans connaître les CAUSES qui ont déterminé Dieu dans ses opérations distributives. Si on leur demande pourquoi le lys est enduit d'un pollen qui vient souiller perfidement la face de l'homme; pourquoi l'œillet crève irrégulièrement son calice, ils sont forcés à se retrancher dans *les profondes profondeurs des décrets et l'épaisse épaisseur des voiles d'airain.* Ce qui signifie en langage bourgeois, qu'ils ne connaissent goutte au calcul des CAUSES; que leurs études sont bornées au mode simple, au classement des EFFETS.

Si nous ignorons les causes qui ont présidé à chaque détail de la création, nous sommes tentés à tout instant de critiquer la nature et son docte auteur, dont nous admirerions le pinceau fidèle, si nous savions déterminer par analogie le sens de leurs tableaux. En voyant un réséda, chacun s'écrie : quel dommage que cette fleurette si odorante ne soit pas un peu plus ornée, qu'elle n'ait pas de brillans pétales! et puis ce fatras de capsules presque sans graine, c'est une surcharge inutile : ainsi s'exprime la raison civilisée ou raison *simple* qui ne connaît que les effets et non les causes. On a vu plus haut que le tableau manquerait de vérité, si Dieu avait fait une seule de ces corrections; le réséda ne peindrait plus les coutumes industrielles des enfans en 8e période; et le lys qui ne barbouillerait pas les nez civilisés, ne serait plus l'interprète exact des périls encourus par celui qui veut pratiquer en civilisation la vérité et la droiture.

Est-il de femme qui manque à critiquer la nature, sur ce qu'elle prive de parfum des fleurs superbes, tulipe, renoncule et autres, qui par cette raison sont dédaignées du sexe? Pour dissiper cette prévention, dissertons sur quelques fleurs inodores et douées de caractères vicieux en apparence pour qui n'observe que les effets, sans connaître les tableaux de passions. Choisissons les trois fleurs inodores dites,

Belsamine,	hiéroglyphe	de l'égoïste industrieux.
Couronne-impériale,	»	du savant malheureux.
Hortensia,	»	de la coquette prodigue.

Chacun connaît la Belsamine, ressource des parterres en automne. Si l'on veut cueillir ses graines, en rassembler dans la main une douzaine de capsules, à peine a-t-on fermé la main pour les mieux contenir, que les enveloppes se brisent; le porteur se trouble et la graine s'échappe de toutes parts; la cueillette est perdue par l'empressement qu'on met à la retenir. N'est-ce pas là une raillerie de la nature? Nous donner un produit pour nous l'ôter au moment où nous le serrons avec soin! Expliquons le secret de cette bizarrerie.

La belsamine est le portrait de l'égoïste industrieux. (L'égoïsme est caractère dominant chez les gens riches qui s'adonnent à l'industrie). Les feuilles finement dentées et symétriquement distribuées, sont un emblème de travail intelligent, 506. Une touffe de feuilles surmonte les fleurs, en symbole de l'économe judicieux et prudent, qui veut que le travail (figuré par les feuilles) et le bénéfice excèdent la dépense. En suivant cette méthode il peut briller longtemps sans s'appauvrir, comme la belsamine qui donne une série de fleurs copieuses, brillantes et longtemps renouvelées.

Les ménages pourvus de cette prudence raffinée sont ambitieux et égoïstes au suprême degré. Aussi la belsamine, par analogie, refuse-t-elle tout cadeau à l'homme; ses fleurs sont *imprenables* isolément par défaut de queue, et collectivement par embarras de feuillage. On ne peut ni les cueillir, ni en garnir des vases de salon; c'est une plante qui ne vit que pour elle, comme les ménages de riches égoïstes donnant du relief au pays; gens d'industrie et de représentation, utiles à la masse, mais insipides par leur esprit cauteleux ; gens qui se rendent nécessaires comme la belsamine, sans être ni aimés, ni aimables. Ils savent s'installer dans toutes les avenues de la grandeur, comme cette fleur qui s'empare des lieux les plus fréquentés du parterre, et y joue le grand rôle sans y exciter de charme ; aussi est-elle privée du parfum, symbole de charme. Elle est tardive et meuble d'automne, par allusion à ces thésauriseurs qui ne commencent que sur le tard à figurer dans le monde. Malgré toute leur vigilance, il arrive que leur fortune passe à des héritiers imprudens qui la dissipent ; et de même la graine ou héritage de la belsamine s'échappe des mains au moment où on la recueille sans précaution.

Ladite fleur serait plus intéressante en parallèle avec son alliée d'automne, *la reine-marguerite*, hiéroglyphe des bonnes ménagères ; mais nous aurions tant de fleurs à passer en revue, que je suis obligé de limiter le choix. Examinons le moule opposé à la belsamine. J'ai dépeint l'intrigant industriel et fortuné, voyons le portrait de la noble industrie humiliée ; c'est celle du savant ou artiste.

Il est peint dans une fleur nommée *Couronne impériale*, donnant six corolles renversées et surmontées comme la belsamine d'une touffe de feuillage. Cette fleur qui a la forme de vérité (forme triangulaire du lys et de la tulipe), excite un vif intérêt par l'accessoire de six larmes qui se trouvent au fond du calice. Chacun s'en étonne ; il semble que la fleur soit dans la tristesse ; elle baisse la tête et répand de grosses larmes qu'elle tient cachées sous les étamines. C'est donc l'emblème d'une classe qui gémit en secret. Cette classe est très-industrieuse, car la fleur porte en bannière le signe d'industrie, la touffe de feuilles groupées au haut de la tige, en symbole de la haute et noble industrie, des sciences et arts.

La classe d'industrieux qui gémit en secret n'est pas celle des plébéiens grossiers, mais celle des savans utiles et obligés de fléchir devant le vice heureux : aussi la plante incline-t-elle ses belles fleurs en attitude humiliante. Elles sont gonflées de larmes cachées, image du sort des savans et artistes, qui font l'ornement principal de la société et n'en sont payés que par des dégoûts, tandis que les agioteurs et sangsues amoncèlent des trésors en quelques instans.

Cette fleur est de couleur orange qui est celle de *l'enthousiasme* ou *composite*, 126, par analogie à la classe industrieuse des savans et artistes qui n'ont d'autre soutien que l'enthousiasme contre la pauvreté et les humiliations dont ils sont abreuvés dans le jeune âge.

A la suite d'une pénible jeunesse, ils parviennent à obtenir quelque relief ou quelque petit bien-être : par imitation, la fleur, après avoir passé le bel âge dans une attitude humiliante, elève enfin son péduncule et sa capsule de graine; mais il est trop tard pour prendre cette attitude, quand le péduncule n'est plus orné de sa belle fleur et n'a plus qu'une triste gousse à présenter. Cet effet dépeint le tardif bien-être des savans et artistes, qui ne peuvent lever la tête, sortir de l'état de gêne et d'oppression, qu'après avoir consumé péniblement leur jeunesse à amasser quelqu'argent, après avoir fléchi dans leurs jeunes années sous le poids de la détraction, de la pauvreté, de l'injustice, et perdu les beaux jours de la vie à préserver leur vieillesse de l'indigence.

Ainsi la nature, toujours en contradiction avec la philosophie, ne voit qu'ennuis et disgrâces dans cette étude où la morale nous peint des torrens de charmes ineffables; mais n'oublions pas que l'article est consacré aux dames; je vais me rallier aux convenances du sexe, et lui présenter dans l'hortensia un tableau plus à sa portée.

L'*hortensia*, emblème de la coquetterie, étale *force parure*, plus de fleurs que de feuilles : (j'ai compté 108 grosses boules sur un hortensia de moyenne dimension). C'est une plante qui fatigue l'œil par ses massifs de fleurs : elle donne dans le même excès que la coquette qui voudrait consumer en colifichets toute la fortune du ménage. Par analogie, l'hortensia cache ses feuilles sous un fatras de fleurs inodores et à demi-nuancées, en *rosat* ou demi-rose, *argentin* ou demi-bleu, *lilas* ou demi-violet; teintes ambiguës comme les sentimens de la coquette, qui sont : Un faible amour, *argentin* et non azur.
Une demi-amitié, *lilas* et non violet.
Une fausse pudeur, *rosat* et non rose.

L'hortensia et la belsamine, (coquette et égoïste), sont deux fleurs qui ne vivent que pour elles, et se refusent à la coupe. On ne peut employer l'hortensia *coupé* ni en bouquets, à cause du fatras, ni en vases où il se flétrit subitement. Non coupé, c'est-à-dire en pots, il figure à merveille dans les salons et les jardins, comme la coquette dans le grand monde. Il n'a pas de parfum, parce que la coquette éblouit les yeux et fascine l'esprit sans trop gagner les cœurs; elle charme les sens : le lien est simple; il faut que le charme de la fleur soit simple, récréant la vue sans flatter l'odorat.

La coquette se ruine par le luxe; et l'hortensia, par analogie, craint l'astre du luxe, et périt d'un coup de soleil. La coquette, au déclin de l'âge, appauvrie par ses folles dépenses, est forcée à s'industrier : par imitation, l'hortensia, après avoir amplement brillé, perd son coloris, son luxe, et prend la nuance du travail, le vert, couleur de la feuille. Il n'arrive qu'au demi-vert, parce que la coquette ne revient qu'à un demi-travail allié aux intrigues. Enfin, à un âge avancé, elle tombe dans le rôle de prude; et l'hortensia, par allégorie, revêt dans l'arrière-saison la couleur de la pruderie, le *BRUN*, nuance de la scabieuse qui est fleur de la pruderie, rebelle à la main qui veut la cueillir.

Les coquettes du grand ton sont des femmes qui ont reçu une éducation soignée; et pour emblème de ce travail préparatoire, la nature donne à l'hortensia une feuille élégamment dentée en losange symétrique. La fleur semble privée d'étamines et pistils; c'est le tableau de la coquette qui ne s'occupe nullement du rôle productif. Aussi les parties de fructification sont-elles cachées dans l'hortensia, fleur qui, pour arriver à la perfection, exige un grand attirail de soins : sa toilette agricole est des plus compliquées, image exacte des personnages que représente la fleur.

Obligé de laisser en suspens cet article, j'invite à différer tout jugement sur cette branche intéressante de la nouvelle science, en annonçant qu'elle ne se borne pas à l'agréable, et que sous le rapport de l'utile elle nous vaudra l'avantage de déterminer les antidotes naturels à toutes les maladies. Les remèdes à la goutte, à l'hydrophobie, à l'épilepsie, seront exactement connus, lorsqu'on aura porté au complet la science de l'analogie passionnelle. Cette condition de *COMPLET* suppose l'achèvement du calcul d'analogie, exigeant sur les seuls végétaux, 40,000 solutions. Pour y parvenir, il faudra que les corps savans paient tribut d'études, et non de belles phrases.

Cet article *CITER* sera continué au demi-volume additionnel, et augmenté de la série suivante.

Hiéroglyphes en règne végétal.

	K. LE GÉRANIUM,	*L'industrie sériaire.*
Odorantes.	*La tubéreuse*,	La galante émancipée.
	La hyacinthe,	La galante contenue.
	La jonquille,	L'amour maternel.
	L'héliotrope,	L'esprit sordide.
Inodores.	*La R. marguerite*,	La bonne ménagère.
	La renoncule,	L'étiquette de Cour.
	L'anémone,	Les parvenus opulens.
	La tulipe,	La justice individuelle.
Enfantines.	*Le jasmin*,	L'ambition enfantine.
	La pensée,	Les chœurs impubères.
	La violette,	Les bambins laborieux.
	L'oreille d'ours,	Les enfans studieux.
	✕ LA MAUVE,	*L'ambition civilisée.*

On y ajoutera une grande note d'analogie sur les végétaux philosophiques, les *choux* et les *raves* de tous calibres, petits et grands; les *carottes*, *panais*, *salsifis*, *céleris*, *pommes-de terre* et *betteraves*. C'est dans cette note que seront méthodiquement jugées et réfutées les visions de nos moralistes sur le *doux plaisir des champs* (Voyez Post-Logue, II, 617). Ladite note sur les raves et les choux contiendra les premiers aperçus de médecine composée ou naturelle. Dans cet article on donnera aussi quelques notions d'analogie sur les fruits, les arbres et végétaux quelconques.

L'article *INTER* contiendra une mosaïque de tableaux en règne animal; il traitera des quadrupèdes les plus connus, ainsi que des oiseaux domestiques, tels que

K LE CYGNE,	*La vertu inutile.*
Le poulet,	Les amans inconstans.
Le pigeon,	Les jeunes amans.
Le faisan,	Les amans jaloux.
Le canard,	Les maris ensorcelés.
Le dinde,	Les amoureux transis.
L'oie,	Les paysans rusés.
La pintade,	Les gens communs.
✕ LE PAON,	*L'Harmonie sériaire.*

Aux deux articles *Citer* et *Inter* indiqués sous le titre d'instruction pour les dames, il eût convenu d'ajouter un article d'analogie en minéral : connaissant fort peu ce règne, je me bornerai à en dire quelques mots.

L'article *Ulter* est du ressort des savans ; il contiendra un résumé sur l'ensemble des unités de la nature, et sur leur mécanisme classé en quatre quadrilles, comme les ralliemens passionnels, T. II, section 7°.

Entretemps : on peut déjà reconnaître que l'étude de l'histoire naturelle par voie d'analogie aux passions, sera aussi attrayante que les méthodes actuelles sont insipides. J'insisterai sur ce parallèle quand j'aurai donné des notions suffisantes sur l'analogie universelle. Envisageons-la en externe : ce sera le sujet de la note E, dont je me borne à donner une esquisse bien insuffisante sur un sujet de si haut intérêt.

Esquisse de la Note E, *sur la Cosmogonie appliquée, sur les Créations scissionnaires et contre-moulées.*

I. Notions générales sur les Créations.

Le sujet, quoique scientifique, est le plus romantique et le plus intéressant pour quiconque admet l'analogie universelle, recommandée par nos sciences comme voie de lumière, et pourtant reniée de fait par les corps savans. Il est plaisant que des hommes qui prétendent *que tout est lié dans le système de l'univers, et qu'il y a unité d'action entre toutes ses parties*, veuillent isoler de coopération les planètes qui sont les créatures les plus notables et les agens les plus actifs du système de l'univers, où elles interviennent en 1er ordre après Dieu, puisqu'on leur doit les créations qu'elles exécutent selon les distributions d'arômes que Dieu leur a faites.

J'ai lu dans une description des charmes du Paradis (Poëme des Martyrs), que les élus y étudient les mystères de l'Harmonie des sphères célestes. C'est donc un suprême bonheur que de connaître les lois de cette harmonie, dont l'étude est la récompense des élus. Nous allons participer à ce bien-être, sauf à nous défaire d'une prévention très-injurieuse à Dieu, celle qui le dépeint comme ami de l'oisiveté et créant des légions d'astres fainéans, dont les fonctions se borneraient à d'inutiles promenades à travers l'empirée.

Pour intéresser le lecteur à ces astres dont on a si mal jugé le rôle, il faut lui faire entrevoir leurs travaux de création, lui montrer dans chaque planète un ouvrier qui nous donne l'agréable et l'utile. L'agréable, par la fidélité des tableaux de passions ; et l'utile, par les tributs dont nous sommes redevables à ses copulations aromales.

Qu'une petite maîtresse admire la belle étoile dite Vénus, elle la trouvera plus charmante, en apprenant qu'elle doit à ce bel astre le schall de kaschmir et le bouquet de lilas dont elle est ornée. C'est

Vénus qui a créé le lilas et la chèvre de Tibet ou autre. Qu'un philosophe mange des truffes noires et savoure du moka, il s'intéressera à l'étoile Sapho, qui a créé ces deux végétaux pour échauffer le corps et l'esprit des barbouilleurs de papier; puis il querellera les astronomes, sur ce qu'ils n'ont pas encore découvert cette précieuse étoile qui a si bien deviné et donné les friandises nécessaires aux beaux esprits.

Ces astres tant dédaignés, seront donc bientôt à nos yeux les plus intéressans personnages de la nature : chacun verra en eux 32 fermiers à qui il doit toutes les richesses de sa table, de son mobilier, de son vêtement. Si l'on admire de bons tableaux, on considère le peintre à qui on les doit; dès-lors une femme, en admirant la rose et l'hortensia, désirera savoir auxquels des 32 fermiers on doit ces fleurs : elle apprendra avec intérêt que la rose, emblème de la pudeur et de la virginité, est l'ouvrage de l'étoile *Mercure*, aromisée en titre vestalique, et que l'hortensia, emblème de la coquetterie, est l'ouvrage de l'étoile *Cléopâtre*, 5ᵉ lune d'Herschel, et aromisée en titre de coquetterie dont toutes ses créations portent l'empreinte et peignent les effets; de même que toutes celles de l'étoile Mercure, la rose, la pêche, le pois, la fraise, nous retracent quelque propriété des vestales et vestels d'Harmonie. Tom. II, section 4ᵉ.

Pour initier à cette nouvelle étude, il faudra commencer par les convenances de caractère et de fonctions. Un ambitieux s'intéressera aux produits donnés par Saturne et ses 7 lunes; tous ces astres peignant dans leurs créations, telles que cheval et zèbre, poires et tulipes, les effets de l'ambition. Un enfant s'intéressera aux produits donnés par la terre et ses 5 lunes; chien et mouton, cerise et groseille, qui sont autant de tableaux des effets d'amitié. Un père s'intéressera aux ouvrages de Jupiter et de ses 4 satellites, à qui nous devons les produits symboliques du lien familial, tels que vache et pomme, narcisse et jonquille. Enfin, une jeune femme préférera étudier les ouvrages d'Herschel et de ses satellites, comme pigeons et tourterelles, abricots et prunes, qui sont des tableaux de l'amour.

Du moment où l'on étudie l'une des branches de ce travail des astres, on est entraîné à étudier les 32, parce que leurs opérations s'engrènent en divers sens et tiennent dans tous leurs détails à un système général. D'ailleurs, ce n'est pas une immense étude que celle des attributions de 32 astres, dont les arômes dominans correspondent aux 32 fonctions sociales ou passions de 3ᵉ puissance. Indiquons-en le tableau annexé à une modulation quelconque, celle des fruits de zône tempérée.

MODULATION SIDÉRALE EN FRUITS DE ZÔNE TEMPÉRÉE.
OCTAVE MAJEURE.

en *clavier hyper-majeur* : les poires, créées par	SATURNE, *cardinale d'ambition*; ses 7 lunes; PROTÉE, *ambiguë*.	9.
en *clavier hypo-majeur* : les fruits rouges, créés par	LA TERRE, *cardinale d'amitié*; ses 5 lunes; VÉNUS, *ambiguë*.	7.

OCTAVE MINEURE.

en *clavier hyper-mineur :* abricots et prunes, créés par	HERSCHEL, *cardinale d'amour;* ses 8 lunes; SAPHO, *ambiguë.*	10.
en *clavier hypo-mineur :* les pommes, créées par	JUPITER, *cardinale de famille ;* ses 4 lunes; MARS, *ambiguë.*	6.

⋈ en PIVOT DE LA BINOCTAVE : 32.

Fruits divers en 4 titres, créés par le SOLEIL, ou FOYER.

K EN TRANSITION MAJEURE :

Les pêches, créées par l'étoile Vestale, dite Mercure.

On classera de même une modulation créatrice en arbres, en légumes, en quadrupèdes ou animaux quelconques, ainsi qu'en minéraux; tout objet créé ne pouvant provenir que de l'un des 32 astres, ou du pivotal qui n'est pas compté en théorie de mouvement.

Examinons cette modulation dans l'un des quatre claviers, l'hypo-majeur, tenu en régie par notre planète, qui n'est petite qu'en dimension et non pas en importance aromale (*).

Analysons la modulation ou série des fruits rouges, créés par la terre et par son clavier formé de 5 ordonnées ou lunes, qui sont,

Mercure, *Junon*, *Cérès*, *Pallas* et *Phœbina* (dite *Vesta*). Plus, *l'ambiguë hypo-maj.*, dite VÉNUS.

Les planètes étant androgynes comme les plantes, copulent avec elles-mêmes et avec les autres planètes. Ainsi la terre, par copulation avec elle-même, par fusion de ses deux arômes typiques, le masculin versé de pôle-nord, et le féminin versé de pôle-sud, engendra le CERISIER, fruit sous-pivotal des fruits rouges, et accompagné de 5 fruits de gamme; savoir :

La terre copulant avec MERCURE, son principal et 5e satellite, engendra la FRAISE.

Avec Pallas, son 4e satellite, la *groseille noire* ou cassis.

Avec Cérès, son 3e satellite, la *groseille épineuse*.

Avec Junon, son 2e satellite, la *groseille en grappe*.

Avec Phœbina, son 1er satellite, RIEN, *lacune*.

Avec Vénus, son ambiguë;

En simple, la *mûre de ronce*, transition antér^e.

En composé, la FRAMBOISE, transition postér^e.

⋈ Avec le pivot ou SOLEIL.

Y En direct, le RAISIN, fruit pivotal ascendant.

X En inverse, RIEN, *lacune*.

(*) *En rang aromal notre globule est l'égal de l'énorme Jupiter; chaque tourbillon sidéral ayant une cardinale miniature pour la régie du clavier d'amitié. Cette cardinale, quoique très-petite, est aussi nécessaire en mécanique aromale que chacune des trois autres. Le char a besoin de ses quatre roues. Certains arômes opérant par la qualité et non par la quantité, suffisent en dose la plus exiguë.*

Négligeons ce qui touche aux variétés fournies par chaque espèce, et envisageons sommairement l'œuvre des divers fonctionnaires. Observons d'abord qu'il manque un produit dans cette série : *Phœbina* n'a rien donné en fruits rouges; c'est pourtant une de nos lunes.

En outre *Phœbé*, dite la LUNE, qui est aussi un de nos satellites, le seul conjugué sur cardinale, n'a rien fourni dans ladite série.

Trois problèmes ici se présentent et se compliquent.

1° Le seul satellite conjugué n'a point créé, tandis que les autres qui sont en orbite libre, ont fourni exactement leur contingent.

2° L'un des satellites en orbite libre, *Phœbina-Vesta*, est de même en lacune de produit.

3° Il semblerait que notre globe a six lunes au lieu de cinq, nombre nécessaire pour compléter l'octave majeure (12 par 7 et 5).

Ces problèmes se résolvent l'un par l'autre : Phœbé n'a pu intervenir ni en modulation de fruits rouges, ni en aucune autre, et pour bonne raison; c'est qu'elle était déjà morte à l'époque de nos deux créations,

1re *Subversive ascendante composée*, en vieux continent;

2e *Subversive ascendante simple*, en nouveau continent :

Toutes deux sont post-diluvielles, faites après le déluge.

Or, le déluge ayant été causé par la mort de Phœbé qui, en agonie, se rua sur le globe, l'approcha fortement en périgée, et causa l'extravasation de ses mers (évènement que je décrirai ailleurs), Phœbé n'a pas pu intervenir dans les deux créations sus-mentionnées dont on a remeublé notre globe.

En conséquence, dans toutes les familles ou séries animales, végétales et minérales, on trouve toujours LACUNE du produit qu'aurait dû donner Phœbé, 5° satellite qui n'a pas fonctionné.

Son remplaçant, dit VESTA, petite étoile, nouvellement introduit en plan, n'est pas non plus intervenu dens cette création. Il opérera dans les prochaines, et nous n'aurons plus de lacunes en produit de modulation aromale hypo-majeure, comme celle des fruits rouges.

A l'époque où furent faites nos deux créations actuelles, Vesta n'était peut-être pas encore entrée en ligne, ou bien n'avait pas subi la trempe. Une comète implanée ne pouvant passer à la trempe que lorsqu'elle est concentrée et incandescente.

C'est donc une perte notable pour une étoile cardinale, que la mort d'une de ses *lunes* ou *ordonnées*, dites SATELLITES, n'importe le nom. L'on assure qu'Herschel n'en a que 6, quoique précédemment on lui en ait compté 8, nombre du complet d'octave mineure, car Jupiter n'en doit pas avoir plus de quatre.

Si ce déficit est réel, nous aurons en prochaines créations 2 lacunes dans toutes les séries du clavier d'amour ou *hyper-mineur* : nous n'aurons point de lacunes dans toutes les séries des autres claviers, les trois autres cardinales, *Jupiter*, *Saturne* et *la Terre*, étant pourvues complètement de leurs lunes ou touches aromales de gamme primaire.

Notre 2e satellite, *Pallas*, qui serait mieux nommé ESCULAPE, sera un fonctionnaire de haute importance, à qui nous devrons la *pharmacie harmonique*. Pallas module et crée toujours en espèces pharmaceutiques, de saveur amère ou bizarre, ainsi qu'on en peut juger par la groseille noire, par la *casse* ou *cannéfice*, autre produit de Pallas, et par le *cacao*, qui est en zône torride l'arbre à fruit de Pallas, donné par copulation avec le soleil. Quand ce satellite opérera sur des arômes de bon titre, il nous donnera une infinité de remèdes agréables, en remplacement de nos drogues nauséabondes, séné, casse et autres antidotes de création subversive.

Les satellites Junon et Cérès ont exactement fourni leur contingent, ainsi que Mercure (l'étoile vestale), qui, dans toute modulation, est toujours celle qui fait le plus beau présent. C'est la plus précieuse des 24 lunes ou touches aromales de gamme primaire. Ses produits, tels que

La *rose*, la *fraise*, le *pois*, la *pêche*,

ont toujours quelque chose d'enchanteur. La fraise a une saveur délicieuse; la pêche fine est le plus admirable des fruits; la rose tient le premier rang parmi nos fleurs, et le pois vert parmi nos légumes : son parfum donné dans le pois musqué, n'est pas moins exquis que le légume. Tout ce qui vient de

MERCURE, 5e satellite de la terre,
et *lune favorite ou rectrice de l'octave majeure;*
FLORE, 1er satellite d'Herschel,
et *lune favorite ou rectrice de l'octave mineure*,

est toujours de beaucoup supérieur aux produits des onze autres lunes de même octave. Mercure dans ses œuvres l'emporte en beauté sur les planètes cardinales, et semble disputer la palme au soleil. Flore n'est guères en arrière de charme; témoins ses produits, comme l'œillet et la prune Reine-Claude, qui nous ont été donnés en zône tempérée par les copulations aromales de cette étoile.

A la prochaine création, nos 5 satellites nous donneront, entr'autres merveilles, les *quadrupèdes minimes agricoles*, cheval nain, bœuf nain, chameau nain, etc., qui ont avorté dans celle-ci. Aussi est-elle loin d'avoir fourni son contingent en quadrupèdes : elle en devait,

Sur l'ancien continent C S A comp.	405	540 espèces.
Sur le nouveau continent C S A simp.	135	

La planète était si affaiblie à la suite du déluge, qu'elle dut manquer de force interne pour la rumination et l'éclosion des arômes à elle versés en copulation. Beaucoup de germes avortèrent, entr'autres ceux de la série des quadrupèdes miniatures. Ç'a été pour nous une perte incalculable : j'estime que s'ils fussent éclos, ils auraient accéléré et presque déterminé l'invention du mécanisme sériaire. Les grandes réunions d'enfans l'auraient approximé par instinct, si elles eussent été pourvues de chevaux nains, bœufs nains, chameaux nains, etc., et leurs ébauches de Série auraient mis sur la voie les pères et les observateurs de la nature.

II. DÉTAIL D'UNE CRÉATION DE CLAVIER HYPO-MAJEUR.

CE détail est un examen critique et analogique de l'ouvrage de chacun des astres hypo-majeurs, en modulation de fruits rouges. Je commence par l'ambiguë, qui ouvre la marche en simple, et la clôt en composé.

Vénus a régulièrement fourni son contingent en fruits rouges, dans la framboise et la mûre de ronce.

En *simple*, LA MÛRE DE RONCE; *hiérogl.* la vraie morale.
En *composé*, LA FRAMBOISE; » la fausse morale.

Il règne dans la morale sévère, des intentions amicales et bénévoles pour l'enfant : mais les théories morales ne lui présentent, comme la ronce, que des épines. Rien de plus insipide que cette science qui veut nous établir en guerre avec nous-mêmes, avec la nature ou attraction. Aussi la mûre, emblème de la morale pure et simple, donne-t-elle un fruit fade et bon pour amuser les enfans, mais qui n'arrive pas jusqu'aux bonnes tables et n'est pas un fruit d'homme fait.

Il en est ainsi de la morale, dont les systèmes ennemis du luxe peuvent trouver crédit chez les enfans, mais non pas chez les hommes faits : c'est par analogie que la saveur de mûre qui nous flattait dans l'enfance, paraît fort insipide à l'âge viril.

Ce petit fruit, en passant du rouge au noir, de la couleur du luxe à celle du deuil et des privations, nous peint la marche de la science morale qui est fille du luxe, car elle ne naît que dans les états opulens, et qui oubliant son origine, arbore les couleurs de la pauvreté et nous prêche les privations. La ronce ne fleurit et ne mûrit que fort tard, par analogie à la naissance tardive des sectes morales, qui sont des fruits de civilisation avancée et parvenue au plein. Quant au rôle social de ces sectes, il est représenté par les jets qui de toutes parts vont poser des entraves, arrêtant les petits voleurs et non pas les gros. Ainsi la morale contient tout au plus les enfans, et non pas les pères.

Par analogie à cette science qui veut étouffer les passions, la ronce jette de tous côtés ses rameaux épineux qui vont au loin s'enraciner et obstruer la circulation. Eh ! que reste-t-il de leur fatras de branches éparses ? Il n'en reste, comme des nombreux systèmes de morale, qu'un chaos inextricable dont les plus érudits sont réduits à dire, avec Condillac, 104 : *il faut oublier tout ce que nous avons appris, reprendre nos idées à leur origine, et refaire l'entendement humain.*

Il le faut d'autant mieux, que la morale ne conduit qu'à la ruine figurée par les couleurs du fruit de ronce passant du rouge au noir, du luxe à la pauvreté. Quiconque voudra suivre les principes de morale sévère, la justice et la vérité, n'arrivera, à coup sûr, qu'à la pauvreté, et sera en peu de temps ruiné (*).

(*) *On en est à présent si bien convaincu, qu'on a abandonné de fait la pauvre science. Elle-même a fait abjuration, en souscrivant à*

Passant du simple au composé, de la mûre à la framboise, nous trouverons dans celle-ci les emblêmes de la fausse morale, qui amalgame avec quelques momeries de bons principes les dogmes d'ambition et de rapacité. Aussi la framboise n'arrive-t-elle pas au noir, couleur de la pauvreté; elle s'en tient à la couleur du luxe, au rouge vif. Elle rejette l'épine, par allusion à la morale mondaine qui rejette les doctrines contraires au plaisir. Elle est comme la mûre, divisée par petites capsules comprimées, en symbole de l'éducation civilisée qui, même chez les gens du monde, est un concours de doctrines répressives et ne produit que des enfans viciés et suspects. Aussi la framboise qui en est l'hiéroglyphe, est-elle de tous les fruits le plus vermoulu: c'est un ramas de vers petits ou grands; ce qui la fait suspecter généralement, et malgré sa saveur exquise, elle est peu présentable: on voit la majorité des convives s'en défier, et la dédaigner à cause des vers dont elle est si rarement exempte.

De là vient qu'elle n'est propre qu'aux emplois composés ou alliés au feu. La confiserie en tire grand parti. Les enfans et les imprudens la mangent crue et sans défiance; de même que dans le monde les imprudens se lient facilement avec un homme imbu de mauvais principes, mais séduisant par le ton et la fortune.

La CERISE, fruit sous-pivotal de cette modulation, est créée par la terre copulant avec elle-même,

de pôle-nord, en arôme masculin,
avec pôle-sud, en arôme féminin.

La cerise, image des goûts de l'enfance, est le premier fruit de la belle saison. Elle est dans l'ordre des récoltes ce que l'enfance est dans l'ordre des âges. Les quatre genres de fruits indiqués, 520, doivent suivre la marche des quatre phases de la vie. L'amitié domine en 1re phase chez les enfans, et l'amour en 2e phase chez les adultes; il faut, par analogie, que les fruits d'amitié, 521 3/4, paraissent les premiers, et ceux d'amour en 2e ligne. De là vient que les rouges ou de titre amical, sont suivis de ceux à noyau, fruits d'amour, auxquels succèdent les poires, symboles de l'ambition qui domine dans la 3e phase dite virilité: la marche est fermée par les pommes, emblême de l'amour familial qui domine en 4e phase ou caducité.

La cerise, portrait des enfans libres, heureux et badins, doit exciter en eux les effets qu'elle représente. Aussi l'apparition d'un panier de

de nouvelles doctrines qui prêchent le trafic, l'astuce, les hypocrisies politiques et domestiques! Mais le Créateur, et son agent l'étoile Vénus, en peignant cette branche de l'éducation, n'ont dû représenter que les résultats de la véritable morale ou pratique de la vérité et de la justice, qui conduisent le disciple à l'indigence, lorsqu'il n'a pas une fortune patrimoniale, et le ruinent sans faute, s'il en possède une.

cerises met-il en joie tout le peuple enfantin, à qui ce fruit est très-salutaire. La cerise est un joujou que la nature présente à l'enfant; il s'en forme des guirlandes et pendans d'oreille : il s'en couronne, comme Silène se couronne de pampres. L'arbre est analogue au génie et aux travaux de l'enfance : il est peu fourni de feuilles; ses branches vaguement distribuées, donnent peu d'ombrage, ne garantissent ni de la pluie, ni du soleil : image des faibles moyens de l'enfance, il est incomplet, insuffisant à protéger et abriter l'homme.

La *fraise* donnée par MERCURE, est le plus précieux des fruits rouges; elle nous peint l'enfant élevé dans l'Harmonie, dans les groupes industriels : un fraisier est un ouvrier qui opère comme nos jardiniers; ses tiges traçantes vont planter en ligne droite une file de rejetons. Il est juste que le plus précieux des enfans, celui qui exerce l'industrie combinée, ait pour emblème le fruit le plus délicat de la Série. La feuille est trinaire, par allusion aux trois chœurs, 4, 5, 6, qui dirigent l'éducation. La fraise veut, comme la pêche, s'allier avec le vin et le sucre, emblèmes des passions amitié et unitéïsme; ainsi le travail sociétaire se soutient par l'amitié et tend à l'unité.

Les *groseilles*, données par les petites satellites, représentent les enfans civilisés de diverses classes. La plus remarquable est la groseille rouge à grappes, créée par Junon; c'est l'emblème des enfans peu cultivés et livrés à la bonne nature. Ils sont d'une franchise mordante et indiscrète; capables d'aller répéter à une femme à prétention, quelque fâcheuse vérité qu'ils auront ouï dire.

Le fruit qui peint ces petits diseurs de vérité, doit être d'une saveur très-piquante. Il a de la grace, parce que la vérité est gracieuse chez l'enfant, et amuse malgré l'indiscrétion. Un tel rôle n'est pas sans utilité; il signale les travers; *castigat ridendo*. Aussi le fruit du groseiller rouge est-il purgatif et salubre. La plante est semblable de feuilles et de grappes à la vigne, emblème d'amitié composée; aussi ces enfans libres, loquaces, indiscrets, sont-ils les plus adonnés à l'amitié simple. Cette sorte de groseille est un fruit bourgeois et de moyenne valeur, comme la classe d'enfans qu'elle représente : crue, elle figure peu aux bonnes tables; on n'en tire parti que par alliage avec le sucre et travail de confiserie; de même, les enfans trop libres et impolis n'acquièrent de prix qu'en se ralliant aux manières de la classe plus relevée.

La groseille épineuse à fruits isolés, est un produit de *Cérès*. Elle dépeint l'enfant contraint, privé de plaisirs, harcelé de morale, et élevé isolément aux études. Son emblème ne donne qu'un fruit de pauvre espèce, *violet pâle*, couleur d'amitié avortée, dont on gêne l'essor chez cet élève, en l'isolant de ses camarades. Ces enfans boursoufflés de préceptes et d'études prématurées, deviennent pour l'ordinaire de médiocres sujets. Aussi le fruit hiéroglyphique n'est-il, malgré sa belle apparence, qu'un produit de peu de valeur, gonflé de sucs fades et de graines superflues, comme les enfans qu'on surcharge d'enseignement mal digéré. Ce groseiller est épineux en signe de la gêne des malheureux enfans qu'il dépeint.

La groseille noire, dite *cassis*, est donnée par *Pallas* ou *Esculape*, qui module toujours en arômes amers. La plante représente les enfans pauvres et grossiers ; aussi son fruit noir, emblématique de la pauvreté, est-il d'une saveur amère et désagréable, par analogie à ces enfans du peuple qui ont le défaut de mauvais langage, mauvaises manières, et souvent mauvais principes. On ne les rend supportables qu'en les raffinant par contact avec la classe riche et polie ; et de même le cassis ne devient mangeable que par alliage avec l'eau-de-vie et le sucre.

Une 4e groseille nous manque ; elle aurait dû être donnée par *Phœbé*. Quelles devaient être les formes, couleurs et saveurs de ce fruit ? quelle classe d'enfans devait-il représenter ? Des plaisans diront : puisque nous n'avons pas le fruit, que nous importe de savoir ce qu'il aurait été ? Cela importe beaucoup : si la théorie ne donnait pas le moyen de déterminer les productions des 32 astres, même les avortées, on ne saurait pas déterminer les formes et propriétés des espèces à obtenir en prochaines créations.

Souvent la perte d'un germe avorté, neutralise un germe éclos et destiné à l'alliage. C'est ce qui arrive au sujet de la groseille manquante par le décès de Phœbé. Son absence nous ôte l'emploi de la mûre de ronce (*), en service modificatif.

⋈ Le RAISIN, pivot direct en fruits rouges, est le plus amical de tous les végétaux. Le vin pris en dose modérée, est vraiment l'ami de l'homme ; il aide à la digestion, met les convives en gaieté, en disposition amicale ; il est aussi salubre pour l'homme fait, que le fruit

(*) *Phœbé devait donner pour emblème des enfans gâtés, un très-beau fruit à forte grappe, de nuance cramoisi, à peu près comme le faux raisin d'amérique ; fruit bien parfumé comme le coing, mais âpre et malfaisant, par analogie aux enfans gâtés, qui sont des êtres malfaisans et dangereux.*

L'enfant gâté ne manque pas d'aptitude quand le jeu lui plaît, et l'on peut en former un précieux sujet, si on le sépare des pères pour le confier à d'habiles instituteurs. Ainsi, la groseille Phœbé qui devait être tardive, aurait donné par piquure et amalgame avec la suc ou bain de mûre, un excellent mixte, comme l'épinevinette passée au sucre. L'alliage à la mûre (emblême d'institution morale), aurait neutralisé son âpreté, et donné en conserve le fruit ramené à une très-bonne qualité, comme est l'enfant gâté, au retour de la pension où on l'a morigéné et cultivé.

C'est ainsi que l'avortement d'un produit nous en fait perdre un autre, neutralise la mûre de ronce dont on n'a aucun emploi, et qui pourtant doit se lier utilement au clavier des fruits rouges, où elle aurait très-bien figuré par ce mélange.

est salutaire à l'enfant, pour qui les raisins bien mûrs et mangés sans excès, sur-tout le muscat ou pivotal, sont un préservatif de maladie, et souvent un remède.

La vigne, par analogie amicale, veut embrasser nos arbres, nos maisons : il faut qu'elle s'associe, qu'elle forme des liens avec tout ce qui l'entoure : aussi est-elle douée de la vrille, qui est un attribut d'amitié et d'alliance. Elle ne donne de bon fruit qu'autant qu'elle est fortement récépée ; c'est une analogie avec les groupes d'amitié qui, dans l'ordre sociétaire, ne se perfectionnent en industrie que par l'exercice d'une critique badine et continue, II, 159, qui émonde et retranche les vices, tout en soutenant l'émulation.

Le raisin est tardif comme l'amitié composée ou collective, qui ne peut naître que fort tard, puisqu'elle est réservée à l'état sociétaire, dont un globe n'est pas susceptible avant les longs travaux des périodes lymbiques ou âge de début social et de malheur industriel ; la vigne nous en donne l'image dans les pleurs qui précèdent sa feuillaison.

Le fruit représente la Série de groupes, source de l'amitié ; il est formé d'une série de petites masses de raisins distincts. Sa couleur est le violet emblème de l'amitié, et le blanc emblème de l'unité. Le blanc se trouve dans tous les produits où le soleil est intervenu en arôme typique (raisin), ou en appui (groseille).

Le contingent du soleil devait être composé ou double, comme celui de Vénus : on ne voit pourtant aucun fruit rouge qui forme contre-pivot de cette série. Le germe a-t-il avorté, ou est-il éclos en subversif, comme dans la Série des *Canins*, Série de haut titre en amitié et qui, hormis le chien, est éclose en subversif par le loup, le renard, le cheval, l'hyène, etc. L'état vicié où se trouvaient les arômes de la planète après le déluge, a produit un grand nombre de ces éclosions subversives. On en peut juger par la monalité des deux produits raisin et chien, qui ne sont point accompagnés de leur amphi-moule ; tandis que, dans la Série des quadrupèdes d'amitié, Vénus a régulièrement donné ses deux moules, qui sont mouton et chèvre.

C'est à chaque pas qu'on reconnaît pareil désordre dans le mobilier actuel du globe : le soleil peut-il manquer à donner deux pivots, quand l'ambiguë a donné deux transitions? Non, sans doute : mais il paraît que la corruption aromale de la planète a travesti et contre-moulé grand nombre de germes, sur-tout des solaires, qui sont les plus précieux. C'est une de ces éclosions contre-moulées qui nous a donné l'aimable voisin de campagne nommé LE LOUP, en place duquel nous devions avoir un chien mineur ou hypo-chien, apte à parcourir les abymes, comme le font le chamois et le bouquetin ; et de même, en place de la loutre qui dévaste nos ruisseaux et nos viviers, nous devions avoir un castor majeur ou hypo-castor, aidant à traquer le poisson et disposer les filets.

Il convient de réitérer fréquemment ces remarques sur les désordres de nos créations presqu'entièrement contre-moulées, et scissionnaires

avec

avec l'homme, avec l'être pivotal d'harmonie auquel tout doit se rallier. On ne saurait trop répéter que notre globe est de tous les globes le plus mystifié en créations, et le plus intéressé à se délivrer sans délai du mobilier odieux que lui ont donné les deux créations actuelles; mobilier dont on peut sous cinq ans obtenir le remplacement, tout en conservant le peu qu'il a fourni de bon; cheval, mouton, etc.

Ce serait pour nous une connaissance bien vaine que celle du système de la nature, si elle ne nous donnait pas les moyens de corriger le mal existant, et remplacer les produits scissionnaires, les êtres nuisibles à l'homme, par des contre-moulés ou serviteurs utiles. Que nous importerait de savoir en quel ordre chaque astre est intervenu dans la création; de savoir que le cheval et l'âne furent créés par Saturne en telle modulation; le zèbre et le quagga, par Protée (étoile non découverte et bien existante, puisqu'on voit ses ouvrages en tous genres); que dans cette modulation Jupiter donna le bœuf et le bison; et Mars, le chameau et le dromadaire? Après ces notions acquises, il nous resterait la fâcheuse certitude que ces astres, qualifiés de promeneurs oisifs, ont au contraire fait sur notre globe sept fois trop d'ouvrage, en nous donnant un mobilier dont les 7/8es sont malfaisans.

Ce qui nous sera précieux, ce sera l'art de les ramener en scène de création pour un travail contre-moulé, par lequel celui qui nous a donné le lion, nous donnera en contre-moule un superbe et docile quadrupède, un porteur élastique, l'ANTI-LION, avec des relais duquel un cavalier partant le matin de Calais ou Bruxelles, ira déjeûner à Paris, dîner à Lyon et souper à Marseille, moins fatigué de cette journée, qu'un de nos courriers à franc étrier; car le cheval est un porteur rude et simple (solipède), qui sera à l'anti-lion ce qu'est la voiture sans soupente à la voiture suspendue. Le cheval sera laissé pour attelages et parades, quand on possèdera la famille des porteurs élastiques, anti-lion, anti-tigre, anti-léopard, qui seront de dimension triple des moules actuels. Ainsi un anti-lion franchira aisément à chaque pas, 4 toises par bond rasant, et le cavalier, sur le dos de ce coureur, sera aussi mollement que dans une berline suspendue. Il y aura plaisir à habiter ce monde, quand on y jouira de pareils serviteurs.

Les nouvelles créations qu'on peut voir commencer sous 5 ans, donneront à profusion de telles richesses *en tous règnes*, dans les mers comme sur les terres. Au lieu de créer baleines et requins, hippopotames et crocodiles, en aurait-il plus coûté de créer des serviteurs précieux:

Anti-baleines traînant le vaisseau dans les calmes;
Anti-requins aidant à traquer le poisson;
Anti-hippopotames traînant nos bateaux en rivière;
Anti-crocodiles ou coopérateurs de rivière;
Anti-phoques ou montures de mer?

Tous ces brillans produits seront les effets nécessaires d'une création en arômes contre-moulés, qui débutera par un bain aromal sphérique purgeant les mers de leurs bitumes.

Glissons sur le tableau de ces merveilles prochaines : la perspective, loin de satisfaire les lecteurs, fatigue une génération élevée à l'impiété, au doute de la Providence, et qui, dans ses travers d'esprit, s'imagine que Dieu n'a pas, pour faire le bien, autant de pouvoir qu'il en a eu pour faire le mal, dont il a dû organiser majorité septuple en créations subversives, comme il devra organiser majorité septuple de bien en créations harmoniques.

Elles commenceront par des œuvres bien peu philosophiques, donnant à profusion, à fleur de terre, les vils métaux nommés or et argent. Le 1er acte sera en dominance de règne minéral, en moyen terme d'aromal et végétal et en rareté d'animal. Cette faveur inespérée sera pour l'espèce humaine le plus intéressant et le plus précieux épisode. Mais comment tant de cosmogones qui veulent nous instruire sur l'unité de l'univers, n'ont-ils rien soupçonné de cet heureux évènement, de cette successivité des créations dont je vais examiner plus en grand le système dans le 3e article de la note?

J'ai décrit ici une modulation en clavier distinct : il faut se garder de croire que les astres opèrent constamment dans cet ordre ; ils ont cent sortes de modulations engrenées de toutes manières ; si j'ai choisi celle-ci, c'est parce qu'elle coïncide avec le petit traité d'éducation harmonienne que je donnerai aux sections 3 et 4 du IIe tome.

Je n'examine ici les copulations sidérales qu'en mode simple. Elles passent au composé, lorsqu'un arôme est greffé sur les 31 autres en coadjuteur, comme il arrive de divers produits. Si la cerise nous fournit une cinquantaine de variétés, c'est parce que tous les astres sont intervenus pour mêler leurs arômes au germe qu'avait donné la copulation de la terre avec elle-même. Dans ce cas, le germe devient apte à fournir de nombreuses variétés, telles que nous les voyons dans la cerise, la poire, le raisin, etc., où l'on distingue beaucoup de nuances qu'il faudrait classer et rapporter aux divers astres qui les ont fournies, en greffant leurs arômes sur celui qui donna ce fruit. Ainsi les raisins muscats ou de sorte pivotale, sont donnés par les arômes de soleil et terre sans troisième ; les autres sortes de raisin proviennent d'un amalgame des 2 arômes de la terre avec ceux d'autres planètes. Le plus délicat de tous, le *pulsart*, est de Mercure : le *chasselas* paraît être de Vénus ; le *malvoisie*, de Sapho, etc., en coadjutorerie.

Le but de ces détails beaucoup trop abrégés est de détromper ceux qui douteraient de l'existence d'un système de liens et rapports directs entre les planètes et les hommes, et de prouver que chaque planète est un cultivateur qui travaille pour le service des 31 autres, en opérant par analogie aux effets des passions.

Qu'on ne se hâte pas d'élever des objections sur ces aperçus, puisque je n'ai pas même pu leur donner la dose de développemens qu'exigerait un abrégé régulier. Mon but n'est autre que de dissiper le préjugé sur les voiles d'airain, et prouver que ces excuses d'indolens scientifiques ne sont plus recevables dès ce moment, où la nature nous dévoile enfin ses prétendus mystères, sauf à nous à en pénétrer le système entier par des études complètes dont la théorie d'attraction et d'analogie passionnelle indique les méthodes.

III. ENTRAVES COSMOGONIQUES DE NOTRE UNIVERS.

C'est sans doute l'annonce la plus surprenante que celle des nouvelles créations qui pourront commencer prochainement à époque fixe, dès qu'il plaira à l'homme d'en donner le signal. N'est-ce pas attribuer à l'homme plus de pouvoir que les préjugés n'en attribuent à Dieu même? car ils supposent que l'être qui a fait les créations actuelles n'en saura pas faire d'autres, et de moins désastreuses.

On s'est étrangement trompé sur le rang assigné à l'homme, quand on l'a traité de chétive créature, ver de terre, etc. : c'est au contraire un être de grand poids dans la balance des destinées universelles; et l'on va reconnaître qu'une erreur scientifique de notre globe, un retard d'intervention, peut compromettre l'univers entier, la masse des planètes et soleils de la voûte céleste, qui depuis plusieurs mille ans essuient ce dommage de la part de notre planète.

Pour expliquer ce problème, observons que le tourbillon de nos planètes est central dans l'univers; il est donc tourbillon foyer ou pivotal pour tous ceux de voûte : il est en mécanique aromale ce qu'est le général dans une armée; de sorte que si notre tourbillon est en retard, toute la voûte céleste se trouve en retard d'opérations. (L'on verra plus loin que cet univers n'est parvenu qu'à la distribution de 3e degré, et ne peut pas, depuis 3000 ans, s'élever au 4e, bien que tout soit prêt pour cette transition.)

Le soleil, quoique fort actif en fonctions lumineuses, est entravé en fonctions aromales par défaut de versemens de notre globe, qui ne peut fournir que des arômes de faux titre, tant qu'il n'est pas organisé en Harmonie. Le soleil réduit aux versemens de Saturne, Jupiter et Herschel, et obligé de refuser ceux de la terre qui sont méphitiques, se trouve dans l'état d'un char privé d'une de ses quatre roues; il manque de son quadrille d'arômes cardinaux, levier sans lequel un soleil ne peut pas fonctionner en haute mécanique sidérale : il en résulte pour l'univers une foule de lésions en interne et externe.

LÉSION INTERNE BORNÉE AU TOURBILLON. La première est l'impossibilité de fixer des comètes; retard bien préjudiciable aux planètes, car bon nombre de nos comètes sont très-mûres et aptes à entrer en plan. Le tourbillon en a besoin; s'il est vrai qu'Herschel n'ait que six satellites, il est bien urgent de lui en procurer deux autres, pour élever son clavier au complet. Elles sont assez abondantes; il n'est pas d'année où on n'en voie passer : mais le soleil se trouve dans l'embarras d'un chasseur sans poudre, qui verrait passer force lièvres et perdrix sans pouvoir abattre la moindre pièce. Tant que le quadrille d'arômes cardinaux est faussé, le soleil est hors d'état d'opérer sur les comètes.

Cependant j'ai dit qu'il en a fixé une depuis le déluge; la petite lune Vesta ou Phœbina, récemment implanée pour occuper la place de Phœbé qui sera déplanée dès que notre globe aura passé à l'Harmonie. Il peut en avoir fixé d'autres encore; et peut-être les deux premiers satellites de Saturne, récemment découverts, n'étaient-ils pas en plan il y a 2000 ans. Mais, ce qu'il y a de certain, c'est que notre soleil a usé le peu d'arôme tetra-cardinal qui lui restait.

D'où vient que notre planète n'en fournit plus? Ce n'est pas effet d'impuissance ni de vieillesse, car elle est fort jeune et infra-pubère. C'est une suspension d'exercice aromal, causée par la chute de l'astre en subversion ascendante, où il tomba environ 50 ans avant le déluge. Cette crise est inévitable sur tous les globes, excepté le soleil; ils en souffrent tous du plus au moins, comme les enfans souffrent de la dentition.

La terre en a si prodigieusement souffert, qu'une fièvre putride résultant de cet incident, s'est communiquée au satellite Phœbé qui en est mort. Notre planète n'est pas moins un petit astre des plus vigoureux. On ne confierait pas à un astre faible et douteux le poste important de *cardinale miniature d'un foyer d'univers.*

Tel est le rôle de la terre pourvue des facultés nécessaires. Pendant trois siècles antérieurs au déluge (Eden, I, 25), elle versa en bon titre, et le soleil put s'approvisionner d'une petite masse d'arôme tetra-cardinal dont il a fait usage pour fixer et implaner Vesta. Mais la provision était déjà épuisée au temps de César, où le soleil fut affecté d'une forte maladie dont il a ressenti en 1785 une nouvelle atteinte. Il est faux qu'il ait été malade en 1816, comme on l'en soupçonna: c'était la terre seule qui était affectée, et qui l'est de plus en plus, ainsi qu'il appert par la dégradation climatérique et les dérangemens des saisons. Le soleil périclite de même; car tout astre pivotal est en souffrance dès qu'il est faussé en arôme tetra-cardinal.

Une autre lésion interne est celle qui frappe sur notre globe exclus de commerce aromal, hors d'état de se conjuguer ses cinq lunes vivantes, et réduit à un astre mort, à la lune *Phœbé*, pour son service d'absorption et résorption aromale.

Une planète, quoique morte et inhabitable, fait encore un service matériel de momie, d'aimant aromal; mais en tenant le poste trop longtemps, elle se putréfie et nuit à celle sur qui elle est conjuguée. Tel est l'effet que Phœbé produit sur notre globe frappé de double disgrâce, vicié par la corruption de son arôme typique, et de celui de Phœbé dont il est obligé pourtant de faire usage; une cardinale ne pouvant pas exister sans avoir au moins un satellite absorbant et résorbant pour élaborer les effusions de pôles nord et sud.

Les cardinales n'ont jamais qu'un satellite avant d'être parvenues à l'Harmonie composée; jusque-là, leurs autres lunes se tiennent en orbite simple, comme Junon, Cérès, Pallas, Phœbina et Mercure: ils ne viendront pas se conjuguer tant que notre globe ne sera pas pourvu d'arôme de bon titre qui peut seul les attirer. Mais dès que nous serons parvenus à l'Harmonie, notre globe régénéré d'arôme, reproduira son auréole lumineux ou couronne boréale, qu'il portait avant le déluge, et qui est attribut de cardinale hypo-majeure (l'hyper-majeure porte la couronne en équateur); aussitôt nos cinq satellites désorbiteront de leurs entre-ciels, se mettront en marche, et viendront se conjuguer sur nous, à peu près aux distances qui suivent:

Phœbina, environ 20000 lieues.
Junon. . . . . . . 40000 »
Cérès. . . . . . . 60000 »
Pallas. . . . . . . 80000 »
Mercure . . . . 200000 »

Alors s'effectuera la fusion des glaces polaires arctiques et antarctiques simultanément (*).

(*) Simultanément!!! *A cela on répond : en supposant que le pôle-nord doive recevoir cette couronne qui fondrait les glaces, comment pourrait-elle influer sur celles du pôle-sud? L'objection paraît plausible; mais je demanderai aux opposans, comment il se fait que les extrémités soient par-tout en correspondance, et que tel exercice,* comme le patin, *qui devrait n'échauffer que les pieds, seuls agissans, échauffe en même temps les mains, à tel point qu'au bout de dix minutes on ressent une demangeaison brûlante au bout des doigts tant de mains que de pieds, quoique les mains soient restées très-oisives et que les pieds seuls aient forcé de travail?*

Le contact des extrêmes est une des lois les plus connues : ici elle devient palpable par la correspondanee de la colonne magnétique, rentrant au pôle-nord pour ressortir au pôle-sud; c'est cette colonne, ce sang du globe, *qui communiquera au pôle-sud la température qu'aura obtenue le pôle-nord, où l'on verra, comme avant le déluge, les orangers en plein champ aux rivages maritimes de Sibérie, et les éléphans habiter la nouvelle Zemble et les terres polaires.*

Leurs ossemens amoncelés dans ces régions, témoignent qu'ils y habitaient avant le cataclysme causé par la mort de Phœbé, à l'époque où ce pôle était revêtu de son anneau. Le facile rétablissement nous en est garanti par la fréquence des aurores boréales, ou pollutions du fluide séminal qui devra former la matière de l'anneau, comme il forme la barbe dans le corps de l'homme.

Alors commenceront les nouvelles créations, et le soleil recevant de notre globe un versement de bon titre, pourra reformer son quadrille d'arômes cardinaux et opérer sur les comètes, dont 102 doivent entrer en ligne; non compris le nécessaire de notre complet actuel, entr'autres les deux touches qui manquent, dit-on, au clavier d'Herschel. (Lacune douteuse; car s'il existe à ce clavier deux lunes aussi petites que Phœbina, nos télescopes ne les découvriront pas).

C'est sur-tout en télescope que la nouvelle création nous servira merveilleusement, car elle doit commencer en dominance de règne minéral, qui nous donnera les pâtes de verres harmoniques, aussi supérieurs aux nôtres que les nôtres le sont à la vue simple; c'est-à-dire que si le télescope de l'astronome Herschel grossit 40,000 fois, nous obtiendrons des nouveaux verres un grossissement 40,000 fois supérieur à celui que donne le télescope d'Herschel, selon la proportion, 1 : 40,000 :: 40,000 : 1,600,000,000, et peut-être bien davantage; car en thèse d'unité sidérale, il faut que la qualité des pâtes et des verres soit de nature à établir la correspondance sidérale télégraphique entre planètes.

J'ai dit ailleurs que ces verres seront composés de deux nouveaux minéraux, *diamant fusible* et *mercure fixe* à la chaleur de 32°, par opposition au mercure actuel qui n'est fixe qu'au froid de 32°.

Dès que nous serons pourvus de ces précieux minéraux, on entrera en correspondance télégraphique; et Mercure, notre plus précieux satellite, nous apprendra A LIRE. Il nous transmettra l'alphabet, les déclinaisons, enfin toute la grammaire de la *langue harmonique unitaire*, parlée dans le soleil et les planètes harmonisées, et dans tous les soleils et tourbillons de la voûte céleste.

Nous ne pourrions pas espérer pareille notion des quatre petits satellites, qui sont étoiles simples, non pivotantes et de bas degré comme les quatre de Jupiter. Il est probable que Vesta est encore en lymbe sociale, et n'en saura pas plus que nous en langage unitaire. Ses habitans, *Lilliputiens* de taille, le sont peut-être aussi de génie social, comme nous qui sommes Lilliputiens de génie, sinon de taille.

Quant à Junon, Cérès et Pallas, on peut présumer que ces trois astres sont déjà parvenus à l'Harmonie; je l'augure de ce que leurs orbites sont engrenées. Au reste, ils ne se seront élevés qu'à l'Harmonie divergente (période 8e, tabl. p. 25); aucun satellite simple ne s'élevant à la composée convergente, période 9e.

Il n'en est pas ainsi de Mercure qui est, quoique satellite, une étoile pivotante et d'ordre composé, assimilée aux cardinales et ambiguës, à titre de lune favorite et rectrice aromale du tourbillon; (Flore n'étant pas rectric ctive et ne pouvant le devenir qu'en vibration descendante du tourbillon, vu qu'elle est d'octave mineure).

Mercure par sa pivotation nous sera infiniment précieux en correspondance, et nous donnera à chaque instant, sauf réciprocité, des nouvelles de nos antipodes à intervalle de 20 ou 30 heures au plus. J'ai déjà fait mention de cet avantage vraiment inappréciable. Tel vaisseau parti de Londres arrive aujourd'hui en Bengale, en Chine, en Japon; demain, Mercure avisé des arrivages et mouvemens par les astronomes d'Asie, en transmettra la liste aux astronomes de Londres, qui alors seront dégagés de leur brumeuse atmosphère; ils auront, avec le ciel de Provence, l'olivier sur les rives de la Tamise, et souvent des nuits bien plus belles que nos plus beaux jours, quand par un temps serein elles seront éclairées de 3 ou 4, et quelquefois des 5 flambeaux lunaires, à cristallin vif et lustré, comme le sont ceux des astres vivans.

La momie Phœbé qui, à raison de sa mort, est privée d'atmosphère, ne peut avoir que le cristallin terne et mat. Il faut tout le mauvais goût des civilisés pour admirer ce cadavre blafard, bien plus odieux encore par ses résorptions délétères et par le fléau de lune rousse ou 2e hiver qui vient chaque année déshonorer le printemps, nous enlever non la dîme ni le quint, mais souvent moitié de nos récoltes; enfin nous entraver dans tout le cours de l'année par des températures toujours outrées en durée, et pernicieuses à l'homme, à l'animal, au végétal, dont les besoins exigent la fréquente variété, telle que nous l'obtiendrons de l'influence alternative de nos cinq satellites, combinée avec celle de l'anneau boréal.

2° LÉSION EXTERNE ÉTENDUE A NOTRE UNIVERS. Sujet effrayant pour les pygmées! Il faut considérer notre univers comme une pomme sidérale, jouant son rôle parmi des millions d'autres univers, et sujet aux phases d'accroissement et décroissement.

Un homme est plus petit dans l'enfance que dans l'adolescence: une planète est d'égale grosseur dans l'un et l'autre âge; un univers est plus gros dans l'enfance que dans la maturité. Ce n'est point une bizarrerie ni un contre-sens; l'effet tient à ce que les planètes et les univers ne croissent qu'en titre d'arômes, et non en dimension matérielle.

Dès qu'un univers est raffiné, parvenu au degré pubère, il se concentre; ses tourbillons se resserrent, et sont d'autant plus illuminés, plus riches et plus heureux. Les univers impubères sont aux pubérés, ce qu'est la courge au melon: l'un des fruits est une masse informe, fade et sans sucs; l'autre plus petit, est régulier, orné, succulent et plein, *sans désert intérieur*, comme en ont les jeunes univers, et la courge leur emblème.

Ainsi dès que notre univers entrera en puberté, les astres de voûte se rapprocheront, formeront des chaînes de tourbillons entre notre soleil et la masse des étoiles fixes. Nos planètes se concentreront; Herschel dans ses oppositions ne sera pas plus éloigné de nous que ne l'est aujourd'hui Jupiter, qui dans ce cas serait par fois assez voisin de la terre pour lui former une 6e lune, Vénus et Mars une 7e, une 8e.

Lorsque les 102 comètes seront implanées, trempées et aptes à la manœuvre, le tourbillon s'élevera de 3e en 4e puissance, formant quatre tourbillons secondaires, dont chacun sera groupé sur une prosolaire à cristallin nuancé et anneau igné, en titres majeurs. Alors le soleil, en place de la souillure fumeuse nommée lumière zodiacale, aura une auréole nuancée moirée. Saturne, Jupiter et Herschel seront promus en grade et élevés au prosolariat.

Notre globe y aurait les mêmes droits, car sur quatre prosolaires il en faudra une miniature pour pivot du 1er tourbillon (titre d'amitié); mais notre planète est si affaiblie par la catastrophe diluvielle et la longue durée des lymbes sociales, que je doute fort qu'elle soit jugée apte aux fonctions de prosolaire miniature.

Après cette réorganisation, notre tourbillon sera le 2e en rang, tenant le titre d'ambition. Nos ambiguës Mars, Vénus, Protée et Sapho, seront élevées au poste de sur-ambiguës, liant le soleil aux quatre prosolaires, en gravitation sur double foyer.

Depuis plus de 3000 ans notre univers se dispose à passer en 4e puissance : les préparatifs sont fort activés depuis quelque temps; on en voit l'indice dans les dissolutions considérables de voie lactée, qu'a observées M. Herschel. C'est une preuve qu'il se fait dans le ciel de fortes levées de recrues sidérales, et qu'on prépare les opérations dont les principales seront :

1° D'élever les *nébuleuses* de 2e en 3e puissance. Elles sont soleils simples à douze touches en octave simple sans cardinales ni ambiguës. On leur donnera un cortège en binoctave à trente-deux touches, comme le nôtre, et à deux claviers, le majeur et le mineur.

2° D'élever le tourbillon foyer en 4e puissance, à 134 touches et le pivot : je n'en donne pas le détail.

3° D'élever de même en 4e puissance les soleils de forte espèce; je ne dis pas les plus gros comme Arcturus, Aldebaran, et ceux de la Grande Ourse, mais les plus forts en titre aromal; ils ne peuvent pas être élevés en 4e degré, avant que le soleil foyer n'y soit parvenu.

4° De meubler le désert céleste ou intervalle vide qui s'étend de notre tourbillon aux étoiles fixes, dont le rapprochement formera les chaînes de correspondance aromale entre la voûte et le tourbillon de foyer qu'habite notre globe.

Toutes ces opérations sont entravées par l'influence d'un pygmée sidéral (pygmée en dimension seulement), nommé la Terre, et qui pis est, par l'influence d'un être bien moindre, c'est l'HOMME, dernier chaînon d'harmonie, et inférieur d'un degré à la planète. Quelle énorme puissance accordée à l'*infiniment petit !* N'est-ce point une monstruosité en régime d'univers ?

Cette discussion nous engagerait dans un débat fort abstrus sur les attributs de l'infiniment petit en harmonie universelle. C'est un sujet sur lequel je prélude, tome II, sect. 6e. J'avais préparé un article justificatif de cette concession, monstrueuse en apparence, que Dieu a faite à la sottise humaine; je le supprime pour éviter les longueurs, et je me borne au 8e moyen apologétique, *les précautions supplémentaires* contre le délai outré.

Dieu prévoyant que cette complication de retards pourrait se rencontrer dans quelqu'univers; qu'un globule encroûté de philosophie et rebelle aux impulsions de la nature, pourrait à lui seul paralyser le mouvement, le progrès social d'un million de tourbillons, a dû pourvoir au remède, qui est une opération exigeant 20 à 21 siècles de préparatifs. On n'y a recours que dans le cas où un univers périclite par quelque fâcheux incident, comme le désordre du tourbillon foyer : ce vice ayant été constaté à l'époque de la mort de César, soit en matériel par la maladie que subit alors le soleil, soit en politique par le cretinisme avéré de la civilisation.

Elle avait déjà dévié en Grèce, et échouait une seconde fois à Rome dans l'étude de la nature, par influence des mêmes sophismes qui avaient égaré la Grèce. Il devint évident qu'on ne pouvait faire aucun fonds sur notre globe, que son organisation harmonique était retardée indéfiniment, et que le soleil allait être privé indéfiniment de son quadrille d'arômes cardinaux, hors d'état d'implaner ses comètes, et de commencer l'opération du passage en 4e puissance dont il doit prendre l'initiative. Alors on dut sans délai pourvoir à soutenir le tourbillon foyer par une colonne de secours, dont la formation a pu employer un siècle, et qui étant en marche depuis 1700 ans, doit avoir franchi plus des trois quarts du désert céleste, et n'est guères qu'à 300 ans des confins de la grande aire planétaire.

Entretemps : la hiérarchie sidérale de voûte n'a pas moins fait ses dispositions, qu'elle continue visiblement par les dissolutions de voie lactée : mais grâce à l'invention qui va tout réparer, il n'y aura eu que 1800 ans de perdus ; et dans tous les cas il n'y aurait pas eu plus de 2100 ans de délai ; car en supposant le prolongement du désordre, la restauration n'aurait pas moins eu lieu sous trois siècles à peu près, par suite des mesures arrêtées depuis 18 siècles en conseil sidéral, et dont il est inutile de rendre un compte détaillé.

APPENDICE. — J'AVAIS résolu de ne point parler de ces harmonies transcendantes ; les lecteurs civilisés étant, il faut le redire, dans l'état d'un homme qu'on opère de la cataracte, et qui ne doit être exposé que par degrés à l'éclat du soleil.

Cependant j'ai entrevu un avantage dans ces communications prématurées ; elles renforceront le soupçon d'erreur générale dans les sciences qui traitent de la destinée sociale et matérielle, sciences déjà suspectes à leurs coryphées mêmes, 84, 95. Plus ce doute acquerra de force, plus on apportera d'attention à l'étude du mécanisme sociétaire, seule théorie qui nous ait initiés à la connaissance des CAUSES de création et des *destinées générales* ; étude dont les écrivains ou personnages en crédit semblaient d'accord à nous détourner, comme on en peut juger par quelques citations, quatre seulement en deux parallèles :

Buffon et *Chateaubriand*, le *Roi Alphonse* et *B. de St.-Pierre*.

Buffon, dans un article sur l'Unau, nous habitue à penser que la nature se trompe ; qu'elle a commis une erreur en ne donnant à l'Unau que 46 côtes ; d'où il suivrait qu'elle a commis des milliers d'autres erreurs. Vraiment 48 eût été un nombre plus rond, formant quatre douzaines : mais quand l'étoile Mars a moulé l'Aï et l'Unau, hiéroglyphes de la pauvreté en simple et en composé, Mars a suivi les instructions mathématiques du Créateur. Il reste donc à savoir si c'est le Créateur qui s'est trompé, ou si c'est Buffon. Nos civilisés se hâteront de donner tort à Dieu, parce que, disent-ils, Buffon écrit bien. *Les charmes du style, voyez-vous, il n'y a que ça.* Que l'esprit humain est loin des routes de la vérité, quand il ne s'attache qu'à la rhétorique!

Elle est persuasive : un sophisme bien écrit a plus d'empire qu'un volume de raisonnemens. L'auteur des Martyrs nous dit que les élus étudient l'harmonie des sphères célestes ; c'est insinuer que cette étude est hors de notre portée ; prévention qui suffit à empêcher les recherches. Sans doute l'écrivain n'a pas eu cette intention, et je me borne à analyser la fatalité qui, sur ce point, dirige tous les esprits à contre-sens. Buffon qui condamne Dieu sans l'entendre et sur de faibles indices, abuse de la raison : Chateaubriand en abuse par la voie opposée, en assignant à la raison des limites qu'elle ne doit pas connaître en pareille étude, où Newton a pris avec succès l'initiative.

Le Roi Alphonse de Castille aurait, dit-il, donné de bons conseils à Dieu sur la création. C'est fort bien juger cette création scissionnaire et contre-moulée presqu'en entier, ouvrage odieux à la Divinité même, qui a dû opérer ainsi selon l'unité analogique ; mais c'est exciter à des critiques passives, au lieu de provoquer des recherches actives sur le destin ultérieur du monde, sur les autres créations que pourra faire l'auteur de la première, et sur les moyens d'en obtenir une meilleure.

B. de St.-Pierre, par un système opposé à celui du Roi Alphonse, veut nous habituer servilement à admirer les horreurs de la création, en multiplier les disgrâces, et entourer nos lits d'araignées dans l'espoir d'en chasser les punaises. Il veut élever le mal du simple au composé ; car assurément les punaises ne céderont pas à un tel ennemi ; elles abondent chez le pauvre où abondent les araignées.

Si l'on parcourt les écrits de cent beaux esprits, on y trouvera à chaque page cette aberration, cette fatalité qui entraîne toutes les opinions civilisées à contre-sens du système de la nature, dont pourtant 16 branches d'étude pouvaient nous ouvrir la voie (108 et bas de 342). Mais nos philosophes, en se battant les flancs pour découvrir quelque moyen d'initiation au système de l'univers, ont oublié de discuter sur quels points on pouvait trouver accès. Ils ont agi, dans leur investigation, comme un aveugle qui voulant pénétrer dans un vaste temple à 16 portes, irait se heurter sans méthode contre les pilastres et les pans de mur, et en conclurait que le temple est impénétrable ; au lieu de recourir à l'exploration générale, 99, ou visite de circonférence, qui lui ferait découvrir successivement toutes les portes.

Tel a été le tort de la philosophie. En lui reprochant ses erreurs, n'oublions pas de séparer le bon or du faux ; répétons que ses doctrines offrent d'excellens principes qu'elle refuse obstinément de suivre. J'en ai cité, 99, douze auxquels je rends hommage, et que j'adopte pour guides, entr'autres celui *de se soumettre aux oracles de l'expérience.* Puisse la corporation des philosophes accepter le défi, et après une expérience de 3000 ans, qui a suffisamment décélé tous les vices de la civilisation, opiner à la facile expérience de l'état sociétaire dont les bienfaits, 268, se répandraient par torrens sur cette classe de savans qui, avant de le connaître, s'en déclarent antagonistes. N'est-ce pas le cas de leur répliquer par ces paroles de Jesus-Christ : *mon Dieu, pardonnez-leur, car ils ne savent ce qu'ils font.*

Là finissent leurs jérémiades sur les rigueurs et les mystères de la nature. Il devient évident que ses prétendus voiles d'airain n'étaient qu'une excuse de l'indolence, et que le système des CAUSES en mouvement et en créations va nous être dévoilé en plein, du moment où nous voudrons substituer l'étude de l'attraction et de l'analogie aux prestiges d'impénétrabilité déjà démentis par la découverte de Newton, dont la mienne est la continuation.

En rendant à ce grand géomètre l'hommage d'initiative en théorie de l'Attraction, n'oublions pas de remarquer que, dans la partie matérielle, seul objet de ses études, il n'a rempli que moitié de la tâche, négligeant toute recherche sur l'équilibre AROMAL, ressort des conjugaisons et distributions sidérales. Privés de théorie sur cette branche de la gravitation, nous ne saurions dire pourquoi la très-minime Vesta, assez petite pour servir de lune à Mars, n'est pas même attirée par l'énorme Jupiter (l'affinité de Vesta étant bornée aux arômes hypo-majeurs). Ces notions élémentaires en astronomie nous sont encore étrangères : quelle honteuse lacune, quel sceau d'imperfection pour nos méthodes, et quel sujet de bénir la découverte qui nous dévoile en plein le système de la nature, et qui, du parvis de son temple où nous étions relégués, nous transporte au sanctuaire !

FIN DE LA NOTE E.

TABLE DE LA IIe PARTIE.

THÉORIE mixte, ou étude spécul. de l'Association.

Ire NOTICE. — *Alliance du merveilleux avec l'arithmétique.*

IIe NOTICE. *Abrégé sur les groupes et Séries.*

IIIe NOTICE. *Renfort d'indices pratiques et théoriques.*

PIVOT INVERSE. *Unité de l'univers.*

NOTE E. *Sur la Cosmogonie appliquée.*

Tableaux de la IIe partie.

ERRATUM. Page 528, ligne 26e, au lieu de *cheval*, lisez *chacal.*

EXTRODUCTION.

Le demi-Libéralisme ou Demi-Association. Théorie de 6e Période et des 12 Garanties sociales.

Dédié aux 400 Académies d'arrondissement.

Initial. — Retour sur le Faux Libéralisme.

C'est ici le plus rude assaut pour l'orgueil scientifique. Il s'agit de lui prouver qu'il n'a su, en politique sociale, tirer aucun parti des moyens connus, et que sans s'élever aux découvertes extra-civilisées, comme celle des Séries pass., il pouvait, dans les méthodes existantes, puiser d'amples ressources pour extirper les neuf fléaux lymbiques, 92 :

Indigence, fourberie, oppression, carnage,
Intempéries outrées, maladies provoquées, cercle vicieux:
⋊ Y Egoïsme général,
X Duplicité d'action sociale.

Je vais indiquer le remède qu'on pouvait inventer sans s'élever à la découverte du mécanisme harmonien. Ce remède se trouve dans la demi-association, demi-libéralisme, ébauche des douze garanties sociales; il faut en retracer les conditions déjà définies, 293, 299.

» *Conditions du Libéralisme.* »

K *Tendre au minimum proportionnel*, I, 132, 133, 143, *et aux sept droits naturels*, 126.

1. *Servir toutes les classes utiles, sans lésion d'aucune.*
2. *Se concilier avec toute autorité, en n'opérant que sur l'industrie et l'économie domestique.*
3. *Associer en intérêts les classes extrêmes, c. à d. enrichir les peuples par toute opération favorable au fisc.*

⋊ *Opérer par unité d'action et intégralité d'emploi, ou application à la masse entière.*

Un tel plan est l'opposé de celui de nos théories libérales, qui dans l'espoir de protéger le peuple et lui assurer des droits de souveraineté, arrivent à tous les résultats opposés à ce tableau, tels que l'accroissement d'indigence, de fourberie et d'égoïsme, et n'aboutissent qu'à

X Négliger toute recherche sur les voies de *minimum* et de garantie des droits naturels, I, 126.

1. Servir des partis sans subvenir aux besoins du peuple.

2. Susciter les factions contre l'autorité, sous un masque de sollicitude pour les industrieux.

3. Cribler une nation de dettes et de charges qui appauvrissent le peuple et le fisc à la fois.

X Enfin, opérer en duplicité d'action sans nulle intégralité d'application.

Tel est l'effet de toutes les théories de faux libéralisme. Elles nous bercent de garanties illusoires, qui peut-être sont cherchées de bonne foi par quelques-uns des sophistes. Loin qu'ils en aient trouvé la voie, leur système représentatif imaginé pour diminuer les impôts, n'aboutit qu'à accroître les impôts et les dettes en tous pays soumis à cette forme de gouvernement.

Lorsque j'ai donné dans le cours de ce volume des aperçus du bonheur de l'Association, chacun a été fondé à me répondre que, d'après les habitudes civilisées, on n'a pas pu songer à pareilles spéculations; qu'on a dû placer l'esprit libéral dans les mesures les plus utiles à la masse d'un peuple organisé en ménages isolés, en morcellement agricole, tel qu'on l'a vu jusqu'à présent.

Je vais partir de cette base et spéculer en civilisé sur des ménages non associés; examiner les ressources que ce régime incohérent pouvait fournir à de vrais libéraux, s'il en eût existé chez les anciens ou les modernes.

Ce serait jouer un rôle méprisable et donner le coup de pied de l'âne, que d'attaquer malignement le parti libéral au moment où il a perdu son influence. Mon but, au contraire, est de partager l'affront entre les deux partis; prouver aux soi-disant libéraux qu'ils sont dupes d'avoir donné dans un système qui n'est autre que l'obscurantisme travesti, et prouver aux illibéraux qu'ils sont également dupes de n'avoir su inventer aucune des mesures du vrai libéralisme ou philantropie collective, qui aurait voué à la risée le libéralisme partiel, celui des sophistes.

Si notre siècle est dans une ignorance complète sur ce qui touche à la liberté (1re partie, 2e notice, chap. 5, 6, 7), dont on a tant raisonné depuis plusieurs mille ans, doit-on s'étonner qu'il règne pareille ignorance au sujet du libéralisme qui est la plus récente des controverses? Pour en découvrir les voies, en tout ou en partie, il eût fallu des esprits enclins à la justice : les trouve-t-on en civilisation?

L'on y voit des génies sophistiques appelés publicistes, spéculant, *disent-ils*, sur le bonheur des nations; en a-t-on jamais vu un seul qui méritât le titre de *PHILANTROPE UNITAIRE*, *souhaitant le bien de l'humanité entière*, *sans excepter les Barbares et Sauvages* (qui, après tout, font partie du genre humain, quoique nos philosophes ne daignent pas les comprendre dans leurs plans de libéralisme partiel?

Aucun écrivain, parmi les soi-disant philantropes, ne s'est rallié à ce principe de *charité unitaire*, bonheur applicable à tous les peuples et admissible par tous les souverains.

Loin de là; on n'a vu régner de tout temps chez les publicistes qu'un égoïsme révoltant, une insouciance coupable sur le malheur de la multitude; et j'en vais citer pour preuve, une opinion du divin Platon, grand hiérophante des visions libérales, vrai patron de la science.

Platon remerciait chaque jour les Dieux de trois choses; de ce qu'ils l'avaient fait naître

libre et non esclave,
homme et non femme,
Grec et non Barbare!

Platon, dans cette action de grâces, est triplement égoïste: analysons sa triple perversité.

1° Il remercie les Dieux d'être né libre; c'est avouer qu'il regarde les esclaves comme très-malheureux; et puisque les Dieux, en lui donnant la liberté, lui ont départi les dons du génie, la prétention à régénérer le monde social, il se confond lui-même et décèle son égoïsme en négligeant toute recherche sur l'affranchissement des esclaves qui composaient alors la majorité du peuple.

2° Il remercie les Dieux d'être homme et non femme: c'est encore avouer qu'il plaint la condition des femmes et qu'il les juge malheureuses en civilisation. C'était à lui, politique social, d'aviser aux moyens d'améliorer leur sort; jamais il ne s'en est occupé : 2e tache d'égoïsme.

3° Il remercie les Dieux d'être né Grec et non Barbare.

Il croît donc les Barbares malheureux ! Il est coupable de ne rechercher aucun moyen pour les arracher à la barbarie, et les élever à la civilisation où il voit un bonheur qui alors ne s'étendait qu'au 100ᵉ du genre humain, dont les Barbares et Sauvages formaient au moins les 99/100.

Voilà donc le grand prêtre de l'antique philosophie convaincu de triple égoïsme, tort qui s'étend à tous ses collègues anciens et modernes, tous coupables de la même insouciance, et négligeant, même à présent, toute recherche pour améliorer le sort des Femmes, des Barbares et des Esclaves, dont on a manqué en plein l'affranchissement.

Au portrait du divin Platon, accolons celui du divin Caton, tracé, 297. L'opinion de ces deux saints du paganisme entrait en balance avec celle des Dieux mêmes ; et qu'étaient-ils, sinon des égoïstes comme le sont tous les régénérateurs, gens qui ne voient la vertu que dans leur intérêt personnel ? Aristote dit, *qu'il ne sait pas quelle vertu peut convenir à un esclave ;* et cependant les esclaves formaient les 3/4 de la population : comment un champion de vertu ne condamne-t-il pas cette civilisation qui selon lui oblige à défendre l'exercice des vertus à l'immense majorité des hommes ? C'est bien peu de chose que la sagesse de ces prétendus philantropes, quand on en vient à la scruter et la disséquer.

Lorsqu'on voit le génie social dirigé par de tels égoïstes, faut-il s'étonner qu'on ne découvre aucune voie de bonheur général ? Il est clair que le genre humain est trahi par ses prétendus amis, les faux libéraux, tels que Platon et Caton, gens qui ne songent qu'à se louer d'avoir échappé au malheur du grand nombre, et semblent dire au peuple ce que le renard dit au bouc laissé dans le puits :

» Tâche de t'en tirer, et fais tous tes efforts. »

Tels sont les philantropes civilisés : ils veulent, disent-ils, le bonheur, la liberté, mais pour qui ? Pour eux et quelques affidés cabalistiques. Ils sont encore ce qu'ils étaient au temps de Platon, un conciliabule d'aigrefins, ne songeant qu'à leur bien-être, gens dont on a très-bien dit :

Platon fut surnommé divin ; | C'est qu'il régalait de son vin,
Il était, dit-on, magnifique ; | La cabale philosophique.

Le tort de l'âge moderne est de ne point s'occuper à opposer

poser aux philosophes une classe de publicistes unitaires, spéculant sur le bien de tous, sur le plein libéralisme que j'ai défini au début de cet article, et dont une des conditions est de concorder en tout sens avec les vues de l'autorité; car, qu'y a-t-il de libéral dans des prétentions qui ne tendent qu'à bouleverser le monde social, mettre les partis aux prises, aigrir les fermens de guerre civile? Tel est le fruit qu'on retire des dogmes de philantropie civilisée, lorsqu'on les met à l'épreuve.

En réponse à ces doctrines erronées, examinons quels pouvaient être les emplois du vrai libéralisme, appliqué à l'ordre actuel, aux ménages incohérens, cultivant sans association, pratiquant le travail morcelé. Démontrons qu'en construisant sur cette base vicieuse, on pouvait déjà élever un édifice de demi-bonheur ou *GARANTISME*, qui est (page 25) la période moyenne entre l'état civilisé et l'état sociétaire.

La demi-association est collective sans être individuelle, sans réunir ni les terres, ni les ménages en gestion combinée. Elle admet le travail morcelé des familles; mais elle établit entr'elles des solidarités ou assurances corporatives, étendues à la masse *entière*, afin qu'aucun individu ne soit excepté du bienfait des garanties.

Ce principe est méconnu des philosophes qui ne s'occupent que de dispositions non applicables à la masse: par exemple, ils s'obstinent sur les droits électoraux qui excluent toujours un nombre immense d'individus. Etendez la prérogative d'éligibilité aux hommes qui possèdent 100,000 f., le propriétaire de 50,000 fr. réclamera à juste titre, et se dira aussi bon citoyen que celui qui en a 100,000. Admettez la classe de 50,000 fr., vous entendrez réclamer celle de 25,000; et ainsi de suite.

Et si, pour l'intégralité du bienfait, vous étendez l'éligibilité à tous les sujets, le peuple vendra son suffrage pour un écu, selon l'usage des vertueux républicains de Rome, et la nation sera en proie aux troubles civils. Cette inconséquence domine dans toute notre politique. De là il est évident que les philosophes ne spéculent que sur des mesures non susceptibles *d'unité et d'intégralité*, sans toucher à l'objet principal ou garantie de travail et de minimum qu'ils ne savent point nous procurer. Ils sont donc hors des voies du vrai libéralisme, qui a pour condition pivotale l'unité ou extension des garanties à la masse intégrale des individus liés par le pacte social, même aux plus pauvres.

Je n'examinerai pas ici la série d'inventions qu'il y avait à faire en ce genre; je me borne à en indiquer deux, dont l'une relative à l'ordre politique était du ressort des académies de province; l'autre qui touche à l'ordre matériel, était du ressort des artistes. Cette division nous fournira deux articles; un sur les garanties de l'agréable et un sur les garanties de l'utile; choses que la philosophie sépare, et qui sont inséparables dans le système de la nature, où le bon et le beau doivent sans cesse marcher de front. C'est ce que je vais démontrer dans les deux parties de cette Extroduction.

Toutefois je dois prévenir que les questions de garantisme formant une théorie très-étendue, si j'en traite ici deux, ce ne pourra être qu'abréviativement et par forme d'argument des coutumes de 6e période, à l'exposé desquelles suffirait à peine un volume égal à celui-ci. On ne lira donc dans cet article que deux aperçus de garantie et non pas deux traités; remarque nécessaire, en réponse au reproche d'insuffisance de détails et d'accusations superficielles.

CITER. *Garanties politiques sur l'*UTILE.

Le but vraiment utile que doivent se proposer avant tout les sociétés savantes, c'est l'extirpation de l'indigence, l'art de *prévenir* le mal; car l'idée de *réprimer* ne conduit qu'à des mesures violentes et illusoires, comme les dépôts de mendicité; on en a souvent fait la remarque.

Le remède préservatif serait d'assurer au peuple, du travail en cas de santé, et des secours, *un minimum social*, en cas d'infirmité. Ce problème, qui n'est qu'un jeu d'enfant dans l'état sociétaire, devient, dans l'état morcelé, beaucoup plus vaste qu'on ne l'a cru. Il exige un quadrille de garanties corporatives sur chacune des quatre passions cardinales, et sur la pivotale :

Ambition, *Amitié*, *Amour*, *Famillisme*, ⋊ *UNITÉISME.*

On ne s'est occupé jusqu'ici que des garanties d'ambition, que des droits d'avancement aux fonctions diverses, et du libre exercice de l'industrie, qui est dégénérée en licence anarchique dans certains genres, et en monopole dans d'autres.

Le seul fruit qu'on ait tiré jusqu'à présent de ces garanties d'admission aux emplois et à l'industrie, ç'a été de nous démontrer que l'ordre civilisé tombe en cercle vicieux sur ces deux libertés.

1° L'admission aux emplois devient illusoire : il s'élève tôt ou tard une caste privilégiée de droit ou de fait, qui s'empare des bénéfices et des honneurs. Sous Bonaparte, on vit les républicains envahir les titres de comtes et de ducs, et les fonctions lucratives. L'admission générale n'est donc en civilisation qu'un leurre, tendant à favoriser une cabale qui envahit tout. Le libre exercice est de même un leurre en industrie; car il n'aboutit* qu'à appauvrir la masse en multipliant les agens parasites, et assurer le bénéfice au fourbe, de préférence à l'industrieux.

Je ne prétends pas pour cela que le libre exercice d'industrie et la libre admission aux emplois ne soient des garanties désirables; mais que la politique a méconnu les dispositions dont il fallait étayer ces deux garanties, pour empêcher qu'elles ne devinssent illusoires.

En industrie, le procédé de garantie réelle eût consisté à établir la maîtrise proportionnelle graduée, ou concurrence réductive. C'est une disposition dont je ne puis, faute d'espace, donner le plan; mon objet ici n'étant que de disserter sur la branche qui était de compétence des académies provinciales ou sociétés agricoles. Il existe tant de rameaux dans le système des garanties (6e période), qu'un volume de cette dimension ne suffirait pas à les faire connaître. Je ne veux que préluder sur quelques branches, et notamment sur une garantie d'unité. Je glisserai sur les quatre titres cardinaux, qui seront réduits à de courts paragraphes.

Garantie communale contre l'indigence. Je renvoye à la fin de l'article ce qui touche aux principes, et je débute par traiter des moyens : c'est la méthode la plus à portée du grand nombre des lecteurs. Je vais spéculer sur l'extension d'un procédé qui se trouve en plein accord avec le goût du siècle. On tend visiblement à propager les assurances : nous voyons se multiplier en tout sens les compagnies d'assureurs; c'est un acheminement au régime *garantiste*, ou association des masses pour le soutien des intérêts individuels.

L'objet le plus digne d'assurance est le produit agricole. On assure un vaisseau contre les risques de corsaires et forbans; pourquoi n'assurerait-on pas l'agriculture en masse contre les corsaires de toute espèce qui la spolient, et principalement contre les commerçans? Rattachons cette idée à un principe généralement admis, et déjà énoncé 173 1/2.

« La civilisation, par instinct, par besoin urgent et non par » génie, a su établir dans une seule branche de relations » industrielles, dans *LA MONNAIE*, une garantie contre les » fourberies du commerce : elle reconnaît donc en principe » que la fausseté commerciale tolérée, entrave la circulation » et spolie la masse industrieuse. »

Puisqu'on a obvié à ce vice dans les relations monétaires, pourquoi ne pas aviser à l'extirper dans tout l'ensemble des relations industrielles? Cette réforme serait le premier pas à faire en garanties sociales, dont les sophistes raisonnent sans cesse. L'initiative est prise en système monétaire; il fallait étendre et généraliser l'opération, l'appliquer à tout le régime commercial, qui n'est qu'une collusion de corsaires dépouillant l'agriculture sous prétexte de *faire circuler*. La circulation n'existait-elle pas en 1788, où le commerce employait quatre fois moins d'agens et de capitaux qu'aujourd'hui?

Signalons bien la lésion et la duperie de la pauvre agriculture; étayons-nous de faits récens.

Je lis dans un discours prononcé au Corps législatif, en novembre 1821, qu'une seule maison de Londres a gagné en telle occasion trois millions sur telle branche d'agiotage autour de laquelle sont groupés tous les Juifs de l'Europe; *sur les reports de la rente*. N'est-ce pas l'agriculture qui paye les bénéfices de tous ces corsaires nationaux ou étrangers? N'était-ce pas à elle à provoquer l'invention d'un régime commercial différent, qui mît un terme aux pirateries de ces écumeurs sociaux? Il faut qu'elle couvre de ses deniers toutes les rapines des agioteurs qui, pour doubler le mal (selon la loi de mouvement bi-composé), distraient tout le numéraire, le concentrent dans les arênes d'agiotage où il afflue à bas prix, tandis que le cultivateur n'en obtient qu'à un taux usuraire pour des exploitations utiles.

C'est contre cette double plaie que les sociétés agricoles

des provinces devaient provoquer la recherche d'une garantie: elles devaient se mettre en scission avec la doctrine des économistes, la dénoncer d'après ses résultats notoirement vicieux et contraires au but que se propose la science même.

Ces académies n'ont pas considéré que les sophistes ne s'attachant qu'à flatter les vices dominans, agiotage ou autres, on n'obtiendra pas d'inventions utiles si on ne les provoque pas, si on n'en signale pas l'absence. Or, les 400 académies d'arrondissement voyant de près les plaies de l'agriculture et n'étant point co-partageantes des intrigues mercantiles des capitales, c'était à elles à dénoncer le désordre du mécanisme industriel; commencer *NÉGATIVEMENT* l'attaque du système mercantile, et stimuler le génie à l'attaque *POSITIVE*, par invention d'un régime commercial qui pût donner des résultats opposés à ceux de l'économisme, assurer à l'agriculture la pleine jouissance de son produit, la garantir contre les distractions et absorptions (168, 5ᵉ caractère), contre les énormes pillages du commerce et de l'agiotage.

La philosophie, en déclamant contre des augmentations d'impôts qui s'élèvent à quelques millions, ne dit mot sur les exactions des sangsues de la Bourse, qui souvent, *en un seul mois*, enlèvent 30 millions à l'agriculture (en France, et proportionnément en d'autres empires). Lorsque l'impôt subit une augmentation motivée, celui qui la paie peut se consoler en pensant que ce versement est employé, au moins en partie, à solder des agens civils et militaires. Mais tous les tributs prélevés par l'agiotage et le commerce, loin de solder aucun agent utile, ne servent qu'à élever indéfiniment le nombre des parasites commerciaux. (Je les nomme parasites du moment où ils excèdent le nombre strictement nécessaire, le 10ᵉ de la quantité actuelle; encore après cette réduction seraient-ils parasites s'ils jouissaient du droit de libre mensonge et propriété intermédiaire.)

Qu'avait à faire le monde agricole dans cette conjoncture? C'était de s'emparer du commerce, envahir ses bénéfices, l'anéantir par une opération que lui-même appelle *ÉCRASEMENT*. Les marchands ne s'occupent qu'à *s'écraser* respectivement: tel est l'effet de la libre concurrence. Il fallait que l'agriculture *écrasée* par leurs menées, usât de la liberté de commerce, et les *écrasât* à son tour par une opération que je nommerai *comptoir communal actionnaire*, maison de commerce et de manutention agricole, exerçant l'entrepôt et faisant des avances de fonds au consignateur. Ledit comptoir affecté à des subdivisions de 1500 habitans au moins, serait pourvu de jardin, grenier, cave, cuisine et manufactures communales : au moins deux.

Quelle devait être l'organisation de ces établissemens? C'est de quoi je ne traiterai pas dans cet article, où je ne veux qu'indiquer les principaux avantages du comptoir communal actionnaire qui aurait, entr'autres propriétés, celles de

Réduire de moitié la gestion domestique des ménages pauvres, et même des moyens;

Payer à jour fixe, par anticipation et sans frais, les impôts de la commune;

Avancer des fonds au cours le plus bas, à tout cultivateur dont les domaines présenteraient garantie;

Procurer à chaque individu toutes les denrées indigènes ou exotiques au plus bas prix possible, en l'affranchissant des bénéfices intermédiaires que font les marchands et agioteurs;

Assurer en toute saison des fonctions lucratives à la classe indigente, des occupations variées, et sans excès ni sujétion, soit à la culture, soit aux ateliers.

L'établissement dont il s'agit, le Garantisme communal, a été pressenti *en sens général* et en sens partiel.

Tentative en sens général : on sentit le besoin de secourir la classe pauvre des campagnes, lorsqu'on réserva, sous le nom de *communaux*, des bois et pâturages affectés au pauvre comme au riche. Il est reconnu que c'est une opération malentendue, que le pauvre dévaste les communaux, et qu'ils sont gérés au plus mal. On a donc, dans cette opération d'utilité générale, manqué le moyen de secourir le pauvre.

On a bien mieux échoué dans les tentatives *partielles*, comme les banques territoriales et autres compagnies qui, feignant de secourir l'agriculture et le petit propriétaire, ont été convaincues d'usure vexatoire, de prêt à 17 pour 0/0, l'an. Le génie actuel n'est fécond qu'en ce genre d'inventions.

Ces divers secours et cent autres seraient fournis par le

comptoir communal actionnaire. Supposons-le formé, sans nous arrêter aux détails d'organisation. C'est un vaste ménage qui épargne au pauvre tous ses menus travaux. Ce pauvre possède un petit champ et une petite vigne; mais comment peut-il avoir un bon grenier, une bonne cave, de bonnes futailles, des instrumens et agencemens suffisans? Il trouve le tout au comptoir communal : il peut y déposer, moyennant une provision convenue, son grain et son vin, et recevoir une avance des 2/3 de la valeur présumée. C'est tout ce que désire le paysan, toujours forcé de vendre à vil prix au moment de la récolte. Il ne craindrait pas de payer l'intérêt d'une avance; il le paie toujours à 12 pour o/o aux usuriers : il bénira le comptoir qui lui avancera à 6 pour o/o l'an, taux de commerce, en lui épargnant les frais de manutention; car un petit cultivateur se trouvera payé au comptoir pour faire sans fournitures l'ouvrage qu'il aurait fait gratuitement chez lui, avec frais de fournitures. En effet :

Il a consigné au comptoir sa récolte, vingt quintaux de grain et deux muids de vin : ce n'est pas lui qui fournit les sacs, les futailles, les chariots et animaux pour conduire au marché : sa récolte faite et consignée, il travaille à journée pour le comptoir, et il se trouve payé tout en soignant son blé et son vin qui gagnent en valeur; car on les réunit à une masse de grain, à un foudre de même qualité : on peut même lui épargner les soins de cuverie, et recevoir sa vendange selon les évaluations d'usage.

Le travail, pour garantir le grain des rats et charançons et pour manutentionner quatre ou cinq foudres, ne s'élève qu'au 10e de ce qu'il serait dans une foule de petits ménages dont le comptoir emploie accidentellement les plus pauvres dans ses greniers, caves, jardins et ateliers. Ils ne peuvent en aucun temps y manquer d'occupation, et c'est pour eux un bénéfice d'autant plus notable, qu'en consignant au comptoir, ils ont beaucoup de temps de reste, par épargne de manutention et même de cuisine; car ils obtiennent, lorsqu'ils ont consigné des denrées, un crédit quelconque à la cuisine communale, et imitent nos petits ménages qui prennent chez le traiteur pour épargner les frais.

Le comptoir s'approvisionne de tous les objets de consommation assurée; étoffes communes, denrées de première nécessité et drogues d'emploi habituel. En les tirant des sources, il peut les donner à petit bénéfice aux consignateurs, leur en exhiber les comptes d'achat et de frais. Ces avantages sont autant d'amorces à la consignation : si le comptoir est bien organisé, il doit, en moins de 3 ans, métamorphoser tout le système agricole en demi-association; car il sera recherché du riche comme du pauvre : tout riche briguera l'avantage d'y être actionnaire votant; le petit consignateur non actionnaire y aura, en séance de Bourse, voix consultative sur les chances de vente; l'actionnaire opinera sur les ventes et achats.

Rien n'est plus agréable au campagnard et sur-tout au paysan, que les assemblées d'intrigue commerciale. C'est un charme dont il jouirait chaque semaine au comptoir communal, en séance de *BOURSE*, où l'on communiquerait les avis de correspondance commerciale, et où l'on débattrait sur les convenances d'achat ou de vente. Le paysan, quoique peu enclin aux illusions, convoiterait avidement la gloriole d'actionnaire délibérant sur les achats et ventes du comptoir communal, ou tout au moins le rang de consignateur à voix consultative. Les paysans tiennent chaque dimanche *la bourse*, à la porte de l'église, avant ou après la grand'messe; ils la tiennent dans les marchés et cabarets, où ils s'épuisent en informations et caquets sur l'état des affaires, sur la hausse et la baisse des denrées : ils auraient au comptoir une véritable bourse, et s'empresseraient, pour y figurer, de devenir actionnaires ou consignateurs, ou l'un et l'autre.

L'initiative de cette fondation aurait bien convenu aux bourgades qui ont un monastère vacant. Elles auraient pu facilement l'adapter au service d'un comptoir communal; d'autant mieux que les religieux construisaient avec beaucoup de soin les greniers et les caves, avaient de grands jardins, chose nécessaire audit établissement, et de vastes salles très-convenables pour des réunions et pour une manufacture dont le comptoir doit être pourvu, afin de fournir en hiver comme en été des occupations variées à la classe pauvre, ne pas la dégoûter du travail par l'uniformité qui règne dans nos ateliers publics ou particuliers; monotonie tout-à-fait opposée au vœu de la nature, qui veut de la variété en industrie comme en toutes choses.

Le comptoir communal, dans son organisation, se rapprocherait autant que possible des procédés harmoniens : il pourrait avoir à son compte des cultures et des troupeaux, selon les moyens dont il serait pourvu, et il donnerait toujours à ses agens, même les plus pauvres, une portion d'intérêt sur quelques produits spéciaux, comme laines, fruits, légumes, etc., afin d'éveiller en eux cette activité, cette sollicitude industrielle qui naît de la participation sociétaire, les préserver de l'insouciance qui caractérise les salariés civilisés.

Telle est la première entreprise qui aurait dû fixer l'attention des sociétés vouées au soutien de l'industrie agricole, comme sont en France les 400 accadémies d'arrondissement. Elles en ont médité quelques menus détails; telle est l'entreprise de *fermes expérimentales* qui échoueraient comme toute affaire confiée à des salariés. Il faut amener un canton à une ombre d'association sur l'ensemble du mécanisme, sur la culture, la fabrique, le commerce, et sur-tout la cuisine et le soin des enfans, choses infiniment dispendieuses pour le villageois, en ce qu'elles détournent du travail les femmes les plus aptes à y intervenir.

Les esprits, au lieu de s'occuper de ces fondations vraiment libérales, et faire en ce genre quelques tentatives, se laissent entraîner à un faux libéralisme qui, sans rien imaginer pour le bien du peuple, ne s'occupe qu'à harceler le gouvernement, et protéger les agioteurs dont souvent un seul, pour prix de menées subversives de l'industrie, perçoit sur elle *EN UN MOIS* autant que lui coûtent *EN DIX ANS* tous les ministres d'un empire. Un ministre semble dispendieux parce qu'il reçoit un traitement de 100,000 fr. dont il consomme plus de moitié en frais de représentation obligée. Il semble, à entendre les gloseurs, que le traitement de six ministres surcharge l'agriculture; quand il est évident qu'un agioteur gagnant en un seul mois 3 millions en bénéfice de report, perçoit sur l'agriculture le traitement que coûteraient six ministres pendant 10 ans; ou si l'on veut, il gagne en un mois autant que 60 ministres en un an. Ajoutons à ce parallèle, que les ministres sont des fonctionnaires indispensables, et que l'agioteur n'est qu'un vautour social, uniquement occupé à faire le mal.

Il est donc certain que la science n'a pas su constater les

véritables plaies de l'industrie : ce devait être la tâche des nouvelles académies. Elles devaient, dès leur début, faire scission avec les sciences politiques, en dénoncer les résultats évidemment vicieux, et appeler le génie à la recherche de quelques moyens différens de ceux des sophistes de capitale, coopérateurs-dupes des pirateries du commerce.

Je les dis *coopérateurs-dupes* : ces deux expressions doivent être accolées ; car les savans font ici le rôle du chat de la fable, se brûlant pour tirer du feu les marrons qui sont mangés par le singe. Les savans, sans entrer dans aucun partage des bénéfices de l'agioteur, sont dupes de leur éblouissement, et se tiennent assez honorés de sa protection. Les académies de province qui n'ont rien à briguer en ce genre, devaient signaler le vice du système commercial, et prendre le rôle que n'ont pas osé ou pas su prendre les savans de capitale.

Je supprime le plan d'organisation du comptoir ; il exigerait au moins 20 pages. Insistons seulement sur l'observance de l'un des principes de vrai libéralisme, posés 541.

On trouve ici triple accord avec le gouvernement.

1° *Perception facile de l'impôt.* Les comptoirs, arrivés à leur pleine organisation, le lui payent à jour fixe et en masse. L'administration épargne les frais de perception qui, en France, peuvent s'élever pour les campagnes à 100 millions sur 140. Les comptoirs fournissent de l'emploi aux agens fiscaux retirés et cumulant leur pension avec le bénéfice des nouvelles fonctions.

2° *La cessation de l'indigence* et du vagabondage. Les comptoirs ont des moyens d'occuper lucrativement et agréablement tout le peuple, de lui procurer une douce existence, et de subvenir aux infirmes ; il ne reste ensuite à secourir que les pauvres des villes : on en verra plus loin les moyens.

3° *L'accroissement du produit.* Il sera démontré que cette organisation l'éleverait pour le moins à moitié en sus, et que la France, au lieu de 4 milliards et demi, en produirait 7 par entrée en Garantisme. Ce serait servir les vues de tous les gouvernemens.

Le comptoir communal n'est qu'une des garanties indiquées 541, pour antidote contre l'indigence. Il reste à parler des 4 garanties *cardinales*, qui doivent intervenir concurremment avec la pivotale ou comptoir unitaire. Cette garantie étant celle qui s'applique aux groupes, 2e foyer d'attraction, ils doivent y intervenir tous quatre.

1° *En titre d'ambition.* J'ai observé, 530, que la garantie d'admission aux emplois et à l'exercice de toute industrie, devient un moyen illusoire en civilisation. Il n'en est pas de même lorsque l'état social passe à la période 6e, Garantisme : toutes les corporations industrielles ou autres y sont engagées solidairement pour secourir leurs indigens, dont le comptoir seul opère déjà une si grande réduction.

2° *En titre d'amitié.* L'ordre garantiste établit des engagemens entre les enfans et les amis. C'est encore une disposition impraticable dans l'ordre actuel, où l'on pouvait seulement introduire les *testamens libéraux*; innovation dont les académies d'arrondissement devaient prendre l'initiative.

C'est un plaisant libéralisme que celui qui veut tout pour les siens et rien pour d'autres. Telle est la coutume des testamens civilisés : on donne tout à sa famille, comme si nulle autre classe n'était digne de libéralité. Le sacerdoce a eu le bon sens de s'élever contre cet égoïsme familial, et engager les testateurs à des dispositions moins exclusives, des legs à la paroisse, aux hospices, aux monastères.

Les prétendus libéraux devaient propager cette disposition en sens amical, et amener l'usage des legs aux classes de leur ressort, aux corporations de savans et artistes, aux communes pour travaux publics et embellissemens. Un célibataire ou marié opulent dont la famille est dans l'aisance, devient impardonnable de ne tester que pour elle : voici le modèle d'un testament libéral, tel que devrait le faire un millionnaire.

PLAN D'UN TESTAMENT LIBÉRAL DE 1,200,000 FRANCS.

Aux amis.		300,000 fr.
A la famille et aux branches pauvres.		400,000
Libéralité collective.		
A la paroisse. . . .	65,000	500,000 fr.
Aux hospices.	70,000	
Aux pauvres connus. .	75,000	
A la commune. . . .	80,000	
A la société agricole. .	75,000	
Aux sciences.	70,000	
Aux arts.	65,000	
		1,200,000 fr.

C'était aux philosophes à provoquer ces dispositions vraiment libérales. C'était sur-tout aux 400 académies nouvellement créées en France, paralysées par défaut de dotation, et obligées de recourir à une chétive cotisation à laquelle se refusent moitié des sociétaires : aussi sont-elles dans l'impossibilité de rien entreprendre ; et si on les accuse de n'avoir mis aucune matière sur le tapis, elles pourront répondre qu'elles n'ont pas eu de quoi acheter un tapis.

L'opinion est étrangement faussée en tout ce qui touche aux idées libérales testamentaires ; en voici un exemple récent.

Un riche célibataire de Belgique, le comte de Mérode, mourut il y a quelques années à Bruxelles, et laissa aux hôpitaux toute sa fortune, s'élevant à *deux millions de fr.* : action très-louable en apparence ; mais l'est-elle en réalité? Donner deux millions aux hospices, et rien aux pauvres, ni aux amis, ni aux parens, est-ce agir honorablement ou follement? M. de Mérode, en faisant cette disposition, prouve qu'il était mécontent de sa famille ; tant de parens donnent des sujets de plainte ! Mais si tels parens sont gens à oublier, doit-on oublier tout ce qui est digne de souvenir ? N'a-t-on donc ni amis, ni pauvres à secourir?

L'esprit philosophique ne voit le monde que dans la famille ; et comme une famille de collatéraux est quelquefois très-perfide, très-ingrate, le célibataire se persuade volontiers qu'il faut s'isoler de tout, pour n'être pas dupe des collatéraux. De là naissent les testamens *ab irato*, comme celui de M. de Mérode. N'avait-il donc pas en Brabant quelques parens de branche dédaignée, quoiqu'honnête? Un millionnaire manque-t-il de parens pauvres et méconnus, qu'il devrait aider selon la charité? N'avait-il point d'amis pauvres, de concitoyens honorables et nécessiteux? Il en est foule à Bruxelles, si l'on en croit les gazetiers du pays.

Autre considération : M. de Mérode était-il Vandale, dénué de sollicitude pour les sciences et les arts, pour les intérêts et besoins de sa commune? Questions oiseuses pour des civilisés ; ils ne connaissent que les partis extrêmes ; toujours à l'antipode de la justice distributive, compromettant la vertu même par l'usage désordonné qu'ils en font. C'est surtout dans les testamens qu'on voit régner cet abus.

Si le défunt eût voulu agir avec quelque régularité, il aurait distribué gradativement aux diverses corporations que je viens de nommer. Telles sont les impulsions qu'aurait dû donner une philosophie vraiment libérale, et dont elle ne s'est jamais occupée : aussi les testamens, qui devraient être un des puissans ressorts d'esprit libéral, ne sont-ils le plus souvent que des monumens d'égoïsme et de duperie, surtout en France, où les amis, les sciences, les arts, la commune et les pauvres sont oubliés plus qu'en aucun pays.

Les 400 sociétés agricoles nouvellement fondées, pouvaient remontrer l'opinion sur ce point. Elles devaient, tout en servant les intérêts généraux, chercher à se faire doter selon la méthode indiquée à la table précédente; suggérer à leurs associés opulens cette disposition; en prendre collectivement ou partiellement la résolution; créer enfin les testamens libéraux. Toutes seraient déjà dotées depuis 4 ans qu'elles existent; mais les idées libérales dont chacun se targue, sont ce qu'il y a de plus étranger aux réunions civilisées.

J'ai dû m'appesantir sur ce sujet, parce que les testamens *libéraux de fait* sont branche des garanties amicales qu'il faut allier au comptoir communal pour arriver à l'extirpation de l'indigence. On ne saurait trop signaler la série d'erreurs et d'omissions commises sur ce problème, sur cette *INDIGENCE* que la science même qualifie *d'opprobre éternel de la civilisation.* Achevons sur le demi-remède ou demi-association, et sur les garanties dont elle doit, en 6ᵉ période, s'étayer contre l'indigence.

3° *En titre de famillisme.* L'ordre actuel, en voulant donner au lien de famille une prééminence absolue sur les trois autres, n'est parvenu qu'à le subordonner aux trois autres; car on protège le célibataire qui est un être voué aux cabales ambitieuses, aux débauches amicales, aux amours illicites.

Il eût fallu protéger le lien de famille par des mesures efficaces, dont la première était l'impôt de célibat progressif, tablé, T. II, 391, 392, affectant par degrés le revenu et l'hoirie du célibataire. Il est bizarre qu'une législation qui se dit protectrice du mariage, donne pleine latitude à des sybarites qui se dispensent de toutes les charges de l'état de famille; inconséquence digne de la civilisation !

4° *En titre d'amour.* Tout est manqué en garanties sociales, si on ne parvient pas à établir le quadrille de garanties cardinales, amitié, ambition, famillisme et amour. On ne doit pas négliger celles d'amour, notamment sur la virginité, la paternité et l'indemnité de célibat féminin, sujets plaisans, si l'on veut; mais l'amour n'en est pas moins une des 4 roues du char social; il doit avoir ses garanties comme les trois autres passions cardinales, d'autant mieux que sans les garanties d'amour on manque celles de famillisme.

D'ailleurs, les relations d'amour prendraient une teinte moins astucieuse, moins libertine, lorsque la fondation des comptoirs communaux, en répandant l'aisance dans les dernières classes, aurait facilité les mariages et prévenu la prostitution, effet inévitable de l'indigence.

Ce n'est pas ici le lieu de traiter des garanties d'équité en relations amoureuses; il faudrait sur ce sujet préluder par une analyse des faussetés et vices du système actuel : c'est à quoi je consacre les Inter-Liminaires du 2e tome, 363, qui ne traitent la question que négativement, analysant la fausseté des amours civilisés et les vices qui en résultent : j'ai dû me borner à faire sentir la nécessité d'inventer cette garantie complètement négligée, et pourtant indispensable pour arriver à la solution du plus grand problème que se soit posé la politique civilisée, celui d'extirper la mendicité.

INTRA-PAUSE. — *Puisque le fléau de l'indigence ne peut céder qu'aux garanties sociales dont on rêve l'établissement, indiquons quelle était la marche à suivre en mécanique civilisée, pour extirper l'indigence. Chacun n'est pas familiarisé à la méthode naturelle, procédant par* les 4 solidarités cardinales et la pivotale. *Donnons un canevas de garantie plus à portée des sophistes.*

Leur politique ne cherche les garanties que dans le régime administratif et judiciaire; ce sont précisément les deux objets dont elle ne devait pas s'occuper. Si l'on prétend y toucher, le gouvernement doit craindre avec raison des machinations contre ses intérêts. L'attention des politiques devait se porter sur deux autres points, où règne une fausseté au moins égale, et peut-être plus grande; il s'agit du commerce, et des amours soit conjugaux, soit illicites : le commerce et l'amour sont les deux branches de nos relations où la fausseté est le plus dominante.

Et comme les usages civilisés s'opposent à ce qu'on médite un changement dans le régime amoureux, c'est donc dans le commerce que la politique doit porter la réforme, et tenter l'application des garanties de vérité et autres. J'en ai disserté aux chap. 7 *et* 8 *de la* 1re *partie*, 150, 166; *et pour complément, je donne ici un aperçu de l'opération qui doit établir une garantie de vérité commerciale et de circulation directe.*

Je n'ai voulu, dans cet article, que faire envisager l'immensité de la tâche à ceux qui cherchent les voies de bien social dans le régime du morcellement industriel. Notre politique, en rêvant et essayant des garanties combinées avec le travail morcelé, entreprenait un travail effrayant dont elle ignore tout-à-fait la marche; car les 4 *garanties, sans l'appui du comptoir communal, n'auraient pas été efficaces, et il eût fallu des efforts soutenus pendant un siècle, pour les établir seulement à demi.*

L'opération eût été moins lente et même assez rapide, en l'étayant du comptoir communal; mais loin d'en avoir aucune idée, les esprits s'engageaient de plus en plus dans le procédé contraire, ou encouragement de l'agiotage : d'où il suit que le siècle, avec ses jactances de perfectionnement, recule devant le but qu'il se propose, et tend de moins en moins à l'extirpation de l'indigence.

Mais quand il serait entré dans la bonne voie, celle des 4 *garanties cardinales, il eût fallu encore plusieurs générations avant de donner consistance à cette réforme. Quels travaux d'Hercule et quel sujet d'effroi, quand on songe à la facilité de fonder la* 7e *période*, HARMONIE SIMPLE, *qui, sans étendre les épreuves à un empire, et en se bornant à un petit canton d'une moitié de lieue carrée, va, sans la moindre commotion, changer d'une année à l'autre la face du monde; contenter à la fois les rois et les peuples, absorber tous les partis, et réaliser en richesse et en vertu cent fois plus de bienfaits que les romanciers n'en eussent osé rêver!*

Comment le siècle n'est-il pas confus de sa manie de rêver le bien, se repaître de romans philantropiques, au lieu d'exiger des inventions, des moyens d'amélioration compatibles avec l'expérience!

J'ai cité, Post-Logue, II, 628, *un bizarre exemple de ces utopies désordonnées; un poëte* (Delille) *qui rêve la métamorphose de tous les grands seigneurs en apothicaires; vision digne d'un enfileur de mots qui n'a su que chanter l'imagination d'autrui, sans rien imaginer de son chef. Sans doute il faudrait dans les villages ou cantons une pharmacie charitable, exempte d'astuce mercantile, et ne spéculant pas sur la crédulité des paysans, toujours dupes des carabins de campagne et de leurs mauvaises drogues : mais quel ridicule de vouloir confier pareil établissement au seigneur, incompétent sous triple rapport !*

1° Il n'est pas expert en astuces commerciales, et ne peut pas s'aventurer en achats de drogues pharmaceutiques, denrée qui prête le plus à la fraude mercantile.

2° Pendant son séjour de 10 mois à la ville, ou même de 6 mois, la pharmacie du château péricliterait, essuierait des avaries, et serait inutile aux villageois, à moins qu'on ne pût les décider à n'être malades que pendant les vacances et séjours du seigneur.

3° Il serait trompé en gestion comme en achat, grivelé par ses commis de pharmacie, dupé par les paysans achetant à crédit, impatienté et dégoûté dès le 1er semestre.

En outre, cette rêverie de pharmacies seigneuriales et métamorphose des seigneurs en apothicaires philantropiques, est ridiculisée de fait par le vœu des seigneurs qui ne tendent qu'à grever le paysan de redevances, lui enlever par des droits féodaux bonne partie de ses récoltes, et laisser au commerçant, au praticien et au financier, le soin de ravir au villageois ce que le seigneur n'aura pas absorbé.

Ainsi toutes ces visions morales, comme la pharmacie poétique de Delille, deviennent autant d'inepties quand on les examine de près : leur vice commun est de vouloir fonder le bien social sur le régime civilisé ou travail morcelé, et de ne pas s'élever à comprendre qu'il faut, pour arriver au bien public, des inventions en régime sociétaire.

Tous ces plans d'établissemens philantropiques seraient réalisés par le comptoir communal, dont je me réserve d'indiquer l'organisation, bien différente de celles des compagnies civilisées, surtout en graduation de l'échelle d'actionnaires. Ledit comptoir aurait parmi ses travaux, une pharmacie sur laquelle il bénéficierait honnêtement, tout en rendant au villageois de précieux services.

Il en serait de même de cent autres bienfaits sociaux qu'on perd le temps à rêver : ils ne peuvent naître que des procédés sociétaires, et non du travail morcelé. Or, le premier, le plus petit germe d'association agricole, c'est le COMPTOIR COMMUNAL, *initiative et ébauche de lien sociétaire, voie la plus prompte pour entrer en Garantisme ou 6e période. Cette recherche était donc la tâche de savans qui ont la prétention d'atteindre aux garanties sociales, sans sortir du régime de travail morcelé et de ménages incohérens : mais où trouver des savans qui veuillent consacrer leurs veilles à des inventions utiles, quand il est si facile de s'illustrer par le sophisme !*

ULTER.

ULTER. — *Garanties matérielles sur l'agréable.*

Ne perdons pas de vue le sujet de cette discussion, l'analyse des routes que le génie civilisé devait suivre pour arriver au bien social, sans inventer l'ordre sociétaire ou mécanisme des Séries pass. Il s'agit de démontrer que l'excuse d'inadvertance et de voiles d'airain n'est point admissible; qu'il y avait, pour atteindre au but, d'autres voies que l'invention du régime sociétaire; qu'on pouvait arriver au *demi-sociétaire* ou garantisme, voie plus lente, à la vérité, mais qui en quelques siècles aurait conduit au port où on atteindra en un an par l'épreuve de la Phalange simple.

La nature, fidèle au système des contrastes, nous avait ménagé pour arriver aux garanties, des voies de luxe comme des voies d'économie. J'ai traité, en *Citer*, de l'utile ou voie économique, tenant à un essor solidaire des 4 groupes ou passions affectives, et au commerce DIRECT; je vais traiter, en *Ulter*, de l'agréable, des voies fastueuses, tenant à un essor combiné des 5 passions sensitives.

Les plus influentes sont le goût et le tact; mais la nature a établi son plan sur l'essor combiné de toutes cinq, et sur leur amalgame avec l'unitéïsme ou passion foyère.

C'est par la garantie de visuisme ou plaisirs de la vue qu'on devait débuter. Cette jouissance est la moins accréditée des cinq : les civilisés regardant comme superflu ce qui touche au plaisir de la vue, rivalisent d'émulation pour enlaidir leurs résidences nommées villes et villages, dont l'embellissement *UNITAIRE* aurait conduit à une garantie d'essor des 5 sens. Ce plan était du ressort des arts, comme le précédent était du ressort des sciences politiques. Recherchons comment les arts pouvaient, par la voie d'embellissement et de salubrité, conduire par degrés à l'Association.

Ici c'est par l'agréable que nous allons tendre à l'utile; dans l'article précédent, c'était par l'utile qu'on marchait à l'agréable. La nature pass. est toujours composée dans sa marche, procédant toujours en direct et inverse, ouvrant ainsi double voie d'avènement à ce bonheur social dont on l'accuse de nous fermer les routes en nous opposant des voiles d'airain.

C'est un vice général parmi nos sciences, que de dédaigner l'agréable, et croire qu'on ne doit songer qu'à l'utile. Cette opinion est une des mille erreurs que je désigne sous le nom générique de *SIMPLISME* : nous pouvions également atteindre à l'Association et aux garanties sociales par l'*agréable*, dont le principal moyen eût été la construction et distribution méthodique des édifices; problème d'utilité presqu'autant que d'agrément, car de cette bonne distribution dépend la salubrité qui n'est pas médiocrement utile.

Je vais prouver que l'Association naîtrait de l'état des choses, dans une ville construite selon le régime de garantie sensitive sur la beauté et la salubrité. Le moyen politique ou comptoir communal s'adapte en 1er ordre aux campagnes; le moyen matériel ou construction méthodique s'adapte plus spécialement aux villes. Ainsi l'initiative d'association pouvait être donnée par les partisans des cités comme par ceux des campagnes.

Le reproche s'adresse principalement aux architectes, qui ne s'attendaient pas à être impliqués dans les torts de la civilisation : ils y sont grièvement compromis; on en va juger.

Souvent on bâtit des villes nouvelles, soit en plan général, comme Philadelphie, Manheim, etc., soit en plan additionnel et lié à une ancienne ville, comme Nancy-Neuf, Marseille-Neuf. Aucun des princes fondateurs ni de leurs architectes n'a su s'élever aux constructions d'ordre garantiste, qui pourvoit à l'utile et à l'agréable cumulativement.

Il est pour les édifices comme pour les sociétés, des méthodes adaptées à chaque période sociale, selon le tableau, 25 : je n'en citerai que 3.

En 4e période, la distributiou barbare, mode confus. Intérieur de Paris, Rouen, etc.; rues étroites, maisons amoncelées sans courans d'air ni jours suffisans; disparate générale sans aucun ordre.

En 5e période, la distribution civilisée, mode simpliste en méthode, ne régularisant que l'extérieur où il ménage certains alignemens et embellissemens d'ensemble : telles sont diverses places et rues des villes comme Pétersbourg, Londres, Paris, qui ont des quartiers neufs, construits en système obligé pour les particuliers qu'on astreint à suivre tel plan extérieur. Les tristes échiquiers, comme celui de Philadelphie, sont un des vices capitaux du mode civilisé.

En 6e période, la distribution *garantiste*, mode composé, astreignant l'intérieur comme l'extérieur des édifices à un plan général de salubrité et d'embellissement, à des garanties de structure coordonnée au bien de tous et au charme de tous. C'était une chance de perfectionnement social dont on aura peine à croire les conséquences et l'étendue. Si un architecte eût su imaginer un plan de ville assujettie aux convenances que je viens de stipuler, si cet architecte eût réussi à faire adopter le plan à l'un des princes qui ont bâti une nouvelle ville, même petite comme Carlsruhe, le monde social se serait élevé de la période 5e, civilisation, à la période 6e, garantisme, par la seule influence des édifices d'unité composée, et leur aptitude à provoquer par degrés les liens sociétaires.

Ainsi un architecte qui aurait su spéculer sur le mode composé, aurait pu, *sans s'en douter et sans y prétendre*, devenir le sauveur du monde social; faire à lui seul ce que tous les aigles de la politique n'ont pas su faire, et ouvrir aux humains une des seize issues de civilisation (108 et 342 au bas). Il fallait bien que la nature assignât aux arts quelqu'intervention dans l'affaire de l'Harmonie; elle a dû choisir celui des arts, qui peut, en *mode composé*, satisfaire les 5 sens cumulativement: on verra que c'est l'architecture.

Malheureusement, parmi tant d'artistes doués d'un goût très-délicat, il ne s'est rencontré que des *SIMPLISTES*, inhabiles à concevoir un plan de convenances générales dont je vais donner une légère idée.

PLAN D'UNE VILLE DE 6me PÉRIODE.

On doit tracer 3 enceintes.

La 1re contenant la cité ou ville centrale;

La 2e contenant les faubourgs et grandes fabriques;

La 3e contenant les avenues et la banlieue.

Chacune des 3 enceintes adopte des dimensions différentes pour les constructions, dont aucune ne peut être faite sans l'approbation d'un comité d'Ediles, surveillant l'observance des statuts de garantisme dont suit l'exposé.

Les 3 enceintes sont séparées par des palissades, gazons et plantations qui ne doivent pas masquer la vue.

Toute maison de la Cité doit avoir dans sa dépendance, en cours et jardins, au moins autant de terrain vacant qu'elle en occupe en surface de bâtimens.

L'espace vacant sera double dans la 2e enceinte ou local des *faubourgs*, et triple dans la 3e enceinte nommée *banlieue*.

Toutes les maisons doivent être isolées et former façade régulière sur tous les côtés, avec ornemens gradués selon les 3 enceintes, et sans admission de murs mitoyens nus.

Le moindre espace d'isolement entre 2 édifices doit être au moins de 6 toises ; trois pour chaque, ou davantage ; mais jamais moins de 3 et 3 jusqu'au point de séparation et mur mitoyen de clôture.

Les clôtures et séparations ne pourront être que des soubassemens, surmontés de grilles ou palissades qui devront laisser à la vue au moins 2/3 de leur longueur, et n'occuper qu'un tiers en pilastres et palissades.

L'espace d'isolement ne sera calculé qu'en plan horizontal, même dans les lieux où la pente serait très-rapide.

L'espace d'isolement doit être au moins égal à la demi-hauteur de la façade devant laquelle il est placé, soit sur les côtés, soit sur les derrières de la maison. Ainsi une maison dont les flancs auront dix toises d'élévation jusqu'à la corniche, devra avoir en vide latéral au-devant de ce flanc, un terrain vacant de 5 toises, non compris celui du voisin qui peut être de même étendue. Si deux maisons voisines ont, l'une 10 toises de haut et l'autre 8 toises, il y aura entre elles 4 et 5, total 9 toises d'isolement et terrain vacant, partagé par un soubassement à grille ou palissade.

Pour éviter les tricheries sur la hauteur réelle comme les mansardes et étages masqués, on comptera pour hauteur réelle du mur tout ce qui excédera l'angle du 12e de cercle (angle de 30 degrés), à partir de l'assise de charpente.

Les couverts devront former pavillon, à moins de frontons ornés sur les côtés. Ils seront garnis par-tout de rigoles conduisant l'eau jusqu'au bas des murs et au-dessous des trottoirs.

Sur la rue, les bâtimens jusqu'à l'assise de charpente ne pourront excéder en hauteur la largeur de la rue : si elle n'a que 9 toises de large, on ne pourra pas élever une façade à la hauteur de 10 toises, la réserve de 45 degrés pour le point de vue étant nécessaire en façade. (Si l'angle du rayon visuel était plus obtus, il en serait comme des palais de Gènes ou du portail Saint-Sulpice; pour les examiner il faudrait faire apporter un canapé et s'y coucher à la renverse).

L'isolement sur les côtés sera au moins égal au huitième de la largeur de la façade sur rue. Ainsi entre deux maisons, l'une de 40 toises de front et l'autre de 48, l'isolement sera en minimum de 5 pour l'une et 6 pour l'autre; total 11 toises; précaution nécessaire pour empêcher les amas de population sur un seul point.

L'espace d'isolement sera double en cour fermée et en face des bâtimens comme rotonde ou autres, qui circonscriront plus des 3/4 du terrain. Ainsi, dans une rotonde ou cour fermée dont les édifices auraient 10 toises de haut, la largeur de la cour ou le diamètre de la rotonde sera de 10 toises au moins dans la Cité, et plus encore en 2e et 3e enceintes.

Les rues devront faire face ou à des points de vue champêtres, ou à des monumens d'architecture publique ou privée: le monotone échiquier en sera banni. Quelques-unes seront ceintrées, pour éviter l'uniformité. Les places devront occuper au moins 1/8 de la surface. Moitié des rues devront être plantées d'arbres variés dans chacune.

Le minimum des rues est de 9 toises; pour ménager les trottoirs, on peut, si elles ne sont que traverses à piétons, les réduire à 3 toises, mais conserver toujours les 6 autres en clos gazonné, ou planté et palissadé.

Chaque rue doit aboutir à un point de vue pittoresque, monument public ou particulier, montagne, pont, cascade, ou perspective quelconque.

Je ne m'engagerai pas plus avant dans ce détail, sur lequel il y aurait encore plusieurs pages à donner pour décrire l'ensemble d'une ville garantiste. Mais nous n'avons ici qu'un résultat à envisager; c'est la propriété inhérente à une pareille ville, de provoquer l'association dans toutes les classes, ouvrière ou bourgeoise, et même riche.

Remarquons d'abord qu'on ne pourrait guères construire

de petites maisons; elles seraient trop coûteuses par les isolemens obligés. Les riches seuls pourraient se donner cet agrément; mais l'homme qui spécule sur des loyers, serait obligé de construire des maisons très-grandes, et pourtant très-commodes et salubres, à cause de la double distance exigée en cour fermée.

Dans ces sortes d'édifices, on serait entraîné, sans le vouloir, à toutes les mesures d'économie collective d'où naîtrait bientôt l'association partielle : par exemple, si l'édifice réunit cent ménages, on n'y fera pas 20 pompes qu'exigeraient 20 maisons logeant chacune 5 ménages. Ce sera déjà une économie des 19/20es ou de 9/10es, en supposant la pompe et ses auges de plus forte dimension.

Autant la police de propreté est difficile dans des maisons resserrées et obstruées, comme celles de nos capitales, autant elle est facile dans un édifice où les espaces vacans maintiennent les courans d'air. On éviterait donc ici, par le fait, les vices d'insalubrité; avantage de haute importance.

La distribution indiquée ne provoquera les inventions sociétaires que par concurrence entre les grands édifices dont elle se composera. S'ils n'étaient qu'en nombre de 4 ou 5 maisons à 100 ménages, comme on les peut trouver dans Paris ou Londres, ces réunions éloignées les unes des autres n'auraient aucune émulation économique.

Mais si ladite ville contient 100 vastes maisons toutes vicinales et distribuées de manière à se prêter aux économies domestiques, elle verra bien vîte ses habitans s'exercer sur cette industrie, qui commencera nécessairement sur l'objet important pour le peuple, sur la préparation et fourniture des alimens. On verra 2 ou 3 des cent ménages s'établir traiteurs; on en verra d'autres spéculer, en d'autres branches, sur les fournitures de la maison.

Ainsi s'organisera la division du travail, qui, une fois introduite dans la cité ou enceinte centrale, se répandra bien vîte dans les deux enceintes de faubourg et banlieue, où l'obligation de double et triple espace en terrain vacant, nécessitera d'autant mieux les grandes réunions. (Voyez l'art. précédent, sur les espaces vacans.

Du moment où la coutume d'association domestique sur la nourriture serait adoptée dans les grands édifices de la cité, elle se repandrait dans ceux des faubourgs, et surtout dans ceux de la banlieue, qui ajouteraient aux combinaisons d'économie alimentaire, celles d'économie agricole.

Il en est du bien comme du mal ; et si l'on dit à bon droit, un mal ne va pas sans un autre (475 au bas), *abyssus abyssum invocat*, on peut dire dans le même sens, un bien ne va pas sans un autre : l'association en économies alimentaires amènerait dès le lendemain celle en combinaisons agricoles.

Elle donnerait de même naissance à plusieurs dispositions sociétaires inconnues aujourd'hui, comme la communication couverte en corridor ou rue-galerie, II, 36, qui est un puissant acheminement au régime sociétaire, unissant toujours l'utile et l'agréable.

Dans les distributions précitées, le bien-être corporel serait ménagé autant que les agrémens de la vue. Ces vastes édifices, bien aérés par l'isolement garni de plantations, satisferaient le tact autant que la vue : ce serait déjà deux sens contentés dans une ville d'ordre *GARANTISTE*. Elle servirait un 3ᵉ sens non moins important, celui du goût. Je prouverai, dans un traité plus détaillé, que les combinaisons alimentaires, sources d'énormes économies, s'établiraient à l'instant dans une ville distribuée de la sorte.

Aux 3 sens favorisés par cette construction, joignons-en un 4ᵉ, celui de l'odorat. Il est lésé à chaque instant dans les rues infectes et les rues étroites de civilisation. Au lieu des jouissances de l'odorat, on ne rencontre dans nos villes que l'opposé ; des cloaques ou ramas d'immondices, une humidité, une infection perpétuelles : j'en atteste ceux qui ont fréquenté les quartiers de populace dans Lyon et Rouen. La civilisation entasse des immondices même sur les points dont on vante la beauté. J'ai vu à la porte de Nancy des ramas de fumier et de mares : le fumier à côté d'un arc triomphal n'offensait que la vue ; les mares insalubres nuisaient à la santé ou tact. Le génie civilisé est intelligent à blesser tous les sens.

J'en ai cité quatre ; vue, tact, goût, odorat, que favoriserait ce genre de construction, nommé *architecture composée* ou de 6ᵉ période : l'ouïe, 5ᵉ sens, y trouverait de même sa garantie (*), tout étant lié dans le système de la nature : tâchons de nous initier à quelque branche des mystères, et bientôt nous en aurons pénétré le système entier, quel que soit celui des 16 points (108 et bas de 342), par où nous aurons su nous introduire.

Je n'ignore pas combien la propriété composée, dont j'établis ici le principe, *structure coordonnée au bien et au charme de tous*, est en aversion aux civilisés ; combien l'égoïsme les a de tout temps aveuglés sur les bénéfices d'une telle disposition : mais nous ne spéculons ici que sur une seule épreuve, une ville neuve où personne ne serait obligé à se fixer.

Supposons que Louis XIV, au lieu de bâtir le triste Versailles, eût construit à Poissy une ville d'architecture composée (avec un port à vaisseaux, les sinuosités finissant à Poissy) ; chacun aurait voté l'imitation, parce que les dispositions garantistes une fois effectuées, plaisent à ceux même qui s'y sont le plus opposés. Aucun propriétaire de ville ne voudrait consentir aujourd'hui à remplacer ses murs par des grilles ou palissades sur soubassement ; il y gagnerait pourtant cent fois plus qu'il n'y perdrait, car il jouirait de la vue de cent jardins. Il en est de même de toutes les autres dispositions, cent fois plus avantageuses qu'elles ne paraissent onéreuses : mais pour en juger il eût fallu une ville d'essai.

J'ai dû, selon le plan énoncé au début, citer deux voies de garantie, une d'essor pour les 4 affectives par *le comptoir communal*, uni aux corporations garantes en 4 titres ; une d'essor pour les 5 sensitives par *l'architecture composée.* Cette 2ᵉ voie est fort longue, et exigerait un demi-siècle au

(*) Avant de pourvoir aux plaisirs de l'ouïe, comme la correction des chanteurs faux et des oreilles fausses, il faudrait d'abord aviser au nécessaire, et délivrer l'oreille des citadins de tant de bruits désolans, comme ceux des magasins de fer, ouvriers en métaux, crieurs mercantiles, apprentis de clarinette, et autres bourreaux de l'ouïe. Tous ces inconvéniens sont prévenus en architecture composée, et celui du fracas des voitures y est réduit à peu de chose, par des voies non pavées. Une ville distribuée en grandes maisons isolées, peut en affecter quelques-unes aux ouvriers à marteau, travaillant dans l'intérieur d'une cour fermée. Toutes les harmonies naissent l'une de l'autre ; il suffit, je l'ai dit plus haut, d'en savoir inoculer le germe, l'un des 16, quel qu'il soit.

moins : j'en citerai ailleurs de plus expéditives, notamment celle des garanties sur le mariage; (Inter-Lim., tom. II).

La providence ayant prévu que les esprits civilisés enfoncés dans l'égoïsme, auraient peu d'aptitude aux découvertes de garantie sociale en travaux utiles, a dû leur ménager des voies de succès en travaux agréables, d'abord celle de *VISUISME* ou d'architecture unitaire, qui s'allie bien aux convenances des grands, et qui aurait séduit tout prince fastueux. Louis XIV n'y aurait pas résisté un instant.

Ceux qui ont bâti Nancy, Versailles, Manheim, Carlsruhe et tant d'autres villes neuves, auraient accédé volontiers à un plan qui leur eût garanti célébrité et utilité à la fois. Je dis *CÉLÉBRITÉ*, car le fondateur d'une ville distribuée selon la méthode ébauchée dans cet article, aurait eu le double honneur de frapper de ridicule toutes les autres capitales par le parallèle des agrémens de la sienne, et de métamorphoser subitement le monde social; car indépendamment du charme sensuel qu'aurait excité la nouvelle ville, on y aurait vu naître foule d'économies domestiques; elles auraient obtenu l'adhésion générale, et déterminé l'entrée en garantisme.

Comment notre siècle, tout occupé de luxe et de beaux arts, a-t-il manqué cette facile issue de civilisation, *l'architecture combinée*? Il y était poussé par sa frivolité même, par son penchant pour les raffinemens. En voyant une ville ainsi distribuée, le refrain de *GNIAK PARIS*, se serait changé en celui de *FI DE PARIS*.

Sept classes étaient stimulées à cette innovation : 1° les architectes spécialement; 2° les artistes, par goût du beau; 3° les administrateurs sous le rapport de la salubrité; 4° les citoyens par besoin de la propreté; 5° les sybarites pour l'agrément; 6° les économistes par vues sociétaires; 7° les moralistes par vues charitables; ⋊ enfin, les souverains par amour-propre.

Le vice qui les a détournés de cette conception, c'est l'esprit de *PROPRIETÉ SIMPLE* qui domine en civilisation. Il n'y règne aucun principe sur la *PROPRIÉTÉ COMPOSÉE*, ou assujettissement des possessions individuelles aux besoins de la masse. On sait fort bien reconnaître ce principe en cas de guerre : on n'hésite pas à raser, incendier tout ce qui gène la défense; on ne donne pas 24 heures de répit, et on y est bien fondé, parce qu'il s'agit de l'utilité générale devant laquelle doivent tomber les prétentions de l'égoïsme et de la propriété simple, vraiment illibérale.

Les coutumes civilisées n'admettent plus ce principe, lorsqu'il s'agit de garanties autres que celles de guerre ou de routes et canaux. Chacun oppose son caprice au bien général; et là dessus interviennent les philosophes, *qui soutiennent les libertés individuelles aux dépens des collectives*, et prétendent qu'un citoyen a des droits imprescriptibles au mauvais goût, à la violation des convenances publiques.

Tel est le principe de la PROPRIÉTÉ SIMPLE, *droit de gêner arbitrairement les intérêts généraux pour satisfaire les fantaisies individuelles.* Aussi voit-on pleine licence accordée aux vandales qui prennent fantaisie de compromettre la salubrité et l'embellissement, par des constructions grotesques, des caricatures, quelquefois plus coûteuses qu'un beau et bon bâtiment. Souvent ces vandales, par une avarice meurtrière, construisent des maisons mal-saines et privées d'air, où ils entassent économiquement des fourmilières de populace; et l'on décore du nom de liberté ces spéculations assassines. Autant vaudrait autoriser les charlatans qui, abusant de la crédulité du peuple, exercent la médecine sans aucune connaissance. Ils peuvent dire aussi qu'ils font valoir leur industrie, qu'ils usent *des droits imprescriptibles.*

On a reconnu la nécessité de limiter ces prétendus droits en médecine comme en fortification, de les subordonner aux convenances générales; ainsi, le principe de propriété composée, déjà introduit dans le régime des monnaies, est de même établi en constructions militaires et administratives; (routes, canaux et fortifications). Si on l'eût étendu aux constructions civiles et particulières, c'en était fait de la civilisation; elle serait tombée en un demi-siècle, et le genre humain se serait élevé au garantisme par la seule impulsion de ce luxe que réprouve la malencontreuse philosophie, ce luxe qui pourtant est 1er foyer d'attraction.

Insistons contre ces faux principes de propriété simple et licence de mauvais goût. Il s'agit de prouver que la nature nous avait ménagé, *en agréable comme en utile*, *en calculs de luxe comme en calculs d'économie*, des issues de civilisation que nous n'avons su découvrir en aucun sens, parce que la philosophie qui nous dirige, ne veut suivre aucun de ses bons principes, 99, entr'autres le 5e (101), *ne pas croire la nature bornée aux moyens à nous connus.*

Ces principes l'auraient conduite à spéculer sur l'essor du luxe collectif et les convenances collectives, puisque la faveur accordée aux convenances individuelles n'a depuis 3000 ans engendré que le désordre.

Un indice de l'esprit faux et de l'impéritie qui règnent à cet égard, c'est qu'aucune loi n'a stipulé des *OBLIGATIONS RELATIVES*, en fait de salubrité et d'embellissement. Par exemple, qu'une ville achète et abatte quelque îlot de masures qui masquaient 4 rues, il est certain que les maisons des 4 côtés adjacens à cette île, acquerront beaucoup de valeur ; l'air y circulera mieux ; elles auront au-devant de leurs façades, au lieu d'un vilain masque, une place ornée d'arbres et fontaines ; elles auront donc gagné considérablement à cette démolition, et accru leurs loyers en proportion. Elles devront, en bonne justice, partage de bénéfice à la commune qui leur aura de ses deniers procuré cet accroissement de l'utile et de l'agréable, cette transition du mal au bien.

Cependant aucune loi ne les astreint à l'indemnité de moitié du bénéfice obtenu. Loin de là ; le propriétaire favorisé par cette amélioration, ne léguera pas une obole à la commune qui l'aura enrichi, et si elle lui demande quelque subvention, quelque part au bénéfice, ne fût-ce que d'un quart, il répondra ironiquement : » Je ne vous ai pas prié d'abattre ces maisons qui masquaient la mienne ; je ne vous dois aucune indemnité pour vos dépenses d'embellissement. »

Ces lacunes de législation communale prouvent l'enfance du génie civilisé sur tout ce qui touche aux garanties ; il ne tend qu'aux raffinemens d'égoïsme et de fiscalité. Faut-il s'étonner qu'il n'ait su faire aucun pas dans la science des garanties, dont pourtant il sent le besoin, car il en radote à chaque instant : les verbiages de *garantie*, *contre-poids*, *balance*, *équilibre*, ne cessent de retentir dans les écrits des politiques et économistes, qui comptent pour rien les intérêts collectifs, et qui pourtant se disent libéraux.

S'il existait quelque sollicitude pour le bien collectif, aurait-on tardé jusqu'à ce jour à établir une police générale de salubrité et d'embellissement? Le soin en est laissé aux caprices des communes, dont les chefs le plus souvent sont des réunions de Vandales, et n'ont de penchant que pour le mauvais goût, considérant l'embellissement comme chose inutile.

Cette lacune est en partie imputable aux artistes qui n'ont su ni rectifier l'opinion sur ce point, ni inventer le régime d'architecture composée; lacune d'autant plus fâcheuse, que cette invention était une des issues les plus directes de civilisation, celle qui pouvait le mieux cadrer avec les distributions par ménages incohérens.

Le tort principal de nos régénérateurs est de vouloir, en vrais *simplistes* qu'ils sont, organiser l'utile sans l'agréable ou l'agréable sans l'utile, et n'aller qu'à l'excès dans l'un et l'autre genre. Par exemple, ils prodiguent les dépenses quand il s'agit d'embellir une *CAPITALE*: sous le règne de Napoléon ils avaient projeté une rue *IMPÉRIALE* qui, s'étendant du Louvre à la Bastille, aurait coûté cent millions en achat de maisons, non compris les frais de reconstruction des façades. *CENT MILLIONS* étaient peu de chose quand il s'agissait de flatter bassement Napoléon; et ces mêmes hommes si prodigues pour la ville de Paris, ne voulurent pas laisser construire à Lyon 2 péristyles de 8 colonnes détachées, sur les façades de la place Bellecour, la plus grande de l'Europe. Une ville de 160,000 habitans leur paraissait indigne d'attention; ils lui défendaient toute apparence de luxe ou même d'élégance, et Lyon fut obligé de se borner à des colonnes tracées, à des ouvrages d'une mesquinerie pitoyable sur une place immense.

Pourquoi l'architecture n'a-t-elle pas conçu, en système général, le plan que chaque particulier sait concevoir pour son domaine et sa résidence? Il orne les avenues de l'édifice, il le dégage d'alentours immondes : ce qu'on fait pour l'édifice d'une famille aisée, ne devrait-on pas le faire pour une ville où résident plusieurs milliers de familles? Comment cette spéculation vraiment libérale a-t-elle échappé aux partisans du libéralisme? C'est, diront-ils, qu'elle tient au luxe, qu'elle exige un grand luxe: il est vrai; mais la nature qui nous attire, 183, au *LUXE* et aux *GROUPES*, ne serait-elle pas en contradiction avec elle-même, si elle ne nous ménageait pas des voies de bonheur social dans l'essor du luxe collectif ou solidaire, qui est celui de l'architecture combinée, et dans l'essor des groupes solidaires, dont le lien est le comptoir communal, base des garanties?

J'ai traité la question en sens politique, *CITER*, et en sens matériel, *ULTER*. Cette 2e preuve m'a paru nécessaire à dissiper les préventions régnantes contre le beau matériel considéré comme frivolité, et à prouver qu'en dépit des simplistes, la route des garanties solidaires ainsi que de tout bien social, est *composée*; qu'on peut y arriver par les voies du beau comme par les voies du bon, et qu'on est à l'opposé des méthodes de la nature, quand on veut séparer le beau et le bon, qu'elle fait constamment marcher de front dans les dispositions sociétaires.

FINAL. — DEVOIRS DES ACADÉMIES DE SECOND ORDRE.

PLUS on s'engage dans les recherches sur les garanties sociales, plus on apprécie l'avantage d'éviter, par le facile essai d'une Phalange sociétaire, ces longues opérations dont la plupart coûteraient un demi-siècle, et dont l'ensemble n'exigerait pas moins de 200 ans pour en organiser le système complet.

Cependant la perspective de 2 siècles n'aurait rien d'effrayant pour gens qui ont perdu de 25 à 30 siècles en vains efforts pour échapper au malheur; et puisqu'ils cherchaient des garanties sociales, il est nécessaire de leur expliquer sur quelles opérations elles devaient reposer; combien ils ont été mal dirigés dans cette recherche, abusés sur les vrais principes de la garantie, qui exige des solidarités collectives, dont on n'a aucune idée en civilisation!

Quoique ces garanties soient la route la plus longue pour s'élever au lien sociétaire, il faut faire sentir à la raison moderne son tort de les avoir manquées, et la convaincre que son prétendu perfectionnement, loin de conduire au bonheur par les voies les plus courtes, celles de l'Association, ne nous ouvrait pas même les voies de lenteur qui auraient depuis longtemps acheminé au but, si on eût su les discerner dans Athènes et Rome.

Chez les modernes, cette tâche concernait spécialement les sociétés qui ne sont pas impliquées dans les torts de la science; telles sont en France les 400 académies d'arrondissement, dites sociétés d'agriculture. Elles ont vu, depuis leur fondation en 1818, le cultivateur plus que jamais victime des fluctuations d'agiotage, de la baisse des grains ou abondance dépressive, etc. etc. Or, comment remédieraient-elles à ces fléaux politiques, lorsqu'elles ne peuvent pas même combattre les fléaux matériels subalternes, comme celui des chenilles, qui n'ont jamais été plus nombreuses que depuis qu'on leur a opposé en France 400 compagnies de restauration agricole?

En se fondant sur l'insuffisance des moyens connus, contre les désordres soit matériels, comme la destruction des forêts, le déchaussement des pentes et tarissement des fontaines; soit politiques, tels que le taux usuraire des fonds prêtés au cultivateur, l'abondance dépressive, etc., ces académies devaient déclarer qu'il y a, par le fait, erreur notoire et impéritie dans les sciences qui régissent le mécanisme industriel; qu'on doit suspecter en masse leurs doctrines, recourir à quelque science neuve et quelque procédé neuf pour atteindre au bien.

Diverses fois j'ai observé que l'initiative d'avènement au bien doit être l'aveu du mal; que si personne n'a le courage de le constater, on ne s'occupera point à en chercher le remède. Loin de là; plus l'agriculture souffre du vice de l'usure, plus la science est occupée à favoriser l'agiotage et le système commercial qui enracine l'usure. C'est d'abord contre ce désordre que les 400 académies protectrices de l'agriculture, devaient solliciter l'invention d'une garantie.

Combien d'autres garanties n'avaient-elles pas à provoquer! on en sent le besoin à chaque pas dans le système civilisé: j'ai cité plus haut celle des testamens libéraux; c'était encore aux nouvelles académies à mettre en crédit cette louable innovation, et prêcher d'exemple.

C'est sur-tout contre l'influence colossale de l'agiotage, qu'elles devaient se prononcer. Le cultivateur, après avoir longtemps conservé ses grains, ses liquides avilis, est à la fin victime d'une menée d'agioteurs qui les lui soufflent à la veille d'une hausse projetée, et qui, une fois nantis de tous les forts approvisionnemens, déclarent le lendemain la hausse de 25 pour o/o. Ainsi, tout le bénéfice de 2 et 3 ans d'industrie et de soins, passe entre les mains des parasites, *pour le bien du commerce.*

On ne connaît, dira-t-on, point d'autre mode de circulation : cela est-il surprenant? On n'en a point cherché. Personne n'a eu le courage de constater le mal; de déclarer qu'après tant de pompeuses théories sur les garanties, il n'en existe aucune pour l'agriculture.

A la vérité, cette déclaration eût exigé une apostrophe aux sciences dites incertaines, qui donnent toujours en résultat, le contraire de ce qu'elles ont promis en théorie. Ce rôle discourtois ne plaît à aucune compagnie; chacune veut flatter les sophismes dominans : faut-il s'étonner qu'elles n'arrivent qu'à une complète stérilité, et qu'en se vantant de libéralisme, on n'ait pas même su atteindre au demi-libéralisme, à la demi-association, dont le comptoir communal est la base, et au demi-bonheur social qui se compose du mécanisme complet des garanties, dont toutes, excepté les assurances et la monnaie, sont inconnues en civilisation?

Une brillante carrière s'ouvrait aux 400 académies si elles eussent voulu adopter un caractère, se créer un rôle quelconque. L'amour-propre les y stimulait; on les installa sans leur assigner une obole de dotation : celles de Paris ont un budget annuel de 400,000 fr., et les 400 sociétés provinciales n'ont pas 400 sous de rente fixe. Que faire en pareil cas? D'abord se procurer le nerf de la guerre. Elles devaient opérer comme cet usurpateur qui, débutant avec une armée dénuée de tout, dit à ses soldats : » vous n'avez ni vivres, ni munitions, » ni habits; il faut passer sur le corps de l'ennemi, et vous » aurez tout en abondance : » ainsi firent-ils.

Tel devait être le plan des 400 cohortes de roture académique. Elles devaient se dire : on nous laisse dans le dénuement, tandis que la noblesse philosophique obtient dans Paris un budget de 400,000 fr., les faveurs de la Cour et des grands. Créons-nous des ressources à ses dépens; enlevons-lui le sceptre de l'opinion; attaquons ses dogmes déjà décrédités et suspects à tous les gouvernemens.

Rien n'était plus aisé que cette conquête : traçons le plan de l'attaque en sens négatif et positif.

NÉGATIVEMENT. Il fallait s'étayer de l'avis des philosophes mêmes (voyez les 9 devises de cet ouvrage), pour dénoncer leurs 4 sciences comme foulant aux pieds les principes et règles qu'elles nous imposent, 99, abusant le monde social, et sacrifiant de plus en plus l'agriculture à l'agiotage. Il fallait dénoncer cette maladie de langueur, dit Montesquieu, ce *venin caché* qui favorise incessamment les progrès du mal, et lui fait *faire dix pas en avant lorsque le bien en fait un.* Plus on oppose au mal de théories et de lois restauratrices, plus les désordres industriels vont croissant : les forêts déclinent rapidement; les capitaux vont de plus en plus s'engouffrer dans les arênes d'agiotage, dans le tripot des effets publics. L'agriculture est d'autant mieux dédaignée et dénuée de ressources, payant à *douze pour cent* le numéraire que l'agioteur obtient à trois pour cent.

En se fondant sur ce progrès évident du mal, on devait, je le répète, conclure à l'abandon des 4 sciences philosophiques d'où il est né, et à la recherche d'une nouvelle science propre à balancer l'influence du commerce, à ramener les capitaux à l'agriculture, et à combattre ce *VENIN CACHÉ* (le morcellement industriel), qui donne au mal une activité décuple de celle du bien, en vices matériels comme en politiques.

Telle devait être l'attaque négative : elle n'exigeait qu'un petit mémoire, un factum de 50 pages contre les 4 sciences métaphysique, morale, politique et économique, fautrices du mal, et n'y opposant d'autre remède que des commotions populaires, dont le résultat est d'envenimer les plaies.

POSITIVEMENT. Il fallait faire ce que les philosophes ne savent que rêver ; mettre en vogue les dispositions vraiment libérales, dont ils n'ont jamais su proposer aucune. On devait commencer par les testamens libéraux (555) ; les provoquer par de bonnes impulsions et des exemples : toutes les académies d'arrondissement seraient déjà dotées à l'heure qu'il est, si elles eussent recouru à cette mesure (1).

(1) L'académie dont j'étais membre, a perdu depuis son plus riche sociétaire, D. d'A., homme jouissant de 60,000 fr. de rente, et n'ayant qu'un enfant : il pouvait bien léguer à la société d'arrondissement une année de son revenu, à payer par l'héritier en 3 ans, à 20,000 fr. par

Quant

Quant à celles qui dépendent de la législation, comme l'indemnité d'hoirie et de revenu à percevoir sur les célibataires, II, 391, en faveur des pères de famille nécessiteux, il était aisé de solliciter ces lois et tant d'autres dont la demande aurait honoré les académies d'arrondissement, et prouvé que si celles de la capitale savaient *bien dire*, celles de petites villes savaient *bien faire*.

Au lieu de prendre cet essor noble, de savoir se créer un rôle, qu'ont fait les nouvelles académies? Elles se sont traînées sur les pas de celles de Paris, adoptant *sur le papier* de vastes plans d'explorations scientifiques. Ça été la montagne en travail, et depuis 4 ans d'existence, aucune des 400 n'a donné signe de vie.

Récapitulons leurs devoirs; car on contracte des devoirs en s'asseyant au fauteuil; les académiciens n'en sont pas plus exempts que toute autre classe de citoyens, sur-tout quand la réunion étant immense et présentant un effectif de 22,000 immortels, autorise l'opinion à espérer, tant de leur génie que de leur nombre, des services efficaces et des conceptions neuves. Ils avaient à combattre en agriculture quatre vices radicaux faisant partie des neuf fléaux lymbiques, 92.

1° *L'indigence du cultivateur*, toujours victime des besoins d'argent, des extorsions de l'usurier, et hors d'état de pourvoir aux dépenses utiles qu'exigerait une culture soignée. Contre un tel vice, il est évident que le seul remède était la réunion sociétaire, sur laquelle on voit les seuls Anglais faire des tentatives qui, avec le temps, auraient pu réussir.

2° *La fourberie commerciale :* les fluctuations de prix

terme, charge insensible pour l'héritier qui aurait eu encore 40,000 fr. à dépenser par chacun des 3 ans.

Moyennant quelques legs semblables, bornés à un an du revenu, chacune des 400 sociétés se serait pourvue peu à peu d'un capital de 3 à 400,000 fr., somme nécessaire à acheter et organiser une ferme expérimentale. Sans ce levier, rien de plus illusoire qu'une société d'agriculture; ce n'est pas avec des discours qu'on peut convertir le paysan et le dégager de ses vicieuses routines. Il fallait lui montrer la sagesse en action; il fallait concevoir qu'en agriculture, comme en toute affaire, on ne peut rien sans capitaux, et aviser à s'en procurer par les testamens de vrai libéralisme, dont la moindre initiative aurait entraîné à l'imitation.

causées par l'agiotage, les falsifications de tous comestibles et de toutes denrées; fraudes qui allouent tout le bénéfice au commerce, découragent d'autant la consommation et la production.

3° *Les progrès de l'intempérie* : elle s'accroît chaque année, et la science ne fournit que des projets illusoires contre des calamités réelles; que des jactances de perfectibilité, contre une détérioration alarmante des climatures : voyez Note A.

4° *Le cercle vicieux* : la fatalité ou plutôt l'impéritie sociale qui neutralise toutes les mesures de restauration. Un code rural ou forestier est-il mis en vigueur, il en résultera un accroissement de dégâts! une invention est-elle faite par les chimistes, elle devient entre les mains du commerce un nouveau moyen de tromper le public et dénaturer les produits de l'industrie! le cercle vicieux qu'on voit dominer dans les rameaux du système agricole, se retrouve aussi à la base. On voit les 2 méthodes, grandes et petites cultures, conduire par diverses voies à l'extrême indigence; en Angleterre, par la multiplicité des grandes fermes; en France, par l'extrême subdivision des propriétés rurales.

Incidit in Scyllam, dum vult vitare Carybdim.

☓ Enfin, *LA DUPLICITÉ D'ACTION* : elle est notoire dans tout le système agricole. On croit perfectionner par les défrichemens, et l'on ne fait que hâter la ruine. Tout est perdu quand le matériel est perdu, quand les forêts, les sources, les climatures sont en déclin rapide. On ne voit dans notre système agricole que *perfectionnement théorique* et *détérioration pratique*. C'est la duplicité d'action la plus choquante; et pourtant c'est le résultat constant de nos sciences économiques et politiques, aussi malencontreuses en agriculture qu'elles l'ont été en finances et en garantie de droits naturels; sciences qui n'aboutissent *QU'A GARANTIR AU MAL UN PROGRÈS DÉCUPLE DE CELUI DU BIEN*. Il est force de le redire cent fois, puisque tous les discours académiques ne tendent qu'à dissimuler cette vérité, pour dispenser la science de recherches sur le remède, le procédé sociétaire.

C'est ainsi que les 400 académies auraient pu envisager leur tâche, si elles eussent voulu procéder franchement à l'ouvrage; constater les plaies de l'agriculture, sans tenir compte des illusions répandues par les sophistes.

Mais cette méthode eût offensé la philosophie et l'agiotage : qu'importe? ne sont-ce pas les deux ennemis des gouvernemens? ne sont-ils pas tous intéressés à combattre les sophistes et les agioteurs? Si l'on tremble de rencontrer l'ennemi, on ne doit pas prendre les armes; et si 22,000 académiciens n'entrent en scène que pour éviter le combat, leurs fauteuils ne seront pour eux que 22,000 brevets d'obscurité.

Combien il leur eût été facile de se signaler d'emblée, en fondant, par opposition à la mesquinerie parisienne et à ses prix de 300 fr., un prix provincial de *soixante mille fr.*, divisible par 10, 20 et 30,000 fr., à 3 compétiteurs ! prix à décerner chaque année à trois traités ou procédés d'économie pratique et compatible avec l'expérience. Il n'en eût coûté que 3 fr. par académicien : c'eût été faire *de grandes choses avec de petits moyens*. Bien mal-adroits sont ceux qui ne savent tirer aucun parti d'une armée scientifique de vingt-deux mille hommes dociles à l'influence d'en-haut !

Si leurs chefs ou fondateurs eussent été aptes à concevoir un plan d'ensemble, ils auraient reconnu qu'il fallait, en pareille cohue, spéculer sur le nombre, sur les opérations *de mode infiniment petit*, qui sont un des grands et brillans ressorts de la nature. T. II, 444.

Ils n'ont su imaginer aucune opération : en dignes Français, ils n'ont vu de toutes parts que de *l'impossibilité*; tandis que, sans tribut de génie, leur masse de 22,000 eût été un garant de succès colossal. Je ferais la gageure de leur indiquer 22 opérations, toutes dans le sens du gouvernement, et dont la moindre aurait donné aux académies de Pontoise et Beaune, Quimper-Corentin et Brives-la-Gaillarde, un relief qui eût éclipsé subitement les faux brillans des rivaux de la Capitale.

Tel est le plan qu'ils auraient dû suivre; je laisse à d'autres le soin de le revêtir du fard oratoire et du vernis des convenances. Je n'ai point l'art des caméléons littéraires, mais seulement celui des inventeurs.

Cet article, ainsi que ceux qui traiteront des garanties, sont la meilleure réfutation du faux libéralisme défini à l'Inter-Pause, 293. J'ai montré les routes du vrai dans ces garanties sociales ou réunions solidaires, si négligées des sophistes. On y voit que l'Association est l'unique voie de régime libéral;

qu'elle seule peut réaliser les biens que rêvent la philantropie et la charité ; que le monde social ne peut s'élever par degrés au vrai libéralisme, qu'autant qu'il s'élève par degrés à l'Association, et que de toutes les jongleries, la plus impudente est celle des rhéteurs qui se disent libéraux en prêchant la subdivision des ménages, dépourvue des solidarités sociales qui sont l'unique procédé d'amélioration compatible avec l'industrie non sociétaire, 542 1/2.

J'indiquerai à l'Inter-Liminaire (T. II, 391), la première de ces solidarités, celle que la charité devait suggérer à tout homme vraiment soucieux de l'intérêt des pères de famille, et qui aurait acheminé à beaucoup d'autres. Je renouvellerai à ce sujet le reproche déjà adressé, 542 2/3, au parti nommé illibéral ou anti-libéral ; c'est de n'avoir pas avisé à suppléer ses antagonistes en provoquant l'établissement des solidarités sociales, et de n'avoir, comme les Platon et les Aristote, spéculé que sur l'égoïsme, caractère commun à tous les partis civilisés, vice qui leur a fermé de tout temps et leur aurait fermé de plus en plus, la voie des inventions en politique sociétaire.

Loin qu'on y tendît en ce qui touche au matériel ou architecture combinée, nous voyons les principes de propriété simple, d'enlaidissement et d'insalubrité, dominer plus que jamais : et quant aux solidarités cardinales mentionnées à l'ULTER, notre siècle absorbé par l'agiotage, l'esprit mercantile et les fureurs de parti, incline de moins en moins à ces conceptions de bien social. Tant il est vrai que la civilisation, avec ses momeries de perfectibilité et de garanties fictives, s'éloigne incessamment de la voie des garanties réelles ! C'est un corps usé et vieilli qui, essayant tour-à-tour les divers traitemens, les orviétans philosophiques et féodaux, accélère sa ruine, et ne réussira pas mieux que Jésabel,

« *A réparer des ans l'irréparable outrage.* »

La civilisation a fourni sa carrière, bien longue et trop longue pour le monde social ; elle est affaiblie et minée par seize germes de dégénération récente, qui constatent sa chute de virilité en caducité, (Epilogue, T. II, 648) : elle ne pourrait désormais que décliner rapidement ; elle n'a d'autre voie de salut que d'échapper à elle-même.

Et pour y parvenir, il eût fallu, au lieu de créer 400 sociétés chargées *implicitement* de perpétuer L'INDIGENCE

ET LA FOURBERIE, seuls fruits qu'on puisse obtenir des méthodes civilisées ; il eût fallu, dis-je, créer seulement 4 sociétés chargées de découvrir d'autres voies d'amélioration que celles des 4 sciences incertaines, dont le monde social ne recueille en tout sens que les neuf fléaux lymbiques.

Mais comment un siècle qui n'a pas encore le bon sens de distinguer entre la vraie et la fausse nouveauté, s'éleverait-il à la recherche de la vraie, tant qu'il ne sait pas poser en principe que le monde social étant évidemment dupe de la philosophie et de la civilisation, il faut échapper à l'une et à l'autre ? C'est une vérité que ne lui feraient entendre ni 400 ni 4000 académies, tout enfoncées dans les voies de la philosophie, engouées du morcellement industriel, et du mensonge garanti ou *libre concurrence*, anarchie commerciale.

On pourrait souhaiter à notre siècle autant de bon sens qu'en ont les tyranneaux d'Asie, qui payent un bouffon pour leur dire la vérité en plaisantant. Le 19e siècle devait titrer des bouffons scientifiques, chargés de lui dire toute vérité utile aux intérêts du gouvernement. Quelques volumes de vérités

Sur les astuces commerciales, tabl. I, 168 ; II, 169 ;

Sur l'impéritie philosophique, I, 99 et 159 ;

Sur les vices de l'industrie morcelée, tabl. 468, 481, 487, auraient bien mieux servi les gouvernemens, que des académies dociles à transiger avec le sophisme et l'agiotage.

Siècle de cretinisme politique, si tu ne sais pas, avec tes subtilités et tes torrens de fausses lumières, voir l'abyme de misères où te plonge la civilisation, et prêter l'oreille à une proposition d'épreuve de l'Association, c'est vraiment toi que le Psalmiste a prophétiquement désigné ; c'est l'horoscope de ta sottise et de ta duperie qu'il a tiré dans ce verset, devise exacte de l'hébêtement politique des modernes :

Aures habent et non audient ;
Oculos habent et non videbunt !

TABLE DE L'EXTRODUCTION.

ARRIÈRE-PROPOS.

Complémens et Rectifications.

CET article de notions accessoires devait employer 3 feuilles pour lier les divers sujets, et en remémorer le lecteur. D'autres articles ont gagné du terrain, et celui-ci réduit à une demi-feuille, serait trop superficiel si je l'appliquais au volume entier. Je me bornerai à examiner quelques portions de la 1re partie, Intermèdes et Pivots.

INTRODUCTION. Article 1er. En traitant des tentatives d'Association faites en Angleterre, il eût convenu de mettre en parallèle, d'une part, les trois fautes capitales commises à New-Lanark, page 3, et d'autre part les sept conditions de travail sociétaire attrayant, page 12; ces deux tableaux auraient dû être placés en regard.

Si les Anglais ont reconnu, comme il est dit page 7, « que » l'état actuel des classes pauvre et ouvrière *ne pouvant plus* » *continuer*, il fallait trouver des remèdes efficaces en créant » dans ces classes des habitudes sociétaires, » quel doit être leur empressement à essayer le procédé sociétaire, en considérant que de là dépend l'extinction subite de leur dette! Avis à ceux qui ont versé deux millions et demi pour un établissement de mille personnes, selon la méthode Owen. Qu'ils essayent le partage d'emploi; qu'ils affectent 500 personnes au procédé de New-Lanark, et 500 au procédé sériaire, pages 15 et 423. C'est un alternat conseillé par la prudence : puisse l'avis être goûté!

Art. 2 p. 23. Il effleure de grandes questions qui exigeraient des chapitres spéciaux. Le *tableau des périodes sociales*, p. 25, aurait dû contenir une échelle de 32 périodes, dont 16 en vibration ascendante, et 16 en descendante; plus, les 2 pivotales ou centrales. Mais je ne veux pas, dans cette première livraison, traiter des harmonies transcendantes : je n'y ai affecté que la note E, 519, suffisante (sauf achèvement) à convaincre que la théorie d'unité universelle est pleinement découverte.

La *dualité d'essor du mouvement*, page 27, aurait exigé

aussi un chapitre à part : c'est une vérité frappante et à laquelle il est difficile de familiariser les civilisés. Cependant, l'unité du mouvement devient une thèse inexplicable pour quiconque ne part pas de cette base, et je ne vois pas qu'aucun de nos auteurs s'y soit rallié.

La *perspective de prochaine culture de l'Afrique*, 35, est encore un avantage sur lequel j'ai glissé trop brièvement. Si les sucres de l'Inde Orientale peuvent déjà être livrés à 4 sous la livre, ceux d'Afrique seront encore moins coûteux; et peut-être ai-je estimé trop haut, 35, la future valeur du sucre, en l'assimilant, poids pour poids, à la farine de froment; j'incline à croire qu'il aura moins de valeur, quand toute la zône torride sera populeuse et cultivée avec la perfection harmonienne.

Evitons dans ce débat les illusions de richesse nationale réfutées, 38; richesse bien vaine sans les deux conditions assignées à ladite page : on ne doit jamais les perdre de vue en théorie de bonheur social.

La *fausse nouveauté*, 140. J'invite les lecteurs bénévoles à se pénétrer de la distinction établie, 43 et 44, sur la *fausse et la vraie nouveauté*, dont l'une donne *le mot au lieu de la chose*, et l'autre *la chose au lieu du mot*. C'est l'argument à opposer aux détracteurs : il suffirait seul à les confondre; à prouver combien les vrais inventeurs sont compromis par la juste défiance qu'ont inspirée les faux inventeurs.

Art. 3, p. 46. Il est recommandé à ceux qui seront dans le cas de solliciter le gouvernement ou les propriétaires anglais, pour la fondation du canton d'épreuve.

Des trois motifs cités 49, le 3e, *la Passe du Nord*, m'a paru digne d'une ample notice A, 53, et je l'ai dégagée à dessein de toute hypothèse de merveilleux, en l'isolant du moyen annoncé dans la Note E, Tome Ier. Aussi n'ai-je, 52, spéculé sur cette passe que pour cinq mois de l'année; restriction qui n'aura pas lieu après la renaissance de l'anneau boréal. Il rendra les mers du pôle aussi praticables pendant les douze mois, que la Méditerranée; car le climat polaire subira un échauffement gradué qui, à partir du degré 60, établira une coïncidence de température entre les degrés 61, 59; -65, 55; -70, 50; -75, 45; -80, 40; -85, 35; -90, 30.

Mais dans une introduction où il faut ménager le scepticisme et les habitudes, j'ai dû ne faire aucune mention de ce qui touche au merveilleux.

Parmi les inadvertances qui sont la honte des sciences humaines, on doit ranger l'oubli du calcul de culture intégrale du globe et bénéfice de raffinage climatérique en mode composé, selon le tableau 65; tout aperçu de cette hypothèse aurait provoqué des spéculations sur la mise en culture du globe entier, et ce problème aurait puissamment contribué à faire suspecter l'état civilisé et barbare, à stimuler à la recherche d'une période sociale plus avancée: (table 25).

J'ai eu bien tard connaissance d'une carte où se trouve, sous le nom de détroit de Maldonado, la passe jugée problématique, Note, 64. Mais l'existence du détroit ne détruit pas les deux obstacles allégués, 54; entrave d'un cap gisant par 71°, et de voie non assurable; double motif pour l'Angleterre de spéculer sur le dégagement du pôle, et d'y affecter sans délai la même somme, 25,000 liv. sterling, qu'elle affecte à une recherche qui est de pure curiosité tant qu'existent ces deux obstacles.

Les lecteurs assez sages pour suspendre leur jugement et douter jusqu'à l'expérience, doivent recueillir dans ce 3e article trois argumens bons à opposer aux Zoïles; savoir:

63, le discord inévitable des vrais inventeurs avec leur siècle, et l'heureux augure à tirer de ces idées neuves qui rompent en visière au siècle, comme celles de Colomb et Galilée.

73, 75, le sort des inventeurs français, payés par la diffamation, la spoliation et la calomnie.

79, le danger de se prendre aux apparences d'exagération que présente nécessairement une précieuse découverte.

Fort de ces trois argumens et de celui de la fausse nouveauté, 44, un homme impartial sera déjà en mesure de réfuter les détracteurs, même sans recourir aux argumens scientifiques et spéculatifs, qui sont le sujet des 1re et 2e Parties.

Les trois Médiantes. La 1re, 114, n'a point été achevée; on en trouve la suite au Citer-Logue, tom. II, 129. Ces deux articles forment une collection de douze prodiges sociétaires, tableau très-propre à piquer la curiosité et soutenir l'attention de l'étudiant.

La 2e est une réplique aux lecteurs pointilleux qui, au lieu d'envisager l'ensemble de la théorie sociétaire, les moyens et le but, s'arrêtent à chicaner sur les menus détails. C'est communément le vice des Français, tous enclins à l'ergotisme. Au lieu de ces objections vétilleuses dont ils voient, 145, la faiblesse, que ne fixent-ils leur attention sur les grands moyens de crédit dont s'étaye cette invention, entr'autres les trois exposés, 299 au bas, sur l'avantage vraiment brillant d'être si bien adaptée aux besoins actuels des souverains, à l'urgence de trouver une ressource nouvelle pour l'acquittement des dettes et l'absorption des fermens révolutionnaires !

La 3e, 178, est un acheminement à l'article Pivot-direct, 231, dont le sujet est si neuf, que j'ai cru devoir y préparer les lecteurs par une thèse de métempsycose débattue dans cette Médiante. C'est, dira-t-on, un article romanesque. Peu importe? je ne le donne pas sous le titre de dogme, non plus que le Pivot-direct, qui est pour satisfaire les partisans de l'unité de l'univers. (Voyez Avant-Propos).

Le *PIVOT-DIRECT*. Cet article donné à titre de *CONJECTURES ANALOGIQUES*, ne fait pas ici corps de doctrine et n'a que des rapports éloignés avec la théorie de l'Association. Je l'ai beaucoup abrégé et réduit au strict nécessaire en thèse d'analogie universelle.

Au reste, il est bon de reproduire l'alternative mentionnée à l'Avant-Propos. Veut-on considérer cet article comme romantique? c'est un roman louable, en ce qu'il répand du charme sur la doctrine de l'immortalité de l'ame. Veut-on le croire digne de confiance? on y trouve dans ce cas l'avantage d'exciter l'espérance d'un avenir heureux et le dédain pour les doctrines soi-disant libérales, qui vantant l'ordre civilisé et éloignant les esprits de l'Association, retardent l'avènement de nos ames au bonheur de l'une et l'autre vie.

L'Intermède. J'ai cru devoir donner quelqu'étendue à ce plaidoyer qui me paraît de la plus haute importance. Les littérateurs, savans et artistes, peuvent décider subitement le passage du genre humain à l'Harmonie, s'ils veulent exciter à cette fondation l'un des grands personnages ou riches propriétaires sur qui ils ont de l'influence. Pour amener à ce point les beaux esprits, j'ai dû leur faire leur confession générale dans les deux moyens négatifs, et leur montrer le but dans les deux moyens positifs.

Il suffirait déjà du premier moyen, 268, pour les stimuler à cette démarche : mais on peut craindre que l'appât d'une immense fortune soit encore insuffisant, et que l'amour-propre ne parle plus haut que la cupidité. On voit les marchands mêmes commettre cette faute et se ruiner à plaisir pour écraser un rival ; on peut bien soupçonner les philosophes d'être plus esclaves encore de l'amour-propre, que le marchand qui se vante de mépriser la gloire.

Il a donc convenu de les aviser en grand détail sur les dangers de leur position de plus en plus critique, sans espoir de retour. Leur perte est déjà consommée dans l'état actuel de la civilisation ; c'est bien pis lorsqu'une science nouvelle et fixe vient confondre leurs vieilles controverses, enseigner au monde social les voies de la véritable harmonie, la fusion d'intérêts des grands et des peuples, et l'art de concilier, 340, l'amour des richesses avec la pratique des vertus.

C'est à eux à méditer sur les trois perspectives présentées 329 1/2, et à considérer qu'un siècle si notoirement engagé dans les routes du mal, ne peut espérer les voies du bien que d'une théorie contradictoire avec les sophismes dominans.

Si les philosophes persistaient à s'aveugler sur leur fâcheuse position, ils mériteraient la devise, *AURES HABENT ET NON AUDIENT*. Je l'ai adoptée sans application générale : j'invite les philosophes à faire exception, ne pas se ranger dans la classe des longues oreilles, et comprendre que dans cette conjoncture décisive, il faut se rallier à l'avis de leurs coryphées, Condillac et Bacon, *oublier tout ce qu'on a appris* des quatre facultés du sophisme.

Un incident plus que probable et qu'ils doivent peser, c'est que la défection d'un seul d'entr'eux entraînera forcément la masse : or, manquerait-on à trouver dans leur compagnie divers partisans de la doctrine sociétaire? Elle séduira plus d'un philosophe sous le double rapport d'intérêt et de gloire.

J'use d'une comparaison : tout capitaine disgrâcié et privé de service dans son pays, s'estimerait fort heureux si le prince voisin lui offrait un grade bien supérieur, celui de général ; il n'hésiterait pas à changer de patrie. Telle est l'aubaine qui s'offre à tous les philosophes; une fortune brillante, sans autre démarche que d'abandonner de vieilles controverses décréditées, une industrie usée, ingrate, suspecte et se dénonçant elle-même. (Voyez à l'Avant-Propos, les devises dialoguées).

En renonçant à ces vieilles chimères, les écrivains, loin de jouer le rôle odieux de transfuges, se montreront en amis sincères de la vérité, prompts à suivre sa bannière dès le premier instant où elle apparaît aux humains. S'ils l'ont dédaignée dans l'état actuel, ils sont à demi justifiés par les disgrâces qu'ils auraient encourues dans une attaque purement négative, ou dénonciation des neuf caractères du régime civilisé, 92, sans indication du remède.

La scène change; l'issue du dédale est évidemment découverte, et il y aurait folie de vouloir y rester, du moment où l'on peut en sortir. D'ailleurs, quel rôle vont jouer dès à présent les vieilles controverses? Le monde social dupé depuis si longtemps par les sophistes, va applaudir à la doctrine qui écrase le serpent et nous ouvre des voies de richesse et de bonheur. La philosophie va se voir abandonnée de tous les hommes bien pensans, réduite comme Catilina à fuir avec une poignée de complices, à déclarer une guerre ouverte à la vérité qu'elle feignait de servir.

D'autre part, quelle bonne fortune pour tant d'écrivains qui cherchent un sujet! En fût-il jamais de plus fécond que la réfutation *positive* de la philosophie? Tant qu'on ignorait la théorie des destinées et du mécanisme des passions, on ne pouvait attaquer cette science que *négativement*, par le tableau de ses bévues : elle était forte de l'ignorance commune, et pouvait défier ses agresseurs de faire mieux. Aujourd'hui on la terrasse en lui montrant tous les degrés du bien où elle pouvait parvenir, si elle eût suivi quelqu'un de ses 12 préceptes, 99; on lui démontre que, sur chaque problème, comme celui de la liberté, 139, elle s'est refusée traîtreusement à se rallier aux principes qu'elle nous recommande.

C'est donc pour les écrivains le sujet le plus brillant, que ce procès de la philosophie, *par réfutation positive*, et il est, je ne saurais trop le dire, fort heureux pour eux que la découverte des lois du mouvement social soit échue à un homme presqu'illitéré, à moi, profane et intrus dans le monde savant, moi qui ayant passé ma vie à des fonctions mercantiles tout-à-fait incompatibles avec les études, n'ai pas pu songer à m'instruire, et ne peux que livrer tout brut le diamant dont un coup de fortune m'a valu la découverte, le calcul de l'unité universelle.

La nature, dans cette faveur, se montre judicieuse et fidèle à son système de partager ses dons. Si ma découverte fût échue à quelque grand personnage de la hiérarchie savante, à un Leibnitz, un Voltaire, qui aurait su la parer du charme oratoire, c'eût été pour lui trop de lustre; il aurait tout éclipsé. La nature agit sagement en livrant l'invention la plus précieuse au plus obscur des hommes : tous les savans et lettrés pourront y prendre part, chacun en ce qui est de sa compétence : les littérateurs et sophistes s'empareront de la partie passionnelle et sociale; les naturalistes, des calculs d'analogie (Pivot Inverse); les physiciens et chimistes, des problèmes aromaux; les géomètres, de l'application mathématique, etc. Chacune des classes jouira d'un lot suffisant; elle le devra à l'obscurité, à l'impéritie de l'inventeur qui n'est pas en état de tailler ce diamant. Ce serait donc bien à tort que les savans me reprocheraient mon infériorité; elle est pour eux un gage de participation, un acte de sagesse distributive dont ils doivent remercier la fortune.

Je regrette que l'espace ait manqué pour achever l'article *Pivot Inverse* et la Note E, où ils auraient entrevu la beauté du domaine qui va être livré à leur industrie, sur-tout dans la branche de *naturalogie ou histoire naturelle* (*).

Je saisis cette occasion de recommander aux naturalistes l'entreprise d'un ouvrage qui sera bien nécessaire en étude d'analogie, un traité des *TRANSITIONS* en tous règnes, c. à d.

(*) Ce nom d'histoire naturelle est si équivoque, si irrégulier, qu'on peut reprocher aux naturalistes leur retard à imiter les chimistes qui ont rectifié en plein une vicieuse nomenclature. Pourquoi une science qui admet le nom très-exact de *minéralogie*, n'admettrait-elle pas de même ceux de *végétalogie*, *animalogie* et *naturalogie*? Ce goût de confusion dans le genre didactique, est un des mille travers qui ont retardé la découverte du calcul des Séries pass., ainsi que celle des diverses garanties, dont la plupart auraient été déterminées facilement par des esprits amis de la méthode, et enclins à en faire l'application générale.

des produits mixtes ou ambigus, servant à lier les séries et familles ou groupes. Ces ambigus, comme le coing et le brugnon, la chauve-souris et le casoar, sont faciles à discerner : il faudrait en avoir des tableaux gradués, une échelle régulière. Il serait bien urgent aussi d'avoir un tableau des produits *pivotaux*, formant, comme le lion et le cèdre, un pivot de série : mais les naturalistes auraient de la difficulté à discerner les pivots et sous-pivots, tant que je n'aurai pas donné un traité des séries mesurées : quant aux produits de transition, il leur sera très-facile de les reconnaître et en former des tableaux en échelle régulière.

Même demande à faire au sujet des passions : il faudrait, sur chacune spécialement, des tableaux de nuances graduées, tels qu'on en trouve dans l'Encyclopédie, à l'article *PASSIONS*. Je ne doute pas que les Aréopages scientifiques ne tiennent aucun compte de ma pétition ; aussi ne l'étendrai-je pas à l'indication d'autres ouvrages non existans, et dont le besoin se fera sentir, soit lorsqu'on passera à l'Association, soit dans les études provisoires auxquelles on pourra se livrer sur la neuve et charmante science de l'analogie universelle.

En terminant cet Arrière-Propos, je réitère que le morceau eût exigé au moins trois feuilles (48 pages), selon le plan qui était de rallier et étayer de commentaires les 32 subdivisions du 1er tome, (32, parce qu'on ne compte pas les pivots en mouvement).

A défaut de ces notions qu'il n'y a pas d'inconvénient à différer, j'invite les lecteurs à se rattacher aux thèses principales, comme celles de la 1re partie sur les propriétés de Dieu, sur les droits naturels *véritables*, droits si différens de ceux dont nous leurre la philosophie. Le but ici est de désabuser ceux qui ont encore un reste de confiance à cette science ; de la confondre par ses doctrines mêmes, comme ses douze principes, 99, et les droits, 126, subordonnés quant à leur exercice, aux trois conditions, 132. Ce sont là des questions de haute et sage politique ; celui qui s'en sera pénétré et qui les possédera assez bien pour en faire un sujet de thèse contre la philosophie, pourra se flatter d'avoir satisfait au précepte de Condillac et Bacon, d'avoir *refait son entendement* et *s'être dégagé en plein des préventions philosophiques*.

La plupart des lecteurs dédaignent ces graves discussions : je leur ai ménagé des argumens à leur portée, et qui, sous des couleurs facétieuses, ne sont pas moins pressans. Tel est le Post-Ambule, 492, sur le paiement de la dette anglaise, et par suite des autres dettes publiques de chaque état : tels sont les calculs d'harmonies matérielles et spirituelles ;

Matér., 377, Cis-Ambule sur les melons :

Spirit., 439, Trans-Ambule sur les volailles.

En lisant ces bluettes, l'homme le moins exercé reconnaît d'emblée que l'Association serait une source d'accords miraculeux au physique et au moral, et qui plus est, de richesse incalculable, même pour les beaux esprits qui ont refusé de s'en occuper, et qui pourtant y trouveraient tous une mine d'or dans les récompenses unitaires, 268.

C'est sur de pareilles inconséquences qu'on devra les remontrer : sans être exercé comme eux en dialectique, il suffit de les ramener sur la perspective des prodiges de l'Association, I, 114, et II, 129 : chacun, en leur exposant ces résultats du lien sociétaire, sera fondé à leur reprocher de n'avoir pas donné une seule page à cette recherche.

L'excuse d'impossibilité n'est plus admissible, quand le procédé est découvert et publié, et il y aurait malveillance notoire, obscurantisme effronté, chez tous ceux qui opineraient à en différer l'essai.

Ainsi la cause du genre humain peut, dans cette conjoncture, être confiée aux hommes les moins instruits : chacun peut confondre la philosophie en lui opposant ses principes mêmes, 99, et ses opinions individuelles : (Devises dialoguées, Avant-Propos).

Augurons mieux de son discernement : espérons qu'elle ne se hasardera pas à pareil affront, et que parmi les philosophes du 19e siècle, il s'en trouvera d'assez sages pour suivre la bannière des Montesquieu, des Socrate, des Condillac et autres Expectans, 91, qui ont tenu à honneur d'avouer l'infirmité de la science et d'invoquer la lumière.

FIN DU TOME Ier.

ERRATA SUPERFICIEL.

On ne lit pas les Errata, et personne n'aurait la patience de corriger les fautes indiquées, pièce à pièce; il suffira donc de les définir collectivement.

N'étant pas écrivain de profession, je suis, plus qu'un autre, sujet aux inadvertances, laissant passer des mots défectueux, comme *légataire* pour *donateur*, *suspente* pour *soupente*, et autres dont j'ai contracté l'habitude. Elles sont rectifiées par le sens même de la phrase, et le lecteur ne s'y trompera pas.

Il saura de même éviter de petits contre-sens ou sens louches, produits par une fausse lettre, comme *dont* au lieu de *donc*, page 299, ligne 30; excuser de légères incorrections, comme amour *de* gain au lieu de amour *du* gain, page 47, ligne 7; *toute entière* pour *tout* entière, etc. Il m'a paru inutile de dresser une liste de ces minuties.

Quelques erreurs de chiffres sont très-visibles, étant causées par diminution d'un zéro. Le lecteur excuserait bien de pareils torts en finance, où l'on met des *zéros de plus*, selon Turcaret.

J'ai omis de placer en titre des 12 chapitres de la 2e partie, le double numéro tel qu'on le voit, 475, au chapitre XII et XXIV; les autres devaient porter de même deux numéros, I—XIII; II—XIV; III—XV, etc., pour désigner la correspondance d'octaves. Mais comme je n'ai pas donné, au 2e tome, la section des séries mesurées, le lecteur n'a que faire de ces indices; il ne peut pas comprendre les rapports des 32 subdivisions de ce volume, distribué en série mesurée que je n'ai pas définie.

Une erreur des plus graves s'est glissée au tableau des accords puissanciels, 394. Les accords faux n'y sont qu'au nombre de deux : il en est quatre, savoir :

UT nat.	RÉ bémol.	UT dièze.	RÉ nat.
UT nat.	SI dièze.	UT bémol.	SI nat.

J'ai suivi cette règle aux colonnes *visuisme* et *raisin*, 395, où j'ai distingué 4 accords faux dans l'œil, et 4 dans le raisin. Il en faudra de même analyser 4 en Extraphilie, 4 en Extragamie, et sur chacune des autres passions. Au reste, l'erreur est jusqu'à présent assez indifférente, puisqu'on n'a pas traité de l'analyse des passions dans ces deux volumes.

Enfin, je réclame l'indulgence pour quelques erreurs causées par des changemens de dispositions : par exemple, j'ai désigné la devise comme tirée de Voltaire ; elle a été changée et tirée de David. J'ai laissé en suspens divers détails, comme devant se trouver à la section des *séries mesurées* ; si j'avais prévu que ladite section serait renvoyée, je n'aurais pas compté sur les renseignemens qu'elle doit donner, ni hasardé quelques dispositions obscures qu'elle devait éclaircir : je n'aurais pas distribué le 1er tome en série mesurée ; je n'y aurais pas disposé les tableaux par gammes, dont le lecteur ne comprend pas l'utilité tant qu'il n'est pas initié aux calculs de l'ordre mesuré, annoncés II, 427.

J'ai omis de donner des titres aux 4 morceaux d'entr'acte du grand Intermède ; même oubli a été commis aux morceaux Citer et Ulter du Pivot Direct, négligence blamable : on ne saurait trop multiplier (quoique ce ne soit pas le goût moderne), les précautions propres à aider la mémoire et classer les matières, et c'est, il faut le dire, pour avoir méconnu cette règle, que notre siècle a manqué le calcul des Séries pass., tout en faisant l'éloge de l'ordre sériaire dans son plus fameux ouvrage qui a pour devise :

.... *Tantum series juncturaque pollet.*

J'ai manqué à cette règle, dans la grande Note A, où les subdivisions auraient été d'autant plus nécessaires, que cette note inculpe les sciences physiques. Plus que tout autre je rends hommage à leurs services ; mais il est certain qu'en appelant l'attention sur le calcul du raffinage possible des climatures, le mode *INTÉGRAL-COMPOSÉ*, *en chaleur et fraîcheur balancées*, 65, elles auraient donné à l'esprit humain la plus salutaire impulsion, la plus précieuse lumière, en l'amenant à reconnaître, 584 1/4 :

Que ce bienfait du raffinage *intégral-composé* ne pourra naître que d'un régime industriel autre que l'état morcelé ou état civilisé et barbare.

Ainsi la physique, en faisant son devoir négativement, en condamnant l'industrie civilisée, aurait forcé la politique à faire le sien positivement, et chercher, 108, 109, une des 16 issues du labyrinthe.

A Besançon, de l'Imprimerie de V[e]. DACLIN, Imprimeur du Roi.

www.ingramcontent.com/pod-product-compliance
Lightning Source LLC
LaVergne TN
LVHW020137070726
842527LV00017B/52

* 9 7 8 2 3 2 9 0 1 4 5 3 1 *